工程机械手册

HANDBOOK OF CONSTRUCTION MACHINERY

LIFTS, ESCALATORS AND MOVING WALKS

电梯、自动扶梯和自动人行道

主编 马培忠
副主编 王锐 李刚 王衡

清华大学出版社
北京

内 容 简 介

本书主要介绍了电梯、自动扶梯和自动人行道产品的定义、发展历程及趋势、分类、基本结构、基本规格及技术性能指标等内容。全书共分2篇。第1篇电梯：主要介绍了住宅电梯、观光电梯和家用电梯等普通电梯以及斜行电梯、过街天桥电梯、倾斜式无障碍升降平台和螺旋电梯等特殊电梯的定义与分类、安全技术规范、安装验收规范、主要产品性能参数、选用原则和安全使用等内容；第2篇自动扶梯和自动人行道：主要介绍了普通型、公共交通型、重载型自动扶梯与自动人行道以及螺旋型自动扶梯的定义与分类、安全技术规范、安装验收规范、主要产品性能参数、选用原则和安全使用等内容。

本手册可作为电梯行业相关科研院所、电梯使用单位、维保单位、生产单位的工程技术人员、现场作业人员以及管理和营销人员参阅，也可供建筑设计单位在建筑设计过程中选型时参考，同时可作为大专院校机电类专业学生的课外参考书。

版权所有，侵权必究。举报：010-62782989，beiqinquan@tup.tsinghua.edu.cn。

图书在版编目(CIP)数据

工程机械手册.电梯、自动扶梯和自动人行道/马培忠主编.—北京：清华大学出版社,2023.12
ISBN 978-7-302-63477-5

Ⅰ.①工… Ⅱ.①马… Ⅲ.①工程机械－技术手册 ②电梯－技术手册 ③自动扶梯－技术手册 ④自动人行道－技术手册 Ⅳ.①TH2-62 ②TU857-62 ③TH236-62 ④U412.37-62

中国国家版本馆CIP数据核字(2023)第083733号

责任编辑：王　欣
封面设计：傅瑞学
责任校对：赵丽敏
责任印制：曹婉颖

出版发行：清华大学出版社
网　　址：https://www.tup.com.cn, https://www.wqxuetang.com
地　　址：北京清华大学学研大厦A座　　邮　编：100084
社 总 机：010-83470000　　邮　购：010-62786544
投稿与读者服务：010-62776969, c-service@tup.tsinghua.edu.cn
质量反馈：010-62772015, zhiliang@tup.tsinghua.edu.cn
印 装 者：三河市东方印刷有限公司
经　　销：全国新华书店
开　　本：185mm×260mm　　印　张：29.75　　字　数：781千字
版　　次：2023年12月第1版　　印　次：2023年12月第1次印刷
定　　价：198.00元

产品编号：086616-01

《工程机械手册》编写委员会名单

主　编　石来德　周贤彪
副主编　（按姓氏笔画排序）
　　　　丁玉兰　马培忠　卞永明　刘子金　刘自明
　　　　杨安国　张兆国　张声军　易新乾　黄兴华
　　　　葛世荣　覃为刚
编　委　（按姓氏笔画排序）
　　　　卜王辉　王　锐　王　衡　王国利　王勇鼎
　　　　毛伟琦　孔凡华　史佩京　成　彬　毕　胜
　　　　刘广军　李　刚　李　青　李　明　安玉涛
　　　　吴立国　吴启新　张　珂　张丕界　张旭东
　　　　周　崎　周治民　孟令鹏　赵红学　郝尚清
　　　　胡国庆　秦倩云　徐志强　郭文武　黄海波
　　　　曹映辉　盛金良　程海鹰　傅炳煌　舒文华
　　　　谢正元　鲍久圣　薛　白　魏世丞　魏加志

《工程机械手册——电梯、自动扶梯和自动人行道》编委会

主　编

马培忠

副主编

王　锐　李　刚　王　衡

编委成员

尹　政　冯月贵　刘宁芬　李忠良　杨晓军　张萍萍
陈化平　秦建聪　袁华山　钱江明　倪鹏飞　高冬青
黄意隆

编写人员

王建华　王爱敏　尹　政　归建昌　包鸣晓　向长生
刘宁芬　刘　安　孙晨亮　杜海军　李向阳　李忠良
杨顺娥　杨姚平　杨晓军　吴　胜　闵昌英　沈征东
沈　福　宋祥爱　张　为　张同波　陈　功　季　磊
金　严　赵璞玉　皇甫志青　俞　子　姚　罡　夏秋瑾
钱国华　倪佳杰　徐小川　覃炳乐　程芳芳

责任编辑

宋　扬

总序

PREFACE

根据国家标准,我国的工程机械分为20个大类。工程机械在我国基础设施建设及城乡工业与民用建筑工程中发挥了很大作用,而且出口至全球200多个国家和地区。作为中国工程机械行业中的学术组织,中国工程机械学会组织相关高校、研究单位和工程机械企业的专家、学者和技术人员,共同编写了《工程机械手册》。首期10卷分别为《挖掘机械》《铲土运输机械》《工程起重机械》《混凝土机械与砂浆机械》《桩工机械》《路面与压实机械》《隧道机械》《环卫与环保机械》《港口机械》《基础件》。除《港口机械》外,已涵盖了标准中的12个大类,其中"气动工具""掘进机械""凿岩机械"合在《隧道机械》内,"压实机械"和"路面施工与养护机械"合在《路面与压实机械》内。在清华大学出版社出版后,获得用户广泛欢迎,斯普林格出版社购买了英文版权。

为了完整体现工程机械的全貌,经与出版社协商,决定继续根据工程机械型谱出版其他机械对应的各卷,包括《工业车辆》《混凝土制品机械》《钢筋及预应力机械》《电梯、自动扶梯和自动人行道》。在市政工程中,尚有不少小型机具,故此将"高空作业机械"和"装修机械"与之合并,同时考虑到我国各大中城市游乐设施亦很普遍,故也将其归并其中,出一卷《市政机械与游乐设施》。我国幅员辽阔,江河众多,改革开放后,在各大江大河及山间峡谷之上建设了很多大桥;与此同时,除建设了很多高速公路之外,还建设了很多高速铁路。不论是大桥还是高速铁路,都已经成为我国交通建设的名片,在我国实施"一带一路"倡议及支持亚非拉建设中均有一定的地位。在这些建设中,出现了自有的独特专用装备,因此,专门列出《桥梁施工机械》《铁路机械》及相关的《重大工程施工技术与装备》。我国矿藏很多,东北、西北、沿海地区有大量石油、天然气,山西、陕西、贵州有大量煤矿,铁矿和有色金属矿藏也不少。勘探、开采及输送均需发展矿山机械,其中不少是通用机械。我国在专用机械如矿井下作业面的开采机械、矿井支护、井下的输送设备及竖井提升设备等方面均有较大成就,故列出《矿山机械》一卷。农林机械在结构、组成、布局、运行等方面与工程机械均有相似之处,仅作业对象不一样,因此,在常用工程机械手册出版之后,再出一卷《农林牧渔机械》。工程机械使用环境恶劣,极易出现故障,维修工作较为突出;大型工程机械如盾构机,价格较贵,在一次地下工程完成后,需要转场,在新的施工现场重新装配建造,对重要的零部件也将实施再制造,因此专列一卷《维修与再制造》。一门以人为本的新兴交叉学科——人机工程学正在不断向工程机械领域渗透,因此增列一卷《人机工程学》。

上述各卷涉及面很广,虽撰写者均为相关领域的专家,但其撰写风格各异,有待出版后,在读者品读并提出意见的基础上,逐步完善。

石来德
2022年3月

前 言
FOREWORD

电梯、自动扶梯和自动人行道是现代化城市必不可少的交通工具,与普通的汽车、火车等陆路运输交通工具不同的是,电梯、自动扶梯和自动人行道是固定在建筑物内部或附着于建筑物外部,沿着固定的轨道垂直、倾斜或水平运行。电梯广泛应用于住宅、写字楼、宾馆和商场等建筑,自动扶梯和自动人行道则多应用于商场、车站、机场、城市轨道交通台站、人行过街立交通道等公共设施。电梯、自动扶梯和自动人行道因其无以替代的功能和社会经济效应,已经成为现代城市正常运转和人们工作、生活不可或缺的重要设备。正是因其重要性和便利性,我国把电梯、自动扶梯和自动人行道作为特种设备由国家市场监督管理部门统一管理。如今,电梯、自动扶梯和自动人行道正朝着低碳绿色、高效安全、舒适且可靠的方向发展,同时,随着电子技术、信息技术和人工智能在电梯上的广泛应用,电梯、自动扶梯和自动人行道的制造、功能和管理变得更加智能化和人性化。

1852年,奥的斯发明世界第一部安全电梯。120多年前,电梯开始服务于中国。党的十一届三中全会之后,以经济建设为中心的大政方针加快了我国城市化、城镇化进程,越来越多的电梯、自动扶梯和自动人行道进入了人们的生活,在高层建筑、商场、医院、机场等场合,电梯已经与民生息息相关、密不可分。近20年来,随着经济和建设快速发展,我国已经成为电梯、自动扶梯和自动人行道生产和使用大国。据统计,2022年全国在用电梯、自动扶梯和自动人行道已经超过1000万台,年产量超过100万台。

目前我国电梯、自动扶梯和自动人行道产品技术日趋成熟,已达到世界一流水平,迎来全面走向世界的历史机遇。为了进一步提升中国电梯、自动扶梯和自动人行道的品牌影响力,满足城市发展和老旧城区、老旧建筑更新改造的实际需求,有必要对电梯、自动扶梯和自动人行道产品的结构组成、性能、使用和后期维护,设计使用所依据的安全技术规范、国家标准,以及各种产品最新的技术成果应用等做全面的梳理和汇总,将其编撰成书,使之成为帮助广大电梯、自动扶梯和自动人行道专业工作人员、管理人员、使用人员和选用人员理解并掌握基本知识、产品选型和使用的工具书,同时也作为我国电梯、自动扶梯和自动人行道制造业探索前行、创新发展和走向世界的见证。

本手册共2篇,第1章到第30章为第1篇"电梯"。

第1篇首先介绍了电梯的定义、发展历程及趋势、基本规格和主要性能指标、分类,以及电梯的基本结构,然后分别对公共场所电梯、住宅电梯、观光电梯、超高速电梯、载货电梯、杂物电梯、病床电梯、家用电梯(别墅电梯)、既有建筑加装电梯、非商用汽车电梯、消防员电梯、洁净电梯、无障碍电梯、斜行电梯、倾斜式无障碍升降平台、无障碍垂直升降平台、双层轿厢电梯、防爆电梯、船用电梯、防腐电梯、抗震电梯、室外型电梯、浅底坑电梯、无机房电梯、非钢丝绳悬挂电梯、轿厢式自动行人天桥、摩擦轮驱动电梯和螺旋电梯共28类电梯的定义与分类、相关标准规范、主要产品性能和技术参数、选用原则和安全使用等做了介绍。

第31章到第38章为第2篇"自动扶梯和

自动人行道"。

第2篇首先介绍了自动扶梯与自动人行道的定义、发展历程及趋势、分类、主要技术参数和性能指标、结构组成，然后分别对普通型自动扶梯、公共交通型自动扶梯、重载型自动扶梯、螺旋型自动扶梯、普通型自动人行道、公共交通型自动人行道和重载型自动人行道的定义与分类、相关标准规范、主要产品性能和技术参数、选用原则和安全使用等做了介绍。

本手册为中国工程机械学会组织编撰的《工程机械手册》中的一卷，根据《工程机械手册》编写工作的总体安排，本手册的编写组织工作由中国建筑科学研究院有限公司建筑机械化研究分院和北京建筑机械化研究院有限公司共同负责，于2019年年底成立了编辑委员会，由国家电梯质量检验检测中心马培忠研究员担任编委会主任和主编，《中国电梯》杂志社人才评价发展中心主任王锐、建研机械检验检测（北京）有限公司（国家电梯质量检验检测中心）机械技术负责人李刚、建研机械检验检测（北京）有限公司（国家电梯质量检验检测中心）副经理王衡任副主编。奥的斯电梯（中国）有限公司技术部原部长陈化平、南京市特种设备安全监督检验研究院副院长冯月贵、东芝电梯（中国）有限公司研发部部长杨晓军、东南电梯股份有限公司董事长秦建聪、广州广日电梯工业有限公司电梯研发部总监尹政、恒达富士电梯有限公司董事长钱江明、永大电梯设备（中国）有限公司副总经理黄意隆、申龙电梯股份有限公司董事长袁华山、普瑞达电梯有限公司总工程师高冬青、上海富士电梯有限公司总经理张萍萍、南京安诺电梯有限公司技术部经理李忠良、苏迅电梯有限公司副总裁倪鹏飞、三洋电梯（珠海）有限公司品质保证部部长刘宁芬任编委。南京市特种设备安全监督检验研究院王建华、金严，东芝电梯（中国）有限公司杨晓军、倪佳杰，上海三菱电梯有限公司夏秋瑾，通力电梯有限公司归建昌，东南电梯股份有限公司姚罡、包鸣晓、杜海军，广州广日电梯工业有限公司尹政、覃炳乐，恒达富士电梯有限公司王爱敏、皇甫志青，申龙电梯股份有限公司沈征东、程芳芳、钱国华，普瑞达电梯有限公司刘安、闵昌英、杨姚平、杨顺娥、赵璞玉，上海富士电梯有限公司季磊、李向阳、吴胜，浙江梅轮电梯股份有限公司沈福、张为、俞子，南京安诺电梯有限公司李忠良、陈功，三洋电梯（珠海）有限公司刘宁芬，湖南海诺电梯有限公司向长生，永大电梯设备（中国）有限公司宋祥爱、张同波、徐小川，北京图新科技有限公司孙晨亮等参加了编写。

为有效推进工作，中国建筑科学研究院有限公司建筑机械化研究分院和北京建筑机械化研究院有限公司专门成立了编写办公室，设宋扬等多名专职人员具体负责本手册的编辑组织与协调工作。本手册由清华大学出版社出版发行。

本手册的编辑工作从2019年年底启动至今已经历时三年多，整个工作过程始终得到清华大学出版社和中国工程机械学会的悉心指导，以及手册编辑委员会的大力支持。在全体参编单位和作者的大力配合与共同努力下，本手册才得以与广大读者见面。在此，中国建筑科学研究院有限公司建筑机械化研究分院、北京建筑机械化研究院有限公司谨向全体关心和支持本手册出版的单位以及个人致以崇高的敬意，向为本手册编写付出辛勤劳动的全体作者表示衷心的感谢。

由于我们水平有限，编写时间仓促，加之电梯、自动扶梯和自动人行道产品涉及机械、电气、液压、建筑、消防、防爆、抗震和无障碍等多个学科，技术标准等更新速度较快，因此本手册介绍的内容并不能全面反映电梯类设备的现状；另外，各类产品更新迅速、新技术新工艺层出不绝，难免有不完善之处，衷心希望读者给予批评指正。

编 者

2023年3月

目录
CONTENTS

第1篇 电 梯

第1章 电梯概述 ………………… 3
- 1.1 定义 ………………………… 3
- 1.2 发展历程及趋势 …………… 3
  - 1.2.1 国际电梯发展史 ……… 3
  - 1.2.2 中国电梯发展史 ……… 5
  - 1.2.3 电梯技术的发展趋势 … 7
- 1.3 基本规格和主要性能指标 … 7
  - 1.3.1 基本规格 ……………… 7
  - 1.3.2 主要性能指标 ………… 8
- 1.4 分类 ………………………… 8

第2章 电梯的基本结构 ………… 10
- 2.1 曳引和液压驱动系统 ……… 10
  - 2.1.1 曳引驱动系统 ………… 10
  - 2.1.2 液压驱动系统 ………… 13
- 2.2 导向系统 …………………… 24
  - 2.2.1 功能及组成 …………… 24
  - 2.2.2 导轨 …………………… 24
  - 2.2.3 导轨支架 ……………… 25
  - 2.2.4 导靴 …………………… 27
- 2.3 轿厢系统 …………………… 29
  - 2.3.1 轿厢系统的组成与结构 … 29
  - 2.3.2 轿厢内部件和设备 …… 31
  - 2.3.3 轿顶部件和设备 ……… 33
  - 2.3.4 轿厢系统的电气连接 … 34
  - 2.3.5 轿厢系统保护装置 …… 34
- 2.4 门系统 ……………………… 36
  - 2.4.1 门系统的组成与分类 … 36
  - 2.4.2 开关门机构 …………… 38
  - 2.4.3 门锁装置 ……………… 40
  - 2.4.4 层门紧急开锁装置 …… 40
  - 2.4.5 层门自闭装置 ………… 40
  - 2.4.6 门入口保护装置 ……… 41
- 2.5 悬挂系统与重量平衡系统 … 41
  - 2.5.1 悬挂系统 ……………… 41
  - 2.5.2 重量平衡系统 ………… 45
- 2.6 电力拖动系统 ……………… 48
  - 2.6.1 功能、特点与组成 …… 48
  - 2.6.2 供电系统 ……………… 49
  - 2.6.3 曳引电动机 …………… 50
  - 2.6.4 速度反馈装置 ………… 52
  - 2.6.5 电动机调速系统 ……… 52
- 2.7 电气控制系统 ……………… 57
  - 2.7.1 信号控制方式 ………… 57
  - 2.7.2 操纵控制方式 ………… 59
  - 2.7.3 电气控制和操纵装置 … 59
  - 2.7.4 检修运行控制 ………… 61
  - 2.7.5 紧急电动运行控制 …… 62
  - 2.7.6 继电器控制的典型控制环节 … 62
  - 2.7.7 电动机运转时间限制器 … 63
  - 2.7.8 开门情况下的平层与再平层控制 … 63
  - 2.7.9 对接操作运行控制 …… 63
  - 2.7.10 消防控制 …………… 63
  - 2.7.11 IC卡控制 …………… 64
  - 2.7.12 错误消号和防捣乱功能 … 65
- 2.8 安全保护系统 ……………… 65
  - 2.8.1 超速(失控)保护装置 … 65
  - 2.8.2 防超越行程的保护装置 … 73

2.8.3　蹲底与冲顶缓冲保护装置：
　　　　　缓冲器 …………………… 74
　　2.8.4　轿厢上行超速保护装置 …… 76
　　2.8.5　轿厢意外移动保护装置 …… 79

第3章　公共场所电梯 …………………… 83

3.1　定义与功能 ………………………… 83
3.2　分类 ………………………………… 83
3.3　结构组成 …………………………… 84
3.4　选用原则 …………………………… 85
3.5　安全使用 …………………………… 86
　　3.5.1　安全使用管理制度 ………… 86
　　3.5.2　安装现场准备 ……………… 86
　　3.5.3　维护和保养 ………………… 86
　　3.5.4　常见故障及排除方法 ……… 88
3.6　适用法律、规范和标准 …………… 109

第4章　住宅电梯 …………………… 112

4.1　定义与功能 ………………………… 112
4.2　分类 ………………………………… 112
4.3　主要结构和技术参数 ……………… 112
　　4.3.1　结构组成 …………………… 112
　　4.3.2　主要技术参数 ……………… 112
4.4　选用原则 …………………………… 113
　　4.4.1　总则 ………………………… 113
　　4.4.2　选型参数 …………………… 113
4.5　安全使用 …………………………… 114
　　4.5.1　安全使用管理制度 ………… 114
　　4.5.2　安装现场准备 ……………… 115
　　4.5.3　维护和保养 ………………… 117
　　4.5.4　常见故障及排除方法 ……… 121
4.6　适用法律、规范和标准 …………… 121

第5章　观光电梯 …………………… 122

5.1　定义与功能 ………………………… 122
5.2　分类 ………………………………… 122
5.3　典型产品技术性能参数 …………… 123
　　5.3.1　圆形观光电梯 ……………… 123
　　5.3.2　六角观光电梯 ……………… 125
　　5.3.3　后侧观光电梯 ……………… 128
　　5.3.4　三侧观光电梯 ……………… 130

　　5.3.5　全景观光电梯 ……………… 133
5.4　选用原则 …………………………… 134
　　5.4.1　不同类型观光电梯的
　　　　　选择 …………………………… 134
　　5.4.2　不同样式观光电梯的
　　　　　选择 …………………………… 136
5.5　安全使用 …………………………… 136
　　5.5.1　安全使用管理制度 ………… 136
　　5.5.2　安装现场准备 ……………… 136
　　5.5.3　维护和保养 ………………… 137
　　5.5.4　常见故障及排除方法 ……… 137
5.6　适用法律、规范和标准 …………… 137
　　5.6.1　主要标准要求 ……………… 137
　　5.6.2　主要规范要求 ……………… 139

第6章　超高速电梯 ………………… 140

6.1　定义与功能 ………………………… 140
6.2　分类 ………………………………… 140
6.3　发展历程与发展方向 ……………… 140
　　6.3.1　发展历程与沿革 …………… 140
　　6.3.2　特点与发展方向 …………… 141
6.4　典型产品技术性能参数 …………… 142
6.5　选用原则 …………………………… 145
　　6.5.1　驱动系统及控制系统选用
　　　　　原则：更强的驱动力 ……… 145
　　6.5.2　噪声、振动抑制及气压控制
　　　　　选用原则：更舒适的乘坐
　　　　　体验 …………………………… 148
　　6.5.3　高速动控制、缓冲制动
　　　　　系统选用原则：更安全
　　　　　的乘梯保障 ………………… 151
6.6　安全使用 …………………………… 154
　　6.6.1　安全使用管理制度 ………… 154
　　6.6.2　安装现场准备 ……………… 154
　　6.6.3　维护和保养 ………………… 154
　　6.6.4　常见故障及排除方法 ……… 154
6.7　适用法律、规范和标准 …………… 154

第7章　载货电梯 …………………… 155

7.1　定义与功能 ………………………… 155
　　7.1.1　定义 ………………………… 155

7.1.2 功能 …………………… 155
7.2 分类 ………………………… 156
7.3 技术参数和产品性能 ………… 156
  7.3.1 结构组成 ……………… 156
  7.3.2 主要技术参数 ………… 156
  7.3.3 典型产品性能 ………… 156
7.4 选用原则 …………………… 157
7.5 安全使用 …………………… 157
  7.5.1 安全使用管理制度 …… 157
  7.5.2 发生紧急情况后的处理 … 157
  7.5.3 电梯机房和井道管理 … 157
  7.5.4 安全操作规范 ………… 158
  7.5.5 安装现场准备 ………… 158
  7.5.6 维护和保养 …………… 159
  7.5.7 常见故障及排除方法 … 159
7.6 适用法律、规范和标准 …… 159

第8章 杂物电梯 …………… 160

8.1 定义与功能 ………………… 160
8.2 分类 ………………………… 160
8.3 技术参数和产品性能要求 … 161
  8.3.1 结构组成 ……………… 161
  8.3.2 主要技术参数 ………… 161
  8.3.3 产品性能要求 ………… 161
8.4 安全使用 …………………… 164
8.5 适用法律、规范和标准 …… 165

第9章 病床电梯 …………… 166

9.1 定义与功能 ………………… 166
9.2 分类 ………………………… 166
9.3 主要结构和技术参数 ……… 166
  9.3.1 结构组成 ……………… 166
  9.3.2 主要技术参数 ………… 166
9.4 选用原则 …………………… 167
9.5 安全使用 …………………… 168
  9.5.1 安全操作规范 ………… 168
  9.5.2 电梯的机房和井道管理 … 168
  9.5.3 紧急情况后的处理 …… 169
  9.5.4 维护和保养 …………… 169
  9.5.5 常见故障及排除方法 … 169
9.6 适用法律、规范和标准 …… 169

第10章 家用电梯（别墅电梯） …… 170

10.1 定义与功能 ………………… 170
10.2 分类 ………………………… 170
10.3 主要结构和技术参数 ……… 172
  10.3.1 结构组成 ……………… 172
  10.3.2 主要技术参数 ………… 172
10.4 选用原则 …………………… 173
10.5 安全使用 …………………… 173
  10.5.1 交付使用前的检验 …… 173
  10.5.2 记录 …………………… 173
  10.5.3 使用信息 ……………… 174
  10.5.4 常见故障及排除方法 … 174
  10.5.5 定期检验 ……………… 174
  10.5.6 维护 …………………… 174
10.6 适用法律、规范和标准 …… 174

第11章 既有建筑加装电梯 …… 175

11.1 定义与功能 ………………… 175
11.2 分类 ………………………… 175
11.3 主要技术参数 ……………… 177
11.4 选用原则 …………………… 177
11.5 安全使用 …………………… 178
  11.5.1 安全使用管理制度 …… 178
  11.5.2 加装电梯实施主体 …… 178
  11.5.3 加装电梯程序 ………… 178
  11.5.4 安装现场准备 ………… 179
  11.5.5 维护和保养 …………… 179
  11.5.6 常见故障及排除方法 … 179
11.6 适用法律、规范和标准 …… 179

第12章 非商用汽车电梯 …… 180

12.1 定义与功能 ………………… 180
12.2 分类 ………………………… 180
12.3 主要结构、技术参数和
     产品性能 …………………… 180
  12.3.1 结构组成 ……………… 180
  12.3.2 主要技术参数 ………… 181
  12.3.3 产品性能要求 ………… 181
  12.3.4 典型产品性能和技术
         参数 …………………… 182

12.4 选用原则 …… 183
12.5 安全使用 …… 183
 12.5.1 安全使用管理制度 …… 183
 12.5.2 安装现场准备 …… 186
 12.5.3 维护和保养 …… 189
 12.5.4 常见故障及排除方法 …… 190
12.6 适用法律、规范和标准 …… 192

第 13 章 消防员电梯 …… 193

13.1 定义与功能 …… 193
13.2 分类 …… 193
13.3 主要技术参数和产品性能 …… 193
 13.3.1 主要技术参数 …… 193
 13.3.2 典型产品性能及技术参数 …… 194
13.4 选用原则 …… 195
13.5 安全使用 …… 195
 13.5.1 安全使用规范 …… 195
 13.5.2 被困救援方法 …… 196
 13.5.3 安装现场准备 …… 197
 13.5.4 轿厢安装注意事项 …… 198
 13.5.5 维护和保养 …… 199
 13.5.6 常见故障及排除方法 …… 199
13.6 适用法律、规范和标准 …… 199

第 14 章 洁净电梯 …… 200

14.1 定义与功能 …… 200
14.2 分类 …… 200
14.3 轿厢空气洁净功能设计要求 …… 200
14.4 主要结构组成和技术参数 …… 202
 14.4.1 结构组成 …… 202
 14.4.2 技术参数 …… 202
14.5 选用原则 …… 202
14.6 安全使用 …… 203
 14.6.1 安全使用管理制度 …… 203
 14.6.2 安装现场准备 …… 203
 14.6.3 维护和保养 …… 203
 14.6.4 常见故障及排除方法 …… 203
14.7 适用法律、规范和标准 …… 203

第 15 章 无障碍电梯 …… 204

15.1 定义与功能 …… 204
15.2 分类 …… 204
15.3 主要产品结构、技术参数和产品性能 …… 204
 15.3.1 结构组成 …… 204
 15.3.2 技术特点 …… 206
 15.3.3 主要技术参数 …… 206
 15.3.4 典型产品性能及技术参数 …… 207
15.4 选用原则 …… 208
15.5 安装和检验 …… 208

第 16 章 斜行电梯 …… 211

16.1 概述 …… 211
 16.1.1 定义 …… 211
 16.1.2 主要使用场景 …… 211
 16.1.3 发展历程及趋势 …… 212
16.2 分类 …… 213
16.3 设计范围 …… 214
16.4 结构组成 …… 214
 16.4.1 曳引系统 …… 215
 16.4.2 门系统 …… 215
 16.4.3 导向系统 …… 215
 16.4.4 安全保护装置 …… 215
 16.4.5 井道 …… 217
 16.4.6 紧急和检修通道 …… 218
 16.4.7 机房 …… 218
 16.4.8 底坑 …… 219
16.5 安全技术规范 …… 219
16.6 安装验收规范 …… 219
 16.6.1 型式试验主要参数 …… 219
 16.6.2 适用参数范围及配置 …… 220
16.7 主要产品性能和技术参数 …… 220
 16.7.1 主要产品技术参数 …… 220
 16.7.2 典型产品性能和技术参数 …… 220
16.8 选用原则 …… 221
 16.8.1 与传统垂直电梯比较 …… 221

16.8.2 与自动扶梯、自动人行道
比较 …………………… 222
16.8.3 与地面缆车比较 ……… 222
16.9 安全使用 …………………… 223
16.9.1 安全使用管理制度 …… 223
16.9.2 安装现场准备 ………… 225
16.9.3 维护和保养 …………… 225
16.9.4 常见故障及排除方法 … 226

第17章 倾斜式无障碍升降平台 … 230

17.1 概述 ………………………… 230
17.1.1 定义 …………………… 230
17.1.2 用途 …………………… 230
17.1.3 国内外发展概况及发展
趋势 …………………… 230
17.2 分类 ………………………… 231
17.3 安全技术规范 ……………… 232
17.4 安装验收规范 ……………… 232
17.5 主要产品性能和技术参数 … 233
17.5.1 主要技术参数 ………… 233
17.5.2 典型产品性能和技术
参数 …………………… 233
17.6 选用原则 …………………… 237
17.6.1 驱动方式 ……………… 237
17.6.2 功能 …………………… 238
17.7 安全使用 …………………… 240
17.7.1 安全使用通则 ………… 240
17.7.2 维护和保养 …………… 240
17.7.3 常见故障及排除方法 … 240

第18章 无障碍垂直升降平台 ……… 245

18.1 概述 ………………………… 245
18.1.1 定义与功能 …………… 245
18.1.2 发展历程与沿革 ……… 245
18.2 分类 ………………………… 246
18.3 结构组成 …………………… 246
18.4 技术特点及参数 …………… 248
18.4.1 技术特点 ……………… 248
18.4.2 主要技术参数 ………… 249
18.5 选用原则 …………………… 249
18.6 安装和检验 ………………… 250

第19章 双层轿厢电梯 ……………… 252

19.1 概述 ………………………… 252
19.1.1 定义与功能 …………… 252
19.1.2 发展历程与沿革 ……… 252
19.1.3 特点与优势 …………… 253
19.2 分类 ………………………… 254
19.3 典型产品性能及技术参数 … 255
19.4 选用原则 …………………… 256
19.4.1 硬件方面 ……………… 256
19.4.2 软件方面 ……………… 261
19.5 安全使用 …………………… 264
19.5.1 安全使用管理制度 …… 264
19.5.2 安装现场准备 ………… 264
19.5.3 维护和保养 …………… 264
19.5.4 常见故障及排除方法 … 264
19.6 相关标准和规范 …………… 264

第20章 防爆电梯 …………………… 265

20.1 概述 ………………………… 265
20.1.1 定义与功能 …………… 265
20.1.2 发展历程与沿革 ……… 265
20.2 分类 ………………………… 266
20.3 结构组成及工作原理 ……… 267
20.3.1 结构组成 ……………… 267
20.3.2 工作原理 ……………… 267
20.4 性能及技术参数 …………… 268
20.5 选用原则 …………………… 269
20.6 安全使用 …………………… 270
20.6.1 安全使用管理制度 …… 270
20.6.2 安装现场准备 ………… 270
20.6.3 安装 …………………… 270
20.6.4 维护和保养 …………… 271
20.6.5 常见故障及排除方法 … 271
20.7 相关标准和规范 …………… 272

第21章 船用电梯 …………………… 274

21.1 概述 ………………………… 274
21.1.1 定义与功能 …………… 274
21.1.2 发展历程与沿革 ……… 276
21.2 分类 ………………………… 276

21.3 结构组成和工作原理 …………… 276
　21.3.1 结构组成 …………………… 276
　21.3.2 工况特性 …………………… 280
　21.3.3 工作原理 …………………… 282
21.4 主要性能指标和产品技术
　　　参数 …………………………… 282
　21.4.1 主要性能指标 ……………… 282
　21.4.2 产品性能和技术参数 ……… 283
21.5 选用原则 ……………………… 284
21.6 安全使用 ……………………… 285
　21.6.1 安全使用管理制度 ………… 285
　21.6.2 安装现场准备 ……………… 285
　21.6.3 维护和保养 ………………… 285
　21.6.4 常见故障及排除方法 ……… 286
21.7 相关标准和规范 ……………… 286

第22章 防腐电梯 ………………… 287

22.1 概述 …………………………… 287
　22.1.1 定义和适用环境 …………… 287
　22.1.2 发展历程与沿革 …………… 289
22.2 分类 …………………………… 289
22.3 防腐蚀技术原理 ……………… 290
　22.3.1 腐蚀和防腐蚀技术 ………… 290
　22.3.2 防腐蚀技术 ………………… 292
22.4 结构组成及工作原理 ………… 296
　22.4.1 结构组成 …………………… 296
　22.4.2 工作原理 …………………… 298
22.5 技术要求和主要性能指标 …… 298
　22.5.1 基本技术要求 ……………… 298
　22.5.2 产品性能和技术参数 ……… 299
22.6 选用原则 ……………………… 299
22.7 安全使用 ……………………… 299
　22.7.1 安全使用管理制度 ………… 299
　22.7.2 安装现场准备 ……………… 300
　22.7.3 维护和保养 ………………… 300
　22.7.4 常见故障及排除方法 ……… 300
22.8 相关标准和规范 ……………… 300

第23章 抗震电梯 ………………… 301

23.1 概述 …………………………… 301
　23.1.1 定义与功能 ………………… 301
　23.1.2 发展历程与沿革 …………… 302
23.2 分类 …………………………… 303
23.3 结构组成及工作原理 ………… 303
　23.3.1 结构组成 …………………… 303
　23.3.2 工作原理 …………………… 306
23.4 技术要求和主要性能指标 …… 307
　23.4.1 基本技术要求 ……………… 307
　23.4.2 产品性能和技术参数 ……… 308
23.5 选用原则 ……………………… 308
23.6 安全使用 ……………………… 308
　23.6.1 安全使用管理制度 ………… 308
　23.6.2 安装现场准备 ……………… 309
　23.6.3 维护和保养 ………………… 309
　23.6.4 常见故障及排除方法 ……… 309
23.7 相关标准和规范 ……………… 309

第24章 室外型电梯 ……………… 310

24.1 概述 …………………………… 310
　24.1.1 定义 ………………………… 310
　24.1.2 发展历程与沿革 …………… 310
24.2 分类 …………………………… 311
24.3 工作原理及结构组成 ………… 312
　24.3.1 工作原理 …………………… 312
　24.3.2 结构组成 …………………… 319
24.4 技术性能 ……………………… 320
　24.4.1 主要技术参数 ……………… 320
　24.4.2 典型产品性能和技术
　　　　 参数 ………………………… 320
24.5 选用原则 ……………………… 321
24.6 安全使用 ……………………… 321
　24.6.1 安全使用管理制度 ………… 321
　24.6.2 安装现场准备 ……………… 321
　24.6.3 维护和保养 ………………… 321
　24.6.4 常见故障及排除方法 ……… 321
24.7 相关标准和规范 ……………… 325

第25章 浅底坑电梯 ……………… 327

25.1 定义 …………………………… 327
25.2 分类 …………………………… 328
25.3 技术性能 ……………………… 328

25.3.1 主要技术参数 …… 328
25.3.2 典型产品性能和技术参数 …… 328
25.4 选用原则 …… 329
25.5 安全使用 …… 329
25.5.1 工作条件和环境条件 …… 329
25.5.2 安装现场准备 …… 330
25.5.3 安全使用和管理 …… 330
25.5.4 常见故障及排除方法 …… 330
25.6 相关标准和规范 …… 332

第26章 无机房电梯 …… 333

26.1 概述 …… 333
26.1.1 定义 …… 333
26.1.2 发展历程与沿革 …… 333
26.2 分类 …… 334
26.3 主要产品技术参数 …… 335
26.4 选用原则 …… 335
26.5 安全使用 …… 335
26.5.1 安全使用管理制度 …… 335
26.5.2 安装现场准备 …… 337
26.5.3 维护和保养 …… 338
26.5.4 常见故障及排除方法 …… 339
26.6 相关标准和规范 …… 339

第27章 非钢丝绳悬挂电梯 …… 344

27.1 定义 …… 344
27.2 分类 …… 344
27.3 技术性能 …… 344
27.3.1 主要技术参数 …… 344
27.3.2 典型产品性能和技术参数 …… 348
27.4 选用原则 …… 349
27.5 安全使用 …… 349
27.5.1 安全使用管理制度 …… 349
27.5.2 安装现场准备 …… 349
27.5.3 维护和保养 …… 351
27.5.4 常见故障及排除方法 …… 352
27.6 相关标准和规范 …… 353

第28章 轿厢式自动行人天桥 …… 354

28.1 概述 …… 354
28.1.1 定义与功能 …… 354
28.1.2 发展历程与沿革 …… 354
28.2 工作原理及结构组成 …… 354
28.2.1 工作原理 …… 354
28.2.2 结构组成 …… 355
28.3 技术规范及性能 …… 357
28.3.1 安全技术规范 …… 357
28.3.2 技术性能 …… 357
28.4 选用原则 …… 358
28.5 安全使用 …… 359
28.5.1 安全操作指导 …… 359
28.5.2 安装现场准备 …… 359
28.5.3 维护和保养 …… 359
28.5.4 常见故障及排除方法 …… 360
28.5.5 紧急救援 …… 362

第29章 摩擦轮驱动电梯 …… 363

29.1 概述 …… 363
29.1.1 定义与特点 …… 363
29.1.2 发展历程与沿革 …… 364
29.2 工作原理及结构组成 …… 364
29.3 驱动力 F_{Tben} …… 366
29.3.1 驱动轮摩擦系数测试及疲劳试验 …… 366
29.3.2 驱动力 F_{Tben} 计算及其验算 …… 366
29.4 技术性能 …… 368
29.4.1 主要技术参数 …… 368
29.4.2 使用的新技术 …… 369
29.5 选用原则 …… 370
29.6 安全使用 …… 370
29.6.1 紧急救援 …… 370
29.6.2 导轨摩擦带的保养和报废判定 …… 371
29.6.3 驱动轮、限速器滚轮的保养和报废判定 …… 371
29.6.4 在浅底坑中进行检修和维护作业时的注意事项 …… 371

29.6.5 驱动的日常检修内容和方法 …… 371
29.7 技术标准及检验与试验 …… 372
29.8 现场安装 …… 373

第30章 螺旋电梯 …… 375

30.1 定义与功能 …… 375
30.2 结构组成及工作原理 …… 375
  30.2.1 结构组成 …… 375
  30.2.2 工作原理 …… 376
30.3 技术性能 …… 376
  30.3.1 典型产品性能及参数 …… 376
  30.3.2 主要技术参数 …… 377
30.4 选用原则 …… 377
30.5 安全使用 …… 377
  30.5.1 安装现场准备 …… 377
  30.5.2 安全使用规程 …… 377
  30.5.3 维护与保养 …… 378
  30.5.4 常见故障及排除方法 …… 378
30.6 相关标准和规范 …… 378

第2篇 自动扶梯和自动人行道

第31章 自动扶梯和自动人行道综述 …… 381

31.1 概述 …… 381
  31.1.1 定义 …… 381
  31.1.2 发展历程与沿革 …… 381
  31.1.3 发展趋势 …… 382
31.2 分类 …… 382
31.3 技术性能 …… 388
  31.3.1 主要技术参数 …… 388
  31.3.2 主要性能指标 …… 389
31.4 结构组成 …… 390
  31.4.1 总体结构 …… 390
  31.4.2 支撑结构 …… 394
  31.4.3 驱动主机 …… 396
  31.4.4 梯路运行系统 …… 398
  31.4.5 扶手带运行系统 …… 399
  31.4.6 防护系统 …… 401

  31.4.7 控制系统 …… 404
  31.4.8 润滑系统 …… 407

第32章 普通型自动扶梯 …… 408

32.1 定义 …… 408
32.2 分类 …… 408
32.3 技术性能 …… 409
  32.3.1 主要技术参数 …… 409
  32.3.2 典型产品性能及技术参数 …… 409
32.4 选用原则 …… 410
32.5 安全使用 …… 411
  32.5.1 安全使用管理制度 …… 411
  32.5.2 安装现场准备 …… 411
  32.5.3 维护和保养 …… 414
  32.5.4 常见故障及排除方法 …… 414
32.6 相关标准和规范 …… 419

第33章 公共交通型自动扶梯 …… 421

33.1 定义 …… 421
33.2 分类 …… 421
33.3 主要产品性能和技术参数 …… 422
  33.3.1 技术要求 …… 422
  33.3.2 主要技术参数 …… 422
  33.3.3 典型产品性能及技术参数 …… 422
33.4 选用原则 …… 423
33.5 安全使用 …… 423
  33.5.1 安全使用管理制度 …… 423
  33.5.2 安装现场准备 …… 424
  33.5.3 维护和保养 …… 426
  33.5.4 常见故障及排除方法 …… 427
33.6 相关标准和规范 …… 428

第34章 重载型自动扶梯 …… 429

34.1 定义与功能 …… 429
34.2 分类 …… 429
34.3 主要产品性能及技术参数 …… 430
  34.3.1 主要技术参数 …… 430
  34.3.2 典型产品性能及技术参数 …… 432

34.4　选用原则 …………………… 432
  34.5　安全使用 …………………… 432
    34.5.1　安全使用管理制度 ……… 432
    34.5.2　安装现场准备 …………… 432
    34.5.3　维护和保养 ……………… 432
    34.5.4　常见故障及排除方法 …… 435
  34.6　相关标准和规范 …………… 440

第35章　螺旋型自动扶梯 …………… 441
  35.1　概述 ………………………… 441
    35.1.1　定义与功能 ……………… 441
    35.1.2　发展历程与沿革 ………… 441
  35.2　分类 ………………………… 441
  35.3　工作原理及结构组成 ……… 442
    35.3.1　工作原理 ………………… 442
    35.3.2　结构组成 ………………… 442
  35.4　技术性能 …………………… 443
    35.4.1　主要技术参数 …………… 443
    35.4.2　典型产品性能及技术
           参数 …………………… 443
  35.5　选用原则 …………………… 443
  35.6　安全使用 …………………… 443

第36章　普通型自动人行道 ………… 444
  36.1　定义 ………………………… 444
  36.2　分类 ………………………… 444
  36.3　主要产品性能及技术参数 … 446
    36.3.1　主要技术参数 …………… 446
    36.3.2　典型产品性能及技术
           参数 …………………… 447
  36.4　选用原则 …………………… 448
  36.5　安全使用 …………………… 448
  36.6　相关标准和规范 …………… 448

第37章　公共交通型自动人行道 …… 449
  37.1　定义 ………………………… 449
  37.2　分类 ………………………… 449
  37.3　主要产品性能及技术参数 … 449
    37.3.1　标准规范要求 …………… 449
    37.3.2　主要技术参数 …………… 450
    37.3.3　典型产品性能及技术
           参数 …………………… 450
  37.4　选用原则 …………………… 451
  37.5　安全使用 …………………… 451
  37.6　相关标准和规范 …………… 451

第38章　重载型自动人行道 ………… 452
  38.1　定义 ………………………… 452
  38.2　分类 ………………………… 452
  38.3　主要产品性能及技术参数 … 453
    38.3.1　国家标准要求 …………… 453
    38.3.2　主要技术参数 …………… 453
    38.3.3　典型产品性能及技术
           参数 …………………… 454
  38.4　选用原则 …………………… 455
  38.5　安全使用 …………………… 455
  38.6　相关标准和规范 …………… 455

参考文献 ………………………………… 456

第1篇

电　梯

第1章

电 梯 概 述

1.1 定义

电梯是服务于建筑物内若干特定楼层,其轿厢运行在至少两列垂直于水平面或与铅垂线倾斜角小于15°的刚性导轨上的永久性运输设备。轿厢尺寸与结构设计应便于乘客出入或装卸货物。电梯适用于装置在两层以上的建筑内,是输送人员或货物的垂直升降设备。

1.2 发展历程及趋势

1.2.1 国际电梯发展史

1852年,美国扬克斯的机械工程师奥的斯先生发明了世界第一台安全升降机。它是配有一种安全装置的升降机。

1853年9月20日,在纽约扬克斯,奥的斯电梯公司诞生了,从此开启了世界电梯行业的新纪元。

1857年3月23日,奥的斯公司在纽约一座5层的玻璃器皿商店安装了世界第一台客运升降机。

1862年,奥的斯公司采用单独蒸汽机控制的升降机问世。

1889年12月,奥的斯公司在纽约第玛瑞斯特大楼成功安装了1台直接连接式升降机,这是以直流电动机为动力的世界第一台电力驱动升降机,从此诞生了名副其实的"电梯"。

1889年,奥的斯公司完成了法国巴黎埃菲尔铁塔中的电梯项目。按照铁塔底脚的斜度和曲率,电梯在部分行程中需在倾斜导轨上运行。

1899年7月9日,第一台奥的斯-西伯格梯阶式扶梯试制成功,梯级踏板用硬木制成,有活动扶手和梳齿板。1900年该扶梯在法国巴黎国际博览会上展出,获得巨大成功。

1900年,西伯格把拉丁文"scala"(楼梯)一词与"elevator"(电梯)的字母结合起来创造的"escalator"(自动扶梯)一词注册为产品商标,1910年西伯格将它卖给了奥的斯公司,直到1950年,奥的斯公司拥有了这个商标。

1902年,瑞士迅达电梯公司开发了按钮控制的乘客电梯。

1903年,奥的斯公司在纽约安装了第一台直流无齿轮曳引电梯。

1915年,奥的斯公司设计了自动平层微动装置,首次应用于美国海军舰队的电梯。

1924年,奥的斯公司在纽约标准石油公司大楼安装了第一台信号控制的电梯,这是一种自动化程度较高的有司机电梯。

1931年,奥的斯公司在纽约安装了世界第一台双层轿厢电梯,双层轿厢电梯增加了额定载质量,节省了井道空间,提高了运送能力。

1946年,奥的斯公司设计了群控电梯,1949年首批群控电梯安装于美国纽约联合国大厦。

1952年12月,奥的斯公司在日本东京附近的Narita机场安装了水平穿梭人员运输系统。穿梭轿厢悬浮于气垫之上,平滑无声地运行,速度可达9.00 m/s。

1967年,奥的斯公司为美国纽约世界贸易中心大楼安装了208台电梯和49台自动扶梯。世界贸易中心南北两座高楼都是110层,该大楼于2001年9月11日因恐怖分子袭击而倒塌。

1975年,加拿大国家电视塔(the CN tower)开始建造,它曾是世界上最高的独立式建筑物。塔高550 m,安装有奥的斯公司4台特制玻璃围壁的观光电梯。

1976年7月,日本富士达公司开发了速度为10.00 m/s的直流无齿轮电梯。

1977年,日本三菱电机公司开发了可控硅-伦纳德控制的无齿轮曳引电梯。

1991年,三菱电机公司开发了带有中间水平段的大提升高度自动扶梯,这种多坡度自动扶梯在大提升高度时,可降低乘客对高度的恐惧感,并能与大楼楼梯结构协调配置。

1993年,三菱电机公司在日本横滨地标大厦(Landmark Tower)安装了速度为12.50 m/s的超高速乘客电梯,是当时世界速度最快的乘客电梯。

1993年,日本日立制作所开发了可以承运大型轮椅的自动扶梯,几个相邻梯级可以联动形成支持轮椅的平台。

1996年,芬兰通力电梯公司发布了革新设计的无机房电梯Mono Space®,用扁平的永磁同步电机(蝶形马达)变压变频驱动。电机固定在井道顶部侧面的导轨上,由钢丝绳传动牵引轿厢。

1996年,奥的斯公司引入Odyssey集垂直运输与水平运输于一体的复合运输系统概念。该系统采用直线电机驱动,在一个井道内设置多台轿厢,轿厢在计算机导航系统控制下,可以在导轨网络内交换各自的运行路线。

1996年,迅达电梯公司推出Miconic 10的楼层厅站登记系统。该系统操纵盘设置在各层站候梯厅,乘客只需在呼梯时登记自己的楼层号码,就会知道应该去乘梯组中的哪台电梯,从而提前去该电梯厅门等候,待乘客进入轿厢后不再需要选层。

1997年4月,迅达电梯公司在慕尼黑展示了Mobile®无机房电梯,该电梯无需曳引绳和承载井道,自驱动轿厢在自支撑的铝制导轨上垂直运行。

1997年,通力电梯公司在芬兰建造了当今世界行程最大(350 m)的地下电梯试验井道,电梯实际提升高度330 m,理论上可以测试速度达到17.00 m/s的电梯。

1999年,奥的斯公司发布了3个电子商务产品:电子直销e＊Direct、电子服务e＊Service、电子显示e＊Display。电子显示e＊Display是通过电梯轿厢的1块平板显示屏,向乘客提供新闻、天气预报、股市行情、体育比赛结果等信息,也可提供楼层指南、发布广告。

20世纪90年代末,富士达公司开发了变速式自动人行道,即自动人行道以分段速度运行,乘客从低速段进入,然后进入高速平稳运行段,最后进入低速段离开。这样提高了乘客上下人行道时的安全性,缩短了长行程的乘梯时间。

2000年5月,迅达电梯公司发布Euro-lift无机房电梯。它采用高强度无钢丝绳芯的合成纤维曳引绳牵引轿厢。每根曳引绳大约由30万股细纤维组成,比传统的钢丝绳轻4倍。绳中嵌入了石墨纤维导体,使得能够监控曳引绳的轻微磨损等变化。

2000年,奥的斯发布了GeN2无机房电梯。它采用扁平的钢丝加固胶带牵引轿厢。钢丝加固胶带外面包裹着聚氨酯材料,柔性好;无齿轮曳引机呈细长型,体积小,容易安装在井道顶部侧面的钢梁上。用扁平钢丝胶带曳引电梯轿厢,改变了电梯使用钢丝绳曳引梯的历史,是电梯行业一项划时代的创新技术。

2000年,美国国家航空航天局(NASA)描述了建造太空电梯的感念,极细的碳纤维缆绳能延伸到地球赤道上方3.54万km,与一质量巨大的天体相连,电梯轿厢设置为多轿厢双向上下对开。一旦太空电梯建成,一人携带行李进行一次太空旅行只需支付 220 美元。

2002 年 4 月 17—20 日,三菱电机公司在第五届中国国际电梯展览会上展示出了倾斜段高速运行的自动扶梯模型,其倾斜段的速度是出入口水平段速度的 1.5 倍,这样既缩短了乘客的乘梯时间,也提高了乘客上下扶梯时的安全性与平稳性。

2003 年 2 月,奥的斯发布了 NextStep 自动扶梯。以其独特的带防护梯级设计,将踏板和彩色的蝶形裙板合二为一,构成一个协调运行的整体模块,将难以保证的 4 mm 梯级的运行间隙减少至 1 mm 以下的固定间隙,从而巧妙地消除了传统扶梯设计中由于梯级和裙板之间的间隙而易造成伤害的危险。

2004 年,台北国际金融中心大厦安装速度为 16.80 m/s 的东芝超高速电梯,提升高度为 388 m。

1.2.2 中国电梯发展史

我国电梯工业的发展经历了三个阶段。

1. 第一阶段

1900—1949 年,我国没有电梯制造工业,主要由国内的电梯工程技术以及安装维保人员对进口电梯进行安装与维修保养。

1900 年,美国奥的斯电梯公司获得了在中国的第一份电梯合同——为上海提供了两台电梯,从此中国电梯历史展开了第一页。

1907 年,奥的斯在上海的汇中饭店(今和平饭店南楼)安装了 2 台电梯。这两台电梯被认为是我国最早使用的电梯。

1915 年,北京饭店安装了 3 台奥的斯交流单速电梯,其中乘客电梯 2 台,杂物电梯 1 台。

1924 年,天津利顺德大饭店安装了奥的斯 1 台手柄开关操纵的乘客电梯,这台电梯已运行了近百年,如今仍然可以开动。

1931 年,曾在美国人开办的慎昌洋行当领班的华才林在上海开设了华恺记电梯水电铁工厂,从事电梯安装、维修保养业务。该厂成为中国第一家电梯工程企业。

1932 年 11 月,台湾省台北市菊元百货公司安装了岛内第一台商用电梯。1959 年台湾省高雄市大新百货公司安装了岛内第一台自动扶梯。

1935 年,上海南京路的大新公司(今上海第一百货公司)安装了 2 台奥的斯轮带式单人自动扶梯。该自动扶梯被认为是我国最早使用的自动扶梯。

截至 1949 年,上海共安装了进口电梯约 1100 台,其中美国奥的斯生产的约 500 台,瑞士生产的约 100 台,还有英国、日本、意大利、法国、德国、丹麦等国生产的电梯。

2. 第二阶段

1951 年冬,党中央提出要在北京天安门安装 1 台我国自己制造的电梯,该任务交给了天津从庆生电机厂。4 个多月后,第一台由我国工程技术人员自己设计制造的电梯诞生了,从此开启了我国电梯行业的发展史。

1956 年,上海电梯厂(由华恺记电梯水电铁工厂合资发展而成)试制成功自动平层、自动开关门的交流双速信号控制电梯。1960 年 5 月,该厂又试制成功由信号控制的直流发电机组供电的直流电梯。

1959 年 9 月,我国第一批(4 台)由上海电梯厂与上海交通大学共同研制并制造的自动扶梯,安装在北京火车站。

1967 年,上海电梯厂为澳门葡京大酒店设计制造了直流快速群控电梯,这是我国最早生产的群控电梯。

1972 年 10 月,上海电梯厂的大提升高度(60 多米)自动扶梯研制成功,安装在朝鲜平壤市金日成广场地铁站中,这是我国最早生产的大提升高度自动扶梯。

1976 年,上海电梯厂试制成功总长为 100 m、速度为 0.67 m/s 的双人自动人行道,安装在北京首都国际机场。

1976 年 12 月,天津电梯厂生产了 6 台群控直流无齿轮高速电梯,安装在广州白云宾馆。

1979 年 12 月,天津电梯厂研制生产了第一台集选控制的交流调速电梯,安装在天津京东饭店。

1979年，新中国成立30年来，全国共生产了电梯约1万台，产品品种主要是交流双速电梯和直流电梯；国内电梯生产企业共约10家。

3. 第三阶段

改革开放以后，世界著名电梯企业纷纷进入我国，美国奥的斯、瑞士迅达、芬兰通力、德国蒂森、日本三菱、日立、东芝、富士达等世界最大的几家电梯公司均在我国建立了合资或独资企业，我国电梯行业开始飞速发展。

我国内资电梯企业主要有山东百斯特、浙江巨人、上海华立、苏州申龙、苏州东南、康力、嘉捷、上海房屋设备等，电梯配件企业有宁波欣达、申菱、上海新时达、老港申菱、贝斯特、常熟曳引机、河北东方等。

1980年7月4日，中国建筑机械总公司、瑞士迅达电梯有限公司、香港怡和讯达（远东）有限公司三方合资组建中国迅达电梯有限公司。这是我国自改革开放以来机械行业第一家合资企业。该合资企业包括上海电梯厂和北京电梯厂。

1982年4月，天津电梯厂等联合组建成立天津市电梯公司。

1982年9月30日，天津市电梯公司电梯试验塔竣工，塔高114.7 m，其中试验井道5个，这是我国最早建立的专业电梯试验塔。

1983年，上海房屋设备厂为上海游泳馆制造了国内第一台用于10 m跳台的低压控制防湿、防腐电梯。同年，为辽宁北台钢铁厂制造了国内第一台用于检修干式煤气柜的防爆电梯。

1983年，城乡建设环境保护部确定中国建筑科学研究院建筑机械化研究所为我国电梯、自动扶梯和自动人行道行业技术归口单位。

1984年6月，中国建筑机械化协会建筑机械制造协会电梯分会成立大会在西安市召开，电梯协会为三级协会。

1984年12月1日，天津市电梯公司、美国奥的斯电梯公司和中国国际信托投资公司合资组建的天津奥的斯电梯有限公司正式成立。

1986年1月1日，中国建筑机械化协会建筑机械制造协会电梯分会更名为"中国建筑机械化协会电梯协会"，电梯协会升级为二级协会。

1987年1月，上海机电实业公司、日本三菱电机公司等合资组建的上海三菱电梯有限公司开业。

1988年12月，上海三菱电梯有限公司引进技术生产了中国第一台交流变压变频（variable voltage and variable frequency，VVVF）驱动控制的电梯，速度为1.75 m/s，安装在上海静安宾馆。

1990年2月25日，电梯协会会刊《中国电梯》正式出版，在国内外公开发行。《中国电梯》成为国内唯一专门介绍电梯技术、管理与市场等内容的正式刊物。

1992年7月，电梯协会升级为一级协会，并正式命名为"中国电梯协会"。

1993年1月，天津奥的斯电梯有限公司成为我国电梯行业首家通过ISO 9000系列质量体系认证的公司。

1994年10月，亚洲第一高、世界第三高的上海东方明珠电视塔落成，塔高468 m。该塔配置奥的斯电梯、自动扶梯共20余部，并安装了双层轿厢电梯，率先安装了圆形轿厢三导轨观光电梯。

1995年，上海南京路商业街的新世界商厦安装了1台三菱电机公司的螺旋形自动扶梯。

1996年8月，苏州江南电梯有限公司在第一届中国国际电梯展上展出了微机控制的交流变频变压调速多坡度（波浪形）自动扶梯。

1997年，伴随着国家新房改政策的颁布，我国住宅电梯涌现发展热潮。

1998年，无机房电梯呈现大发展的趋势。

1998年6月，奥的斯电梯（中国）投资有限公司成立。这是我国电梯行业第一家投资性公司，也是我国最早的中外合资的投资性公司之一。

1998年10月28日，位于上海浦东的金茂大厦落成，这是当时中国最高、世界第四高的摩天大厦，楼高420 m，配置电梯61台、自动扶梯18台，其中两台速度为9.00 m/s的三菱超高速电梯是当时我国运行速度最快的电梯。

2000年年底,天津奥的斯、杭州西子奥的斯、上海奥的斯等约10家合资企业为客户开通了800免费服务电话。

2014年,马鞍山长江大桥拱形桥塔里安装了上海德圣米高的2台圆弧形斜行电梯,于2014年投入运行。

2018年12月竣工的北京第一高楼——北京中信大厦(中国尊),安装了79台通力电梯,提升高度503.5 m,其中21台速度为10.00 m/s的双层电梯。

2019年9月27日,日立公司安装在广州周大福金融中心("广州东塔")的21.00 m/s超高速电梯,获得吉尼斯世界纪录认证。

到了互联网大数据时代,智能电梯物联网与云计算服务平台实现了对电梯速度、载质量、振动、噪声、楼层、停层、平层、开关门数据以及轿厢冲顶、蹲底、困人等故障信息数据的采集和向各关联部门的推送,实现了云端远程监控,大幅提高了电梯设备可控性和电梯维保质量及效率,终极目标是电梯将无须定期维保、实现按需维修、大大降低维保成本。

1.2.3　电梯技术的发展趋势

1) 电梯群控系统将更加智能化

电梯智能群控系统将基于强大的计算机软硬件资源,如基于专家系统的群控、基于模糊逻辑的群控、基于计算机图像监控的群控、基于神经网络控制的群控、基于遗传基因法则的群控等。这些群控系统能适应电梯交通的不确定性、控制目标的多样化、非线性表现等动态特性。随着智能建筑的发展,电梯的智能群控系统能与大楼所有的自动化服务设备结合成整体智能系统。

2) 超高速电梯速度将越来越高

21世纪将会发展多用途、全功能的塔式建筑,超高速电梯继续成为研究方向。曳引式超高速电梯的研究继续在采用超大容量电动机、高性能微处理器、减振技术、新式滚轮导靴和安全钳、永磁同步电动机、轿厢气压缓解和噪声抑制系统等方面推进。采用直线电机驱动的电梯也有较大研究空间。未来超高速电梯的舒适感会有明显提高。

3) 蓝牙技术将在电梯上广泛应用

蓝牙(bluetooth)技术是一种全球开放的短距无线通信技术,它可通过短距离无线通信,把电梯的各种电子设备连接起来,无须纵横交错的电缆线,可实现无线组网。这种技术将减少电梯的安装周期和费用,提高电梯的可靠性和控制精度,更好地解决电气设备的兼容性,有利于把电梯归纳到大楼管理系统或智能化管理小区系统中。

4) 绿色电梯将得到普及

绿色电梯要求电梯节能、减少油污染、电磁兼容性强、噪声低、寿命长、采用绿色装潢材料、与建筑物协调等。目前已设计出在大楼顶部的机房利用太阳能作为电梯补充能源的太阳能电梯。

5) 电梯产业将网络化、信息化

物联网技术使电梯控制系统与网络技术相结合,用网络把各地的电梯监管起来进行维保。通过电梯网站进行网上交易,包括电梯配置、招投标等,也可以在网上申请电梯定期检验。

6) 人类将能够乘电梯去太空

乘电梯进入太空,这一设想是苏联科学家在1895年提出来的,后来一些科学家相继提出了各种解决方案。2000年,美国国家航空航天局(NASA)描述了建造太空电梯的概念,这需要极细的碳纤维制成的缆绳并能延伸到地球赤道上方3.54万km。为使这条缆绳突破地心引力的影响,太空中的另一端必须与一个质量巨大的天体相连。这一天体向外太空旋转的力量与地心引力抗衡,将使缆绳紧绷,允许电梯轿厢在缆绳中心的隧道穿行。

1.3　基本规格和主要性能指标

1.3.1　基本规格

电梯基本规格表示一台电梯的服务对象、运载能力、工作性能及主要尺寸等,主要包括电梯用途、额定载质量、额定速度、拖动方式、控制方式、轿厢尺寸、门的形式等。

1) 电梯用途

电梯用途指乘客用、载货用、住宅用、医用等。

2) 额定载质量

额定载质量指设计规定的保证电梯正常运行的允许载质量,为电梯主参数,单位为千克(kg)。在《电梯主参数及轿厢、井道、机房的型式与尺寸 第1部分:Ⅰ、Ⅱ、Ⅲ、Ⅵ类电梯》(GB/T 7025.1—2023)、《电梯主参数及轿厢、井道、机房的型式与尺寸 第2部分:Ⅳ类电梯》(GB/T 7025.2—2008)中对电梯额定载质量有所规定。

3) 额定速度

按 GB/T 7025.1—2023、GB/T 7025.2—2008 规定,电梯额定速度为 0.63 m/s、1.00 m/s、1.60 m/s、2.50 m/s(仅限于梯速≤2.50 m/s 的电梯)。

4) 拖动方式

拖动方式指电梯采用的动力种类,分为直流电力拖动、交流电力拖动、液力拖动。

5) 控制方式

控制方式指对电梯运行的控制方式,分为按钮控制、信号控制、集选控制、并联控制、集群控制等。

6) 轿厢尺寸

轿厢尺寸以深×宽表示,由梯种和额定载质量决定,并关系到井道的尺寸设计。轿厢尺寸在 GB/T 7025.1—2023、GB/T 7025.2—2008 中有所规定。

7) 门的形式

门的形式指电梯门的结构形式,分为中分式、旁开式、直分式等。

1.3.2 主要性能指标

电梯是服务于建筑物的运输设备,为了满足这一特定设备的需要,电梯必须满足相应的性能要求。电梯的主要性能要求包括安全性、可靠性、平层精度、舒适性等指标。

1) 安全性

安全性是电梯首先应具有的性能指标,这是由电梯的使用性质决定的,也是电梯的设计、制造、安装调试等环节,以及使用、管理和维修保养过程中必须保证的重要指标。为此,对于电梯的重要部件,在设计、制造时都采取了比较大的安全系数(通常取 10~20)。同时还针对电梯的工作特点,设置了安全保护装置,使电梯成为各种交通工具中最安全的设备之一。

2) 可靠性

可靠性是反映电梯技术先进程度和制造、安装精度的一项指标,主要体现在运行中故障率的高低上,若故障率高,则说明可靠性差。如果电梯零部件加工制造材质差、精度低,电器控制元件质量不稳定,或控制技术存在一定的局限性,那么电梯的整体性能很难达到可靠的要求。

3) 平层精度

电梯的平层精度是指轿厢到站停靠后,其地坎上平面与层门地坎上平面垂直方向的误差值,其误差的大小与电梯的运行速度、制动距离,以及力矩的调整、拖动性能及轿厢的负载情况有关。平层精度要求在《电梯技术条件》(GB/T 10058—2023)中有所规定。

4) 舒适性

舒适性是乘客在乘梯时最敏感的一项指标,也是电梯多项性能指标的综合反映。它与电梯运行中的启动、制动阶段的运行速度、运行平稳性、噪声,甚至轿厢的装饰都有着密切的关系。为使电梯乘坐舒适,必须控制电梯运行中的振动。尤其是乘客电梯和病床电梯,应保证运行的平稳性,其水平振动加速度在《电梯技术条件》(GB/T 10058—2023)中有所规定。

此外,电梯运行的平稳性与其拖动系统和导向系统制造、安装精度和维修保养的质量有密切关系。

1.4 分类

1. 按驱动方式分类

(1) 曳引驱动电梯;

(2) 强制驱动电梯;

(3) 液压驱动电梯;

(4) 螺杆驱动电梯(滚珠丝杆电梯);
(5) 直线电机驱动电梯(磁悬浮电梯);
(6) 摩擦轮驱动电梯(靠驱动轮与轿厢导轨或者对重导轨的摩擦来驱动电梯);
(7) 气体驱动电梯。

2. 按拖动及调速方式分类

(1) 直流调速电梯;
(2) 交流单速电梯;
(3) 交流双速电梯(变极调速);
(4) 交流调压调速电梯;
(5) 交流调频调压调速电梯。

3. 按控制方式分类

(1) 手柄操纵电梯;
(2) 按钮控制电梯;
(3) 信号控制电梯;
(4) 集选控制电梯;
(5) 并联控制电梯;
(6) 梯群程序控制电梯;
(7) 目的层选层群控电梯。

4. 按曳引悬挂介质方式分类

(1) 钢丝绳悬挂式电梯;
(2) 包覆钢丝绳悬挂式电梯;
(3) 非金属绳悬挂式电梯;
(4) 钢丝绳芯带悬挂式电梯;
(5) 非金属绳芯带悬挂式电梯。

5. 按用途及使用环境分类

(1) 公共场所乘客电梯;
(2) 住宅电梯;
(3) 观光电梯;
(4) 病床电梯;
(5) 家用电梯(别墅电梯);
(6) 载货电梯;
(7) 仅载货电梯;
(8) 非商用汽车电梯;
(9) 杂物电梯;
(10) 消防员电梯;
(11) 无障碍电梯;
(12) 船用电梯;
(13) 倾斜式无障碍升降平台;
(14) 抗震电梯;
(15) 既有建筑加装电梯;
(16) 防爆电梯;
(17) 防腐电梯;
(18) 洁净电梯;
(19) 室外型电梯(室外开放井道式);
(20) 其他特殊环境用电梯(高寒地区、高温高湿、高海拔、防水)。

6. 按额定速度分类

(1) 低速电梯($v \leqslant 1.0$ m/s);
(2) 中速电梯(1.0 m/s$<v \leqslant 2.5$ m/s);
(3) 高速电梯(2.5 m/s$<v \leqslant 6.0$ m/s);
(4) 超高速电梯($v > 6.0$ m/s)。

7. 按整梯结构分类

(1) 有机房电梯;
(2) 无机房电梯(直线电机驱动也是无机房电梯);
(3) 双层轿厢电梯;
(4) 双子电梯;
(5) 无底坑(浅底坑)电梯;
(6) 斜行电梯;
(7) 过街天桥电梯。

第2章

电梯的基本结构

2.1 曳引和液压驱动系统

2.1.1 曳引驱动系统

1. 功能及组成

电梯的曳引驱动系统通过曳引轮的正反转,利用曳引绳与曳引轮之间的静摩擦力,带动曳引绳两端的轿厢和对重进行升降运动。电梯的曳引驱动系统由曳引机、导向轮、曳引钢丝绳等组成,如图2-1所示。

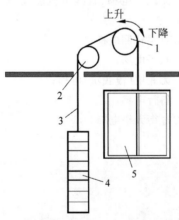

1—曳引机;2—导向轮;3—曳引钢丝绳;
4—对重;5—轿厢。

图2-1 曳引驱动系统

2. 曳引机

电梯曳引机(又称电梯主机)是电梯的主拖动机械,按驱动电动机的类型可分为直流电动机拖动和交流电动机拖动两类,按有无减速器可分为无齿轮曳引机和有齿轮曳引机两类。电梯曳引机的结构如图2-2所示,具体要求详见《电梯曳引机》(GB/T 24478—2009)。

1—减速器;2—制动器;3—电动机;
4—旋转编码器;5—机座;6—曳引轮。

图2-2 曳引机

1) 无齿轮曳引机

无齿轮曳引机(见图2-3)主要应用在高速电梯上,无机房无齿轮曳引机主要应用在高速电梯和无机房、小机房电梯上。

图2-3 无齿轮曳引机

无齿轮曳引机最大的特点是电动机与曳引轮之间没有减速箱,其有以下优点:

(1) 结构简单紧凑;

(2) 传动效率高,节省能源;
(3) 不需要润滑油,没有漏油故障以及换油时对环境的污染;
(4) 在一些情况下,无齿轮曳引机使用的电动机为永磁同步电动机,其功率因数比异步电动机要高很多,对电网的污染也远远小于异步电动机。

2) 蜗轮蜗杆曳引机

蜗轮蜗杆传动属于垂直轴齿轮传动,目前采用这种减速方式的曳引机是交流有齿曳引机中应用最为广泛、技术最为成熟的一种。蜗轮蜗杆曳引机结构如图2-4所示。

图2-4 蜗轮蜗杆曳引机结构

采用蜗轮蜗杆减速箱的曳引机有以下优点:
(1) 传动比大,结构紧凑;
(2) 制造简单,部件和轴承数量少;
(3) 由于齿面的啮合是连续不断的,因此运行平稳,噪声较低;
(4) 具有较好的抗冲击载荷特性,不易逆向驱动(从负载端向原驱动端传动)。

采用蜗轮蜗杆的减速方式有以下缺点:
(1) 由于啮合齿面之间有较大的滑移速度,在运行时发热量大;
(2) 齿面磨损较严重;
(3) 传动效率低(一般的蜗轮副传动效率只有72%~85%);
(4) 对蜗轮蜗杆中心距敏感,部件互换性差。

在设计蜗轮副时,考虑到单头蜗杆的传动效率较低,一般尽量采用多头蜗杆。但为了保证加工和传动的精度,蜗杆头数通常不大于4。同时为了避免减速箱体积过大,蜗轮齿数一般不超过85。

3) 斜齿轮副曳引机

斜齿轮传动属于平行轴齿轮传动。在电梯曳引机上应用这类减速方式时,通常要有2~3级减速,其减速箱体积与蜗轮蜗杆减速箱体积相当。与直齿轮相比,由于斜齿轮传动在啮合过程中有轴向的重合度,啮合的齿数增加,因此其啮合平稳性和承载能力都要比直齿轮好(直齿轮啮合时接触的轮齿数量是在一对与两对之间交替变换,且由于齿面接触为一条直线,因此啮合、分离时都是同时接触或同时分离的,冲击振动和噪声都比较大)。斜齿轮副结构如图2-5所示。

图2-5 斜齿轮副结构

斜齿轮副减速箱的优点在于:
(1) 啮合性能好,振动低、噪声小、传动平稳;
(2) 重合度大,降低了每对轮齿的载荷,相对地提高了齿轮的承载能力,寿命长;
(3) 传动效率较高,能够达到93%~97%;
(4) 斜齿轮机构较直齿轮紧凑,体积小,质量轻,传动精度高。

但由于应用在电梯曳引机上时,其噪声和振动也会引起使用者的不适,因此斜齿轮减速机也暴露出以下缺点:
(1) 在设计时必须特别注意确保齿轮的强度和可靠性;
(2) 斜齿轮的噪声和振动虽然比直齿轮低,但比蜗轮蜗杆高,为了尽可能减少噪声和振动,对斜齿轮的加工精度要求较高;
(3) 需要的部件和轴承较多;
(4) 曳引轮和齿轮的直径比不易匹配,很小的啮合误差也会影响到使用性能,因此制造费用较高。

4) 行星齿轮传动曳引机

行星齿轮传动曳引机与定轴轮系的蜗轮蜗杆传动和斜齿轮传动不同,行星齿轮传动属于行星轮系传动。行星齿轮副结构如图2-6所示。

图2-6 行星齿轮副结构

电梯曳引机上通常采用渐开线行星齿轮作为减速传动装置。行星齿轮传动具有以下优点:

(1) 结构紧凑,质量轻,体积小,行星齿轮减速箱的尺寸和质量约为蜗轮蜗杆或斜齿轮减速箱的1/6～1/2;

(2) 传动效率高,行星齿轮的传动效率可达97%～99%;

(3) 运行平稳,抗冲击和振动的能力较强。

但行星齿轮传动也有一些缺点:结构复杂、造价高、加工制造和装配都比较困难。由于使用了直齿轮,在高转速的情况下噪声和振动会变得较大,同时,面临造价日益降低的无齿轮电引机,行星齿轮传动曳引机已无明显优势。

5) 皮带传动曳引机

皮带传动是单级传动,电机轴通过V形带直接与曳引轮轴连接,驱动V形带的传动轮安装在电机轴上,皮带靠特殊的装置进行张紧,其结构如图2-7所示。

图2-7 皮带传动曳引机结构

V形带传动有以下优点:

(1) 体积小、质量轻、成本更低;

(2) 传动效率高,可达98%左右;

(3) 在整个工作寿命期内运行平稳,噪声低;

(4) 对加工精度的要求不高;

(5) 维护费用低,不用润滑油,没有漏油问题,环保性好。

但是,V形带传动也存在以下缺点:

(1) 传动比低,一般总需要2∶1的绕绳比;

(2) 皮带作为柔性传动部件,比蜗轮蜗杆和齿轮这样的部件更容易失效;

(3) 由于需要传递的扭矩较大,对皮带要求较高。

3. 曳引轮

曳引轮的作用是利用摩擦力来传递动力,并且要承受电梯轿厢、对重、载荷及曳引绳和电缆等的全部重量。

1) 曳引轮材质

铸铁具有减少振动和耐磨的特点,因此曳引轮采用耐磨性能较好的球墨铸铁铸造。钢质的曳引轮会使曳引钢丝绳加速磨损,故在电梯中不被采用。

为了使钢丝绳及曳引轮的磨损最小,必须使曳引绳槽壁的材料金相组织及硬度在足够的深度上保持相同,并且沿着曳引轮的全部圆周上有相同的分布。否则,钢丝绳与绳槽间产生的微小滑动也会使绳槽出现不均匀的磨损,使减速器、钢丝绳及轿厢产生振动和噪声。

曳引轮绳槽壁的工作表面粗糙度要求一般应不低于 $Ra\ 6.3\ \mu m$,硬度为 200 HB 左右,同一轮上的硬度差不大于 15 HB。

2) 曳引轮绳槽

曳引轮绳槽的截面形状对电梯曳引能力有很大的影响,通常有如下三种形式:半圆形槽、半圆形带切口槽、V形槽,如图2-8所示。

V形槽所产生的摩擦力最大,钢丝绳与绳槽的磨损很快,影响使用寿命,同时当槽形磨损、钢丝绳中心下移时,摩擦力就会很快下降,因此这种槽型应用较少。

半圆形槽所产生摩擦力最小,有利于延长钢丝绳和曳引轮的使用寿命,但摩擦力过小往

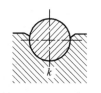
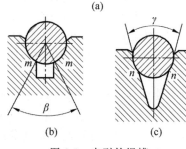

图 2-8 曳引轮绳槽

(a) 半圆形槽；(b) 半圆形带切口槽；(c) V形槽

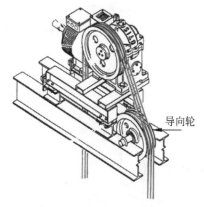

图 2-9 曳引机的导向轮

绳或链条因松弛而脱离绳槽或链轮；③异物进入绳与绳槽或链与链轮之间。

往使钢丝绳与绳槽之间打滑，因此半圆形槽一般不在单绕式电梯中使用，而多见于高速复绕式电梯中。

半圆形带切口槽所产生的摩擦力比较适中，是目前电梯上应用最为广泛的一种。

3) 曳引轮直径

曳引轮的大小直接影响到电梯的运行速度。曳引轮直径与曳引绳的使用寿命有关。曳引钢丝绳在曳引轮绳槽中来回运动，形成反复折弯，如果曳引轮过小，钢丝绳必然容易因金属疲劳而损坏，所以要求曳引轮的节圆直径与曳引钢丝绳的公称直径之比应不小于40。曳引轮的节圆直径是指钢丝绳在通过绳槽时，钢丝绳中心到曳引轮轴心距离的2倍。在测量曳引轮节圆直径时，绝不能从轮槽的外边缘测量。另外，曳引轮上严禁涂润滑油润滑，以防影响电梯的曳引能力。

4. 导向轮、反绳轮

导向轮是用于调整曳引钢丝绳在曳引轮上的包角和轿厢与对重的相对位置而设置的定滑轮，如图2-9所示。导向轮安装在机房或者滑轮间。

反绳轮也称过桥轮，是用于轿厢和对重顶上的动滑轮。

导向轮、反绳轮都应设置符合相关要求的防护装置，以避免造成：①人身伤害；②钢丝

这些滑轮常用QT450-5球墨铸铁铸造后加工而成。它的绳槽多采用半圆槽，导向轮的节圆直径与钢丝绳直径之比也应不小于40，这与曳引轮的要求是一样的。

目前，导向轮、反绳轮有较大量地使用MC尼龙材料的趋势。MC尼龙材料具有以下优点：①成本低廉；②质量轻，转动惯量小，装配方便；③噪声低，减震性能好；④耐磨、使用寿命长；⑤减少钢丝绳的磨损，延长其使用寿命。尼龙导向轮如图2-10所示。

图 2-10 尼龙导向轮

2.1.2 液压驱动系统

液压电梯是利用油缸直顶支撑轿厢，或者侧置支撑轿厢(需要借助钢丝绳通过滑轮组与轿厢连接)，通过油缸柱塞(活塞)杆的伸缩来驱动轿厢的升降。

1. 功能及组成

液压电梯是靠电力驱动液压泵输送液压

油到液压缸,直接或间接驱动轿厢的电梯(可以使用多个电动机、液压泵和/或液压缸)。液压驱动系统由泵站系统、液压阀系统、液压缸三个相对独立又相互联系的部分组成,如图 2-11 所示。

组成,其功能是为油缸提供稳定的动力源和储存油液。液压电梯油泵一般采用螺杆泵,输出压力在 0~10 MPa,油泵的功率与油的压力和流量成正比。目前,油泵一般都采用潜油泵,即电机和油泵都设在油箱的油内。液压电梯油箱除了储油、过滤油液、冷却电机和油泵以及隔音消音(对潜油泵)等功能之外,还有散热、分离混入油中的空气、沉淀油液中的污染物等功能。

1) 液压泵

液压泵是液压系统的动力源,是依靠密封容积变化的原理来进行工作的,故一般称为容积式液压泵。液压泵工作的基本条件是:①结构上能够实现具有密封性的工作腔;②工作腔能够周而复始地增大和减小,增大时与吸油口相连,减小时与排油口相连;③吸油口和排油口不能连通。

液压泵的形式多种多样,主要分为齿轮泵、叶片泵、螺杆泵、柱塞泵等几类,每一类中又有不同的结构形式齿轮泵、叶片泵的结构如图 2-12 所示。如果泵体内工作腔几何参数固定不变,则在每个工作周期中吸入和排出的液体容积恒定,这种泵称为定量泵。有些泵可以通过结构和措施改变工作腔的容积,这种泵就属于变量泵。

2) 油箱

油箱在液压系统中的功能是储存油液、散发油液中的热量、沉淀污物并逸出油液中的气体。油箱的结构如图 2-13 所示。

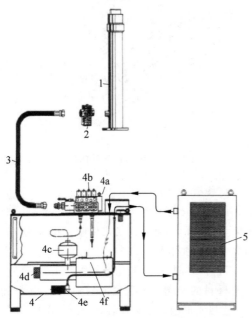

1—液压缸;2—防止管路爆裂安全阀;3—高压软管;4—液聚动力箱;4a—手动泵浦;4b—升降复合阀;4c—吸收电动消音器;4d—螺旋泵浦;4e—加热器;4f—浸油式马达;5—散热器。

图 2-11 液压系统示意图

2. 泵站系统

泵站系统由电机、液压泵、油箱及附属元件

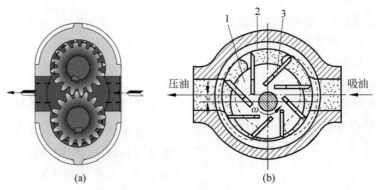

1—转子;2—定子;3—叶片。

图 2-12 液压泵

(a) 齿轮泵;(b) 叶片泵

第2章 电梯的基本结构

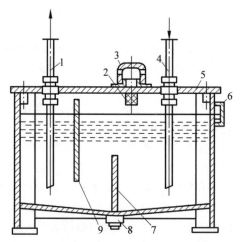

1—吸油管；2—滤油网；3—盖；4—回油管；
5—盖板；6—液位计；7、9—隔板；8—放油塞。

图 2-13　油箱结构

为了保证功能，油箱在结构上应注意以下几个方面：

（1）应便于清洗；油箱底部应有适当斜度，并在最低处设置放油塞，换油时可使油液和污物顺利排出。

（2）在易见的油箱侧壁上设置液位计（俗称油标），以指示油位高度。

（3）油箱加油口应装滤油网，油箱口上应有带通气孔的盖。

（4）吸油管与回油管之间的距离要尽量远些，并采用多块隔板隔开，分成吸油区和回油区，隔板高度约为油面高度的 3/4。

（5）吸油管口离油箱底面距离应大于 2 倍油管外径，离油箱箱边距离应大于 3 倍油管外径。吸油管和回油管的管端应切成 45°的斜口，回油管的斜口应朝向箱壁。

油箱的容量必须保证：液压设备停止工作时，系统中的全部油液流回油箱时不会溢出，而且还有一定的预备空间，即油箱液面不超过油箱高度的 80%。液压设备管路系统内充满油液工作时，油箱内应有足够的油量，使液面不致太低，以防止液压泵吸油管处的滤油器吸入空气。通常油箱的有效容量为液压泵额定流量的 2~6 倍。随着系统压力的升高，油箱的容量一般应适当增加。

3）附属元件

（1）油管和管接头

液压电梯的液压系统中，通常使用的油管有钢管、橡胶软管等。

钢管能承受高压，油液不易氧化，价格低廉，但装配和弯形较困难。常用的有 10 号、16 号冷拔无缝钢管，主要用于中、高压系统中。

橡胶软管由耐油橡胶夹以 1~3 层钢丝编织网或钢丝绕层制成。其特点是装配方便，能减轻液压系统的冲击、吸收振动，但制造困难，价格较贵，寿命短。一般用于有相对运动部件间的连接。

管接头主要用于油管与油管、油管与液压元件间的连接。管接头的种类较多，如图 2-14 所示为几种常用的管接头结构。

图 2-14（a）为扩口式薄壁管接头，适用于铜管或薄壁钢管的连接，也可用来连接尼龙管和塑料管，在压力不高的机床等液压系统应用较为普遍。

图 2-14（b）为焊接式钢管接头，用来连接管壁较厚的钢管，用在压力较高的液压系统中。

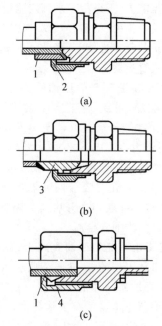

1—油管；2—锁紧螺母；3—接头内芯；4—卡套。

图 2-14　几种管接头结构

图2-14(c)为夹套式管接头,当旋紧管接头的螺母时,利用夹套两端的锥面使夹套产生弹性变形来夹紧油管。这种管接头装拆方便,适用于高压系统的钢管连接,但制造工艺要求高,对油管要求严格。

(2) 过滤器

液压系统使用前因清洗不干净,残留的切屑、焊渣、型砂、涂料、尘埃、棉丝,加油时混入的杂质以及油箱和系统密封不良而进入的杂质等外部污染和油液氧化变质的析出物混入油液中,会引起系统中相对运动零件表面磨损、划伤甚至卡死,还会堵塞控制阀的节流口和管路小口,使系统不能正常工作。因此,清除油液中的杂质、使油液保持清洁是确保液压系统正常工作的必要条件。通常,油液利用油箱结构先沉淀,然后再采用过滤器进行过滤。

过滤器又称滤油器,一般安装在液压泵的吸油口、压油口及重要元件的前面。通常,液压泵吸油口安装粗过滤器,压油口与重要元件前安装精过滤器。

① 安装在液压泵的吸油管路上(图2-15中的过滤器1),可保护泵和整个系统。要求有较大的通流能力(不得小于泵额定流量的2倍)和较小的压力损失(不超过0.02 MPa),为避免影响液压泵的吸入性能,一般多采用过滤精度较低的网式过滤器。

② 安装在液压泵的压油管路上(图2-15中的过滤器2),用以保护除泵和溢流阀以外的其他液压元件。要求过滤器具有足够的耐压性能,同时压力损失应不超过0.36 MPa。为防止过滤器堵塞时引起液压泵过载或滤芯损坏,应将过滤器安装在与溢流阀并联的分支油路上,或与过滤器并联一个开启压力略低于过滤器最大允许压力的安全阀。

③ 安装在系统的回油管路上(图2-15中的过滤器3),不能直接防止杂质进入液压系统,但能循环地滤除油液中的部分杂质。这种方式下过滤器不承受系统工作压力,可以使用耐压性能低的过滤器。为防止过滤器堵塞引起事故,也需并联安全阀。

④ 安装在系统旁油路上(图2-15中的过滤器4),过滤器装在溢流阀的回油路上,并与安全阀相并联。

这种方式下滤油器不承受系统工作压力,又不会给主油路造成压力损失,一般只通过泵的部分流量(20%~30%),可采用强度低、规格小的过滤器。但过滤效果较差,不宜用在要求较高的液压系统中。

⑤ 安装在单独过滤系统中(图2-15中的过滤器5),它是用一个专用液压泵和过滤器单独组成一个独立于主液压系统之外的过滤回路。这种方式可以经常清除系统中的杂质,但需要增加设备,适用于大型机械的液压系统。

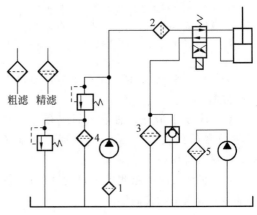

图2-15 滤油器的安装位置

(3) 压力表

液压电梯的满载压力是指当载有额定载质量的轿厢停靠在最高层站位置时,施加到直接与液压顶升机构连接的管路上的静压力。

液压电梯液压系统应设置压力表:① 压力表应连接到单向阀或下行方向阀与截止阀之间的油路上;② 在主油路和压力表接头之间也应安装压力表关闭阀;③ 连接压力表的部位宜加工成 M 14×1.5 或 M 20×1.5 或 G 1/2″的管螺纹。

(4) 油温监测

液压电梯应设置液压油过热保护:液压电梯应具有温度检测装置。在符合以下条件时,该装置应该停止驱动主机的运行并保持其停止状态,如果一个装有温度监控装置的电气设备的温度超过了其设计温度,液压电梯不得再继续运行,此时轿厢应停在层站,以便乘客能够离开轿厢。液压电梯应在充分冷却后才能自动恢复上行运行。

(5) 截止阀

液压电梯液压系统截止阀设置要求:①液压电梯应该设置截止阀;②截止阀应安装在将液压缸连接到单向阀和下行方向阀之间的油路上;③截止阀应位于机房内,如图2-16所示。

图 2-16　截止阀

(6) 紧急下降阀

液压电梯液压系统紧急下降阀设置要求:①机房内应设置手动操作的紧急下降阀(如图2-17所示),在失电的情况下,允许使用该阀使轿厢下降至平层位置,以便疏散乘客;②轿厢的下降速度应该不超过 0.3 m/s;③该阀应由持续的人力来操作,并有误操作防护;④对于有可能松绳或者松链的间接作用式液压电梯,手动操纵该阀应不能使柱塞下降,以避免松绳或者松链。

图 2-17　紧急下降阀

(7) 手动泵

液压电梯液压系统手动泵设置要求:①对于轿厢装有安全钳或者夹紧装置的电梯,应永久性地安装一只手动泵,使轿厢能够向上移动;②手动泵应连接到单向阀或者下降控制阀与截止阀之间的回路上;③手动泵应配备溢流阀,以限制系统压力至满负荷压力的 2.3 倍。如图2-18所示。

图 2-18　手动泵

3. 控制阀系统

在液压传动系统中,用来对液流的方向、压力和流量进行控制和调节的液压元件称为控制阀,又称液压阀,简称阀。控制阀是液压系统中不可缺少的重要元件。

液压控制阀应满足如下基本要求:①动作准确、灵敏、可靠,工作平稳,无冲击和振动;②密封性能好,泄漏少;③结构简单,制造方便,通用性好。

根据用途和工作特点的不同,液压控制阀分为以下三大类:

(1) 方向控制阀,是用于控制液压系统中油路的接通、切断或改变液流方向的液压阀,简称方向阀,主要用以实现对执行元件的启动、停止或运动方向的控制,常用的方向控制阀包括单向阀、换向阀、伺服阀等。

(2) 压力控制阀,是用于控制液压系统压力或利用压力作为信号来控制其他元件动作的液压阀,简称压力阀。按功能不同,常用的压力控制阀包括溢流阀、减压阀、顺序阀、卸荷阀等。

(3) 流量控制阀,是用于控制工作液体流量的阀,简称流量阀,常用的流量控制阀有节流阀、调速阀、分流阀、破裂阀等。其中节流阀是最基本的流量控制阀。流量控制阀通过改变节流口的开口大小调节通过阀口的流量,从而改变执行元件的运动速度,通常用于定量液压泵液压系统中。

下面给出几种控制阀的介绍。

1) 单向阀

单向阀是保证通过阀的液流只向一个方向流动而不能反向流动的方向控制阀,一般由阀体、阀芯和弹簧等零件构成。单向阀的阀芯分为钢球式(如图 2-19(a)所示)和锥式(如图 2-19(b)和(c)所示)两种。钢球式阀芯结构简单,价格低,但密封性较差,一般仅用在低压、小流量的液压系统中。锥式阀芯阻力小,密封性好,使用寿命长,所以应用较广泛,多用于高压、大流量的液压系统中。

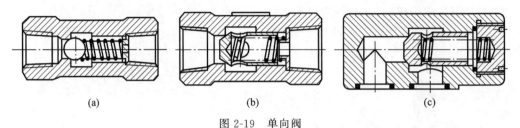

图 2-19 单向阀

液控单向阀:在液压系统中,有时需要使被单向阀所闭锁的油路重新接通,为此可把单向阀做成闭锁方向能够控制的结构,这就是液控单向阀。如图 2-20 所示为液控单向阀的结构。液控单向阀也可以做成常开式结构,即平时油路畅通,需要时通过液控闭锁一个方向的油液流动,使油液只能单方向流动。

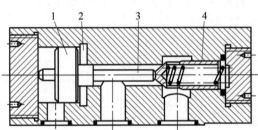

1—控制活塞;2—外泄油口;3—顶杆;4—单向阀芯。

图 2-20 液控单向阀

2) 换向阀

换向阀通过改变阀芯和阀体间的相对位置,控制油液流动方向,接通或关闭油路,从而改变液压系统的工作状态的方向。如图 2-21 所示为三位四通换向阀的换向工作原理图。控制时滑阀在阀体内作轴向移动,通过改变各油口间的连接关系,实现油液流动方向的改变,这就是滑阀式换向阀的工作原理。

3) 溢流阀

溢流阀在液压系统中的功能主要有两个方面:①起溢流和稳压作用,保持液压系统的压力恒定;②起限压保护作用,防止液压系统过载。溢流阀通常接在液压泵出口处的油路上。根据结构和工作原理不同,溢流阀可分为直动型溢流阀和先导型溢流阀两类。直动型溢流阀只用于低压液压系统中,直动型溢流阀的结构如图 2-22 所示。

先导型溢流阀的结构如图 2-23 所示,由先导阀Ⅰ和主阀Ⅱ两部分组成。先导阀实际上是一个小流量的直动型溢流阀,阀芯是锥阀,用来控制压力;主阀阀芯是滑阀,用来控制溢流流量。先导型溢流阀设有远程控制口 K,可

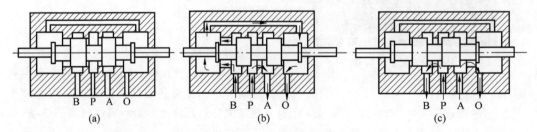

P—进油口;O—回油口;A、B—工作油口。

图 2-21 换向阀工作原理图

(a) 工作中位;(b) 工作右位;(c) 工作左位

的压差克服弹簧力推动阀芯运动,切断油路。

如图 2-24 所示,阀芯上端通过节流器与 B 口相通,下端与 A 口相通。由于阀中部的过流截面较小,因此它可以作为流量-压力转换器件。当液流从 A 流向 B 时,B 口的压力随流量的增加而明显下降,从而使阀芯向右移动,将阀口关小。流量再增大时,阀芯会完全关闭而切断液流。节流器 3 可以用来调节阀芯的运动阻尼。油液反向流动时,破裂阀没有限流作用。

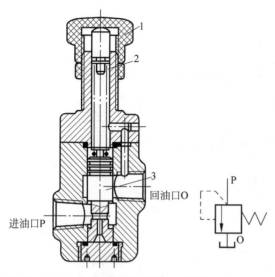

1—调压螺母;2—弹簧;3—阀芯。

图 2-22 直动型溢流阀结构图

以实现远程调压(与远程调压接通)或卸荷(与油箱接通),不用时封闭。先导型溢流阀压力稳定、波动小,主要用于中压液压系统中。

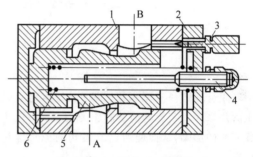

1—阀体;2—阀套;3—节流器;
4—调节杆;5—阀芯;6—弹簧。

图 2-24 破裂阀结构图

5) 节流阀

节流阀是最基本的流量控制阀。当油液流经小孔、狭缝或毛细管时,会产生较大的液阻,通流面积越小,油液受到的液阻越大,通过阀口的流量就越小,所以,改变节流口的通流面积,使液阻发生变化,就可以调节流量的大小。

节流阀是普通节流阀的简称,如图 2-25(a)所示的节流阀结构,其节流口采用轴向三角槽形式,如图 2-25(b)所示为节流阀的图形符号。压力油从进油口 P_1 流入,经阀芯 3 左端的节流沟槽,从出油口 P_2 流出。转动手柄 1,通过推杆 2 使阀芯 3 作轴向移动,可改变节流口通流截面积,实现流量的调节。弹簧 4 的作用是使阀芯向右抵紧在推杆上。

这种节流阀结构简单,制造容易,体积小,但负载和温度的变化对流量的稳定性影响较大,因此只适用于负载和温度变化不大或执行机构速度稳定性要求较低的液压系统。

6) 调速阀

调速阀由一个定差减压阀和一个节流阀

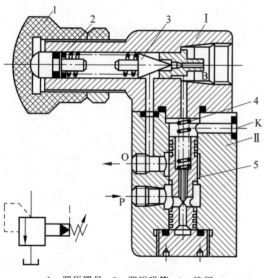

1—调压螺母;2—调压弹簧;3—锥阀;
4—主阀弹簧;5—主阀芯。

图 2-23 先导型溢流阀结构图

4) 破裂阀

破裂阀又称限速切断阀,是一种超流量自动切换的阀装置,主要由阻尼器和切断阀组成。阻尼器用来检测流量的剧增,并将流量信号转化为压差信号;切断阀则靠上述流量剧增造成

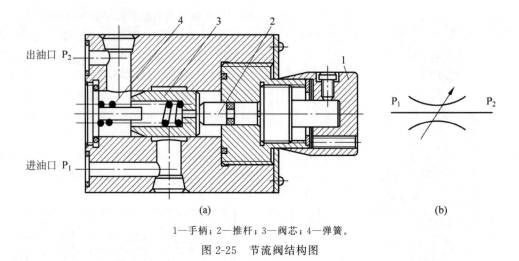

1—手柄；2—推杆；3—阀芯；4—弹簧。

图 2-25　节流阀结构图

串联组合而成。节流阀用来调节流量,定差减压阀用来保证节流阀前后的压力差 Δp 不受负载变化的影响,从而使通过节流阀的流量保持稳定。

如图 2-26(a)所示为调速阀的工作原理图。图中定差减压阀1与节流阀2串联。若减压阀进口压力为 p_1,出口压力为 p_2,节流阀出口压力为 p_3;则减压阀 a 腔、b 腔、c 腔的油压分别为 p_1、p_2、p_3;若 a 腔、b 腔、c 腔的有效工作面积分别为 A_1、A_2、A_3,则 $A_3 = A_1 + A_2$。

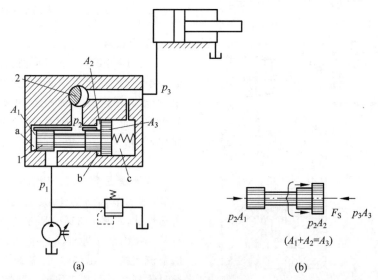

1—减压阀；2—节流阀。

图 2-26　调速阀结构图

如图 2-26(b)所示为减压阀阀芯的受力图,受力平衡方程为

$$p_2 A_1 + p_2 A_2 = p_3 A_3 + F_S \quad (2\text{-}1)$$

即

$$\Delta p = p_2 - p_3 = F_S / A_3 \approx 常量$$

因为减压阀阀芯弹簧很软(刚度很低),当阀芯左右移动时,其弹簧作用力 F_S 变化不大,所以节流阀前后的压力差 Δp 基本上不变而为一常量。也就是说当负载变化时,通过调速阀的油液流量基本不变,液压系统执行元件的运动速度保持稳定。

若负载增加,使 p_3 增大的瞬间,减压阀向左推力增大,使阀芯左移,阀口开大,阀口液阻减小,使 p_2 也增大,其差值($\Delta p = p_2 - p_3$)基本保持不变。

同理,当负载减小,p_3 减小时,减压阀阀芯右移,p_2 也减小,其差值亦不变。因此调速阀适用于负载变化较大、速度平稳性要求较高的液压系统。

7) 比例阀

电液比例阀简称比例阀,它是一种把输入的电信号按比例地转换成力或位移,从而对压力、流量等参数进行连续控制的一种液压阀。比例阀由直流比例电磁铁与液压阀两部分组成。其液压阀部分与一般液压阀差别不大,而直流比例电磁铁和一般电磁阀所用的电磁铁不同,比例电磁铁要求吸力(或位移)与输入电流成比例。比例阀按用途和结构不同可分为比例压力阀、比例流量阀及比例方向阀三大类。

比例阀是以传统的工业用液压控制阀为基础,采用模拟式电气-机械转换装置将电信号转换为位移信号,连续地控制液压系统中工作介质的压力、方向或流量的一种液压元件。此种阀工作时,阀内电气-机械转换装置根据输入的电压信号产生相应动作,使工作阀阀芯产生位移,阀口尺寸发生改变并以此完成与输入电压成比例的压力、流量输出。阀芯位移可以以机械、液压或电的形式进行反馈。当前,电液比例阀在工业生产中获得了广泛的应用。

与开关阀相比,比例阀可简单地对油液压力、流量和方向进行远距离的自动连续控制或程序控制,具有响应快、工作平稳、自动化程度高、容易实现编程控制、控制精度高、能大大提高液压系统的控制水平等特点。

比例阀广泛运用于现代液压电梯控制系统,可将电的快速性、灵活性等优点与液压传动力量大的优点结合起来,能连续地、按比例地控制液压电梯液压缸运动的力和速度,简化了系统,减少了元件的使用量,并能防止液压系统压力或轿厢速度变换时的冲击。目前,对于平层精度准确度要求高,要求轿厢运行速度平稳和加速度柔和的乘客液压电梯,大多采用流量计、电液比例阀和电子控制系统等组成液压电梯闭环控制系统。

4. 液压缸

液压缸将液压系统输出的压力能转化为机械能,推动柱塞带动轿厢运动的执行机构。液压缸是液压传动系统的执行元件。液压电梯多采用单作用柱塞液压缸。

液压缸的结构基本上可以分为缸筒和缸盖、活塞和活塞杆(或柱塞)、密封装置、缓冲装置和放气装置五个部分。

1) 缸筒和缸盖

一般来说,缸筒和缸盖的结构形式和其使用的材料有关。如图 2-27 所示为缸筒和缸盖的常见结构形式。

图 2-27(a)所示为法兰连接式,结构简单,容易加工,也容易装拆,但外形尺寸和质量都较大,常用于铸铁制的缸筒上。

图 2-27(b)所示为半环连接式,它的缸筒壁部因开了环形槽而削弱了强度,为此有时要加厚缸壁,它容易加工和装拆,质量较轻,常用于无缝钢管或锻钢制作的缸筒上。

图 2-27(c)所示为螺纹连接式,它的缸筒端部结构复杂,外径加工时要求保证内外径同心,装拆要使用专用工具,它的外形尺寸和质量都较小,常用于无缝钢管或铸钢制作的缸筒上。

图 2-27(d)所示为拉杆连接式,结构的通用性大,容易加工和装拆,但外形尺寸较大,且比较重。

图 2-27(e)所示为焊接连接式,结构简单,尺寸小,但缸底处内径不易加工,可能引起变形。

2) 密封装置

液压缸中常见的密封装置如图 2-28 所示。

图 2-28(a)所示为间隙密封,它依靠运动间的微小间隙来防止泄漏。它的结构简单,摩擦阻力小,可耐高温,但泄漏大,加工要求高,磨损后无法恢复原有能力,只能在尺寸较小、压力较低、相对运动速度较高的缸筒和活塞间使用。

图 2-28(b)所示为摩擦环密封,它依靠套

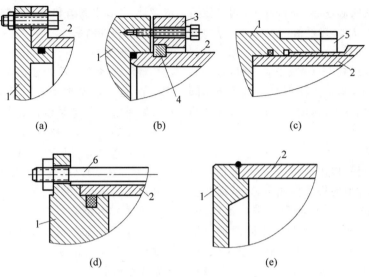

1—缸盖；2—缸筒；3—压板；4—半环；5—放松螺帽；6—拉杆。

图 2-27　缸筒和缸盖结构图

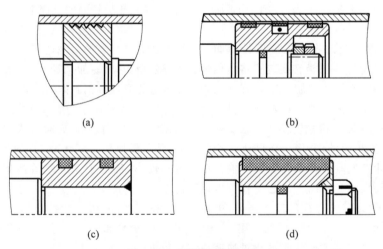

图 2-28　密封装置结构图

在活塞上的摩擦环（由尼龙或其他高分子材料制成）在 O 形密封圈弹力作用下贴紧缸壁而防止泄漏。这种材料密封效果较好，摩擦阻力较小且稳定，可耐高温，磨损后有自动补偿能力，但加工要求高，装拆较为不便，适用于缸筒和活塞之间的密封。

图 2-28(c)、(d)所示为密封圈（O 形圈、V 形圈等）密封，它利用橡胶或塑料的弹性使各种截面的环形圈贴紧在静、动配合面之间来防止泄漏。它的结构简单，制造方便，磨损后有自动补偿能力，性能可靠，在缸筒和活塞之间、缸盖和活塞杆之间、活塞和活塞杆之间、缸筒和缸盖之间都能使用。

3）缓冲装置

液压缸一般都设置缓冲装置，特别是对大型、高速或要求高的液压缸，为了防止活塞在行程终点时和缸盖相互撞击，引起噪声、冲击，必须设置缓冲装置。

缓冲装置的工作原理是利用活塞或缸筒在其移动至行程终端时，封住活塞和缸盖之间的部分油液，强迫它从小孔或细缝中挤出，以产生很大的阻力，使工作部件受到制动，逐渐降低运动速度,达到避免活塞和缸盖相互撞击的目的。

如图2-29(a)所示,当缓冲柱塞进入与其相配的缸盖上的内孔时,孔中的液压油只能通过间隙δ排出,使活塞速度降低。由于配合间隙不变,故随着活塞运动速度的降低,起缓冲作用。当缓冲柱塞进入配合孔之后,油腔中的油只能经节流阀排出。

如图2-29(b)所示,由于节流阀1是可调的,因此缓冲作用也可调节,但仍不能解决速度减低后缓冲作用减弱的缺点。

如图2-29(c)所示,在缓冲柱塞上开有三角槽,随着柱塞逐渐进入配合孔中,其节流面积越来越小,解决了在行程最后阶段缓冲作用过弱的问题。

4) 放气装置

液压缸在安装过程中或长时间停放后重新工作时,液压缸里和管道系统中会渗入空气。为了防止执行元件出现爬行、噪声和发热等不正常现象,需把缸中和系统中的空气排出。一般可在液压缸的最高处设置进出油口把空气带走,也可在最高处设置如图2-30(a)所示的放气孔或如图2-30(b)、(c)所示的专门的放气阀。

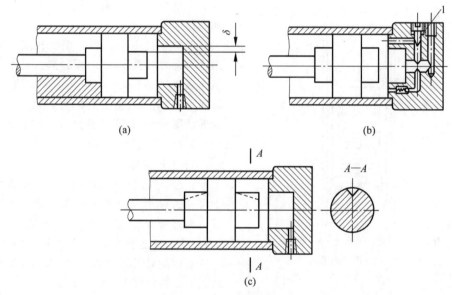

图 2-29 缓冲装置结构图

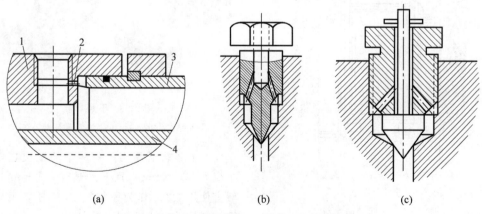

1—缸盖;2—放气小孔;3—缸体;4—活塞杆。

图 2-30 放气装置结构图

2.2 导向系统

2.2.1 功能及组成

导向系统的作用是限制轿厢和对重的活动自由度,使轿厢和对重只能沿着导轨作上、下运动。导向系统一般由导轨、导轨支架和导向轮组成。电梯的导向系统主要由导轨、导靴和导轨支架组成,可分为对重导向系统(如图 2-31 所示)和轿厢导向系统(如图 2-32 所示)。有了导向系统,对重和轿厢在曳引绳的拖动下,只能沿各自的导轨在电梯井道中作升降运行。值得注意的是,安全钳不同于导靴,是安全保护装置而非导向装置,正常运行时安全钳上的楔块与导轨工作面保持规定的间隙,不得发生摩擦。

2.2.2 导轨

导轨是供对重和轿厢运行的导向部件。当对重和轿厢在曳引绳的拖动下,沿导轨作上、下运行时,导向系统将对重和轿厢限制在导轨之间,不会在水平方向前后左右摆动。导轨的功能并不是用来支承对重或轿厢的重量。导轨的功能是对对重和轿厢的运行起导向作用,防止其水平方向摆动,并且作为安全钳动作的支承件,能承受安全钳制动时对导轨所施加的作用力。

电梯导轨由钢轨和连接板构成。导轨按用途可分为对重导轨和轿厢导轨,通常轿厢导轨在规格尺寸上大于对重使用的导轨,故又称轿厢导轨为主轨,对重导轨为副轨。导轨按截面形状则分为 T 形导轨、空心导轨和 L 形导轨,三种形式有着不同的用途。

1. T 形导轨

T 形导轨由材料钢冷拔成型,或者由导轨型材经机械加工而成实心 T 字形导轨。T 形导轨具有精度高、直线度高、表面光洁度好、刚性强、受力性能好等特点,主要用于轿厢导轨、有安全钳的对重导轨和中、高速电梯的对重导轨。T 形导轨如图 2-33 所示。

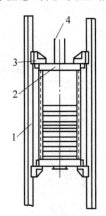

1—导轨;2—对重;3—导靴;4—曳引绳。

图 2-31 对重导向系统

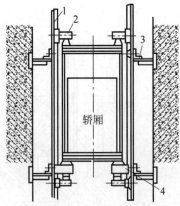

1—导轨;2—导靴;3—导轨支架;
4—安全钳(非导向装置)。

图 2-32 轿厢导向系统

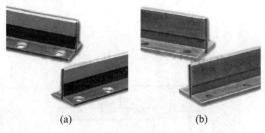

图 2-33 T 形导轨
(a) 冷拔 T 形导轨;(b) 机械加工 T 形导轨

T 形导轨所使用的材料钢的抗拉强度至少应为 370 N/mm² 且不大于 520 N/mm²。一般宜使用 Q235 作为原材料钢,机械加工导轨原材料钢的抗拉强度则宜不小于 410 N/mm²。

2. 空心导轨

空心导轨是由钢板冷轧折弯成空腹 T 形的导轨，其精度和生产成本较 T 形导轨低，有一定的刚度，但由于是用板材折弯而且成为空心形状，空心导轨不能承受安全钳动作时的挤压，多用于中、低速电梯无安全钳的对重导轨。空心导轨的截面如图 2-34 所示。

图 2-34 空心导轨

空心导轨的冷轧工艺，一般是用热轧钢卷为原料，经酸洗去除氧化皮后，经多道模具进行冷轧，并折弯成型。由于经过连续的冷变形，成品的强度、硬度会上升，但韧塑指标会下降。由于无安全钳的对重导轨只需要提供导向作用，空心导轨可以满足一般无安全钳对重导轨的性能要求。

3. L 形导轨

L 形导轨一般采用热轧角钢型材制成，成本低廉，强度、刚度以及表面精度较低，且表面粗糙，因此只能用于无安全钳的杂物电梯导轨和各类不载人电梯的对重导轨。

L 形导轨采用的热轧角钢属碳素结构钢，是简单断面的型钢钢材，具有较好的塑性变形性能和一定的机械强度，但其表面粗糙度、精度不能满足载人电梯的要求，且导轨材质的力学性能不足以承受安全钳的作用力。

2.2.3 导轨支架

导轨支架是固定在井道壁或横梁上，支撑和固定导轨用的构件。导轨用导轨压板固定在导轨支架上，导轨支架作为导轨的支撑件被固定在井道壁上。导轨与导轨支架不应采用焊接或螺栓直接连接，每根导轨需要使用不少于两个导轨支架固定。

电梯导轨起始一段绝大多数情况下都是支撑在底坑中的支撑板上（也有少数情况，导轨是悬吊在井道顶板上的）。每根导轨的长度一般为 5 m，在井道中每隔一定距离就有一个固定点，导轨固定于设置在井道壁固定点上的导轨支架上，如图 2-35 所示。在井道中两支架之间的距离除另有计算依据外，一般不大于 2.50 m。导轨支架的作用是支撑导轨。导轨安装质量直接影响电梯的运行质量。

图 2-35 导轨的固定

1. 导轨支架的种类

导轨支架分为轿厢导轨支架和对重导轨支架两种。轿厢导轨支架专门用于支承轿厢导轨；对重导轨支架在对重侧置时又作轿厢导轨支架用。导轨支架按其结构分为整体式和组合式两种。组合式导轨支架如图 2-36 所示。

图 2-36 组合式导轨支架

整体式导轨支架通常用扁钢制成，组合式导轨支架通常用角钢制成，其撑脚与撑臂用螺栓连接，优点是可以调节高低，使用比较方便。

2. 导轨支架的安装方法

导轨支架在建筑物上的固定方法一般有以下几种：

1) 预埋法

在井道内按照一定的间距直接预埋导轨支架，安装导轨时直接利用这些已经预埋完毕的导轨支架即可。这种方法安装方便，但调整范围小,需要土建配合的程度较高。

2) 焊接法

这种方法多见于井道为钢架结构的情况,导轨支架直接焊接在构成井道的钢架上即可。在其他种类的井道中也有采用,这就要求在建造井道时根据电梯供货商要求在井道中按照一定间距设置预埋件。在安装导轨时,支架直接焊接在这些预埋件上。这种方法工艺简单、安全可靠,但预埋件的位置是固定的,无法进行较大的调整,同时在提升高度较高的情况下,焊接操作也很不方便。

3) 螺栓固定

在井道内按照预先确定好的间距预埋C形槽,安装导轨支架时,将螺栓滑入槽中用螺母固定支架。这种方法的利弊与焊接法相似。

4) 预埋地脚螺栓

在井道内按照一定间距预埋地脚螺栓,安装时导轨支架可以使用预埋的地脚螺栓固定。这种方法可以通过导轨支架两面的螺母来调节导轨与井道壁之间的距离,安装时可以适应一定范围内的井道误差。但对地脚螺栓的埋入深度等要求较高。

5) 膨胀螺栓连接

这是目前应用最广泛的导轨支架安装方法。它不需要任何预埋件,在安装导轨支架时直接在井道壁上所需要的位置打孔并设置膨胀螺栓。这样导轨支架在井道壁上的安装位置可以非常灵活,同时也可以简化安装过程。但膨胀螺栓要求使用在混凝土结构的井道壁上。

3. 导轨压板

导轨与导轨支架的连接,一般采用导轨压板(见图2-37)将导轨压紧在导轨支架上,如图2-38所示。导轨与导轨支架禁止直接进行焊接。

4. 导轨固定的安全要求

《电梯制造与安装安全规范 第1部分:乘客电梯与载货电梯》(GB/T 7588.1—2020)中对导轨的固定提出了以下安全要求:

(1) 导轨与导轨支架在建筑物上的固定,应能自动地或采用简单调节方法,对因建筑物的正常沉降和混凝土收缩的影响予以补偿。

图2-37 导轨压板

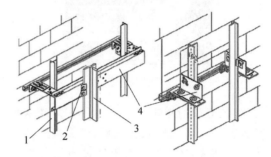

1—对重导轨;2—导轨压板;3—轿厢导轨;4—导轨支架。

图2-38 导轨与导轨支架的连接

(2) 应防止因导轨附件的转动造成导轨的松动。

固定导轨的导轨支架应具有一定的强度,同时应有一定的调节量,以便弥补电梯井道的建筑误差。为防止建筑物正常沉降、混凝土收缩以及导轨的热胀冷缩导致安装好的导轨变形和内部应力,应采用导轨压板将导轨夹紧在导轨支架上,不应采用焊接以及直接螺栓连接。当建筑物下沉时,可以使导轨与导轨支架之间在垂直方向上有相对滑动的可能。以下是两种不同的导轨压板。

图2-39(a)为刚性导轨压板,这种压板一般为铸造或锻造制成,在使用中对导轨的夹紧力较大,多用于速度不高(不超过2.5 m/s)且提升高度不大的情况。图2-39(b)为弹性导轨压板,这种导轨压板为弹簧钢锻造制成,夹紧导轨后由于其本身有一定弹性,因此,这种压板阻碍导轨在垂直方向上滑动的力较小,同时为了使导轨尽可能顺畅地滑动,在弹性导轨压板与导轨之间往往还垫有铜制垫片,起到减小摩擦阻力的作用。

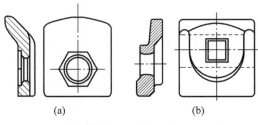

图 2-39 导轨压板
(a) 刚性导轨压板；(b) 弹性导轨压板

为了避免压板夹紧导轨后导轨脱出和在水平方向上发生位移，导轨支架上固定导轨压板的孔不宜做成水平或垂直方向上的长孔，而应做成圆孔或采用 45°的倾斜长孔，如图 2-40 所示。

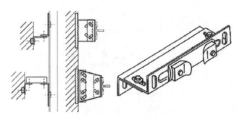

图 2-40 导轨支架的调节

2.2.4 导靴

导靴装在轿厢架和对重装置上，其靴衬在导轨上滑动，是使轿厢和对重装置沿导轨运行的装置。轿厢导靴安装在轿厢架上梁和轿厢底部安全钳座下面，对重导靴安装在对重架的 4 个角，一般轿厢与对重各有 4 只导靴。固定在轿厢和对重上的导靴随电梯沿着导轨上下往复运动，防止轿厢和对重在运行中偏斜或摆动。当电梯蹲底或冲顶时，导靴不应越出导轨。常用的导靴有固定滑动导靴、弹性滑动导靴、滚动导靴三种。

轿厢或对重运行时，滑动导靴与导轨之间是滑动摩擦，必须加油润滑，防止导靴过度磨损，但滚动导靴与导轨之间是滚动摩擦，禁止加油润滑，防止导靴与导轨之间打滑。

1. 固定滑动导靴

固定滑动导靴如图 2-41 所示，它由靴衬和靴座组成。靴衬常用尼龙浇铸成型，因为这种材料耐磨性和减震性较好；靴座由铸铁浇铸或钢板焊接成型。固定滑动导靴结构简单，常用在载货电梯和杂物电梯中。对重专用的固定滑动导靴，其靴座用角钢制造。

固定滑动导靴的靴衬两侧卡在导轨上滑动，由于固定滑动导靴的靴座是固定的，因此靴衬底部与导轨端面间要留有均匀的间隙，以容纳导轨间距的偏差，要求间隙不应大于 3 mm。这种导靴由于是刚性的，在运行时会产生较大的振动和冲击，因此在使用范围上受到了限制，一般仅用于速度在 0.75 m/s 以下的轿厢及对重上。运行中需加油润滑以减少导轨与导靴之间的摩擦。

图 2-41 固定滑动导靴

2. 弹性滑动导靴

弹性滑动导靴如图 2-42 所示，由靴头、靴座、靴衬，以及靴轴、压缩弹簧或橡胶弹簧、调节套或调节螺母等组成。

1—靴头；2—靴座；3—靴衬。
图 2-42 弹性滑动导靴

弹簧式弹性滑动导靴的靴头只能在弹簧的压缩方向上作轴向浮动，因此又称单向弹性导靴；橡胶弹簧式滑动导靴的靴头除了能作轴向浮动外，在其他方向上也能做适量的位置调整，因此又称双向弹性导靴。弹性滑动导靴与固定滑动导靴的不同之处就在于靴头是浮动的，在弹簧力的作用下，靴衬的底部始终压贴在导轨端面上，因此能使轿厢保持较稳定的水平位置，同时在运行中具有吸收振动与冲击的作用，运行中也需加油润滑以减少导轨与导靴之间的摩擦。

1) 单向弹性导靴

单向浮动性的弹簧式滑动导靴如图 2-43 所示。由于在导轨侧工作面方向没有浮动性，因此只能对垂直于导轨端面的力起缓冲作用。为了补偿导轨侧工作面的直线性偏差及接头处的不平顺，侧工作面上的间隙值可取 0.5 mm 以上，这就使它对导轨侧工作面方向上的振动与冲击没有减缓作用。这种导靴适用于速度不大于 2 m/s 的电梯。

2) 双向弹性导靴

双向浮动性的橡胶弹簧式弹性滑动导靴如图 2-44 所示。由于靴头具有一定的万向性，因此对导轨侧工作面方向上的力也有一定的减缓，同时侧工作面上的间隙值也可取得较小（单侧可取 0.25 mm），从而使其工作性能较优，适用的速度范围也相应增大。

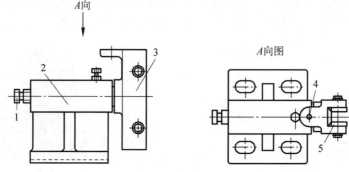

1—弹簧调节螺栓；2—靴座；3—活动导靴头；4—油杯安装孔；5—靴衬。

图 2-43 单向弹性滑动导靴

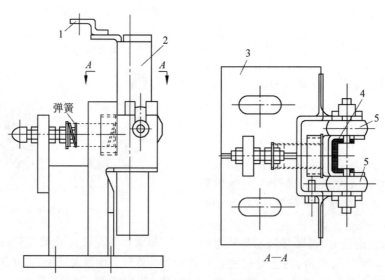

1—油杯座；2—导靴头；3—导靴座；4—靴衬；5—橡胶垫。

图 2-44 双向弹性滑动导靴

弹性滑动导靴的靴衬对导轨端面的初始压紧力是可调节的，其初压力的选择主要考虑偏重力，与电梯的额定载质量及轿厢尺寸有关。初压力过大会削弱导靴的减振性能，不利于电梯的运行平稳性；初压力过小，则会失去对偏重力的弹性支承能力，同时不利于电梯的运行平衡性。初压力的获得依靠压缩弹簧，因此通过调节弹簧的被压缩量，即可调节初压力。

3. 滚动导靴

滚动导靴由滚轮、摇臂、靴座、压缩弹簧等组成,如图 2-45 所示。

滚动导靴的 3 只滚轮在弹簧力的作用下,压在导轨的正面和 2 个侧面上,电梯运行时,滚轮在导轨面上滚动。滚轮工作面采用硬质橡胶制成。滚动导靴减少了摩擦损耗,节省动力,也减少了振动和噪声,同时在导轨的 3 个工作面上都实现了弹性支撑,因此滚动导靴广泛应用在高速和超高速电梯上。

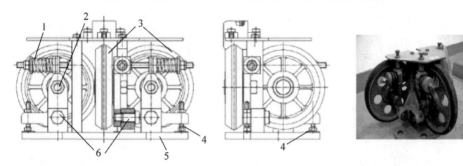

1—弹簧;2—滚轮轴;3—滚轮;4—滚轮弹动间隙调整螺栓;5—导靴座;6—摆动轴。

图 2-45 滚动导靴

滚动导靴 3 个滚轮的接触压力可通过弹簧机构加以调节,但必须注意滚轮对导轨不应歪斜,并在整个轮缘宽度上与导轨工作面应均匀接触。导靴的规格随导轨而定,大导轨不能用小导靴,否则有脱落出的危险。为了保证滚轮作纯滚动,在使用时导轨工作面上不允许加润滑油,但滚动导靴轴承每季应加油一次,每年拆洗换油。

滚动导靴的特点是摩擦损耗少,制造成本高。

2.3 轿厢系统

轿厢是电梯中用以运载乘客或其他载荷的箱型装置。轿厢是实现电梯功能的主要载体,对于一般乘客而言,可能会简单地认为电梯就是轿厢,或者说轿厢加上层站外呼、轿内呼梯按钮等,这些都是比较直观的看法。

2.3.1 轿厢系统的组成与结构

轿厢系统由轿厢架、轿厢壁、轿门、轿底、轿顶和设置在轿厢上的部件与装置(如轿内层站按钮、轿厢装饰顶、轿内扶手、紧急报警装置、轿顶操纵箱、轿顶护栏等)构成,其中轿门也是门系统的一个组成部分。轿厢是电梯中装载乘客或货物的金属结构件,电梯的轿厢系统与导向系统、门系统是有机结合、共同工作的。轿厢系统借助轿厢架立柱上的 4 个导靴沿着导轨作垂直升降或斜行运动,通过轿顶的门机驱动轿门和层门实现开关门,完成载客或载货进出和运输的任务。

不同用途的轿厢,在结构形式、规格尺寸、内部装饰等方面都存在一定的差异。如病床电梯的轿厢通常是窄而长,以方便承载病床;乘客电梯为方便乘客进出,通常是宽度大于深度;汽车电梯拥有宽大的轿厢;载货电梯的轿厢没有装饰;观光电梯则可以观看到井道外的风景。但作为运载乘客或其他载荷的装置,各种类型的电梯其轿厢的基本结构还是相同的。轿厢的基本金属结构如图 2-46 所示,轿厢结构总成如图 2-47 所示。

1. 轿厢架

轿厢架是轿厢的承载结构,轿厢的负荷(自重和载质量)都由它传递到曳引钢丝绳,当安全钳动作或者轿厢蹲底撞击缓冲器时,还要承受由此产生的反作用力,因此轿厢架要有足够的强度。

轿厢架一般由上梁、立柱、底梁(也称为下梁)、拉条(也称为斜拉杆)等组成,如图 2-48 所示。轿厢架是承受轿厢自重和额定载质量的承重框架,因此轿厢架立柱、底梁一般采用槽钢制成,上梁通常用型钢组合而成,但轿厢架

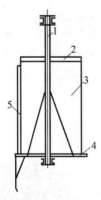

1—轿厢架；2—轿顶；3—轿厢壁；4—轿底；5—轿门。

图 2-46　轿厢的基本金属结构

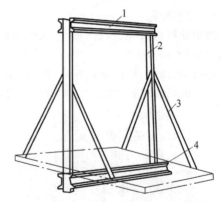

1—上梁；2—立柱；3—拉条；4—底梁。

图 2-48　轿厢架的基本机构

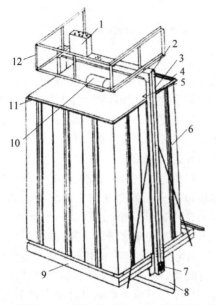

1—轿顶箱；2—导靴安装位置；3—轿厢架组件；4—门机安装底架；5—轿厢固定板组件；6—轿厢壁；7—安全钳组件；8—护脚板；9—轿底组件；10—风扇；11—轿顶组件；12—轿顶护栏。

图 2-47　轿厢结构总成

也有用钢板弯折成型代替型钢的，其优点是质量轻、成本低。轿厢架各个部分之间采用焊接或螺栓紧固联结。设置拉条的作用是为了增强轿厢架的刚度，防止因轿厢载荷偏心而造成轿底倾斜，同时可以固定轿底，调节轿底的水平度。当轿底面积较大或者大轿厢结构时，还需要单侧用 2 根拉条。

此外，为承载轿顶门机的重量，上梁与轿顶的框架之间通常也会设置拉条，当电梯曳引比为 1∶1 时，则在上梁中间还装有绳头板，用以穿入和固定曳引绳端头组合。轿厢架的结构总成如图 2-49 所示。

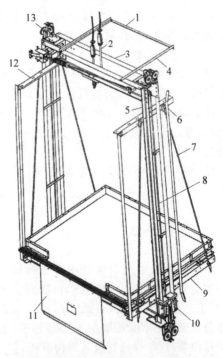

1—轿厢安全护栏；2—调头组合；3—上架；4—护栏支架；5—轿厢立柱；6—厢位开关打板；7—斜拉杆；8—安全钳松杆；9—底盘；10—安全钳；11—护脚板；12—门机支撑板；13—轿顶护栏。

图 2-49　轿厢架结构总成

2. 轿厢壁

轿厢壁主要由金属薄板构成，它与轿底、轿顶和轿门构成一个封闭的空间。轿厢壁的材料都采用钢板,一般有喷漆薄钢板、喷塑漆钢板和不锈钢板等,高档电梯也采用镜面不锈钢作为轿厢壁的内饰。一般轿厢壁由多块钢材拼接,采用螺栓连接成型。每块板件都敷设有加强筋,以提高强度和刚度。轿厢壁的拼装次序一般是先拼后壁,再拼侧壁,最后拼前壁,轿壁之间的连接要求螺栓齐全、紧固,以避免电梯运行过程中轿壁之间紧固不足而产生噪声,影响使用的舒适与安全。

3. 轿底

轿底是轿厢支撑载荷的组件,它包括地板、框架等构件。框架常用槽钢和角钢制成,为减轻重量,也有用钢板压制成型后制作。货梯地板一般用花纹钢板制成,客梯则在薄钢板上再进行装饰,材料包括PVC塑胶板或大理石等装饰材料。在轿底的前沿设有轿厢地坎,在地坎下面还安装有轿厢护脚板,它是垂直向下延伸的光滑安全挡板。乘客电梯轿底盘与轿厢架下梁之间,常设置有可起缓冲作用的减振胶垫,组成活动轿底,如图2-50所示,可在电梯运行时减少振动,提高乘客舒适感。通过活动轿底,乘客电梯的轿厢超载保护装置常设置在轿底,载货电梯轿底盘与轿厢架下梁之间则一般采用刚性连接,无减振装置。

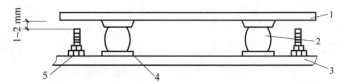

1—轿厢底盘(纵向水平度偏差≤0.2%);2—减振胶垫;3—轿厢底盘托架;
4—加垫片调整底盘水平度;5—轿底定位螺栓。

图2-50 活动轿底

4. 轿顶

轿顶一般用薄钢板制成,由于轿顶安装和维修时需要站立人员,当设置有安全窗时还应供人员应急进出,因此要求有足够的强度。轿顶应能支撑两个人以上的重量,并且有合适的供人站立的面积。

2.3.2 轿厢内部件和设备

轿厢是由封闭围壁形成的承载空间,除必要的轿门出入口、通风孔以及按标准规定设置的功能性开口外,不得有其他开口。其中,轿厢上按标准规定设置的功能性开口包括部分电梯根据救援需要设置的轿厢安全门或轿顶安全窗,对于无机房电梯作业场地等设在轿厢的检修门或检修窗,这些开口按标准规定都需要有规定的开启方式和门保护装置,包括锁紧装置和验证锁紧的电气安全装置。

轿厢体应由不易燃和不产生有害气体和烟雾的材料组成,一般都采用钢板。为了保证乘客的安全和舒适,轿厢入口和内部的净高度不得小于2 m。为防止人员超载,轿厢的有效面积必须予以限制,具体相关参数见GB/T 7588.1—2020中额定载质量与轿厢最大有效面积的关系。在乘客电梯中为了保证乘客不会过分拥挤,GB/T 7588.1—2020还规定了轿厢的最小有效面积,同时还要对轿厢载质量进行监测控制,设置轿厢超载保护装置,此外还要提供明确的使用信息,如按规定设置轿厢铭牌标明额定载质量,乘客电梯要标明乘客人数与额定载质量,载货电梯仅标出额定载质量,设置电梯使用须知等。

1. 轿厢铭牌

轿厢铭牌是电梯重要的产品标志,按照GB/T 7588.1—2020的要求应标出电梯的额定载质量、乘客人数及电梯制造厂名称或商标。轿厢铭牌向电梯使用者明示了电梯的制造单位,以及电梯使用者正确使用电梯所必须遵守的额定载质量、乘客人数及使用注意事项的规定。

2. 轿厢操纵箱

轿厢操纵箱又称轿内控制箱或轿内操作盘,是用于操纵电梯运行的装置,乘客或司机在轿厢通过操纵箱的按钮来控制电梯的运行。轿厢操纵箱分乘客操纵部分和司机操纵部分。

1) 乘客操纵部分

乘客操纵部分有运行方向显示、所到楼层显示、超载显示、所到楼层的层号按钮、开门按钮、关门按钮、紧急报警按钮等基本功能和其他附加功能。

(1) 运行方向显示：用箭头表示轿厢正在运行的方向。

(2) 所到楼层显示：用数字表示轿厢所到楼层。

(3) 超载显示：电梯超载时，电梯会发出有声响信号或者灯光信号，以提示使用者。

(4) 故障显示：部分电梯故障时，会利用楼层显示板显示不同的故障状态，以便于检修。

(5) 所到楼层的层号按钮：乘客或者司机选择所要到达楼层的按钮。

(6) 开门按钮：电梯正关门时，重新将门打开的按钮，需要保持开门状态时，持续按该按钮。

(7) 关门按钮：将电梯门关闭的按钮。

(8) 警铃按钮：警铃一般安装在电梯基站，对于设置有紧急报警装置的电梯，警铃及其按钮不是必需的。

(9) 紧急报警装置按钮：按动紧急报警装置按钮，轿厢能与值班室进行全双工对讲通话，此外大部分电梯的紧急报警装置按钮也附带有警铃功能。

2) 司机操纵部分

司机操纵部分一般用带锁的盒子锁住，以保证电梯乘客不能接触，以免造成错误操作，引起电梯故障或者影响电梯安全。司机操纵部分仅提供给电梯司机、安全管理人员和检修人员使用，不提供给电梯乘客直接使用。司机操纵部分一般包括有自动/司机转换开关、正常/检修转换开关、慢上按钮、慢下按钮、直驶按钮、延时关门按钮、轿厢照明开关、轿厢风扇开关等。

(1) 自动/司机转换开关：将电梯控制方式进行转换，自动就是集选或并联控制等，由乘客自己操纵，不需要司机操纵电梯；司机就是信号控制，只能由司机操纵电梯的运行。

(2) 正常/检修转换开关：将电梯在正常运行状态和检修运行状态之间转换，主要是供电梯检修人员使用，检修运行就是进入慢车运行状态。

(3) 慢上按钮：检修运行时，慢车向上运行按钮。

(4) 慢下按钮：检修运行时，慢车向下运行按钮。

(5) 直驶按钮：司机状态时，按动该按钮，电梯不响应外呼顺向截梯信号。

(6) 延时关门按钮：司机状态时，按动该按钮，电梯门长时间处于开门状态，方便装卸货物。

(7) 轿厢照明开关：轿厢照明灯的开关。

(8) 轿厢风扇开关：轿厢风扇的开关。

3. 轿厢安全门

轿厢安全门是同一连通井道内有多台电梯时，在两部电梯相邻的轿厢壁上向轿内开启的门，供乘客和司机在特殊情况下离开轿厢，而改乘相邻轿厢的安全出口。门上装有当门扇打开或没有锁紧即可断开安全回路的开关装置。

共用井道的电梯，在有相邻轿厢的情况下，如果轿厢之间的水平距离不大于 0.75 m，可以使用轿厢安全门，将故障电梯内的乘客解救到相邻的正常电梯轿厢中。如图 2-51 所示，

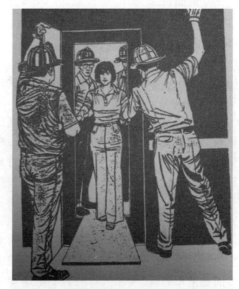

图 2-51 通过轿厢安全门从相邻轿厢救援被困电梯轿厢内的乘客示意图

将救援电梯运行至与故障电梯齐平,救援人员打开救援电梯和故障电梯的轿厢安全门,通过铺设踏板连接两电梯的轿厢安全门地面,踏板两边加设临时扶手护栏(图中为两电梯内的救援人员互相手持),在两电梯轿厢安全门出口的救援人员引导下,将故障电梯内的乘客转移到救援电梯中。

GB/T 7588.1—2020 中没有要求所有电梯都必须配置轿厢安全门。受共用井道设计的限制,这种救援方式在高层多电梯共用井道的情况下较为可能使用,特别是解决相邻层门地坎间距离超过 11 m 但又不能设置井道安全门的情况。

2.3.3 轿顶部件和设备

轿顶是电梯主要的检修作业场地,应保持整洁,特别是不应存放非检修使用的物品,检修完成后应清理轿顶上的物品,防止电梯在运行中由于振动使轿顶物品坠落而发生意外。

1. 轿顶护栏

轿顶护栏的作用在于防止轿顶工作人员坠落或者受到井道内其他设备的伤害,轿顶护栏内是相时安全的检修作业场地。电梯正常运行时,人员不应处在轿顶位置,尤其是站在轿顶。电梯检修运行时,进行电梯工作的人员的头、手、脚等身体部分不应伸出轿顶护栏。

轿顶离轿顶外侧边缘有水平方向超过 0.3 m 的自由距离时,轿顶应装设护栏。轿顶护栏应由扶手、0.1 m 高的护脚板和位于护栏高度一半处的中间栏杆组成,并有关于俯伏或斜靠护栏危险的警示符号或须知。

2. 轿顶检修装置

为保证检修人员实现检修运行,在轿顶易于接近的位置设置有检修装置。该装置必须设置有停止开关(红色非自动复位开关)、检修状态转换开关(双稳态)、检修上、下运行持续揿压按钮(防止误操作)和电源插座等。

轿顶进入检修运行,机房以及轿厢的检修运行与正常运行等应取消,轿顶优先。轿顶上、下行按钮点动运行,轿厢速度不应大于 0.63 m/s;检修运行应仍依靠安全装置,以防止事故的发生。

检修运行装置在轿顶必须设置,而轿厢和机房并没有强制要求设置,相当多的电梯在轿厢内和机房没有设置检修运行装置。部分电梯由于手动盘车力大于 400 N,而在机房设置有紧急电动运行。紧急电动运行与检修运行的区别是紧急电动运行装置在检修运行的基础上短接限速器、安全钳、极限开关、缓冲器和上行超速保护装置的电气安全开关。

3. 轿顶反绳轮

反绳轮也称过桥轮,是用于轿厢和对重顶上的动滑轮。当电梯曳引绳的曳引比大于 1∶1 时,轿顶或轿底的轿厢架上就要设置反绳轮,其作用是减小曳引机的输出功率和力矩。

如果在轿顶或轿底上固定有反绳轮,则应设置防护装置,以避免伤害人体、防止悬挂绳松弛脱离绳槽和防止绳与绳槽之间进入杂物。轿顶反绳轮的防护设计,除了满足安全防护的要求,还应不妨碍对反绳轮的正常检查。

4. 轿厢安全窗

轿厢安全窗是在轿厢顶部向外开启的封闭窗,供安装、检修人员使用或发生事故时救援和撤离乘客的轿厢应急出口,窗上装有当窗扇打开或没有锁紧即可断开安全回路的开关。GB/T 7588.1—2020 中没有要求所有电梯都必须配置安全窗。

当电梯因为故障停止时,若轿厢停在平层区域,专业的电梯操作人员可以按照安全规程,使用三角钥匙打开层门,放出轿厢内被困乘客。但是当轿厢因故障停在楼层两层中间时,乘客和司机无法走出轿厢,这时乘客需要在轿厢中等待救援。一般的救援程序是:专业的电梯操作人员按照机房的紧急救援说明指示,采用机房紧急操作如手动盘车操作或紧急电动运行,将电梯调往平层区域,再使用三角钥匙进行放人操作。但在某些特殊情况下,如曳引轮轴承机构卡死,轿厢安全窗为救援人员提供了另一种可行的救援方式。专业的电梯操作人员可以从外部打开安全窗,将乘客救出轿厢,如图2-52所示。为方便被困人员撤离,安全窗安装在轿厢顶部,最小尺寸为 0.35 m × 0.50 m,并且只能向轿厢外打开,将安全窗开关(安全窗开关必须为安全触点)有效断开,切断电梯的安全回路,使电梯不能运行,这样可以保证当安全窗打开时,不能用简单的动作就将电气开关闭合,电气开关应在安全窗完全关闭后,才能处于接通闭合的位置上。

图 2-52 轿厢安全窗救援被困人员示意图

安全窗窗口较小,且离轿厢地面有 2 m 多高,上下很不方便。停电或发生故障时,轿顶上无照明且有各种装置,易发生人身伤害事故。为了确保安全,最好不要让乘客出入,更不能在电梯运行中开启轿顶安全窗或轿厢安全门来装运长物件。

2.3.4 轿厢系统的电气连接

1. 外部电气连接

轿厢系统通过一端固定在轿底的随行电缆(又称扁电缆),与电梯机房的控制柜进行电气连接。由于早期随行电缆价格较高,对于楼层低的电梯,随行电缆直接连接至机房;对于中、高层的电梯,随行电缆先连接至井道的中间接线箱,再通过井道敷线从中间接线箱连接至机房。现在电梯一般是使用随行电缆直接将轿厢与机房电气连接。轿厢系统的外部电气连接包括轿厢门机、操纵面板等轿厢用电设备的电源电路、照明、插座电路、控制信号电路和安全回路。

2. 内部电气连接

随行电缆连接到轿底后,通过轿厢外壁连接至轿顶接线箱,再连接至门机、轿内操纵面板、轿内照明、风扇等用电设备。

2.3.5 轿厢系统保护装置

电梯是机电一体化的电气设备,在日常运行中依靠安全保护系统来确保正常运行,轿厢系统一般设置了超载保护装置、轿厢护脚板等常备保护装置。

1. 轿厢超载保护装置

电梯的制动器对电梯的制动能力是有一定范围的,若轿厢超载运行,超过电梯制动器的制动能力,就容易造成电梯坠落、蹲底,严重时甚至出现开门溜车的情形,导致电梯门剪切人员的事故,当轿厢超载严重时甚至会破坏曳引能力,也会导致上述事故的发生。因此电梯使用时轿厢实际的载质量应保持在符合额定载质量设计的许可范围内,应对电梯轿厢的载荷予以控制,这个控制包括人的超载和货物的超载。GB/T 7588.1—2020 中要求设置轿厢超载保护装置,对轿厢的载质量控制有以下安全要求:

(1) 在轿厢超载时,电梯上的一个装置应防止电梯正常启动及再平层。

(2) 所谓超载是指超过额定载荷的 10%,并至少为 75 kg。

(3) 在超载情况下:

① 动力驱动自动门应保持在完全打开位置;

② 手动门应保持在未锁状态;

③ 根据 GB/T 7588.1—2020 进行的预备操作应全部取消。

(4) 轿内应有音响和(或)发光信号通知使用人员。

电梯的超载保护装置形式不同,装设位置也不同,一般安装在机房(或无机房电梯井道内)曳引绳头处、轿顶曳引绳头处或轿底。

轿厢超载保护装置按照不同的传感器形式可分为:

(1) 机电开关式。通过微动开关或差动变压器开关、磁感应开关,测量电梯不同部位由于载荷的重力产生的位移或变形量,通常还配合机械杠杆放大该位移量,以提高精度,使得超载保护开关动作,如图2-53所示。

图2-53　机电开关式

(2) 压力传感器式。通过压力传感器测量电梯不同部位由于载荷产生的压力,将压力信号转换为电信号,得到轿厢的准确载荷量,如图2-54所示。

图2-54　压力传感器式

随着电梯技术的不断发展,特别是电梯群控技术的发展,客观上要求电梯的控制系统能精确地了解每台电梯的载荷量,使电梯的调度运行达到最佳状态。因此,传统的开关量载荷信号已经不能适用于群控技术,现在很多电梯采用电磁式称重装置,为电梯控制系统提供连续变化的载荷信号。这样一方面可以方便调度群控系统;另一方面可以将载荷信号传递给电梯的拖动系统。在电梯启动和运行期间通过变频器调节曳引机的转矩,保证电梯的平稳运行,提高乘客舒适度。

2. 轿厢护脚板

当轿厢不平层、轿厢地面(地坎)的位置高于层站地面时,在轿厢地坎与层门地坎之间存在间隙。电梯在层站附近(当轿厢地板面高于层站地面时)发生故障而无法运行时,轿内人员意外扒开轿门(巨大安全风险行为)并开启层门自救,由轿内跳出时,脚踏入此空隙,就有可能发生坠落井道的人身伤害事故。由轿内跳出时,护脚板可以起到一定的遮挡作用以防止人员坠入井道,如图2-55所示。

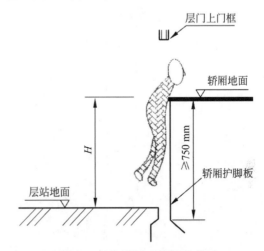

图2-55　轿厢护脚板的保护作用

为此,GB/T 7588.1—2020对轿厢护脚板提出了以下安全要求:

(1) 每一轿厢地坎上均应设置护脚板,护脚板的宽度应至少等于对应层站入口的整个净宽度。其垂直部分以下应以斜面延伸,斜面与水平面的夹角应至少为60°,该斜面在水平面上的投影深度不应小于20 mm。

(2) 护脚板垂直部分的高度不应小于0.75 m。

标准的轿厢护脚板结构如图2-56所示。

(3) 护脚板应能承受从层站向护脚板方向垂直作用于护脚板垂直部分的下边沿的任何位置,并且均匀地分布在5 cm² 的圆形(或正方形)面积上的300 N的静力,同时应:

① 永久变形不大于1 mm;

② 弹性变形不大于35 mm。

由于轿厢护脚板只能起到一定的遮挡作用,因此电梯故障时轿内乘客在使用紧急报警装置向外报警后,应在轿厢内等待救援。进行电梯救援的人员应按照机房救援操作规程,将轿厢移动到平层位置处才能使用三角钥匙放出被困乘客,切勿在轿厢不平层的情况下盲目

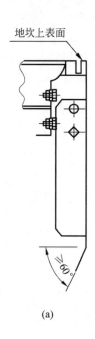
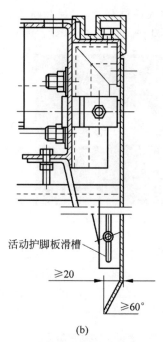

图 2-56 轿厢护脚板示意图
(a) 固定轿厢护脚板；(b) 活动护脚板

打开层门救援。此外，轿厢护脚板安装时应保证垂直和固定可靠，以保证在受力时不产生严重空隙和变形。

2.4 门系统

电梯的门系统由轿门、层门、开关门机构、门锁装置、层门紧急开锁装置、层门自闭装置、门入口保护装置组成。电梯门是乘客或货物的出入口，门系统不仅具有开关门的功能，同时还提供防止人员坠落和剪切的保护。只有在所有层门和轿门关闭，层门（和需要锁紧的轿门）锁紧后，电梯才能运行。

2.4.1 门系统的组成与分类

1. 门系统的组成

电梯门分为层门与轿门，层门又称为厅门，是设置在楼层层站入口的门，轿门又称为轿厢门，是设置在轿厢入口的门。层门和轿门由各自的门扇、门导轨、门滑轮、地坎、门滑块等组成，如图 2-57 所示。

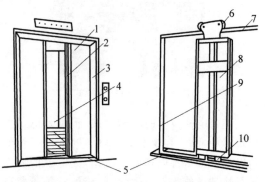

1—层门；2—轿门；3—门套；4—轿厢；5—地坎；6—门滑轮；7—门导轨；8—层门门窗；9—层门立柱；10—门滑块。

图 2-57 电梯门结构

1) 门扇

电梯门扇应是无孔的。载货电梯作为特殊情况除外，载货电梯包括非商用汽车电梯，可以采用上开启的垂直滑动门，这种垂直滑动轿门可以是网状的或带孔板型，但其网孔或板孔的尺寸须符合 GB/T 7588.1—2020 的要求，在水平方向不得超过 10 mm，垂直方向不得超过 60 mm。

电梯门扇由位于上方的门挂板和下方的门扇面板组成,门扇面板就是电梯日常使用时乘客正常可见的电梯门部分。门挂板与门扇面板一般采用螺栓连接,门挂板与门扇之间垫有金属垫片,用以调整门扇面板的高低和水平,以保证门扇在门滑轮的作用下正常滑动和门扇上下部分的导向。门挂板是悬挂和调整门扇面板,安装门滑轮、门锁等门工作部件的一块金属板总成。

门扇面板的材料一般用厚度为 1~1.5 mm 的钢板制成,背部设有加强筋。为了隔音和减振,部分电梯会在门扇背部涂以隔音泥或贴有阻尼材料。

电梯门扇应具有足够的机械强度,即:当施加一个 300 N 的力,垂直作用于门的任何位置,并使该力均匀分布在面积为 5 cm^2 的圆形或方形截面上时,门能够承受住且:

(1) 弹性变形不大于 15 mm;
(2) 释放后没有永久变形;
(3) 经这样的实验后,功能正常。

2) 门导轨

门导轨安装在门扇的上方,用以承受所悬挂门扇的重量和对门扇起导向作用,多用扁钢制成。

3) 门滑轮

门滑轮安装在门扇上方的门挂板上,每个门扇装有 2 个门滑轮,门滑轮在门导轨上运行,用作门扇的悬挂和门扇上部分的导向。滑轮采用金属轴承,轮体可由金属或非金属制成,金属滑轮承重性能好且防火。非金属滑轮耐磨性好、噪声小,因此被广泛采用。

4) 门地坎

门地坎是电梯乘客或货物进出电梯轿厢的踏板,在开、关门时对门扇的下部分起导向作用。轿门地坎安装在轿底前沿处,层门地坎安装在井道层门牛腿处,用铝、钢型材或铸铁等制成。

5) 门滑块

门滑块固定在门扇的下底端,每个门扇上装有 2 只滑块,在门扇运动时门滑块卡在地坎槽中,起下端导向和防止门扇翻倾的作用。门扇正常运行时,门滑块底部与地坎门滑槽底部保持一定的间隙。常见的门滑块通常是由钢板外面浇铸耐磨性好、噪声小的尼龙制成。

2. 门系统的分类

1) 按安装位置分类

电梯门按安装位置可分为层门和轿门。

2) 按开门方式分类

电梯门按开门方式可分为水平滑动门、垂直滑动门、铰链门、折叠门。

(1) 水平滑动门是指沿门导轨和地坎槽水平滑动开启的门。由于方便通行,开门效率高,电梯门一般使用的都是水平滑动门。

(2) 垂直滑动门是指沿门两侧垂直门导轨滑动向上或下开启的层门或轿门。由于垂直滑动门不增加井道宽度和轿厢宽度,因此在要求开门宽度较大的货梯上被使用,除此之外垂直滑动门很少被用到,在 GB/T 7588.1—2020 中仅允许用于载货电梯。垂直滑动门与水平滑动门不同,它在关闭时常见是由上面关闭下来的,如果发生撞击,撞击位置通常是人员的头部,因此垂直滑动门比水平滑动门对人的危险性更大。

(3) 铰链门(外敞开式)门的一侧为铰链连接,由井道向候梯厅方向开启的层门。"铰链"即为通常所说的"合页",铰链门与家庭的房门启闭方式类似。

(4) 折叠门是门扇在开门状态是折叠起来的,关门时重叠收回的门扇会相对伸展开的门。

3) 按开门方向分类

水平滑动的电梯门按门扇的开门运动方向可分为中分门和旁开门。

(1) 中分门是指层门或轿门扇由门口中间分别向左、右开启的层门或轿门。根据门扇的多少,有中分多折门。中分多折门是指层门或轿门门扇由门口中间分别向左、右两侧开启,每侧有数量相同的多个门扇的层门或轿门,门扇打开后成折叠状态,例如中分四扇、中分六扇等。

(2) 旁开门是指层门或轿门的门扇向同一侧开启的层门或轿门。

根据门扇的多少,有旁开多折门。旁开多折门是指有多个门扇,各门扇向同侧开启的层门或轿门。根据开门方向,旁开门又可分为左开门和右开门：

① 左开门是指站在层站外面对轿厢，门扇向左方向开启的层门或轿门；

② 右开门是指站在层站外面对轿厢，门扇向右方向开启的层门或轿门。

4）按与驱动机构的连接方式分类

电梯门按与驱动机构的连接方式可分为主动门、被动门：

（1）主动门是指与门机的驱动机构或门刀直接机械连接的轿门或层门。

（2）被动门是指与门机的驱动机构或门刀间接机械连接的轿门或层门，即被主动门用钢丝绳等非刚性的部件带动运行的电梯门。

5）按运行速度分类

在旁开多扇门或者中分多折门中，电梯门按运行速度的快慢，可通俗地分为快门和慢门。

6）按开关方式分类

按开关方式可分为手动门和自动门。手动门包含两种含义，一种是靠人力开关，另一种是手动操作控制，所以容易混淆，其具体含义要根据其相对的对象来确定，但是普遍认为手动门为靠人力开关的门。

（1）动力来源的区别

① 自动门是靠动力开关的层门或轿门。自动门也可以叫作动力驱动的门，动力可由电动、液压和气动等非人力提供。

② 手动门是靠人力开关的层门或轿门。

（2）控制方式的区别

① "动力驱动的自动门"是指由动力驱动，且装有自动开、关门控制装置，在得到一个信号后就能自动地完成开、关门动作，不需要使用人员任何强制性动作（如不需要连续的揿压按钮）操作的电梯门；

② "动力驱动的手动门"是指由动力驱动，且在人的控制下（如持续按住关门按钮）进行开关的电梯。

从控制方式的区别来说，动力驱动的门和自动门的关系为：自动门都是由动力驱动的，但动力驱动的不一定都是自动门，也可以是手动门。比如由动力驱动的但需要人员连续揿压按钮操作的门就属于动力驱动的手动门，此时动力驱动本身只是作为手动操作门，使门按照使用者的需要而动作的工具。

2.4.2 开关门机构

电梯门的开关门机构是由门机、门联动机构、轿门门刀、层门门锁滚轮组成的。

1. 门机的结构和分类

电梯门可分为手动门和自动门。手动门是在电梯平层后，由电梯司机或使用者依靠人力打开或关闭电梯门。手动门除了杂物电梯外已经很少使用了，但是在老式电梯中仍有使用。手动门通常是手动打开门锁，用手抓住电梯上的手柄，通过人力推拉电梯门扇来完成开关门动作。手动门的轿门和层门一般是靠手动分别打开的。

门机是使轿门和（或）层门开启和关闭的装置。自动门通常使用电动机作为轿门打开和关闭的动力来源，当电梯正常运行达到平层位置时，通过设置在轿厢顶部的门机来实现自动开关门。自动门的门机分为直流门机和交流门机。

1) 直流门机

直流门机由直流电动机、调速电阻箱、减速轮、机械摆臂等部件组成，如图2-58和图2-59所示。直流门机常采用整流后的直流110 V电压作为电源，通过调节与电动机电枢分压的大功率电阻来调节电动机的速度，并利用皮带或链条连接减速轮进行减速，最后通过机械摆臂来驱动轿门的运动，其通常需要借助摆臂上的重锤来增大转动惯量以增加调速的稳定性，以及在轿门关闭后提供关门保持力。

图2-58　直流门机外观

2) 交流门机

现在的交流门机通常采用变压变频（VVVF）驱动，这种门控制系统的优点在于运行可靠、噪声小、开关门速度调节方便等，得到越来越广泛的应用。交流门机由变频器控制交流电动机,通过减速机构或者直接带动传动皮带来驱动轿门的开启与关闭。如图 2-60 和图 2-61 所示分别为由皮带传动的中分门和旁开门交流门机的结构图。

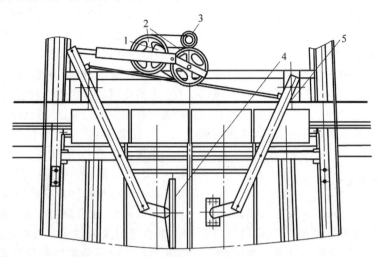

1—重锤；2—减速皮带轮；3—门电机；4—门刀；5—摆臂。

图 2-59　机械摆臂中分门直流门机结构图

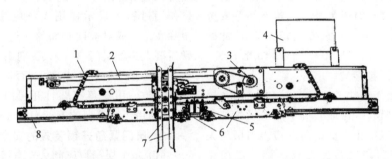

1—电气线保护套；2—齿形传动带；3—门电机及主动轮；4—电气控制箱；5—门连锁开关；6—轿门挂板；7—活动门刀；8—门导轨。

图 2-60　皮带传动中分门交流门机结构图

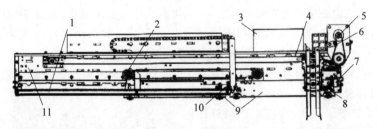

1—门导轨；2—传动机构滑轮；3—电气控制器；4—轮形转动器；5—门电机；6—皮带减速机构；7—主动门连锁开关；8—传动门刀开锁机构；9—轿门楼板；10—被动门连锁开关；11—门机结构支架。

图 2-61　皮带传动旁开门交流门机结构图

2．门联动机构

门机直接驱动一个或多个轿门门扇（这些门扇称为主动门），轿门主动门通过轿门的联动机构带动被动门,实现轿门的开和关；与此同时,轿门上的门刀带动带有门锁滚轮的层门(也称为主动门),主动门通过层门的联动机构带动被动门,也同步实现了层门的开和关。其中,门扇与门扇之间由机械摆杆等刚性装置连接的称为直接连接;由钢丝绳或其他非刚性装置连接的称为间接连接。

自动门通常采用轿门和层门联动的开门方式。电梯平层时,门机驱动打开轿门,轿门打开的同时,驱动位于门机或轿门上的门刀,门刀带动层门门锁滚轮并打开层门,从而实现轿门和层门的联动。

2.4.3　门锁装置

为了保证电梯门的可靠闭合与锁紧,禁止层门和轿门被随意打开,电梯设置了层门门锁装置以及验证门扇闭合的电气安全装置,通常被称为门锁。门锁是电梯的重要安全保护装置之一,层门的门锁锁紧是防止坠落危险的保护措施,门锁装置的锁紧、闭合、防剪切等安全要求见 GB/T 7588.1—2020 的相关部分,此处不再赘述。

1. 层门门锁装置

当电梯处于正常工作状态时,电梯的各层层门都被门锁锁住,保证人员不能从层站外部将层门扒开,以防止人员坠落井道。当层门关闭时,层门锁紧装置通过机械连接将层门锁紧,同时为了确认电梯层门的关闭和锁紧,在层门门锁触点接通和验证层门门扇闭合的电气安全装置闭合以后,电梯才能启动,从而保证电梯运行时,门一定处于关闭锁紧状态。

层门门锁的另一个功能是实现轿门驱动下的轿门和层门联动。只有当电梯停站时,门锁和层门才能被安装在轿门上的门刀带动而开启。

2. 轿门门锁装置

当电梯处于非平层区域,为防止轿门被打开,必要时轿门也设置了门锁装置。如果轿厢与面对轿厢入口的井道壁距离符合 GB/T 7588.1—2020 要求,轿门只需设置验证门扇闭合的电气安全装置;如果轿厢与面对轿厢入口的井道壁距离不符合 GB/T 7588.1—2020 要求,则轿门必须设置与层门相同要求的门锁装置。

2.4.4　层门紧急开锁装置

层门的打开通常有两种方式:

(1)电梯正常使用时,在停靠的层站平层位置,由门机自动打开轿门,同时轿门的门刀带动打开层门。

(2)在施工、检修、救援等特定情况下,由专业人员使用三角钥匙打开层门,该打开层门的装置被称为层门紧急开锁装置。

1. 三角钥匙

三角钥匙应符合 GB/T 7588.1—2020 的要求,层门上的三角钥匙孔应与其相匹配。三角钥匙是为援救、安装、检修等提供操作条件,应附带有类似"注意使用此钥匙可能引起的危险,并在层门关闭后应注意确认已锁住"内容的提示牌。对三角钥匙的管理能够有效保证只有"经过批准的人员"才能进行紧急开锁。同时钥匙上应附带有相关说明,可以在三角钥匙使用过程中提示使用人员应注意的事项。电梯在检修或对被困轿厢的人进行救援时,常常需要人为将层门打开,人为打开层门时的操作步骤必须严格按要求实施,否则会导致人员坠入井道。用三角钥匙打开层门是非常危险的,必须由经过培训的持证人员进行操作。

2. 层门紧急开锁装置的安全要求

(1)每个层门均应能从外面借助于一个与 GB/T 7588.1—2020 规定的开锁三角孔相配的钥匙将层门开启。

(2)这样的钥匙应只交给一名负责人员。钥匙应带有书面说明,详述必须采取的预防措施,以防止开锁后因未能有效地重新锁上而可能引起的事故。

(3)在一次紧急开锁以后,门锁装置在层门闭合下,不应保持开锁位置。

2.4.5　层门自闭装置

GB/T 7588.1—2020 规定:在轿门驱动层门的情况下,当轿厢在开锁区域之外时,如果层门无论因为何种原因而开启,则应是有一种装置(重块或弹簧)能确保该层门关闭和锁紧。

在轿门驱动层门的情况下,由于层门靠轿

门驱动,层门自身没有动力,当轿厢不在层站位置而层门被打开(如通过层门紧急开锁装置)时,如果层门是不能自动关闭的,此时就可能产生人员意外坠落井道的危险。因此,层门应装有自动闭合装置,当层门开启时,层门有一定的自动关闭力,保证层门在全行程范围内可以自动关闭,防止检修人员在检修期间离开,忘记关闭层门而导致周围人员意外坠落井道。

层门自闭装置主要依靠重物的重力和弹簧的拉力或压力,常见的形式有重锤式、拉簧式、压簧式。层门的自闭力过小,难以确保层门的自动关闭;层门的自闭力过大,门机的功率需要相应增大,关门减速的控制难度也增大。

2.4.6 门入口保护装置

当乘客在层门和轿门的关闭过程中,通过入口时被门扇撞击或将被撞击时,一个保护装置应自动地使门重新开启,这种保护装置就是电梯的门入口保护装置。门入口保护装置常见有以下形式。

1. 安全触板

安全触板由触板、联动杠杆和微动开关组成。正常情况下,触板在重力的作用下,凸出轿门30~45 mm。若门区有乘客或障碍物存在,当轿门在关闭时,触板会受到撞击而向内运动带动联动杠杆压下微动开关,而令微动开关控制的关门继电器失电,开门继电器得电,控制门机停止关门运动而转为开门运动,保证乘客和设备不会受到撞击。

2. 光电式保护装置

传统的机械式安全触板属于接触式开关结构,不可避免地会出现撞击使用人员或货物的危险,安全性能不甚理想。随着科学技术的发展和电梯市场的需求,传统的安全触板逐渐被红外线光幕所取代,其非接触式安全可靠的优势提高了电梯门防夹人的安全性,也提高了开关门的运行速度,使用越来越广泛。

光幕运用红外线扫描探测技术,控制系统包括控制装置、发射装置、接收装置、信号电缆、电源电缆等几部分。发射装置和接收装置安装于电梯门两侧,主控装置通过传输电缆,分别对发射装置和接收装置进行数字程序控制。在关门过程中,发射管依次发射红外线光束,接收管依次打开接收光束,在轿厢门区形成由多束红外线密集交叉扫描的保护光幕,不停地进行扫描,形成红外线光幕警戒屏障,当人和物体进入光幕屏障区时,控制系统迅速转换输出开门信号,使电梯门打开,当人和物体离开光幕警戒区域,电梯门方可正常关闭,从而达到保障安全的目的。

2.5 悬挂系统与重量平衡系统

2.5.1 悬挂系统

电梯的悬挂装置用于悬挂轿厢和对重,并且利用曳引轮与曳引钢丝绳之间的摩擦力驱动轿厢和对重运行,一般是由曳引钢丝绳(或复合钢带)以及端接装置构成。悬挂装置是电梯的主要部件,悬挂装置的可靠程度不但关系到电梯的安全,同时直接影响电梯的整机性能。

1. 曳引钢丝绳

1) 曳引钢丝绳的组成与结构

曳引钢丝绳由钢丝、绳股和绳芯组成,钢丝绳结构如图2-62所示。常用的钢丝绳结构有8×19S+NF和6×19S+NF,钢丝绳截面如图2-63所示。

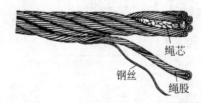

图2-62 钢丝绳结构

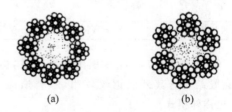

图2-63 钢丝绳截面
(a) 8×19S+NF;(b) 6×19S+NF
注:8和6代表钢丝绳的股数;19代表每股的钢丝数;S代表西鲁式;NF代表钢丝绳的绳芯。

(1) 钢丝：钢丝是钢丝绳的基本强度单元，要求具有很高的强度和韧性。一般来说，钢丝直径越粗，耐腐蚀性能和耐磨损性能就越强；钢丝直径越细，柔软性能就越好。

(2) 绳芯：被绳股所缠绕的挠性芯棒，能起到支撑固定绳股的作用。绳芯分为纤维绳芯和金属绳芯两种。曳引钢丝绳多采用纤维绳芯，这种绳芯能增加绳的柔软性，还能起到存储润滑油的作用。

(3) 绳股：是由钢丝捻成的每小股绳。相同直径与结构的钢丝绳，股数多的抗疲劳强度就高。按绳股的形状，钢丝绳可分为圆形股和异形股。虽然异形股与绳槽接触面积大，使用寿命较长，但由于其制造工艺复杂，所以电梯中多使用圆形股钢丝绳。电梯用钢丝绳的股数多是8股或6股两种。

绳股型式指曳引钢丝绳股内各层钢丝相互之间的接触状态，可分为点接触、线接触、面接触三种。对于线接触钢丝绳，按照股中钢丝的配置方式又可分为西鲁式、瓦林顿式、填充式三种，见表2-1。

表2-1 三种结构钢丝绳

西鲁式	瓦林顿式	填充式
8×19S+FC	8×19W+FC	8×19Fi+FC
8×19S+WR	8×19W+WR	8×19Fi+WR

① 西鲁式（Seale）：曳引钢丝绳中最常用的绳股结构。其外层钢丝较粗，耐磨损能力强，也称外粗式。

② 瓦林顿式（Warrington）：外层钢丝粗细相间，挠性较好，股中的钢丝较细，也称粗细型。曳引钢丝绳除考虑磨损外，还应考虑弯曲疲劳寿命，与西鲁式相比，瓦林顿式绕过绳轮的弯曲疲劳寿命比西鲁式高20%以上。

③ 填充式（Filler）：在两层钢丝之间的间隙处填充有较细的钢丝，弯曲和耐磨性能都比较好，特别是对于6股钢丝绳有较好的柔软性。因其填充钢丝直径较小，一般绳径应小于10 mm，也称密集式。

以上三种钢丝绳股内相邻层钢丝之间呈线状接触形式，股由不同直径的钢丝一次捻制而成，钢丝之间接触的位置压力较小。

钢芯分为独立的钢丝绳芯（IWR）和钢丝股芯（IWS）。

2）曳引钢丝绳主要规格参数和性能

曳引钢丝绳的主要规格参数是公称直径，指钢丝绳外围的最大直径，规定不小于8 mm。其测量方法见图2-64。

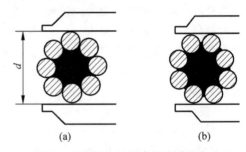

图2-64 曳引钢丝绳直径的测量方法
(a) 正确；(b) 错误

曳引钢丝绳主要性能指标为破断拉力及公称抗拉强度。

(1) 破断拉力指整条钢丝绳被拉断时的最大拉力，是钢丝绳中钢丝的组合抗拉能力，决定于钢丝绳的强度和绳里钢丝的填充率。

(2) 破断拉力总和是指钢丝在未被缠绕前抗拉强度的总和。但钢丝一经缠绕成绳后，由于弯曲变形，其抗拉强度有所下降，因此两者间有一定的比例关系，即

钢丝绳破断拉力＝钢丝绳破断拉力总和×折算系数

(3) 钢丝绳公称抗拉强度是指单位钢丝绳截面积的抗拉能力，即

钢丝绳公称抗拉强度（N/mm^2）

＝钢丝绳破断拉力总和/钢丝截面积总和

其中：对于单抗拉强度钢丝绳，整个钢丝绳中

的钢丝的抗拉强度均相同；对于双抗拉强度钢丝绳，当钢丝绳外层钢丝与内层钢丝的抗拉强度不同时，一般内层钢丝的抗拉强度要比外层大。

3）曳引钢丝绳标记方法

常用的钢丝绳标记方法示例如下：13 NAT 8×19S＋FC—1500（双）ZS—GB/T 8903—2018。

（1）13——钢丝绳直径 13 mm，由表 2-2 可查出曳引钢丝绳直径允许偏差，钢丝绳直径为正偏差，比公称直径大。

表 2-2　曳引钢丝绳直径允许偏差

绳芯类别	公称直径/mm	允许偏差/%		
		无载荷	5%最小破断载荷	10%最小破断载荷
纤维芯	≤10	+6 +2	+5 +1	+4 0
	>10	+5 +2	+4 +1	+3 0
钢芯	所有钢丝绳直径	+4 +1	+3 0	+3 0

（2）NAT——表面状态为光面。

（3）8——绳股数目，即钢丝绳绳股数目为 8。

（4）19——绳股内钢丝条数，即每股绳由 19 条钢丝组成。

（5）S——西鲁式。

（6）FC——纤维绳芯。

（7）1500（双）——钢丝公称抗拉强度为 1370/1770（1500）MPa。

（8）ZS——捻制方法为右交互捻。由于交互捻法是绳与股的捻向相反（如图 2-65 所示），使绳与股的扭转趋势也相反，互相抵消，在使用中没有扭转打结的趋势，因此适用于悬挂的场合。电梯必须使用交互捻绳，一般为右交互捻，即绳的捻向为右，股的捻向为左。

（9）GB/T 8903—2018——国家标准《电梯用钢丝绳》编号。

2．端接装置

钢丝绳端接装置（又称绳头组合）的作用

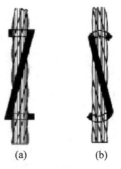

图 2-65　左右捻示意图

(a)"Z"代表右捻；(b)"S"代表左捻

是连接钢丝绳和轿厢等结构，缓冲工作中曳引绳的冲击负荷，均衡各根钢丝绳中的张力，对钢丝绳的张力进行调节。端接装置的连接必须牢固，标准规定连接的抗拉强度不得低于钢丝绳最小破断拉力的 80%。无论钢丝绳有多结实，如果绳头松动将会发生危险，所以端接装置的连接与强度非常重要。

钢丝绳端接装置如图 2-66 所示，主要有金属或树脂填充的绳套、套筒压紧式绳套、环圈压紧式绳环、自锁紧楔形绳套、至少带有 3 个合适绳夹的鸡心环套、手工捻接绳环等方式，其中在电梯中使用较多的有金属或树脂填充的绳套、自锁紧楔形绳套、至少带有 3 个合适绳夹的鸡心环套。

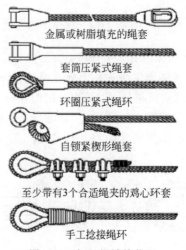

图 2-66　钢丝绳端接装置

1）金属或树脂填充的绳套

绳套结合部分由锻造或铸造的锥套和浇

注材料组成。浇注材料一般为巴氏合金或树脂，浇注前将钢丝绳端部的绳股解开，编成"花篮"后套入锥套中。浇注后"花篮"与凝固材料牢固结合，不能从锥套中脱出，金属或树脂填充的绳套的制作方法如图2-67所示。

图2-67　金属或树脂填充的绳套的制作方法

2）自锁紧楔形绳套

绳套结合部分由楔套、楔块、开口销和浇注材料组成。将钢丝绳绕过楔块套入绳套，再将楔块拉紧，靠楔块与绳套内孔斜面的配合自锁，并在钢丝绳的拉力作用下越拉越紧。楔块下端设有开口销，具有防止楔块松脱的作用。如图2-68所示。

图2-68　自锁紧楔形绳套的制作方法

3）至少带有3个合适绳夹的鸡心环套

用绳夹固定绳头是十分方便的方法，但必须注意绳夹规格与钢丝绳直径的配合和夹紧的程度。固定时必须使用3个以上绳夹，而且U形螺栓应卡在钢丝绳的短头。如图2-69所示。

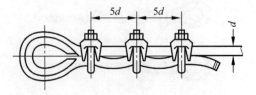

图2-69　至少带有3个合适绳夹的鸡心套

3. 张力调节装置

悬挂在曳引轮绳槽上钢丝绳的张力均匀很重要，张力不均在电梯正常运行过程中是一个故障隐患。若张力不均，轿厢和对重的重量不能平均分配到每根钢丝绳上，随着电梯运行次数的不断增加，会使各钢丝绳与曳引轮之间的磨损不均，从而降低钢丝绳和曳引轮的寿命。

各钢丝绳之间张力不均会降低曳引能力，严重时可能造成打滑而引起安全事故；同时，张力不均也会增加电梯运行过程中的噪声和振动，降低乘坐舒适感；此外，如果各钢丝绳之间的张力相差较大，轿厢（连同载荷）及对重的重量集中施加在个别钢丝绳上，可能造成钢丝绳安全系数不足。

由于在钢丝绳安全系数计算时假定各钢丝绳之间受力是均匀的，如果各钢丝绳之间张力差较大，实际工况下的钢丝绳状态与设计计算时之间存在较大差异，则实际工况下的钢丝绳安全系数也会与计算值有较大差异，这将给电梯的安全运行带来隐患。

因此，至少应在悬挂钢丝绳的一端设置一个调节和平衡各绳张力的装置。这个调节装置在一定范围内，应能自动平衡各钢丝绳的张力差，同时张力调节装置除了能够起到平衡各钢丝绳张力的作用，还具有降低电梯系统振动的功能。

端接装置一般安装在绳头板上，绳头板必须与轿厢与对重架的上梁或机房承重梁连接牢固，一般应用焊接连接，若用螺栓固定则必须有防止螺帽松脱的措施，不应采用压板压紧固定。

4. 复合钢带

为了配合小机房电梯或无机房电梯曳引系统的应用，研制出了一种与传统曳引钢丝绳不同的新型复合钢带，如图2-70所示。它是将柔韧的高分子复合材料包覆在钢丝外面而形成的扁平曳引带。与传统钢丝绳相比，该曳引媒介更加灵活耐用，且质量轻20%，寿命延长2~3倍，有效减少了传统钢丝绳与曳引轮摩擦产生的噪声。由于这种钢带具有良好的柔韧性，能围绕直径更小的驱动轮弯曲，可减小曳引轮的直径，使得主机仅占传统有齿轮曳引机30%的空间，也使系统传动更加平稳顺滑，令电梯运行更加平稳舒适。钢丝绳与钢带的特

(a)　　　　　　　(b)　　　　　　　(c)

图 2-70　复合钢带

(a) 钢带及驱动主机；(b) 钢带端接装置；(c) 钢带自动监测装置

性对比详见表 2-3。

表 2-3　钢丝绳与钢带特性对比

项目	特性对比	
	钢丝绳 （金属材料）	钢带 （非金属材料）
摩擦系数	静摩擦系数大于动摩擦系数	动摩擦系数大于静摩擦系数
曳引轮槽磨损	容易磨损曳引绳槽	
钢带包覆材料磨损		钢带包覆的聚氨酯材料容易被磨损
运行环境对摩擦系数的影响	钢丝绳表面形成油泥混合物会导致摩擦系数降低	
制造工差对摩擦力的影响	钢丝绳直径或曳引轮槽的制造工差偏大或偏小导致曳引力不稳定	
抱闸运行噪声	抱闸力矩大，导致的接触噪声很大	抱闸力矩小，因此接触噪声很小
挂绳寿命	5～8 年	≥20 年
结构伸长率	<0.5%	<0.1%

2.5.2　重量平衡系统

1. 功能

重量平衡系统的作用是使对重与轿用能达到相对平衡，在电梯运行中即使载质量不断变化，仍能使两者间的重量差保持在较小限额之内，保证电梯具有合适的曳引力，并使电梯运行平稳、正常。重量平衡系统一般由对重装置和重量补偿装置两部分组成。电梯结构如图 2-71 所示。

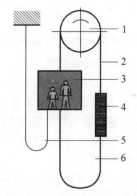

1—曳引轮；2—钢丝绳；3—轿厢及载荷；4—对重装置；5—随行电缆；6—重量补偿装置。

图 2-71　电梯结构示意图

2. 对重装置

对重装置简称对重，相对于轿厢悬挂在曳引绳的另一侧，通过曳引钢丝绳经过曳引轮与轿厢连接，起到平衡轿厢重量的作用。对重装置是曳引驱动不可或缺的部分，可以平衡轿厢的重量和部分负载质量，减少电动机功率损耗。当电梯负载与对重十分匹配时，还可以减小钢丝绳与曳引轮之间的摩擦力，延长钢丝绳的寿命。

对重装置一般由对重架、对重块、导靴、缓冲器碰块、压紧装置，以及与轿厢相连的曳引绳和对重反绳轮（曳引比为 2∶1 时）组成。各部件安装位置如图2-72所示。

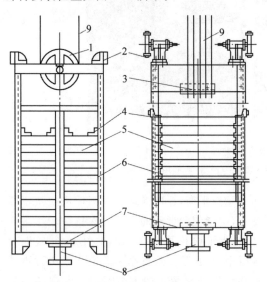

1—反绳轮；2—导靴；3—绳头板；4—压紧装置；5—对重铁；6—对重架；7—调整垫；8—缓冲器碰块；9—曳引绳。

图2-72 电梯对重架

对重架用槽钢或折弯钢板制成，对重架的高度应能放置该电梯合适重量的对重块，同时对重架的高度还必须考虑到顶层空间的高度和底坑的深度，确保其满足对重导轨制导行程的要求。如果受到顶层空间的限制，对重架需要足够小，就只能采用比重较大的对重块，以减少对重架的高度。

根据曳引比的不同，可分为用于曳引比2∶1的有反绳轮对重架和用于曳引比1∶1的无反绳轮对重架两种。

对重块一般由铸铁制造，安放在对重架上时需可靠压紧，以防止运行中移位和产生振动声响。目前，为了降低制造成本，对重块大量使用不同比重的矿砂与水泥的混合铸件，外层包裹薄钢板。

轿厢的载质量是一直变化的，不可能处于完全平衡状态。一般情况下，只有轿厢的载质量达到40%~50%的额定载质量时，对重一侧和轿厢一侧才处于基本平衡，这时的载质量称为电梯的平衡点。当曳引钢丝绳两端的静载荷质量相等时，曳引电动机功率输出最小。在电梯运行中的大多数情况下曳引钢丝绳两端的静载荷质量是不相等的，是变化的，因此对重只能起到相对平衡的作用。

对重质量值的确定：

对重的质量值与空载轿厢质量和电梯的额定载质量以及平衡系数有关。对重质量由下式确定：

$$W = P + kQ \quad (2-2)$$

式中，W——对重的总质量，kg；

Q——电梯的额定载质量，kg；

P——轿厢自身质量，kg；

k——电梯平衡系数，一般为0.4~0.5。

当电梯的对重装置和轿厢侧质量完全平衡时，只需克服各部分摩擦力就能运行，且电梯运行平稳，平层准确度高。因此对平衡系数k的选取，应尽量使电梯能经常处于接近平衡状态。对于经常处于轻载的电梯，k可选取0.4~0.45，对于经常处于重载的电梯，k可取0.45~0.5。这样有利于节省动力，延长机件的使用寿命。

3．补偿装置

补偿装置用来平衡由于电梯提升高度过高，曳引钢丝绳过长造成运行过程中钢丝绳重量单侧偏重的现象。

电梯运行过程中，当轿厢位于最低位置时，对重在最高位置。此时，曳引绳基本都转移到轿厢一侧，曳引绳自重也就作用于轿厢侧。反之，当轿厢位于最高位置时，曳引绳自重则作用于对重侧。加之随行电缆一端固定在井道高度的中部或上端，另一端悬挂在轿厢底部，其长度和自重也随电梯运行而发生转移，给轿厢和对重的平衡带来影响。尤其当电梯运行的高度较大时，曳引轮两侧轿厢与对重的质量比在运行时变化较大，进一步引起曳引力和电动机的负载发生变化。此时需要补偿装置来弥补两侧质量的平衡，以保证轿厢侧与对重侧的质量比在电梯运行过程中基本不变，保持电梯运行的平稳性。

一般补偿装置单位长度的质量与曳引钢丝绳相当，在电梯运行时，其长度的变化正好与曳引绳长度变化趋势相反，当轿厢位于最高层时，曳引绳大部分位于对重侧，而补偿链（绳）大部分位于轿厢侧；当轿厢位于最底层时，情况与上述正好相反，这样轿厢一侧和对重侧一侧就有了补偿的平衡作用。一般可按照电梯速度选择补偿装置的类型，通常分为补偿链、补偿缆和补偿绳等。如图2-73所示。

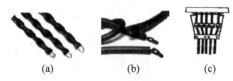

图 2-73　重量补偿装置

(a) 包塑补偿链；(b) 补偿缆；(c) 补偿绳

1) 补偿链

补偿链一般用于额定速度较低的电梯系统，依靠自身重力张紧。为了消除在电梯运行过程中链节之间碰撞、摩擦产生噪声，通常情况下在链节之间穿绕麻绳（穿绳补偿链）或在链表面包裹聚乙烯护套（包塑补偿链）。

（1）穿绳补偿链（如图2-74所示）。麻绳一般是采用龙舌兰麻、蕉麻、剑麻这几种材料，由于麻绳在受潮后会收缩变形影响链节之间的活动，同时还会造成补偿链的长度有较大变化，目前已较少使用穿绕麻绳的方式。

（2）包塑补偿链（如图2-75所示）。为了减小穿绳补偿链在运行过程中的噪声，同时减缓环境对铁链的腐蚀，选用优质电焊锚链经表面处理（电镀或发黑防锈处理）后外裹一层复合PVC塑料，经特殊工艺加工而形成了包塑补偿链。相较于穿绳补偿链，包塑补偿链运行时噪声大大减小，且更加美观，但是在柔韧性及耐用性方面仍需改善。

图 2-74　穿绳补偿链

补偿链的特点是：结构简单，一般只适用中低速的电梯；为防止补偿链掉落，应在补偿链终端两个链环分别穿套一根钢丝绳加强与轿厢下部和对重下部的连接，但此连接一般是

图 2-75　包塑补偿链

松动不受力，也就是所谓的二次保护。

2) 补偿缆

补偿缆是介于补偿绳和补偿链之间的一种补偿装置，如图2-76所示。补偿缆中间有低碳钢制成的环链，中间填塞物为金属颗粒以及聚乙烯与氯化物混合物，形成圆形保护层，链套采用具有防火、防氧化的聚乙烯护套。这种补偿缆质量密度高，运行噪声小，一般适用于中高速电梯的补偿装置。如图2-77和图2-78分别为补偿缆安装示意图和补偿缆横截面图。

图 2-76　补偿缆

图 2-77　补偿缆安装示意图

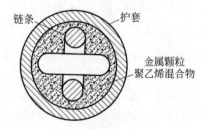

图 2-78　补偿缆横截面图

3）补偿绳

补偿绳以钢丝绳为主体,把数根钢丝绳经过钢丝绳卡钳和挂绳架,一端悬挂在轿厢底梁上,另一端悬挂在对重架上。由于高速电梯在运行时产生的振动、气流都较强,会导致补偿链摇摆,一旦钩刮到井道其他部件上,可能造成危险,因此速度较高的电梯一般使用补偿绳。补偿绳的优点是电梯运行稳定、噪声小;缺点是装置比较复杂。由于钢丝绳在自然下垂时无法依靠自身重量张紧,因此使用补偿绳时为了防止补偿绳晃动引起危险,需要设置张紧装置,如图 2-79 所示。同时,为了防止对重和张紧轮的上跳和回落给系统带来震动,还需要设置防跳装置,如图 2-80 所示。电梯运行时,张紧轮能沿导轮上下自由移动,并能张紧补偿绳。正常运行时,张紧轮处于垂直浮动状态,本身可以转动。补偿绳还有一个重要的作用是减少轿厢的振动。

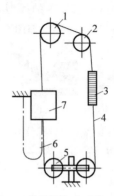

1—曳引轮;2—导向轮;3—对重;4—补偿绳;
5—张紧轮;6—电缆;7—轿厢。

图 2-79　补偿绳和张紧装置

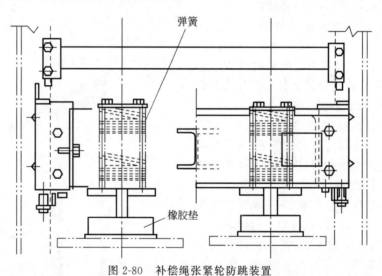

图 2-80　补偿绳张紧轮防跳装置

2.6　电力拖动系统

2.6.1　功能、特点与组成

1. 功能

电梯的电力拖动系统是电梯电气部分的核心,电梯运行是由电力拖动系统完成的。它对电梯的启动加速、稳速运行、减速制动起着控制作用,其优劣直接影响电梯的启动和制动加速度、平层精度、乘坐舒适性等指标。

2. 特点

曳引电梯因其负载和运行的特点,与其他提升机械相比,在电力拖动方面有下列特点:

(1) 四象限运行。虽然电梯与其他提升机械的负载都属于位能负载,但一般提升机械的负载力矩方向是恒定的,都是由负载的重力产生。但在曳引电梯中,负载力矩的方向却随着轿厢载荷的不同而变化,因为它是由轿厢侧与对重侧的重力差决定的。

(2) 运行速度高。一般用途的起重机的提升速度为 0.1～0.4 m/s，而电梯速度大都在 0.5 m/s 以上，一般都在 1～2 m/s，最高的可超过 13 m/s。

(3) 速度控制要求高。电梯属于输送人员的提升设备，在考虑人的安全和舒适的基础上也要讲求效率。故规定电梯的加速度不能大于 1.5 m/s^2 又不能小于 $0.48 \sim 0.65 \text{ m/s}^2$。若在加速、减速段中加速度变化的部位跟踪精度不高或各曲线段过渡不平滑，都会影响乘坐的舒适感。

(4) 定位精度高。一般在提升机械如起重机中，对定位精度要求都不是很高，遇到对定位精度要求较高的情况，如安装工件时，也是在工作人员的指挥和操作人员的控制下才能达到相应的定位精度。而电梯在平层停靠时依靠自动操作，定位精度都在 15 mm 左右，变压变频调速电梯可在 5 mm 以内。

3. 组成

电梯的电力拖动系统主要由供电系统、曳引电动机、速度反馈装置、电动机调速系统等组成。

2.6.2 供电系统

1. 电源

电梯是民用建筑中功率较大的设备，而且由于工作的特点对电源的质量要求较高。电梯电源应是专用电源，由配电间直接送到机房，电源输入电压波动在额定电压 ±7% 的范围内，而且照明电源应与电梯主电源分开。

电源自进入机房（机器设备间）起，中性导体（N，零线）与保护导体（PE，地线）应当始终分开。电梯的供电应采用 TN-S 系统，在有困难时可以采用 TN-C-S 系统，而且应有重复接地。

如图 2-81 所示为 TN-S 系统，即三相五线制。T 表示供电电源端有一点直接接地，N 表示电气装置的外露可导电部分与电源端接地点有直接电气连接，S 表示中性导体和保护导体是分开的。这种供电系统中性线 N 和保护线 PE 是分开的，可以和电梯的电气系统直接对应连接。

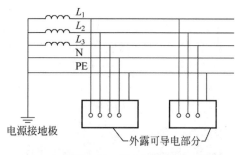

图 2-81 TN-S 系统

如图 2-82 所示为 TN-C-S 系统，由两个接地系统组成，第一部分是 TN-C 系统，第二部分是 TN-S 系统，分界在 N 线与 PE 线的连接点。它的特点是中性线 N 与保护接线 PE 在某点共同接地后，不能再有任何电气连接。C 表示供电系统的 PE 线和 N 线合用。这种供电系统，应在电源进入机房后，将保护线（PE）与中性线（N）分开，之后再和电梯电气系统连接。

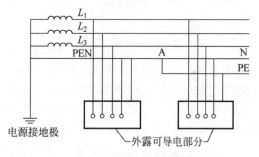

图 2-82 TN-C-S 系统

2. 主开关

在机房中每台电梯都应单独装设一个能切断该台电梯电路的主开关。该开关整定容量应稍大于所有电路的总容量，并具有切断电梯正常使用情况下最大电流的能力。

主开关应具有稳定的断开和闭合位置，若以刀闸为主开关，则手把向下的位置应是断开位置。主开关的断开位置最好能锁住，以防误操作造成事故。主开关应安装在从机房入口处能方便迅速接近和操作的位置，周围不应有杂物或有碍操作的设备或结构。如果机房为几台电梯共用，各台电梯的主开关必须有明显易识别的与曳引机对应的标记。主开关若装在电气柜内，则电气柜不应上锁，应能随时打开。

主开关不能切断下列的供电电路：机房、滑轮间、轿厢和井道（含底坑）的照明；机房、轿顶和底坑的插座以及通风和报警装置。

示例：通力电梯有限公司某台曳引驱动乘客电梯电源箱如图 2-83 所示。

图 2-83　曳引驱动乘客电源箱

2.6.3　曳引电动机

1. 功能

实现电能与机械能相互转换的电工设备总称为电机。电机是利用电磁感应原理实现电能与机械能的相互转换。把机械能转换成电能的设备称为发电机，而把电能转换成机械能的设备称为电动机。

曳引电动机是电梯曳引机的一个重要组成部分，是电梯曳引机的动力来源。

2. 分类

电动机按工作电源种类划分为交流电动机和直流电动机，按结构和工作原理划分为异步电动机、同步电动机和直流电动机。曳引电梯中常用的电动机为三相异步电动机、永磁同步电动机。

1) 三相异步电动机

(1) 基本构造

三相异步电动机的两个基本组成部分为定子（固定部分）和转子（旋转部分）。此外还有端盖风扇等附属部分，如图 2-84 所示。

① 定子

三相异步电动机的定子由三部分组成，见表 2-4。

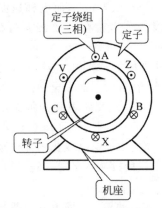

图 2-84　三相电动机的结构示意图

表 2-4　三相异步电动机的定子组成

定子铁心	定子绕组	机座
由相互绝缘的硅钢片叠成，硅钢片内圆上有均匀分布的槽，其作用是嵌放定子三相绕组 AX、BY、CZ	三组用漆包线绕制好的，对称地嵌入定子铁心槽内的相同的线圈。这三相绕组可接成星形或三角形	机座用铸铁或铸钢制成，其作用是固定铁心和绕组

② 转子

三相异步电动机的转子由三部分组成，见表 2-5。

表 2-5　三相异步电动机的转子组成

转子铁心	转子绕组	转轴
由相互绝缘的硅钢片叠成，硅钢片内圆上有均匀分布的槽，其作用是嵌放转子三相绕组	转子绕组有两种形式：鼠笼式——鼠笼式异步电动机；绕线式——绕线式异步电动机	转轴上加机械负载

鼠笼式电动机由于构造简单，价格低廉，工作可靠，使用方便，成为应用最广泛的一种三相异步电动机。

(2) 基本原理

如图 2-85 所示，在装有手柄的蹄形磁铁的两极间放置一个闭合导体，当转动手柄带动蹄形磁铁旋转时，将发现导体也跟着旋转；若改变磁铁的转向,则导体的转向也跟着改变。当磁铁旋转时,磁铁与闭合的导体发生相对运动,鼠笼式导体切割磁力线而在其内部产生感应电动势和感应电流。感应电流又使导体受到一个电磁力的作用,于是导体就沿磁铁的旋转方向转动起来,这就是异步电动机的基本原理。

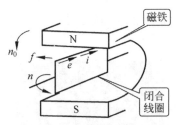

图 2-85 三相异步电动机工作原理

(3) 示例

① 电梯常用三相异步电动机如图 2-86 所示。

图 2-86 电梯常用三相异步电动机

② 某品牌异步曳引机如图 2-87 所示。

图 2-87 某品牌异步曳引机

2) 永磁同步电动机

永磁同步电机就是采用磁钢(或永久磁铁)励磁的电机。如果将直流电机的直流励磁绕组用永久磁铁代替,就成为永磁直流电机。对于转子直流励磁的同步电动机,若采用永磁体取代其转子直流励磁绕组,则相应的同步电动机就成为永磁同步电动机。

永磁同步电动机具有功率密度高、转子转动惯量小、电枢电感小、运行效率高以及转轴上无滑环和电刷等优点。

永磁同步电动机的种类繁多,按照转子永磁体结构的不同,一般可分为两大类:一类是表面永磁同步电动机;另一类是内置式永磁同步电动机。按定子绕组感应电势波形不同,也可分为两种:一种是指定子绕组感应电势波形为正弦波的永磁同步电动机,就是通常所说的永磁同步电动机;另一种是指定子绕组感应电势波形为梯形波的永磁同步电动机,称为无刷永磁直流电动机。

与一般同步电动机一样,正弦波的永磁同步电动机定子绕组通常采用三相对称的分布绕组,而转子则通过适当设计的永磁体形状确保转子永磁体所产生的磁通密度呈正弦分布。这样,当电动机恒速运行时,定子三相绕组所感应的电势则为正弦波,正弦波永磁同步电动机由此而得名。

示例:

(1) 某品牌永磁同步曳引机如图 2-88 所示。

图 2-88 某品牌永磁同步曳引机

(2) 蒂森电梯有限公司某型号永磁同步曳引机如图 2-89 所示。

(3) 通力电梯有限公司某型号蝶式永磁同步曳引机如图 2-90 所示。

(4) 奥的斯电梯(中国)有限公司某钢带式永磁同步曳引机如图 2-91 所示。

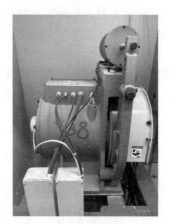

图 2-89　某型号永磁同步曳引机

图 2-90　某型号蝶式永磁同步曳引机

图 2-91　某钢带式永磁同步曳引机

2.6.4　速度反馈装置

速度反馈装置以前主要是用测速发电机，现在主要用旋转编码器。旋转编码器与电机同轴连接，随电机转动，输出脉冲信号。由控制系统的计算机进行计算后即可得到运行速度。编码器除了能进行速度检测，还能对运行距离进行检测，并得知轿厢在井道中的实时位置。这对电梯的速度控制，尤其是按距离减速停靠是十分重要的。

示例：

（1）某品牌电梯旋转编码器如图 2-92 所示。

图 2-92　某品牌电梯旋转编码器

（2）通力电梯有限公司某型号旋转编码器如图 2-93 所示。

图 2-93　某型号旋转编码器

2.6.5　电动机调速系统

1. 分类

目前用于电梯的电力拖动系统主要有如下几类：交流变极调速系统、交流调压调速系统、变频变压调速系统和直流拖动系统。

2. 交流变极调速系统

1）特点

大多采用开环方式控制，线路比较简单，造价较低，但乘坐舒适感差。

2）应用

一般只应用于额定速度不大于 1 m/s 的电梯。

3）原理

改变电动机定子绕组的极对数，由于它的转速是与其极对数成反比，因此就可改变电动机的同步转速。

由电机学原理可知，三相异步电动机的转速可由式（2-3）表达：

$$n = \frac{60f}{p}(1-s) \qquad (2-3)$$

式中，n——电动机转速，$r \cdot min^{-1}$；

f——电源的频率，Hz；

p——定子绕组的磁极对数；

s——转差率。

从式(2-3)可见,改变磁极对数 p 就可以改变转速。电梯变极调速用的交流异步电动机有单速、双速和三速。使用最多的是双速,单速仅用于速度较低的杂物电梯,双速电机的磁极数一般为4极/16极和6极/24极,也有少数为4极/24极和6极/36极。三速电机一般磁极数为6极/8极/24极,比双速多一个8极绕组,用于制动减速时的附加制动,三速电机主要用于载质量大的电梯。

电机极数少的绕组称为快速绕组,极数多的绕组称为慢速绕组。变极调速是一种有极调速,调速范围不大,因为过多地增加电机的极数,就会显著地增大电机的外形尺寸。

图2-94是交流双速电梯的主拖动系统线路图。从图中可以看出,三相交流感应电动机定子内具有两个不同极对数的绕组(分别为6极和24极)。快速绕组(6极)作为启动和稳速用,而慢速绕组作为制动减速和慢速平层停车用。为了限制启动电流以减小对电网电压波动的影响,在启动时一般按时间原则,串电阻、电抗一级加速或二级加速;减速制动是在低速绕组中按时间原则进行二级或三级再生发电制动减速,以慢速绕组(24极)进行低速稳定运行直至平层停车。

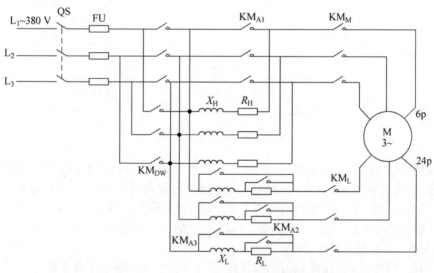

QS—隔离开关；FU—熔断器；KM—接触器；X—电抗器；R—电阻；L_1,L_2,L_3—电源；M—三相异步电动机；6p—6极；24p—24极。

图2-94 交流双速电梯的主拖动系统线路图

3. 交流调压调速系统

1) 特点

乘坐舒适感好,平层准确度高,明显优于交流双速拖动系统。

2) 应用

多用于速度2.0 m/s以下的电梯。

3) 原理

交流调压调速就是通过改变电机定子电压来实现调速。双速电梯采用串电阻电抗起动,变极减速平层,一般起动、制动加速度大,运行不平稳。若用可控硅取代电阻电抗,从而控制起动、制动电压,并采用速度反馈实现系统闭环控制,在运行中不断检查电梯运行速度与理想速度曲线的吻合,就可以达到起动舒适、运行平稳的目的,这就是交流调压调速的基本原理。

交流调压调速的制动方式有能耗制动、涡流制动、反接制动。一般常用能耗制动方式。

典型交流调压调速系统如图2-95所示。该系统适用于额定载质量为1000 kg、额定速度为1.25～2 m/s的交流调速电梯。

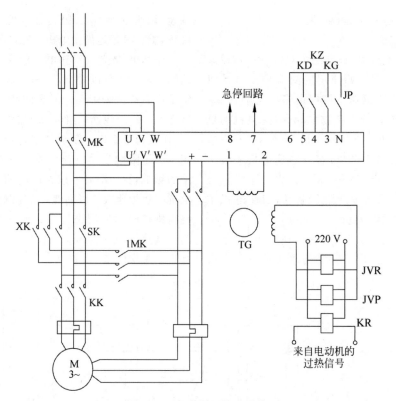

图 2-95 交流调压调速系统

当电梯快速运行时,检修接触器 MK、1MK 开断,快速接触器 KK 闭合,三相交流电源经调速器后,由 U′、V′、W′端输出可调三相交流电压,经方向接触器 XK(下行)、SK(上行)和快速接触器 KK 接至曳引电动机 4 极高速定子绕组。与此同时,直流接触器 ZK 闭合,调速器+、-端的可调直流电压,经直流接触器 ZK 接至电动机的 16 极低速绕组,以备进行能耗制动。电梯的逻辑控制电路使高、低速运行继电器 KG、KD 闭合(如判断为中速运行,则继电器 KZ、KD 闭合),调速器便给出相应的速度给定信号,控制电梯按给定速度曲线起动加速、稳速运行和制动减速。在运行中,若实测转速低于给定速度,则调速器通过电动机 4 极快速绕组使其处于电动运行状态,电梯加速运行;若实测速度高于给定速度,则调速器通过电动机 16 极低速绕组使其处于制动状态,电梯减速运行。这样,便保证电梯始终跟随给定速度曲线运行。

当电梯处于检修运行状态时,快速接触器 KK 和直流接触器 ZK 释放,三相交流电压就不经调速器而通过闭合的检修接触器 MK、1MK 直接接至电动机 16 极低速绕组。这时,运行继电器全部释放,调速器不再起作用,电动机便以额定转速为 320 r/min 的检修低速运行。

4. 交流变频变压调速系统

1) 特点

节能、效率高,驱动控制设备体积小、质量轻,速度调节平滑、乘坐舒适感好。

2) 应用

速度范围广,目前已在很大范围内替代了直流拖动。

3) 原理

变频调速是通过改变异步电动机供电电源的频率而调节电动机的同步转速,也就是改变施加于电动机进线端的电压和电跟频率来调节电动机转速。

(1) 异步电动机的变频调速原理

由式(2-3)可知,若连续改变电源频率 f,也可平滑地改变电动机的同步转速 n。而三相

异步电动机定子每相感应电动势有效值 E 为

$$E = 4.44 fNK\phi_m \quad (2-4)$$

式中，N——定子每相绕组串联匝数；

K——基波绕组系数；

ϕ_m——每极气隙磁通量，Wb。

由式(2-4)可见，当 E 一定时，若电源频率 f 发生变化，则必然引起磁通 ϕ_m 变化。当 ϕ_m 变弱时，电动机铁心就没被充分利用；若 ϕ_m 增大，则会使铁心饱和，从而使励磁电流过大，这样会使电动机效率降低，严重时会使电动机绕组过热，甚至损坏电动机。因此，在电动机运行时，希望磁通 ϕ_m 保持恒定不变。于是，在改变 f 的同时，必须改变 E，即必须保证

$$\frac{E}{f} = 常数 \quad (2-5)$$

采用恒定的电动势频率比的协调控制方式，就可以保证磁通 ϕ_m 恒定不变。在电机转差率很小时，电机转矩与转差率近似成正比，即这段机械特性基本为直线。

绕组中的感应电动势 E 是难以直接控制的，但在 E 较高时，可以忽略定子绕组漏磁阻抗压降，因此可认为定子每相电压 $U_1 \approx E$。若以电源角频率 ω 表示频率时，得 $V_1/\omega_1 = 常数$，这便是目前广为采用的恒压频比控制方式。

(2) 变频装置工作原理

按恒压频比控制方式进行变频调速的装置，其中一种是直接变频(交-交变频)装置。这种装置的变频为一次换能形式，即只用一个变换环节就把恒压恒频电源变换成 VVVF 电源，所以效率较高。但是，所用的元件数量较多，输出频率变化范围小，功率因数较低，只适用于低转速大容量的调速系统。

另一种为间接变频(交-直-交变频)装置。这种变频装置是将恒压恒频交流电源先经整流环节转换为中间直流环节，再由逆变电路转换为 VVVF 电源，如图 2-96 所示。这种装置的控制方式有以下两种：

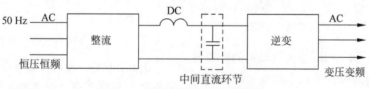

图 2-96　间接(交-直-交)变频装置

(1) 用可控整流器变压，用逆变器变频的交-直-交变频装置。这种装置的输入环节是由晶闸管构成的可控整流器。输出电压幅度由可控整流器决定，输出电压频率由逆变器决定。也就是说，变压和变频分别通过两个环节并由控制电路协调配合来完成。这种装置结构简单，元件较少，控制方便，频率调节范围较宽。但是，在电压和频率调得较低时，电网端功率因数也会降低。如输出环节由晶闸管构成，则输出电压谐波较大。

(2) 用不控整流器整流，通过脉宽调制方式控制逆变器同时进行变压变频的交-直-交变频装置。由于输入环节采用不控整流电路，所以电网端功率因数高，而且与逆变器输出电压大小无关。逆变器在变频的同时实现变压，主电路只有一个可控的功率环节，简化了电路结构。逆变器的输出与中间直流环节的电容电感参数无关，加快了系统的动态响应。选择对逆变器的合理控制方式，可以抑制或消除低次谐波，使逆变器输出电压为近似的正弦波交变电压。这种控制方式称为正弦脉宽调制方式 (sinusoidal pulse width modulation，SPWM)。

5. 直流拖动系统

1) 特点

调速性能好，调速范围大，但机组结构体积大、耗能大、维护工作量大、造价高，目前已被淘汰。

2) 应用

由大功率整流装置直接向直流曳引电机供电的直流拖动系统，由于直流电机的调速优势，仍在一些高速电梯上得到应用。

3) 原理

图 2-97 是直流电动机的原理图，根据工作原理可列出下面的电动势平衡方程：

$$E_a = U_a - I_a(R_a + R_t) \quad (2\text{-}6)$$

$$E_a = C_e \phi n \quad (2\text{-}7)$$

则直流电动机的转速可由式(2-8)表示：

$$n = \frac{U_a - I_a(R_a + R_t)}{C_e \phi} \quad (2\text{-}8)$$

式中，E_a——电动机感应电动势，V；

U_a——外加电压，V；

I_a——电枢电流，A；

R_a——电枢电阻，Ω；

R_t——调整电阻，Ω；

n——转速，$\text{r}\cdot\text{min}^{-1}$；

C_e——电势常数，$\text{V}\cdot\text{min}$；

ϕ——励磁磁通量，Wb。

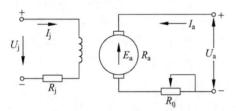

图 2-97　直流电动机电路图

从式(2-8)可以看出，直流电动机的转速与外加电压成正比，所以一般采用改变端电压的方法进行调速。直流电动机在不同电压时的特性曲线是平行的，而且比较平直，即在同一电压下负载变化时，其转速变化不大。

直流拖动一般有两种形式。第一种是可控硅励磁的发电机-电动机拖动系统，如图 2-98 所示，由励磁装置控制发电机，通过改变其输出电压来调节直流电动机的转速。这种系统由于笨重复杂、能耗高，已停止生产和使用。

第二种是由可控硅直接供电的拖动系统，如图 2-99 所示，这种系统目前一般在速度大于 4 m/s 的高速无齿曳引的电梯上应用。

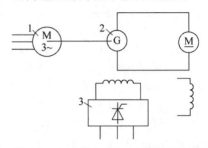

1—原动机；2—直流电动机；3—晶闸管整流器。

图 2-98　可控硅励磁的发电机-电动机系统

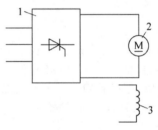

1—晶闸管整流器；2—直流电动机；3—励磁。

图 2-99　可控硅直接供电的电动机系统

图 2-100 是一种可控硅供电的直流高速电梯拖动系统原理图。该系统主要由两组可控硅取代了传统驱动系统中的直流发电机组。两组可控硅可以进行相位控制，或处于整流或处于逆变状态。当控制电路对给定的速度指令信号与速度反馈信号、电流反馈信号进行比较运算后，就决定了两组可控硅整流装置中哪一组应该投入运行，并根据运算结果，控制可控硅整流装置的输出电压，即曳引电动机的电枢电压。于是，电梯便跟随速度指令信号运行。

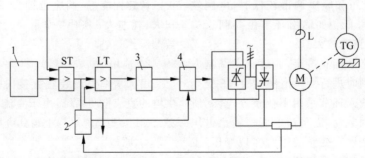

1—速度给定发生器；2—逻辑控制；3—移相控制；4—逻辑选择。

图 2-100　可控硅供电的直流高速电梯拖动系统原理图

2.7 电气控制系统

电梯的电气控制主要是对各种指令、位置信号、速度信号和安全信心进行管理,对拖动装置和开门机构发出方向、起动、加速、减速和开关门的信号,使电梯正常运行或处于保护状态,发出各种显示信号。

电梯的控制系统主要由以下几部分控制线路组成:轿内指令线路、厅外召唤线路、定向选层线路、起动运行线路、平层线路、层显线路、开关门控制线路、安全保护线路。各线路之间的关系如图 2-101 所示。

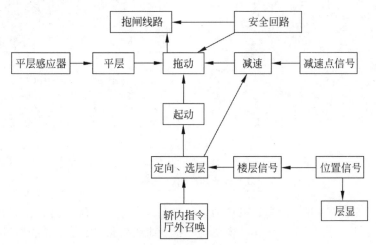

图 2-101 控制系统主要线路

控制系统的功能与性能决定着电梯的自动化程度和运行性能。微电子技术、交流调速理论和电力电子学的迅速发展及广泛应用,提高了电梯控制的技术水平和可靠性。

2.7.1 信号控制方式

电梯信号控制的方式主要有继电接触器控制方式、可编程控制器(programmable logic controller,PLC)控制方式及微机控制方式等。

1. 继电接触器控制方式

继电接触器控制方式原理简明易懂、线路直观、易于掌握。继电器通过触点断合进行逻辑判断和运算,进而控制电梯的运行。如图 2-102 所示。由于触点易受电弧伤害,寿命短,因而继电器控制的电梯故障率高,具有维修工作量大、设备体积大、动作速度慢、控制功能少、接线复杂、通用性与灵活性较差等缺点。对不同的楼层和不同时的控制方式其原理图、接线图等必须重新设计和绘制,而且系统控制由许多继电器和大量的触点组成,接线复杂、故障率高,因此继电接触器控制方式已逐渐被可靠性、通用性强的可编程控制器(PLC)控制方式及微机控制方式所取代。

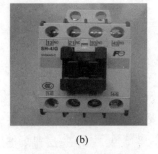

(a) (b) (c)

图 2-102 电梯常用继电器

(a) 正面;(b) 背面;(c) 侧面

2. 可编程序控制器控制方式

PLC 是以微处理器为核心的工业控制器，由 CPU、输入输出模块、存储器、编程器等组成。如图 2-103 为常见品牌 PLC。与微机相比，它有下述主要特点：

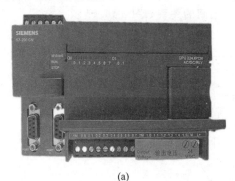
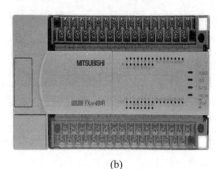

图 2-103　常见品牌 PLC
(a) 西门子 PLC；(b) 三菱 PLC

(1) 编程方便，易懂好学。PLC 虽然采用了计算机技术，但许多基本指令类似于逻辑代数的与、或、非运算，即电气控制的触点串联、并联等。程序编写采用梯形图，梯形图与继电接触器控制原理相似，因而编程语言形象直观。

(2) 抗感染能力强，可靠性高。PLC 的结构采取了许多抗干扰措施，输入、输出模块均有光电耦合电路，可在较恶劣的环境下工作。

(3) 构成应用系统灵活简便。PLC 的 CPU、输入输出模块和存储器组合为一体，根据控制要求可选择相应电路形式的输入、输出模块。用于电梯控制时，可将 PLC 看作内部由各种继电器及其触点、定时器、计数器等电器构成的控制装置。PLC 的输入可直接与交流 110 V、直流 24 V 等电源相接，输出可直接驱动交流 220 V、直流 24 V 的负载，无须再进行电平转换与光电隔离，因而可以方便地构成各种控制系统。

(4) 安装维护方便。PLC 本身具有自诊断和故障报警功能。当输入、输出模块有故障时，可方便地更换单个插入模块。

3. 微机控制方式

当代电梯技术发展的一个重要标志就是微型计算机应用于电梯控制。现在国内外主要电梯产品均以微机控制为主。微机控制系统包括 CPU（运算器和控制器构成的中央处理器）、存储器、输入输出接口等主要组成部分。CPU 主要完成各种召唤信号处理、逻辑和算术运算、安全检查和故障判断，发出控制指令和速度指令等。存储器用于存放各种运行速度指令曲线数据、楼层位置数据、运行控制程序等。输入输出接口电路用于 CPU 与外部设备或电路的信号传送、电平转换，并通过光电耦合电路隔离外界干扰。如图 2-104 为默纳克控制系统主板。

图 2-104　默纳克控制系统主板

微机应用于电梯控制主要在下述几个方面：

(1) 微机用于召唤信号处理，完成各种逻辑判断和运算，取代继电器和机械结构复杂的选层器。楼层数据和运行控制程序写入存储器，对不同的层站和不同控制要求，只需更换或改写程序存储器和数据存储器,以及增加相应的输入、输出接口硬件插板即可,从而提高了系统的适应能力,增强了控制柜的通用性。

(2)微机用于控制系统的调速装置,用数字控制代替模拟控制,由存储器提供多条可选择的理想速度指令曲线值,以适应不同的运行状态和控制要求。微机控制可实现调速系统大部分控制环节的功能,使系统有触点器件大大减少,设备体积减小。与模拟调速相比,微机控制可实现各种调速方案,便于提高运行性能与乘坐舒适感。

(3)微机用于梯群控制管理,可实行最优调配,提高运行效率,减少候梯时间,节约资源。

2.7.2 操纵控制方式

电梯按操纵控制的方式可分为手柄控制、按钮控制、信号控制、集选控制、下集选控制、并联控制、梯群控制等。

1)手柄控制

手柄控制需专职司机操作,由司机转动手柄位置控制开关的通断来控制电梯的运行或停止。

2)按钮控制

电梯运行由操纵面板上的选层按钮或层站召唤按钮来控制。乘客在某一层站按下召唤按钮,电梯就启动运行去应答。在电梯运行过程中如果有其他层站召唤按钮按下,控制系统只能把信号记存下来,不能直接应答,而且也不能把电梯截住,直到电梯完成前一应答运行层站之后方可应答其他层站召梯信号。

3)信号控制

信号控制是把各层呼梯信号集合起来,将与电梯运行方向一致的呼梯信号按先后顺序排列好,电梯依次应答接送乘客。电梯运行取决于电梯司机控制,而电梯在任何层站停靠由轿厢操纵盘上的选层按钮信号和层站呼梯按钮信号控制。电梯往返运行一周可以应答所以呼梯信号。

4)集选控制

集选控制是在信号控制的基础上,把呼梯信号集合起来进行有选择的应答。电梯可有

(无)司机控制。在电梯运行过程中应答同一方向所有层站的呼梯信号和指令信号后,可以返回基站待命;也可以停在最后一次运行的目标层待命。

5)下集选控制

下集选控制时,除最底层和基站外,电梯仅将其他层站的下方向呼梯信号集合起来应答。如果乘客欲从较低的层站到较高的层站去,须乘电梯到底层或基站后再乘电梯到要去的高层站。

6)并联控制

并联控制时,两台电梯共同处理层站呼梯信号。并联的各台电梯相互通信、相互协调,根据各自所处的楼层位置和其他相关信息,确定一台最适合的电梯去应答某一个层站的呼梯信号,从而提高电梯的运行效率。

7)梯群控制

梯群控制是指将两台以上的电梯组成一组,由一个专门的梯群控制系统负责处理群内电梯的所有层站呼梯信号。梯群控制系统可以是独立的,也可以隐含在每一个电梯控制系统中。梯群控制系统和每一个电梯控制系统之间都有通信联系。梯群控制系统根据群内每台电梯发的楼层位置、已登记的信号指令、运行方向、电梯状态、轿内载荷等信息,实时将每一个层站的呼梯信号分配给最适合的电梯去应答,从而最大限度地提高群内电梯的运行效率。梯群控制系统中,通常还可选配上班高峰服务、下班高峰服务、分散待梯等多种满足特殊场所使用要求的操作功能。

2.7.3 电气控制和操纵装置

电气控制和操纵装置主要包括控制柜、操纵箱、楼层显示系统、厅外召唤盒、平层装置、检修装置、位置传感器、速度反馈装置等。

1)控制柜

电梯电路中绝大部分的电器电子元件集中装设在电气控制柜中,其主要作用是完成对电力拖动系统的控制,从而实现对电梯功能的控制。控制柜通常安装在电梯机房或井道中,其数量因电梯型号而不同。如图2-105所示。

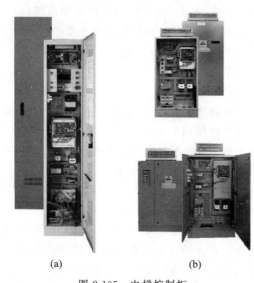

图 2-105 电梯控制柜
（a）无机房电梯控制柜；（b）有机房电梯控制柜

2）操纵箱

操纵箱一般安装在轿厢内右侧，轿厢较大时也有两侧都安装的，也有装设适合特殊人群使用的位置。操纵箱上一般有楼层显示系统、选层按钮、开关门按钮、方式开关、紧急报警装置按钮等。如图 2-106 所示。

3）层站召唤盒

层站召唤盒装设在各个层站的电梯层门边，是供各层站电梯乘用人员召唤电梯、查看电梯运行方向和轿厢所在位置的装置。如图 2-107 所示。

4）层显装置

层显装置是给司机或轿厢内外乘客提供电梯运行方向和所到层站信息的装置。轿内一般装设在操纵箱上或轿门入口的轿壁上，层站一般安装在层门上的建筑上或召唤盒上。随着时代的进步，层显装置也由最初的到站信号灯、7 段数码管逐渐发展为发光管点阵显示器和 LED 显示器、LCD 显示器。如图 2-108 所示。

5）检修装置

电梯轿顶必须设置检修装置，此装置一般设置在轿厢上梁或门机左右侧，以方便在轿顶出入操作为准则。轿顶检修箱是为维护保养人员设置的电梯电气控制装置，以便维护保养人员点动控制电梯上、下运行，安全可靠地进

(a)

(b)

图 2-106 操纵箱
（a）正常人群使用的电梯操纵箱；
（b）供特殊人群使用的电梯操纵箱

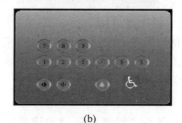

适用于单台电梯　　适用于并联电梯　　适用于群控电梯

图 2-107 层站召唤盒

行电梯维护保养和修理作业。部分品牌电梯在轿厢操纵箱和机房控制柜内分别设置一个

7段数码管显示

发光管点阵显示

多媒体LED显示

图 2-108　层显装置

检修装置,但是应以轿顶的检修装置优先。如图 2-109 所示。

图 2-109　轿顶检修盒

6) 换速平层装置

电梯将运行到达预定停靠站时,电梯电气控制系统依据装设在井道内(或轿厢顶部及左右面)的机电设施提供的电信号,适时控制电梯按预定要求正常换(减)速,平层时自动停靠开门。

常用的换速平层装置有以下几种:

(1) 干簧管传感器

由装设在井道内轿厢导轨上的平层隔磁板及安装在轿顶上的换速干簧管传感器构成(常见于低速电梯)。电梯运行过程中,通过装设在轿顶上的传感器和安装在井道轿厢导轨上隔磁板依次插入位于相对应的传感器,通过隔磁板(隔磁铁板)旁路磁场的作用,实现到站提前换速,平层时停靠开门的任务。

(2) 双稳态换速平层装置

以双稳态磁性开关和与其配合使用的圆柱形磁铁及相应的装配机件构成。该装置与干簧管传感器换速平层装置相比,具有开关动作可靠、速度快、安装方便、不受隔磁板长度限制等优点。因此,在交流调压调速电梯上应用较为广泛。

(3) 光电开关

随着电梯拖动控制技术的进步,近年来不少电梯制造厂家和电梯安装、改造、维修企业采用反应速度更快、安装调整和接配线更简单、使用效果更好的光电开关和遮光板作为电梯减速平层停靠控制装置。通过光电开关路过遮光板时,遮光板隔断光电开关的光发射与光接收电路之间的光联系,实现按设定要求给电梯电气控制系统提供电梯轿厢所在位置信号,再由控制系统的管理控制微机,依据位于曳引机上的旋转编码器提供的脉冲信号,适时计算并控制电梯按预定要求减速、平层时停靠开门,完成接送乘客的任务。

7) 速度反馈装置

速度反馈装置早期多采用测速发电机,目前多采用光电旋转编码器。它是一种通过光电转换将固定轴上的机械几何位移量转换成脉冲或数字量的传感器,这是目前应用最多的传感器。旋转编码器是由光栅盘和光电检测装置组成。光栅盘是在一定直径的圆板上等分地开通若干个长方形孔。由于光电码盘与电动机同轴,电动机旋转时,光栅盘与电动机同速旋转,经发光二极管等电子元件组成的检测装置检测输出若干脉冲信号,根据脉冲数及对应时间,可以计算出电梯运行距离和速度。当有了脉冲计数和层楼数据后,配合登记的呼梯信号,微机就可以对电梯进行定向、选层、指层、消号、减速等控制。常见的速度反馈装置有增量型旋转编码器、绝对值型旋转编码器和正余弦编码器。

2.7.4　检修运行控制

为便于检修和维护,应在轿顶装设一个从层站易于接近的控制装置,该装置应由一个能满足 GB/T 7588.1—2020 中第 5.11.2 条关于电气安全装置要求的开关(检修运行开关)操作。

该开关应是双稳态的,并设有误操作的防

护。同时应满足下列条件：一经进入检修运行,应取消：①正常运行操作,包括任何自动门的操作；②紧急电动运行（GB/T 7588.1—2020 中第 5.12.1.6 条）。

(1) 只有再一次操作检修开关,才能使电梯重新恢复正常运行。

(2) 轿厢运行应依靠持续撤压按钮,此按钮应有防止误操作的保护,并应清楚地表明方向。

(3) 控制装置也应包括一个符合 GB/T 7588.1—2020 中第 5.12.1.10 条规定的停止装置。

(4) 轿厢速度不应大于 0.63 m/s。

(5) 不应超过轿厢的正常的行程范围。

(6) 电梯运行应仍依靠安全装置。

当电梯进行调试和维修保养时,工作人员通常需要在轿厢顶上慢速移动轿厢,这种状态下对电梯的控制就是检修运行控制,在检修运行控制的情况下电梯能够以低速(不超过 0.63 m/s 的速度)运行。

检修运行是一种特殊的运行状态。电梯的正常运行状态和检修运行状态是由一个控制装置进行切换的。

2.7.5 紧急电动运行控制

对于人力操作提升装有额定载质量的轿厢所需力大于 400 N 的电梯驱动主机,其机房内应设置一个符合 GB/T 7588.1—2020 中第 5.11.2 条的紧急电动运行开关。电梯驱动主机应由正常的电源供电或备用电源供电。

同时也应满足下列条件：

(1) 应允许从机房内操作紧急电动运行开关,由持续撤压具有防止误操作保护的按钮控制轿厢运行。轿厢运行方向应清楚地标明。

(2) 紧急电动运行开关操作后,除由该开关控制的以外,应防止轿厢的一切运行。检修运行一旦实施,则紧急电动运行开关应失效。

(3) 紧急电动运行开关本身或通过另一个符合 GB/T 7588.1—2020 中第 5.11.2 条的电气开关应使下列电气安全装置失效：

① GB/T 7588.1—2020 中第 5.6.2.1.5 条安全钳上的电气安全装置；

② GB/T 7588.1—2020 中第 5.6.2.2.1.6 条限速器上的电气安全装置；

③ GB/T 7588.1—2020 中第 5.6.6.5 条轿厢上行超速保护装置的电气安全装置；

④ GB/T 7588.1—2020 中第 5.12.2 条极限开关；

⑤ GB/T 7588.1—2020 中第 5.8.2.2.4 条缓冲器上的电气安全装置。

(4) 紧急电动运行开关及其操纵按钮应设置在用于直接观察驱动主机的地方。

(5) 轿厢速度不应大于 0.63 m/s。

紧急电动运行功能并不是每台电梯必备的。只有在下面的情况下,紧急电动运行功能才是必要的,即如果通过电梯驱动主机操作,提升装有额定载质量的轿厢所需力大于 400 N 时,由于人员体能的限制,已不能再依靠人力完成上述操作。

2.7.6 继电器控制的典型控制环节

1. 自动开关门控制

为了保证电梯的安全运行,电梯运行时必须关闭全部厅门、轿门,否则电梯将不能继续运行。

自动门机安装于轿厢顶上,它在带动轿门启闭时,还需通过机械联动机构带动层门与轿门同步启闭。为使电梯门在启闭过程中达到快、稳的要求,必须对自动门机系统进行速度调节。当用小型直流伺服电机时,可用电阻串并联的调速方法；采用小型交流转矩电动机时,常用加涡流制动器的调速方法。直流电机调速方法简单,低速时发热较少；交流电机在低速时发热较多,对三相电机的堵转性能及绝缘要求均较高。近年来,变频门机已在门系统中广泛运用,其变速不再依靠切除电阻改变电枢分压的方法,而是通过位置传感器或光码盘,还有的是由微处理器的软件控制发出变速信号,由变频装置改变输出频率使电机变速,所以变速平滑,运行十分平稳。

2. 轿内指令和层站召唤指令控制

轿内操纵箱上对应每一层楼设一个带灯的按钮,也称指令按钮。乘客入轿厢后按下要去的目的层站按钮,按钮灯便亮,即轿内指令登记,运行到目的层站后,该指令被消除,按钮灯熄灭。电梯的层站召唤信号是通过各个楼层门口旁的按钮来实现的。信号控制或集选控制的电梯,除顶层只有下呼按钮,底层只有上呼按钮外,其余每层都有上下召唤按钮。

3. 定向、选层控制

电梯的方向控制就是根据电梯轿厢内乘客的目的层站将各楼层召唤信号与电梯所处楼层的位置信号进行比较,凡收到在电梯位置信号上方的轿内指令和层站召唤信号,电梯定上行,反之定下行。

4. 楼层显示控制

乘客电梯轿厢内必定有楼层显示器,而层站上的楼层显示器则由电梯生产厂商视情况而定。过去的电梯每层都有显示,随着电梯速度的提高和梯群控制系统的完善,现在很多电梯取消了层站楼层显示器,或者只保留基站楼层显示,到达召唤层站时采用声光预报,如电梯将要达到,报站钟发出声音,方向灯闪烁或指示电梯的运行方向,有的采用轿内语音报站,提醒乘客。楼层显示可通过井道传感器发出信号(如轿厢隔磁板通过干簧管时,磁路被隔断,触点复位接通)来实现。

2.7.7 电动机运转时间限制器

曳引驱动电梯应设置电动机运转时间限制器,在下述情况下使电梯驱动主机停止运转并保持在静止状态:

(1) 当启动电梯时,曳引机不转;

(2) 轿厢或对重向下运动时由于障碍物而停住,导致曳引绳在曳引轮上打滑。

只有曳引驱动电梯才需要本条规定的电动机运转时间限制器。这是因为:如果曳引驱动电梯轿厢或对重在运行过程中受到阻碍,驱动主机继续运转,则钢丝绳将在曳引轮绳槽上打滑,如果打滑持续的时间较长,很容易损坏钢丝绳或绳槽,造成严重的事故(如钢丝绳断裂等);另外,电梯启动后,如果电动机由于堵转而无法运行,此时电动机内部电流很大,持续较长时间则会烧毁电动机。

2.7.8 开门情况下的平层与再平层控制

电梯开门情况下的平层与再平层功能是指:在具备相应的技术条件下,允许层门和轿门打开时进行轿厢的平层和再平层运行。其主要作用:一是提前开门,能提高电梯运输效率,适用于人员密集的高层建筑;二是因机械条件未达到平层精度要求,如装载时曳引钢丝绳拉长等,而能满足电梯再次平层精度要求。

设置该功能的技术条件如下。

(1) 开门情况下的平层与再平层运行只限于开锁区域。

① 应至少有一个开关用来防止轿厢在开锁区域外的所有运行。该开关安装于门及锁紧电气安全装置的桥接或旁接电路中。

② 该开关是满足要求的一个安全触点,或者其连接方式满足对安全电路的要求。

③ 如果开关的动作需要依靠一个不与轿厢直接连接的装置,则连接件的断开或弛,应通过一个符合要求的电气安全装置的作用,使电梯驱动主机停止运转。

④ 平层期间,只有在已给出停站信号后才能使门电气安全装置不起作用。

(2) 平层速度不大于 0.8 m/s。

(3) 再平层速度不大于 0.3 m/s。

2.7.9 对接操作运行控制

对接操作通常是指服务于仓库、商场等场所的电梯为装卸货物方便而设置的一种特殊功能。在对接操作时,电梯轿厢向上移动一定高度,以方便将货物送至运输车辆上或从车上卸到轿厢中。

2.7.10 消防控制

电梯消防功能是电梯中不可缺少的关键部分。电梯的消防功能需要电梯完成消防迫降,电梯轿厢会回到消防层,并自动开轿厢门。此时电梯处于停止状态。电梯的消防迫降功能是在火灾发生后,电梯接收到火灾信号后展开的动作。电梯消防功能还包含消防员功能,这一功能是电梯迫降后的动作,恢复轿厢照明和风扇的功能,且展开相关操作完成电梯门的控制。当建筑内发生火灾后,电梯控制系统接收到火灾信号后,具体的消防功能如下:

(1) 普通电梯的层站控制和轿厢控制、开门按钮的功能均受到限制,使之不能施行开门控制。

(2) 完成对电梯层站控制中的所有呼叫电梯信号的清除,避免电梯出现停靠的情况。

(3) 电梯消防迫降功能体现。根据接收到火灾信号后电梯所处的不同状态,电梯的消防迫降功能也或得到不同的体现:

① 电梯所有门关闭,并自动运行到消防层中。

② 如果电梯的配置手动门或是动力操作非自动门的情况,电梯停在某一具体的层站中,电梯会保持开门的状态,并保持在这一层站不会发生任何动作。

③ 如果电梯处于关门状态,电梯的消防迫降功能发挥,将电梯开往消防层。

④ 电梯如果处于运行状态,且电梯运行方向与消防层的方向相反,则电梯会在就近的站层停止,并转换方向,向消防层运行。

⑤ 如果电梯的运行方向与消防层的方向相同,则电梯直接运行到消防层。

⑥ 如果电梯受到安全装置的影响而不能运行,则电梯会停在原地等待救援。

(4) 动力操纵门的电梯达到消防层后,会做出正常的开门动作。而对于没有到达消防层的轿厢,需提供可以开门的手段,完成对轿厢内部情况的观察,判断是否存在乘客,避免乘客被困于轿厢内部。

2.7.11 IC卡控制

随着房地产业的快速发展,国家倡导的节能省地型住宅建设政策的广泛落实,高层住宅逐渐成为房地产开发和消费的主体。高层住宅同时也给物业管理带来了许多问题和困难,其中最突出的就是电梯设备的使用、维护、管理成本高和收费困难等问题。IC卡控制系统的应用,为解决以上问题提供了技术支持,为物业管理创造了新环境。此外,IC卡控制系统在大型写字楼和宾馆酒店的管理中发挥着重要的作用。

1. 系统组成

IC卡电梯控制及收费系统是集计算机技术、网络技术、自动控制技术、IC卡感应技术于一体的完善的智能电梯控制系统,同时具有控制和收费的功能。该系统由管理软件、写卡器、非接触IC卡、读卡器、控制器5部分组成。如图2-110所示为电梯的IC卡装置。

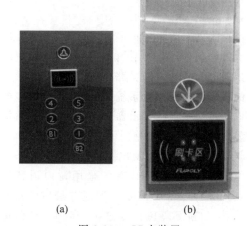

图 2-110 IC卡装置
(a) 电梯轿厢内 IC 卡装置;(b) 电梯层站处 IC 卡装置

该系统主要有以下类型:

(1) 楼层控制型(内呼控制):用户进轿厢后刷卡,然后选取楼层(所选楼层必须是经过授权的楼层,未经授权的楼层不能被选择)。

(2) 呼梯控制型(外呼控制):呼梯时先刷卡,然后按呼梯键,电梯门打开,否则无法呼梯。

2. 系统功能及特点

使用IC卡管理系统主要有以下功能及特点:

(1) 所有的IC卡都必须先经过系统管理员授权或充值才可使用。

(2) 可根据需要随意设定IC卡权限(如通用卡或单层权限卡等,未经授权则无法进入权限外的区域和楼层)。

(3) 乘梯时需先刷卡后使用,使无卡或无权限人员无法进入并使用电梯,可有效节省大量电力损耗。

(4) 用户刷卡呼梯时,轿厢内的 IC 卡内呼控制器将根据 IC 卡中的授权楼层信息只导通相应的楼层按钮,按其他楼层按钮无效,可有效防止小孩在电梯内玩耍、嬉戏、追逐、打闹,增强安全性,方便管理。

(5) 如有收费要求,则在刷卡时,内呼控制器还会对 IC 卡中的金额进行相应扣除。

(6) 具有挂失功能,防止卡片遗失被非法使用者拾到后非法使用。

(7) 具有黑名单设定功能,物业可以在不通知业主的情况下取消或恢复其使用电梯的权限。

(8) 具有时间设定功能。可根据上下班、节假日和其他实际需要自由设定多个时间段的系统开启或关闭(系统关闭后即不用刷卡自由使用电梯)。

(9) 系统存储记录每次成功刷卡使用电梯时的相关信息(使用者卡号、使用时间、所使用的电梯代号、所到达的楼层等),以便统计、打印、存档、查询。

2.7.12　错误消号和防捣乱功能

许多电梯都设计有防捣乱功能和错误消号功能,以减少电梯不必要的停靠,提高电梯运行效率。

1. 错误消号功能

当乘客进入电梯后,由于拥挤等原因,乘客往往会按错按钮,可能会误将大部分按钮按亮,从而错误登记楼层,导致电梯在非目的层停靠,造成电梯停靠的次数增加,电梯运行效率降低,能耗及机械磨损也相应增加。实际上,电梯每多停靠一个楼层,由于减速、加速、开关门等原因,电梯都将增加近 7 s 的运行时间,这在上班高峰期会大大降低电梯的运行效率。

电梯增加错误登记消号功能后,当有错误登记时,只要乘客连续按动两次按钮,就可取消该登记楼层,达到避免电梯不必要停层的目的。

2. 防捣乱功能

个别乘客(尤其是小孩)出于好玩或恶作剧,故意对多个非目的层进行召唤,这样会增加电梯停站次数,延长其他乘客候梯时间。为了避免这种情况出现,有些电梯增加了"错误消号"功能,即所登记的轿内指令数远远大于实际乘梯人数时,电脑对所有已登记的轿内召唤进行消号,要求乘客重新登记召唤。

由于轿厢内乘客的数量是根据电梯称重数据反馈给电脑的,因此当称重数据有较大偏差时,可能在有较多乘客乘梯时出现电梯也会自动消号的现象。

2.8　安全保护系统

电梯是高层建筑物不可缺少的垂直运输工具,长时期地频繁载人(或载货),在井道中上上下下地运行,必须有足够的安全性。人们常常为电梯的安全担心,认为乘客的生命就系在几根钢丝绳上。而实际上,为了确保电梯的安全,电梯在制造时就设置了多种安全装置,这些装置共同组成了电梯安全保护系统,主要包括超速(失控)保护装置、蹲底与冲顶缓冲保护装置、防超越行程保护装置、轿厢上行超速保护装置、轿厢意外移动保护装置等。

2.8.1　超速(失控)保护装置

当电梯在向下运行途中无论何种原因使轿厢发生失控超速、甚至坠落的危险状况,而所有其他安全保护装置均未起作用的情况出现时,需要依靠限速器和安全钳的共同作用,将轿厢制停而不使乘客和设备受到伤害。

限速器和安全钳是不可分割的装置,它们共同担负电梯失控和超速时的保护任务。限速器和安全钳装置包括限速器、安全钳、限速器钢丝绳和限速器张紧装置。

(1) 限速器:在轿厢超速达到设定值时及时发出动作信号作用,使机械装置动作并拉动限速器钢丝绳,同时切断电梯安全回路电源。

(2) 安全钳:由限速器的钢丝绳被拉动而引起动作,将轿厢或对重制停在导轨上,同时切断电梯安全回路电源。安全钳是在限速器操纵下强制使轿厢停住的执行机构。

（3）限速器钢丝绳：当限速器发生机械动作时通过限速器钢丝绳拉动安全钳的联动机构。

（4）限速器张紧装置：为了保证限速器能够直接反映出轿厢的实际速度，在限速器钢丝绳的下端安装有张紧装置。同时为了防止由于在限速器上的钢丝绳断裂或钢丝绳张紧装置失效，在张紧装置上装有电气开关。一旦限速器绳断裂或张紧装置失效，电气开关动作并切断控制电路。

1. 限速器和安全钳联动动作过程

当轿厢超速下行时，轿厢的速度立即反映到限速器上，使限速器的转速加快，当轿厢的运行速度超过115%的额定速度，达到限速器的电气设定速度和机械设定速度后，限速器开始动作。如图2-111所示，当限速器机械动作时，由于轿厢继续下行，限速器绳头通过杠杆将右侧安全钳楔块拉住，使右侧安全钳动作；与此同时，限速器绳头的动作通过连杆系统拉住左侧安全钳楔块，使左侧安全钳动作。在连杆的动作过程中，通过杠杆上的凸轮或打板，使电气安全装置动作，切断电气安全回路使电机停止运行。限速器和安全钳动作后，必须经电梯专业人员调整后才能恢复使用。

2. 限速器

限速器是限制电梯运行速度的装置，跟随轿厢运动。当轿厢下行超速时，通过电气触点使电梯停止运行。当轿厢下行超速，电气触点动作仍不能使电梯停止，且速度达到一定值后，限速器机械动作，拉动安全钳夹住导轨将轿厢制停；当断绳造成轿厢（或对重）坠落时，也由限速器的机械动作拉动安全钳，使轿厢制停在导轨上。

1）限速器的分类

根据不同的分类方法，限速器可以分为不同的类型。

（1）按照钢丝绳与绳槽的不同作用方式，可分为摩擦（或曳引）式（图2-111）和夹持（或夹绳）式（图2-112）两种。常见的两种夹持限速器如下：

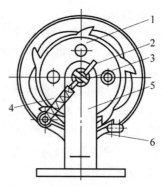

1—制动轮；2—拉簧调节螺钉；3—制动轮轴；4—调速弹簧；5—支承座；6—摆杆。

图 2-111 摩擦式限速器

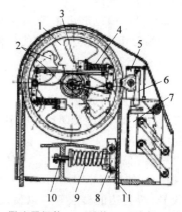

1—限速器绳轮；2—甩块；3—连杆；4—螺旋弹簧；5—超速开关；6—锁栓；7—摆动钳块；8—固定钳块；9—压紧弹簧；10—调节螺栓；11—限速器绳。

图 2-112 夹持式限速器

第一种夹持式限速器如图2-113所示，具有独立的夹绳块。

图 2-113 夹持式限速器1

第二种夹持式限速器如图 2-114 所示。对于这种限速器而言,在夹绳块夹持钢丝绳之前,钢丝绳与绳槽间的摩擦力能否克服夹绳块组件上的弹簧力,是使其能够实施"夹持"的关键。在对这种限速器和安全钳(或夹绳器)进行联动试验时,除了人为将棘爪卡入棘轮以外,任何其他借助手或脚等方式协助夹绳块实施夹持的方法都是错误的。因为当钢丝绳与绳槽之间的摩擦力可能不足以拉动夹绳块组件时,也就无法实现对钢丝绳的真正"夹持",在限速器绳上也就无法产生触发安全钳所需的张力,这种现象在进行双向夹持式限速器与夹绳器的联动试验时尤为明显。

当摆锤的振动频率超过预定值时,摆锤的棘爪进入绳轮的止停爪内,从而使限速器停止运转。在机械触发装置动作之前,限速器或其他装置上的一个电气安全保护装置会被触发,使电梯驱动主机停止运转(对于额定速度不大于 1 m/s 的电梯,最迟可与机械触发装置同时动作)。

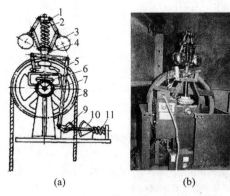

1—转轴;2—转轴弹簧;3—抛球;4—活动套;5—杠杆;6—伞齿轮Ⅰ;7—伞齿轮Ⅱ;8—绳轮;9—钳块Ⅰ;10—钳块Ⅱ;11—绳钳弹簧。

图 2-115 垂直轴甩球式限速器
(a) 结构图;(b) 实物照片

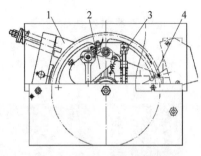

1—夹绳块组件;2—离心重块;3—离心重块弹簧;4—限速器绳轮。

图 2-114 夹持式限速器 2

(2) 按照限速器超速时不同的触发原理又可分为摆锤式和离心式两种限速器,其中离心式限速器又可分为垂直轴甩球式和水平轴甩块(片)式两种限速器。

垂直轴甩球式限速器如图 2-115 所示,利用绳轮上的凸轮在旋转过程中与摆锤端的滚轮接触,摆锤摆动的频率与绳轮的转速有关,

水平轴甩块(片)式限速器的结构如图 2-116 所示,动作原理是通过弹簧 5 牵制的离心甩块 7 在旋转中随着速度加快远离旋转中心,到达电气开关触板 1 后使电气触点断开,切断电气安全回路,通过制动器动作使电梯停止运行。如果因断绳等严重故障,制动器无法使轿厢停止,轿厢速度进一步加快,限速器的甩块继续甩开,触及限速器机械动作的夹绳块触板 3,使夹绳块 11 掉下,在限速器与夹绳块摩擦自锁作用下,可靠地夹住钢丝绳 14。为了使钢丝绳不被夹扁,夹紧力由一根压缩弹簧调节。

3. 限速器的张紧装置

限速器绳张紧装置包括限速器绳、张紧轮、配重和限速器断绳开关等。它安装在底坑内,限速器绳由轿厢带动运行,限速器绳将轿厢运行速度传递给限速器轮,限速器轮反映出电梯实际运行速度。限速器张紧装置如图 2-117 所示。

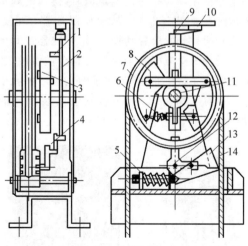

1—电气开关触板;2—开关打板;3—离心重块连杆;4—夹绳块触板;5—夹绳钳弹簧;6—离心重块弹簧;7—限速器绳轮;8—离心甩块;9—电气开关触点;10—电开关座;11—轮轴;12—夹绳打板;13—夹绳块;14—钢丝绳。

图 2-116 水平轴甩块(片)式限速器

1—张紧轮;2—张紧轮磁铁;3—配重。

图 2-117 限速器张紧装置

限速器张紧装置常见的有悬挂式张紧装置、悬臂式张紧装置,如图 2-118、图 2-119 所示。

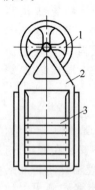 

1—张紧轮;2—配置架;3—配重块。

图 2-118 悬挂式张紧装置

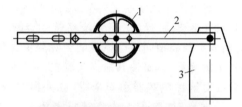

1—张紧轮;2—悬臂;3—配重块。

图 2-119 悬臂式张紧装置

为了防止限速器钢丝绳破断或过于伸长而失效,张紧装置上均设有检测钢丝绳张紧情况的电气安全装置。张紧轮开关如图 2-120 所示。

图 2-120 张紧轮开关

限速器张紧装置的作用主要有以下两个方面:

(1) 确保限速器能够对轿厢速度进行监控。限速器绳轮的转动是依靠与轿厢联接的钢丝绳与绳槽之间的摩擦力带动的,为了确保钢丝绳与绳轮之间无打滑现象,以实现限速器绳与绳轮的"同步"运转,必须要求限速器绳有足够的张紧力。

(2) 当限速器机械动作时,确保在限速器绳上产生足够的张力。尤其对于摩擦式限速器来说,张紧装置质量越大,则限速器动作时限速器绳上产生的张力越大。而对于夹持式限速器而言,当限速器动作时,张紧装置质量的大小对在钢丝绳上产生的张力的大小无显著影响。

张紧力是指限速器没有动作时,仅在张紧装置作用下钢丝绳所受到的张力,当限速器采用悬挂式张紧装置时,其单侧钢丝绳的张紧力的大小等于所有张紧装置(包括张紧轮与配重块)重力的一半。而限速器动作时,限速器绳的张力是指在限速器绳与安全钳提拉机构连接处沿轿厢运行方向拉动限速器绳所产生张力增量,不包含因张紧装置的作用所产生的那部分限速器绳的张力。

4. 安全钳

安全钳是一种使轿厢(或对重)停止运动的机械装置,任何曳引驱动电梯的轿厢都必须设有安全钳装置。当电梯底坑的下方有人通行或能进入的过道或空间时,则对重也应设有限速器安全钳装置。

1) 安全钳装置结构

安全钳装置装设在轿厢架或对重架上,其结构如图2-121所示。它由两部分组成。

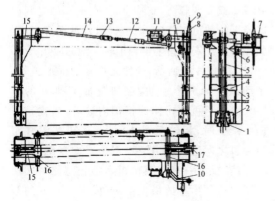

1—安全钳模块;2—安全钳座;3—轿厢架;4—防晃架;5—垂直拉杆;6—压簧;7—防跳器;8—绳头;9—限速器绳;10—主动杠杆;11—安全钳电气开关;12—压簧;13—正反扣螺母;14—横拉杆;15—从动杠杆;16—转轴;17—导轨。

图2-121 安全钳装置的结构

(1) 操纵机构:它是一组连杆系统,限速器通过此连杆系统操纵安全钳起作用。

(2) 制停机构:也叫作安全钳(嘴),作用是使轿厢或对重制停,夹持在导轨上。制停机构最好安装在轿厢框架中,立柱部件的下部底梁两侧。这主要是考虑到轿厢内乘客的重量是作用于轿底和底梁上,安全钳设置在轿厢下部时整个轿厢框架的受力较好,对整个安全钳提拉系统的稳定性也有利。但也不禁止将安全钳设置在轿厢的其他位置,也可以将安全钳设置在轿厢顶梁两端或立柱的中间部分。只要能够解决受力问题和动作的稳定性问题,任何设计都是可以的。

2) 安全钳的分类

安全钳按结构和工作原理可分为瞬时式安全钳与渐进式安全钳。

瞬时式安全钳具有以下主要特征:

① 产品结构上没有采取任何措施来限制制停力或加大制停距离;

② 制停距离较短,一般约为3 mm;

③ 制停力瞬时持续增大到最大值;

④ 制停后满足自锁条件。

渐进式安全钳具有以下主要特征:

① 产品结构上采取了限制制停力的措施;

② 制停距离较长;

③ 制停力逐渐增大到最大值;

④ 制停后满足自锁条件。

(1) 瞬时式安全钳

瞬时式安全钳的动作元件既有楔块,也有滚柱。其工作特点是:制动元件的行程不受到任何限制,直至轿厢制停为止。制停距离短,基本是瞬时制停,其制动力瞬时急剧增大,对轿厢会造成很大的冲击,导轨表面也会受到损伤。因此,瞬时式安全钳只能适用于额定速度不超过0.63 m/s的电梯。但由于对重或平衡重上不可能有人员,因此对重或平衡重上设置安全钳的限制条件要比轿厢宽松一些,允许在额定速度不大于1 m/s的情况下使用瞬时式安全钳。

按照制动元件的不同形式,一般可将瞬时式安全钳分为以下两种:

① 楔块式瞬时式安全钳。如图2-122所示,钳体一般由铸钢制成,安装在轿厢的下梁上。配有一套制动元件和提拉机构,钳体或者盖板上开有导向槽,钳体开有梯形内腔。每根导轨分别由两个楔块夹持(双楔型),也有单楔

块的瞬时式安全钳。安全钳的楔块一旦被拉起与导轨接触楔块自锁，安全钳的动作就与限速器无关，在轿厢继续下行时，楔块将越夹越紧。

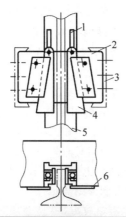

1—拉杆；2—安全钳座；3—轿厢下梁；
4—楔（钳）块；5—导轨；6—盖板。

图 2-122 楔块式瞬时式安全钳

② 滚柱式瞬时式安全钳。用滚柱代替楔块式瞬时式安全钳的楔块，如图 2-123 所示。当安全钳动作时，相较于钳体而言，淬硬的滚花钢制滚柱在钳体楔形槽内向上滚动，当滚柱贴上导轨时，钳体就在钳座内作水平移动，这样就消除了另一侧的间隙。滚柱式瞬时式安

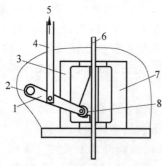

1—连杆；2—支点；3—爪；4—操纵杆；
5—加力；6—导轨；7—钳体；8—滚柱。

图 2-123 不可脱落滚柱式瞬时式安全钳

全钳有单边单滚柱式、单边双滚柱式，一边滚柱而另一边楔块式。在滚柱式瞬时式安全钳制动时，因钳体、滚柱或导轨的变形而使制动过程较长，制动的剧烈程度（冲击）相对双楔块式要小一些，对轿内乘客或货物的冲击要相对弱些。

目前在国内市场上，常见的瞬时式安全钳只有楔块式瞬时式安全钳和滚柱式瞬时式安全钳两种。

（2）渐进式安全钳

渐进式安全钳与瞬时式安全钳相比，在制动元件和钳体之间设置了弹性元件，有些安全钳甚至将钳体本身作为弹性元件使用。在动作时，动作元件靠弹性夹持力夹紧在导轨上滑动，靠与导轨的摩擦消耗轿厢的动能和势能。制动力是有控制地逐渐增大或恒定的，制动距离与被制停时的轿厢重量及安全钳开始动作时的瞬时速度有关。

渐进式安全钳的弹性元件一般有以下几种。

① 碟形弹簧。其截面是锥形的，可以承受静载荷或交变载荷，其特点是"在最小的空间内以最大的载荷工作"。由于其组合灵活多变，因此在渐进式安全钳中得到了较广泛的应用。

如图 2-124 所示，弹性元件 3 为碟形弹簧，制动元件为两个楔块，楔块背面有排列的滚柱。滚柱组可在钳体的钢槽内滚动，当提拉杆提住楔块时，相较于钳体而言，楔块在滚柱组与导轨之间运动。当楔块与导轨面接触后，楔块继续上滑，一直到限位板后停止。此时楔块夹紧力达到预定的最大值，形成一个不变的制动力，使轿厢以较低的减速度平滑制动。最大夹紧力可由钳臂尾部的碟形弹簧调定。

② U 形板簧。如图 2-125(a) 所示，弹性元件 3 为 U 形板簧，制动元件为两个楔块，楔块背面有滚柱排。其钳座是由钢板焊接而成的，钳体由 U 形板簧制成。楔块被提住并夹持导轨后，钳体张开直至楔块行程的极限位置为止，其夹持力的大小由 U 形板簧的变形量确定。U 形板簧渐进式安全钳根据其结构可分为内支架和外支架两种结构，图 2-125(b) 所示的安全钳为外支架结构。

导向元件,因此在渐进式安全钳的使用中对其强度要求较高。如图 2-126 所示,钳体的斜面由一个扁条板簧代替,形成一个滚道,供表面已被淬硬的钢质滚花滚柱在其上面滚动,提拉杆直接提住滚柱触发安全钳动作。提拉杆提住滚柱后,滚柱与导轨接触,并楔入导轨与弹簧之间。施加至导轨上的压力可由扁条弹簧控制。

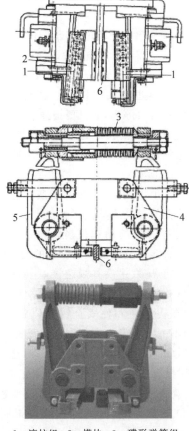

1—滚柱组;2—模块;3—碟形弹簧组;
4—钳座;5—钳臂;6—导轨。

图 2-124 碟形弹簧渐进式安全钳

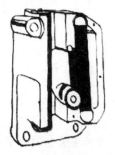

图 2-126 扁条板簧渐进式安全钳

④ π形弹簧。钳体上开有数个贯通的孔,产品外形如一个"π"字母,钳体本身也就自然成了弹性元件,如图 2-127 所示。制动元件为楔块,左边的为固定楔块,右边的为动楔块。提拉杆提住右边的动楔块与导轨接触时,安全钳就会可靠地夹在导轨上。

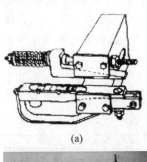

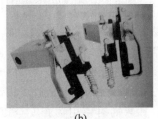

1—提拉杆;2—钳座;3—U 形板簧;4—楔块。

图 2-125 U 形板簧渐进式安全钳
(a) 结构图;(b) 实物照片

图 2-127 π形弹簧渐进式安全钳
(a) 结构图;(b) 实物照片

③ 扁条板簧。扁条板簧是较特殊的安全钳弹性元件,因其板簧自身既是弹性元件又是

⑤ 螺旋弹簧。其特点是可以承受较大的载荷,由于圆柱螺旋弹簧的尺寸较大,其在小载荷

的电梯中的应用已逐渐减少。如图 2-128 所示。

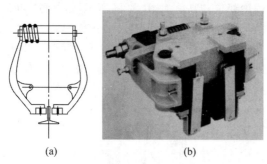

图 2-128 螺旋弹簧渐进式安全钳
(a) 结构图；(b) 实物照片

(3) 数套安全钳

对于速度较低但载质量较大的电梯，如果采用一对安全钳无法满足制动要求时，可采用数套安全钳。在制动时，这几套安全钳同时动作，用产生的合力制停轿厢。这种情况多见于轿厢载质量和面积较大的货梯，这种货梯可能采用 4 列或更多列导轨，一般在每列导轨上都设置安全钳。

在这种情况下，即使轿厢额定速度不超过 0.63 m/s，但由于采用了多套安全钳，每套安全钳的拉杆安装、间隙调整等不可能完全一致，在技术上也难以保证这几套安全钳在同一时刻同时动作，数套安全钳在动作时必然会存在时间上的差异。由于瞬时式安全钳制动时间极短，减速度很大，因此，如果几套安全钳不同步，就会造成实际上只有部分安全钳制动而余者来不及制动，先制动的安全钳和其所作用的导轨就可能要承受全部的能量，这对于安全钳本身、导轨和轿厢结构来说都是非常危险的，很容易引起这些部件的损坏。而渐进式安全钳制动距离长，制动过程也长，而且每个安全钳的制动力都被限定，因而它对同步性来说不如瞬时式那样敏感，也不会造成较严重的后果。所以，如果同时使用数套安全钳时，这些安全钳应全部为渐进式，以便利用渐进式安全钳在动作过程中的弹性元件的缓冲作用来缓解上述不利后果。

(4) 安全钳的电气安全装置

当轿厢安全钳动作时，需要有一个电气安全装置在安全钳动作以前或同时使电梯驱动主机停转。

① 这个电气安全装置(符合 GB/T 7588.1—2020 中第 5.11.2 条安全开关的要求)能够使主机停转，不但要求切断电机的电源，而且曳引机的制动器也要同时动作。也就是说主机不能仅仅是自由停车，而且要被强迫停止。

② 这个开关要验证的是安全钳是否动作，以及安全钳是否已经被复位。为保证正确查验安全钳的真实状态，开关要装在轿厢上，多数安装在轿顶，也有的安装在轿底。注意不能用限速器上的开关或其他开关替代。

③ 这个开关的动作是当轿厢安全钳动作前或动作时能够及时反映安全钳的动作状态。

④ 这个开关并没有规定该电气安全装置必须是自动复位型或者非自动复位型，也就是说，可以在提起轿厢使安全钳复位后，开关也被复位，不一定要专门去复位这个开关。

⑤ 为正确反映安全钳动作状态，这个开关在安全钳没有被复位时，不应被恢复正常状态。

(5) 轿厢安全钳和对重安全钳的比较

轿厢安全钳和对重安全钳的相同之处如下：

① 动作条件相同：无论轿厢安全钳还是对重(或平衡重)安全钳，都要求只能在其下行时动作。

② 动作后效果相同：应能通过夹紧导轨而使轿厢、对重(或平衡重)制停并保持静止状态。

③ 都是安全部件且试验方法相同：尽管在 GB/T 7588.1—2020 标准的正文中没有要求渐进式对重(或平衡重)安全钳的减速度，但在 GB/T 7588.1—2020 标准的第 5.3 条中的型式试验过程中并没有区分轿厢安全钳和对重(或平衡重)安全钳在试验方法上有所不同。

④ 操纵方式要求相同：无论轿厢安全钳还是对重(或平衡重)安全钳，都不得用电气、液压或气动操纵的装置来操纵。

⑤ 释放方法相同：只有将轿厢或对重(或平衡重)提起，才能使轿厢或对重(或平衡重)上的安全钳释放并自动复位。安全钳动作后

的释放需经专职人员进行。

⑥ 结构要求相同：无论轿厢安全钳还是对重（或平衡重）安全钳，都禁止将安全钳的夹爪或钳体充当导靴使用。同时，如果安全钳是可调节的，则其调节后应加封记。

轿厢安全钳和对重安全钳的不同之处如下：

① 额定速度不同时选择的安全钳的型式不同：电梯额定速度大于 0.63 m/s 时，轿厢应采用渐进式安全钳，否则可以采用瞬时式安全钳。若额定速度大于 1 m/s，对重（或平衡重）安全钳应采用渐进式的，其他情况下可以采用瞬时式的。

② 控制方法不同：在大多数情况下，轿厢、对重（或平衡重）安全钳的控制方法是相同的，即轿厢和对重（或平衡重）安全钳的动作应由各自的限速器来控制。但若额定速度不大于 1 m/s，对重（或平衡重）安全钳可借助悬挂机构的断裂或借助一根安全绳来动作。

③ 动作速度不同：对重（或平衡重）安全钳的限速器动作速度应大于轿厢安全钳的限速器动作速度，但不得超过 10%。

④ 在电气验证方面要求不同：当轿厢安全钳作用时，装在轿厢上面的电气装置应在安全钳动作以前或同时使电梯驱动主机停转，但对于对重（或平衡重）安全钳没有这个要求。

2.8.2 防超越行程的保护装置

电梯轿厢在井道中运行，为了确保轿厢超越顶层或底层端站继续运行而不撞击井道顶和底坑，电梯必须在井道上部和下部设置端站电气保护装置以防止结构损坏和发生其他严重的后果。端站电气保护装置一般包括强迫减速开关、限位开关和极限开关。限位开关并非必须要有的，可以不设置。

1. 强迫减速开关

强迫减速开关是防止轿厢越程的第一道关，其作用是在轿厢高速运行接近端站时，轿厢动作强迫减速开关后，电气控制系统强行将运行速度减慢。高速电梯在井道端站会装有多个强迫减速开关，可实现分级减速。轿厢接近井道端站时必须将速度降低到一定值。强迫减速开关动作后，电梯仍然能够运行。

2. 限位开关

限位开关是防止轿厢越程的第二道关，其作用是当轿厢在端站平层后，不允许轿厢再向端部运行，防止轿厢超出行程而发生危险。限位开关动作后，并没有切断安全回路，仅仅是防止轿厢向危险方向运行，轿厢仍然可以反方向慢速运行。部分电梯限位开关安装在端站平层以前，其作用主要是便于检修运行的位置限制。

3. 极限开关

极限开关是防止轿厢越程的第三道关，其作用是即使限位开关动作后电梯仍不能停止运行，触动极限开关也能切断电路，使驱动主机失电，制动器动作，确保轿厢不至于冲向井道端部。极限开关通常采用常闭开关。极限开关动作后，为了防止电梯系统发生更大的危险，要求电梯不能自动恢复运行，只有经专业的技术人员复位后，电梯才能恢复运行。电气式极限开关和机械电气式极限开关的结构如图 2-129 和图 2-130 所示。极限开关电气元件如图 2-131 所示。

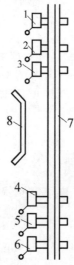

1—极限开关；2—上限位开关；3—上强迫减速开关；4—下强迫减速开关；5—下限位开关；6—下极限开关；7—导轨；8—轿厢撞弓。

图 2-129　电气式极限开关

图 2-129（续）

由于最能直接体现轿厢是否发生越程的方式就是直接利用轿厢的位置来反映其状态，因此极限开关的动作应由轿厢或与轿厢连接的装置触发，而不能由对重触发。在电梯的使用过程中，轿厢和对重之间的钢丝绳可能发生异常伸长，轿厢每次停靠都会自动寻找平层位置，这将造成所有的钢丝绳伸长量全部累积到对重一侧，如果由对重触发极限开关，很可能造成极限开关的误动作。

2.8.3 蹲底与冲顶缓冲保护装置：缓冲器

缓冲器的作用是当电梯运行速度在受控范围内，电梯出现冲顶或蹲底时，对轿厢或者对重起到缓冲减震作用的安全装置。如图 2-132 所示。

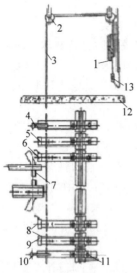

1—机械开关；2—导向滑轮；3—钢丝绳；4—上碰铁；
5—上限位开关；6—上强迫减速开关；7—轿厢碰铁；
8—下强迫减速开关；9—下限位开关；10—下碰轮；
11—导轮；12—机房地板；13—配重。

图 2-130　机械电气式极限开关

图 2-131　极限开关电气元件

极限开关应设置在尽可能接近端站时起作用而无误动作危险的位置上。极限开关在轿厢或对重（如有）接触缓冲器之前起作用，并在缓冲器被压缩期间保持其动作状态。

图 2-132　安装在对重底部的缓冲器

当电梯系统由于超载、钢丝绳与曳引轮之间打滑、制动器失效或极限开关失效等原因，电梯超越最顶层或最底层的正常平层位置时，轿厢或对重（平衡重）撞击缓冲器，由缓冲器吸收或消耗电梯的能量，减缓轿厢与底坑之间的冲击，最终使轿厢或对重（平衡重）安全减速并停止。一般情况下，缓冲器均设置在底坑内，也有的缓冲器设置于轿厢、对重（或平衡重）底部并随之一同运行。

缓冲器分为蓄能型缓冲器和耗能型缓冲器。蓄能型缓冲器主要以弹簧和聚氨酯材料等为缓冲元件，耗能型缓冲器主要是液压缓冲器。

1. 蓄能型（线性）缓冲器：弹簧缓冲器

弹簧缓冲器由缓冲橡胶、缓冲座、缓冲弹簧、地脚螺栓和弹簧座等组成，如图 2-133 所示。为了适应大吨位轿厢，压缩弹簧可由组合弹簧叠合而成。行程高度较大的弹簧缓冲器，为了增强弹簧的稳定性，在弹簧下部设有导套（见图 2-134）或在弹簧中设导向杆。

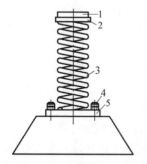

1—缓冲橡胶；2—上缓冲座；3—缓冲弹簧；
4—地脚螺栓；5—弹簧座。

图 2-133　弹簧缓冲器

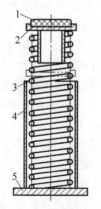

1—缓冲橡胶；2—上缓冲座；3—弹簧；
4—外导管；5—弹簧座。

图 2-134　有弹簧导套的弹簧缓冲器

弹簧缓冲器在受到冲击后，以自身的变形将电梯轿厢或对重下落时产生的动能和势能转化为弹性势能，使轿厢或对重得到缓冲、减速。弹簧缓冲器在受力时会产生反作用力，当弹簧压缩到极限位置后，弹簧释放缓冲过程中的弹性变形能使轿厢反弹上升，撞击速度越高，反弹速度越大，并反复进行，直至弹力消失、能量耗尽，电梯才完全静止。此类缓冲器仅用于额定速度不大于 1 m/s 的电梯。

2. 蓄能型（非线性）缓冲器：聚氨酯缓冲器

由于对弹簧缓冲器制造、安装都要求较高，生产成本也较高，并且在起缓冲作用时对轿厢的反弹冲击较大，对设备和使用者都不利；耗能型缓冲器虽然可以克服弹簧缓冲器反弹冲击的缺点，但造价较高，且液压管路易泄漏，易出故障，维修量较大。

聚氨酯缓冲器外形呈圆柱状，用聚氨酯材料制成，如图 2-135 所示。聚氨酯是典型的非线性材料，受力后其变形有滞后现象。聚氨酯材料内部有很多微小的气孔，由于这些气孔的存在，缓冲器受到冲击后，将轿厢的冲击动能转变成热能释放出去，从而对轿厢或对重产生较大的缓冲作用。聚氨酯缓冲器动作时对轿厢几乎不产生反弹冲击，单位体积的冲击容量大，安装非常简单，不需维修，成本低廉，但是抗老化性能较差。

图 2-135　聚氨酯缓冲器

3. 耗能型缓冲器

耗能型缓冲器即液压缓冲器，与弹簧缓冲器相比，具有缓冲效果好、行程短、没有反弹作用等优点，适用于各种速度的电梯。液压缓冲器由缓冲垫、柱塞、复位弹簧、油位检测孔、缓冲器开关及缸体等组成。如图 2-136 所示。

液压缓冲器的缓冲垫由橡胶制成，可避免与轿厢或对重的金属部分直接冲撞。柱塞和缸体均由钢管制成。复位弹簧位于柱塞内，有足够的弹力使柱塞处于全部伸长位置。缸体装有油位计，用以观察油位。缸体底部有放油孔，平时油位计加油孔和底部放油孔均用油塞

1—复位弹簧；2—油位检测孔；3—缓冲垫；
4—柱塞；5—缓冲器开关。

图 2-136 液压缓冲器

塞紧，以防漏油。

当轿厢或对重撞击缓冲器时，液压缓冲器的柱塞受力向下运动，压缩缓冲器油，油通过环形节流孔时，由于面积突然缩小产生涡流，使液体内的质点相互撞击、摩擦，将动能转化为热能，使轿厢（对重）以一定的减速度停止。当轿厢或对重离开缓冲器时，柱塞在复位弹簧反作用下，向上复位直到全伸长位置，油重新流回油缸内。就相同设计的缓冲器而言，轿厢或对重偏重的，应选用黏度较高的缓冲器油，反之应选用黏度较低的缓冲器油。

如果柱塞发生故障，有可能造成柱塞不能在规定时间内回复到原伸长位置，这样缓冲器将起不到缓冲作用。这就需要装设复位开关，以保证缓冲器柱塞回复到原位置。正常情况下，当缓冲器动作后，复位开关也随之动作，断开电梯控制电路，当轿厢或对重上升后，缓冲器柱塞逐渐恢复到原位时，复位开关接通，电梯才能正常运行。若缓冲器复位开关在电梯冲顶或蹲底后未能复位，说明缓冲器工作不正常，电梯不能正常运行。这样就保证了只要电梯在运行，缓冲器就能起到缓冲作用。

2.8.4 轿厢上行超速保护装置

轿厢上行超速保护装置是防止轿厢冲顶的安全保护装置，该装置能够有效地保护轿内人员、货物、电梯设备以及建筑物等。造成冲顶的原因大致有以下几种：

（1）电磁制动器衔铁卡阻，造成制动器失效或制动力不足；

（2）曳引轮与制动器中间环节出现故障。多见于有齿曳引机的齿轮、轴、键、销等发生折断，造成曳引轮与制动器脱开；

（3）钢丝绳在曳引轮绳槽中打滑。

曳引驱动电梯必须设置上行超速保护装置，而强制驱动电梯并不需要设置。这是因为，强制驱动电梯的平衡重只平衡轿厢或部分轿厢的重量，因此无论强制驱动电梯是否带有平衡重，即使轿厢空载时，也绝不会比平衡重侧（如果有平衡重的话）轻。在驱动主机制动器失效时也不可能出现钢丝绳或链条带动绳鼓或链轮向上滑移的现象。

1. 轿厢上行超速保护装置组成

电梯轿厢上行超速保护装置包括速度监控元件和减速元件。

速度监控元件一般采用限速器来实现监控功能，用于监测和判断轿厢是否上行超速。一般有带上行电气开关或机械触发装置的单向限速器（见图 2-137）、双向限速器（见图 2-138），具体根据减速元件的种类进行设置。

图 2-137 单向限速器

图 2-138 双向限速器

根据作用对象的不同,减速元件分为四大类:

(1) 轿厢:常见的为轿厢双向安全钳;
(2) 对重:常见的为对重安全钳;
(3) 钢丝绳系统:常见的为钢丝绳制动器(夹绳器);
(4) 曳引轮:常见的为制动器具有冗余设计的无齿轮永磁同步驱动主机。

减速元件用于获得轿厢上行超速的信息时能够将轿厢制停或减速至安全速度范围以内,并不是要求必须能够制停轿厢。

轿厢上行超速保护装置的类型不同,其速度监控、触发装置也有所不同:

(1) 轿厢双向安全钳,其由轿厢侧双向限速器的上行机械动作触发;
(2) 曳引轮制动器,其由轿厢侧限速器的上行电气动作触发;
(3) 对重安全钳,其由对重侧单向限速器的机械动作触发;
(4) 钢丝绳制动器(夹绳器)既有由轿厢侧双向限速器的上行机械触发,也有由轿厢侧限速器的上行电气触发。

轿厢上行超速保护装置动作时,应有一个电气安全装置来验证其状态。验证轿厢上行超速保护装置状态的电气安全装置在动作后,应能防止电梯驱动主机启动或使其立即停止转动。此开关必须直接验证轿厢上行超速保护的状态,而不能使用速度监控元件上的电气安全装置代替,这是因为速度监控元件上也要求必须有电气安全装置验证其自身的状态。

轿厢上行超速保护装置一旦动作,必然是由于电梯系统出现故障(很可能是重大故障)而导致的。此时必须由专职人员进行检查,确认排除故障后方可释放轿厢上行超速保护装置并使电梯恢复正常运行。

2. 轿厢双向安全钳

轿厢双向安全钳又可分为分体式和一体式两种。其中,分体式双向安全钳是将两个渐进式安全钳相互呈反方向放置。在轿厢下行和上行超速时,不同的安全钳进行保护,当然这两个安全钳的制动力是不同的,如图 2-139 所示。一体式安全钳是利用同一套钳体、弹性元件和制动元件在轿厢下行和上行超速时提供保护,如图 2-140 所示。

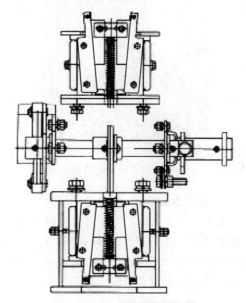

图 2-139 分体式双向安全钳

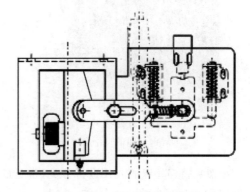

图 2-140 一体式双向安全钳

轿厢上行安全钳装置由有上行超速动作机构的限速器操纵,与限速器安全钳联动的工作原理一样,轿厢上行超速时,限速器触动安全钳动作,将轿厢夹持在导轨上。

3. 对重安全钳装置

对重安全钳装置一般安装在对重架下端,由上行超速动作触发机构操纵,可使用限速器进行触发,对重安全钳联动的工作原理与轿厢安全钳类同,轿厢上行超速时,对重向下超速运行,限速器触动对重安全钳动作,将对重夹持在导轨上,使轿厢制停。如图 2-141 所示。

图 2-141　对重安全钳

4. 钢丝绳制动器(夹绳器)

夹绳器多安装在主机曳引轮附近,由限速器控制,当轿厢上行超速时,限速器上行超速机构动作,传动到夹绳器装置,夹绳器动作,将曳引钢丝绳夹紧,使轿厢制停。如图 2-142 所示。

图 2-142　作用在悬挂钢丝绳上的钢丝绳的夹绳器

按照夹持钢丝绳的方式进行分类,常见的夹绳器可分为直夹式夹绳器和自楔紧式夹绳器两种,如图 2-143、图 2-144 所示。

图 2-143　直夹式夹绳器

图 2-144　自楔紧式夹绳器

对于直夹式夹绳器,其动作时制动板在外部能量的驱动下,直接夹持在钢丝绳上,而与钢丝绳的运动状态无关。这种夹绳器的夹持力是可以预先设定的,但往往由于其预先设定的夹持力过大,其动作后对钢丝绳的损伤比较明显。这种夹绳器如果采用电气方式触发,当电梯轿厢上行或下行超速时,就存在都能动作并夹持在钢丝绳上的可能性。

对于自楔紧式夹绳器而言,其制动板往往是一边固定,一边是可动的。夹绳器动作时制动板在外部能量驱动下夹紧钢丝绳,同时在钢丝绳的带动下,可动制动板不断地往下楔紧,制动力也就不断增加,直至轿厢制停为止。由此可见,自楔紧式夹绳器的制动力的大小与轿厢的运行状态有关,轿厢超速时的冲击能量越大,夹绳器提供的制动力也就越大。这种夹绳器要求其制动后具有自锁的性能。当然，也有的自楔紧式夹绳器在可动制动板向下楔紧到一定位置时，对其设置了限位。这样做的目的是对夹绳器的制动力进行限制，以免其动作后对钢丝绳产生较大的损伤，这类似于渐进式安全钳的特性。

5. 无齿轮永磁同步驱动主机制动器

对于无齿轮永磁同步驱动主机，由于没有中间减速机构，马达转速和曳引轮转速相同，通常被认为是存在内部冗余的制动器。因此，将制动器直接作用于曳引轮或曳引轮轴，可以满足轿厢上行超速保护的要求，使用永磁同步曳引机不再需要额外增加上行超速保护装置，这也是永磁同步曳引机目前使用量大增的一个原因。如图 2-145 所示。

图 2-145 无齿轮永磁同步驱动主机制动器

2.8.5 轿厢意外移动保护装置

轿厢意外移动是指在开锁区域内且开门状态下，轿厢无指令离开层站的移动，不包含装卸载引起的移动。

GB/T 7588.1—2020 第 5.6.7 条"在层门未被锁住且轿门未关闭的情况下，由于轿厢安全运行所依赖的驱动主机或驱动控制系统的任何单一元件失效引起轿厢离开层站的意外移动，电梯应具有防止该移动或使移动停止的装置。悬挂绳、链条和曳引轮、滚筒、链轮的失效除外，曳引轮的失效包含曳引能力的突然丧失。"因此，轿厢意外移动保护装置（unintended car movement protection system，UCMP）保护的情况为：在开门区域内，层门未被锁住且轿门未关闭的情况下，驱动主机或驱动控制系统的任何单一元件发生失效时，轿厢应不能移动或者立刻制停。不予考虑的失效有驱动主机和驱动控制系统同时失效，以及悬挂绳、链条和曳引轮、滚筒、链轮的失效。

轿厢意外移动保护装置包括检测子系统、制停子系统和自监测子系统。采用的制停部件如果是符合 GB/T 7588.1—2020 中第 9.11.3 条和第 9.11.4 条（作用在曳引轮上且具有冗余制动器）的驱动主机制动器，且无提前开门、再平层和预备操作功能的电梯，可以不设置检测子系统。当轿厢意外移动保护装置被触发或当自监测显示该装置的制停部件失效时，应由专职人员使其释放或使电梯复位。

常见的 UCMP 组合如图 2-146 所示。

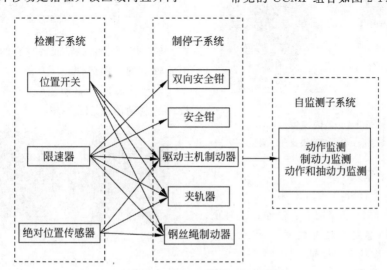

图 2-146 常见的 UCMP 组合

1. 检测子系统

常见的检测子系统有门区位置开关（见图2-147）、井道位置传感系统（见图2-148）和限速器（见图2-149）等。

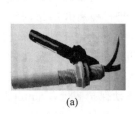 

图 2-147　门区位置开关
(a) 干簧管开关；(b) 光电开关

图 2-148　井道位置传感系统
(a) 示意图；(b) 绝对位置传感器

图 2-149　限速器
(a) 电子限速器；(b) 常规限速器+测距环

2. 制停子系统

根据 GB/T 7588.1—2020 第 5.6.7.4 条，UCMP 的制停部件应作用在：轿厢；或对重；或钢丝绳系统（悬挂绳或补偿绳）；或曳引轮；或只有两个支撑的曳引轮轴上。

UCMP 的制停部件或保持轿厢停止的装置可与用于下列功能的装置共用：①下行超速保护装置；②上行超速保护装置。

该装置用于上行和下行方向的制停部件可以不同：

(1) 作用于轿厢或者对重上的制停部件。常见的有单向安全钳（见图2-150(a)）、双向安全钳（见图2-150(b)）等。

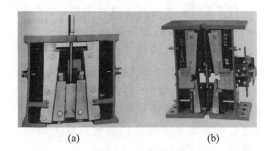

图 2-150　安全钳
(a) 单向安全钳；(b) 双向安全钳

(2) 作用于悬挂绳或者补偿绳系统上的制停部件。常见的为钢丝绳制动器（夹绳器），多用于异步驱动主机上（见图2-151）。

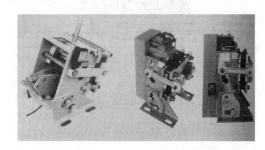

图 2-151　钢丝绳制动器（夹绳器）

(3) 作用于曳引轮或者只有两个支撑的曳引轮轴上的制停部件。

对于永磁同步驱动主机，一般为具有冗余设计的制动器（见图2-152）。

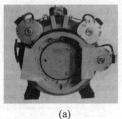 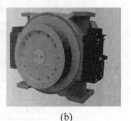

图 2-152　永磁同步驱动主机
(a) 蝶式制动器；(b) 块式制动器

根据制停部件作用的位置不同,可分为曳引轮制动器和曳引轮轴制动器,如图 2-153 所示。

图 2-153 两种不同的曳引轮轴制动器

对于异步驱动主机,由于其制动器不是直接作用在曳引轮上,因此不能采用冗余工作制动器作为 UCMP 的制停部件,一般采用夹绳器、夹轮器或曳引轮制动器。

图 2-154 所示是苏州通润采用夹轮器作为 UCMP 制停部件的异步驱动主机,其工作原理是在系统动作触发信号发出后,断开保持曳引轮和夹轮器之间间隙的电磁铁电源。通过曳引轮的带入作用,闸皮与曳引轮之间会产生摩擦力,将曳引轮制停,进而制停轿厢。夹轮器制动力的大小取决于设置在夹轮器上弹簧力的大小。

图 2-154 异步驱动主机的夹轮器制停部件

图 2-155 所示曳引轮制动器的作用原理与同步驱动主机以及异步驱动主机的夹轮器类似,即制停部件直接作用在曳引轮上,这种方式的主要特点是制动可靠,但是其制造成本较高,同时每次电梯运行前制动器必须通电,增加了电梯系统运行的功耗,新增的制动器也提高了控制系统的复杂性,而且由于要求的制动力矩较大,制动器的噪声也是需要解决的问题。

图 2-155 异步驱动主机的曳引轮制停部件

图 2-156 所示是采用曳引轮制动器作为 UCMP 制停部件的异步驱动主机,其工作原理是当检测到意外移动时,曳引轮处的钢轴伸进与曳引轮刚性连接的齿槽中,以达到制停轿厢的目的。

图 2-156 异步驱动主机的曳引轮制停部件

3. 监测子系统

根据 GB/T 7588.1—2020 中的第 5.6.7.3 条:"在没有电梯正常运行时控制速度或减速、制停轿厢或保持停止状态的部件参与的情况下,该装置应能达到规定的要求,除非这些部件存在内部的冗余且自监测正常工作。"因此,对于采用冗余制动器作为制停部件的,需要设置自监测;对于采用夹轮器、夹绳器、夹轨器、安全钳等作为制停部件的,则不需要设置自监测。

自监测的方式主要有采用对机械装置正确提起(或释放)验证和对制动力验证、仅采用对机械装置正确提起(或释放)验证、仅采用对制动力验证三种。自监测方式及功能要求如表 2-6 所示。

表 2-6 自监测方式及功能要求

自监测方式	功能要求	其他要求
采用对机械装置正确提起(或释放)验证和对制动力验证	如果检测到失效,应关闭轿门和层门,并防止电梯的正常启动	—
仅采用对机械装置正确提起(或释放)验证		在定期维护保养时应检测制动力
仅采用对制动力验证		—

第3章

公共场所电梯

3.1 定义与功能

公共场所电梯是指安装在人群经常聚集场所供公众使用或服务于大众活动场所使用的电梯。公共场所电梯也可以广义定义为除了非公共场所安装且仅供单一家庭使用的电梯之外的电梯。

根据公共场所的范围,以下各场所使用的电梯均可认为是公共场所电梯:①影剧院、俱乐部、文化宫(文化馆、文化站)、青(少)年宫、群众艺术馆使用的电梯;②录像放映点、音乐厅(茶座)、卡拉OK厅、曲艺厅、舞厅(场)、游艺室、游乐场、电子游戏室使用的电梯;③体育场(馆)、游泳池(场)、溜冰场、健身房、台球场(室)、保龄球场、高尔夫球场使用的电梯;④博物馆、美术馆、展览馆、图书馆使用的电梯;⑤公园、风景游览区使用的电梯;⑥酒店、宾馆、旅馆、招待所、饭店、酒馆(吧)、咖啡馆、理发店、美容厅、浴室使用的电梯;⑦车站、码头、渡口、民用飞机场及其广场使用的电梯;⑧集贸市场、证券交易市场、大型商场(店)使用的电梯;⑨用于举办大型订货会、展览(销)会、物资交流会、灯会、庙会、体育比赛、文化演出的临时场所使用的电梯;⑩商用、民用住宅楼多用户共同使用的电梯。

3.2 分类

根据建筑的高度、用途及客流量(或物流量)的不同,公共场所电梯可按如下内容分类。

1. 按用途分类

(1)乘客电梯:为运送乘客设计的电梯,要求有完善的安全设施以及一定的轿内装饰。

(2)医用电梯:为运送病床、担架、医用车而设计的电梯,轿厢具有长而窄的特点。

(3)观光电梯:供乘客观光用的电梯,轿厢壁透明。

2. 按驱动方式分类

(1)交流电梯:用交流感应电动机作为驱动力的电梯。根据拖动方式又可分为交流单速、交流双速、交流调压调速、交流变压变频调速等。

(2)直流电梯:用直流电动机作为驱动力的电梯。这类电梯的额定速度一般在 2.00 m/s 以上。

(3)液压电梯:一般利用电动泵驱动液体流动,由柱塞使轿厢升降的电梯。

(4)齿轮齿条电梯:将导轨加工成齿条,轿厢装上与齿条啮合的齿轮,电动机带动齿轮旋转使轿厢升降的电梯。

(5)螺杆式电梯:将螺杆加工成矩形螺纹,再将带有推力轴承的大螺母安装于螺杆顶,然后通过电机经减速机(或皮带)带动螺母旋转,从而使螺杆顶升轿厢上升或下降的电梯。

(6) 直线电机驱动的电梯,其动力源是直线电机。

电梯问世初期,曾用蒸汽机、内燃机作为动力直接驱动电梯,现已基本绝迹。

3. 按速度分类

电梯无严格的速度分类,我国习惯上按下述方法分类。

(1) 低速梯:常指速度低于 1.00 m/s 的电梯。

(2) 中速梯:常指速度为 1.00~2.50 m/s 的电梯。

(3) 高速梯:常指速度大于 2.50 m/s 的电梯。

(4) 超高速:常指速度超过 6.00 m/s 的电梯。

随着电梯技术的不断发展,电梯速度越来越高,区别高、中、低速电梯的速度限值也在相应地提高。

4. 按电梯有无司机分类

(1) 有司机电梯:电梯的运行由专职司机操纵来完成。

(2) 无司机电梯:乘客进入电梯轿厢,按下操纵盘上所需要去的层楼按钮,电梯自动运行到达目的层楼,这类电梯一般具有集选功能。

(3) 有/无司机电梯:这类电梯可变换控制电路,平时由乘客操纵,如遇客流量大或必要时改由司机操纵。

5. 按操纵控制方式分类

(1) 手柄开关操纵电梯:电梯司机在轿厢内控制操纵盘手柄开关,实现电梯的起动、上升、下降、平层、停止的运行状态。

(2) 按钮控制电梯:是一种简单的自动控制电梯,具有自动平层功能,常见有轿外按钮控制、轿内按钮控制两种控制方式。

(3) 信号控制电梯:这是一种自动控制程度较高的有司机电梯。除具有自动平层、自动开门功能外,尚具有轿厢命令登记、层站召唤登记、自动停层、顺向截停和自动换向等功能。

(4) 集选控制电梯:是一种在信号控制基础上发展起来的全自动控制的电梯,与信号控制的主要区别在于能实现无司机操纵。

(5) 并联控制电梯:2~3 台电梯的控制线路并联起来进行逻辑控制,共用层站外召唤按钮,电梯本身都具有集选功能。

(6) 群控电梯:是用微机控制和统一调度多台集中并列的电梯。群控有梯群的程序控制、梯群智能控制等形式。

6. 其他分类方式

(1) 按机房位置分类,则有机房在井道顶部的(上机房)电梯、机房在井道底部旁侧的(下机房)电梯,以及有机房在井道内部的(无机房)电梯。

(2) 按轿厢尺寸分类,则经常使用"小型""超大型"等抽象词汇表示。此外,还有双层轿厢电梯等。

7. 特殊电梯

(1) 斜行电梯:轿厢在倾斜的井道中沿着倾斜的导轨运行,是集观光和运输于一体的输送设备。特别是由于土地紧张而将住宅移至山区后,斜行电梯发展迅速。

(2) 立体停车场用电梯:根据不同的停车场可选配不同类型的电梯。

3.3 结构组成

公共场所电梯典型产品的结构和组成如图 3-1 所示。

第3章 公共场所电梯

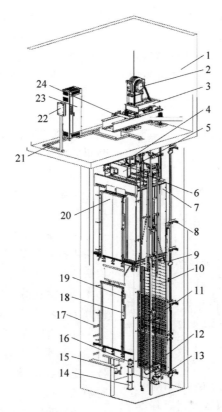

1—机房;2—曳引机;3—曳引机架;4—轿顶轮;5—轿顶检修盒;6—轿架;7—轿厢;8—对重导轨支架;9—撞弓;10—对重;11—对重护栏;12—补偿链;13—轿厢导轨支架;14—缓冲器;15—涨绳装置;16—底坑检修盒;17—底坑爬梯;18—呼梯盒;19—消防开关盒;20—门系统;21—线槽;22—主开关箱;23—控制柜;24—限速器

图 3-1 公共场所电梯典型产品的结构和组成

3.4 选用原则

根据《民用建筑设计统一标准》(GB 50352—2019),电梯设置应符合下列规定:

(1) 电梯不应作为安全出口。

(2) 电梯台数和规格应经计算后确定并满足建筑的使用特点和要求。

(3) 高层公共建筑和高层宿舍建筑的电梯台数不宜少于2台,12层及12层以上的住宅建筑的电梯台数不应少于2台,并应符合现行国家标准《住宅设计规范》(GB 50096—2011)的规定。

(4) 电梯的设置,单侧排列时不宜超过4台,双侧排列时不宜超过2排×4台。

(5) 高层建筑电梯分区服务时,每服务区的电梯单侧排列时不宜超过4台,双侧排列时不宜超过2排×4台。

(6) 当建筑设有电梯目的地选层控制系统时,电梯单侧排列或双侧排列的数量可超出本条第4款、第5款的规定合理设置。

(7) 电梯候梯厅的深度应符合《民用建筑设计统一标准》(GB 50352—2019)表6.9.1的规定。

(8) 电梯不应在转角处贴邻布置,且电梯井不宜被楼梯环绕设置。

(9) 电梯井道和机房不宜与有安静要求的用房贴邻布置,否则应采取隔振、隔声措施。

(10) 电梯机房应有隔热、通风、防尘等措施,宜有自然采光,不得将机房顶板作水箱底板及在机房内直接穿越水管或蒸汽管。

(11) 消防电梯的布置应符合现行国家标

准《建筑设计防火规范（2018 年版）》（GB 50016—2014）的有关规定。

（12）专为老年人及残疾人使用的建筑，其乘客电梯应设置监控系统，梯门宜装可视窗，并应符合现行国家标准《无障碍设计规范》（GB 50763—2012）的有关规定。

3.5 安全使用

3.5.1 安全使用管理制度

电梯作为特种设备，安全使用管理主要有如下内容：

（1）严格遵守国家有关特种设备的安全规定，服从政府管理部门的管理。

（2）电梯管理人员、电梯操作人员、电梯维修人员必须经特种设备专业技术和安全教育培训，考试合格取得特种专业人员证书后方可从事作业和管理。

（3）电梯使用部门需指定专业操作人员，遵守操作规程，出现使用问题做到耐心仔细解答，并保持电梯内清洁卫生。

（4）电梯使用部门定期配合做好由特种设备检测机构每年一次的电梯安全检测检验工作。

（5）电梯应由电梯维保企业专业技术人员按 15 日保养制度的规定进行维修保养，以延长电梯的使用寿命和确保安全运行。

（6）保持电梯机房整洁，关好门窗，防止风雨、沙灰、小动物进入机房。机房内不准堆放无关物品。

（7）机房内按规定配备好相应的消防设施。消防设施按有效期定期更换。

（8）严格执行电梯三角钥匙管理制度。

（9）机房属安全重地，严禁无关人员进入。

（10）具体实施按《电梯安全管理制度实施细则》执行。

3.5.2 安装现场准备

电梯现场安装前的准备工作主要有如下内容：

（1）电梯的安装和维护人员须具备法定相关资质证书。电梯的安装和维护人员在作业时须严格遵守国家以及当地的安全、安装和维护规范。

（2）根据工程实际对班组进行安全技术交底，备齐安全防护和个人劳动保护用品，及时将公司资质文件、施工组织设计方案、安全应急预案、产品随机资料型式试验报告、人员组织等资料报监理单位审批，并整改土建不合格部分。

（3）熟悉甲方、总包等单位对现场的管理规定和要求，掌握电梯安装工艺和生产厂家随机提供的技术文件资料。

（4）在离电梯井道附近设置临时工具房，库房内搭设钢管货架，可用开箱板平铺备用。库房至少配置两个灭火器，一个急救小药箱。

（5）检查吊装及运输机具、索具，使其保持良好工作状态。

（6）由甲方、土建、监理单位检查确认电梯层门防护是否完好，各层张贴安全警示标语、告示是否到位，做好施工现场安全警示和安全防护工作。

（7）做好与本工程有关的施工机具和计量器具准备。

（8）土建工程交接检验。检查机房、井道土建施工完成情况，包括结构、预留孔洞、机房吊钩、井道垂直度偏差、图纸尺寸与实际尺寸的误差、机房门窗安装、机房、井道施工遗留物、建筑垃圾、底坑积水。主电源开关设置应符合要求。检查完毕，双方检查人员应对其检查结果签字确认，对不符合及超差部分应确定整改完成时间。

（9）由甲方单位协调相关单位确定各层标高、轴线、装修面等基准测量点。

3.5.3 维护和保养

电梯的维护保养工作在《电梯维护保养规则》（TSG T5002—2017）中规定的是最低要求，各电梯制造公司根据产品不同有不同的维护和保养内容。

维护和保养的基本要求：

（1）电梯进行维护保养必须遵守电梯维护保养安全操作规程。

(2) 电梯的维护保养分为日常性的和专业性的维护保养。

(3) 日常性的维护保养工作由具备质量技术监督部门认定的、具有相应资格证的人员承担,专业的维护保养应与有电梯维护保养资格的专业保养单位签订维护保养合同。

(4) 电梯每次进行维护保养都必须有相应的记录,电梯安全管理人员必须向电梯专业维护保养单位索要当次维护保养的记录,并进行存档报关,作为电梯档案的内容。

(5) 日常性维护保养记录由维保电梯作业人员填写,每月底将记录内容报电梯安全管理人员保管、存档。

(6) 电梯日常性的维护保养内容应按照电梯产品随机文件中维护保养说明书的要求进行,专业性维护保养按照签订合同的内容、周期进行。

(7) 电梯重大项目的修理应该由有资格认可的维修单位承担,并按规定向质量技术部门的特种设备安全监察机构备案后方可实施。

(8) 电梯安全管理人员在电梯日常检查和维护中发现事故隐患,应及时组织有关人员或委托有关单位进行处理,存在事故隐患的电梯严禁投入使用。

表 3-1～表 3-4 是对电梯维保工作的最低要求,相关单位应当根据科学技术的发展和实际情况,制定不低于本规则并且适用于所维保电梯的工作要求,以保证所维保电梯的安全性能。

表 3-1 半月维护保养项目

序号	维护保养项目	序号	维护保养项目
1	机房、滑轮间环境	17	轿厢检修开关、停止装置
2	手动紧急操作装置	18	轿内报警装置、对讲系统
3	驱动主机	19	轿内显示、指令按钮、IC
4	制动器各销轴部位	20	轿门防撞击保护装置
5	制动器间隙	21	轿门门锁电气触点
6	制动器作为轿厢意外移动保护	22	轿厢运行
7	编码器	23	轿厢平层准确度
8	限速器各销轴部位	24	层站召唤、层楼显示
9	层门和轿门旁路装置	25	层门地坎
10	紧急电动运行	26	层门自动关门装置
11	轿顶	27	层门锁自动复位
12	轿顶检修开关、停止装置	28	层门门锁电气触点
13	导靴上油杯	29	层门锁紧元件啮合长度
14	对重/平衡重块及其压板	30	底坑环境
15	井道照明	31	底坑停止装置
16	轿厢照明、风扇、应急照明		

表 3-2 季度维护保养项目

序号	维护保养项目	序号	维护保养项目
1	减速机润滑油	8	验证轿门关闭的电气安全装置
2	制动衬	9	层门、轿门系统中传动部件
3	编码器	10	层门门导靴
4	选层器动静触点	11	消防开关
5	曳引轮槽、悬挂装置	12	耗能缓冲器
6	限速器轮槽、限速器钢丝绳	13	限速器张紧轮装置和电气安全装置
7	靴衬、滚轮		

表 3-3　半年度维护保养项目

序号	维护保养项目	序号	维护保养项目
1	电动机与减速机联轴器	9	绳头组合
2	驱动轮、导向轮轴承部	10	限速器钢丝绳
3	曳引轮槽	11	层门、轿门门扇
4	制动器动作状态监测装置	12	轿门开门限制装置
5	控制柜内各接线端子	13	对重缓冲距离
6	控制柜各仪表	14	补偿链(绳)与轿厢、对重接合处
7	井道、对重、轿顶各反绳轮	15	上、下极限开关
8	悬挂装置、补偿绳		

表 3-4　年度维护保养项目

序号	维护保养项目	序号	维护保养项目
1	减速机润滑油	10	轿厢和对重/平衡重的导轨支架
2	控制柜接触器、继电器触点	11	轿厢和对重/平衡重的导轨
3	制动器铁芯(柱塞)	12	随行电缆
4	制动器制动能力	13	层门装置和地坎
5	导电回路绝缘性能测试	14	轿厢称重装置
6	限速器安全钳联动试验	15	安全钳钳座
7	上行超速保护装置动作试验	16	轿底各安装螺栓
8	轿厢意外移动保护装置动作试验	17	缓冲器
9	轿顶、轿厢架、轿门及其附件安装螺栓		

3.5.4　常见故障及排除方法

电梯一体化控制器是一个复杂的电控系统,它产生的故障信息可以根据对系统的影响程度分为 5 个级别,不同级别的故障相应的处理方式也不同,详见表 3-5。

如果电梯一体化控制器出现故障报警信息,将会根据故障代码的级别进行相应处理。此时,用户可以根据本节提示的信息进行故障分析,确定故障原因,找出解决方法,详见表 3-6 和表 3-7。

表 3-5　故障说明

故障类别	电梯一体化控制器故障状态	电梯一体化控制器处理方式
1 级故障	(1) 显示故障代码; (2) 故障继电器输出动作	1A——各种工况运行不受影响
2 级故障	(1) 显示故障代码; (2) 故障继电器输出动作; (3) 可以进行电梯的正常运行	2A——并联/群控功能无效 2B——提前开门/再平层功能无效
3 级故障	(1) 显示故障代码; (2) 故障继电器输出动作; (3) 停机后立即封锁输出,关闭抱闸	3A——低速时特殊减速停车,不可再启动 3B——低速运行不停车,高速停车后延迟 3 s,低速可再次运行

续表

故障类别	电梯一体化控制器故障状态	电梯一体化控制器处理方式
4级故障	(1) 显示故障代码； (2) 故障继电器输出动作； (3) 距离控制时系统减速停车，不可再运行	4A——低速时特殊减速停车，不可再启动
		4B——低速运行不停车，高速停车后延迟3 s，低速可再次运行
		4C——低速运行不停车，停车后延迟3 s，低速可再次运行
5级故障	(1) 显示故障代码； (2) 故障继电器输出动作； (3) 立即停车	5A——低速立即停车，不可再启动运行
		5B——低速运行不停车，停车后延迟3 s，低速可以再次运行

表 3-6　故障信息及对策表(1)

故障码	故障描述	故障原因	解决对策
Err02	加速过电流	主回路输出接地或短路	(1) 检查电机接线是否正确，是否将地线接错； (2) 检查封星接触器是否造成控制器输出短路； (3) 检查电机线是否有表层破损
		电机未进行参数调谐	按照电机铭牌设置电机参数，重新进行电机参数自学习
		编码器信号不正确	(1) 检查编码器每转脉冲数设定是否正确； (2) 检查编码器信号是否受干扰：编码器走线是否独立穿管，走线距离是否过长，屏蔽层是否单端接地； (3) 检查编码器安装是否可靠，旋转轴是否与电机轴连接牢靠，高速运行中是否平稳； (4) 检查编码器相关接线是否正确可靠。异步电机可尝试开环运行，比较电流，以判断编码器是否工作正常
		电机相序接反	调换电机 UVW 相序
		加速时间太短	减小加速度
Err03	减速过电流	主回路输出接地或短路	(1) 检查电机接线是否正确，是否将地线接错； (2) 检查封星接触器是否造成控制器输出短路； (3) 检查电机线是否有表层破损
		电机未进行参数调谐	按照电机铭牌设置电机参数，重新进行电机参数自学习
		编码器信号不正确	(1) 检查编码器每转脉冲数设定是否正确； (2) 检查编码器信号是否受干扰：编码器走线是否独立穿管，走线距离是否过长，屏蔽层是否单端接地； (3) 检查编码器安装是否可靠，旋转轴是否与电机轴连接牢靠，高速运行中是否平稳； (4) 检查编码器相关接线是否正确可靠。异步电机可尝试开环运行，比较电流，以判断编码器是否工作正常
		减速曲线太陡	减小减速度

续表

故障码	故障描述	故障原因	解决对策
Err04	恒速过电流	主回路输出接地或短路	(1)检查电机接线是否正确,是否将地线接错; (2)检查封星接触器是否造成控制器输出短路; (3)检查电机线是否有表层破损
		电机未进行参数调谐	按照电机铭牌设置电机参数,重新进行电机参数自学习
		编码器信号不正确	(1)检查编码器每转脉冲数设定是否正确; (2)检查编码器信号是否受干扰:编码器走线是否独立穿管,走线距离是否过长,屏蔽层是否单端接地; (3)检查编码器安装是否可靠,旋转轴是否与电机轴连接牢靠,高速运行中是否平稳; (4)检查编码器相关接线是否正确可靠。异步电机可尝试开环运行,比较电流,以判断编码器是否工作正常
Err05	加速过电压	输入电压过高	检查输入电压是否过高;观察母线电压是否过高(正常380 V输入时,母线电压在540~580 V)
		制动电阻选择偏大,或制动单元异常	(1)检查平衡系数; (2)检查母线电压在运行中是否上升太快;如果太快说明制动电阻没有工作或者选型不合适; (3)检查制动电阻接线是否有破损,是否有搭地现象,接线是否牢靠; (4)请参照前面章节的制动电阻推荐参数表重新确认实际阻值是否合理; (5)如果制动电阻阻值正常,电梯每次均在速度达到目标速度时发生过压,则有可能需要将L09/12的值减小,以减小曲线跟随误差,防止因系统超调引起过电压
		加速区间的加速度太大	减小加速度
Err06	减速过电压	输入电压过高	检查输入电压是否过高;观察母线电压是否过高(正常380 V输入时,母线电压在540~580 V)
		制动电阻选择偏大,或制动单元异常	(1)检查平衡系数; (2)检查母线电压在运行中是否上升太快;如果太快说明制动电阻没有工作或者选型不合适; (3)检查制动电阻接线是否有破损,是否有搭地现象,接线是否牢靠; (4)请参照前面章节的制动电阻推荐参数表重新确认实际阻值是否合理; (5)如果制动电阻阻值正常,电梯每次均在速度达到目标速度时发生过压,则有可能需要将L09/12的值减小,以减小曲线跟随误差,防止因系统超调引起过电压
		减速区间的减速度太大	减小减速度

续表

故障码	故障描述	故 障 原 因	解 决 对 策
Err07	恒速过电压	输入电压过高	检查输入电压是否过高;观察母线电压是否过高(正常 380 V 输入时,母线电压在 540～580 V)
		制动电阻选择偏大,或制动单元异常	(1) 检查平衡系数; (2) 检查母线电压在运行中是否上升太快;如果太快说明制动电阻没有工作或者选型不合适; (3) 检查制动电阻接线是否有破损,是否有搭地现象,接线是否牢靠; (4) 请参照前面章节的制动电阻推荐参数表重新确认实际阻值是否合理; (5) 如果制动电阻阻值正常,电梯每次均在速度达到目标速度时发生过压,则有可能需要将 L09/12 的值减小,以减小曲线跟随误差,防止因系统超调引起过电压
Err08	维保提醒故障	在设定的时间内,电梯没有进行断电维保	(1) 对电梯进行断电维保; (2) 取消 AC49 保养天数检测功能; (3) 与代理商或厂家联系
Err09	欠电压故障	输入电源瞬间停电	(1) 检查是否有运行中电源断开的情况; (2) 检查所有电源输入线接线桩头是否连接牢靠
		输入电压过低	检查是否外部电源偏低
		驱动控制板异常	与代理商或厂家联系
Err10	控制器过载	机械阻力过大	(1) 检查抱闸是否没有打开,检查抱闸供电电源是否正常; (2) 检查是否导靴过紧
		平衡系数不合理	检查平衡系数是否合理
		编码器反馈信号是否正常	检查编码器反馈信号及参数设定是否正确,同步电机编码器初始角度是否正确
		电机调谐不准确(调谐不准确时,电梯运行的电流会偏大)	(1) 检查电机相关参数是否正确,重新电机调谐; (2) 如果是做打滑实验时出此故障,请尝试使用 L49 的打滑功能完成打滑实验
		电机相序接反	检查电机 UVW 相序是否正确
		变频器选型过小	电梯空轿厢、稳速运行过程中,电流已经达到变频器额定电流以上
Err11	电机过载	机械阻力过大	(1) 检查抱闸是否没有打开,检查抱闸供电电源是否正常; (2) 检查是否导靴过紧
		平衡系数不合理	检查平衡系数是否合理
		电机机调谐不准确(调谐不准确时,电梯运行的电流会偏大)	(1) 检查电机相关参数是否正确,重新进行电机调谐; (2) 如果是做打滑实验时出此故障,请尝试使用 L49 的打滑功能,完成打滑实验
		电机相序接反	检查电机 UVW 相序是否正确
		电机选型过小	电梯空轿厢、稳速运行过程中,电流已经达到电机额定电流以上

续表

故障码	故障描述	故障原因	解决对策
Err12	输入侧缺相	输入电源不对称	(1) 检查输入侧三相电源是否缺相； (2) 检查输入侧三相电源是否平衡； (3) 电源电压是否正常，调整输入电源
		驱动控制板异常	与代理商或厂家联系
Err13	输出侧缺相	主回路输出接线松动	(1) 检查电机连线是否牢固； (2) 检查输出侧运行接触器是否正常
		电机损坏	确认电机内部是否有异常
Err14	模块过热	环境温度过高	降低环境温度
		风扇损坏	更换风扇
		风道堵塞	(1) 清理风道； (2) 检查控制器的安装空间距离是否符合要求
Err15	输出侧异常	子码1：制动电阻短路	(1) 检查制动电阻、制动单元接线是否正确，确保无短路； (2) 检查主接触器工作是否正常，是否有拉弧或者粘连等情况
		子码2：制动IGBT短路故障	与厂家或代理商联系
Err16	电流控制故障	子码1：励磁电流偏差过大	(1) 检查输入电压是否偏低(多见于临时电源时)； (2) 检查控制器与电机间是否连线牢固； (3) 检查运行接触器是否工作正常
		子码2：力矩电流偏差过大	
		子码3：速度偏差(欠值)过大	(1) 检查编码器回路： ① 检查编码器每转脉冲数设定是否正确； ② 检查编码器信号是否受干扰； ③ 检查编码器走线是否独立穿管，走线距离是否过长，屏蔽层是否单端接地； ④ 检查编码器安装是否可靠，旋转轴是否与电机轴连接牢靠，高速运行中是否平稳。 (2) 确认电机参数是否正确，重新进行调谐。 (3) 尝试增大L16转矩上限
Err17	调谐时编码器干扰	子码1：保留	保留
		子码2：正余弦编码器信号异常	(1) 正余弦编码器C、D、Z信号受干扰严重；请检查编码器走线是否与动力线分开，以及系统接地是否良好； (2) 检查PG卡连线是否正确
		子码3：UVW编码器信号异常	(1) UVW编码器U、V、W信号受干扰严重；请检查编码器走线是否与动力线分开，以及系统接地是否良好； (2) 检查PG卡连线是否正确
Err18	电流检测故障	驱动控制板异常	与代理商或厂家联系

续表

故障码	故障描述	故 障 原 因	解 决 对 策
Err19	电机调谐故障	子码1：定子电阻辨识失败	检测电机线是否正常连接
		子码5：磁极位置辨识失败	
		子码8：选择了同步机静止自学习，但是编码器类型不为正余弦编码器	选择其他调谐方式或者更换为正余弦编码器
		子码9：同步机静态调谐，CD信号波动过大	正余弦编码器CD信号硬件干扰，检测接地是否良好
		子码12：同步机免角度自学习时，编码器零点角度未学习到报警	半自动免角度自学习，需要在检修模式下获取编码器零点位置角后才能快车运行
Err20	速度反馈错误故障	子码1：同步机空载调谐时未检测到编码器信号	(1) 检查编码器信号线路是否正常； (2) 检查PG卡是否正常； (3) 检查抱闸是否没有打开
		子码4：同步机辨识过程检测不到Z信号	(1) 检查编码器信号线路是否正常； (2) 检查PG卡是否正常
		子码5：SIN_COS编码器信号断线	
		子码7：UVW编码器信号断线	
		子码14：正常运行Z信号丢失	
		子码2、子码8：保留	保留
		子码3、子码15：电机线序接反	(1) 请调换电机UVW三相中的任意两相的线序； (2) 同步机带载调谐情况下，检测抱闸是否没打开
		子码9：速度偏差过大	(1) 同步机角度异常，请重新进行电机调谐； (2) 零伺服速度环KP偏大，请尝试减小零伺服速度环KP； (3) 速度环增益偏大或者积分时间偏小，请尝试减小速度环增益或者增大积分时间； (4) 检查电机UVW相序是否正确
		子码12：启动过程中编码器AB信号丢失	(1) 检查抱闸是否打开； (2) 检查编码器AB信号是否断线； (3) 打滑实验时电机无法启动，请使用L49的打滑功能
		子码13：运行过程中编码器AB信号丢失	运行过程中编码器AB信号突然丢失，请检查编码器接线是否正常，是否存在强烈干扰或者检查有运行中抱闸突然断电抱死的情况
		子码19：运行中正余弦编码器信号受干扰严重	电机运行过程中，编码器模拟量信号受到严重干扰，或者编码器信号接触不良。需检查编码器回路
		子码55：调谐中正余弦编码器信号受干扰严重或CD信号错误	电机调谐过程中，编码器模拟量信号受到严重干扰，或者编码器信号CD信号接反

续表

故障码	故障描述	故障原因	解决对策
Err21	参数设置错误	子码 2：最大频率的设定值小于电机额定频率	增大最大频率 P09 的值，使其大于电机额定频率
		子码 3：编码器类型设置错误	正余弦编码器、绝对值编码器或者 ABZ 编码器误设成 UVW 编码器，检测 L01 的设定值是否与所用编码器匹配
Err22	平层信号异常	子码 101：平层信号粘连	(1) 检查平层、门区感应器是否工作正常； (2) 检查平层插板安装的垂直度、对感应器的插入深度是否足够； (3) 检查主控制板平层信号输入点工作是否正常
		子码 102：平层信号丢失	
		子码 103：电梯在自动运行状态下，平层位置校验脉冲偏差过大	检查钢丝绳是否存在打滑现象
Err23	短路故障	子码 1～子码 3：对地短路故障	检查变频器三相输出是否接地
		子码 4：相间短路故障	检测变频器三相输出是否相间或对地短路
Err24	RTC 时钟故障	子码 101：控制板时钟信息异常	(1) 更换时钟电池； (2) 更换主控板
Err25	存储数据异常	子码 101～子码 103：主控制板存储数据异常	与代理商或厂家联系
Err26	地震信号	子码 101：地震信号有效，且大于 2s	检查地震输入信号与主控板参数设定是否一致（常开，常闭）
Err27	专机故障	保留	联系厂家或代理商
Err28	维修故障	保留	联系厂家或代理商
Err29	封星接触器反馈异常	子码 101：主板封星接触器反馈异常	(1) 检查封星接触器反馈输入信号状态是否正确（常开，常闭）； (2) 检查接触器及相对应的反馈触点动作是否正常； (3) 检查封星接触器线圈电路供电是否正常
		子码 102：IO 扩展板封星接触器反馈异常	
Err30	电梯位置异常	子码 101、子码 102：快车或返平层运行模式下，一定时间内平层信号无变化	(1) 检查平层信号线连接是否可靠，是否有可能搭地，或者与其他信号短接； (2) 检查楼层间距是否较大，或者返平层速度（C22）设置太小导致返平层时间过长
Err31	保留	保留	保留
Err32	保留	保留	保留
Err33	电梯速度异常	子码 101：快车运行超速	(1) 确认旋转编码器参数设置及接线是否正确； (2) 检查电机铭牌参数设定；重新进行电机调谐
		子码 102：检修或井道自学习运行超速	尝试降低检修速度，或重新进行电机调谐
		子码 103：自溜车运行超速	(1) 检查封星功能是否有效； (2) 检查电机 UVW 相序是否正确
		子码 104、子码 105：应急运行超速	(1) 检查应急电源容量是否匹配； (2) 检查应急运行速度设定是否正确
		子码 106：控制板测速偏差过大	(1) 检查旋转编码器接线； (2) 检查控制板与底层的 SPI 通信质量是否良好

续表

故障码	故障描述	故障原因	解决对策
Err34	逻辑故障	控制板冗余判断,逻辑异常	与代理商或厂家联系,更换控制板
Err35	井道自学习数据异常	子码101:自学习启动时,当前楼层不是最小层或下一级强迫减速无效	检查下一极强迫减速是否有效;当前楼层H51是否为最低层
		子码102:井道自学习过程中检修开关断开	检查电梯是否在检修状态
		子码103:上电判断未进行井道自学习	重新进行井道自学习
		子码104、子码113、子码114:距离控制模式下,启动运行时判断未进行井道自学习	
		子码105:电梯运行与脉冲变化方向不一致	请确认电梯运行时变化是否与H53的脉冲变化一致;电梯上行,H53增加;电梯下行,H53减小
		子码106、子码107、子码109:上下平层感应间隔、插板脉冲长度异常	(1) 平层感应器常开常闭设定错误; (2) 平层感应器信号有闪动,请检查插板是否安装到位,检查是否有强电干扰
		子码108、子码110:自学习平层信号超过45 s无变化	(1) 检查平层感应器接线是否正常; (2) 检查楼层间距是否过大,导致运行超时,可以改大井道自学习的速度(C12)重新进行井道自学习,使电梯在45 s内能学完最长楼层
		子码111、子码115:存储的楼高小于50 cm	若有楼层高度小于50 cm,请开通超短层功能;若无,请检查这一层的插板安装,或者检查感应器及其接线是否正常
		子码112:自学习完成当前层不是最高层	最大楼层A01设定错误或平层插板缺失
		子码116:上下平层信号接反	(1) 检查上下平层接线是否正确; (2) 检查上下平层间隙是否合理
Err36	运行接触器反馈异常	子码101:运行接触器未输出,但运行接触器反馈有效	(1) 检查接触器反馈触点动作是否正常; (2) 确认反馈触点信号特征(NO、NC)
		子码102:运行接触器有输出,但运行接触器反馈无效	
		子码104:运行接触器复选反馈点动作状态不一致	
		子码105:再平层启动前运行接触器反馈有效	
		子码103:异步电机,加速段到匀速段电流过小(≤0.1 A)	检查电梯一体化控制器的输出线UVW是否连接正常;检查运行接触器线圈控制回路是否正常

续表

故障码	故障描述	故 障 原 因	解 决 对 策
Err37	抱闸接触器反馈异常	子码 101：抱闸接触器输出与抱闸反馈状态不一致	(1) 检查抱闸接触器是否正常吸合； (2) 检查抱闸接触器反馈点（NO、NC）设置是否正确； (3) 检查抱闸接触器反馈线路是否正常
		子码 102：复选的抱闸接触器反馈点动作状态不一致	(1) 检查抱闸接触器复选点常开、常闭设置是否正确； (2) 检查多路复选点反馈状态是否一致
		子码 103：抱闸接触器输出与抱闸行程 1 反馈状态不一致	(1) 检查抱闸行程 1/2 反馈点常开、常闭设置是否正确； (2) 检查抱闸行程 1/2 反馈线路是否正常
		子码 106：抱闸接触器输出与抱闸行程 2 反馈状态不一致	
		子码 105：启动运行开抱闸前,抱闸接触器反馈有效	检查抱闸接触器反馈信号是否误动作
		子码 104：复选的抱闸行程 1 反馈状态不一致	(1) 检查抱闸行程 1/2 反馈复选点常开、常闭设置是否正确； (2) 检查多路复选点反馈状态是否一致
		子码 107：复选的抱闸行程 2 反馈状态不一致	
		子码 108：抱闸接触器输出与 IO 扩展板上抱闸行程 1 反馈状态不一致	(1) 检查 IO 扩展板上的抱闸行程 1/2 反馈点常开、常闭设置是否正确； (2) 检查抱闸行程 1/2 反馈线路是否正常
		子码 109：抱闸接触器输出与 IO 扩展板上抱闸行程 2 反馈状态不一致	
Err38	旋转编码器信号异常	子码 101：F4-03 脉冲信号无变化时间超过 F1-13 时间值	(1) 确认旋转编码器使用是否正确； (2) 确认抱闸工作是否正常
		子码 102：电机下行,(F4-03)脉冲增加	(1) 确认旋转编码器参数设置是否正确,接线是否正常有效； (2) 检查系统接地与信号接地是否可靠； (3) 检查电机 UVW 相序是否正确
		子码 103：电机上行,(F4-03)脉冲减小	
		子码 104：距离控制方式下,设定了开环运行	距离控制下,设置为闭环运行(L04=1)
		子码 105：电梯上行,下一级强减有效的同时下限位开关动作	检查上下限位开关接线是否正常
		子码 106：电梯下行,上一级强减有效的同时上限位开关动作	

续表

故障码	故障描述	故障原因	解决对策
Err39	电机过热故障	子码101：电机过热继电器输入有效，且持续一定时间	(1) 检查参数是否设置错误(NO/NC)； (2) 检查热保护继电器座是否正常； (3) 检查电机是否使用正确，电机是否损坏； (4) 改善电机的散热条件
Err40	保留	保留	联系代理商、厂家解决
Err41	安全回路断开	子码101：安全回路信号断开	(1) 检查安全回路各开关，查看其状态； (2) 检查外部供电是否正确； (3) 检查安全回路接触器动作是否正确； (4) 检查安全反馈触点信号特征(NO/NC)
Err42	运行中门锁断开	子码101、102：电梯运行过程中，门锁反馈无效	(1) 检查厅、轿门锁是否连接正常； (2) 检查门锁接触器动作是否正常； (3) 检查门锁接触器反馈点信号特征(NO/NC)； (4) 检查外围供电是否正常
Err43	上限位信号异常	子码101：电梯向上运行过中，上限位信号动作	(1) 检查上限位信号特征(NO/NC)； (2) 检查上限位开关是否接触正常； (3) 限位开关安装偏低，正常运行至端站也会动作
Err44	下限位信号异常	子码101：梯向下运行过程中，下限位信号动作	(1) 检查下限位信号特征(NO/NC)； (2) 检查下限位开关是否接触正常； (3) 限位开关安装偏高，正常运行至端站也会动作
Err45	强迫减速开关异常	子码101：井道自学习时，下强迫减速距离不足 子码102：井道自学习时，上强迫减速距离不足 子码103：正常运行时，强迫减速粘连或位置异常	(1) 检查上、下强迫减速开关接触正常； (2) 确认上、下强迫减速信号特征(NO/NC)； (3) 确认强迫减速安装距离满足此梯速下的减速要求
Err45	强迫减速开关异常	子码106：井道自学习时，上下2级强迫减速信号动作异常	(1) 检查2级上、下强迫减速信号是否接反； (2) 检查2级上、下强迫减速信号特征(NO/NC)
		子码107：井道自学习时，上下3级强迫减速信号动作异常	(1) 检查3级上、下强迫减速信号是否接反； (2) 检查3级上、下强迫减速信号特征(NO/NC)
Err46	再平层异常	子码101：再平层运行时，平层信号无效	检查平层信号是否正常
		子码102：再平层运行时速度超过0.1 m/s	确认旋转编码器使用是否正确

续表

故障码	故障描述	故障原因	解决对策
Err47	封门接触器异常	子码101：封门接触器输出连续2 s,但封门反馈无效或者门锁反馈断开	(1)检查封门接触器反馈输入点(NO/NC)； (2)检查封门接触器动作是否正常
		子码102：封门接触器无输出,封门反馈有效连续2 s	
		子码106：再平层运行启动前检测到封门反馈有效	
		子码103：平层或者提前开门运行,封门接触器输出时间大于15 s	(1)检查平层、再平层信号是否正常； (2)检查再平层速度设置是否太低
Err48	开门故障	子码101：续开门不到位次数超过FB-09设定	(1)检查门机系统工作是否正常； (2)检查轿顶控制板输出是否正常； (3)检查开门到位信号、门锁信号是否正确
Err49	关门故障	子码101：续关门不到位次数超过FB-09设定	(1)检查门机系统工作是否正常； (2)检查轿顶控制板输出是否正常； (3)检查关门到位、门锁动作是否正常
Err50	平层信号连续丢失	子码101：连续三次检测到平层信号粘连	(1)请检查平层、门区感应器是否工作正常； (2)检查平层插板安装的垂直度与深度； (3)检查主控制板平层信号输入点； (4)检查钢丝绳是否存在打滑
		子码102：连续三次检测到平层信号丢失	
Err51	CAN通信故障	子码101：轿顶板CAN通信持续一定时间收不到正确数据	(1)检查通信线缆连接； (2)检查轿顶控制板供电； (3)检查一体化控制器24 V电源是否正常； (4)检查是否存在强电干扰通信
Err52	外召通信故障	子码101：与外呼Modbus通信持续一定时间收不到正确数据	(1)检查通信线缆连接； (2)检查一体化控制器的24 V电源是否正常； (3)检查外召控制板地址设定是否重复； (4)检查是否存在强电干扰通信
Err53	门锁故障	子码101：开门输出3 s后,封门撤销后,门锁反馈信号有效	(1)检查门锁回路是否被短接； (2)检查门锁反馈是否正确
		子码102：门锁复选点反馈信号状态不一致,或门锁1、门锁2反馈状态不一致	
		子码105：开门输出3 s后,封门输出时,门锁1短接信号有效	
		子码106：开门输出3 s后,封门输出时,门锁2短接信号有效	
		子码104：高低压门锁信号不一致	检查高低压门锁状态反馈是否一致,高低压门锁状态不一致1.5 s以上时报故障,断电复位
		子码107：门锁短输入参数选择但是反馈信号持续断开或未接入	检查门锁短接反馈信号线是否未接或者断线

续表

故障码	故障描述	故障原因	解决对策
Err54	检修启动过电流	子码102：检修运行启动时，电流超过额定电流的120%	(1) 减轻负载； (2) 检查电机UVW相序是否正确； (3) 更改参数F27 Bit1为1，取消检测启动电流功能
Err55	换层停靠故障	子码101：自动运行开门过程中，开门时间大于FB-06开门保护时间，收不到开门到位信号	检查该楼层开门到位信号
Err56	开关门信号故障	子码101：运行过程中开门到位信号有效 子码102：运行过程中关门到位信号无效 子码103：开关门到位信号同时有效	(1) 检查E34的开关门信号常开常闭设置； (2) 检查开关门信号接线
		子码104：开门3 s后，关门到位信号持续不断开，在设置门锁旁路后检测该故障子码	检查关门到位信号是否一直有效
Err57	SPI通信故障	子码101~子码102：控制板与逆变DSP板通信异常	检查控制板和驱动板连线是否正确
		子码103：专机主板与底层不匹配故障	联系代理商或者厂家
Err58	位置保护开关异常	子码101：上下一级强迫减速同时断开 子码102：上下限位反馈同时断开	(1) 检查强迫减速开关、限位开关NO/NC属性与主控板； (2) 参数NO/NC设置是否一致； (3) 检查强迫减速开关、限位开关是否误动作
Err59	保留	保留	保留
Err60	保留	保留	保留
Err61	保留	保留	保留
Err62	模拟量断线	子码101：称重模拟量断线	(1) 检查模拟量称重通道选择F1是否设置正确； (2) 检查轿顶板或主控板模拟量输入接线是否正确，是否存在断线； (3) 调整称重开关功能
Err64	外部故障	子码101：外部故障信号持续2 s有效	(1) 检查外部故障点的常开常闭点设置； (2) 检查外部故障点的输入信号状态
Err65	UCMP检测异常	开启UCMP功能检测时报此故障 当轿厢出现意外移位时报此故障	请检查抱闸是否完全闭合，确认轿厢无意外移位
Err66	抱闸制动力检测异常	开启制动力检测时，检测到制动力不足时报此故障	请检查抱闸间隙

续表

故障码	故障描述	故 障 原 因	解 决 对 策
Err67	AFE故障	子码01：过流故障	(1) 检查AFE或变频器是否存在接地或短路； (2) 检查控制器参数设置是否合理； (3) 检查电网是否异常,是否输出振荡； (4) 检查机器内部故障； (5) 联系厂家
		子码02：AFE过热 子码04：母线欠压	(1) 检查环境温度是否过高； (2) 检查风扇是否故障,风道是否堵塞； (3) 检查模块是否损坏； (4) 检测电路故障,联系厂家； (5) 负载过重,减小负载； (6) 检查母线电压检测是否异常,联系厂家
		子码06：母线过压	(1) 变频器加装制动电阻； (2) 检查电网电压及接线是否正常； (3) 检查机型匹配及工况； (4) 联系厂家,检查电路、电压环设定是否合理
		子码07：AFE过载	检查机器功率是否匹配合理
		子码08：电网电压过压 子码09：电网电压欠压 子码10：电网电压过频 子码11：电网电压欠频	(1) 检查电网电压是否正常； (2) 联系厂家,检查电路是否正常
		子码12：电网电压不对称 子码13：电网电压锁相故障	(1) 检查电网电压三相是否正常； (2) 检查输入接线是否正常； (3) 联系厂家,检查电路是否正常
		子码14：AFE电流不对称 子码15：逐波限流故障 子码16：零序电流故障 子码17：电流零漂故障	(1) 检查三相输入是否正常； (2) 检查负载是否过大； (3) 检查系统是否对地短路； (4) 联系厂家,检查电路是否正常
		子码19：CAN通信异常 子码21：并联485通信故障 子码201、子码202：CAN通信异常	(1) 检查主控板软件是否支持AFE； (2) 检查主控板参数是否设置合理F31的bit2； (3) 检查通信线是否断开或接触不良
		子码23：母线接反故障	检查母线接线,并对调极性

续表

故障码	故障描述	故 障 原 因	解 决 对 策
Err69	ARD故障	子码22、子码103：ARD通信故障	(1) 检查通信线缆连接； (2) 检查ARD电源是否正常供电； (3) 检查一体化控制器24 V电源是否正常； (4) 检查是否存在强电干扰通信
		子码1～子码3、子码8：ARD过流故障 子码10：ARD过载	(1) 检查负载是否正常； (2) 检查接线是否正确； (3) 负载是否过大； (4) 联系厂家
		子码4～子码7：ARD电池故障	(1) 检查电池线是否正确接好； (2) 检查电池型号是否正确48 V； (3) 电池寿命下降，更换电池； (4) 机器工作过久或环境温度过高
		子码11：ARD母线过压 子码12：ARD母线欠压 子码13：ARD逆变过压	(1) 检查电池电量是否在正确范围内； (2) 检测电池电压是否正常； (3) 联系厂家
		子码16：电网输入过压	(1) 检查电网电压是否正常，是否错接(380 V)； (2) 联系厂家
		子码21：继电器粘连故障	(1) 重新上下控制柜，若再次出现E69子码21故障，则检测粘连情况； (2) 检测K4主继电器是否粘连； (3) 检测K2逆变继电器是否粘连； (4) 检测K1松闸继电器是否粘连
		子码31：锂电池电量过低报警	(1) 检测锂电池是否损坏； (2) 锂电池放电过度，需充电

表3-7 故障信息及对策表(2)

故障描述	故 障 原 因	处 理 方 法
加速过电流	(1) 主回路输出接地或短路； (2) 电机是否进行了参数调谐； (3) 负载太大； (4) 编码器信号不正确； (5) UPS运行反馈信号是否正常	(1) 检查主控制器输出侧，运行接触器是否正常； (2) 检查动力线是否有表层破损，是否有对地短路的可能性，连线是否牢靠； (3) 检查电机侧接线端是否有铜丝搭地；检查电机内部是否短路或搭地； (4) 检查封星接触器是否造成主控制器输出短路； (5) 检查电机参数是否与铭牌相符； (6) 重新进行电机参数自学习； (7) 检查抱闸报故障前是否持续张开；检查是否有机械上的卡死； (8) 检查平衡系数是否正确； (9) 检查编码器相关接线是否正确可靠，异步电机可尝试开环运行，比较电流，以判断编码器是否工作正常； (10) 检查编码器每转脉冲数设定是否正确；检查编码器信号是否受干扰；检查编码器走线是否独立穿管，走线距离是否过长；屏蔽层是否单端接地； (11) 检查编码器安装是否可靠，旋转轴是否与电机轴连接牢靠，高速运行中是否平稳； (12) 检查在非UPS运行的状态下，UPS反馈是否有效； (13) 检查加、减速度是否过大
减速过电流	(1) 主回路输出接地或短路； (2) 电机是否进行了参数调谐； (3) 负载太大； (4) 减速曲线太陡； (5) 编码器信号不正确	
恒速过电流	(1) 主回路输出接地或短路； (2) 电机是否进行了参数调谐； (3) 负载太大； (4) 旋转编码器干扰大	

续表

故障描述	故 障 原 因	处 理 方 法
加速过电压	(1) 输入电压过高; (2) 电梯倒拉严重; (3) 制动电阻选择偏大,或制动单元异常; (4) 加速曲线太陡	(1) 调整输入电压;观察母线电压是否正常,运行中是否上升太快; (2) 检查平衡系数; (3) 选择合适制动电阻; (4) 检查制动电阻接线是否有破损,是否有搭地现象,接线是否牢靠
减速过电压	(1) 输入电压过高; (2) 制动电阻选择偏大,或制动单元异常; (3) 减速曲线太陡	
恒速过电压	(1) 输入电压过高; (2) 制动电阻选择偏大,或制动单元异常	
上缓冲继电器不吸合	(1) 外部电源不稳定; (2) 硬件故障	(1) 确认外部电源是否稳定,检查所有电源输入线接线桩头是否连接牢靠; (2) 禁止频繁地在未完全断电的情况下再次给机器上电; (3) 若硬件损坏与代理商或厂家联系
欠电压故障	(1) 输入电源瞬间停电; (2) 输入电压过过低; (3) 驱动控制板异常	(1) 排除外部电源问题;检查是否有运行中电源断开的情况; (2) 检查所有电源输入线接线桩头是否连接牢靠; (3) 与代理商或厂家联系
驱动器过载	(1) 抱闸回路异常; (2) 负载过大; (3) 编码器反馈信号是否正常; (4) 电机参数是否正确; (5) 检查电机动力线	(1) 检查抱闸回路,供电电源; (2) 减小负载; (3) 检查编码器反馈信号及设定是否正确,同步电机编码器初始角度是否正确; (4) 检查电机相关参数并调谐; (5) 检查电机相关动力线(参见 Err02 处理方法)
电机过载	(1) FC-02 设定不当; (2) 抱闸回路异常; (3) 负载过大	(1) 调整参数,可保持 FC-02 为默认值; (2) 参见 Err10
输入侧缺相	(1) 输入电源不对称; (2) 驱动控制板异常	(1) 检查输入侧三相电源是否平衡,电源电压是否正常,调整输入电源; (2) 与代理商或厂家联系
输出侧缺相	(1) 主回路输出接线松动; (2) 电机损坏	(1) 检查连线; (2) 检查输出侧接触器是否正常; (3) 排除电机故障
模块过热	(1) 环境温度过高; (2) 风扇损坏; (3) 风道堵塞	(1) 降低环境温度; (2) 清理风道; (3) 更换风扇; (4) 检查主控制器的安装空间距离

续表

故障描述	故 障 原 因	处 理 方 法
电流控制故障	(1) 励磁电流偏差过大； (2) 力矩电流偏差过大； (3) 超过力矩限定时间过长	(1) 检查编码器回路； (2) 输出空开断开； (3) 电流环参数太小； (4) 零点位置不正确,重新角度自学习； (5) 负载太大
编码器基准信号异常	(1) 调谐过程中,Z 信号到达时与绝对位置偏差过大； (2) 绝对位置角度与累加角度偏差大于 70°	(1) 检查编码器是否正常； (2) 检查编码器接线是否可靠正常； (3) 检查 PG 卡连线是否正确； (4) 控制柜和主机接地是否良好
电流检测故障	驱动控制板异常	与代理商或厂家联系
电机调谐故障	(1) 电机无法正常运转； (2) 参数调谐超时； (3) 同步机旋转编码器异常	(1) 正确输入电机参数； (2) 检查电机引线,及输出侧接触器是否缺相； (3) 检查旋转编码器接线,确认每转脉冲数设置正确； (4) 不带载调谐的时候,检查抱闸是否张开； (5) 同步机带载调谐时是否没有完成调谐即松开了检修运行按钮
速度反馈错误故障	(1) 子码 1：辨识过程 AB 信号丢失； (2) 子码 4：辨识过程检测不到 Z 信号； (3) 子码 5：SIN_COS 编码器 CD 断线； (4) 子码 7：UVW 编码器 UVW 断线； (5) 子码 8：保留； (6) 子码 9：超速或者速度偏差过大； (7) 子码 10、子码 11：SIN_COS 编码器的 AB 或者 CD 信号受干扰； (8) 子码 12：转矩限定,测速为 0； (9) 子码 13：运行过程中 AB 信号丢失； (10) 子码 14：运行过程中 Z 信号丢失； (11) 子码 19：低速运行过程中 AB 模拟量信号断线； (12) 子码 55：调谐中,CD 信号错误或者 Z 信号严重干扰错误	(1) 子码 1～子码 19：同步机 F1-000/12/25 是否设定正确； (2) 检查编码器各项信号接线； (3) 检查接地情况,处理干扰； (4) 检查运行中是否有机械上的卡死； (5) 检查运行中抱闸是否已打开
平层信号异常	子码 101：电梯在自动运行状态下,位置偏差过大。在端站位置自动复位	子码 101： (1) 请检查平层、门区感应器是否工作正常； (2) 检查平层插板安装的垂直度与深度； (3) 检查主控制板平层信号输入点； (4) 检查钢丝绳是否存在打滑
RTC 时钟故障	子码 101：商店过程中,控制板时钟信息异常	子码 101： (1) 更换时钟电池； (2) 更换主控板
地震信号	地震信号有效,且大于 2 s	检查地震输入信号与主控板参数设定是否一致(常开/常闭)

续表

故障描述	故障原因	处理方法
封星接触器反馈异常	子码101： 同步机封星接触器反馈异常	子码101： (1) 检查封星接触器反馈触点与主控板参数设定是否一致(常开/常闭)； (2) 检查主控板输出端指示灯与接触器动作是否一致； (3) 检查接触器动作后，相对应的反馈触点是否动作，主控板对应反馈输入点动作是否正确； (4) 检查封星接触器与主控板输出特性是否一致； (5) 检查封星接触器线圈电路
电梯位置异常	子码101、子码102：快车运行或返平层运行模式下，运行时间大于F9-02保护时间	(1) 检查返平层时，上下限位是否误动作； (2) 检查平层信号线连接是否可靠，是否有可能搭地，或者与其他信号短接； (3) 楼层间距是否较大导致返平层时间过长； (4) 检查F9-02打滑判断时间设置是否合理(大于全程快车运行时间)； (5) 检查编码器回路，是否存在信号丢失； (6) 救援状态下，E30故障时间按照救援速度运行最大楼层间距时间来判断，上平层没有变化子码101，下平层没有变化子码102，重新上下电故障依然会报出，子码103，必须手动复位
应急运行异常	(1) 子码101：自溜车运行状态下，运行时间大于F6-26援救持续时间； (2) 子码102：应急驱动运行状态下，运行时间大于F6-26援救持续时间	(1) 查看应急电源容量是否匹配； (2) 应急运行速度设定是否正确
电梯速度异常	(1) 检修或井道自学习状态下，运行超速； (2) 运行速度大于最大速度(F0-03)的1.15倍； (3) 自溜车运行、应急运行大于额定速度的1/2	(1) 尝试降低检修速度，或重新进行电机调谐； (2) 确认旋转编码器使用是否正确； (3) 检查电机铭牌参数设定； (4) 重新进行电机调谐； (5) 检查检修开关及信号线； (6) 确认是否在高速运行中检修信号动作； (7) 检查封星功能是否有效； (8) 查看应急电源容量是否匹配； (9) 查看应急运行速度设定是否正确

续表

故障描述	故障原因	处理方法
井道自学习数据异常	(1) 子码1、子码10：检验脉冲错误或未进行井道自学习； (2) 子码2：脉冲小于基准值,可能是脉冲方向有问题； (3) 子码1、子码4：插板过长,可能是脉冲方向有问题； (4) 子码5：井道自学习45S内平层信号无效； (5) 子码7：井道自学习45S内平层信号一直有效； (6) 子码8：井道自学习学习到的层高过短； (7) 子码9：井道自学习结束时,当前楼层不是最高层,可能是上强迫减速开关位置问题； (8) 子码11：脉冲校验错误； (9) 子码12：上下平层信号位置反了； (10) 子码101：自学习时,当前楼层不是最小层,或下一级强迫减速无效,开环适量模式下； (11) 子码102：井道自学习中,运行过程检修开关断开； (12) 子码103：上电判断未进行井道自学习	(1) 子码1、子码10：需要进行井道自学习。 (2) 子码2~子码5、子码7、子码11： ① 请确认电梯运行的变化是否与F4-03的脉冲变化一致(电梯上行,F4-03增加；电梯下行,F4-03减小),如果不一致,请通过F5-05调整至一致； ② 平层感应器常开常闭设定错误； ③ 平层感应器信号有闪动,请检查插板是否安装到位,检查是否有强电干扰。 (3) 子码5：检查运行是否超时,运行时间超过时间保护F9-02,仍没有收到平层信号。 (4) 子码8：若有楼层高度小于50 cm,请开通超短层功能；若无请检查这一层的插板安装,或者检查感应器。 (5) 子码9：最大楼层F6-00设定太小,与实际不符；检查上强迫减速开关位置是否合理。 (6) 子码12：检查上下平层信号设置是否正确。 (7) 子码101：检查下一级强迫减速是否有效；当前楼层F4-01是否为最低层。 (8) 子码102：检查电梯是否在检修状态。 (9) 子码103：进行井道系学习
运行接触器反馈异常	(1) 子码101、子码102：在电梯启动时,接触器反馈有效,此时运行接触器并未输出； (2) 子码103：电梯运行启动过程,运行接触器输出后,2s内未收到接触器反馈； (3) 子码104：运行反馈信号复选时,反馈点状态不一致	子码101~子码104： (1) 触器反馈触点动作是否正常； (2) 确认反馈触点信号特征(常开/常闭)； (3) 检查电梯主控制器的输出线U、V、W是否连接正常； (4) 检查运行接触器线圈控制回路是否正常
抱闸接触器反馈异常	(1) 抱闸接触器输出与抱闸反馈状态不一致； (2) 抱闸反馈信号复选时,反馈点状态不一致	(1) 检查抱闸线圈及反馈触点是否正确； (2) 确认反馈触点的信号特征(常开/常闭)； (3) 检查抱闸接触器线圈控制回路是否正常

续表

故障描述	故障原因	处理方法
旋转编码器信号异常	(1) 子码1：距离控制方式非检修运行，选择了开环矢量控制； (2) 子码2、子码3：非自平层或井道自学习状态，电梯往相反的方向运行距离超过10 cm，报编码器异常故障（上行时故障子码为2，下行是故障子码为3）； (3) 子码4：非自平层或井道自学习状态，矢量控制方式，运行时间超过FH-03且当前位置低位没有脉冲变化	子码1~子码4： (1) 确认旋转编码器使用是否正确； (2) 更换旋转编码器的A、B相； (3) 检查F0-00的设定，修改为闭环控制； (4) 检查系统接地与信号接地是否可靠； (5) 检查编码器与PG卡之间线路是否正确
电机过热故障	电机过热继电器输入有效，且持续一定时间	(1) 检查热保护继电器座是否正常； (2) 检查电机是否使用正确，电机是否损坏； (3) 改善电机的散热条件
电梯运行超时	电梯运行时间超时	电梯使用时间过长，需要维修保养
安全回路断开	安全回路信号断开	(1) 检查安全回路各开关，查看其状态； (2) 检查外部供电是否正确； (3) 检查安全回路接触器动作是否正确； (4) 检查安全反馈触点信号特征（常开/常闭）； (5) 运行中断安全回路会记录Err41，检修下安全回路断开Err41故障不记录，原因在于轿顶检修电气回路变更，导致轿顶检修有效就断安全回路，认为没必要记录该种情况下的故障
运行中门锁断开	电梯运行过程中，门锁反馈无效	(1) 检查厅、轿门锁是否连接正常； (2) 检查门锁接触器动作是否正常； (3) 检查门锁接触器反馈点信号特征（常开/常闭）； (4) 检查外围供电是否正常
上限位信号异常	电梯向上运行过程中，上限位信号动作	(1) 检查上限位信号特征（常开/常闭）； (2) 检查上限位开关是否接触正常； (3) 限位开关安装偏低，正常运行至端站也会动作
下限位信号异常	电梯向下运行过程中，下限位信号动作	(1) 检查下限位信号特征（常开/常闭）； (2) 检查下限位开关是否接触正常； (3) 限位开关安装偏低，正常运行至端站也会动作

续表

故障描述	故障原因	处理方法
强迫减速开关异常	(1) 上行强迫减速开关1异常； (2) 上行强迫减速开关1粘连； (3) 上行强迫减速开关2异常； (4) 上行强迫减速开关2粘连； (5) 上行强迫减速开关3异常； (6) 上行强迫减速开关3粘连； (7) 下行强迫减速开关1异常； (8) 下行强迫减速开关1粘连； (9) 下行强迫减速开关2异常； (10) 下行强迫减速开关2粘连； (11) 下行强迫减速开关3异常； (12) 下行强迫减速开关3粘连； (13) 井道自学习，上一级强迫减速开关位置小于 $S=V\times V/2a+V\times 0.3+0.1$； (14) 井道自学习，下一级强迫减速开关位置小于 $S=V\times V/2a+V\times 0.3+0.1$	子码1～子码14： (1) 检查上、下1级减速开关接触正常； (2) 确认上、下1级减速信号特征(常开/常闭)； (3) 确认强迫减速安装距离满足此梯速下的减速要求
再平层异常	(1) 再平层运行速度超过0.1 m/s； (2) 再平层运行不在平层区域； (3) 运行过程中封门反馈异常	(1) 检查封门继电器原边、副边线路； (2) 检查封门反馈功能是否选择、信号是否正常； (3) 确认旋转编码器使用是否正确
封门接触器异常	(1) 子码101：在平层或者提前开门运行，封星接触器输出，连续2 s但封门反馈无效或者门锁断开； (2) 子码102：在平层或者提前开门运行，封星接触器无输出，封门反馈有效连续2 s； (3) 子码103：在平层运行启动过程中，封门接触器反馈有效； (4) 子码104：再平层或者提前开门运行，封门接触器输出时间大于15 s	(1) 子码101～子码102： ① 检查封门接触器反馈出点信号特征(常开/常闭)； ② 检查封门接触器动作是否正常。 (2) 子码103： ① 检查平层、再平层信号是否正常； ② 检查再平层速度设置是否太低
开门故障	连续开门不到位次数超过FB-13设定	(1) 检查门机系统工作是否正常； (2) 检查轿顶控制板是否正常； (3) 检查开门到位信号是否正确
关门故障	连续关门不到位次数超过FB-13设定	(1) 检查门机系统工作是否正常； (2) 检查轿顶控制板是否正常； (3) 检查门锁动作是否正常
CAN通信故障	与轿顶板CAN通信持续一定时间收不到正确数据	(1) 检查通信线缆连接； (2) 检查轿顶控制板供电； (3) 检查主控制器24 V电源是否正常； (4) 检查是否存在强电干扰通信

续表

故障描述	故 障 原 因	处 理 方 法
外召通信故障	与外呼 MODbus 通信持续一定时间收不到正确数据	(1) 检查通信线缆连接； (2) 检查主控制器的 24 V 电源是否正常； (3) 检查外召控制板地址设定是否重复； (4) 检查是否存在强电干扰通信
门锁故障	(1) 开门过程中门锁反馈信号同时有效,时间大于 3 s,或者多个门锁反馈信号状态不一致； (2) 电梯在每次开门时都会对门锁短接进行检测,在提前开门输出封门时,电梯停梯开始检测门锁短接点,如果前门锁短接点保持 2 s 有效,电梯报 E53,子码 105,后门有效则报子码 106； (3) 如果选择了门锁短节点,但是没有接线或断线 1 s,在关门到位后,提示 E53 故障,子码 107,故障需要手动复位； (4) 封门过程中短接检测点无效,当封门撤销后还会继续检测门锁短接点及总门锁,如果短接点有效,则表明轿门锁被短接(适用于轿门在前的情况),保持 2 s 后,电梯报 E53,子码 105,后门有效则报子码 106,总门锁检测逻辑不变； (5) 设置门锁旁路输入之后,如果 bit6(F8-11)为 0,则对关门到位信号进行检测(检测过程中不允许任何形式的关门),开门输出 3 s 之后,如果 2 s 后依然有效,则报 56 号故障,子码 106,短接检测的过程中,系统不允许任何形式的关门	(1) 检查门锁回路动作是否正常； (2) 检查门锁接触器反馈触点动作是否正常； (3) 检查在门锁信号有效的情况下,系统是否收到开门到位信号； (4) 厅、轿门锁信号分开检测时,厅、轿门锁状态不一致
换层停靠故障	子码 101：自动运行开门过程中,开门时间大于 FB-10 开门保护时间	检查该楼层开门到位信号
门锁故障	(1) 开关门到位同时有效 0.5 s 报 56 号故障,子码 103； (2) 正常运行过程中,且没有封门输出(没有提前开门),关门到位无效 0.5 s,报 56 号故障,子码 102； (3) 正常运行过程中,且没有封门输出(没有提前开门),开门到位有效 0.5 s,报 56 号故障,子码 101； (4) 没有设置旁路的情况下,以上故障均为 2B 级别,设置旁路则变为 5A 级别	(1) 检查门锁回路动作是否正常； (2) 检查门锁接触器反馈触点动作是否正常； (3) 检查在门锁信号有效的情况下,系统是否收到开门到位信号； (4) 厅、轿门锁信号分开检测时,厅、轿门锁状态不一致

续表

故障描述	故障原因	处理方法
SPI通信故障	SPI通信异常，与DSP通信连续2 s接收不到正确数据	检查控制板和驱动板连线是否正确
位置保护开关异常	(1) 上、下一级强迫减速开关同时断开； (2) 上、下限位反馈同时断开	(1) 检查强迫减速开关、限位开关(常开、常闭)与主控板参数设置是否一致； (2) 检查强迫减速开关、限位开关是否误动作
平层信号异常	(1) 上平层、下平层信号丢失； (2) 上平层、门区信号丢失； (3) 下平层、门区信号丢失； (4) 上平层、下平层、门区信号丢失	(1) 检查平层感应器接线是否正确； (2) 检查平层信号特征(常开、常闭)； (3) 检查对应的平层信号及参数设置是否正常
平层信号异常	(1) 门区信号粘连； (2) 上平层、下平层信号粘连； (3) 上平层、门区信号粘连； (4) 下平层、门区信号粘连； (5) 上平层、下平层、门区信号粘连	(1) 检查平层感应器接线是否正确； (2) 检查平层信号特征(常开、常闭)； (3) 检查对应的平层信号及参数设置是否正常
抱闸反馈异常	左/右抱闸反馈异常	检查抱闸盒内微动开关是否完好； 检查抱闸间隙是否偏大或偏小； 检查左/右抱闸控制回路以及监测线连接是否有松动
电梯控制板编码有误	主板编号为FP-05、FP-06； 变频驱动编号为FH-27、FH-28； 外召板(物理地址为1)为FL-43、FL-44	(1) 检查外呼板物理地址是否全部设置正确，并通信良好； (2) 检查门机服务层设置是否正确，包括安全门； (3) 检查各控制板编号是否一致
UCMP报警	轿厢意外移动保护启动	(1) 检查曳引机制动器机械部件是否卡阻，导致制动器未闭合，从而引起溜车； (2) 检查上下再平层感应器是否正常
抱闸力检测不合格	抱闸力检测不合格	(1) 检查曳引机制动器是否正常； (2) 检查曳引机制动器摩擦片的磨损状况； (3) 检查输入制动器的电压是否正常； 此故障只有在重新进行抱闸力检测，并且结果合格后才能恢复

3.6 适用法律、规范和标准

1. 适用法律法规

公共场所电梯涉及的法律法规有《中华人民共和国产品质量法》《中华人民共和国特种设备安全法》《中华人民共和国行政许可法》《中华人民共和国计量法》《中华人民共和国民法法典》《中华人民共和国标准化法》《特种设备安全监察条例》《特种设备目录》等。

2. 适用安全技术规范

公共场所电梯适用的安全技术规范见表3-8。

3. 适用标准

公共场所电梯适用的标准见表3-9。

表 3-8　适用安全技术规范

技术规范号	技术规范名称
TSG 07—2019	特种设备生产和充装单位许可规则
TSG T7001—2023	电梯监督检验和定期检验规则
TSG 03—2015	特种设备事故报告和调查处理导则
TSG Z6002—2010	特种设备焊接操作人员考核细则
TSG T5002—2017	电梯维护保养规则
TSG T7007—2022	电梯型式试验规则
TSG 08—2017	特种设备使用管理规则
TSG Z6001—2019	特种设备作业人员考核规则
TSG T7008—2023	电梯自行检测规则

表 3-9　适用标准

标准号	标准名称
GB/T 7588.1—2020	电梯制造与安装安全规范　第1部分：乘客电梯和载货电梯
GB/T 7588.2—2020	电梯制造与安装安全规范　第2部分：电梯部件的设计原则、计算和检验
GB/T 10058—2023	电梯技术条件
GB/T 10059—2009	电梯试验方法
GB/T 10060—2023	电梯安装验收规范
GB/T 22562—2008	电梯T形导轨
GB/T 7025.1—2023	电梯主要参数及轿厢、井道、机房的型式与尺寸　第1部分：Ⅰ、Ⅱ、Ⅲ、Ⅵ类电梯
GB/T 7025.2—2008	电梯主要参数及轿厢、井道、机房的型式与尺寸　第2部分：Ⅳ类电梯
GB/T 24474.1—2020	电梯乘运质量测量　第1部分：电梯
GB/T 24475—2023	电梯远程报警系统
GB/T 24476—2023	电梯物联网　企业应用平台基本要求
GB/T 24477—2009	适用于残障人员的电梯附加要求
GB/T 24478—2009	电梯曳引机
GB/T 24479—2023	火灾情况下的电梯特性
GB/T 24803.1—2009	电梯安全要求　第1部分：电梯基本安全要求
GB/T 24803.2—2013	电梯安全要求　第2部分：满足电梯基本安全要求的安全参数
GB/T 24803.3—2013	电梯安全要求　第3部分：电梯、电梯部件和电梯功能符合性评价的前提条件
GB/T 24803.4—2013	电梯安全要求　第4部分：评价要求
GB/T 24804—2023	提高在用电梯安全性的规范
GB/T 24807—2021	电梯、自动扶梯和自动人行道的电磁兼容　发射
GB/T 24808—2022	电梯、自动扶梯和自动人行道的电磁兼容　抗扰度
GB/T 32271—2015	电梯能量回馈装置
GB/T 35850.1—2018	电梯、自动扶梯和自动人行道安全相关的可编程电子系统的应用　第1部分：电梯(PESSRAL)
GB/T 31095—2014	地震情况下的电梯要求
GB/T 40081—2021	电梯自动救援操作装置
GB/T 41122—2021	用于辅助建筑物人员疏散的电梯要求
GB/T 39679—2020	电梯IC卡系统

续表

标 准 号	标 准 名 称
GB/T 5013.5—2008	额定电压 450/750 V 及以下橡皮绝缘电缆 第5部分：电梯电缆
GB/T 30559.1—2014	电梯、自动扶梯和自动人行道的能量性能 第1部分：能量测量与验证
GB/T 30559.2—2017	电梯、自动扶梯和自动人行道的能量性能 第2部分：电梯的能量计算与分级
GB/T 30559.3—2017	电梯、自动扶梯和自动人行道的能量性能 第3部分：自动扶梯和自动人行道的能量计算与分级
GB/T 7024—2008	电梯、自动扶梯、自动人行道术语
GB/T 8903—2018	电梯用钢丝绳
GB/T 20900—2007	电梯、自动扶梯和自动人行道风险评价和降低的方法
GB/T 18775—2009	电梯、自动扶梯和自动人行道维修规范
GB/T 12974.1—2023	交流电梯电动机通用技术条件 第1部分：三相异步电动机
GB/T 12974.2—2023	交流电梯电动机通用技术条件 第2部分：永磁同步电动机
GB/T 28621—2023	安装于现有建筑物中的新电梯制造与安装安全规范
GB/T 30560—2014	电梯操作装置、信号及附件
GB/T 30977—2014	电梯对重和平衡重用空心导轨
GB/T 34146—2017	电梯、自动扶梯和自动人行道运行服务规范
GB/T 31821—2015	电梯主要部件报废技术条件
GB/T 5023.6—2006	额定电压 450/750 V 及以下聚氯乙烯绝缘电缆 第6部分：电梯电缆和挠性连接用电缆
GB/T 31200—2014	电梯、自动扶梯和自动人行道乘用图形标志及其使用导则
GB 50352—2019	民用建筑设计统一标准
GB 50310—2002	电梯工程施工质量验收规范
GB/T 42615—2023	在用电梯安全评估规范
GB/T 42616—2023	电梯物理网 监测终端技术规范
GB/T 42623—2023	安装于办公、旅馆和住宅建筑的乘客电梯的配置和选择

第4章

住宅电梯

4.1 定义与功能

住宅电梯是指服务于住宅楼供居民使用的电梯。住宅电梯除供居民正常上下楼使用外,还要保证居民搬运日常家居物品使用。相较于第3章公共场所电梯,住宅电梯一般在轿厢深度设计和开门方式设计等方面有所不同。

4.2 分类

住宅电梯的分类与第3章公共场所电梯的分类基本相同,主要按速度和操纵方式进行分类。

1. 按速度分类

住宅电梯的速度一般不超过3 m/s,按现有常用的速度可分为低速、中速和高速住宅电梯。

(1) 低速住宅电梯,常指速度低于1.00 m/s的电梯。

(2) 中速住宅电梯,常指速度在1.00~2.50 m/s的电梯。

(3) 高速住宅电梯,常指速度大于2.50 m/s的电梯。

2. 按操纵控制方式分类

(1) 集选控制电梯:是一种在信号控制基础上发展起来的全自动控制的电梯,与信号控制的主要区别在于能实现无司机操纵。

(2) 并联控制电梯:2~3台电梯的控制线路并联起来进行逻辑控制,共用层站外召唤按钮,电梯本身都具有集选功能。

(3) 群控电梯:是用微机控制和统一调度多台集中并列的电梯。群控有梯群的程序控制、梯群智能控制等形式。

4.3 主要结构和技术参数

4.3.1 结构组成

住宅电梯的产品结构和组成与公共场所电梯基本相同,如图3-1所示。

4.3.2 主要技术参数

住宅电梯主要有如下三个技术参数:

(1) 额定载质量:电梯额定载质量是指电梯在正常且安全运行的前提下,可以承载的最大载质量,单位为kg。

(2) 额定速度:电梯额定速度是指电梯设计所规定的轿厢速度,单位为m/s。

(3) 提升高度:电梯提升高度是指电梯的行程,一般情况下就是电梯经过的每个楼层,层高加起来,不要加顶层,比如电梯停-1,1,2,3,4层,那么电梯的提升高度就是-1层层高＋1层＋2层＋3层。对于电梯提升高度，严格来说就是每一层含地板厚度的高度，精确来说就是从顶层的地板面到底层的地板面的距离。电梯提升高度和顶层高度无关。

4.4 选用原则

4.4.1 总则

根据《住宅设计规范》：①七层及以上或入口屋距室外设计地面的高度超过 16 m 以上必须设置电梯；②十二层以上不应少于 2 台，其中宜配置一台可容纳担架的电梯；③宜每层设站，不设站的层数不宜超过两层，塔式和通廊式宜成组集中，单元式高层住宅每单元只设一部电梯时，应采用联系廊联通；④候梯厅深度不应小于多台梯中最大轿箱深度。

根据《老年人建筑设计规范》：四层及四层以上应设置电梯。轿厢沿周边离地 0.90 m 和 0.65 m 高处设辅助安全扶手。

4.4.2 选型参数

住宅电梯的选型需要结合建筑物的高度、层站数、住宅户数和经济效益综合考虑，参照表 4-1 进行选型。

表 4-1 住宅电梯参数配置

井道宽×深/（mm×mm）	提升高度 H/m	最大楼层总数	额定速度/(m·s^{-1})	额定载质量/kg
A：1800×2100 B：1850×1900	$H \leqslant 50$	16	1	630
	$25 \leqslant H \leqslant 75$	25	1.5	630
	$35 \leqslant H \leqslant 90$	29	1.75	630
A：1900×2050 B：2000×2000	$H \leqslant 50$	16	1	800
	$25 \leqslant H \leqslant 75$	25	1.5	800
	$35 \leqslant H \leqslant 90$	29	1.75	800
A：1950×2050 B：2050×2000	$40 \leqslant H \leqslant 100$	32	2	800
	$40 \leqslant H \leqslant 125$	40	2.5	800
A：2000×2300 B：2100×2100	$H \leqslant 50$	16	1	1000
	$25 \leqslant H \leqslant 75$	25	1.5	1000
	$35 \leqslant H \leqslant 90$	29	1.75	1000
A：2100×2300 B：2150×2100	$40 \leqslant H \leqslant 100$	32	2	1000
	$40 \leqslant H \leqslant 125$	40	2.5	1000
2500×2200	$H \leqslant 50$	16	1	1350
	$25 \leqslant H \leqslant 75$	25	1.5	1350
	$35 \leqslant H \leqslant 90$	29	1.75	1350
	$40 \leqslant H \leqslant 100$	32	2	1350
	$40 \leqslant H \leqslant 110$	40	2.5	1350
2500×2200	$H \leqslant 50$	16	1	1600
	$25 \leqslant H \leqslant 75$	25	1.5	1600
	$35 \leqslant H \leqslant 90$	29	1.75	1600
	$40 \leqslant H \leqslant 100$	32	2	1600
	$40 \leqslant H \leqslant 110$	40	2.5	1600

通过分析表 4-1 的数据可知，住宅电梯的选择和建筑物的高度（提升高度）、总楼层及预留井道的尺寸有关，同时结合小区环境综合选择电梯的速度、载质量、轿厢装潢及人机界面。

4.5 安全使用

4.5.1 安全使用管理制度

1. 电梯使用前的准备工作

接通机房内总电源开关；接通机房内照明开关；接通机房内群控（并联）开关（此项为可选功能），当群控（并联）开关未闭合时，电梯仍可独自运行。接通基站钥匙开关，此钥匙开关位于基站呼梯盒上，在电梯使用时此开关应闭合，此开关断开时电梯停止服务，轿厢停在基站、关门，不再应答呼梯信号。做好交接班工作，认真查看交班日志，了解上一班运行情况，不接"带病运行"的电梯。确定轿厢位置，开启厅、轿门，做简单试运行；观察选层、启动、换速、平层、消号、开关门速度及安全触板等有无异常现象和声响；检查各种指示灯、信号灯指示是否正确，各部限位开关、急停按钮等动作是否良好，有无不起作用的现象。检查门联锁是否良好，厅门关闭后不能从外面扒开，轿门和厅门未闭合到位情况下，电梯应不能启动。试验警铃是否良好，电话是否灵敏畅通。检查轿厢内消防器材是否完好适用。对上一班司机所做轿厢、厅门及门踏板滑动槽内的清洁卫生工作进行检查。

2. 电梯工作时的注意事项

司机在服务时间内，不准脱离岗位，如必须离开轿厢时，应将轿厢停在基站，断开轿厢内电源开关，关闭厅门，并发出"暂停使用"告示。电梯超载时，司机应劝退部分乘客，禁止超载运行。轿厢内严禁吸烟，不允许载运易燃、易爆的危险物品及各种国家规定禁运的物品。关门启动前，应照乘客不要倚靠轿厢门。禁止乘客摆弄操纵箱上的开关和按钮。禁止乘客在厅门与轿门中间逗留。禁止采用检修开关作为正常运行使用。在正常运行中禁止用检修开关、急停按钮作为正常行驶中的消号。严禁在厅门和轿门开启时，用检修速度作为正常行驶。住宅使用的有/无司机乘客电梯，采用司机操纵时，禁止将钥匙扳至无司机操作位置，而由乘客自行操作。电梯运行中严禁擦拭、润滑或拆卸、修理电梯部件，电梯发生故障时，应通知维修人员修理，司机不得自行修理电梯。

3. 电梯出现突发事故时的应急处理

当电梯出现下列突发事故时，应保持镇静，针对发生的情况采取相应措施：

（1）当电梯在运行中，突然发生停驶或失控时，应立即揿按警铃按钮，并严肃劝阻乘客切勿乱动，并及时通知维修人员，设法使乘客安全撤出轿厢。

（2）运行中的轿厢突然停在两楼层之间，应通知维修人员，由专业人员盘车至就近厅门口，打开轿门、厅门，将乘客疏导出轿厢。

（3）限速器、安全钳动作，将轿厢夹持在导轨上时，应切断控制电源，通知维修人员找出原因，故障排除后方可再投入运行。

（4）发生火灾时，应保持镇静，尽可能将乘客送至安全层站离去，并将电梯锁梯。在火灾中，除消防员电梯外，任何电梯不允许运行。

（5）电梯的电气设备发生燃烧时，应立即切断电源并及时报告有关部门，同时使用干粉、1211、二氧化碳等灭火器灭火。

（6）发生人身或设备事故时，应立即停梯并切断电源，报告有关部门，协助抢救受伤人员，保护好现场。

4. 交班时的要求

每班交班前应做好轿厢及厅门的清洁卫生工作。认真填写当班运行日志。交接班应当面交接（最后一班除外），如遇接班人未到，交班人不得擅自离去，应请示有关领导派人接班。如系交最后一班，应将轿厢停在基站，把运行钥匙开关或主令开关拧到停用位置，并将风扇、照明灯关闭，关好轿门和厅门并锁好后方可离去。

4.5.2 安装现场准备

1．人员组成

小组一般由4～6人组成，其中需要有操作熟练的机械钳工、电工、焊工各一名来负责设备的安装和调试。此外，根据安装进度，还需配备一定人数的木、泥、起重、脚手架等工种来配合。

2．技术资料的汇总、核查

汇总相关技术资料，由专人统一保管。应对安装技术资料如电气原理图、井道布置图进行详细研究，发现问题及时反馈给相关部门。

3．施工现场的检查

检查施工现场和道路能否确保安全。检查库房是否干燥、上锁、有照明。检查堆放大的电梯零部件堆货场，是否安全及有防雨等措施。检查是否已将临时电源送至机房并有防漏电措施。

4．井道的测量

现场测量井道宽度和深度，检测井道垂直度；测量底坑深度，测量顶层高度；用卷尺逐层测量楼层间距，累加后算出提升高度；核实层站数；检查井道预留孔，包括厅门预留孔宽度、厅门预留孔高度、消防开关预留孔宽度、消防开关预留孔高度、外呼预留孔宽度、外呼预留孔高度；测量机房高度，检查机房预留孔、预埋件和吊钩。

5．开箱点件、存放

安装组在到货三天内会同用户、生产厂家、监理代表，根据装箱清单及有关技术资料逐箱逐件清点，若发现漏发、错发和损坏的零部件，应及时拍照并向有关部门反映。

6．借助工地起吊设备，将零部件按如下地点存放

(1) 曳引机、控制柜、承重钢梁、导向轮、曳引机座吊运至机房。

(2) 轿架运至顶层。

(3) 轿厢、门机、对重架、对重铁、缓冲器及导轨运至底层。

(4) 其他零部件存入现场库房并妥善保管。

(5) 对于易变形件，如导轨、门扇等必须放平垫实，以防变形。

7．井道清理

清除井道底坑内积水和杂物。清除机房孔洞、厅门孔洞处有坠落危险的障碍物，在机房通向井道的孔洞四周盖上盖板。厅门入口处粘贴"井道施工，严禁抛物"警示牌。每层厅门口应设保护围栏(高度不低于1.2 m)，同时加装安全防护网；在井道外顶层厅门门口安装两条生命线装置，以防人员坠落。

8．搭设脚手架

搭设脚手架时应穿戴好个人劳防用品。脚手架应是牢靠的结构，脚手架踏板应可靠、固定。不准将易燃易爆品放置在脚手架上。严禁在脚手架上从事气割作业，或将脚手架钢管用作电焊作业的搭铁回路。根据轿厢的大小及导轨支架、导轨、对重的位置确定脚手架的位置和形式，脚手架的位置要便于施工，不影响对重、导轨、层门部件的安装，不影响井道的放线。要保证脚手架的稳定性和有足够的承载能力，该承载力不小于2500 N/m²。单井道脚手架可采用"井"字形式(见图4-1)，组合式电梯脚手架可采用双"井"字形式(见图4-2)。在搭建脚手架时，相邻两档脚手架应交替搭建，从而起到更好的固定效果。

图4-1 单井道脚手架

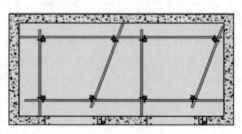

图4-2 组合式脚手架

首档横管距底坑地面高度为 200 mm,依次往上间距 1700 mm 加装一档横管,如遇导轨支架位置可适当放大,但不得大于 2000 mm。最高一档横管与井道顶部间距 1500~1700 mm,两档横管之间应在后侧加装一档横管,便于工人上下攀爬。

每层厅门牛腿下面 300 mm 处应设一档横管(见图 4-3);每层脚手架上应铺满厚度不小于 50 mm 的跳板,跳板两端要伸出横管 100~200 mm,并用 8 号铅丝与横管捆扎牢固。

脚手架搭设完毕,须经安装人员全面仔细检查,合格后方可使用。

9. 安装井道临时照明

电梯井道作业应采用带有防护罩的电源,且电压低于 36 V 的电灯进行照明。每台电梯应单独供电。井道作业用移动手把灯应有防护罩;井道照明应每隔 3~4 m 设一电灯,顶层

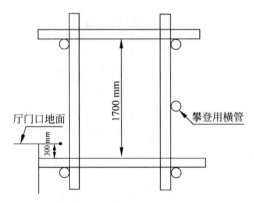

图 4-3 牛腿下脚手架搭建

和底层应有 2 个或以上的电灯照明。

10. 搭设样架

根据电梯土建布置图,确定样板架的拼装形式,在井道外组装样板架(图 4-4 为对重后置,对重侧置的制作方法与其类似)。

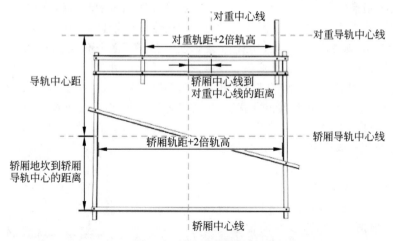

图 4-4 对重后置样板架

在角钢上标划轿厢中心线(见图 4-5)、对重中心线、轿厢导轨中心线、对重导轨中心线、开门净宽线,复核样板架尺寸。在角钢上标记放线点,复核放线点尺寸。拆解样板架。

在顶层楼板下面 600~800 mm 处的井道壁上,固定两组角钢支架。在角钢支架上放置两根截面大于 100 mm×100 mm 刨平的方木,方木端部应垫实找平。测量调整单根方木及两根方木间的水平度,固定方木端部。在样板支撑方木上重新组装样板架,复核样板架各尺

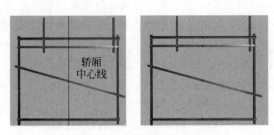

图 4-5 轿厢中心线标划

寸。测量样板架水平度,要求偏差不超过 1 mm。

11. 放线

进入井道必须佩戴个人防护用品,包括安全帽、安全带、安全鞋、安全手套、工作服、防坠用品。在样板架放钢丝的各点上,用薄锯条锯一个斜口,将锯条绑在导轨钢丝各点处,固定钢丝的一端,将钢丝另一端悬一较轻物体,顺序缓缓放下至底坑。钢丝中间不能与脚手架或其他物体接触,且不能使钢丝有死结现象。线放到底坑后,用10～20 kg的重锤替换放线时悬挂的物体,使其自然垂直静止。如行程较高或有风,线坠不易静止时,可在底坑放一水桶,桶内放入适量的水或机油,将线坠置于桶内,增加其摆动阻力,使线坠尽快静止。

12. 样板架位置的调整

根据样线先测量顶层门口处 $A \sim F$ 的距离(见图4-6),确定样板架的大致位置,然后往下依次测量每层门口处的数据,并记录下来(见图4-7)。

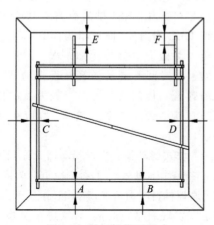

图4-6 样板架位置尺寸

调整样板架的位置,保证电梯部件的安装位置合理。测量调整样板架水平度,要求水平度不超过1 mm。调整后将样板架用铁丝可靠地固定在方木上,不能产生位移。

13. 样板垂线的复核

样板垂线固定完毕后,进行复核,各样板垂线坐标尺寸应与井道平面布置设计图相符。

数值 楼层	A /mm	B /mm	C /mm	D /mm	E /mm	F /mm	说明
1FL							
2FL							
3FL							
4FL							
⋮							

图4-7 层门口数据测量记录

4.5.3 维护和保养

住宅电梯的维护保养工作在《电梯维护保养规则》(TSG T5002—2017)中有最低要求,各电梯制造企业根据产品不同有不同的维护和保养内容,具体内容见3.5.3节。

以下电梯部件属电梯关键部件,电梯关键部件的维护必须由维修公司专业的技术人员来进行。

1. 曳引机

1) 减速器

(1) 运行时应平稳、无振动。

(2) 箱盖、窥视孔、轴承盖等与箱体的连接应紧密、不漏油。蜗杆伸出端渗油应不超过 $150 \, cm^2/h$。

(3) 减速箱中的轴承应保证良好的润滑状态。对新安装的电梯,在半年内应经常检查减速箱箱内润滑油油质情况。如果杂质超标应立即更换,对使用频率较低的电梯,可根据润滑油的黏度、杂质情况确定更换时间。

(4) 轴承的温升应不高于60 K,最高油温不高于85 ℃。

(5) 当滚动轴承出现不均匀的噪声、冲击声或温度太高时,应及时停机检查。

(6) 对箱体、轴承座、电动机与底盘连接螺栓,应经常检查是否紧固、有无松动现象。

(7) 检修时如需拆卸零件,必须将轿厢在顶层用钢丝绳吊起,对重在底坑用木楞撑住,将曳引绳从曳引轮上摘下。

2) 制动器

(1) YJ320、YJ245D、YJ200 曳引机制动器:当制动器通电打开并且对重放置于对重缓冲器上时,闸瓦弧面与制动轮弧面之间的间隙应<0.5 mm。制动轮和闸皮表面无任何的油污等杂物。各型号曳引机闸皮累计磨损量应≤2 mm。制动器在抱闸关闭状态下,应保证制动器的安全行程>2 mm。对手拉制动铁芯,要求动铁芯可以灵活滑动。制动器应无异常噪声。

(2) YJ200A 曳引机制动器:调整闸瓦上的摩擦片与制动轮间的间隙值,要求:闸瓦上口间隙≤0.4 mm;闸瓦下口间隙≥0.05 mm;弹簧匝数间需留 0.4~0.6 mm 的间隙,确保弹簧不压并;两侧摩擦片与制动轮间的间隙应尽可能一致;为达到对间隙的控制,调试人员必须对每台都用塞尺测量;当闸瓦摩擦片磨损超过 2 mm 或者摩擦片表面出现碳化现象时,必须更换摩擦片。

(3) ZTW 制动器:应定期检查松闸螺栓与磁力器芯轴之间的剩余行程 Δ(见图 4-8),在断电上闸后,将磁力器动芯轴向里推至电磁铁最里边,用塞尺检查该间隙,该间隙不得小于 0.5 mm,否则需要进行调整。当摩擦片厚度小于 3 mm 时,应及时更换制动瓦。当制动器噪声较大时,应调整制动轮与摩擦片之间的间隙至最小(以不拖闸为宜)。已经使用 2 年以上的磁力器,如调整间隙到最小后,噪声仍不能满足要求时,应调整或更换减震垫。用户应对

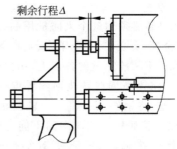

图 4-8 松闸螺栓与磁力器芯轴之间的剩余行程

制动器的重要零部件及易损件(如减震垫、制动瓦)有一定的储备。注意:随着摩擦片的磨损,剩余行程会逐渐减小,当剩余行程小于 0.5 mm 时,应通过调整松闸螺栓使闸瓦间隙恢复 0.1~0.15 mm,否则随着摩擦片继续磨损,制动器有失闸风险。

定期对磁力器进行通电检查,观察磁力器动芯轴是否活动自如,是否有卡阻现象。若有,应拆检维修,松开松闸螺栓、卸下轴帽、旋下螺钉,即可打开磁力器端盖。拆修时,应清理动铁芯和磁力器输出轴的摩擦副,加涂壳牌施达纳 HDS 润滑脂(润滑脂为固态)后装配。每年至少对磁力器拆解检修一次。定期检查制动器上闸时间和制动弹簧是否松动,若有,应压缩弹簧到规定的长度。当磁力器的使用次数超过 100 万次或噪声变大时,应更换减震垫。

(4) 块式制动器:检查制动器工作间隙是否在正常范围内(见表 4-2),否则应重新调整;检查闸瓦摩擦材料磨损情况,若厚度小于表 4-2 所示数值或发现裂缝或脱落,必须进行更换;检查各螺栓是否有松动并拧紧。

表 4-2 制动器工作间隙

制动器型号	制动器工作间隙/mm	摩擦片更换标准
DB1	0.35~0.45	摩擦片厚度<2.5 mm
SDZP-600	0.25~0.35	摩擦片厚度<2.5 mm
BRA21-05	0.3~0.4	摩擦片厚度<2.5 mm
EC-5415SM-C	0.4~0.6	—
DZD1-500	0.25~0.35	制动器导向螺栓法兰头与动板端面距离≤0.5 mm
DZD1-653	0.3~0.45	制动器导向螺栓法兰头与动板端面距离≤0.5 mm
MEKB	0.3~0.4	摩擦片厚度<1 mm

3) 曳引电动机

(1) 经常保持清洁，水或污油不得侵入电机内部，每月用风箱吹净电机内部和引出线的灰尘。

(2) 当滚动轴承出现异声或噪声，应注油或更换轴承。

(3) 电动机的连接螺栓应紧固。

4) 曳引轮

(1) 各绳槽磨损下陷不一致，相差曳引绳直径的1/10，或严重凹凸不平，呈麻花状，而影响使用时，曳引轮应予维修或更换。

(2) 当曳引绳索与绳槽底的间隙≤1 mm时，曳引轮应予维修或更换。当维修时，应注意切口下部的轮缘不小于相应钢丝绳的直径。

2. 导向轮、复绕轮和反绳轮

绳轮的滚动轴承润滑使用锂基润滑脂，有润滑油杯的绳轮每1200 h压注一次润滑脂，无润滑油杯的绳轮无须再加润滑。经常检查绳槽磨损情况，影响使用时，应予以更换。

3. 限速器

经常检查涨紧装置的张力轮是否转动灵活，转动部位应每周注油一次，每年清洗油污一次。限速器绳索伸长到超出规定范围而切断控制回路时，应及时调整或截短。经常检查夹绳钳口处，发现异物及时清除，确保工作可靠。

4. 轿厢门和自动门机

当吊门轮磨损使门扇下坠，其下端面与地坎间的间隙如小于1 mm时，应调整间隙为2～5 mm。经常检查调整吊门滚轮上的偏心挡轮与导轨下端面间的间隙，其不应大于0.5 mm。采用自动门机的轿门，应调整轿门距。开、关门行程50 mm时，应慢速运行，以防止撞击。门机导轨应保持清洁，使门的运行轻快平稳。门导靴工作面磨损影响使用时，应及时更换。电梯因故障停在开锁区域时，在轿厢内用手能扒开轿门的力应不大于300 N。门机传动带因伸长导致张力降低，影响开、关门的性能时，可适当调整传动带的涨紧力。轿门装有光幕时，应保持光幕射光面清洁，确保光幕工作可靠。若使用安全触板，应保证其动作灵敏可靠，其碰撞力应小于5 N。

5. 安全钳

经常检查安全钳连杠机构，应灵活自如、无卡死现象。每月在可转动、滑动部位加注润滑油，确保钳口楔块或滚轮的滑动、滚动动作灵活可靠，并在表面涂抹润滑脂以防生锈。每季度用塞尺检查楔块与导轨工作面的间隙，其值应为2～3 mm，且两侧间隙差值不大于0.5 mm。

6. 导轨

滚轮导靴工作的导轨工作面上必须擦净润滑剂。滑动导靴工作的导轨工面须保持良好润滑，每周检查油盒油位情况，及时补充导轨润滑油。当导轨工作面因安全钳制动而出现损伤或毛糙时，应及时修整。每年应详细检查导轨连接板和导轨撑架的连接是否紧固，并旋紧全部导轨压板的螺栓。

7. 层门与门锁

应经常检查层门的联动牵引装置，如发现松弛应及时调整。经常检查各层厅门，在厅门外不能用手将厅门扒开。经常检查并调整强迫关门装置，用手扒开门缝后，厅门应能自动闭合严密。每月应检查门锁导电片触头有无虚接、假接现象，触头的弹片压力能否满足自动复位，铆接、焊接、胶合处有无松动现象、锁钩臂及滚轮是否转动灵活。轴承处加注锂基润滑脂，每年清洗一次。

8. 悬挂装置（包括限速器钢丝绳）

曳引绳头组合应安全可靠，且每个绳头均应装有双螺母和开口销。每根曳引绳张力应相近，其相互偏差不大于5%。曳引绳如有打滑现象，电梯应停用检修。钢丝绳表面应保持清洁，不沾杂物，无锈蚀。钢丝绳应无机械损伤，当钢丝绳有下列情况之一者应予报废：①钢丝绳出现断股；②钢丝绳单丝磨损或腐蚀造成实际直径为原直径的90%时；③钢丝绳的可见断丝超出表4-3中规定的断丝根数时。

9. 补偿装置

补偿链长度应适当，链的最低点至底坑平面的距离不大于200 mm。补偿链与轿厢及对重处的连接应可靠，安全钩应完好且有二次保护。

表 4-3　可见断丝数的要求

钢丝绳种类	测量长度	
	$6d$	$30d$
6×19	6	12
8×19	10	19

注：d 为钢丝绳直径(mm)。

补偿绳受力应均匀，张紧装置转动部分应灵活，张紧装置上下移动应适当，断绳开关应可靠有效。

10．缓冲器

缓冲器用油需补充时，应使用缓冲器指定用油牌号，不得自行变更油品性能指标。每两个月检查一次油压缓冲器的油位及泄漏情况，油量不足时及时补充至油位。所有螺栓应紧固。柱塞外圆露出的表面应用汽油清洗，并涂防锈油(也可涂抹缓冲器油)。柱塞复位试验每年应进行一次，缓冲器以低速压到全压缩位置，从开始放开一瞬间起计算，到柱塞完全复位为止，所需时间应小于 120 s。

11．导靴

导靴座应与轿架紧固，不能有松动，滑动导靴应保证在有润滑情况下工作。导靴衬侧面磨损量不得超过其厚度的 25%(按双面累计计算)。弹性导靴应保证对导轨的压紧力，同时应调整弹簧使之压紧导轨。

12．对重装置

对重导靴靴衬侧面磨损量不得超过其厚度的 30%(按双面计算)。对重导靴应与对重架紧固，对重块压紧情况应良好。有对重轮时，其挡绳装置应有效可靠。

13．不锈钢部件清洁与保养

不锈钢部件除了平时的自然冲洗外，每年通常要进行 1~2 次的定期清洗。环境恶劣的地方，每年需要清洗 3~4 次。在潮湿的环境下可能会造成不锈钢部件的污染，任何氯化物的混凝土或砂浆形成的污染物都应立即清除。采用加入肥皂、液体洗涤剂或者 5% 氨水溶液的水，仔细地漂洗不锈钢部件表面，最后把水擦掉，应保证所有擦拭沿相同方向，最好从上到下重叠进行，然后让表面自然晾干。详见表 4-4 和表 4-5。

表 4-4　按环境的不同适当清洁周期表　　　　　　　　次/年

环境		田园区域	城市、工业、海岸区域	
部位	结构		一般环境	腐蚀环境
雨淋	无污染物沉积物残留	1~2	2~3	3~4
	有污染物沉积物残留	2~3	3~4	4~5
室内	无污染物沉积物残留	1~2	3~4	4~5
	有污染物沉积物残留	2~3	4~5	5~6

表 4-5　按表面状态的洗涤方法

表面状态	洗涤方法
灰尘及易擦污垢	用肥皂水擦拭→温水清洗→用柔软的布或纸擦干
标签及贴膜	用酒精擦拭→温水清洗→用柔软的布或纸擦干
脂肪、油、润滑油污染	氨溶液清洗→温水清洗→用柔软的布或纸擦干
指纹	清水洗涤→用柔软的布擦干
表面污染引起的锈蚀	用除锈剂擦拭→锈比较多的情况可用除锈剂配合拉丝百洁布→用柔软的布擦干

洗涤时注意避免发生表面划伤,不得使用含有漂白成分及研磨剂的洗涤液、钢丝球(刷辊球)、研磨工具等。为了除去洗涤液,洗涤结束时,用洁净水冲洗不锈钢部件表面。

因各种不锈钢部件表面处理方式和色差不同,应先使用上述方法在不明显区域小范围试用,如有对不锈钢部件镀色层产生影响,则停止清洗。

14. 电气设备

安全保护开关应灵活可靠,每月检查一次,清除触头表面积垢,核实触头的可靠性、弹性触头的压力与压缩速度,烧蚀的地方应挫平滑,烧蚀现象严重时应予以更换。转动和摩擦部分可用润滑脂润滑。极限开关应灵活可靠,每年进行一次越程检查,看能否可靠断开电源、迫使电梯停止运行,其运行和摩擦部分可用润滑脂润滑。

15. 控制柜

(1) 断开驱动电动机的电源,检查控制柜工作的正确性。

(2) 经常检查并清除接触器、继电器的积垢,检查触头是否可靠吸合,线圈外表绝缘是否良好,机械连锁装置工作是否可靠,有无显著噪声,动触头连接的导线头处有无断裂现象,接线柱出导线接头是否坚固无松动现象。

(3) 直流 110 V、交流 110 V、交流 220 V、三相交流 380 V 的主电路,在检查时必须予以分清,防止发生短路而损坏电气元件。

(4) 接触器和继电器触头烧蚀部分,如不影响使用性能时,不必修理。如烧蚀凹凸不平很显著时,可用锉刀修平,再用砂布修光。

(5) 更换熔丝时,应使其熔断电流与该回路相匹配,对电动机回路熔丝的额定电流应为电机额定电流的 2.5～3 倍。

(6) 电控系统发生故障时,应根据其现象,按电气原理图分区、分段查找并排除。

4.5.4　常见故障及排除方法

住宅电梯如果出现故障,可以查看其主控制器的状态,主控制器会出现故障报警信息,对照其故障代码可以查明电梯故障内容及相应处理方法。其故障说明、故障信息和对策详见 3.5.4 节内容。

4.6　适用法律、规范和标准

住宅电梯适用的法律、规范和标准除20世纪发布的一个标准《住宅电梯的配置与选择》(JG/T 5010—1992)与《安装于办公、旅馆和住宅建筑的乘客电梯的配置和选择》(GB/T 42623—2023)外,其余均与 3.6 节内容相同。

第5章

观 光 电 梯

5.1 定义与功能

观光电梯是指井道和轿厢侧壁至少有同一侧透明,使乘客在乘坐时可以透过轿壁观看到轿厢外景物的乘客电梯。

作为乘客电梯的一种特殊形态,观光电梯在保持了普通乘客电梯运行平稳、平层精确、快捷高效、安全舒适的特点基础上,通过采用全部或部分透明的轿厢侧壁、全部或部分透明或者半开放式井道,为轿厢内乘客赋予宽广的观光面、开阔的视野和全新的视角,极大地拓展了电梯内乘客的观感体验,使轿厢内狭窄的空间在视觉上得以向外广阔延伸。

不仅如此,由于通常会对轿厢采取特别的外观设计,对轿厢和井道内的部分部件采取了遮蔽处理,观光电梯的轿厢与井道外观可以展现出与普通电梯截然不同的风格韵味,从而为各类建筑的外观与功能设计赋予了更加自由开放的空间灵感和更丰富多样的立面造型,使得观光电梯在实用功能与美学表现相融合方面展现出普通电梯所不具备的全新魅力,广泛适用于住宅、宾馆、商场、酒店、办公大楼、公共建筑等各类建筑。

5.2 分类

根据有无机房,观光电梯可以分为小机房观光电梯和无机房观光电梯两类,分别匹配不同建筑构型的需求。小机房观光电梯通常采用设计紧凑的永磁同步曳引机和特殊设计的控制柜,可以大幅节省机房空间,提高建筑空间利用率。无机房观光电梯将主机设置在井道内,完全省去电梯机房,使建筑布局更加灵活,土建成本进一步降低。

根据驱动形式,观光电梯可分为依靠摩擦力驱动的曳引驱动式、采用链或钢丝绳悬吊的非摩擦方式驱动的强制驱动式、依靠液压驱动的液压式、通过电机带动螺杆驱动平台运行的螺杆式等。

根据电梯轿厢的不同造型样式与透明观光面的不同位置,观光电梯可分为圆形观光电梯、六角观光电梯、前侧观光电梯、后侧观光电梯、三侧观光电梯、全景观光电梯等。

通过采用不同样式的轿厢造型和不同朝向的开阔观光面,再搭配丰富多样的材质、颜色等装潢选择和装饰细节,辅之以玻璃门壁的晶莹剔透与金属构件的坚固沉稳的结合,形成了遮与透、虚与实、美与力的强烈对比,使观光电梯能够更好地配合建筑物的功能、形态和景观设计,为用户提供丰富多样的创意选择。

5.3 典型产品技术性能参数

观光电梯的产品结构和组成与公共场所电梯基本相同,区别在于其中有一个轿壁是采用透明的夹层玻璃制造,对应的井道壁也是由透明的夹层玻璃制造,和/或采用夹层玻璃制造的层轿门系统。

5.3.1 圆形观光电梯

圆形观光电梯外观如图 5-1 所示。其配置和相关参数分别如图 5-2、表 5-1~表 5-3 和图 5-3、表 5-4~表 5-6 所示。

图 5-1 圆形观光电梯轿厢外观

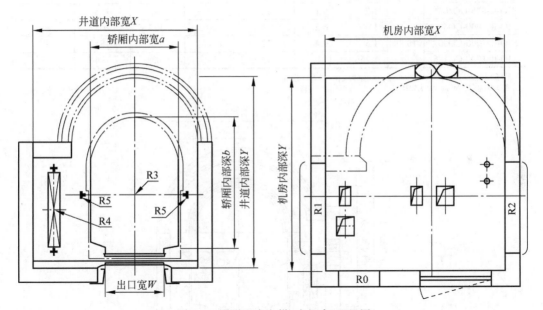

图 5-2 圆形观光电梯(小机房)配置图

表 5-1 圆形观光电梯(小机房)主要参数(反力)

规格	载质量/kg	速度/(m·s^{-1})	机房反力/kN			底坑反力/kN		导轨反力/kN
			R0	R1	R2	R3	R4	R5
e'IQ-R-825-CO60	825	1.0	150	7500	2960	8900	7350	4050
e'IQ-R-825-CO90		1.5						
e'IQ-R-825-CO105		1.75						
e'IQ-R-1000-CO60	1000	1.0	150	8430	3100	10100	8150	4350
e'IQ-R-1000-CO90		1.5						
e'IQ-R-1000-CO105		1.75						

表 5-2　圆形观光电梯（小机房）主要参数（标准尺寸）

规格	载质量/kg	速度/(m·s⁻¹)	出入口宽W/mm	轿厢尺寸 $a \times b$/(mm×mm)	底坑深度/mm	顶层高度/mm	井道尺寸 $X \times Y$/(mm×mm)	机房尺寸 $X \times Y$/(mm×mm)
e'IQ-R-825-CO60	825	1.0	800	1200×1750	1800	4800	2450×2650	2450×2650
e'IQ-R-825-CO90		1.5			2000	5050		
e'IQ-R-825-CO105		1.75			2000	5050		
e'IQ-R-1000-CO60	1000	1.0	900	1360×1930	1800	4800	2650×2700	2650×2700
e'IQ-R-1000-CO90		1.5			2000	5050		
e'IQ-R-1000-CO105		1.75			2000	5050		

表 5-3　圆形观光电梯（小机房）主要参数（电源设备）

规格	载质量/kg	速度/(m·s⁻¹)	电动机容量/kW	遮断器容量/A	变压器容量/(kV·A)	动力线线径——引入最大距离/m		
						6 mm²	10 mm²	16 mm²
e'IQ-R-825-CO60	825	1.0	5.2	20	7	143	230	—
e'IQ-R-825-CO90		1.5	7.8	32	10	108	174	—
e'IQ-R-825-CO105		1.75	9.1	32	12	96	155	—
e'IQ-R-1000-CO60	1000	1.0	6.2	20	8	127	205	—
e'IQ-R-1000-CO90		1.5	9.4	32	12	93	151	—
e'IQ-R-1000-CO105		1.75	11.0	40	14	83	134	—

注：① 照明电源：AC 1φ,200 V,15 A电源，供轿厢内及保养检查照明之用；
　　② 动力电源：AC 3φ,380 V,50 Hz。

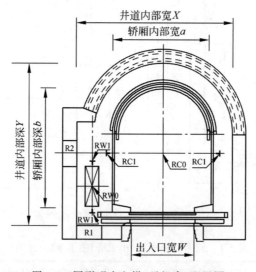

图 5-3　圆形观光电梯（无机房）配置图

表 5-4　圆形观光电梯（无机房）主要参数（反力）

规格	载质量/kg	速度/(m·s⁻¹)	底坑反力/kN		导轨反力/kN			
			RC0	RW0	RC1	RW1	R1	R2
Vans-R-825-CO60	825	1.0	11292	9181	4665	2100	988	1036
Vans-R-825-CO90		1.5	9963	8101	4668	2120		
Vans-R-825-CO105		1.75	9921	8067	4669	2120		
Vans-R-1000-CO60	1000	1.0	13139	10500	5282	2250	1154	1210
Vans-R-1000-CO90		1.5	11593	9265	5285	2260		
Vans-R-1000-CO105		1.75	11544	9226	5286	2270		

表 5-5　圆形观光电梯（无机房）主要参数（标准尺寸）

规格	载质量/kg	速度/(m·s^{-1})	出入口宽 W/mm	轿厢尺寸 $a×b$/(mm×mm)	底坑深度/mm	顶层高度/mm	井道尺寸 $X×Y$/(mm×mm)
Vans-R-825-CO60	825	1.0	800	1200×1780	1800	4300	2150×2300
Vans-R-825-CO90		1.5			1900	4400	
Vans-R-825-CO105		1.75			1950	4500	
Vans-R-1000-CO60	1000	1.0	900	1400×1743	1800	4300	2350×2250
Vans-R-1000-CO90		1.5			1900	4400	
Vans-R-1000-CO105		1.75			1950	4500	

表 5-6　圆形观光电梯（无机房）主要参数（电源设备）

规格	载质量/kg	速度/(m·s^{-1})	电动机容量/kW	遮断器容量/A	变压器容量/(kV·A)	动力线线径——引入最大距离/m		
						6 mm^2	10 mm^2	16 mm^2
Vans-R-825-CO60	825	1.0	5.2	20	7	143	—	—
Vans-R-825-CO90		1.5	7.8	32	10	108	—	—
Vans-R-825-CO105		1.75	9.1	32	12	96	—	—
Vans-R-1000-CO60	1000	1.0	6.2	20	8	127	—	—
Vans-R-1000-CO90		1.5	9.4	32	12	93	—	—
Vans-R-1000-CO105		1.75	11.0	40	14	83	—	—

注：① 照明电源：AC 1ϕ,200 V,15 A电源，供轿厢内及保养检查照明之用；
② 动力电源：AC 3ϕ,380 V,50 Hz。

5.3.2　六角观光电梯

六角观光电梯外观如图 5-4 所示，其配置和相关参数如图 5-5、表 5-7～表 5-9 和图 5-6、表 5-10～表 5-12 所示。

图 5-4　六角观光电梯轿厢外观

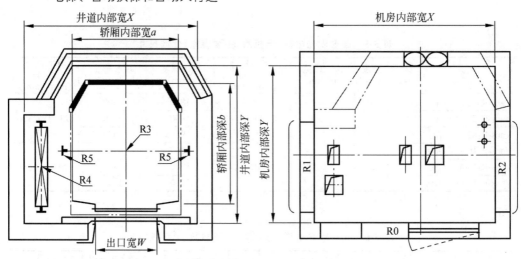

图 5-5　六角观光电梯（小机房）配置图

表 5-7　六角观光电梯（小机房）主要参数（反力）

规格	载质量/kg	速度/(m·s⁻¹)	机房反力/kN			底坑反力/kN		导轨反力/kN
			R0	R1	R2	R3	R4	R5
e'IQ-R-825-CO60	825	1.0	150	7350	2900	8420	6850	3900
e'IQ-R-825-CO90		1.5						
e'IQ-R-825-CO105		1.75						
e'IQ-R-1000-CO60	1000	1.0	150	8280	3050	9520	7580	4200
e'IQ-R-1000-CO90		1.5						
e'IQ-R-1000-CO105		1.75						

表 5-8　六角观光电梯（小机房）主要参数（标准尺寸）

规格	载质量/kg	速度/(m·s⁻¹)	出入口宽 W/mm	轿厢尺寸 a×b/(mm×mm)	底坑深度/mm	顶层高度/mm	井道尺寸 X×Y/(mm×mm)	机房尺寸 X×Y/(mm×mm)
e'IQ-R-825-CO60	825	1.0	800	1400×1510	1800	4700	2450×2150	2450×2150
e'IQ-R-825-CO90		1.5			2000	4950		
e'IQ-R-825-CO105		1.75			2000	4950		
e'IQ-R-1000-CO60	1000	1.0	900	1600×1600	1800	4700	2650×2250	2650×250
e'IQ-R-1000-CO90		1.5			2000	4950		
e'IQ-R-1000-CO105		1.75			2000	4950		

表 5-9　六角观光电梯（小机房）主要参数（电源设备）

规格	载质量/kg	速度/(m·s⁻¹)	电动机容量/kW	遮断器容量/A	变压器容量/(kV·A)	动力线线径——引入最大距离/m		
						6 mm²	10 mm²	16 mm²
e'IQ-R-825-CO60	825	1.0	5.2	20	7	143	230	—
e'IQ-R-825-CO90		1.5	7.8	32	10	108	174	—
e'IQ-R-825-CO105		1.75	9.1	32	12	96	155	—
e'IQ-R-1000-CO60	1000	1.0	6.2	20	8	127	205	—
e'IQ-R-1000-CO90		1.5	9.4	32	12	93	151	—
e'IQ-R-1000-CO105		1.75	11.0	40	14	83	134	—

注：① 照明电源：AC 1φ,200 V,15 A电源,供轿厢内及保养检查照明之用；
②　动力电源：AC 3φ,380 V,50 Hz。

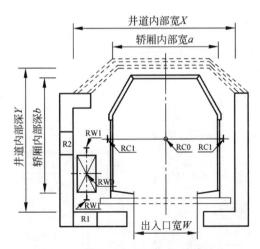

图 5-6 六角观光电梯(无机房)配置图

表 5-10 六角观光电梯(无机房)主要参数(反力)

规格	载质量 /kg	速度 /(m·s⁻¹)	底坑反力/kN		导轨反力/kN			
			RC0	RW0	RC1	RW1	R1	R2
Vans-R-825-CO60	825	1.0	11292	9181	4665	2100	988	1036
Vans-R-825-CO90		1.5	9963	8101	4668	2120		
Vans-R-825-CO105		1.75	9921	8067	4669	2120		
Vans-R-1000-CO60	1000	1.0	13139	10500	5282	2250	1154	1210
Vans-R-1000-CO90		1.5	11593	9265	5285	2260		
Vans-R-1000-CO105		1.75	11544	9226	5286	2270		

表 5-11 六角观光电梯(无机房)主要参数(标准尺寸)

规格	载质量 /kg	速度 /(m·s⁻¹)	出入口宽 W/mm	轿厢尺寸 $a×b$/ (mm×mm)	底坑深度 /mm	顶层高度 /mm	井道尺寸 $X×Y$/ (mm×mm)
Vans-R-825-CO60	825	1.0	800	1300×1450	1650	4100	2150×2000
Vans-R-825-CO90		1.5			1700	4200	
Vans-R-825-CO105		1.75			1750	4300	
Vans-R-1000-CO60	1000	1.0	900	1500×1600	1650	4100	2350×2150
Vans-R-1000-CO90		1.5			1700	4200	
Vans-R-1000-CO105		1.75			1750	4300	

表 5-12 六角观光电梯(无机房)主要参数(电源设备)

规格	载质量 /kg	速度 /(m·s⁻¹)	电动机容量 /kW	遮断器容量 /A	变压器容量 /(kV·A)	动力线线径——引入最大距离/m		
						6 mm²	10 mm²	16 mm²
Vans-R-825-CO60	825	1.0	5.2	20	7	143	—	—
Vans-R-825-CO90		1.5	7.8	32	10	108	—	—
Vans-R-825-CO105		1.75	9.1	32	12	96	—	—
Vans-R-1000-CO60	1000	1.0	6.2	20	8	127	—	—
Vans-R-1000-CO90		1.5	9.4	32	12	93	—	—
Vans-R-1000-CO105		1.75	11.0	40	14	83	—	—

注:①照明电源:AC 1ϕ,220 V,15 A电源,供轿厢内及保养检查照明之用;
②动力电源:AC 3ϕ,380 V,50 Hz。

5.3.3 后侧观光电梯

后侧观光电梯外观如图 5-7 所示,其配置和相关参数如图 5-8、表 5-13～表 5-15 和图 5-9、表 5-16～表 5-18 所示。

图 5-7 后侧观光电梯轿厢外观

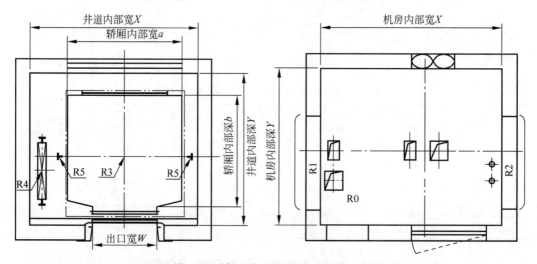

图 5-8 后侧观光电梯(小机房)配置图

表 5-13 后侧观光电梯(小机房)主要参数(反力)

规格	载质量 /kg	速度 /(m·s^{-1})	机房反力/kN			底坑反力/kN		导轨反力 /kN
			R0	R1	R2	R3	R4	R5
e'IQ-R-825-CO60	825	1.0	150	6900	2750	8050	6460	3810
e'IQ-R-825-CO90		1.5						
e'IQ-R-825-CO105		1.75						
e'IQ-R-1000-CO60	1000	1.0	150	7800	2895	9180	7200	4100
e'IQ-R-1000-CO90		1.5						
e'IQ-R-1000-CO105		1.75						

表 5-14 后侧观光电梯(小机房)主要参数(标准尺寸)

规格	载质量/kg	速度/(m·s⁻¹)	出入口宽W/mm	轿厢尺寸 a×b/(mm×mm)	底坑深度/mm	顶层高度/mm	井道尺寸 X×Y/(mm×mm)	机房尺寸 X×Y/(mm×mm)
e'IQ-R-825-CO60	825	1.0	800	1400×1400	1400	4200	2200×1900	2200×1900
e'IQ-R-825-CO90		1.5			1450	4250		
e'IQ-R-825-CO105		1.75			1500	4300		
e'IQ-R-1000-CO60	1000	1.0	900	1600×1500	1400	4200	2400×2000	2400×2000
e'IQ-R-1000-CO90		1.5			1450	4250		
e'IQ-R-1000-CO105		1.75			1500	4300		

表 5-15 后侧观光电梯(小机房)主要参数(电源设备)

规格	载质量/kg	速度/(m·s⁻¹)	电动机容量/kW	遮断器容量/A	变压器容量/(kV·A)	动力线线径——引入最大距离/m		
						6 mm²	10 mm²	16 mm²
e'IQ-R-825-CO60	825	1.0	5.2	20	7	143	230	—
e'IQ-R-825-CO90		1.5	7.8	32	10	108	174	—
e'IQ-R-825-CO105		1.75	9.1	32	12	96	155	—
e'IQ-R-1000-CO60	1000	1.0	6.2	20	8	127	205	—
e'IQ-R-1000-CO90		1.5	9.4	32	12	93	151	—
e'IQ-R-1000-CO105		1.75	11.0	40	14	83	134	—

注：① 照明电源：AC 1φ,220 V,15 A电源,供轿厢内及保养检查照明之用；
② 动力电源：AC 3φ,380 V,50 Hz。

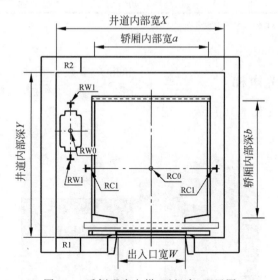

图 5-9 后侧观光电梯(无机房)配置图

表 5-16 后侧观光电梯(无机房)主要参数(反力)

规格	载质量/kg	速度/(m·s⁻¹)	底坑反力/kN		导轨反力/kN			
			RC0	RW0	RC1	RW1	R1	R2
Vans-R-825-CO60	825	1.0	11292	9181	3253	2100	2890	4680
Vans-R-825-CO90		1.5	9963	8101	3257	2120		
Vans-R-825-CO105		1.75	9921	8067	3259	2120		
Vans-R-1000-CO60	1000	1.0	13139	10500	3603	2250	3200	5200
Vans-R-1000-CO90		1.5	11593	9265	3607	2260		
Vans-R-1000-CO105		1.75	11544	9226	3609	2270		

表 5-17　后侧观光电梯(无机房)主要参数(标准尺寸)

规格	载质量/kg	速度/(m·s⁻¹)	出入口宽W/mm	轿厢尺寸 a×b/(mm×mm)	底坑深度/mm	顶层高度/mm	井道尺寸 X×Y/(mm×mm)
Vans-R-825-CO60	825	1.0	800	1300×1450	1650	4150	2150×2050
Vans-R-825-CO90		1.5			1750	4250	
Vans-R-825-CO105		1.75			1800	4350	
Vans-R-1000-CO60	1000	1.0	900	1500×1500	1650	4150	2350×2100
Vans-R-1000-CO90		1.5			1750	4250	
Vans-R-1000-CO105		1.75			1800	4350	

表 5-18　后侧观光电梯(无机房)主要参数(电源设备)

规格	载质量/kg	速度/(m·s⁻¹)	电动机容量/kW	遮断器容量/A	变压器容量/(kV·A)	动力线线径——引入最大距离/m		
						6 mm²	10 mm²	16 mm²
Vans-R-825-CO60	825	1.0	5.2	20	7	143	—	—
Vans-R-825-CO90		1.5	7.8	32	10	108	—	—
Vans-R-825-CO105		1.75	9.1	32	12	96	—	—
Vans-R-1000-CO60	1000	1.0	6.2	20	8	127	—	—
Vans-R-1000-CO90		1.5	9.4	32	12	93	—	—
Vans-R-1000-CO105		1.75	11.0	40	14	83	—	—

注：① 照明电源：AC 1ϕ,220 V,15 A电源，供轿厢内及保养检查照明之用；
　　② 动力电源：AC 3ϕ,380 V,50Hz。

5.3.4　三侧观光电梯

三侧观光电梯外观如图 5-10 所示，其配置和相关参数如图 5-11、表 5-19～表 5-21 和图 5-12、表 5-22～表 5-24 所示。

图 5-10　三侧观光电梯轿厢外观

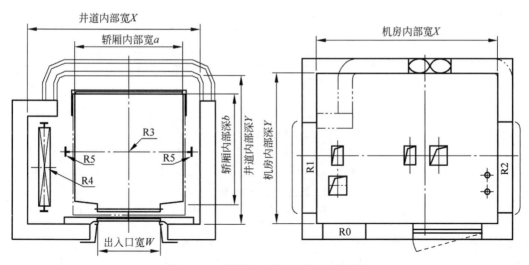

图 5-11 三侧观光电梯(小机房)配置图

表 5-19 三侧观光电梯(小机房)主要参数(反力)

规格	载质量/kg	速度/(m·s⁻¹)	机房反力/kN		底坑反力/kN		导轨反力/kN
			R0	R1	R2	R3	R4	R5
e'IQ-R-825-CO60	825	1.0	150	7150	2840	8400	6900	3900
e'IQ-R-825-CO90		1.5						
e'IQ-R-825-CO105		1.75						
e'IQ-R-1000-CO60	1000	1.0	150	8100	2990	9500	7600	4180
e'IQ-R-1000-CO90		1.5						
e'IQ-R-1000-CO105		1.75						

表 5-20 三侧观光电梯(小机房)主要参数(标准尺寸)

规格	载质量/kg	速度/(m·s⁻¹)	出入口宽 W/mm	轿厢尺寸 a×b/(mm×mm)	底坑深度/mm	顶层高度/mm	井道尺寸 X×Y/(mm×mm)	机房尺寸 X×Y/(mm×mm)
e'IQ-R-825-CO60	825	1.0	800	1400×1400	1400	4200	2300×1900	2300×1900
e'IQ-R-825-CO90		1.5			1450	4250		
e'IQ-R-825-CO105		1.75			1550	4300		
e'IQ-R-1000-CO60	1000	1.0	900	1600×1500	1400	4200	2500×2000	2500×2000
e'IQ-R-1000-CO90		1.5			1450	4250		
e'IQ-R-1000-CO105		1.75			1550	4300		

表 5-21 三侧观光电梯(小机房)主要参数(电源设备)

规格	载质量/kg	速度/(m·s⁻¹)	电动机容量/kW	遮断器容量/A	变压器容量/(kV·A)	动力线线径——引入最大距离/m		
						6 mm²	10 mm²	16 mm²
e'IQ-R-825-CO60	825	1.0	5.2	20	7	143	230	—
e'IQ-R-825-CO90		1.5	7.8	32	10	108	174	—
e'IQ-R-825-CO105		1.75	9.1	32	12	96	155	—
e'IQ-R-1000-CO60	1000	1.0	6.2	20	8	127	205	—
e'IQ-R-1000-CO90		1.5	9.4	32	12	93	151	—
e'IQ-R-1000-CO105		1.75	11.0	40	14	83	134	—

注：① 照明电源：AC 1φ,220 V,15 A电源，供轿厢内及保养检查照明之用；
② 动力电源：AC 3φ,380 V,50 Hz。

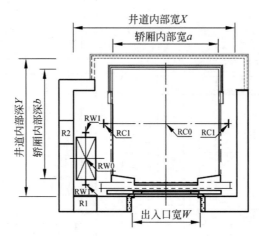

图 5-12 三侧观光电梯(无机房)配置图

表 5-22 三侧观光电梯(无机房)主要参数(反力)

规格	载质量/kg	速度/(m·s⁻¹)	底坑反力/kN		导轨反力/kN			
			RC0	RW0	RC1	RW1	R1	R2
Vans-R-825-CO60	825	1.0	11292	9181	4665	2100	988	1036
Vans-R-825-CO90		1.5	9963	8101	4668	2120		
Vans-R-825-CO105		1.75	9921	8067	4669	2120		
Vans-R-1000-CO60	1000	1.0	13139	10500	5282	2250	1154	1210
Vans-R-1000-CO90		1.5	11593	9265	5285	2260		
Vans-R-1000-CO105		1.75	11544	9226	5286	2270		

表 5-23 三侧观光电梯(无机房)主要参数(标准尺寸)

规格	载质量/kg	速度/(m·s⁻¹)	出入口宽 W/mm	轿厢尺寸 a×b/(mm×mm)	底坑深度/mm	顶层高度/mm	井道尺寸 X×Y/(mm×mm)
Vans-R-825-CO60	825	1.0	800	1300×1450	1650	4100	2250×2080
Vans-R-825-CO90		1.5			1700	4200	
Vans-R-825-CO105		1.75			1750	4300	
Vans-R-1000-CO60	1000	1.0	900	1500×1500	1650	4100	2450×2130
Vans-R-1000-CO90		1.5			1700	4200	
Vans-R-1000-CO105		1.75			1750	4300	

表 5-24 三侧观光电梯(无机房)主要参数(电源设备)

规格	载质量/kg	速度/(m·s⁻¹)	电动机容量/kW	遮断器容量/A	变压器容量/(kV·A)	动力线线径——引入最大距离/m		
						6 mm²	10 mm²	16 mm²
Vans-R-825-CO60	825	1.0	5.2	20	7	143	—	—
Vans-R-825-CO90		1.5	7.8	32	10	108	—	—
Vans-R-825-CO105		1.75	9.1	32	12	96	—	—
Vans-R-1000-CO60	1000	1.0	6.2	20	8	127	—	—
Vans-R-1000-CO90		1.5	9.4	32	12	93	—	—
Vans-R-1000-CO105		1.75	11.0	40	14	83	—	—

注:①照明电源:AC 1ϕ,220 V,15 A电源,供轿厢内及保养检查照明之用;
②动力电源:AC 3ϕ,380 V,50 Hz。

5.3.5 全景观光电梯

全景观光电梯外观如图 5-13 所示,其配置和相关参数如图 5-14、表 5-25~表 5-27 所示。

图 5-13 全景观光电梯轿厢外观

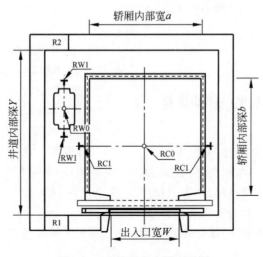

图 5-14 全景观光电梯配置图

表 5-25 全景观光电梯主要参数(反力)

规格	载质量/kg	速度/(m·s^{-1})	底坑反力/kN		导轨反力/kN			
			RC0	RW0	RC1	RW1	R1	R2
Vans-R-825-CO60	825	1.0	11292	9181	3253	2100	2890	4680
Vans-R-825-CO90		1.5	9963	8101	3257	2120	2890	4680
Vans-R-825-CO105		1.75	9921	8067	3259	2120	2890	4680
Vans-R-1000-CO60	1000	1.0	13139	10500	3603	2250	3200	5220
Vans-R-1000-CO90		1.5	11593	9265	3607	2260	3200	5220
Vans-R-1000-CO105		1.75	11544	9226	3609	2270	3200	5220

表 5-26　全景观光电梯主要参数（标准尺寸）

规格	载质量/kg	速度/(m·s⁻¹)	出入口宽 W/mm	轿厢尺寸 a×b/(mm×mm)	底坑深度/mm	顶层高度/mm	井道尺寸 X×Y/(mm×mm)
Vans-R-825-CO60	825	1.0	800	1300×1450	1650	4150	2250×2000
Vans-R-825-CO90		1.5			1750	4250	
Vans-R-825-CO105		1.75			1800	4350	
Vans-R-1000-CO60	1000	1.0	900	1500×1500	1650	4150	2450×2050
Vans-R-1000-CO90		1.5			1750	4250	
Vans-R-1000-CO105		1.75			1800	4350	

表 5-27　全景观光电梯主要参数（电源设备）

规格	载质量/kg	速度/(m·s⁻¹)	电动机容量/kW	遮断器容量/A	变压器容量/(kV·A)	动力线线径——引入最大距离/m		
						6 mm²	10 mm²	16 mm²
Vans-R-825-CO60	825	1.0	5.2	20	7	143	—	—
Vans-R-825-CO90		1.5	7.8	32	10	108	—	—
Vans-R-825-CO105		1.75	9.1	32	12	96	—	—
Vans-R-1000-CO60	1000	1.0	6.2	20	8	127	—	—
Vans-R-1000-CO90		1.5	9.4	32	12	93	—	—
Vans-R-1000-CO105		1.75	11.0	40	14	83	—	—

注：① 照明电源：AC 1φ,220 V,15 A电源,供轿厢内及保养检查照明之用；
　　② 动力电源：AC 3φ,380 V,50 Hz。

5.4　选用原则

5.4.1　不同类型观光电梯的选择

1. 曳引式观光电梯

在确定了观光电梯的驱动方式（曳引式、液压式、卷筒式、螺杆式等）与机房结构（有、无机房）之后，就可以根据建筑布局、楼宇定位和客流预测等因素，确定观光电梯的运行速度、载客数量（载质量）等参数指标，这些步骤与选择普通乘客电梯相类似。

在不同驱动方式的电梯中，占据市场98%以上的是依靠摩擦力驱动的曳引电梯。曳引式观光电梯具备以下突出优点：

（1）安全性高：完全包裹的轿厢会给乘客带来安全感，各类安全部件具备多重安全措施，充分保护乘客安全，有上百年和上千万台的运行检验，技术成熟可靠。

（2）运行舒适：曳引式驱动比较安静，永磁同步主机静音只要安装调试到位，运行起来非常平稳。由于电机完全是靠变频变压 VVVF 来调节速度，可以调出很完美的运行速度曲线。

（3）使用寿命长：通过使用对重来平衡轿厢，动滑轮结构让电梯使用寿命比其他平台（驱动类型）长一倍以上。

（4）节能环保：精心配置的对重和科学计算的绕组比例，使得曳引电梯的驱动效率高、综合节能性好。永磁同步主机不需要定期添加更换机油，所以不存在漏油的可能性。

（5）运行速度快、提升高度高、载质量大、载客量多。

曳引式观光电梯也存在曳引电梯的以下一般性缺点：

（1）对土建有一定要求：例如建筑的顶层高度不能太低、井道底坑深度不能太小，否则不能安装。

（2）井道利用率有限：轿厢组件、对重、导轨等都需要占用井道内空间，相比于其他驱动类型的电梯就要多占一些井道空间。

（3）安装相对复杂：曳引电梯结构相对复杂，各种控制部件、驱动部件、安全部件较多，需要更为复杂的安装工艺和更多的安装经验。

2. 小机房观光电梯与无机房观光电梯

曳引式观光电梯分为小机房观光电梯和

无机房观光电梯两类。

小机房观光电梯采用小机房设计,电梯机房比传统电梯大大缩小,具备技术成熟、空间精简、管理体系智能化和适用性广泛的特点,具有价格亲民、安全舒适、节能环保和空间灵活应用等优势。

无机房观光电梯采用创新的无机房设计,节省了建造机房所需的空间,有效提高了建筑面积使用率,使得建筑师的设计更加自由,可充分满足不同建筑要求。传统机房的取消,大大节约了建筑成本,降低了资源消耗,减少了电梯对建筑外观和建筑布局的影响,使建筑更加美观、大方,在符合现代设计理念的同时,确保楼宇拥有更多温馨舒适与人性化的使用空间。

3. 液压观光电梯

液压观光电梯通过液压动力源,把油压入油缸使柱塞作直线运动,直接或通过钢丝绳间接地使轿厢运动。液压观光电梯具有以下优点:

(1) 土建要求低:无须机房,只需一面承重墙,顶层高度与底坑深度的要求都比曳引电梯低;

(2) 井道利用率高:没有轿厢组件、对重、导轨等占用井道内空间;

(3) 安全性好:只要机械结构设计合理,安装可靠,一般不会超速失控,不会发生冲顶、蹲底的情况;可以利用后备电池来实现困人自救功能,在电梯故障或停电困人的时候,按下轿厢内部的应急按钮,接通泄油阀门电路后,液压油慢慢地回到油箱,电梯会靠自重缓慢下降。

液压观光电梯存在以下缺点:

(1) 运行速度慢、效率低。

(2) 提升高度小:受限于与液压缸的高度,电梯提升高度一般小于 16 m。

(3) 噪声问题:如果泵站与井道不隔离或距离过近,油泵电机工作噪声会对周边环境有一定影响。

(4) 环保风险:油缸活塞的密封圈在使用寿命到期以后,可能会磨损破裂,导致液压油泄漏。

(5) 对安装调试的要求高:运行舒适度依赖于安装情况和精调,相比于其他驱动类型,对安装工人的技术和经验要求更高。

4. 卷筒式观光电梯

卷筒式观光电梯用一个固定在井道一端的卷扬机将轿厢吊起,属于强制驱动电梯,其优点是:结构简单,井道利用率比较高,节约空间。由于只有悬挂钢丝绳、没有对重,卷扬机放在井道一端,所以井道利用率比曳引、液压等驱动方式都要高。

卷筒式观光电梯的缺点是:

(1) 安全系数低:由于电梯悬挂是由两条钢丝挂在轿厢底盘,其中一根钢丝发生断裂将导致整个轿厢向一边倾斜并靠在电梯导轨上,轿厢重量全部落在另一根钢丝绳上面,如果卷扬机继续运转,就会造成另一根钢丝绳越绷越紧,导致电机烧毁或把另一根钢丝绳拉断,导致轿厢坠落,造成人员伤亡。因此,需要定期检查钢丝绳及卷扬机的磨损状况。

(2) 功耗较大:在相同功率下起重能力不及曳引驱动,在相同起重能力下能耗比曳引驱动大。

(3) 噪声较大:卷扬机、齿轮箱靠近电梯井道,电机电流声、齿轮箱工作噪声较大。

(4) 提升高度有限:提升高度越高,钢丝卷的就越多,卷筒的长度就需要更长,由于井道尺寸有限,无法安装过长的卷筒,这就限制了此类电梯的提升高度。

(5) 易出现安全问题:钢丝绳、卷筒绳槽易磨损,造成安全隐患;钢丝绳容易过量拉伸,导致轿厢下沉、不平层。

5. 螺杆式观光电梯

螺杆式观光电梯由一个电机带动螺母连着承载乘客的平台,沿着一根从顶到底的螺杆在封闭式的井道框架内做升降运动,由于没有轿厢壁,因此也被称为螺杆式升降观光平台。

螺杆式观光电梯的优点是:

(1) 节约建筑面积:没有对重、钢丝绳或钢带,也没有轿厢壁或机房,可以在狭小的地方安装。

(2) 土建要求低:底坑深度浅于 5 cm,顶层高度低,无须特别制作承重圈梁,只需一面墙体固定机械结构;井道覆板可选钢板、聚氨酯板,厚度只有 3 cm,也可选钢化夹层玻璃板。

(3) 布置灵活：可以轻松实现直角开门、贯通开门、三面开门。

(4) 结构简单：安装、维护相对容易。

(5) 可实现应急运行：紧急情况下，可以使用备用电池应急运行，安全行驶到就近停层。

螺杆式观光电梯的缺点是：

(1) 运行速度慢、提升高度小：由于机械结构的限制，螺杆式观光电梯速度仅为 0.15～0.25 m/s，提升高度一般小于 16 m，运行效率低。

(2) 安全体验较差：由于没有轿厢的包裹，乘客在乘坐平台上下运行时与井道内壁间存在明显的相对运动，井道内壁不能倚靠，乘客缺乏安全感。

(3) 机械噪声大：螺杆运行噪声较大，且电机跟着平台上下移动，噪声易于传导。

(4) 舒适感较差：平台与螺杆直接连接，机械震动会传递到平台，因此运行舒适感比曳引式、液压式等要差。

5.4.2 不同样式观光电梯的选择

与普通乘客电梯相比，观光电梯的独特优势在其丰富的轿厢外观设计，包括轿厢的样式和观光面的设计，为建筑设计带来更加自由与多样化的创意空间。在别具匠心的业主和经验丰富的设计师手下，为建筑物配置最适合的观光电梯往往能使观光电梯成为建筑中的美学焦点，成为上下移动的亮丽风景，成为整体建筑中的点睛之笔。以下分别就不同样式观光电梯的特点做简要描述，供用户在选择观光电梯时参考。

1. 圆形观光电梯

圆形观光电梯为轿厢内的乘客提供近似 360°的观光面，视野通透敞亮，从井道外部看则具备流线型的外观，有较高的观赏性。

2. 全景观光电梯

全景观光电梯轿厢为方形或长方形，提供左、右、后侧共三个观光面，观景视野与圆形观光电梯相似，但其方正的轿厢造型，提供了与圆形观光电梯截然不同的风格韵味与视觉观感。

3. 后侧观光电梯

后侧观光电梯只提供后侧一个观光面，适合于轿厢左右两侧景观不佳、不适宜观赏的环境，或是在轿厢两侧需保护隐私、不适宜开放视野的场合。由于左右两侧轿厢不做观光面，因此在轿厢设计和井道部件的布置上比较轻松自如，少有限制，整体成本也较低。

4. 三侧观光电梯

三侧观光电梯提供左后、右后、后侧三个观光面，视野比全景观光电梯和圆形观光电梯略有缩小。六角观光电梯与之相似，也能够提供左后、右后、后侧三个观光面，但轿壁与三个观光面之间的夹角均大于 90°，这种独树一帜的造型风格也深受部分客户和设计师的偏爱。

5.5 安全使用

5.5.1 安全使用管理制度

观光电梯安全使用的一般要求与普通乘客电梯类似，但由于观光电梯采用了易损的玻璃轿厢、轿门、层门，玻璃或聚氨酯材质的井道壁，甚至有时采取半封闭的井道，因此应增加相应的安全使用措施和管理要求。

观光电梯在使用时，应特别注意避免撞击轿厢、轿门和层门玻璃，以防玻璃碎裂。禁止使用钥匙、硬石、尖锐的金属物件等刻划玻璃。避免在玻璃上粘贴纸张或其他物件。

5.5.2 安装现场准备

在产品装载、转运、卸货、安装过程中，应妥善做好对轿厢和井道壁玻璃的保护，避免撞击、磕碰导致玻璃碎裂，避免硬物划伤玻璃表面，避免油漆等造成玻璃表面脏污。

在安装过程中，可采用鲜艳的贴纸、小旗、装饰带等悬挂或贴附在玻璃附近，起到标示、警示的作用。在安装玻璃时要先做好玻璃边缘与橡胶条的清洁，玻璃打胶前要先在胶缝两侧饰面上粘贴好保护胶带，再把泡沫条均匀地填入胶缝中，用清洗液清洁接触面，然后向同一方向打胶,保证胶缝粗细均匀,表面美观流畅。如有焊接、切割喷砂、喷涂油漆或者其他可能损伤玻璃的作业,必须用胶合板或塑料板等在玻璃外形成一层严密的隔离层板。在搭建和拆除脚手架时要非常小心,严禁从高处往下抛钢管和构件,防止损坏玻璃。

观光电梯在安装完毕之后、交付之前,应对轿厢玻璃、轿门玻璃、层门玻璃以及透明井道壁内外两侧去除表面保护膜或保护贴纸,对透明表面进行彻底清洁。

5.5.3 维护和保养

观光电梯的维护保养工作在《电梯维护保养规则》(TSG T5002—2017)中有最低要求,各电梯制造公司根据产品不同有不同的维护和保养内容。详见3.5.3节内容。

在日常清洁时可用湿毛巾或报纸擦拭,如有污迹可用毛巾蘸取温热的白醋擦除,或使用市售的玻璃专用清洁剂和专用的清洁刮具来清洁,忌用酸碱度较强的溶液。冬天玻璃表面易结霜,可用干布蘸取浓盐水或酒精擦拭。

5.5.4 常见故障及排除方法

在日常维护保养中,如发现观光电梯的玻璃轿厢、玻璃轿门、玻璃层门等出现裂纹或破碎,必须马上停止电梯运行,按照相同的规格、参数和标准更换全新的合格部件。

当玻璃轿厢、玻璃轿门、玻璃层门的玻璃表面出现划痕时,应立即对受损部位及相关附件进行全面检查,如出现结构和功能性损伤,必须予以维修、更换。

观光电梯如果出现故障状态,可以查看其主控制器的状态,主控制器会出现故障报警信息,对照其故障代码可以查明电梯故障内容及相应处理方法。其故障说明、故障信息和对策详见3.5.4节内容。

5.6 适用法律、规范和标准

观光电梯适用的法律法规、安全技术规范和标准除《建筑用安全玻璃 第3部分:夹层玻璃》(GB 15763.3—2009)外,其余均与3.6节内容相同。

5.6.1 主要标准要求

由于观光电梯是乘客电梯中的特殊类别,除了适用于国家标准中对于乘客电梯的一般要求,对于观光电梯的特别要求主要集中于与观光面相关的轿厢、轿门、井道等部件和部位。

1. **夹层玻璃**

二层或更多层玻璃之间用塑胶膜组合成的玻璃。根据《建筑用安全玻璃 第3部分:夹层玻璃》(GB 15763.3—2009)的定义,夹层玻璃是玻璃与玻璃和/或塑料等材料,用中间层分割并通过处理使其粘结为一体的复合材料的统称。常见的是玻璃与玻璃,用中间层分割并通过处理使其粘结为一体的玻璃构件。

2. **井道的封闭**

一般而言,电梯应由下述部分与周围分开:井道壁、底板和井道顶板,以及足够的空间。在不要求井道用于在火灾情况下防止火焰蔓延的场合,如与瞭望塔、竖井、塔式建筑物联结的观光电梯等,井道不需要全封闭,但要符合:

(1) 在人员可正常接近电梯处,围壁的高度应足以防止人员遭受电梯运动部件危害、直接或用手持物体触及井道内电梯设备而干扰电梯的安全运行。若符合图5-15和图5-16要求,则围壁高度足够,即:在层门侧的高度不小于3.50 m;在其余侧,当围壁与电梯运动部件的水平距离为最小允许值0.50 m时,高度不应小于2.50 m;若该水平距离大于0.50 m时,高度可随着距离的增加而减少;当距离等于2.0 m时,高度可减至最小值1.10 m。

(2) 围壁应是无孔的。

(3) 围壁距地板、楼梯或平台边缘最大距离为0.15 m。

(4) 应采取措施,防止其他设备干扰电梯的运行。电梯井道应为电梯专用,井道内不得装设与电梯无关的设备、电缆等。无围壁时,

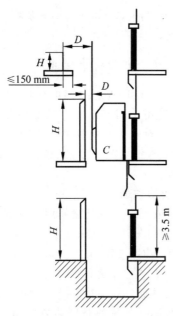

图 5-15 部分封闭井道示意图

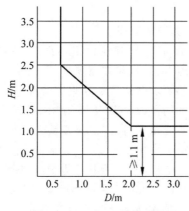

图 5-16 D 和 H 的关系图

井道是指距电梯运动部件 1.50 m 水平距离内的区域。使用说明书应有电梯正常使用和救援操作的必要说明,特别是电梯采用部分封闭的井道采取的防范措施。

(5) 对露天电梯,应采取特殊的防护措施,选择和配置的零部件在预期的环境影响和特定的工作条件下,不应影响电梯的安全运行,例如沿建筑物外墙安装的附壁梯。只有在充分考虑环境或位置条件后,才允许电梯在部分封闭井道中安装。

3. 井道壁

在人员可正常接近的玻璃门扇、玻璃面板,均应用夹层玻璃制成。

4. 层门

层门/门框上的玻璃应使用夹层玻璃。玻璃门的固定件,即使在玻璃门下沉的情况下,也应保证玻璃不会滑出。玻璃门扇上应有永久性的标记:①供应商名称或商标;②玻璃的型式;③厚度[如(8+0.76+8) mm]。为避免拖曳孩子的手,对动力驱动的自动水平滑动玻璃门,若玻璃尺寸大于 GB/T 7588.1—2020 中第 5.3.7.2 条"轿厢在此指示"的规定,应采取使危险减至最小的措施,例如:①减少手和玻璃之间的摩擦系数;②使玻璃不透明部分高度达 1.10 m;③感知手指的出现;④其他等效的方法。

固定在门扇上的导向装置失效时,水平滑动层门应有将门扇保持在工作位置上的装置。具有这些装置的完整的层门组件应能承受符合 GB/T 7588.1—2020 要求的摆锤冲击试验:

(1) 从层站侧,用软摆锤冲击装置按 GB/T 7588.2—2020 中第 5.14 条,从面板或门框的宽度方向的中部以符合 GB/T 7588.1—2020 中表 5 所规定的撞击点,撞击面板或门框时,可以有永久变形;层门装置不应丧失完整性,并保持在原有位置,且凸进井道后的间隙不应大于 0.12 m;在摆锤试验后,不要求层门能够运行;对于玻璃部分,应无裂纹。

(2) 从层站侧,用硬摆锤冲击装置按 GB/T 7588.2—2020 中第 5.14 条,从面板或玻璃面板的宽度方向的中部以符合 GB/T 7588.1—2020 中表 5 所规定的撞击点,撞击大于 GB/T 7588.1—2020 中第 5.3.7.2.1 条所述的玻璃面板时:无裂纹;除直径不大于 2 mm 的剥落外,面板表面无其他损坏。注:在有多个玻璃面板的情况下,考虑最薄弱的面板。

5. 轿壁

玻璃轿壁应使用夹层玻璃,并按 GB/T 7588.1—2020 中表 9 选用或能承受 GB/T 7588.2—2020 中第 5.14 条所述的冲击摆试验。在试验后,轿壁的安全性能应不受影响。距轿厢地板 1.10 m 高度以下若使用玻璃轿壁,则应在高度 0.90~1.10 m 设置一个扶手,这个扶手应牢固固定,与玻璃无关。玻璃轿壁的固定件,即使在玻璃下沉的情况下,也应保证玻璃不会滑出。玻璃轿壁上应有永久性的标记:①供应商名称或商标;②玻璃的型式;③厚度(如(8+0.76+8)mm)。

6．轿门

如果层门有视窗,则轿门也应设置视窗。若轿门是自动门且当轿厢停在层站平层位置时,轿门保持在开启位置,则轿门可不设视窗。设置的视窗应满足 GB/T 7588.1—2020 中第 5.3.7.2.1 条的要求,当轿厢停在层站平层位置时,层门和轿门的视窗位置应对齐。玻璃门扇的固定方式应能承受 GB/T 7588.2—2020 规定的作用力,而不损伤玻璃的固定件。轿门玻璃应使用夹层玻璃,应按 GB/T 7588.1—2020 中表 9 选用或能承受 GB/T 7588.2—2020 中第 5.14 条所述的冲击摆试验。试验后门的安全功能应不受影响。玻璃轿壁的固定件,即使在玻璃下沉的情况下,也应保证玻璃不会滑出。玻璃门扇上应有下列标记:①供应商名称或商标;②玻璃的型式;③厚度[如(8+0.76+8)mm]。为避免拖曳孩子的手,对动力驱动的自动水平滑动玻璃门,若玻璃尺寸大于 GB/T 7588.1—2020 中第 5.3.6.2.2.1 条的规定,应采取使危险减至最小的措施,例如:①减少手和玻璃之间的摩擦系数;②使玻璃不透明部分高度达 1.10 m;③能感知手指的出现;④其他等效的方法。

7．轿顶

轿顶所用的玻璃应是夹层玻璃。

8．玻璃层门、玻璃轿门、玻璃轿壁的摆锤冲击试验

具体要求列于 GB/T 7588.2—2020 中第 5.14 条。

9．技术文件

应提供玻璃的合格证书复印件。对于非曳引式的液压观光电梯的夹层玻璃、井道封闭、井道壁、层门、轿壁、轿门、轿顶等的技术性能,与上述要求类似,且须符合 GB/T 7588.1—2020 中的对应条款要求。

5.6.2 主要规范要求

1．安装验收前提条件

提交验收的电梯应具备完整的资料和文件。制造企业应提供的资料和文件包括玻璃门或玻璃轿壁等主要部件型式试验合格证书复印件。

2．井道壁

设置在人员可正常接近处的玻璃围壁,在 GB/T 7588.1—2020 中第 5.2.5.2.3 条要求的高度范围内应采用夹层玻璃制作。

3．轿厢玻璃

带有玻璃的轿壁应符合 GB/T 7588.1—2020 中第 5.4.3.2.3 条的要求。对轿厢用曲面玻璃。轿顶所用的玻璃应是夹层玻璃。带有玻璃的轿门应符合 GB/T 7588.1—2020 中对应条款的要求。

4．层门玻璃

带有玻璃的层门应符合上述第 5.3.2.3 条的规定。

5．验收检验和试验项目

对于非曳引式的液压观光电梯的夹层玻璃、井道封闭、井道壁、层门、轿壁、轿门、轿顶等安装验收规范,与上述要求类似,且须符合 GB/T 7588.1—2020 和 GB/T 7588.2—2020 中的对应条款要求。

第6章

超高速电梯

6.1 定义与功能

随着城市化进程的不断深入,城市中心区域的核心密度在不断提高,建筑物的高度在不断突破着城市的天际线,超高层建筑也在各大核心城市如雨后春笋般涌现。

随着建筑物高度的提高,建筑工程领域渐渐浮现出一些问题——如何控制电梯到达目的层站的时间,提高建筑物各楼层之间的人员、物资的运输效率,降低乘坐过程中的不适感,这已成为电梯行业迫切需要解决的课题。超高速电梯作为电梯产品的一个细分领域,从此应运而生,并且随着超高层建筑一同不断发展壮大。1972年国际高层建筑会议上,首次明确将电梯按运行速度分为4种,详见表6-1。

表 6-1 电梯类型对应的速度范围

电梯类型	速度范围
低速电梯	$v \leqslant 1$ m/s
中速电梯	$1.0 < v \leqslant 2.5$ m/s
高速电梯	$2.5 < v \leqslant 6$ m/s
超高速电梯	$v > 6$ m/s

由此定义了速度超过 6 m/s 的电梯可称为超高速电梯,本章将对超高速电梯进行介绍。

6.2 分类

超高速电梯是乘客电梯按照速度细化的一个分支,因搭载特有的高新技术特性而单独列出,此处不再细分。

6.3 发展历程与发展方向

6.3.1 发展历程与沿革

第一次世界大战之后,世界经济重心从欧洲转移至美国,至19世纪30年代是美国建筑业的繁荣期,摩天大楼在此期间也随之产生并快速发展,带动着超高速电梯的需求量从无到有,不断上升。1931年,102层的帝国大厦于纽约落成,作为配套设施的超高速电梯也正式投入运营直到现在,帝国大厦内仍保留着建造初期手摇开门样式的电梯。帝国大厦电梯达到了 427 m/min 的运行速度,是历史上非常经典的超高速电梯项目。

近年来,亚洲新兴国家的经济实力逐渐抬头,超高摩天大楼的排行榜,也从原来的美洲独霸,转移到亚美争锋。1998年完工的吉隆坡双峰塔将原来竞逐世界第一高的美洲大陆,转移到亚洲。2010年启用的迪拜哈利法塔,则为目前世界最高的摩天大楼。超高速电梯的速度也在一次次突破,电梯的最高速度也随着大厦的兴起一次次刷新。

美国芝加哥是世界上摩天大楼规划最完整的城市,而中国上海则被称为摩天大楼建设最快的城市,这也在一定程度上反映了我国高层建筑在近代的快速发展。

20世纪80年代的中国正处于高层建筑迅速发展的阶段。高度在100 m左右或100 m以上的建筑在各大中城市大量兴建。到90年代,中国的高层建筑施工的结构的设计技术都进入了新的阶段,在建筑高度上也有很大的飞跃。2010年以来,超高层建筑在中国势如破竹般地快速增长,目前,在世界已建成的前十名最高的建筑物中,中国的高层建筑物占六个(见图6-1)。

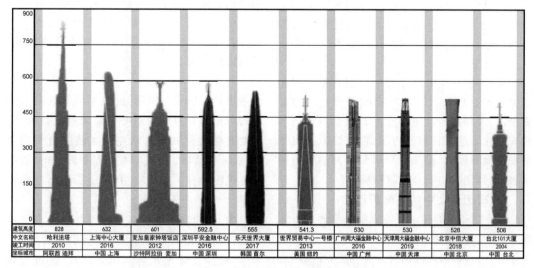

图6-1 2020年全球前十大最高摩天大楼

随着中国经济进入高速发展时代,亚洲的金融中心也转向中国,高层建筑发展更是以中国为重心,随之而来的超高速电梯事业在中国迅速崛起。

世界上高层建筑的大量涌现,高度越来越高,电梯速度也随之刷新。根据世界高层建筑的调查报告显示,在我国所有已经建成并已安装电梯的大厦中,位于超高速电梯速度三甲行列的,首先是2004年建造完成的台北101大厦的超高速电梯,由日本东芝公司设计,速度为16.8 m/s;2016年竣工的上海中心大厦的超高速电梯,由三菱电机公司设计,速度达到了20.5 m/s;2016年交付使用的广州周大福金融中心的超高速电梯,由日本日立公司设计,电梯速度达到了20 m/s,而最新一次测速达到了21 m/s,创造了新的吉尼斯世界纪录。

随之而来的就是超高速电梯的市场重心也从原来的美洲转移到了亚洲,又以中国为核心。所以中国的超高速电梯市场最为庞大,已成为各个电梯厂家必争之地。

6.3.2 特点与发展方向

与普通低速领域内使用的电梯不同的是,超高速电梯的运行速度大于6 m/s,通常会达到15~20 m/s。在这个速度区间内运行的电梯将会面对完全不同的挑战。原本顺畅的"电能-动能-势能"互相转化又互为弥补的循环会因为速度的大幅提升而被打破;原本平静的空气环境会因为速度的大幅提升而变得乱流丛生;原本平坦顺滑的导向系统会因为速度的大幅提升而变得崎岖不平;原本安全可靠的冗余安全系统也会因为速度的大幅提升而面临新的挑战。这就需要整个电梯行业的从业者,对各种尖端技术进行再利用、再融合、再创新。

1. 超高速环境下的运行安全性

超高速电梯未来的发展,首先要考虑的就是电梯的安全性。设置于超高层建筑中的超高速电梯,如有任何安全隐患,都会严重威胁人们的生命安全。诸如电梯突然停电,电梯开门时发现不在平层位置,或是电梯到达指定层数不开门等,都是普通电梯常遇到的安全性问题。在超高速电梯中,这些问题带来的影响被严重放大了。作为超高度电梯不仅要考虑到这些问题,还因为速度更快,需要考虑的安全性问题就更多。

所以,超高速电梯工程一般包含着确保超高速电梯在启动、运行、制动的操作设施中的安全性,预判超高速电梯在运行时会遇到的各种安全性问题及其解决方案,以及采取更可靠的安全保障措施,例如新型材料耐高温紧急制动装置、智能化的安全控制系统等。

2. 高速运动中的乘坐舒适性

(1) 对速度的追求不能以牺牲乘客的舒适感为代价。装有超高速电梯的运行距离一般大于 300 m,在如此高的垂直结构中,导轨的直线度很难达到理想化的直线度和平滑度,尤其在超高速的运行状态下,导轨上的任何微小起伏或偏离都会导致轿厢的左右振动,造成严重的不适感甚至引发危险。所以,为了保证乘梯舒适性,尽可能追求导轨的笔直和平滑成为首要的开发问题,相应的减振装置的开发也是必不可少的课题。

(2) 安全舒适的乘梯体验也需要安静的轿厢环境作为保障。高行程的密闭井道中,超高速行驶过的电梯挤压空气引起局部区域的气压急剧变化,发出巨大的风切音。还有轿厢外壁和空气高速摩擦,产生持续的风噪,在接近顶层机房时,更大驱动力伴随而来的曳引机噪声也无法忽视。改善轿厢和井道结构,增强轿厢和机房的隔音能力,都是超高速电梯主要的研究方向。

(3) 极短时间内垂直距离上的巨大落差,开放状态的轿厢气压急剧变化可能会引发乘客"高原反应",出现耳鸣、缺氧等不适状况。所以超高速电梯轿厢的设计必须是密闭的,配合气压调节系统,稳定调节轿厢内的气压,在上行和下行时保障乘客的舒适性。

目前提升乘客舒适性的几个关键是振动抑制、井道内降噪、轿厢隔音,以及气压平衡。需要在各个方面不断优化乘客对于超高速电梯的乘坐体验。

3. 能源消耗问题

同汽车、高速铁路这样的运行在水平方向的高速运载交通工具一样,电梯作为一种垂直方向运行的交通工具,当速度达到一定程度以后,运行阻力会显著上升,如不加以控制,将消耗巨大的电能。

除此以外,电梯作为一种垂直方向运行的交通工具,又由于其特殊的曳引式结构有着特殊的能量消耗特性:当电梯载质量上行时,电梯要消耗大量的能量来克服运载物自身的重力,提升运载物;而电梯载质量下降时,又要控制运载物自身的重力能量,使电梯不至于超速失事。

因此,超高速电梯需配备与普通电梯完全不同的驱动控制系统,使用高效的能源利用、再生、储存及转化和再利用系统,以促进能量的循环高效利用。

6.4 典型产品技术性能参数

1. 应用于台北101大厦东芝的超高速电梯

1) 建筑物基本情况

台北101大厦全名台北国际金融中心,坐落于台北市信义区金融贸易区中心,于2004年开放投入使用。大厦包含一座101层高的办公塔楼、6层的商业裙楼和5层地下楼面,每8层楼为1个结构单元,彼此接续、层层相叠,详见表6-2和图6-2。

表6-2 台北101大厦基本参数

项 目	参 数
占地面积	153 万 m^2
建筑面积	39.8 万 m^2
层数	地上101层,地下5层
高度	508 m

图 6-2　台北 101 大厦全貌

2）东芝超高速电梯介绍

台北 101 大厦采用的东芝电梯是为超高层建筑物特别研发的最高速度可达 1010 m/min 的超高速电梯。为了实现超高速运行,东芝电梯研发了驱动大容量曳引机的双驱动控制技术、可承受超 1000 ℃ 制动器摩擦热的电梯紧急制停技术,解决了 400 m 级高行程条件下耳鸣现象的气压控制技术等项目。该电梯获得 2004 年世界最高速电梯吉尼斯世界纪录证书,详见表 6-3 和图 6-3。

图 6-3　台北 101 大厦超高速电梯吉尼斯证书

"迪拜世界中心"项目中的一部分。迪拜世界中心计划的总预算为 200 亿美元,用地面积为 200 万 m^2 用地,哈利法塔是该计划的中心建筑,这座具有划时代意义的钢筋混凝土塔楼集合了零售商业、乔治·阿玛尼酒店、住宅和办公等功能于一身,其建设过程前所未有地凝聚了全世界的精英,共有来自超过 100 个国家的专业人士对哈利法塔的建设做出了贡献,成为国际合作的成功典范,详见表 6-4 和图 6-4。

表 6-3　台北 101 大厦电梯基本参数

项　　目	参　　数
额定载质量	24 人/1600 kg
额定速度	16.8 m/s
升降行程	388 m
东芝电梯技术特性	（1）180 kW 级大容量超高速曳引机; （2）大容量变频装置及控制系统; （3）额定速度 1300 m/min 的高速安全钳装置; （4）长行程 3 段式油压缓冲装置; （5）高强度轻量化的钢丝绳曳引系统; （6）气动力平衡密封轿厢及气压平衡控制系统; （7）超高速电梯主动质量调谐减震 AMD 系统

表 6-4　哈利法塔基本参数

项　　目	参　　数
中文名	哈利法塔
原名	迪拜塔
层数	162 层
高度	828 m
竣工时间	2010 年 1 月 4 日
所属城市	阿联酋迪拜

2. 应用于哈利法塔的蒂森克虏伯超高速电梯

1）建筑物基本情况

哈利法塔堪称是一座具有综合功能的垂直城市,是迪拜埃玛尔地产公司建造的被称为

图 6-4　哈利法塔全貌

2）蒂森克虏伯超高速电梯介绍

哈利法塔安装使用的超高速直达穿梭电梯由蒂森克虏伯电梯公司设计安装，其速度达到 1050 m/min，46 s 即可升至 124 楼，电梯速度排名世界第三。

3. 应用于上海中心大厦的三菱超高速电梯

1）建筑物基本情况

上海中心大厦作为一幢综合性超高层建筑，以办公为主，其他业态有会展、酒店、观光娱乐、商业等。大厦分为 5 大功能区建造，包括大众商业娱乐区域、办公区域、企业会馆区域、精品酒店区域和顶部功能体验空间，详见表 6-5 和图 6-5。

表 6-5　上海中心大厦基本参数

项目	参　　数
地理位置	上海市陆家嘴金融贸易区
层数	地上 119 层、5 层裙楼和 5 层地下室
开发商	上海中心大厦建设发展有限公司
建筑高度	632 m
结构高度	580 m
面积	433 954 m^2

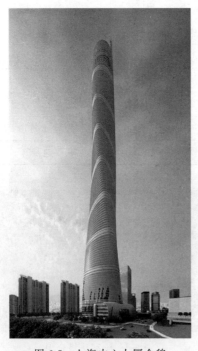

图 6-5　上海中心大厦全貌

2）三菱超高速电梯介绍

上海中心大厦三菱超高速电梯基本参数见表 6-6。

表 6-6　上海中心大厦电梯基本参数

项目	参　　数
额定载质量	21 人/1600 kg
额定速度	20.5 m/s
升降行程	565 m
三菱电梯技术特性	（1）具有夹块的双液压碟式制动装置； （2）电容量为 310 kW·h 的新型驱动主机； （3）行程为 7.3 m 的三级结构缓冲器装置； （4）高度耐磨损及耐热冲击性的优质陶瓷安全钳装置； （5）主动滚轮导靴抵消振动技术； （6）高精度导轨装置

4. 应用于广州周大福金融中心的日立超高速电梯

1）建筑物基本情况

广州周大福金融中心位于广州珠江新城，已成为广州最高的超高层综合建筑。日立电梯为周大福金融中心提供速度达 1260 m/min 的世界最高速电梯。大楼还运用了日立最新的 FI-BEE 群控系统与安保系统进行联控，大楼垂直交通得到妥善安排，详见表 6-7 和图 6-6。

表 6-7　广州周大福金融中心基本参数

项目	参　　数
建筑高度	530 m
建筑用途	写字楼、酒店、公寓
建筑楼层	116 层（地上 111 层，地下 5 层）
垂直电梯	95 台（其中 28 台双轿厢电梯）

2）日立超高速电梯介绍

广州周大福金融中心日立超高速电梯的基本参数见表 6-8。

图 6-6 广州周大福金融中心全貌

表 6-8 广州周大福金融中心电梯基本参数

项目	参　　数
额定载质量	21人/1600 kg
额定速度	21 m/s
升降行程	440.4 m
日立电梯技术特性	(1) 大容量的电梯专用变频器的控制柜,同时外形更薄的永磁电机; (2) 配有高耐热性制动材料的制动装置; (3) 可自动减轻震动的主动导靴装置; (4) 气压控制装置; (5) 利用高铁技术的胶囊轿厢结构; (6) 耐热性优异制动材料的刹车装置为主的安全装置

5. 正在建造中的世界最高大厦——王国塔的超高速电梯

世界瞩目的最高建筑物的竞争从未停止过,正在设计建造中的沙特阿拉伯"王国塔"预计建成高度 1007 m(见图 6-7),将超越当前的

世界第一高度——哈利法塔,成为新的世界最高建筑。王国塔所采用的超高速电梯,势必达到世界电梯制造技术的新高度。

6.5 选用原则

6.5.1 驱动系统及控制系统选用原则:更强的驱动力

1. 新驱动技术

1) 新型驱动电机

作为超高速电梯驱动电机,必须满足三个条件:高效大容量,节能,能够降低振动和噪声。早期的超高速电梯,由于交流技术的限制,普遍采用直流电机拖动的技术,需要配备专门的直流发电机组。能耗高、噪声大的弱点使直流电机未能满足超高速电梯对于驱动电机要求。

近十年来,随着永磁同步电机技术的发展,特别是电机容量的不断提升,结合节能和低速大转矩的优点,永磁同步电机逐渐成为超高速电梯驱动电机的主要选择。大容量的永磁同步曳引机(见图 6-8)是高速梯快速启动的关键要素,因为超高速电梯一般要求在启动 10 s 以内达到全速运行。永磁同步电动机结构简单、体积小、质量轻、损耗小、效率高。和异步电动机相比,由于它不需要无功励磁电流,因而效率高,功率因数高,力矩惯量比大,定子电流和定子电阻损耗小,且转子参数可

图 6-7 王国塔模型

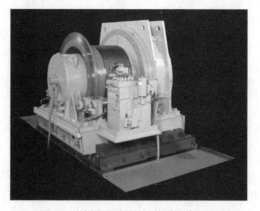

图 6-8 东芝大容量永磁同步曳引机

测、控制性能好。和普通同步电动机相比,它省去了励磁装置,简化了结构,提高了效率。另外,永磁同步电机矢量控制系统能够实现高精度、高动态性能、大范围的调速或定位控制。

通过采用永磁同步电机,电梯主机一般能够降低 20% 的体积,功率能提高至少 15%,振动和噪声能降低 10 dB。

2) 双驱动控制系统

GB/T 7588.1—2020 中第 5.9.1.1 条中指出,每部电梯至少应有一台专用的电梯驱动主机。也就是说,每部电梯允许多台专用电梯驱动主机同步驱动。

超高速电梯的大容量曳引机,如果在控制装置上采用双驱动方式,利用双系统控制独立的转换器/逆变器,不仅可以提升驱动力,还可以延长主机使用寿命,便于维护。

双驱动系统以东芝电梯开发项目为例,使用了大型二卷线式永磁同步电动机的高速曳引机、大容量逆变器并联构成的双驱动控制系统。

控制系统采用了高性能 MPU 的 PP7 的整体数控技术。

3) 大容量化对应技术

一般来说,曳引机因为要安装在机房,所以需要小型化和轻量化,但是由此会导致曳引机整体构造刚性的下降。此外,伴随着大容量化对应的曳引机用电机的大型化,需要增加磁束密度,也更容易产生振动和噪声。因此,参考东芝电梯采用的含机械梁在内的曳引机整体构造,通过三次元有限要素法(finite element method,FEM)实施模型化(见图 6-9),同时解决了轻量化和大容量化相互矛盾的问题,并实现了低振动和静音运行。因此在选择的时候可以考虑采用类似的模型化方案,来平衡电梯驱动力和乘坐的舒适性。

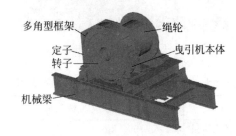

图 6-9 大容量曳引机的 FEM 模型

从解析结果来看,作为降低该曳引机的振动传达力的最优形状,采用了多角形框架构造。运转中的振动模式没有变为发生旋转的旋转模式,并且形成了没有振动的节点部分(见图 6-10)。这个节点部分作为曳引机的脚,将从曳引梁到机房的地板的振动传达抑制在 10 cm/s^2(正负峰值间)以下。此外,振动传达也不会传到机房的墙壁,所以也成功实现了静音运行。

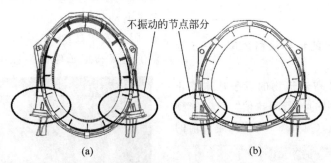

图 6-10 运转中的振动模式解析
(a) 上下振动的椭圆模式;(b) 倾斜振动的三角形模式

2. 新能量控制——能量反馈技术

超高速电梯能量反馈技术是继永磁同步电机技术后电梯行业的又一重大技术突破。顾名思义,能量反馈技术即可以将电梯运行时产生的势能和动能通过能量转化装置转换为电能并反馈到其他用电设备当中。电梯轻载上行或满载下行时,由于对重装置或轿厢会比另一侧重,当速度达到了额定速度后,电梯系统便会产生多余的势能,通过多重整流技术转化为电能并回馈到电网,因此不需要消耗电能;相反,可以将其看作一个发电设备,由此可减少设备的能耗,满足节能环保要求。

以往一般采用增设制动单元和制动电阻将这些电能变为热能消耗掉,如图6-11和图6-12所示。对于小功率的机种,例如10 kW内的电梯,可以采用这种能耗制动的方式。但是随着功率的上升,如果依然采用能耗电阻的方式处理,除了电流大,容易对系统和设备造成损害外,还会产生巨大的热量,对环境也会造成不良的影响。而且超高速电梯的功率一般都比较大,普遍可以达到普通电梯的数十倍,在这种规模的功率下,已经不适宜用制动电阻方式来消耗发电状态下产生的电能。

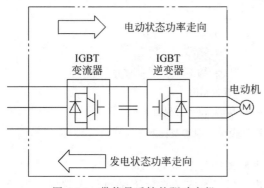

图6-11 带能量反馈的驱动主机

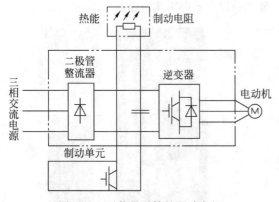

图6-12 无能量反馈的驱动主机

具有能量反馈功能的变频系统非常适用于超高速电梯。通过能量反馈技术,把电梯发电和制动状况下运行释放出来的势能和动能转化为电能反馈到电网中,实现电梯系统最有效的节能。

3. 新曳引媒介

随着超高速电梯的高升降行程化,有效提升钢丝绳的强度,大幅减轻钢丝绳的质量,显著提高其在耐摩擦、抗振动等方面的性能势在必行。这方面通力电梯开发的碳纤维曳引绳技术提供了曳引媒介未来发展的思路和方向。

通力的超高速电梯技术——UltraRopeTM碳纤维曳引绳(见图6-13)有效克服了传统钢丝曳引绳的缺陷,为超高层建筑的设计拓展出全新的空间,达到大幅提升节能效果,具有很高的耐用性和可靠性。预计此种技术将使未来电梯的运行高度提升至1000 m,是现今电梯可达高度的两倍。

图6-13 通力UltraRopeTM碳纤维曳引绳

通力UltraRopeTM碳纤维曳引绳由碳纤维内芯和特殊的高摩擦系数涂层组成,这种超轻质的材料能够显著降低摩天大楼中的电梯能耗。建筑越高,电梯曳引机驱动的随行重量中,曳引绳所占的比重就越大。随着电梯行程高度的不断刷新,通力UltraRopeTM碳纤维曳引绳带来的节能效果可实现指数级的增长。当电梯行程达500 m时,超轻质碳纤维牵引绳能有效地减少60%的电梯随行重量及15%的能耗。

同时,碳纤维与钢铁及其他建筑材料的共振频率不同,这能够有效减少由于建筑摆动所引起的电梯停运次数。与传统钢丝绳相比,其使用寿命至少可达其两倍;同时,其外表的特殊高摩擦系数涂层无须润滑,能够进一步减少对环境的影响。

6.5.2 噪声、振动抑制及气压控制选用原则:更舒适的乘坐体验

1. 噪声抑制:整风密闭装置

超高速电梯的运行噪声主要来源于高速运行中的轿厢与空气的摩擦。根据有关研究结果,影响轿厢内部运行噪声的因素如图 6-14 所示。

要减少空气动力噪声,可以从声源上着手,首先减少轿厢外部扰动气流的障碍物。超高速电梯的一般做法是在四方体轿厢的顶部和底部分别加设整流罩,让轿厢外形变成流线型结构,能够有效地减少气流干扰,进而也有效地降低了电梯在运行过程产生的噪声,如图 6-15(b)所示。最有利的轿厢形状是圆柱型,如图 6-15(c)所示。

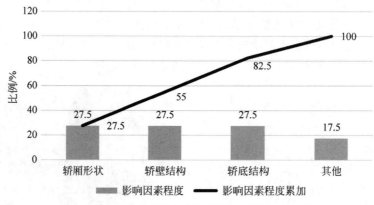

图 6-14 影响超高速电梯运行噪声的因素及比例

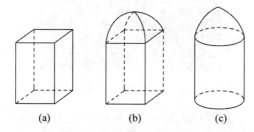

图 6-15 影响超高速电梯运行的因素
(a) 四方形轿厢;(b) 加设整流罩;(c) 圆柱形轿厢

另外,流线型结构还可以有效减少井道内的气压差,可通过设置配合轿厢形状的井道,使轿厢外壁到井道内壁等距,从而减小因气压差所产生的空气动力噪声。

例如,东芝电梯提出的整体解决方案如下:对轿厢运行时的密封舱表面的压力进行解析,在轿厢上安装形状最合适的整风密闭装置,以提高整体的流线程度。

尤其是出入口处,由于门板的开关动作,因此密闭性较弱,外部噪声容易进入轿厢室内。所以对安装在上下密封舱末端的楔形顶部导流板进行了优化,使轿厢运行产生的空气流半数以上流向轿厢侧面和背面(见图 6-16)。

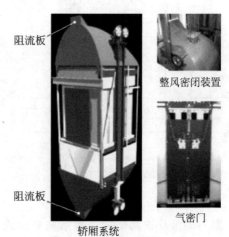

图 6-16 轿厢整风密闭装置

轿厢外形对运行风阻和噪声的影响，可以选择风洞实验室进行试验，以最大限度地符合空气动力学要求，以便最大限度减少运行过程中和气流的摩擦。

超高速电梯的轿壁，可以选择采用双层结构。必要时可以用内部抽真空的壁板构筑而成，能有效地阻挡噪声往轿厢内部传播。轿内的壁板，也应采用具有吸声功能的材料来削弱进入轿厢内的噪声。

除空气动力噪声外，轿厢的机械噪声也是一个不可忽视的问题。当轿厢穿越层门地坎时会产生脉动的风压，层门板和轿厢门板同时受侧向力的作用而产生机械噪声。因此轿门板和层门也需要采用隔音屏蔽的结构，从而达到减少噪声的效果。

2．降低振动

超高速电梯导轨微弱的变形会产生强制变位和气压压力并作用在电梯上，这是轿厢横向振动的原因。一般而言轿厢的振动会随着速度一起增大，所以超高速运行的情况下，仅凭适用于以往的中、低速电梯防振结构已无法产生足够的横向振动抑制效果，需要配备新的防振装置。

减少电梯运行过程中的振动，主要取决于两个因素：高质量的导轨安装，动态、实时的振动控制和智能控制技术的应用。

（1）在超高速电梯的导轨安装中，采用更精准的激光校轨设备进行校验。

（2）采用电磁或磁悬浮式的动态振动控制导靴。磁悬浮式的导靴能实现轿厢与导轨的非接触运行，有效地减小振动，从而提高电梯的乘坐舒适性。目前的一个发展方向是开发带有自学习功能的导靴：通过记录导轨的实际运行振动，在每次运行前，为每次运行设定补偿值，将能有效地主动削减振动的幅度，特别适用于无中间停站的超高速电梯。

图6-17所示是东芝电梯针对台北101国际金融中心超高速电梯研发的新型导向装置。一旦高速运行，从导轨输入到导向装置的强制

变位频率会变高。因此，需要在导向滚轮的拉杆下方搭载平衡重块，从结构上消除高频率的输入。通过设置该导向装置后发现，加振力的传导和原来相比：10 Hz时降低至25％，30 Hz时降低至65％。同时，可以在轿厢的上、下、左、右四个导向处安装能检测出导轨弯曲和脉动风压引起的水平振动并进行主动控制的减振装置。

图6-17 滚轮导靴

东芝电梯公司还开发了一套主动质量调谐阻尼器（AMD）来减小电梯的左右摆动，如图6-18所示。

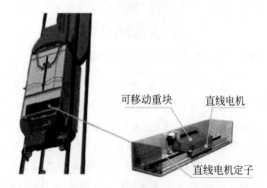

图6-18 东芝超高速电梯主动质量调谐阻尼器

安装在轿厢底部的AMD通过传感器来检测轿厢水平方向的晃动，利用直线电机带动可移动重块来抑制轿厢的晃动。

实验结果显示，AMD启动时，加速度波动值为0.15 m/s^2，降低了14.3％。

3．气压控制

超高速电梯在短时间内运行，在开放状态下，如对轿厢内的气压不进行任何控制，瞬间的快速上升或下降会造成轿厢内的气压发生急剧变化而使乘客出现耳鸣的不适感。因此，

轿厢的设计必须是完全气密式的,在轿厢内安装气压控制阀门和控制设备,当轿门关闭时重新设定好轿厢内的气压,而在轿厢运行时按一定的比例控制气压加减,搭乘人员就不容易产生因气压急剧变化引发的不适。

另外为了保证电梯中乘客的舒适乘梯体验,在台北101大厦超高速电梯上首次配置气动力平衡密封轿厢,以及能够抑制气压急剧变化的轿厢内部气压控制系统(见图6-19),有效控制了运行中轿厢内气压变化。

采用了双重面板结构。通过实际控制轿厢室内外的气压后发现,相对于气压变化率保持一定的控制指令数值而言,已具备良好的控制性能(图6-20(b))。从地上1层到89层的气压差为48 hPa,东芝超高速电梯气压控制系统(图6-21)可以缓解由气压差引起的令人不适的耳鸣现象,从而让电梯乘坐更加舒适。

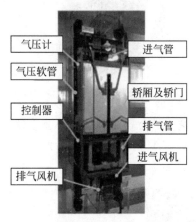

图6-19 东芝超高速电梯气压控制系统模型

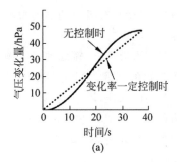

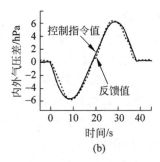

图6-20 气压变化曲线
(a) 上升运行时的气压变化曲线;
(b) 内外气压差控制的实测值

首先,使用减压实验设备进行了气压变化模式的模拟实验。当没有气压控制时,气压先缓慢变化,然后形成最大变化率,再缓慢变化。根据模拟实验的结果可以得出:要在不改变升降行程和升降时间前提下提高乘坐舒适度,从开始运行到停止的期间内气压变化的比例以处于一定的模式下为最佳。图6-20中以台北101大厦超高速电梯为例(上升时1010 m/min、约38 s,下降时600 m/min、约48 s;运行升降行程388 m,出发楼层和目的漏测层的气压差约48 hPa):相比于无控制的情况,气压变化率从2.0 hPa/s减少至1.26 hPa/s,降低了37%(图6-20(a))。

其次,考虑到安全需要,用以产生气压差的结构装置采用了高压风箱;为了提高轿厢气密性且消除气压荷重下的变形,轿厢室的面板

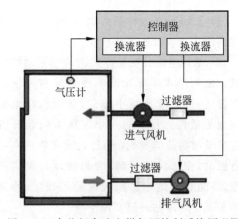

图6-21 东芝超高速电梯气压控制系统原理图

6.5.3 高速控制、缓冲制动系统选用原则：更安全的乘梯保障

1. 悬挂装置：钢丝绳、随行电缆

高升降行程化导致随行电缆的自重已经达到较高水平。此外，随行电缆因为不能在下端设置加重用绳轮，由此引起的随性电缆的摆动会导致电缆缠绕及挂住井道内机器的风险。另外，井道壁上的阳光直射引起的温度变化和紫外线等也会造成随行电缆被覆的劣化。作为对策，选择使用新型材质或结构的轻量超高强度钢丝绳。下面以运用于东京天空树建筑中的东芝超高速电梯的钢丝绳为例。

为了与主钢丝绳进行质量补偿，在连接轿厢和对重块的底部配置了悬挂的大直径补偿钢丝绳，在大幅削减了钢丝绳根数的同时，钢丝绳的配置间隔也得到了扩大，从而抑制了钢丝绳的打结和交叉，系统整体完成了轻量化，如图6-22所示。

为了防止出现打结问题，东芝的设计采用了高升降行程向的耐候性超多芯随行电缆（见图6-23）。与一般性的高速电梯上使用的随行

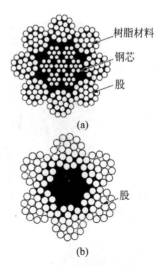

图6-22 东京天空树超高速电梯采用的钢丝绳
(a) 超高强度主钢丝绳（直径20 mm，B种）；
(b) 大直径补偿钢丝绳（直径25 mm）

电缆相比，这种随行电缆由3倍以上的超多芯电缆构成，根数控制在2根。而且，通过在轿厢左右分别对称配置1根，可以不受轿厢高度位置的限制，在任何位置都可以保持水平平衡，而且不易出现随行电缆的缠绕和打结的问题。随行电缆外层被覆采用屋外电线用的耐候性外皮，降低了温度变化和紫外线引起的外层劣化。

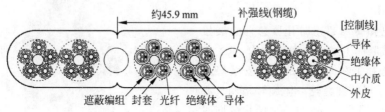

图6-23 耐候性超多芯随行电缆

2. 紧急停止装置材质

对于超高速运行的电梯而言，出现速度上的失控是致命的，将会造成严重的人员伤亡和设备损失。安全钳的有效性和使用寿命是至关重要的。当电梯在以10 m/s以上速度运行中被触发安全钳，传统的铜钢材质安全钳楔块会因与导轨的激烈摩擦而产生高温并熔化，导致安全钳失效。

当前超高速电梯开发中，借鉴了航天技术，普遍采用耐摩擦高温的复合型陶瓷材料，见图6-24。

例如，台北101大厦电梯特别采用昂贵的氮化硅陶瓷材料。16.8 m/s的超高速电梯紧急停止装置动作后，到制动停止的距离约有40 m，摩擦材料表面温度超过1000 ℃。因此选用耐热性、耐磨性优越的特殊氮化硅陶瓷，

图 6-24 紧急停止装置——使用了能承受高速运行时高摩擦系数的复合陶瓷材料

再对其表面进行特殊的加工处理,确保其拥有超强的高摩擦系数。通过多达 60 次的落下实验(见图 6-25),摩擦材料的配列形状及动作弹力得到优化,具备了足够的制动特性和耐久性能。

但是,陶瓷材质的撞击性能较差,当制动过程中发生导轨变形时,导轨会与安全钳发生撞击,从而让楔块很容易被撞碎,导致安全钳功能失效。因此,可以同时具备陶瓷和钢材双重特性的高摩擦系数材料,将是重要的开发课题。

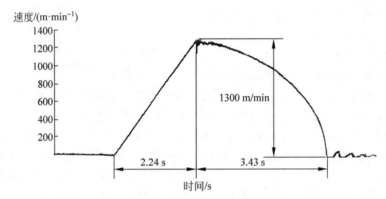

图 6-25 紧急停止时的制动波形

3. 限速器和缓冲器

1) 限速器

超高速电梯轿厢超速时让紧急停止装置动作的限速器取代了过去的齿轮结构,东芝电梯的限速器选择了在绳轮内部直接安装轻量化甩球,采用了甩球和绳轮一体旋转检测离心力的结构。通过这种方法,在简化结构的同时可以减少增加的离心力,实现了高精度传导速度变化的动作结构(见图 6-26)。

2) 缓冲器

缓冲器高度是跟轿厢额定速度的平方成正比。根据最新行业标准,如电梯额定速度为 15 m/s 时,传统单级缓冲器的压缩行程最少需要 15 m。如此高的缓冲器无论是建筑物的底坑深度,还是设备的运输都是难以实现的。采用具有套筒式柱塞结构缓冲器,可将缓冲器分为多级压缩,能有效地减少缓冲器的高度,更好地满足运输和建筑要求。例如东芝电梯研

图 6-26 限速器——采用甩块实现简化后的高性能

发的三段可压缩式油压缓冲器(见图 6-27),有效地节约了压缩行程,可实现超高速电梯底坑部件的小型化。

图 6-27 东芝三段可伸缩式油压缓冲器

4. 振动抑制系统

超高速电梯所在的塔状的超高层建筑物，会因为地震和强风而发生摇晃，电梯主钢丝绳等的超长物也会发生摆动，存在和井道内机器挂住的风险。因为建筑物摇晃的固有频率是在 0.1 Hz 以下的超低频率，所以一般的振动传感器很难检测出建筑物的摇晃状况。

为此，东芝电梯开发了可以检测到建筑物轻微摇晃的超低频率对应的超长物摆动感知器（见图 6-28）。

图 6-28 超低频率对应的超长物摆动感知器

在这个感知器系统中，针对轿厢位置及建筑物摇晃量，并参照实时的轿厢位置信息和建筑物摇晃信息，对各超长物的摆动量进行常时演算和推定。

根据超长物摆动量推定结果（见图 6-29），从 4 个阶段的超长物振动管理运转模式中选择最适合常时运转的模式，根据需要可以采取暂时退避轿厢等措施，以提升安全性。

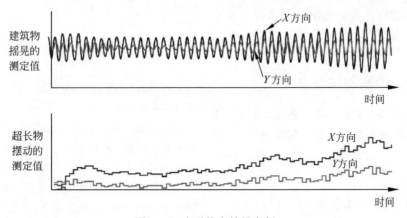

图 6-29 实时推定结果案例

该系统在刮大风时对大楼摇晃出现加振的钢丝绳进行横向摆动解析，依据该解析结果，采取预防钢丝绳缠绕井道内机器（设置钢丝绳防摆框）和管制运行（大风时减速运行、停运）等安全对策。

图 6-30(a)是随着轿厢上行钢丝绳长度每时每刻变化时的钢丝绳非线性运动解析案例，通过该解析，高楼的晃动量和钢丝绳变位的关系得以明确。图 6-30(b)是钢丝绳撞在钢丝绳防摆框上时的动作解析案例，通过该解析得到作用在框架上的负荷和所需的设置数量等，在定制设计框架中可起到关键的作用。

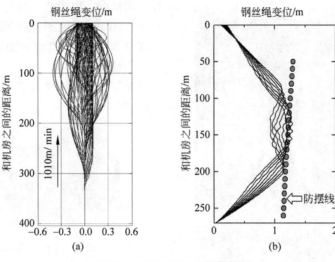

图 6-30 钢丝绳振动的动作解析
(a) 运行中的钢丝绳振动；(b) 防摆框冲突时的钢丝绳的动作

6.6 安全使用

6.6.1 安全使用管理制度

超高速电梯其本质为普通乘客电梯的特殊分支，在其安装使用阶段的各项标准都与普通乘客电梯相同。其安全使用管理制度也与一般乘客电梯标准相同，详见3.5.1节相关内容。

6.6.2 安装现场准备

超高速电梯在现场安装过程中，基础标准与一般乘客电梯相同。土建安装准备方面，由于是合约产品，在合约接洽过程中已经进行勘测定制。

6.6.3 维护和保养

超高速电梯的维护和保养与一般乘客电梯标准相同，详见3.5.3节相关内容。

6.6.4 常见故障及排除方法

超高速电梯基本故障的排除和维护与一般乘客电梯相同，详见3.5.4相关内容。超高速电梯一般属于合约定制产品，有特殊的技术和功能上的要求，在维保合约接洽过程中加以确定。

6.7 适用法律、规范和标准

超高速电梯适用的法律、规范和标准与3.6节内容相同。

超高速电梯安装验收规范基本内容同普通乘客电梯标准，其本质为普通电梯的特殊分支。在设施安装中，因其使用环境和性能特殊性，一般作为合约项目，根据用户需求定制性能，具体特性在合约接洽中商讨确定，搭载技术和硬件设施都属各公司内部技术资料，本书略。

第7章

载 货 电 梯

7.1 定义与功能

7.1.1 定义

载货电梯是为运送货物而设计,通常有人伴随的电梯。它是一种以电动机为动力、服务于规定楼层的固定式升降设备。具有一个轿厢,运行在至少两列垂直的刚性导轨之间。广泛用于工厂、宾馆、餐厅、车站、影剧院、展览馆等场所。

载货电梯的结构牢固,安全性好,为节约动力装置的投资和保证良好的平层精确度,常取较低的额定速度。载货电梯轿厢具有长而窄的特点,轿厢容积通常比较宽大,一般轿厢深度大于宽度或两者相等。载质量有 2000 kg、3200 kg、5000 kg 等多种;速度在 1 m/s 以下。

7.1.2 功能

1. 运行功能

(1) 全集选控制:在自动状态或者司机状态,电梯在运行过程中,响应轿内指令信号的同时,自动响应厅外上下召唤按钮信号,任何楼层的乘客,都可以通过登记上下召唤信号召唤电梯。

(2) 检修运行:电梯进入检修状态,系统取消自动运行以及自动门的操作,按上(下)行按钮可使电梯以检修速度点动向上(下)运行,松开按钮电梯立即停止运行。

(3) 直接停靠:系统控制电梯以距离为原则减速,自动运算生成从启动到停车的平滑曲线,直接停靠在平层位置,平层时无任何爬行。

(4) 满载直驶:在自动无司机运行状态,当轿内满载时,电梯不响应厅外的召唤信号。但是,此时厅外召唤仍然可以登记,将会在下一次运行时响应。

(5) 自动返基站:当超过设定时间,仍无内部指令和层站召唤时,电梯自动返回基站等候。

(6) 服务楼层设定:系统可根据需要灵活选择可关闭或者激活某个或多个服务楼层及停站楼层。

(7) 保持开门时间分类设定:系统根据设定的时间自动辨别开门,指令开门,门保护门,延迟开门等不同的保持开门时间。

(8) 关门按钮提前关门:电梯在自动运行模式下,处于开门保持时,可以通过关门按钮提前关门,以提高效率。

(9) 独立运行:电梯不接受外界召唤,不能自动关门。自动运行状态下,锁梯开关动作后,消除所有召唤登记,然后返回锁梯基站,自动关门,此后停止电梯运行,关闭轿厢内照明与风扇。当锁梯开关被复位后,电梯重新进入正常服务状态。

2. 安全功能

(1) 门光幕保护：关门过程中，门中间有异物阻挡时，光幕保护动作，电梯转为开门，但光幕在消防操作时不起作用。

(2) 超载保护：当电梯载质量超过额定值时，电梯报警，停止运行。

(3) 防打滑保护：在非检修状态，电梯运行过程中，如果连续运行超过规定的时间，而且没有平层开关动作过，系统就认为检修到钢丝绳打滑故障，并停止轿厢运行。

7.2 分类

载货电梯的分类与公共场所电梯的分类基本相同，详见 3.2 节内容。

7.3 技术参数和产品性能

7.3.1 结构组成

载货电梯的产品结构组成与公共场所电梯基本相同，同图 3-1。

7.3.2 主要技术参数

(1) 额定载质量：电梯设计所规定的轿厢载质量；

(2) 额定速度：电梯设计所规定的速度；

(3) 额定乘客人数：电梯设计限定的最多允许乘客数量（包括司机在内）；

(4) 提升高度：从底层端站地坎上表面至顶层端站地坎上表面之间的垂直距离；

(5) 轿厢有效面积：电梯运行时可供乘客或货物使用的轿厢面积；

(6) 开门宽度：层门和轿门完全打开时测量的出入口净宽度；

(7) 开门高度：层门和轿门完全打开时测量的出入口净高度。

7.3.3 典型产品性能

(1) 电梯整机的设计使用年限应不低于 20 年。

(2) 电梯轿厢的平层准确度在 ±10 mm 范围内，平层保持精度 ±20 mm 范围内。

(3) 电梯整机的性能要求应符合《电梯技术条件》(GB/T 10058—2023) 的规定。

(4) 驱动主机的制动器应进行不小于 500 万次动作试验，期间应当不发生任何可能产生危险的故障。如果动作监测开关失效后能够防止电梯的下一次正常启动，则监测开关失效不作为产生危险的故障。其中前 200 万次的动作试验过程中不允许进行维护。

(5) 层门门锁装置的正常动作次数不应小于 100 万次。试验后不应当产生可能影响电梯运行安全的磨损、变形或者断裂。

(6) 轿厢内照明应符合以下要求：①轿厢内的照明应采用节能灯具。②在正常照明电源完好的情况下，在控制装置上，以及在轿厢地板以上 1.0 m 且距轿壁至少 100 mm 的任一点的照度不小于 100 lx。③在正常照明电源发生故障的情况下，应自动接通具有自动再充电紧急电源供电的应急照明。

(7) 轿厢通风应符合以下要求：

① 轿厢通风装置的风量应能保证轿厢内空气每小时更换不小于 20 次。每个轿厢通风装置的风量应按以下公式计算：

$$Q = S \times H \times N \div 60 \div n$$

式中，Q——每个轿厢通风装置的风量；

S——轿厢面积，按 GB/T 7588.1—2020 中第 5.4.2 条进行计算；

H——轿厢内部净高；

N——轿厢内空气每小时更换次数；

n——通风装置数量。

② 在正常通风装置电源发生故障的情况下，应自动接通具有自动再充电紧急电源。

③ 在实验室环境下，距轿厢通风装置出风口 1 m 处的噪声不应大于 50 dB。

④ 门的安全保护装置应采用光幕，如果采用安全触板则应与光幕组合使用。光幕应能检测出直径不小于 50 mm 的障碍物，并且其保护区域至少能覆盖从轿厢地坎上方 25～1600 mm 的区域。

7.4 选用原则

载货电梯的选用基本上以实际需要为主,根据现有井道的尺寸,结合土建结构,选用无机房载货电梯或有机房载货电梯。根据提升高度、提升速度和额定载荷的要求,选择驱动方式和悬挂比。

7.5 安全使用

7.5.1 安全使用管理制度

(1) 严格遵守国家有关特种设备的安全规定,服从政府管理部门的管理。

(2) 电梯管理人员、电梯操作人员、电梯维修人员必须经特种设备专业技术和安全教育培训。考试合格取得特种专业人员证书后方可从事作业和管理。

(3) 电梯使用部门需指定专业操作人员,遵守操作规程,出现使用问题做到耐心仔细解答,并保持电梯内清洁卫生。

(4) 电梯使用部门定期配合做好由特种设备检测机构每年一次的电梯安全检测检验工作。

(5) 电梯应由电梯维保企业专业技术人员按15日保养制度的规定进行维修保养,以延长电梯的使用寿命和确保安全运行。

(6) 保持电梯机房整洁,关好门窗,防止风雨、沙灰、小动物进入机房。机房内不准堆放无关物品。

(7) 机房内按规定配备好相应的消防设施。消防设施按有效期定期更换。

(8) 严格执行电梯三角钥匙管理制度。

(9) 机房属安全重地,严禁无关人员进入。

(10) 电梯严禁超载。

(11) 在电梯内禁止打闹、吸烟、故意晃动。

(12) 不准在轿厢内乱扔杂物、随地吐痰,不准在轿壁上乱写乱画。

(13) 电梯内外按钮只需轻轻按亮即可,不得重复加力揿按。

(14) 认真识别电梯的上下招呼按钮,根据所去方向正确揿按,尽量减少电梯无功运行。严禁去一个方向同时揿按上下两个按钮。

(15) 严禁一只脚站在门外一只脚站在轿厢内停留。

(16) 进出电梯时,应注意观察电梯轿厢地板与楼层是否水平,以免被绊倒。

(17) 严禁携带危险品乘坐电梯。

(18) 不乘坐已明示处于非正常状态下的电梯。

7.5.2 发生紧急情况后的处理

当电梯发生以下紧急情况而冲顶或蹾底后:①当发生地震时;②微震和轻震对电梯的破坏不大,可是轿厢或对重导靴可能脱出导轨,或一部分电线被切断,此时开动电梯就可引起意想不到的事故。

此时应通知司机或管理人员尽快将电梯开到安全楼层停车,把乘客引到安全的地方。轿厢开到安全的楼层,在乘客确已完全撤出后切断电源。

当建筑物内发生火灾时,司机或管理人员必须在第一时间疏散电梯内的乘客,并确认乘客已完全撤出后,停止使用电梯。

在发生上述情况后,须经过有关人员严格检查,整修鉴定后方可使用电梯。

7.5.3 电梯机房和井道管理

(1) 机房应由维护检修人员值班管理,其他人员不得随意进入。机房应加锁,并标有"机房重地,闲人免进"字样。

(2) 机房需确保没有雨雪侵入的可能。

(3) 机房需确保通风良好。

(4) 机房内应保持整洁干燥、无尘烟及腐蚀气体,除检查维修所必须的工具外不应存放其他物品。

(5) 当设有井道检修门时,则在检修门旁标有下列字样:"电梯井道——危险,未经许可禁止入内"。

(6) 井道内除规定的电梯设备外,不得存入杂物、敷设水管或煤气管等。

(7) 电梯长期不使用时,应将机房的总电源断开。

(8) 机房顶板承重梁和吊钩上应标明最大允许载荷。

(9) 当机房内设有活地板时,应设有永久可见的标志:"谨防坠落——重新关好活地板门"。

(10) 当维护、检修电梯时,应在电梯每个层门口设置护栏,并标有"电梯检修、停止使用、请勿靠近、危险!"等警告标志。

7.5.4 安全操作规范

(1) 司机或专职管理人员在电梯行驶前的检查与准备工作:

① 开启层门进入轿厢之前,需特别注意轿厢是否停在该层。

② 开启轿内照明(如手动控制照明)。

③ 每日开始工作前,将电梯上下行驶数次,无异常现象后方可使用。

④ 层门关闭后,从层门外不能用手拨启;当层门轿门未完全关闭时,电梯不能正常起动。

⑤ 平层准确度应无显著变化。

⑥ 经常清洁轿厢内,层门及乘客可见部位。

(2) 电梯行驶中司机或管理人员应注意事项:

① 在服务时间内,如司机必须离开或电梯停用时,须将相关的开关关闭,并检查层门是否关好。

② 轿厢的载质量应不超过规定载质量。

③ 电梯不允许装运易燃、易爆等危险品。如遇特殊情况,需经管理部门批准,并严加安全保护措施后方可装运。

④ 严禁在人为短接安全回路、层门开启情况下开动电梯。

⑤ 不允许利用检修、停止按钮来作一般正常行驶中的消号,运输乘客和货物。

⑥ 不允许开启轿顶安全窗装运超长物件。

⑦ 应劝阻乘客不要倚靠在轿厢门和层门上。

⑧ 轿厢顶部和底坑内,除电梯固有设备外,不得放置其他物品。

(3) 在电梯使用中发生如下故障时,司机或管理人员应立即通知维修人员,检修后方可继续使用:

① 层、轿门全关闭后,电梯未能正常行驶;

② 运行速度显著变化;

③ 轿、层门关闭前,电梯自动行驶;

④ 行驶方向与选定方向相反;

⑤ 指令召唤和层楼信号失灵失控(司机应立即按下停机开关);

⑥ 发觉有异常噪声、较大振动和冲击;

⑦ 当轿厢在额定质量下,超越端站位置而继续运行;

⑧ 安全钳误动作;

⑨ 接触到电梯的任何金属部分有麻电现象;

⑩ 电气部件过热而发出焦臭味;

⑪ 发现电梯机房、井道进水时,立即停止使用,并通知维保人员。

(4) 电梯使用完毕准备停用时,司机或管理人员应将轿厢停在基站,关闭操纵箱上所有开关,或使用层站停机开关锁梯。

(5) 发生紧急事故时,司机应采取下列措施:

① 当发现电梯失控而安全钳尚未起作用时,司机应保持镇静,并告诫乘客切勿跳出轿厢,并作好承受应轿厢急停而产生冲撞的思想准备。

② 电梯行驶中突然发生停梯事故,司机应立即按动警铃按钮,以便通知维修人员,设法使乘客安全退出轿厢。

③ 在机房内手动盘车使电梯短程升降时,必须先切断主电源,并松开制动器。

7.5.5 安装现场准备

电梯现场安装前的准备主要有如下内容:

(1) 电梯的安装和维护人员须具有法定的相关资质证书,在作业时须严格遵守国家以及当地的电梯安全、安装和维护规范。

(2) 根据工程实际对班组进行安全技术交底,备齐安全防护和个人劳动保护用品,及时将公司资质文件、施工组织设计方案、安全应急预案、产品随机资料、人员组织等资料报监理单位审批,并整改土建不合格部分。

(3) 熟悉甲方、总包等单位对现场的管理规定和要求,掌握电梯安装工艺和生产厂家随机提供的技术文件资料。

（4）在离电梯井道附近设置临时工具房，库房内搭设钢管货架，可用开箱板平铺备用。库房至少配置2个灭火器、1个急救小药箱。

（5）检查吊装及运输机具、索具，使其保持良好工作状态。

（6）由甲方、土建、监理单位检查确认电梯层门防护是否完好，各层张贴安全警示标语、告示是否到位，做好施工现场安全警示和安全防护工作。

（7）做好与本工程有关的施工机具和计量器具准备。

（8）土建工程交接检验。检查机房、井道土建施工完成情况，包括结构、预留孔洞、机房吊钩、井道垂直度偏差、图纸尺寸与实际尺寸的误差，机房和井道施工遗留物、建筑垃圾、底坑积水是否清理干净，主电源开关设置是否符合要求。检查完毕，双方检查人员应对检查结果签字确认，对不符合及超差部分应确定整改完成时间。

（9）由甲方协调相关单位确定各层标高、轴线、装修面等基准测量点。

7.5.6　维护和保养

载货电梯的维护保养工作在《电梯维护保养规则》（TSG T5002—2017）中规定的是最低要求，各电梯制造企业根据产品不同有不同的维护和保养内容，详见3.5.3节内容。

维护和保养的基本要求：

（1）电梯进行维护保养必须遵守电梯维护保养安全操作规程。

（2）电梯的维护保养分为日常性的和专业性的维护保养。

（3）日常性的维护保养工作由具备质量技术监督部门认定并具有相应资格证书的人员承担；专业的维护保养应与有电梯维护保养资质的专业保养单位签订维护保养合同。

（4）电梯每次进行维护保养都必须有相应的记录，电梯安全管理人员必须向电梯专业维护保养单位索要当次维护保养的记录，并进行存档作为电梯档案的组成部分。

（5）日常性维护保养记录由维保电梯作业人员填写，每月底将记录内容报电梯安全管理人确认并保管、存档。

（6）电梯日常性的维护保养内容应按照电梯产品随机文件中的维护保养说明书的要求进行，专业性维护保养按照签订的相关合同的内容、周期进行。

（7）电梯重大项目的修理应有相关资质的维修单位承担，并按规定向特种设备安全监察机构备案后方可实施。

（8）电梯安全管理人员对在电梯日常检查和维护中发现的事故隐患应及时组织有关人员或委外有关单位进行处理，存在事故隐患的电梯严禁投入使用。

7.5.7　常见故障及排除方法

（1）简单故障的排除：①检查厅、轿门凹槽等电梯标准器件，如有必要，还应对其进行清洁操作。②检查电梯光幕传感器等电梯标准器件，如有必要，还应对其进行清洁操作。③检查所有控制器件的运行情况，如轿厢灯、轿厢及层站的各种开关按钮的位置，如有必要，对其进行清洁并复位。④检查所有的厅门是否能完全关闭并锁定，如果任一厅门不能完全锁定，该入口应立即关闭并通知使用维护单位。

（2）故障的进一步排除：根据控制系统说明书对照检查"故障查询"菜单，然后进行相关故障的排除。如为安全回路问题，根据电气原理图中的安全回路部分，确定故障的范围。一旦发现某部件出现故障，必须予以修复或更换后方能投入使用。

载货电梯如果出现故障状态，可以查看其主控制器的状态，主控制器会出现故障报警信息，根据报警信息对照其故障代码，可以查明电梯故障内容及相应处理方法。其故障说明、故障信息和对策详见3.5.4节内容。

7.6　适用法律、规范和标准

载货电梯适用的法律、规范和标准与3.6节内容相同。

第8章

杂物电梯

8.1 定义与功能

杂物电梯是一种专供垂直运送小型货物的电梯,通常安装在饭店、食堂、图书馆等场所,俗称"餐梯""食梯""传菜梯"。

杂物电梯是服务于指定层站的固定式提升装置,具有一个轿厢,轿厢的结构型式和尺寸设计为不允许人员进入。轿厢在两列铅垂的或与铅垂线的倾斜度不大于15°的刚性导轨上运行。

为了满足不能进人的设计要求,轿底面积不应大于 1.0 m^2,深度不应大于 1.0 m,高度不应大于 1.2 m。如果轿厢由几个固定的间隔组成,且每一个间隔都能满足上述要求,则轿厢总高度允许大于 1.2 m。

8.2 分类

杂物电梯按驱动方式可分为电力曳引驱动、电力强制驱动和液压驱动;按层门开门方式可分为单扇外敞式、垂直中分式和双扇上滑式,如图 8-1 所示。

(a)

(b)

(c)

图 8-1 层门开门方式
(a) 单扇外敞门;(b) 垂直中分门;(c) 双扇上滑门

8.3 技术参数和产品性能要求

8.3.1 结构组成

杂物电梯典型产品的结构组成如图 8-2 所示。

图 8-2 杂物电梯典型产品的结构组成

8.3.2 主要技术参数

(1) 额定载质量：电梯设计所规定的轿厢载质量，额定载质量不大于 300 kg，且不允许运送人员。

(2) 额定速度：电梯设计所规定的速度，额定速度不大于 1.0 m/s。

8.3.3 产品性能要求

1. 井道

杂物电梯的井道除尺寸外，要求与其他电梯相似。井道最好不设置在人能进出的空间上方，若井道下存在人可进入的空间，底坑的底板应满足不小于 5000 Pa 的载荷设计。建议轿厢和对重应加装安全钳装置。

井道的顶部间距要求如下：

(1) 曳引驱动的杂物电梯在轿厢或对重完全压实在缓冲器上时，井道顶部必须提供不少于 50 mm 的净空距离，使对重或轿厢不会撞击到井道顶部的任何部分。井道侧壁也应采取相应的措施防止货物撞击井道壁或轿门（见图 8-3）。

(2) 对强制驱动的杂物电梯在上部极限位置之上应提供不小于 50 mm 的净空距离，并保证正常运行时，轿厢顶部缓冲器不动作。

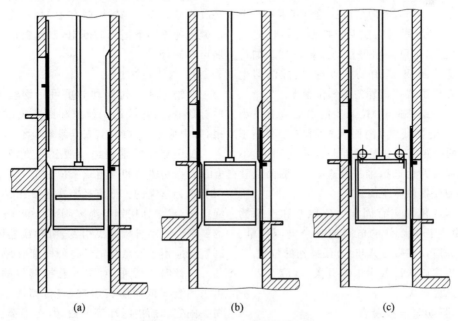

图 8-3 防止货物碰撞的保护措施
(a) 附加的硬护面；(b) 护板；(c) 轿门

底坑：应光滑平整，不漏水、不渗水。底坑深度一般不小于0.3 m，并应保证轿厢或对重在压实缓冲器后，其结构与地面的垂直距离不小于50 mm。

为了清扫底坑内的垃圾，必要时可在井道下端设置清洁门。清洁门应是无孔的，具有与层门一样的强度，门不得向井道内开启，其高度不应大于0.6 m。门应装设用钥匙开启的锁，并有验证关门状态的电气安全装置，确保只有在清洁门关闭的情况下电梯才能运行。

当井道内有多台电梯时，不同电梯运动部件之间应有隔障。当运动部件间的水平距离小于0.3 m时，隔障应贯穿整个井道高度；如果该水平距离大于0.3 m，则可以从底坑地面之上0.3 m处隔到最低层楼之上不小于2.5 m处。

2．机房

杂物电梯的驱动主机及其辅助设备应设置在单独的机房或井道中的机罩内。机房和机罩应结构坚固、通风良好、不淋雨漏水，环境温度在5～40℃。机房和机罩不得用作电梯以外的其他用途，并仅允许经过批准的专业人员在维修检查时进入。

机房应有可以锁住的门，门的尺寸不得小于0.6 m×0.6 m，通向机房的通道高度不小于1.8 m，并应设固定的照明。控制器可以固定装设在机房，也可采用可移动式控制器。如将控制器适当封闭，并有防护设施，则控制器也可安装在机房或井道外的相邻位置上。

为方便维修保养，控制器的前面应有不小于0.9 m的净距离，侧面和背面应有不小于0.5 m的净距离。如控制器是固定封闭的，不能从侧面或背面进行维护检查时，在侧面或背面就不需要提供净距离。

机房或机罩应有固定电气照明和电源插座，并由主开关以外的电路或安全电压供电。照明开关应设在接近入口、方便操作的位置。

若机房内未设置主电源开关，则应在入口处设置急停开关。

3．驱动与悬挂装置

1) 杂物电梯的驱动

允许使用钢丝绳曳引式驱动和钢丝绳或链条的强制式驱动。强制驱动可设平衡重，但必须防止轿厢或对重落在缓冲器上时，防止链条从链轮上脱开和链条扭折卡阻。

当曳引轮或链轮是悬臂支承时，应采取有效措施防止钢丝绳脱槽或链条脱离链轮。当驱动主机不设在上部的机房时，还要防止杂物掉入绳槽或链轮。但这些防护措施不能妨碍电梯检查和维修工作。

驱动主机必须由两个独立的接触器切断电源，接触器触点应串联于主电路中。在电梯停止运行时，若有一个接触器主触点未打开，最迟到运行方向改变时，电梯应不能启动。驱动主机应装设手动紧急操作装置，在需要时可用盘车手轮将轿厢移动到邻近的层站。

2) 制动装置

杂物电梯必须设常闭式的机电制动器，在动力电路或控制电路失电时都能自动制动，并在持续通电下保持松开状态。

禁止使用带式制动器，制动应靠闸瓦、垫片或卡钳等作用在制动轮或制动盘上实现。制动力应由有导向的压缩弹簧或重锤产生，制动衬应不易燃并有必要的热容量。

制动器应能用手动松开，并需用持续力保持其松开状态。当轿厢载有125%额定载荷并以额定速度向下运行时断电，制动器应能使轿厢可靠制停。

3) 悬挂装置

杂物电梯的轿厢和对重可用钢丝绳或钢质链条悬挂，悬挂的钢丝绳和链条应不少于2根，每根应是独立的，其安全系数应不小于10。

曳引驱动的钢丝绳一般公称直径不小于6 mm，强制驱动和额定载质量小于25 kg的曳引驱动钢丝绳的公称直径不小于5 mm。钢丝绳应符合《电梯用钢丝绳》(GB/T 8903—2018)的要求。驱动机构的曳引轮、滑轮或卷筒的节圆直径应不小于悬挂钢丝绳公称直径的30倍。

钢丝绳与轿厢、对重或悬挂部位的连接，可采用金属或树脂铸灌锥套、自锁楔形绳套、绳夹固定和插接绳环等方法，但连接部位的强度应不小于钢丝绳破断负荷的80%。强制驱动的钢丝绳在卷筒上的固定应采用楔块压紧装置,或至少两个绳夹等具有相同连接强度的装置。用链条悬挂时应用合适的端接装置固定在轿厢、对重或悬挂部位上,连接部位的强度应不小于链条破断拉力的80%。

至少在悬挂装置的一端应设能调节和自动平衡各绳、链张力的装置,若用弹簧平衡张力则必须在压缩状态下工作。调节装置应能保持调整的位置不会松动。

钢丝绳曳引驱动时,应满足GB/T 7588.1—2020的曳引条件。强制驱动时,缠绕钢丝绳的卷筒应有螺旋绳槽,槽形应与所用钢丝绳相适应。钢丝绳在卷筒上只能单层缠绕,并在轿厢完全压在缓冲器上时,卷筒上应保留不少于一圈半的钢丝绳。工作中钢丝绳相对于绳槽的偏角(放绳角)应不大于4°。

用链条悬挂时,链轮的齿数不得少于15个,每根链条在链轮上的啮合数不得少于6个。

用于导向、回绕等作用的绳轮、链轮应有防护装置,以防止钢丝绳脱槽、链条脱离链轮和异物进入,在人员可接近时也可防止伤害事故。

如果有对重,必须有防止对重块跳动和位移的措施。对重装置上若有滑轮,必须有防止钢丝绳脱槽的装置。

4. 轿厢、层门与导向装置

1) 轿厢

杂物电梯的轿厢应是刚性结构,除服务用开口外应是封闭的。轿厢应有必要的强度,应由不易燃烧和不产生有害气体、烟雾和粉尘的材料制造。轿底面积不应大于$1.0\ m^2$,深度不应大于$1.0\ m$,高度不应大于$1.20\ m$。额定载质量不大于300 kg,且不允许运送人员。若在运行过程中运输的货物可能触及井道壁,则在轿厢入口处应设置适当的部件,如挡板、栅栏、卷帘及轿门等。这些部件应配有符合要求的用来证实其关闭位置的电气安全装置。特别是具有贯通入口或相邻入口的轿厢要防止货物凸出轿厢。

2) 层门

井道上层门开口可与地面一样平齐,也可在地面之上,但其净高度和净宽度超出轿厢入口的净尺寸均不得大于50 mm。杂物电梯在层站应安设无孔的层门,门上可设窥视窗。门扇之间或与周边的间隙不得大于6 mm,使用磨损后允许不大于10 mm。层门的强度要求与其他电梯层门强度相同。层门入口应装设地坎,以承受货物进出轿厢时产生的载荷。层门地坎与轿厢下沿的水平距离应不大于25 mm。层门应设导向装置,并避免在启闭时发生脱轨、卡塞现象。水平滑动门应在上下都设导向装置,垂直滑动门应在两边都设导向装置。垂直滑动门的门扇应悬挂在两个独立的部件上,悬挂部件的安全系数不小于8。若用钢丝绳,则绳轮(滑轮)直径应不小于钢丝绳直径的25倍。绳轮或链轮应有防止钢丝绳脱槽和链条脱出的防护措施。杂物电梯的层门与其他电梯一样是防止发生剪切和坠落事故的关键,所以层门应有锁和电气安全联锁装置。当门未锁住时电梯不能启动,在运行过程中门扇被开启则电梯应立即停止运行;同时轿厢不在层站的开锁区,该站层门应不可能开启(层站开锁区不大于层站地坎上下75 mm)。门锁应由重力、磁铁或弹簧来产生并保持锁紧动作。使用弹簧时,应是有导向的压簧,在开锁时,弹簧圈不会完全压缩。当层门地坎离地面高度小于800 mm时,门锁应至少能承受沿开门方向的750 N的力而无变形。门锁锁紧元件在锁紧时,其啮合深度应不少于5 mm。至少在端站的层门上应设紧急开锁装置,可以在层站外用三角钥匙将层门打开,并在停止开锁动作后门锁能自动恢复锁闭状态。

3) 导向装置

杂物电梯的导向装置和其他电梯一样,也是由轿厢(对重)上的导靴和井道中的导轨组成。由于速度低、载荷轻,导轨可用轧制型钢制成。但导轨、接头和附件必须有足够的强度,能承受轿厢载荷不均匀引起的挠曲和安全钳动作时所产生的负荷。导靴一般可使用固定滑动导靴,成对地安装在轿厢(对重)的上下两侧,导靴的结构和安装应能较方便地更换靴衬或导靴。

5. 安全保护与运行控制

1) 限速器安全钳装置

当轿厢速度大于等于轿厢下行额定速度的 115% 时，操纵轿厢安全钳的限速器应动作，但最大动作速度应小于下列规定值：①额定速度不大于 0.63 m/s 时，为 0.8 m/s；②额定速度大于 0.63 m/s 时，为额定速度的 125%。

当安全钳的动作由悬挂装置断裂或安全绳触发时，应假设安全钳在速度达到相应限速器的动作速度时动作。安全钳动作使轿厢制停后，应有电气安全装置在超过全行程正常运行时间 10 s 以前使驱动主机停止运转并保持停止状态。动作后的安全钳只有在将轿厢（对重）提起后方能释放，而且需经批准的专业人员调整电梯后才能恢复使用。限速器的动作速度应不小于额定速度的 115%，不大于 1.25 m/s。若对重也设安全钳，其动作速度应比轿厢安全钳至少高 10%，且不大于 1.40 m/s。

限速器钢丝绳的公称直径不小于 3 mm、安全系数不小于 8，绳轮的节圆直径不小于钢丝绳直径的 30 倍。限速器动作时，限速器绳的张力应不小于安全钳装置起作用所需力的 2 倍，且不小于 200 N。限速器安装的位置应是可接近的，若安装在井道内，应能从井道外接近，以便于进行维护和调整。

2) 缓冲器

应在轿厢和对重行程底部极限位置设置缓冲器。对于强制驱动的电梯还应在轿厢顶部设置附加缓冲器，以在行至行程极限位置时起缓冲作用。缓冲器可由弹性塑料、橡胶和木材等制成，木材制成的缓冲器仅能用于额定速度不大于 0.3 m/s 的杂物电梯。

3) 极限开关

杂物电梯应在端站附近设极限开关，在轿厢越过端站时使轿厢停止，并在缓冲器压缩期间保持其动作状态。极限开关应符合安全触点的要求，并能直接切断主机电源或控制主机的接触器电源。极限开关的动作可由轿厢或对重上的结构直接触动，也可通过钢丝绳等传动装置来操作，此时应设电气安全装置，在传动装置失效时使主机停止运转。对强制驱动的电梯也可装在与驱动主机运动相连接的位置上，如可装在卷筒上，卷筒的转数达到一定值时触动极限开关。极限开关动作后，必须经专业人员复位后电梯才能重新运行。

4) 下行障碍保护装置

轿厢或对重在下行遇到障碍时，应有电气安全装置使电梯停止运行。强制驱动的电梯在钢丝绳或链条松弛时，应能切断控制电源，停止电梯运行。而曳引驱动电梯在遇到障碍使钢丝绳打滑时，电气安全装置应在超过全行程正常运行时间 10 s 前使驱动主机停止运转，并保持停止状态。上述装置动作后，应由专业人员检查复位后方能重新使用电梯。

5) 停止开关

在底坑的入口处和无主开关的机房入口处应设置停止开关。停止开关应是红色、双稳态、误动作不能使其释放的电气安全触点。

6) 运行控制

杂物电梯的运行控制都用按钮操纵，按钮应安装在防护等级不低于 IP2X 的按钮盒中，在十分潮湿或有腐蚀性的特殊场合也可用绳带或拉杆等进行操纵。运行控制一般有基站控制型和层站相互控制型。基站控制型只在基站设各层的操作按钮，而其他层站只设呼梯蜂鸣按钮，在其他层站呼梯或需要轿厢到另层站时，用蜂鸣器按钮通知基站，由基站对轿厢运行进行操纵；相互控制型在每个层站都有所有层站的操作按钮，召唤轿厢时只要按本层的按钮，需要轿厢到另层站时，只要按下目的层站的按钮即可。

8.4 安全使用

杂物电梯的安全使用管理制度如下。

1. 用户职责

(1) 杂物电梯只能作为物品的垂直运输，装载物品不应超过轿厢额定载质量。严禁人员进入轿厢。

(2) 使用前应详细阅读使用手册。

(3) 在使用及维护过程当中，应设专人监督电梯运行安全状况。

(4) 发现电梯有故障时,应立即停止使用。
(5) 对维护、测试及改造工作进行监督。
(6) 保管好检测、维护记录。
(7) 保管好机房、控制柜、电锁及三角钥匙,以防滥用。

2．杂物电梯安全使用规范

(1) 杂物电梯应由称职人员使用。
(2) 严禁人员进入杂物电梯轿厢。
(3) 机房应保持干燥。
(4) 机房内及各厅门门口需提供足够的照明。
(5) 底坑不得有积水。
(6) 杂物电梯轿厢、厅门及门套应定期进行清洁,否则可能产生腐蚀。
(7) 清洁前应切断一切与电梯有关的电源。
(8) 清洁过程中应防止水或异物进入电梯井道。
(9) 厅门滑道应经常进行清洁,不允许残留异物。
(10) 每日运行前应对电梯进行检查,确保无异味及异常声响。
(11) 当结束一天工作时,应将轿厢停至下端站或基站。
(12) 当电梯出现故障时,应立即停止使用,并由称职的维修人员及时进行修理。
(13) 切勿短接安全回路任何环节。
(14) 三角钥匙、电锁钥匙、机房及控制柜钥匙应由专职人员保管。
(15) 电梯在运行期间无法选层,因此试图在电梯运行期间选层是无效的。
(16) 选层时,应长按按钮约 0.5 s,当电梯运行时松开按钮。
(17) 切勿尝试电梯运行当中开启厅门。
(18) 电梯按钮应避免油污,以防按钮粘连影响电梯使用。
(19) 不可用硬质棒料代替按动按钮。
(20) 不可敲击电梯任何部件。
(21) 开、关各层厅、轿门时应动作要轻。
(22) 轿厢不得超载。
(23) 物品进入轿厢时,应保证厅门完全打开,以防厅门变形或损坏。
(24) 装载物品时,应将物品完全放入轿厢,以防损坏物品或设备。
(25) 装载物品时,应避免用力撞击轿厢任何部分。
(26) 电梯使用完毕后应及时关闭厅门,以免影响其他楼层的使用。

8.5　适用法律、规范和标准

杂物电梯适用的法律、规范和标准除《杂物电梯制造与安装安全规范》(GB 25194—2010)外,其余均与 3.6 节内容相同。

第9章

病床电梯

9.1 定义与功能

病床电梯是指运输病床(包括病人)及相关医疗设备的电梯。病床电梯主要是为运送病床、担架、病床车而设计的电梯,轿厢具有长而窄的特点。

9.2 分类

病床电梯根据运送材料的不同,可以分为运送病床电梯、运送担架电梯、运送病床车电梯等。按驱动方式等分类,详见3.2节。

9.3 主要结构和技术参数

9.3.1 结构组成

病床电梯的产品结构和组成与公共场所电梯基本相同,同图3-1。

9.3.2 主要技术参数

病床电梯主要有以下几个技术参数:

(1)额定载质量:电梯设计所规定的轿厢载质量。

(2)额定速度:电梯设计所规定的速度。

(3)额定乘客人数:电梯设计限定的最多允许乘客数量(包括司机在内)。

(4)提升高度:从底层端站地坎上表面至顶层端站地坎上表面之间的垂直距离。

(5)轿厢有效面积:电梯运行时可供乘客或货物使用的轿厢面积。

(6)开门宽度:层门和轿门完全打开时测量的出入口净宽度。

(7)开门高度:层门和轿门完全打开时测量的出入口净高度。

1. 额定载质量

根据《电梯主参数及轿厢、井道、机房的型式与尺寸 第1部分:Ⅰ、Ⅱ、Ⅲ、Ⅵ类电梯》(GB/T 7025.1—2023),病床电梯的参数和尺寸见表9-1。

表9-1 病床电梯的参数和尺寸

额定载质量/kg	可乘人数/人	轿厢尺寸		
		宽度/mm	深度/mm	高度/mm
1600	21	1400	2400	2300
2000	26	1500	2700	2300
2500	33	1800	2700	2300

额定载质量为1600 kg、2000 kg的病床电梯,轿厢应能满足大部分疗养院和医院的需要。额定载质量2500 kg的病床电梯,轿厢应适用于躺在病床上的人连同医疗救护设备一并运送。

2. 轿厢尺寸

病床电梯主要用于医院运送躺在手术车

上的病人,其轿厢为适应病床的运送而做得深而窄。对轿厢面积的限制是防止乘客引起轿厢超载而发生坠落的安全要求,《电梯制造与安装安全规范》的1995年版本中未对病床电梯的面积作上限规定,而是简单地将病床电梯作为乘客电梯的特例允许放宽。某地区各大医院病床电梯轿厢尺寸及有效面积,见表9-2。从表9-2中可以看出,在载质量为1000 kg的情况下,病床电梯的有效使用面积却与额定载质量为1600 kg电梯相当,见表9-3。国家对此类现象的病床电梯作出如下规定:①设"有司机操作";②设置轿厢超载装置。重要的是病床电梯用于医院运送躺在手术车上的病人,而不应将病床电梯、客梯兼用,或把病床电梯、客梯、客货梯兼用。新标准相对旧标准对轿厢面积的严格限制体现了更合理和人性化的安全理念,增强了病床电梯的使用安全性。

表9-2 病床电梯轿厢尺寸及有效面积

使用医院	额定载质量/kg	轿厢尺寸(宽×深)/(mm×mm)	轿厢有效面积/m²
中医院	1000	1500×2600	3.99
三医院	1000	1545×2415	3.82
人民医院	1000	1450×2400	3.57

表9-3 不同额定载质量病床电梯轿厢有效面积限值

额定载质量/kg	轿厢最大有效面积/m²	允许的最大有效面积/m²
1000	2.4	2.52
1600	3.56	3.74

3. 井道尺寸

井道尺寸2350 mm(宽)×3000 mm(深)。在研制中重点突破病床电梯的总体布局,将机房工字钢斜置,使相同轿厢尺寸所需井道面积减少6%,实现小井道、大轿厢,提高了建筑空间率,节约了建筑成本。

9.4 选用原则

病床电梯是为医院运送病床而设计的电梯,其特点是轿厢窄而深,常要求前后贯通开门。病床电梯是特殊的电梯,需要运载各种仪器及病床。病床电梯对平层、振动和噪声都有特殊要求,是不可以用普通乘客电梯来代替的。常用病床电梯参数见表9-4。

表9-4 常用病床电梯参数

医用电梯	
有机房	无机房
KPB 1350(2400×2700, 1300×2200,M1100)(CO)	TKJW1350(2600×2600, 1300×2200,M1100)(CO)
KPB 1350(2200×2700, 1300×2200,M1100)(SL)	TKJW1350(2400×2650, 1300×2200,M1100)(SL)
KPB 1600(2400×2800, 1500×2300,M1100)(CO)	TKJW1600(2700×2700, 1500×2300,M1100)(CO)
KPB 1600(2400×2800, 1500×2300,M1100)(SL)	TKJW1600(2600×2750, 1500×2300,M1100)(SL)

1. 可靠性

针对医院的特殊要求,从电梯的设计开始就要选择合理的部件配置来保证电梯安全、可靠地运行,杜绝安全隐患的产生。

(1) 采用限速器、安全钳,起到下行超速保护作用;采用缓冲器,起到冲顶和蹲底保护作用。

(2) 采用变频变压调速门机,使电梯门开关更加平稳、轻巧、安全。

(3) 采用光幕作为门保护,避免了电梯厅轿门对乘客、行李、推车等的撞击。

(4) GB/T 7588.1—2020第5.6.6条规定:"曳引驱动电梯上应装设轿厢上行超速保护装置。"可通过以下方式实现:①装设于轿厢上的双向安全钳;②装设于对重架上的安全钳;③作用于钢丝绳系统(悬挂绳或补偿绳)的制停或减速装置,如夹绳器(夹绳器的使用不需改变原有电梯的结构系统,安装在曳引轮、导向轮之间的曳引机架上);④作用于曳引轮或最靠近曳引轮且与曳引轮同轴的部件上。

2. 舒适性

电梯技术的竞争,已不仅仅停留在运行速度和安全性能上,人们对电梯舒适性的要求越来越高。世界各大电梯厂商也纷纷将提高电梯的舒适性作为市场竞争的手段。针对病床电梯特殊的使用环境,如何提高其舒适性以减轻患者的伤痛显得尤为重要。可以采取的主要措施如下。

(1) 轿厢内配置风量大、噪声小的风机,以解决轿厢内闷热问题。

(2) GB/T 7588.1—2020 中第 5.4.9 条规定:"无孔门轿厢应在其上部及下部设通风孔。位于轿厢上部及下部通风孔的有效面积均不应小于轿厢有效面积的 1%。"因此设计中采用铆螺母用于围臂上、下端与轿顶、轿底连接,以达到通风及通风面积的规定要求。

(3) 为降低轿厢的振动、噪声,采用扭振小、低噪声的曳引机;设计三级减振:曳引机减振垫、绳头组合、轿厢减振垫。

9.5 安全使用

9.5.1 安全操作规范

(1) 司机或专职管理人员在电梯行驶前的检查与准备工作:①开启层门进入轿厢之前,需特别注意轿厢是否停在该层;②开启轿内照明(如手动控制照明);③每日开始工作前,将电梯上下行驶数次,无异常现象后方可使用;④层门关闭后,从层门外不能用手拨启,当层门轿门未完全关闭时,电梯不能正常起动;⑤平层准确度应无显著变化;⑥经常清洁轿厢内部、层门及乘客可见部分。

(2) 电梯行驶中,司机或管理人员应注意事项:①在服务时间内,如司机必须离开或电梯停用时,须将相关的开关关闭,并检查层门是否关好;②轿厢的载质量应不超过规定载质量;③乘客电梯不允许经常载货使用;④电梯不允许装运易燃、易爆等危险品,如遇特殊情况,需经管理部门批准,并严加安全保护措施后方可装运;⑤严禁在人为短接安全回路,层门开启情况下开动电梯,不允许利用检修、停止按钮来作一般正常行驶中的消号,运输乘客和货物;⑥不允许开启轿顶安全窗装运超长物件;⑦应劝阻乘客不要依靠在轿厢门和层门上;⑧轿厢顶部和底坑内,除电梯固有设备外,不得放置其他物品。

(3) 在电梯使用中发生如下故障时,司机或管理人员应立即通知维修人员,检修后方可使用:①层、轿门全关闭后,电梯未能正常行驶;②运行速度显著变化;③轿、层门关闭前,电梯自动行驶;④行驶方向与选定方向相反;⑤指令召唤和层楼信号失灵失控(司机应立即按下停机开关);⑥发觉有异常噪声、较大振动和冲击;⑦当轿厢在额定重量下,超越端站位置而继续运行;⑧安全钳误动作;⑨接触到电梯的任何金属部分有麻电现象;⑩发觉电气部件因过热而发出焦臭味;⑪发现电梯机房、井道进水时,立即停止使用,并通知维修人员。

(4) 电梯使用完毕准备停用时,司机或管理人员应将轿厢停在基站,关闭操纵箱上所有开关,或使用层站停机开关锁梯。

(5) 发生紧急事故时司机应采取下列措施:①当发现电梯失控而安全钳尚未起作用时,司机应保持镇静,并告诫乘客切勿企图跳出轿厢,并作好承受应轿厢急停而产生冲撞的思想准备;②电梯行驶中突然发生停梯事故,司机应立即按动警铃按钮,以便通知维修人员,设法使乘客安全退出轿厢;③在机房用手动盘车使电梯短程升降时,必须先切断主电源,并松开制动器。

9.5.2 电梯的机房和井道管理

(1) 机房应由维护检修人员值班管理,其他人员不得随意进入。机房应加锁,并标有"机房重地,闲人免进"字样。

(2) 机房需保证没有雨雪侵入的可能。

(3) 机房需保证良好通风。

(4) 机房内应保持整洁干燥、无尘烟及腐蚀气体,除检查维修所必需的工具外不应存放其他物品。

(5) 当设有井道检修门时,则在检修门旁标有下列字样:"电梯井道——危险,未经许可禁止入内"。

(6) 井道内除规定的电梯设备外,不得存入杂物、敷设水管或煤气管等。

(7) 电梯长期不使用时,应将机房的总电源断开。

(8) 机房顶板承重梁和吊钩上应标明最大允许载荷。

(9) 当机房内设有活地板时,应设有永久可见的标志:"谨防坠落——重新关好活地板门"。

(10) 当维护检修人员检查、维保电梯时,应在电梯每个层门口设置护栏,并设有"电梯检修、停止使用、请勿靠近、危险!"等警告标志。

9.5.3　紧急情况后的处理

紧急情况后的处理详见7.5.2节。

9.5.4　维护和保养

病床电梯的维护保养工作在《电梯维护保养规则》(TSG T5002—2017)中有最低要求,各电梯制造企业根据产品不同有不同的维护和保养内容,详见3.5.3节。

9.5.5　常见故障及排除方法

病床电梯常见故障及排除方法详见7.5.7节。

9.6　适用法律、规范和标准

病床电梯适用的法律、规范和标准除《综合医院建筑设计规范》(GB 51039—2014)和《疗养院建筑设计标准》(JGJ/T 40—2019)外,其余均与3.6节内容相同。

第10章

家用电梯(别墅电梯)

10.1 定义与功能

根据《家用电梯制造与安装规范》(GB/T 21739—2008),家用电梯是指安装在私人住宅中,仅供单一家庭成员使用的电梯。它也可以安装在非单一家庭使用的建筑物内,作为单一家庭进入其住所的工具,但是建筑物内的公众或其他居住者无法进入和使用,且:①在固定层站之间,轿厢沿垂直方向倾斜角不大于15°的导轨运行;②可供使用或未使用轮椅的人员使用;③由钢丝绳、链条、齿轮和齿条、液压油缸(直接或间接)、螺杆或螺母支撑或悬挂;④具有独立井道。家用电梯额定速度不超过0.4 m/s,对于无轿门的家用电梯额定速度不超过0.3 m/s,轿厢行程不超过12 m,额定载质量应按净承载面积(扶手所占面积也应计算在内)上至少250 kg/m² 来计算且不应超过1.6 m²,额定载质量不大于400 kg。

随着国内经济建设的进一步深化发展和文化物质生活水平的不断提高,别墅群和排屋小区的增加,建筑物本身的美观要求不断提高,小井道、矮顶层、浅底坑的家用电梯越来越受到开发商和高端业主的青睐,家用电梯的市场也越来越广阔。

10.2 分类

根据《家用电梯制造与安装规范》(GB/T 21739—2008)的规定,家用电梯目前市场上按照驱动型式可分为液压驱动、曳引驱动、螺杆驱动三类。

1. 液压驱动

液压驱动家用电梯属于传统的家用电梯设计,是通过液压动力源,把油压入油缸使柱塞作直线运动,直接或通过钢丝绳间接地使轿厢运动的电梯,如图10-1所示。

1)液压驱动家用电梯的优点

(1)土建结构要求低。液压电梯无须机房,只需一面承重墙,顶层高度2600 mm 以上就可以安装,底坑也可以做到很浅,最低100 mm。

(2)不会超速失控。只要机械结构设计合理,安装可靠,就不会发生冲顶、蹲底的情况。液压驱动电梯的安全系数比较高,而且可以利用后备电池来实现困人自救功能,在电梯发生故障或停电困人的时候,按下轿厢内部的应急按钮,接通泄油阀门电路后,液压油慢慢回到油箱,电梯靠自重缓慢下降。

(3)节约建筑空间。液压驱动电梯没有对重,只有两根轨道,所以比较节省建筑空间。

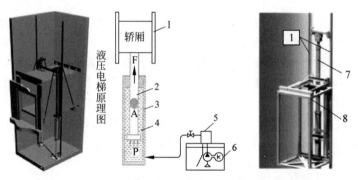

1—导轨；2—柱塞；3—液压缸；4—液压油；5—阀组；6—液压式马达；7—油缸；8—轿厢框架。

图10-1 液压驱动家用电梯

楼梯口位置1100 mm×1100 mm就可以安装。

2) 液压驱动家用电梯的缺点

(1) 有一定的运行噪声。电梯在启动上行时，电机和油泵工作时机械声会听得很清楚，形成噪声污染。

(2) 会泄漏液压油。油缸活塞的使用寿命到期或存在磨损时，液压油就会渗漏到井道内，维修清理起来比较麻烦，也不利于环保。

(3) 存在安全隐患。受制于液压的特性，如长时间不用，电梯会下沉造成不平层，给乘坐轮椅者和老人进出轿厢带来安全隐患。同时液压油的黏稠度会因为温度的差异而变化(特别是北方地区更加明显)，对电梯运行的效率、舒适度和安全性造成影响。

2. 曳引驱动

曳引驱动家用电梯是指提升绳依靠与主机的驱动轮绳槽的摩擦力驱动的电梯(见图10-2)，主要是由曳引系统、导向系统、门系统、轿厢、重量平衡系统、电力拖动系统、电气控制系统、安全保护系统等组成。曳引系统主要由曳引机、钢丝绳、导向轮及反绳轮等设备组成，其中曳引机是电梯运动的原动力，而钢丝绳通过导向轮和反绳轮之间的摩擦力来驱动轿厢；导向系统主要起到限制轿厢和对重的作用；门系统主要是起到控制轿厢门开合的作用；轿厢是电梯的重要组件，是装载乘客的主要工具；重量平衡系统主要是由对重及重量补偿装置构成，是保持电梯运行稳定性的重要组件；电力拖动系统主要是由供电系统、速度反馈设备和速控装置组成，对电梯运行速度起到调节作用；电气控制系统主要是由控制屏、控制设备及选层器组成，对电梯的运行进行操控和管理；安全保护系统主要包括各种机械和电气设备，具有保护电梯安全的重要功能。

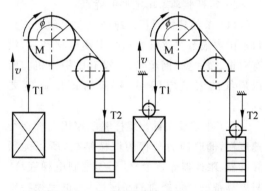

图10-2 曳引驱动家用电梯悬挂图

1) 曳引式家用电梯的优点

(1) 安静平稳。曳引式驱动比较安静(不同品牌电梯略有差别)，永磁同步无齿轮曳引主机没有减速箱体，不会有齿轮摩擦的机械声音，只要安装调试到位，运行起来非常平稳。电机完全是靠变频变压来调节速度，可以调出很完美的运行速度曲线。

(2) 节能环保。永磁同步无齿轮主机不需要定期添加更换机油，所以不存在漏油的可能性。电机功率比较小，一般家用电梯都在1 kW左右，非常省电，和家用空调类似。

(3) 安全系统完善。除了电梯系统常规的安全部件如安全钳、限速器、缓冲器，曳引驱动家用电梯一般还配有以下安全配置和功能：①ARD停电应急保护装置，在停电后慢速自动平层开门放人；②故障后慢速平层运行功能；③轿厢内置无线插卡式话机；④故障自动检测功能。依托安全部件的控制，即使将悬空中的电梯钢丝绳突然切断，轿厢也会被稳稳卡在轨道上，完全不会坠梯。

2）曳引式家用电梯的缺点

土建要求高。曳引式电梯对顶层高度、底坑深度都会有比较严格的要求。按曳引配重方式的区别，土建要求也各有不同。

3. 螺杆驱动

传统意义上的螺杆驱动电梯（见图 10-3），就是一个电机带动螺母连着轿厢平台，沿着一根从顶到底的螺杆，在封闭式的井框内上下运动。

承载驱动螺母
安全螺母，起保险作用
润滑油缸，时刻对螺杆进行保养
高强度螺杆，确保运行安全

结构越简单，工作更加稳定、安全

图 10-3　螺杆驱动家用电梯驱动装置

1）螺杆驱动家用电梯的优点

（1）节约建筑面积。螺杆驱动驱动应该是目前国内最节约建筑面积的家用电梯产品，没有对重、轿厢壁、钢丝绳，也没有曳引主机。所以最低的安装空间小，最低的顶层高度要求低。

（2）土建要求低。螺杆驱动家用电梯运行速度慢，同时因为独特的机械结构，所以无须缓冲器、限速器等装置，也无须挖制电梯底坑，只要具备一个装修面的高度即可，也无须特别制作承重圈梁，业主家装修时也就省去了很多土建工作。

（3）自重轻，对楼板承重要求低。螺杆驱动电梯由于结构上的优势，没有传统曳引式电梯的对重、曳引主机等，所以自重不会动辄两三吨。因此，一般复式楼、上叠拼别墅等楼下有邻居的户型，唯一的选择就是螺杆驱动电梯。

2）螺杆驱动家用电梯的缺点

（1）有一定的机械噪声。传统进口螺杆电梯，电机跟着平台走，所以电机的机械噪声难以避免地会传到用户的耳中，很多用户无法接受这种声音。

（2）运行速度慢。由于机械结构的限制，螺杆驱动家用电梯运行速度不能太快，一般是 0.1～0.15 m/s，相比曳引驱动 0.4 m/s 的运行速度，有较大差距。所以楼层超过 3 层，都不建议选择；而楼层 3 层以下则没有明显区别。

（3）无轿壁设计。传统进口螺杆电梯没有轿厢壁，节省了空间，但只是一个升降平台，轿底板四周容易掉落银行卡、名片等细小物品，实际使用中不是很方便。

10.3　主要结构和技术参数

10.3.1　结构组成

家用电梯的产品结构和组成与公共场所电梯基本相同，如图 3-1 所示。主要区别是家用电梯的井道空间较小，各部件布置紧凑，且层门系统一般采用的开门方式与日常家居使用的门系统一致，并可根据客户需求进行个性化定制（见图 10-4）。

10.3.2　主要技术参数

（1）额定载质量：电梯额定载质量指电梯在正常且安全运行的前提下，可以承载的最大载质量。

（2）额定速度：电梯额定速度指电梯设计所规定的轿厢速度。

（3）提升高度：电梯提升高度就是电梯的行程，一般情况下就是电梯经过的每个楼层，层高加起来，不要加顶层，比如电梯停 -1，1，

图 10-4 家用电梯层门系统

2,3,4层,则电梯的提升高度就是－1层层高＋1层层高＋2层层高＋3层层高。严格来说,是含每一层地板厚度的,提升高度就是从顶层的地板面到底层的地板面的距离。电梯提升高度和顶层高度无关。

10.4 选用原则

家用电梯的选用可根据 10.2 节中各种驱动方式的优缺点进行选用。

10.5 安全使用

10.5.1 交付使用前的检验

家用电梯交付使用前,应由专职人员进行全面的检查和试验,应至少包括下列项目:①所有门锁装置正确动作;②所有层门自闭装置正确动作;③所有控制装置正确地起作用;④所有电气安全装置正确动作;⑤借助仪器进行电气测试,包括绝缘和接地连续性测试;⑥主电源极性连接的正确性;⑦悬挂装置及其附件的状况无异常;⑧在轿厢和对重/平衡重(如果有)的整个行程中,其与周围结构之间保持所要求的间隙;⑨紧急/手动操作装置的动作正确;⑩报警装置正确地起作用;⑪机械阻止装置(如果有)应有效;⑫超载检测装置的触发动作正确(110%额定载质量);⑬限速器动作速度正确且安全钳正确地起作用;对于液压驱动式家用电梯,也应检验管路破裂阀(节流阀);⑭缓冲器正确地起作用;对于液压驱动式家用电梯,也应检验棘爪装置(如果有);⑮载有125%的额定载质量以额定速度进行动态试验,不应出现故障;对于曳引驱动家用电梯,还应进行曳引能力检验;⑯载有150%的额定载质量进行静态试验,不应出现永久变形;⑰对于液压驱动式家用电梯,溢流阀正确工作;轿厢载有额定载质量时,电气防沉降系统(如果有)正确工作;载有额定载质量的轿厢停靠在最高服务层站时,10 min 内的沉降不超过 10 mm(考虑可能出现的液压油温度变化所造成的影响);⑱对于螺杆螺母驱动式家用电梯,安全螺母应能旋转,驱动螺母和安全螺母之间的距离正确;⑲所有标识应清晰易懂、显示正确,且具有永久性;安装人员应完成和保存测试和检查的文件,该文件应至少记载上述所列项现场检查的数据和结果。

定期检验:家用电梯交付使用后,为了验证其是否处于良好状态,应对电梯进行定期检验。

10.5.2 记录

最迟到交付使用时,应对家用电梯的基本性能进行记录或编制档案。此记录或档案应包括:

(1) 技术部分:①家用电梯交付使用的日期;②家用电梯的基本参数;③驱动系统的技术参数;④进行型式试验的部件的试验结果;⑤建筑物内家用电梯安装的平面图;⑥电气原理图(宜使用《电气简图用图形符号 第1部分:一般要求》(GB/T 4728.1—2018)的符号);电气原理图可限于能对安全保护有全面了解的范围内,缩写符号应通过术语解释。

(2) 应保留记有日期的检验及维修报告副本及观察记录。

在下列情况下,这些记录或档案应保持最新记录:①家用电梯的改装;②部件的更换;③事故。注:本记录或档案,业主应永久保留,这对主管维修的人员和负责定期检验的人员或组织是有用的。

10.5.3 使用信息

应按《机械安全 设计通则 风险评估与风险减小》(GB/T 15706—2012)要求提供使用、信号和报警装置、标记、符号(象形图)、书面预告、随机文件(尤其是指导手册)的说明信息、位置和性质。

应按《家用电梯制造与安装规范》(GB/T 21739—2008)中的要求进行使用家用电梯。

10.5.4 常见故障及排除方法

在家用电梯的使用过程中,可能会出现一些故障,这是比较正常的。一般来说,主要有两方面的故障:电器故障和机械故障。应提前做好各项安检工作,将电梯故障防患于未然。

10.5.5 定期检验

全面检查家用电梯的时间间隔不应超过12个月,尤其是关于下列项目的有效性:①门锁装置;②电气安全装置;③接地连续性;④支撑和悬挂系统;⑤驱动装置和制动器;⑥防止自由坠落和超速下降的装置(如限速器、安全钳);⑦报警系统;⑧门保护装置(如安全触板或光幕);⑨井道内表面的检查(如距离、表面和锐边);⑩导轨和导靴;⑪照明和紧急照明;⑫紧急操作装置;⑬所有标识。

10.5.6 维护

应按制造商提供的使用说明书中的要求,由专职人员对家用电梯进行定期维护。

电梯机械系统发生故障时,维修工应向电梯司机、管理员或乘客了解出现故障时的情况和现象。如果电梯仍可运行,可让司机/管理员采用点动方式让电梯上、下运行,维修工通过耳听、手摸、测量等方式分析判断故障点。故障发生点确定后,按有关技术规范的要求,仔细进行拆卸、清洗、检查测量,通过检查确定造成故障的原因,并根据机件的磨损和损坏程度进行修复或更换。家用电梯机件经修复或更换后,投入运行前,需经认真检查和调试后,才可交付使用。

10.6 适用法律、规范和标准

家用电梯适用的法律、规范和标准除《家用电梯制造与安装规范》(GB/T 21739—2008)外,其余均与3.6节内容相同。

第11章

既有建筑加装电梯

11.1 定义与功能

既有建筑加装电梯,电梯本身属于乘客电梯,是服务于住宅楼供公众使用的电梯,其特殊性在于原建筑没有设计电梯井道,住户人口老龄化和上下楼出行不便的情况产生了对电梯加装的需求。增设电梯井道和加装电梯从项目执行来说与传统电梯项目差异很大,所以近几年国家政策及电梯行业逐渐把加装电梯看作一种特殊的电梯市场。

2017年,国务院办公厅印发《关于制定和实施老年人照顾服务项目的意见》,其中就提到了加强社区、家庭的适老化设施改造,优先支持老年人居住比例高的住宅加装电梯等。2018年全国"两会"期间,国务院总理李克强代表国务院作政府工作报告。在《2018年国务院政府工作报告》中,李克强明确指出,"有序推进'城中村'、老旧小区改造,完善配套设施,鼓励有条件的加装电梯。" 2019年,国务院总理李克强在十三届全国人大二次会议中提出,支持城镇小区加装电梯,要大力改造城镇老旧小区。政府工作报告对老楼加装电梯愈加重视,很多地方相继出台了加装电梯方法文件以及补贴措施。

11.2 分类

按加装的井道形式分为混凝土井道、传统钢结构井道和积木式钢结构井道。混凝土井道(见图11-1)的优点是耐用、寿命长,缺点是施工影响大、周期长,对原有建筑内的住户会造成一定的生活不便;传统钢结构井道(见图11-2)主要是由型钢框架外加幕墙构成,除了大部分材料会预处理外,安装和施工都是在现场完成,其优点是施工周期比混凝土井道短,缺点是寿命没有混凝土井道长久,且施工期间对住户有一定的影响;积木式钢结构井道(见图11-3)是近几年加装电梯产业里兴起的一种井道形式,是在传统钢结构形式的基础上

图11-1 混凝土井道

做了进一步的改进设计,把安装施工的一大部分工作转移到工厂内预制,使得现场的施工工作大为减少,类似积木一样安装一个个井道模块,其优点是对住户的影响较小,除去必要的底坑和门洞的整改,井道的正式吊装工作最快仅需1天即可完成,大大缩短了施工周期。

优点是用户可直接抵达自己家,缺点是对采光有较大影响;错层入户是指电梯停留位置正好是楼梯休息平台位置(见图11-5),优点是改造工作相对容易,地面环境一般也比较适合电梯坐落,缺点是用户需要向上或向下走半层才能到达所在楼层。前一种入户方式虽然有很多优点,但是对电梯应急救援方面会产生负面影响,从电梯层门出来后直接到住户家里,没有一个公共通道到达楼梯处,无法开展救援,一旦电梯层门出现问题,或有其他故障,需要通过私人的空间来进行应急救援。

图 11-2 传统钢结构

图 11-4 平层入户案例

图 11-3 积木式钢结构井道

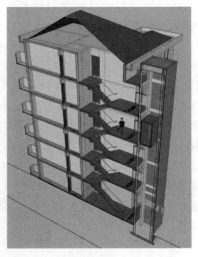

图 11-5 电梯错层入户示意图

很多旧楼原本无电梯预留井道,所以通常在楼的主体建筑外加装一个电梯井道。根据入户方式,可分为平层入户和半层入户两种。平层入户是指电梯停留位置正好是楼层位置(见图11-4),如电梯井道安装在两阳台之间,

11.3 主要技术参数

(1) 额定载质量：电梯额定载质量指电梯在正常且安全运行的前提下，可以承载的最大载质量。

(2) 额定速度：电梯额定速度指电梯设计所规定的轿厢速度。

(3) 提升高度：电梯提升高度就是电梯的行程，一般情况下就是电梯经过的每个楼层，层高加起来，不要加顶层，比如电梯停-1,1,2,3,4层，则电梯的提升高度就是-1层层高+1层层高+2层层高+3层层高。严格来说，是含每一层地板厚度的，提升高度就是从顶层的地板面到底层的地板面的距离。电梯提升高度和顶层高度无关。

既有建筑加装电梯的具体参数见表11-1。

表11-1 既有建筑加装电梯的参数

载质量/kg	速度/(m·s^{-1})	轿厢尺寸/mm			钢结构井道尺寸/mm				底坑/顶层/mm		最大提升高度/m
					HW		HD				
DL	V	CW	CD	OP	外宽	净宽	外深	净深	Min S	Min K	Max R
450	1	1250	900	800	2100	1800	1250	1100	1400	4600	30
		950	1200	700	1450	1300	2100	1800	1400	5200	30
630	1	1250	1200	800	2100	1800	1600	1400	1400	4600	30
	1.5								1500	4600	30
	1	1100	1400	800	2200	1900	2050	1800	1400	4600	30
	1.5								1500	4600	30
800	1	1350	1400	800	2350	2050	2050	1800	1400	4600	30
	1.5								1500	4600	30
1000	1	1600	1400	900	2600	2300	2050	1800	1400	4600	30
	1.5								1500	4600	30

11.4 选用原则

加装电梯设备的构造与常规商住电梯相似，一般都采用曳引式。加装电梯选用时需要考虑的问题较多，按重要性顺序主要分为以下两个方面。

1. 空间尺寸

加装电梯占用的空间尺寸直接决定了现场能否装下电梯，以及装下电梯之后对人行通道和地面行车的影响。所以在一些空间受限的情况下，加装电梯的尺寸以扁平状为优。如果楼内有使用轮椅的人员，同时应考虑轮椅进出的尺寸，但是占地也较大。图11-6和图11-7所示是单元楼类型的一种加装电梯解决方案，在空间受限的情况下，对楼栋外人行通道影响较小。

图11-6 单元楼加装电梯位置

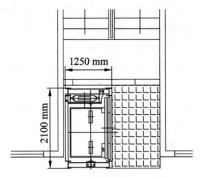

图 11-7　加装电梯解决方案

底坑尺寸由于电梯的结构问题,都需要下挖一定的深度,所以对项目的影响并不大,只要调查原建筑图,避开管道区域,一般都可满足。

顶层尺寸对项目的影响更小,因为加装电梯大部分是在建筑外,都有条件满足电梯设备的需求。

2. 井道形式

加装电梯的井道形式决定了施工方法,对住户的影响也不同,常见的井道形式有砖混井道、传统钢结构井道和积木式钢结构井道。选择井道形式时,需要优先考虑施工可行性和对住户的生活影响,其次考虑使用寿命、价格、工期、美观性。不同住户对加装电梯的需求也各有不同,可根据需要做综合考虑。

11.5　安全使用

11.5.1　安全使用管理制度

(1) 每日开始工作前,将电梯上下行驶数次,无异常现象后方可使用。

(2) 电梯行驶中轿厢的载质量应不超过额定载质量。

(3) 乘客电梯不允许经常作为载货电梯使用。

(4) 不允许乘客携带或装运易燃、易爆的危险物品。

(5) 当电梯使用中发生以下故障时,司机或管理人员应立即通知维修人员,停用检修后方可使用:①层、轿门全关闭后,电梯未能正常行驶;②运行速度显著变化;③轿、层门关闭前,电梯自行行驶;④行驶方向与选定方向相反;⑤发觉有异常噪声、较大振动和冲击;⑥当轿厢在额定载质量下,超越端站位置而继续运行;⑦安全钳误动作;⑧接触到电梯的任何金属部分有麻电现象;⑨发觉电气部件因过热而发出焦臭味。

(6) 电梯使用完毕及停用时,司机或管理人员应将轿厢停在基站,将操纵盘上开关全部断开,并将层门关闭,切断电源。

(7) 发生紧急事故时,乘客应采取下列措施:①当已发觉电梯失控而安全钳尚未起作用时,乘客应保持镇静,切勿企图跳出轿厢,并做好承受因轿厢急停而产生冲击的思想准备;②电梯行驶中突然发生停梯事故,乘客应立即揿按警铃按钮,并通知维修人员,设法安全退出轿厢。

11.5.2　加装电梯实施主体

业主统一意见(同意安装及费用分摊,包括后续使用分摊);推选业主代表;书面委托房屋原建设单位、物业服务企业、房屋所在地社区等为实施主体。

11.5.3　加装电梯程序

(1) 书面申请:实施主体向房产行政主管部门提出书面申请,房产行政主管部门会同规划建设、国土、消防、园林、城管、市场监督、勘察等相关部门,以及水、电、燃气等专业经营单位进行现场踏勘,提出是否同意加装电梯的书面意见。书面意见明确同意加装的,实施主体方可依法开展加装工作。

(2) 专项设计:实施主体委托原建筑设计单位或者有相应资质的设计单位进行加装电梯设计,设计完成后出具设计方案并按规定开展施工图审查及备案工作。

(3) 公示及签订协议:实施主体应在拟加装电梯所在单元或楼体显著位置,就业主同意加装电梯的书面意见和设计方案进行公示。

(4) 施工委托:签订施工委托合同。

(5) 办理手续:①规划许可;②施工许可;③其他手续:供水、排水、供气、供暖、供电、通信、雷电灾害防护等装置设施许可。

（6）组织施工：施工单位依据约定节点进行具体作业施工，并设置安全警示牌、安全防护措施告示牌等。

（7）使用登记：依据特种设备管理要求，办理电梯设备的开工告知、监督检验、验收等事宜，取得使用登记证。

（8）竣工验收：施工单位组织协调以下各方完成竣工验收签字手续：业主方、设计方、施工方、监理方、社区街道办、其他职能部门等。

11.5.4　安装现场准备

（1）电源提供至电梯控制柜位置并预留一定空间，部分极寒极热地区需配置暖风机或空调等设备，以满足电梯工作环境需要。

（2）确认候梯厅装修厚度，标记标高作为电梯厅门安装依据。

（3）连廊与原建筑连接点为重要的节点，应对原结构受力符合性进行鉴定，满足受力要求方可施工；预埋件施工应探测原结构钢筋位置，不得打断原结构钢筋，其他相关之处均应满足国家加固规范要求。

（4）底坑是加装电梯的承力部分，为保证加装电梯的稳定性，且不影响原有建筑物，底坑混凝土应采用抗渗等级P6的混凝土，底坑池壁及底板应按建筑规范要求做好防水面层处理，底坑应由建筑设计单位根据电梯单位提供的底坑受力要求及当地现场的地勘报告进行设计。由于当地现场地勘报告的差异性，具体做法须根据该项目的设计施工图进行施工。

（5）底坑下方如果有可供人员活动的空间，需与电梯单位确认。

11.5.5　维护和保养

加装电梯的维护保养工作在《电梯维护保养规则》（TSG T5002—2017）中有最低要求，各电梯制造企业根据产品不同有不同的维护和保养内容，详见3.5.3节。

11.5.6　常见故障及排除方法

加装电梯如果出现故障状态，可以查看其主控制器的状态，主控制器会出现故障报警信息，根据报警信息对照其故障代码可以查明电梯故障内容及相应处理方法。其故障说明、故障信息和对策详见3.5.4节。

11.6　适用法律、规范和标准

既有建筑加装电梯适用的法律、规范和标准除《安装于现有建筑物中的新电梯制造与安装安全规范》（GB/T 28621—2023）外，其余均与3.6节内容相同。

第12章

非商用汽车电梯

12.1 定义与功能

非商用汽车电梯(以下简称汽车电梯)是指轿厢尺寸适用于运载非商用汽车的电梯(非商用汽车一般指运载乘客的小型汽车)。汽车电梯额定载质量较大,通常分为 3000 kg 和 5000 kg 两种规格,速度一般为 0.25～0.50 m/s。

汽车电梯是重要的汽车垂直运输工具。与传统的汽车坡道相比,汽车电梯大约能节省 80% 的建筑面积,提高两倍以上的汽车周转效率,在汽车 4S 店、汽车维修车间、汽车卖场、车站、楼顶或楼层中设停车场的大型商场、超市、医院等场所得到越来越广泛的应用。汽车电梯的运用实现了城市立体交通的梦想,提升了上层建筑空间的停车利用率。

12.2 分类

按驱动方式,汽车电梯主要分为液压式汽车电梯和曳引式汽车电梯两种。液压式汽车电梯的布置方式多为双缸侧置 2∶1,曳引式汽车电梯按绕绳比一般又可分为 2∶1 和 4∶1 两种。

12.3 主要结构、技术参数和产品性能

12.3.1 结构组成

汽车电梯的产品结构组成与公共场所电梯基本相同,如图 3-1 所示。区别之处主要体现在轿厢轿架的结构和轿厢面积上,其土建布置结构如图 12-1 所示。

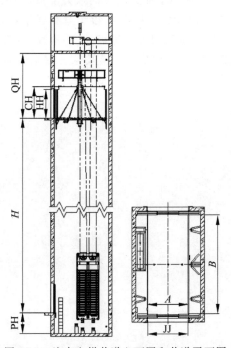

图 12-1 汽车电梯井道立面图和井道平面图

12.3.2 主要技术参数

（1）额定速度 v：电梯设计所规定的轿厢运行速度，单位一般取 m/s，具体是指电梯的轿厢和对重在电梯运行期间上行或者下行时的速度。额定速度主要由电梯的曳引系统控制系统所决定。

（2）额定载质量 Q：电梯设计所规定的轿厢载质量，单位一般取 kg。额定载质量主要由电梯的曳引系统、悬挂系统以及轿厢的强度和尺寸决定。

（3）提升高度 H：从底层端站地坎上表面至顶层端站地坎上表面之间的垂直距离，单位一般取 m。

（4）轿厢出入口宽度 JJ：层门和轿门完全打开时测量的出入口净宽度，单位一般取 mm。

（5）轿厢出入口高度 HH：层门和轿门完全打开时测量的出入口净高度，单位一般取 mm。

（6）轿厢宽度 A：平行于设计规定的轿厢主出入口，在离地面以上 1 m 处测量的轿厢两内壁之间的水平距离，装饰、保护板或扶手都应当包含在该距离之内，单位一般取 mm。

（7）轿厢深度 B：垂直于设计规定的轿厢主出入口，在离地面以上 1 m 处测量的轿厢两内壁之间的水平距离，装饰、保护板或扶手都应当包含在该距离之内，单位一般取 mm。

（8）轿厢高度 CH：在轿厢内测得的轿厢地板到轿厢结构的顶部之间的垂直距离，照明灯罩和可拆卸的吊顶应包括在上述距离之内，单位一般取 mm。

（9）电梯曳引绳曳引比：悬吊轿厢的钢丝绳根数与曳引轮轿厢侧下垂的钢丝绳根数之比，是曳引式汽车电梯特有的参数，一般有 2∶1 和 4∶1 两种。

（10）底坑深度 PH：底层端站地坎上平面到井道底面之间的垂直距离，单位一般取 mm。

（11）顶层高度 QH：顶层端站地坎上平面到井道天花板（不包括任何超过轿厢轮廓线的滑轮）之间的垂直距离，单位一般取 mm。

汽车电梯最主要的特点是轿厢尺寸大、额定载质量大。轿厢的尺寸应足够容纳所要运输的汽车，轿厢的内净宽度和内净深度一般至少分别比汽车的宽度尺寸和长度尺寸大 500 mm，额定载质量应能够提升所运输的汽车及其内部的总重量。

为防止人员乘用汽车电梯可能发生超载的危险，汽车电梯的轿厢面积应在依据相关标准及非商用汽车外廓尺寸的基础上，予以合理限制。对于轿厢面积，曳引式汽车电梯和液压式汽车电梯依据 GB/T 7588.1—2020。

汽车电梯每层层门楼面地板上宜标明行驶方向；层门入口和轿厢内明显处，应醒目设置用耐用材料制成长宽高限值标志和限载标志，字体高度不应小于 10 cm。

汽车电梯针对汽车对安全的特殊要求，在每个层站的入口处均装有两个独立的光电装置，前后轿门上一般都同时装有光幕和安全触板双重防夹保护装置。另外，在汽车需要从轿厢驶出的层站，安装有层门报站灯，在轿厢内按下层楼指令后，对应的层门报站灯便点亮，警示该层站口的人员与汽车，在此层站即将有汽车出来，以确保车与人的安全。

层门地坎及其与层门侧的井道壁的结合应有足够的强度。

轿厢入口和出口侧面的轿壁上都应设置操纵面板或其他操纵设施，其位置应便于司机在车内进行控制操作。

轿厢地板应采用防滑材料制成，并应设置行车导向装置及停车线，使汽车在线内停放，降低汽车出入电梯时刮擦轿壁和轿门的风险。

轿厢内壁上可装设防撞护栏，防止车辆撞击刮擦轿壁。

汽车电梯的轿厢承载状态总是骤增骤减，并且汽车在驶入和驶出轿厢时均会有严重的偏载现象，因此轿厢导轨在设置时一般列数不低于 4 列，通常采用 6 列导轨，且导轨强度需要满足相关标准要求。

12.3.3 产品性能要求

曳引式汽车电梯和液压式汽车电梯的制造与安装应按照 GB/T 7588.1—2020 中的规定进行，其中规定：专供批准的且受过训练的使用者使用的非商用汽车电梯，额定载质量应按 GB/T 7588.1—2020 计算。

12.3.4 典型产品性能和技术参数

1. 曳引式汽车电梯

该类型汽车电梯采用曳引机作为驱动部件，利用曳引机上的曳引轮与钢丝绳之间的摩擦力驱动轿厢上下运行。钢丝绳悬挂在曳引轮上，一端悬吊轿厢，另一端悬吊对重装置，通过钢丝绳和曳引轮之间摩擦产生的曳引力进行驱动。

该类型汽车电梯根据曳引比不同，一般可分为2:1结构和4:1结构，两种结构绕绳方式如图12-2所示。

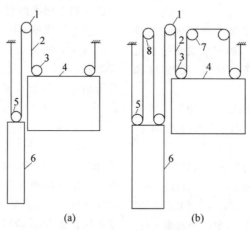

1—曳引机上的曳引轮；2—曳引钢丝绳；3—轿顶导向轮；4—轿厢；5—对重导向轮；
6—对重；7—轿厢侧机房导向轮；8—对重侧机房导向轮。

图12-2 曳引式汽车电梯绕绳示意图
(a) 曳引比2:1结构；(b) 曳引比4:1结构

曳引式汽车电梯的曳引机通常采用有齿轮异步主机和永磁同步无齿轮主机两种。有齿轮异步主机具有蜗轮蜗杆减速箱，体积较大，效率较低；永磁同步无齿轮主机无减速箱，体积较小，效率较高。

根据有无机房，曳引式汽车电梯又可分为有机房曳引式汽车电梯和无机房曳引式汽车电梯两种。无机房曳引式电梯为了节省顶部空间，通常使用永磁同步无齿轮曳引机。

曳引比为2:1和4:1的两种有机房曳引式汽车电梯的产品参数见表12-1。

表12-1 产品技术参数

产品型号	额定载质量/kg	额定速度/(m·s^{-1})	轿厢尺寸(宽度×深度)/(mm×mm)	井道尺寸(宽度×深度)/(mm×mm)
TQJ	3000	0.5	2500×6000	4000×6500
TQJ	5000	0.5	2600×6200	4100×6700

2. 液压式汽车电梯

该类型汽车电梯采用液压缸和液压泵站作为驱动部件，上行时利用液压缸的升降将轿厢顶升，下行时利用轿厢自重促使液压缸回缩，运行中的平稳性较好。由于液压油温度变化及泄漏等因素的影响，轿厢如果较长时间停站，可能会产生沉降，需要采取相应预防措施。另外，由于受液压缸的限制，一般提升高度不超过40 m。

对于液压式汽车电梯，机房位置灵活，机房在井道底坑附近即可，机房内部件的安装易于操作。液压式汽车电梯一般不配对重，一方面井道利用率高，相同轿厢尺寸时的井道截面积较小；另一方面由于没有对重，耗能较大。

电梯在运行时,垂直方向的载荷基本上通过液压缸作用在建筑物的底坑上,对井道壁的强度要求较小。在停电或其他异常情况下,使用紧急操作下降阀或者手动泵,应急操作也很方便。

液压式汽车电梯不仅设有曳引式汽车电梯所具备的安全装置,还设有:①溢流阀,可防止上行运动时系统压力过高;②应急手动阀,电源发生故障时,可使轿厢应急下降到最近的层楼位置开启厅、轿门,使乘客安全走出轿厢或将货物安全搬出;③手动泵,当系统发生故障时,可操纵手动泵打出高压油,使轿厢上升到最近的层楼位置;④管路破裂阀,当液压系统管路破裂、轿厢失速下降时,可自动切断油路;⑤油箱油温保护装置,当油箱中油温超过标准设定值时,油温保护装置发生信号,暂停电梯使用,当油温下降后方可启动电梯。

12.4 选用原则

汽车电梯在选型时,一般需要考虑以下几个方面:

(1) 使用环境的影响:比如气温对油类影响较大。

(2) 电梯土建是否预留机房:若电梯无机房,则只能选用无机房曳引式汽车电梯;若有机房且机房位置在井道上部,则选用有机房曳引式汽车电梯;若有机房且机房位置在底坑附近,则选用液压式汽车电梯。

(3) 空间利用率:根据所要运输的汽车的外形尺寸确定轿厢的尺寸,再综合井道尺寸来选择。

(4) 后期维护保养的便宜程度:比如维保需要的配件市场供应是否充足,故障解决是否简单易行等。

(5) 能耗及使用成本:通常选择能耗较小,并且使用成本较低的产品。

12.5 安全使用

12.5.1 安全使用管理制度

1. 电梯使用和运营安全管理相关人员职责

(1) 电梯安全管理人员应当履行下列职责:进行电梯运行的日常巡视,记录电梯日常使用状况;制定和落实电梯的定期检查计划;检查电梯安全注意事项和警示标志,确保安全清晰;妥善保管钥匙及安全提示牌;发现电梯运行事故隐患需要停止使用的,有权力并有义务停止电梯的使用,并且立即报告本单位负责人;接到故障报警后,立即赶赴现场,组织电梯维修作业人员实施救援;实施对电梯安装、改造、维修和维保工作的监督,对维保单位的维保记录签字确认。

(2) 电梯维保人员应当履行下列职责:持证上岗,遵守安全操作规程;按时保质保量完成维保项目规定的内容,达到规定的要求;接到电梯困人故障报告后,及时抵达现场实施救援,电梯故障及时排除,并进行详细的记录;积极参加特种作业人员安全教育与培养,认真参与应急救援演习,提高业务水平;配合检验人员进行年度自检和定期检验;根据备件消耗情况,及时申报维保备件需求计划。

(3) 电梯司机应当履行下列职责:持证上岗,遵守安全操作规程;了解自己所驾驶电梯的主要技术参数,如额定速度、额定载质量、轿厢尺寸、开门尺寸、层站数、提升高度等。知道电梯在建筑物中所处的位置、通道及紧急出口位置,知道电梯的服务对象;正确使用操作箱及召唤盒上各种按钮、开关,正确识别各种声光提示和报警信号,遇电梯故障能采取正确的处理方法;制止和纠正不文明的乘梯行为,禁止运送易燃、易爆物品,禁止运送超载、超长、超高物品;知道电梯管理人员和维保人员的联系方法,遇电梯故障特别是困人故障能及时联系,在救援人员到达前采取适当的方法保障乘客安全,在救援人员到达后协助其工作;协助维保人员和检验人员工作;发现电梯异常情况及时报电梯管理人员和维保人员;负责电梯运行日常检查和日常维护,并填写相应记录。

(4) 电梯乘客应当履行下列职责:遵守电梯安全注意事项和警示标志的要求;不乘坐明示处于非正常状态下的电梯;不采用非安全手段开启电梯层门;不拆除、破坏电梯部件及附属设施;不乘坐超过额定载质量的电梯,运送货物时不得超载；不做其他危及电梯安全运行或者危及他人安全乘坐的行为。

2. 电梯使用和运营安全操作规程

(1) 电梯管理人员、维保人员和司机均必须由取得相应的"特种设备作业人员证"的专业人员担任，持证上岗，按章操作。

(2) 电梯司机在进入轿厢之前要确认轿厢位于本层。进入轿厢进行外观检查后，进行一至两次全程循环试运行，确认无异常情况后才能投入正式运行。

(3) 不允许超载运行，不允许开启轿顶安全窗，不允许轿厢安全门装运超长物件，禁止装运易燃、易爆等危险品。

(4) 电梯司机配合维修人员维保或配合检验人员检验时，应服从维保人员或检验人员指挥。

(5) 保持轿厢内清洁，及时清除地坎中的杂物和光幕上的灰尘。

(6) 发现电梯运行异常情况及时报告电梯管理人员和维保人员。

(7) 锁梯钥匙、机房钥匙和三角钥匙及安全指示牌必须由专人保管，不可交由非专业人员使用。

3. 电梯日常检查制度

(1) 根据《电梯使用管理与维护保养规则》(TSG T5001—2017)的规定，电梯使用单位应至少配备一名取得"特种设备作业人员证"的电梯安全管理人员承担相应的管理职责，电梯安全管理人员负责对本单位电梯运行日常巡视，记录电梯日常使用情况。

(2) 电梯日常检验每天至少一次。

(3) 电梯的日常检验按"电梯日常检验和使用状况记录"所述内容进行，并填写记录、签名。

(4) 电梯日常检验中发现的问题应及时报告有关人员做出及时处理。

4. 电梯维保制度

(1) 电梯的维保必须由取得相应资质的单位进行，维保单位对其维保电梯的安全性能负责。对新维保的电梯是否符合安全技术规范要求应当进行确认，维保后的电梯应当符合相应的安全技术规范，并且处于正常的运行状态。

(2) 电梯的维保分为半月、季度、半年、年度维保，其维保的基本项目(内容)和达到的要求应符合《电梯使用管理与维护保养规则》(TSG T5001—2017)附件 A 至附件 C 的要求。

(3) 维保单位应设立 24 h 维保值班电话，保证接到故障通知后及时予以排除。接到电梯困人故障报告后，维保人员及时抵达所维保电梯所在的实施现场救援，直辖市或者社区的抵达时间不超过 30 min，其他地区一般不超过 1 h。

(4) 对电梯发生故障等情况，应及时进行详细的记录。

(5) 每部电梯建立维保记录，记录至少包括以下内容：电梯的基本情况和技术参数，包括整机制造、安装、改造、重大维修单位的名称，电梯品种(型式)、产品编号、设备代码、电梯原型号或者改造后的型号、电梯基本技术参数；使用单位、使用地点、使用单位的编号；维保单位、维保日期、维保人员(签字)；电梯维保的项目(内容)，进行维保的工作，达到的要求，发生调整、更换易损件等工作时的详细记载；维保记录应经使用单位电梯安全管理人员签字确认；维保单位的质检人员和使用单位的安全管理人员应当对电梯维保质量进行不定期检查，并且进行记录。现场维保时，如果发生电梯存在的问题需要通过增加维保项目(内容)予以解决的，应当相应增加并且及时调整维保计划和方案。如果通过维保或者自行检查，发现电梯仅依靠合同规定的维保内容已经不能保证安全运行，需要改造、维修或者更换零部件，乃至更新电梯时，应当向使用单位书面提出。

5. 电梯定期报检制度

(1) 电梯安全管理人员应在电梯安全检验合格标志有效期满前一个月，向当地质量技术监督部门的特种设备安全检验机构申请定期检验。

(2) 电梯停用跨过一个检验周期后重新使用，或发生重大的设备事故和人员伤亡事故，或经受了可能影响其安全技术性能的自然灾害(如火灾、水淹、地震、雷击等)后也应由电梯安全管理人员向特种设备安全检验机构申请检验。

(3)电梯停用较长时间,但未到定期检验周期时,电梯安全管理人员认为有必要的,可向特种设备安全监督检验机构申请安全检验。

(4)电梯经重大维修或改造的,应向特种设备安全监督检验机构申请安全检验。

(5)申请电梯安全检验应以书面的形式,一份报送特种设备安全检验机构,另一份由电梯安全管理人员负责保管,作为电梯管理档案保存。

6. 电梯钥匙使用管理制度

(1)电梯钥匙包括厅门三角钥匙、轿内检修钥匙、机房钥匙。

(2)电梯钥匙由专人保管,使用时办理领用手续,经电梯安全管理人员同意并签署意见,用完及时归回。

(3)电梯钥匙使用人员必须持有相应的"特种作业人员操作证",不得将钥匙借给他人使用。

(4)厅门三角钥匙必须随"安全警示牌"一起使用。

7. 电梯作业人员与相关运营服务人员的培训考核制度

(1)电梯作业人员必须持有"特种作业人员操作证"方可从事相应的作业工作。

(2)电梯作业人员的培训包括外委培训(特种设备安全监督部门组织)和单位内部培训两种。

(3)应建立电梯安全管理人员培训教育档案,及时通知有关人员参加电梯作业人员的换证考试,保证操作证的有效性。

(4)电梯安全管理人员每年应编制年度电梯作业人员培训计划,报单位领导批准后实施。

(5)单位内部培训由电梯安全管理人员负责组织实施,每季度至少组织一次,培训的内容主要包括:国家有关电梯的法律、法规、规章的学习;电梯事故的案例分析;电梯有关技术知识的学习。必要时组织人员进行笔试。每次培训必须做好相应记录。

8. 电梯事故的应急救援预案与应急救援演习制度

(1)电梯事故包括电梯故障困人和电梯在使用或维修过程中造成人身伤亡或重大财产损失。

(2)成立电梯事故应急救援指挥部,由总经理任总指挥,电梯安全管理人员任副总指挥,各相关部门负责人为指挥部成员,参与现场抢险救援工作。

(3)设立现场救援组,由电梯安全管理人员、维保人员、电梯司机组成。电梯安全管理人员任组长,负责组织现场具体抢险救援工作,在总指挥到达现场之前,负责指挥现场抢险救援工作。

(4)应急救援应遵守"以人为本"的原则,救援工作应保证人员伤亡降到最低程度。为此,救援指挥部应紧急调用各类资源用于救援工作。

(5)现场救援组成员每年至少进行一次应急救援培训。培训内容包括:困人解救;井道内作业、轿顶作业、底坑作业、厅层作业、机房作业;更换和切断钢丝绳;施工安全用电常识、电动工具的安全使用;坠落保护;对危险源的特性辨识;事故报警;紧急情况下人员的安全疏散。

(6)现场救援组每年至少进行一次应急救援演习,演习结束后进行总结,对存在的差距制定改进措施。演习后应有记录。

(7)发生电梯事故后,事故应急救援指挥部应按照国家法律法规的要求,如实、及时地向当地安全生产和质量技术监督主管部门报告。

(8)发生事故的电梯,必须经安全检验合格后方可重新投入使用。

9. 电梯安全技术档案管理制度

(1)电梯安全技术档案包括下列资料:电梯制造单位提供的出厂随机文件(包括制造许可证、整机型式试验合格证、产品出厂合格证、安全部件型式试验合格证、机房井道布置图、电气原理图、安装使用维护说明书);电梯安装单位提供的安装资料（包括安装许可证、安装告知书、审批手续齐全的施工方案、施工过程记录和自检报告、变更设计证明文件、安装合格证）；如电梯经改造或重大维修，改造或重大维修单位提供的资料（包括改造或维修许可证、改造或重大维修告知书、改造或重大维修清单、审批手续齐全的施工方案，所更换安全部件的型式试验合格证、施工过程记录和自检报告、改造后的整梯合格证或重大维修质量证明文件）；监督检验报告和定期检验报告；安装（维修、改造）竣工交接资料；日常检查与使用状况记录；日常维护保养记录；年度自检记录；应急救援演习记录；运行故障和事故记录。

（2）电梯安全管理人员和档案管理人员应做好档案资料的接收、登记、保管、借阅等事宜，为电梯的安全运行提供准确的信息资料。

（3）电梯安全管理人员应督促电梯作业人员做好各种记录，每月应将各种记录送交档案管理部门保管。

（4）有关人员、部门需借阅电梯档案的，需经电梯安全管理人员同意并签署意见后向档案管理部门借阅，并按规定做好借阅登记手续，按时归还借阅资料。

（5）电梯档案和相关资料的保存年限由电梯安全管理人员根据国家有关法律法规和安全技术规范的规定制定，电梯相关资料的销毁应经电梯安全管理人员同意并签署意见后方可进行。

12.5.2 安装现场准备

1. 安装准备内容

（1）电梯工作环境要求：电梯机器周围的空气温度应保持在 5～40 ℃（考虑设备散热量影响）；环境相对湿度不大于 90%（25 ℃时）。

（2）介质中无爆炸危险，无足以腐蚀金属和破坏绝缘的气体及导电尘埃。

（3）电梯电源应专用，有机房电梯应由建筑物配电间直接送至机房门旁，无机房电梯应由建筑物配电间直接送至电梯控制柜附近。

（4）电梯电源应为三相五线制，电梯电源的电压波动范围不应超过 ±7%。

（5）零线和接地线应始终分开，接地装置的接地电阻值不应大于 4 Ω。

2. 机房土建要求（适用于有机房电梯）

（1）电梯驱动主机及其附属设备和滑轮应设置在一个专用房间内，该房间应有实体的墙壁、房顶、门或活板门，只有经过批准的人员（维修检查和营救人员）才能接近。

（2）机房应有足够的空间，特别是工作区域的净高度不应小于 2.0 m。

（3）机房或滑轮间不应用于电梯以外的其他用途，也不应设置非电梯用的线槽、电缆或装置。但这些房间可设置：杂物电梯或自动扶梯的驱动主机；该房间的空调或采暖设备，但不包括以蒸汽和高压水加热的采暖设备；火灾探测器或灭火器应具有高的动作温度，适用于电气设备，有一定的稳定期且有防意外碰撞的合适的保护。

（4）通往机房和滑轮间的通道应设永久性电气照明装置，照度至少 50 lx；任何情况均能完全安全、方便地使用，而不需经过私人房间；净高度不应小于 1.8 m，净宽度不应小于 0.5 m（没有运动部件的地方，此值可减少到 0.40 m）。

（5）当机房地面高度不一且相差大于 0.5 m 时，应设置带护栏楼梯或固定的梯子，护栏高度应不小于 0.9 m。

（6）应提供人员进入机房和滑轮间的安全通道。应优先考虑全部使用楼梯，如果不能设置楼梯，应使用符合下列条件的梯子：通往机器空间和滑轮间的通道不应高出楼梯所到平面 4 m，若高出楼梯所到平面 3 m，应设置防坠落保护；梯子应永久地固定在通道上而不能被移走；梯子高度超过 1.5 m 时，其与水平方向夹角应在 65°～75°，并不易滑动或翻转；梯子的净宽度不应小于 0.35 m，其踏板深度不应小于 25 mm。对于垂直设置的梯子，踏板与梯子后面的墙的距离不应小于 0.15 m。踏板的设计载荷应为 1500 N；靠近梯子顶端，至少应设置一个容易握到的把手；梯子周围 1.5 m 的水平距离内，应防止来自梯子上方坠落物的危险。

(7) 机房要采用经久耐用和不易产生灰尘的材料建造。机房地面应采用防滑材料如抹平混凝土、波纹钢板等，并能承受 7000 N/m² 的压力。

(8) 机房承重位置处的受力须满足土建布置图中的要求。

(9) 机房应有良好的防渗、防漏水保护。

(10) 有人员工作或移动的区域内的机房地面，有任何深度大于 0.05 m，宽度介于 0.05 m 和 0.5 m 之间的凹坑或槽坑时，均应盖住。

(11) 机房应有适当的通风，同时必须考虑到井道通过机房通风。从建筑物其他处抽出的陈腐空气，不得直接排入机房内，应保护电机、设备及电缆等，使其不受灰尘、有害气体和湿气的损害。

(12) 机房永久性照明的电源应与电梯驱动主机电源分开，机房内靠近每个入口的适当高度应设有一个开关，以便进入时能控制机房照明。电梯机房内应有足够的照明，人员需要工作的任何地方的地面照度至少为 200 lx。

(13) 机房内应设置一个或多个电源插座，插座电源同照明电源一样应独立于驱动主机电源。

(14) 在满足正常使用功能的前提下，楼板和机房地面上的开口尺寸应减到最小。

(15) 为了防止物体通过位于井道上方的开口，包括通过电缆用的开孔坠落的危险，必须采用圈框，此圈框应凸出楼板或完工地面至少 50 mm。

(16) 机房内钢丝绳与楼板孔洞每边间隙应为 20～40 mm。

(17) 按土建图要求设置承重梁和吊钩，并标明最大允许载荷。承重梁和吊钩承重能力不得小于土建图要求。

(18) 动力电源和照明电源应相互独立，并都送至机房门旁的墙上。照明电源可通过另外的电路或通过与主电源开关供电侧的驱动主机供电电路相连获得。

(19) 机房通道门的宽度不应小于 0.60 m，高度不应小于 1.8 m，且门不得向房内开启。

(20) 机房门应设置用钥匙开启的锁，开启后不用钥匙也能关闭并锁住，在锁闭状态不用钥匙也可从房内打开。在门的外侧应设有包括下列简短字句的警告"电梯机器——危险 未经允许禁止入内"。

3．井道土建要求

(1) 井道应为电梯专用。井道内不得装设与电梯无关的设备、电缆等。井道内允许装设采暖设备，但不得采用蒸汽和水作为热源，且采暖设备的控制与调节装置应装在井道外面。

(2) 电梯井道水平尺寸是指用铅锤测定的最小净空尺寸，该尺寸应和土建布置图所要求的一致，允许偏差值为：高度不大于 60 m 的井道：0～35 mm；高度不大于 125 m 的井道：0～50 mm；高度不大于 200 m 的井道：0～80 mm。

(3) 要求井道有助于防止火焰蔓延，该井道应由无孔的墙、底板和顶板完全封闭起来。只允许有下述开口：层门开口；通往井道的检修门、井道安全门以及检修活板门的开口；火灾情况下，气体和烟雾的排气孔；通风孔；井道与机房或与滑轮间之间必要的功能性开口。

(4) 井道的墙、底面和顶板应具有安装电梯部件所需要的机械强度，应采用坚固、非易燃材料制造，且这种材料本身不应助长灰尘产生。

(5) 井道壁应具有下述机械强度，即用一个 300 N 的力，均匀分布在 5 cm² 的圆形或方形面积上，垂直作用在井道壁上的任一点上，应无永久变形，弹性变形不大于 15 mm。

(6) 人员可正常接近的玻璃面或玻璃板，均应采用夹层玻璃，其高度应符合 GB/T 7588.1—2020 中第 5.2.5.2.3 条的要求。

(7) 井道承重位置处的受力及尺寸须满足土建布置图要求。

(8) 通往井道的检修门、井道安全门和检修活板门，除了因使用人员的安全或检修需要外，一般不应使用。

(9) 当相邻两层门地坎间的距离超过 11 m 时，其间应设置安全门，以确保相邻地坎间的距离不超过 11 m。

(10) 井道安全门的高度不得小于 1.8 m，宽度不得小于 0.35 m，检修门的高度不得小于 1.4 m，宽度不得小于 0.6 m，检修活板门的高度不得大于 0.5 m，宽度不得大于 0.5 m，且它们均不应向井道内开启。

(11) 井道安全门和检修门均应装设用钥匙开启的锁，开启后不用钥匙亦能将其关闭和锁住。井道安全门和检修门即使在锁住的情况下，也应能不用钥匙从井道内部将门打开。

(12) 井道安全门和检修门均应是无孔的，且应符合相关建筑物防火规范的要求，强度应满足下列要求：用 300 N 的静力垂直作用于门扇或门框的任何一个面上的任何位置，且均匀地分布在 5 cm² 的圆形或方形面积上时，永久变形应不大于 1 mm，弹性变形应不大于 15 mm；用 1000 N 的静力从层站方向垂直作用于门扇或门框上的任何位置，且均匀地分布在 100 cm² 的圆形或方形面积上时，应没有影响功能和安全的明显的永久变形。

(13) 井道应设置充分的通风，通风孔可直接通向室外，或经机房通向室外。除为电梯服务的空间外，井道不得用于其他房间的通风。井道的通风应能保护电动机、设备及电缆等，使其不受灰尘、有害气体和湿气的损害。在没有相关规范和标准的情况下，建议井道顶部通风口面积至少为井道截面积的 1%。

(14) 每根导轨至少应有 2 个导轨支架，其间距应不大于 2.5 m，井道底坑向上第一档导轨支架距底坑底面距离应不大于 1.0 m，井道顶部向下第一档导轨支架距井道顶面距离应在 0.3~0.5 mm。当土建图上有具体要求时，以相关土建图为准。

(15) 当井道为混凝土圈梁结构或钢结构井道时，承重圈梁或钢结构梁中心的上下间距应按照土建图中导轨支架的间距布置，导轨支架所在井道面至少在土建图中所示导轨支架位置处均应有承重圈梁或钢结构梁。

(16) 同一井道装有多台电梯时，不同电梯的运动部件之间应设置隔障，高度至少从轿厢或对重行程最低点延伸到底坑地面以上 2.5 m。如果轿厢顶部边缘和相邻电梯的运动部件(轿厢或对重)之间的水平距离小于 0.5 m 时，则隔障应贯穿整个井道，其有效宽度应不小于被防护的运动部件(或其部分)的宽度各边各加 0.1 m。如隔障是网孔型的，则应遵循《机械安全 防止上下肢触及危险区的安全距离》(GB/T 23821—2022)中第 4.2.4.1 条的规定。

(17) 井道内应设置永久性的电气照明，照明电源应与电梯驱动主电源分开。井道照明须保证在所有的门关闭时，在轿顶面以上和底坑地面以上 1 m 处的照度至少为 50 lx。照明可这样设置：距井道最高和最低点 0.5 m 内，各装设一盏灯，再设中间灯，中间灯设置时建议间隔 7 m。

(18) 井道安全门和检修门近旁应设有警示铭牌，标示"电梯井道——坠落危险 未经允许禁止入内 开启前须确认轿厢位置"字样。

(19) 井道内如有吊运设备的承重梁或吊钩，则应标明最大允许载荷。

(20) 采用膨胀螺栓安装电梯导轨支架时应满足下列要求：混凝土墙或圈梁应坚固结实，其混凝土抗压强度不低于 C30；混凝土墙壁或圈梁的厚度应在 150 mm 以上；若为混凝土圈梁，则混凝土圈梁高度不应小于 200 mm。

(21) 对于无机房电梯，电梯机器附近应有足够的照明，人员需要工作的任何地方的照度至少为 200 lx，该照明可以是井道照明的组成部分。

4. 底坑土建要求

(1) 井道下部应设置底坑及排水装置，除缓冲器座、导轨座及排水装置外，底坑底部应光滑平整，底坑不得作为积水坑使用。在导轨、缓冲器、栅栏等安装竣工后，底坑不得渗水和漏水。

(2) 井道最好不要设置在人员能到达的空间上面。如果井道下方确有人员能够到达的空间，底坑的底面至少应按 5000 N/m² 载荷设计，并且将对重缓冲器安装于一直延伸到坚固地面上的实心桩墩上；或对重装设安全钳。

(3) 如果底坑深度大于 2.5 m，应设置进底坑的门。

5. 层门要求

（1）层门的净高度不得小于 2 m，门洞尺寸按土建布置图预留。

（2）在层门附近，层站的自然或人工照明在地面上的照度应至少为 50 lx。

6. 其他要求

（1）电梯供电电源电流应至少为电梯曳引机额定电流的 2 倍。

（2）用户若设有监控室，控制柜到监控室的电缆及布线应由用户负责，电缆规格：RVVP4 * 0.75，长度在 2 km 之内时用 1 mm^2，长度在 2～3 km 时用 1.5 mm^2。

12.5.3 维护和保养

1. 电梯维保、维修的安全操作规程

1）一般规则

维修人员必须经过安全和技术培训并考试合格，经有资格的主管单位批准方可上岗。定期体检，凡患有心脏病、神经病、癫痫病、聋哑、色盲等疾病的人，不能从事电梯维修工作。设立检修负责人统一指挥检修工作，负责人应由有经验的从事维修工作三年以上者担任。从事电梯电气设备的维修人员，应持有关部门核发的特种（电工）作业证，对工作认真负责，遵守规章制度，上班前不喝酒，有充足睡眠，工作时应穿戴劳动保护用品（工作服、安全帽、绝缘鞋等），携带验电笔（使用前应验明验电笔完好）。对绝缘工具、手持电动工具进行经常性检查，定期做预防性试验，对绝缘强度不够、绝缘开裂或脱落损坏的工器具应及时更换。熟练掌握触电急救法和灭火器材的使用。对手动葫芦、钢丝绳套、滑轮、绳索、支撑木、脚手板等工器具，使用前应认真检查，确无损坏方可使用，使用中注意其承载能力，防止过载。开闸扳手、盘车手轮应齐备好用。禁止带无关人员进入机房和井道，检修时无关人员应离开操作现场。定期进行安全技术学习，增强安全生产意识，提高技术水平。

2）现场的安全操作规则

严格执行本地区《电气安全工作规程》和其他电气焊、起重吊装、喷灯使用、登高作业等安全操作规程。对检修、保养的电梯，应悬挂"检修停用"等相应告示牌。保养、检修时，应断开相应的电源开关，非必要不得带电作业。如必须带电作业时，应遵守带电作业有关规定，设专人监护，做好安全防护措施。几台电梯共用机房场所的情况下，应将停电电梯的主开关箱的主开关断开，将门把手转到"拉闸"位置，并上锁，而且需要在电源开关手把上悬挂"禁止合闸，有人工作"标示牌。处理故障时，在底坑、轿厢或轿顶操作的维修人员应听从检修负责人的指挥，未经许可，不得随意进出底坑、轿厢或轿顶。应尽量避免在井道内上下同时作业，必须同时作业时，应有措施避免下层操作人员遭受重物坠落的风险。需要长时间在井道内进行操作时，机房隔音层、地板孔洞应遮盖好，以免掉下东西造成人身事故。在井道内作业时，严禁一脚踏在轿顶，另一脚踏在井道中的任一固定点上操作。要特别注意轿厢和对重交错时的距离。严禁维修人员在井道外探身到轿厢内或轿厢顶操作。在轿厢顶上进行检修作业时，应将轿顶检修盒上的急停开关断开。需要在机房操纵电梯时，必须在厅门、轿门关闭，切断门机回路后方可进行。用手轮盘车升降电梯时，应断开总电源开关。在轿顶和底坑进行保养或检修时，如需开动电梯，应与司机应答，并选好站立位置，不准倚靠护栏，身体任何部位不得探出轿厢顶投影之外。在底坑作业时，应将底坑的检修急停开关断开。底坑深度超过 1.5 m 的，上下底坑时应使用梯子或高凳，禁止攀附随线和轿底其他部位上下底坑。严禁将安全开关、安全窗开关、安全钳开关、门联锁开关等用机械方法或电气短路方法连接起来运行。检修电气设备前，必须用低压验电笔检验确实不带电后，方可进行操作。用柴油清洗机件前，应注意避风。严禁烟火，防止电气火花。剩油、废油、油棉丝、油揩布严禁乱放、乱倒，必须带回处理，不得留在工作现场。检修用行灯应使用 36 V 安全电压。维修时不得擅自改动线路，必要时应先报告有关部门，允许后方可改动。改动部分应有相应的技术资料存档，并使全体维修人员详细了解改动情况。检修未完,检修人员需暂时撤离现场时,应做到:①关闭所有厅门,关不上的必须设置明显且有足够强度的障碍物,在该厅门口悬挂"危险""切勿靠近"警告牌,并派人看守;②切断总电源开关;③排除热源,如喷灯、烙铁、强光灯、电焊、气焊等;④通知有关人员,必要时应设专人值班。检修、保养工作结束后应做到:①将所有开关恢复到原来状态,检查工器具、材料有无遗落在设备上;②清点工具、材料,打扫工作现场,摘除悬挂的告示牌;③送电试运行,观察电梯运行情况,发现异常及时停梯检查。与司机或有关人员进行交接,认真填写维修记录,其内容为:①检修项目、日期及检修人员;②更换机件的名称、数量;③对设备进行调整时,写明调整原因和调整前后的参数。大修后应由有资质的单位进行检查验收,符合国家或当地有关安全技术标准的方可投入运行。

2. 电梯主要部件的维护保养

非商用汽车电梯的维护保养详见 4.5.3 节。

12.5.4　常见故障及排除方法

汽车电梯如果出现故障状态,可以查看其主控制器的状态,主控制器会出现故障报警信息,根据报警信息对照其故障代码可以查明电梯故障内容及相应处理方法。其故障说明、故障信息和对策详见 3.5.4 节内容,其余常见故障及排除方法见表 12-2。

表 12-2　常见故障及排除方法

故障特征	故障原因	排除方法
电梯停梯,无法使用,安全继电器处于释放状态	安全回路故障	排查安全回路中的各安全开关、触点及接线情况
门关闭状态下,门锁继电器处于释放状态	门锁回路故障	排查轿门锁和层门锁连接情况及门锁继电器的接触情况
电梯门关不上,没有关完就反向开启	安全触板开关损坏,或被卡住,或开关调整不当;光幕位置偏移或被遮挡,或无供电电源,或光幕本身损坏	检查安全触板或光幕相关项目
	关门力限开关故障	检查关门力限开关或功能是否正常
门保护不起作用	安全触板或光幕损坏,或接线断开	检查安全触板或光幕,以及相关线路情况
钢丝绳打滑	钢丝绳表面润滑油过多	清理钢丝绳表面的润滑油
	曳引轮绳槽磨损严重	更换曳引轮
	对重平衡系数过低	增加对重平衡块数量
层、轿门不能开、关	自动门机传动故障	校正修复传动机构
	层、轿厢的门挂轮损坏	更换损坏的门挂轮,并调整门板与其他部件的间隙
	层门门球损坏或脱落	更换门球
	轿门门刀损坏	更换门刀
层门门锁无法锁闭	门锁损坏	修复或更换损坏的门锁
层门、轿门板滑出地坎槽	门滑块损坏	更换门滑块
未到达平层位置提前停车或门关闭后不运行	层门上的门球位置偏移,与轿门上的门刀碰撞,造成门锁电源断开	调整层门门球位置,若门球已损坏,则应更换

续表

故障特征	故障原因	排除方法
启动和停车过程中,曳引机产生轴向窜动	蜗轮减速器中蜗杆轴上的轴承严重磨损	更换轴承,并调节轴向间隙
运行中,曳引机发热冒烟,严重时停止运转或电机烧毁	减速箱内润滑油长期未更换变质,或缺油,或油道堵塞	检查减速箱内润滑油及油道
	抱闸未完全打开,与制动轮摩擦	调整电磁铁芯和抱闸间隙
轿厢进入平层区后不能准确平层	制动轮有油污或制动器闸瓦磨损严重	清洗或更换制动器闸瓦,并按规定调节闸瓦与制动轮的间隙和制动力矩弹簧
	曳引轮绳槽或曳引钢丝绳严重磨损	更换曳引轮或曳引钢丝绳
运行中轿厢晃动过大	轿厢导靴磨损严重	更换导靴靴衬
	曳引钢丝绳张力严重不均匀	调整钢丝绳张力
限速器超速保护开关或安全钳机械经常误动作停梯	限速器动作速度变化	重新校验限速器的动作速度
	安全钳楔块与导轨之间的间隙过小	调整安全钳楔块与导轨侧面的间隙
	限速器轮轴严重缺油	对限速器的旋转部分加油润滑
电梯运行中对重轮噪声大	对重轮轴承严重缺油,轴承磨损	拆除对重轮,更换轴承,并加注润滑油,轴承如果损坏应修复或更换
按下关门按钮,门不关闭	关门按钮接触不良或损坏	修改线路或更换按钮
	关门限位开关的常闭接点和关门按钮的常开接点闭合不好	修复相应接点
	开关门电阻损坏	更换电阻
	开关门电机传动皮带过松或磨断	调整或更换
电梯到站后门一直开着关不起来或者门不开启	开门或者关门按钮卡住	检查开门或关门按钮情况
电梯总停在某一层不关门,或者强制关门后运行时总驶向该层并停留一段时间	该层的召唤按钮卡住	检查该层召唤按钮情况
液压电梯起重无力或不能起重	齿轮泵与泵体磨损过度	更换磨损泵体或齿轮泵
	换向阀内的溢流阀高压不当	重新调整溢流阀高压值
	油压管路漏油	检查管路并修复
	液压油油温过高	更换为合格的液压油并检查油温过高的原因
	油缸滑架存在卡阻现象	检查并调整油缸滑架
	油泵电机转速过低	检查电机并排除故障
液压缸倾斜,动作困难或不够流畅	油缸壁与密封圈过度磨损	更换密封圈或油缸
	换向阀内阀杆弹簧失效	更换阀杆弹簧
	活塞卡住缸壁或活塞杆弯曲	更换损坏的活塞杆
	油缸内积垢过多或密封件过于压紧	清洗或者调整

续表

故 障 特 征	故 障 原 因	排 除 方 法
液压油泵压力不足或速度过慢	泵盖槽内密封圈损坏,内漏过多	更换密封圈
	齿轮磨损	更换油泵
液压油泵压力不足或速度过慢	油泵电机转速降低	检查整流子,清除片间积炭,调整炭刷位置
	管道中在异物堵塞	检查清洗

12.6 适用法律、规范和标准

汽车电梯适用的法律、规范和标准,与 3.6 节内容相同。

第13章

消防员电梯

13.1 定义与功能

消防员电梯是指在建筑物发生火灾时,可供消防人员进行灭火与救援使用,且具有一定功能的电梯。消防员电梯具有较高的防火要求,其防火设计十分重要。2012年4月1日开始执行的《消防员电梯制造与安装安全规范》(GB/T 26465—2021),把消防员电梯定义为:设置在建筑的耐火封闭结构内,具有前室和备用电源,在正常情况下为普通乘客使用,在建筑发生火灾时其附加的保护、控制和信号等功能能专供消防员使用的电梯。《电梯、自动扶梯、自动人行道术语》(GB/T 7024—2008)把消防员电梯定义为:首先预定为乘客使用而安装的电梯,其附加的保护、控制和信号使其能在消防服务的直接控制下使用。

火灾在高层建筑中并不少见。由于电梯选型不当,导致在火灾时不能及时救援和灭火,甚至加重火灾后果的恶性事件屡有发生。高层建筑的日益发展向建筑师和消防服务提出了两个明确要求:其一,是设计为阻止火和烟扩散并为居住者提供高度安全的建筑物;其二,是把固定的消防器材与有效和实用的救援方案运用于这些建筑物。科学研究与实际案例已证明,对于灭火、运送消防员和设备以及在消防员控制下的疏散来说,消防员电梯是一种极为重要的应急垂直交通工具。当然,在其他大多数场合,这种可信赖的高品质电梯以其优质的运行和舒适的体验,成为建筑垂直交通的重要成员,例如:被撞毁的美国世贸中心的两幢大厦中就有208部电梯,主要类型有乘客电梯、观光电梯、自动扶梯、杂物电梯和消防员电梯,消防员电梯一般与乘客电梯等工作电梯兼用。目前,我国真正意义上的消防员电梯非常少见,见到的所谓"消防电梯",只是具有消防开关功能的普通乘客电梯,当消防开关动作后,普通乘客电梯有返回预设基站或者撤离层的功能,但在发生火情时不能搭乘。

13.2 分类

消防员电梯一般均是在满足乘客电梯的条件下,还需满足消防员电梯的一些特殊要求。按驱动方式主要分为液压驱动消防员电梯和曳引驱动消防员电梯。

13.3 主要技术参数和产品性能

13.3.1 主要技术参数

消防员电梯的轿厢和额定载质量宜优先从《电梯主参数及轿厢、井道、机房的型式与尺寸 第1部分:Ⅰ、Ⅱ、Ⅲ、Ⅵ类电梯》(GB/T 7025.1—2023)中选择,其轿厢尺寸不应小于

1100 mm（宽）×1400 mm（深），额定载质量不应小于 800 kg。轿厢的净入口宽度不应小于 800 mm。

消防员电梯必须设置前室，以利于防烟排烟和消防队员展开工作。前室的防火设计应考虑以下几个方面：

（1）消防员电梯前室位置：前室宜靠外墙设置，这样可利用外墙上开设的窗户进行自然排烟，既满足消防需要，又能节约投资。其布置要求总体上与消防电梯的设置位置一致，以便于消防人员迅速到达消防电梯入口，投入抢救工作。

（2）消防员电梯前室面积：前室的面积应当由建筑物的性质来确定，居住建筑不应小于 $4.5\ m^2$，公共建筑和工业建筑不应小于 $6\ m^2$。当消防电梯和防烟楼梯合用一个前室时，前室里人员交叉或停留较多，所以面积要增大，居住建筑不应小于 $6\ m^2$，公共建筑不应小于 $10\ m^2$，而且前室的短边长度不宜小于 $2.5\ m$。

（3）消防员电梯防烟排烟：前室内应设有机械排烟或自然排烟的设施，火灾时可将产生的大量烟雾在前室附近排掉，以保证消防队员顺利扑救火灾和抢救人员。

（4）消防员电梯室内消火栓：前室应有消防竖管和消火栓。消防员电梯是消防人员进入建筑内起火部位的主要进攻路线，为便于打开通道，前室应设置消火栓。值得注意的是，要在防火门下部设活动小门，以方便供水带穿过防火门，而不致使烟火进入前室内部。

（5）消防员电梯前室的门：前室与走道的门应至少采用乙级防火门或具有停滞功能的防火卷帘，以形成一个独立安全的区域，但合用前室的门不能采用防火卷帘。

（6）消防员电梯挡水设施：前室门口宜设置挡水设施，以阻挡灭火产生的水从此处进入电梯内。

13.3.2 典型产品性能及技术参数

市场常见的 e'IQ-X 小机房消防员电梯，不仅提供电气设备的防水保护、乘客被困电梯时的外部救援、消防员被困电梯的内部自救条件，更具备领先的电梯抱闸力侦测和溜梯自救安全技术专利、节能的 LED 天井照明、严格的质量保证体系和优质的原厂维保等特性，产品集防水、防火、防烟雾等多项完备功能于一身，能提供完整的高品质消防电梯解决方案，足以满足最严格客户的需求。

（1）轻松实现乘客被困电梯时的外部救援和消防员被困电梯时的内部自救。轿厢顶部设有轿厢安全窗，消防员打开轿厢停止位置上方的层门进入轿顶后，打开安全窗，拉出储存在轿顶上的梯子并把它放入轿厢内，被困人员沿梯子爬上轿顶，消防员和被困人员从打开的层门撤离，被困人员得到救援。轿厢侧壁内隐藏设置救援梯，消防员被困时，打开侧壁板上小门抽出救援梯，利用救援梯打开轿厢安全窗爬上轿顶，从井道内打开层门门锁并安全撤离，实现消防员轿厢内部自救。

（2）严格的防水设计。设置在距设有层门的井道壁 1 m 的范围的（井道内或轿厢上部）电气设备，采用防滴水、防淋水设计，外壳防护等级达到 IPX3 以上。轿厢操作盘、乘场显示器防水，外壳防护等级达到 IPX3 以上。设置在消防电梯底坑地面以上 1 m 以内的所有电气设备，防护等级为 IP67。

（3）层门耐火设计。可提供特殊设计的专业电梯耐火层门，具备超强耐火性，耐火性能可长达 2 h 以上，可有效阻止火灾蔓延，远高于国标耐火要求（甲级 1.5 h、乙级 1.0 h、丙级 0.5 h）。为满足国内、外市场需求，有多种标准及规格耐火门可供选择：国内市场主要有符合《建筑用外墙涂料中有害物质限量》（GB/T 24480—2009）和《电梯层门耐火试验 完整性、隔热性和热通量测定法》（GB/T 27903—2011）两种标准的耐火门。其中：符合 GB/T 24480—2009 的耐火门，能够满足 120 min 完整性要求，抗辐射性满足 60 min 要求；符合 GB/T 27903—2011 的耐火门，能够满足完整性、隔热性、热通量 120 min 要求（目前国内最高标准）。国外有符合新加坡、马来西亚、科威特等国家标准的耐火门可供选择。

（4）双备份防烟雾设计。门区标配二合一

光幕装置,实现门区的双备份保护,可减小火灾时烟雾的干扰和影响,增强电梯开关门操作的安全性。光幕信号在消防状态自动失效,确保不因浓烟触动光幕而使门无法关闭。

(5) 专用消防延时报警。当轿厢门开着的时间超过 2 min 时,轿厢 OPB 内置的蜂鸣器就会鸣响,发出响亮的报警信号,以确保消防员获得对消防电梯的控制不被过度延误。

(6) 消防员专用操作。轿厢内 OPB 上设置专用消防员钥匙开关,当启动开关后,电梯返回消防员入口层,电梯完全由消防员控制。消防开关启动后,为保证消防员操作不受干扰,外呼指令将全部自动失效,且内选指令每次只能登记一个。当电梯停站后不会主动开门,必须由消防员连续按压开门按钮才能开门,以避免停梯开门时消防员因轿厢外火源受伤。当门未完全打开时,只要消防员松手,门会立刻关闭,以迅速隔离火源。当门完全打开后,会保持开门状态,方便消防员从外部快速返回轿厢,直到消防员按关门按钮后,门才会关闭。有贯通门(可选)的电梯,在轿内靠近前门和后门的位置都配有 OPB,靠近消防前室的为消防员 OPB,进入消防服务阶段后,消防员 OPB 有效。

(7) 消防服务通话装置。轿厢内 OPB 和首层消防开关内置高清晰的消防服务通信系统,专供消防员在轿厢内与首层间的交互通话使用。

(8) 消防专用标识。在首层消防开关及 IND 上设有专用消防电梯标识。轿厢内 OPB 上设有清晰的消防专用标识,用以指示消防员入口层。

13.4 选用原则

在相关建筑设计防火规范中有以下新国标规定:

(1) 下列建筑应设置消防电梯:①建筑高度大于 33 m 的住宅建筑;②一类高层公共建筑和建筑高度大于 32 m 的二类高层公共建筑;③设置消防电梯的建筑的地下或半地下室,埋深大于 10 m 且总建筑面积大于 3000 m^2 的其他地下或半地下建筑(室)。

(2) 消防员电梯应分别设置在不同防火分区内,且每个防火分区不应少于 1 部。相邻两个防火分区可共用 1 部消防员电梯。与具有消防联动或消防自返基站等功能的普通电梯不同,消防员电梯在功能、结构、配置、元器件等方面都有特殊的要求与设计。

(3) 符合消防员电梯要求的客梯或货梯可兼作消防员电梯。以上规定可以作为消防员电梯选用的依据。

13.5 安全使用

13.5.1 安全使用规范

(1) 电梯的工作环境应符合《电梯技术条件》(GB/T 10058—2023)及 GB/T 26465—2021 中第 5.1 条的要求:消防电梯应设置在每层层门前面都设有前室的井道内。每一个前室的空间,应根据担架运输和门的具体位置的要求确定,参见 GB/T 26465—2021 中附录 B 和附录 E 的要求(前室墙和门的防火等级见《高层民用建筑设计防火规范》和《建筑设计防火规范》)。如果在同一井道内还有其他电梯,则整个多梯井道应满足消防电梯井道的耐火要求,其防火等级应与前室的门和机房一致,参见 GB/T 26465—2021。如果在多梯井道内消防电梯与其他电梯之间没有中间防火墙分隔开,则所有的电梯及其电气设备应与消防电梯具有相同的防火要求,以确保实现消防电梯的功能。

(2) 消防员电梯未涉及下列危险:①在建筑物中没有足够数量的或未在正确位置设置的消防电梯用于运送消防员;②由于没有电梯服务而困在前室内;③在消防电梯的井道内、前室、机器区间或轿厢内着火;④在消防员结束使用消防电梯之前,建筑物结构坍塌;⑤楼层缺少识别标志。

(3) 消防员电梯的轿厢尺寸和额定载质量宜优先从《电梯主参数及轿厢、井道、机房的型

式与尺寸 第1部分：Ⅰ、Ⅱ、Ⅲ、Ⅵ类电梯》(GB/T 7025.1—2023)中选择，其轿厢尺寸不应小于1100 mm(宽)×1400 mm(深)，额定载质量应不小于800 kg。

（4）消防员电梯在正常情况下为普通乘客使用；在建筑发生火灾时其附加的保护、控制和信号等功能，能专供消防员使用，不作为火灾时疏散用。

（5）应在电梯层站及轿厢内设置"本电梯禁止用来运送垃圾(或废弃物)或者货物"的说明或标识。

13.5.2 被困救援方法

1. 消防员在电梯轿厢内

消防员在电梯轿厢内，按照下述方法实施救援及自救(见图13-1)。

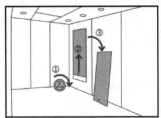

图13-1 消防员电梯自救方案

（1）找到轿厢侧后面的爬梯储藏箱(上面有三角锁的侧板)，使用三角钥匙将三角锁打开(顺时针旋转三角钥匙后，保持三角锁在开启状态，向上抬起面板，才能把面板取下)。

（2）取出并将爬梯架于后侧安全窗(上面有三角锁)下，攀爬至一定高度后，使用三角钥匙将安全窗打开(顺时针旋转三角钥匙后，向上推起安全窗)。

（3）从安全窗爬至轿顶，取下固定在梯架上的伸缩梯，拉开并架于距离轿顶最近的层门口处，打开层门后实现救援及自救。

2. 消防员在电梯轿厢外

消防员在电梯轿厢外部，按照下述方法实施救援(见图13-2)。

（1）确认电梯被困位置，使用三角钥匙打开距离轿顶最近的层门。

（2）将前室储藏的安全绳梯固定于层门侧，然后消防员利用绳梯下降到电梯轿厢顶。

（3）使用三角钥匙打开位于轿顶后侧的安全窗，取下固定在梯架上的伸缩梯。

（4）拉开伸缩梯，并从安全窗口放入电梯轿厢内，救出被困人员。

消防员电梯控制系统(操作说明)，详见GB/T 26465—2021中的要求。先用配套的三角钥匙断开消防避难层的消防开关，电梯会进

图13-2 消防员电梯外部救援方案

入阶段1(具体见标准条款)，自返消防避难层，开门让轿厢内人员离开，然后，开门待机。消防员用附加的三角钥匙打开轿厢内的三角开关。选择目的层(一次只能选一个)，持续按住关门按钮，电梯启动。电梯到达目的层后，门保持关闭，可持续按住开门按钮，门打开。当门完全打开之后，一直打开直到轿厢内有新的指令被登记。

对消防服务通信系统，业主应定期15天检

查,以保证其有效。

13.5.3 安装现场准备

1. 对建筑物的要求

(1) 消防员电梯的建筑物应满足《消防员电梯制造与安装安全规范》(GB/T 26465—2021)和《建筑防火通用规范》(GB 55037—2022)等相关标准中的要求。

(2) 消防员电梯每层层门前面都应设置前室(图 13-3),每个前室的空间,应根据担架运输和门的具体位置的要求来确定。

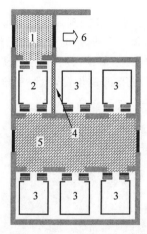

1—前室;2—消防电梯;3—普通电梯;4—中间防火墙;
5—主要的防火分区/前室;6—逃生路径。

图 13-3 消防员电梯前室

(3) 消防员电梯每个层站附近应设置可以从轿顶到达层站地坎的救援工具。救援工具可以是以下任意一种:

① 固定式梯子,设置在距上层站地坎垂直距离不大于 0.75 范围内;

② 便携式梯子;

③ 绳梯;

④ 安全绳系统。

每个层站附近都应设置救援工具的安装固定点。

(4) 建筑物应具备适当的措施,确保在消防员电梯底坑内的水位不会上升到轿厢缓冲器被完全压缩时的上表面以上。

(5) 建筑物应具有排水设施,防止底坑内的水面到达可能使消防电梯发生故障的位置。

(6) 消防员电梯有两个轿厢入口时,任何不是预定由消防员使用的电梯层门都应被保护,使它们不会暴露于 65 ℃ 以上的环境温度中。

(7) 消防员电梯的建筑物应使电梯可服务于建筑物的每一楼层。

2. 对电梯井道的要求

除了满足住宅电梯对电梯井道的要求以外,还需满足以下要求:

(1) 电梯井道与相邻电梯井道之间,应采用耐火极限不低于 2.00 h 的不燃烧体隔墙隔开;当在隔墙上开门时,应设置甲级防火门。

(2) 若在消防员电梯同一井道内,还有其他电梯,则整个多梯井道应满足消防员电梯的井道耐火要求,其防火等级应与前室的门和机房一致。

3. 对电梯机房的要求

除了满足公共场所电梯对电梯机房的要求以外,还需满足以下要求:

(1) 装有消防员电梯驱动主机和相关设备的任何区间,应具有与消防员电梯井道相同的防护等级。当驱动主机和相关设备的机房设置在建筑物顶部且机房内部和周围没有火灾危险时除外。

(2) 设置在井道外和防火分区外的所有机器区间,应至少具有与防火分区相同的防火等级。防火分区之间的链接(如电缆、液压管路等)也应予以同样的保护。

4. 对电器安装与电器设备的要求

除了满足住宅电梯对电器安装与电器设备的要求以外,还需满足以下要求:

(1) 电源前端不得设置漏电保护装置。

(2) 消防员电梯和照明的供电系统应由设置在防火区域内的第一和第二(应急、备用或二者之一)电源组成(见图 13-4),其防火等级至少等于消防员电梯井道的防火等级。消防员电梯的第一和第二电源的供电电缆应进行防火保护,它们相互之间以及与其他电源之间应是分离的,独立设置,第二电源应足以驱动额定载质量的消防梯运行,运行速度应保证消防员电梯在 60 s 内从最高层运行到避难层。业主需要提供自主切换装置。

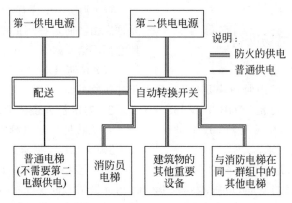

图 13-4　消防员电梯电源配置

13.5.4　轿厢安装注意事项

1. 爬梯储藏箱之侧板的安装验收确认

轿厢所有侧板安装完毕后,需确认爬梯在储藏箱内的状态,查看爬梯是否在运输、搬运、安装等过程中脱落。如已脱落,需打开爬梯储藏箱盖板,重新调整爬梯状态。具体操作步骤如下:

(1) 按照三角锁标识操作(见图 13-5):顺时针转动三角钥匙,使三角锁开启,并保持在开启状态,向上抬面板,把面板取下。

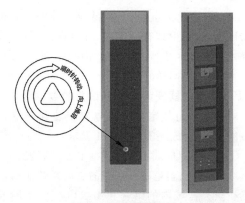

图 13-5　三角锁标识

(2) 查看爬梯是否脱落,如已脱落,重新将爬梯挂在支架上。

(3) 将面板安装回去,并锁紧三角锁。注意:面板抬起时,三角锁要始终保持开启状态,否则面板无法取下;面板安装时,也需三角锁保持开启状态,才能将面板垂直扣入。

2. 轿顶安全窗的安装验收确认

(1) 轿顶组立毕,顺时针旋转三角钥匙,打开逃生窗上的三角锁,并保持在开启状态(见图 13-6),向上推开逃生窗,验证三角锁结构是否可靠。

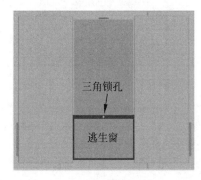

图 13-6　下轿顶下表面

(2) 锁紧三角锁时,上轿顶上的锁结构(见图 13-7)需确保安全开关已完全插入,且带有一定保持力。

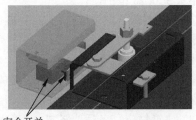

图 13-7　上轿顶上表面锁结构

3. 轿顶救援爬梯的安装验收确认

(1) 梯架安装完毕后,将伸缩直梯放置于切口内,确认安全开关是否受压并处于工作状态。

（2）开关设置完成后,用安全带将梯子与梯架捆绑,并盖上保护盖,采用蝶形螺栓固定。如图13-8所示。

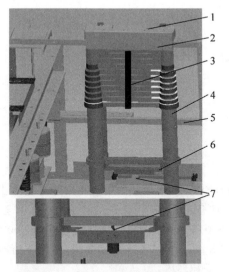

1—蝶形螺栓；2—保护盖；3—安全带；4—伸缩直梯；
5—侧后护栏；6—梯架；7—安全开关。

图13-8 轿顶救援爬梯的安装验收确认

13.5.5 维护和保养

消防员电梯的维护保养工作在《电梯维护保养规则》(TSG T5002—2017)中有最低要求,各电梯制造企业根据产品不同有不同的维护和保养内容。详见3.5.3节内容。

13.5.6 常见故障及排除方法

消防员电梯如果出现故障状态,可以查看其主控制器的状态,主控制器会出现故障报警信息,根据报警信息对照其故障代码可以查明电梯故障内容及相应处理方法。其故障说明、故障信息和对策详见3.5.4节内容。

13.6 适用法律、规范和标准

消防员电梯适用的法律、规范和标准除《消防员电梯制造与安装安全规范》(GB/T 26465—2021)和《建筑防火通用规范》(GB 55037—2022)外,其余均与3.6节内容相同。

消防员电梯除了要符合GB/T 7588.1—2020的规定外,还需符合GB/T 26465—2021的规定。下面列举一些重要条款及特殊要求：①在火灾情况下,消防员直接控制并使用消防电梯；②消防电梯应服务于建筑物的每一楼层；③消防员电梯从消防员入口层到顶层的运行时间宜不超过60 s,运行时间从消防电梯轿门关闭时开始计算；④应在轿顶设置一个轿厢安全窗,其尺寸应至少为0.50 m×0.70 m；⑤应使用轿门和层门联动的自动水平滑动门。

另外,在相关建筑设计防火规范中还有以下规定：①电梯的动力与控制电缆、电线、控制面板应采取防水措施；②在首层的消防电梯入口处应设置供消防队员专用的操作按钮；③电梯轿厢的内部装修应采用不易燃材料；④电梯轿厢内部应设置专用消防对讲电话。

第14章

洁 净 电 梯

14.1 定义与功能

洁净电梯主要用于机场、手术室、食品厂、电子、半导体工程及制药化学等领域,是客货两用的、提供升降作业支持服务的特种设备。洁净电梯是将电梯进行洁净处理,保证轿厢内部空间洁净度等级维持恒定以满足洁净室要求的特种电梯。洁净室是指空气悬浮粒子浓度受控的房间,其建造和使用方式使房间内进入的、产生的、滞留的空气悬浮粒子最少,房间内温度、湿度、压力等相关参数按要求受控。

洁净电梯轿厢的设计不同于一般工业洁净室的设计,其根本原因在于电梯在运行中,电梯门在进货、上人、出货和下人的过程中要打开或关闭,且其开闭频繁,轿厢与外界相通出现的情况较多,轿厢内流出的空气量或外界流入轿厢的空气量较大,循环空气量不易确定,压差不易控制,因而轿厢的洁净度不易保证。

洁净电梯设计的关键在于两个方面,一是轿厢与外界环境的压差控制,主要是通过风量的平衡进行控制;二是空气系统的配置,必须经过多种方案的比较,选择最优的方案才能保证实际运行中轿厢的洁净度达到设计要求,并满足节能的目的,具备轿厢空气自净处理、轿厢防静电、风量压差、紫外线杀菌等主要洁净功能,同时设有风机过滤器单元(fan filter unit,FFU)的净化空调系统和紫外光线除尘装置,具备高效洁净空气的作业能力,可达到U.S10级/ISO 4级:M2.5～U.S100000级/ISO 8级:M2.5洁净级别要求,适用于所有洁净室受控环境。

14.2 分类

洁净电梯可分为运送病床的病床电梯以及运送货物的载货电梯等。按其他方式分类参见3.2节内容。

14.3 轿厢空气洁净功能设计要求

1. 外循环轿厢通风方案(1000级以下适用)

为保证不同洁净室受控环境要求,在洁净电梯轿厢体顶部安装了一台高效的洁净空气自净功能设备,并提供FFU单元进行风量与洁净度的自动调节;空气由FFU从井道内吸入,并经其净化排入轿厢内,新风在轿厢内流动,使原轿厢内的空气经过轿厢下出风口及轿门与轿厢间的缝隙泄漏出轿厢。由此经过一次次循环来保证轿厢内洁净度(见图14-1)。这种通风方式的轿厢结构简单,由于没有轿厢内循环且流型为非单向流,因此只适用于洁净等级1000级以下的洁净电梯。

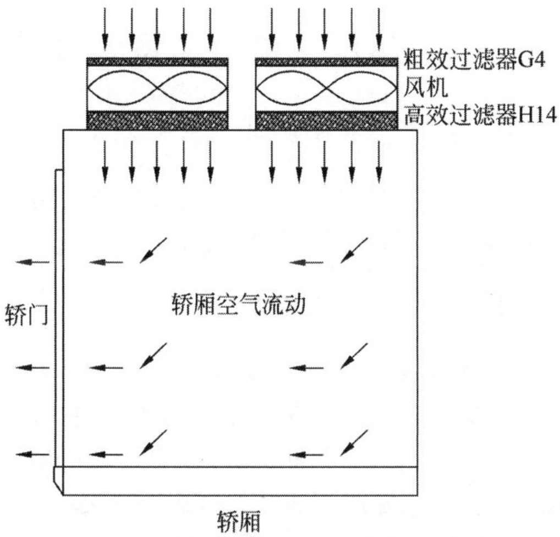

夹层，并通过设置在夹层上的风机将空气抽入内、外层轿厢顶夹层，形成一个通风循环。由于轿厢与井道内的压力差及轿门间的缝隙，轿厢内的空气会泄漏出来，这部分空气由外层轿厢顶部的FFU补充（见图14-2）。这种轿厢结构较为复杂，轿内滤尘和洁净度保持程度高，因此这种方案适用于1000级及以上中高、高级洁净等级的洁净电梯。

3. 轿厢防静电功能设计

根据《洁净厂房设计规范》（GB 50073—2013），对洁净电梯运行的环境要求比普通电梯要高出许多，如普通电梯井道处一般为简单墙体粉刷，而洁净电梯工作环境要求必须对井道内的墙体、底坑地面喷刷防静电型涂料或铺垫环氧树脂防静电地板材料。同时对轿厢材质也提出了更高的要求，目前国际上洁净电梯一般采用304不锈钢或316医用不锈钢，并对表面做防静电处理，达到有效防止因产生静电而产生大量灰尘。

图14-1 外循环轿厢空气净化示意图

2. 内循环轿厢通风方案（1000级及以上）

轿厢设内、外两层，设在外层轿厢顶部的FFU提供轿厢所需的新风进风量，内、外层轿厢顶夹层的空气经过内层轿厢顶部的过滤器进入轿厢内部，在空气流动的作用下轿厢内原空气通过轿厢下部的回风口进入内、外轿厢壁

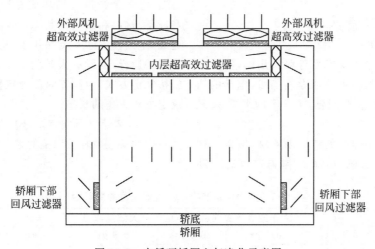

图14-2 内循环轿厢空气净化示意图

4. 风量压差功能设计

由于电梯轿厢顶端的FFU处于长时间频繁的运转状态，风机过滤单元内的高效过滤器需要定期维护更换，这时候在电梯轿厢内增设压力测试仪，可以更加直观地监测到高效过滤器的堵塞情况。高效过滤器刚使用时的初阻力约为125 Pa，当压力测试仪指示接近250 Pa时就表示接近高效过滤器的终阻力，需要更换新的高效过滤器，以达到电梯轿厢内的洁净等级要求。

5. 紫外线杀菌功能设计

在电梯轿厢内部增加紫外线杀菌灯，属于

低压(放电)汞灯,外壳由石英玻璃管或透短波紫外线玻璃管制成,内充低压惰性气体和汞蒸气(少量汞),两端为金属冷电极或热灯丝电极,通过给两极加高压或触发高压后由较低电压维持放电,产生以波长 253.7 nm 为主的紫外线,进行杀菌作业。紫外线在波长 200～280 nm 范围内最具杀菌效能,尤其在波长 253.7 nm 时杀菌作用最强。紫外线中的一段 C 频(C-BAQND)对摧毁人体内有害细菌或病毒有极大效用。其杀菌原理是通过紫外线对细胞、病毒等单细胞微生物的照射,破坏其生命中枢 DNA 结构,使构成该微生物的蛋白质无法形成,使其立即死亡或丧失繁殖能力。一般紫外线在 1～2 s 内就可达到灭菌的效果。

14.4 主要结构组成和技术参数

14.4.1 结构组成

洁净电梯的产品结构和组成与公共场所电梯基本相同,如图 3-1 所示。

14.4.2 技术参数

洁净电梯的驱动方式、控制方式、额定载质量、额定速度和开门方式,每个电梯品牌及型号涵盖的范围不尽相同,可根据洁净厂房实际需求选择或定制。洁净电梯参数详见表 14-1(以东南电梯股份有限公司为例)。

表 14-1 洁净电梯参数

类 型	驱动方式	控制方式	载质量/kg	运行速度/(m·s^{-1})	开门方式
曳引电梯	VVVF 曳引驱动	集选	500～20 000	0.25～1.75	自动门平移门
液压电梯	液压驱动	集选	500～20 000	0.25～0.63	自动门平移门
杂物电梯	VVVF 或单速曳引	信号	100～300	0.4～1	上下垂直门

14.5 选用原则

洁净电梯是按洁净度等级选用的,洁净电梯的最大性能指标就是洁净度等级,电梯的洁净度等级是根据不同洁净厂房的要求来设计的。

洁净室或洁净区的洁净度等级,应按一种或几种占用状态确定,即:"空态""静态""动态"。空态是指设施已建成并运行,但没有生产设备、材料和人员的状态;静态是指设施已建成,生产设备已安装好并按需方与供方议定的条件运行,但没有人员的状态;动态是指设施按规定方式运行,其内部规定数量的人员按议定方式工作的状态。

表 14-2 给出了空气洁净度的整数等级及其对应的关注粒径及以上的粒子允许浓度。

表 14-2 洁净室及洁净区空气洁净度整数等级

ISO 等级 N	大于或等于关注粒径的粒子最大浓度限值/(个·mm^{-3})					
	0.1 μm	0.2 μm	0.3 μm	0.5 μm	1 μm	5 μm
ISO 1 级	10	2	—	—	—	—
ISO 2 级	100	24	10	4	—	—
ISO 3 级	1000	237	102	35	8	—
ISO 4 级	10 000	2370	1020	352	83	—
ISO 5 级	100 000	23 700	10 200	3520	832	29
ISO 6 级	1 000 000	237 000	102 000	35 200	8320	293
ISO 7 级	—	—	—	352 000	83 200	2930
ISO 8 级	—	—	—	3 520 000	832 000	29 300
ISO 9 级	—	—	—	35 200 000	8 320 000	293 000

注:按测量方法相关的不确定度要求,确定等级水平的浓度数据的有效数字不超过 3 位。

14.6 安全使用

14.6.1 安全使用管理制度

洁净电梯的安全使用管理制度与 11.5.1 节内容相同。

14.6.2 安装现场准备

(1) 设置通风系统,洁净度比轿厢内的洁净度低 1 个等级为宜。
(2) 钢结构井道采用高附着烤漆或环氧树脂喷涂,内外封板需采用洁净室专用装修材料。
(3) 混凝土或砖混井道,井道内部、机房、底坑均需粉饰,电梯层门及井道部件、机房部件安装完成后,需采用环氧树脂披覆。
(4) 井道内不应有凸出井道内的结构。
(5) 井道壁上的缝隙在电梯安装完成后需胶封处理。
(6) 机房入口完工后需采用胶垫密封。

14.6.3 维护和保养

洁净电梯的维护保养工作在《电梯维护保养规则》(TSG T5002—2017)中有最低要求,各电梯制造企业根据产品不同有不同的维护和保养内容。详见 3.5.3 节内容。

14.6.4 常见故障及排除方法

洁净电梯如果出现故障状态,可以查看其主控制器的状态,主控制器会出现故障报警信息,根据报警信息对照其故障代码可以查明电梯故障内容及相应处理方法。其故障说明、故障信息和对策详见 3.5.4 节内容。

14.7 适用法律、规范和标准

病床电梯适用的法律、规范和标准除《洁净厂房设计规范》(GB 50073—2013)外,其余均与 3.6 节内容相同。

第15章

无障碍电梯

15.1 定义与功能

无障碍电梯是指具有满足包括生理残障者、感官残障者、智力残障者使用和进出的无障碍功能化的乘客电梯,是可供各类乘客乘运及乘坐轮椅时使用的乘客类电梯。

《建筑与市政工程无障碍通用规范》(GB 55019—2021)定义了无障碍电梯,也将行动障碍者和视觉障碍者对电梯的功能(要求)做了部分和框架性规定,但该标准没有定义电梯,以至于人们常把一种类似液压电梯的用于运送残障人士的垂直升降平台也叫作无障碍电梯,一些非专业的文献也称之为无障碍电梯。但是,根据《电梯、自动扶梯、自动人行道术语》(GB/T 7024—2008)对电梯的定义,即电梯是"服务于建筑物内若干特定楼层,其轿厢运行在至少两列垂直于水平面或与铅垂线倾斜角度不小于15°的刚性导轨运动的永久运输设备",而该设备的标准《行动不便人员使用的垂直升降平台》(GB/T 24805—2009)的"适用范围"条款的规定已明确了其与电梯的差别。所以,《无障碍设计规范》(GB 50763—2012)将该设备归于不同于无障碍电梯的无障碍设施,并用专业名词"无障碍升降平台"以示区别。

15.2 分类

无障碍电梯实质上是一种乘客电梯,按照安装场所、使用性质、驱动方式可分为三种类型。其中:按照安装场所,分为安装在公共建筑、公共场所的公用型无障碍电梯,以及安装在私人住宅、私人场所的私用型无障碍电梯;按照使用性质,《电梯主参数及轿厢、井道、机房的型式与尺寸 第1部分:Ⅰ、Ⅱ、Ⅲ、Ⅵ类电梯》(GB/T 7025.1—2023)把无障碍电梯分为住宅型、一般用途型、频繁使用型、医用梯型无障碍电梯;按照驱动方式,主要有曳引驱动、液压驱动、强制驱动、摩擦轮驱动无障碍四类,其中强制驱动类有卷筒驱动、螺杆驱动、齿轮齿条驱动三种常见细分类型。电梯行业分别对曳引、液压、螺杆、卷筒、齿轮齿条、摩擦轮驱动方式的电梯称为曳引电梯、液压电梯、螺杆电梯、卷筒电梯、齿条式电梯、滚轮电梯。

15.3 主要产品结构、技术参数和产品性能

15.3.1 结构组成

无障碍电梯在乘客电梯的基础上增加了一些无障碍功能或配置,所以无障碍电梯的基本结构组成可参考本手册其他章节介绍的各

种驱动方式的乘客电梯,本节仅介绍专用于无障碍电梯的设计及其零部件。

1. 轿厢内镜面或镜子

当轿厢内部净宽度小于 1900 mm 时,轿厢内部不足以使轮椅转向,电梯到站时,乘坐轮椅的乘客只能从轿厢倒退出电梯,所以,轿厢的后壁侧对着门的宽度范围内必须有一块反光镜能够让乘客从镜子里面看清楚门的方位与后侧障碍物。具体技术要求如下:

(1) 镜面或镜子的宽度及安装位置使其反光范围必须能覆盖到电梯轿门口。

(2) 避免其他轿壁装饰使该镜面或镜子的反光受到干扰。

(3) 采用玻璃镜子时,该种玻璃应是安全玻璃。

(4) 对于窄长型贯通门电梯,可用镜面不锈钢材料制作轿厢门以代替轿厢反光镜。

2. 轿厢扶手

常用轿厢扶手如图 15-1 所示。

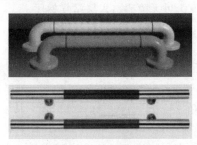

图 15-1　常用轿厢扶手

(1) 至少一面轿壁上安装有扶手。

(2) 轿厢扶手应是无凸出端的并与轿壁相封闭的结构。

(3) 无凸出端适合的扶手结构带凸出端不适合的结构。

(4) 轿厢扶手的安装高度应以其顶边距离轿厢地板的高度为准,应为 900±25 mm,双层扶手的下扶手顶边距离轿厢地板 650～700 mm,扶手内侧距离轿壁应不小于 35 mm。

(5) 轿厢扶手抓握部分的尺寸应在 30～45 mm,棱角最小圆半径应不小于 10 mm。普通乘客电梯常用的不锈钢扁扶手因其厚度尺寸与棱角半径原因而不适合无障碍电梯配置。

3. 轿厢无障碍操作盘

(1) 无障碍电梯轿厢操作盘数量及布置要求如图 15-2 所示。

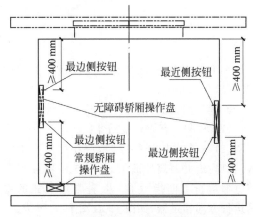
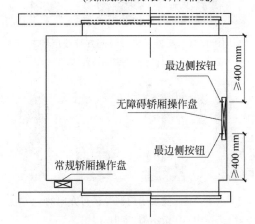

图 15-2　无障碍电梯轿厢操作盘的数量及布置

(2) 无障碍轿厢操纵盘按钮须使用带盲文按钮,选层按钮要带声光登记反馈功能(其中建筑物出口按钮还须明显区别于其他楼层按钮或采用绿色按钮),开关门按钮须有按压行程或力道感觉并布置在操作盘所有按钮的最下部,所有按钮距离轿厢地面 900～1200 mm。几种常用的无障碍轿厢操纵盘如图 15-3 所示。

4. 召唤盒

(1) 召唤盒按钮须使用带盲文按钮,具有声光登记反馈功能。

(2) 召唤盒与建筑物墙壁拐角距离须大于

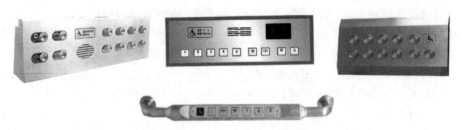

图 15-3　常用无障碍电梯操作盘

0.5 m，召唤盒安装高度须保证按钮距离地面 900～1100 mm。

5. 信号告知装置

（1）轿厢应有语音报站器。

（2）多台共用候梯厅时，应在厅门楣上方或门口附近并距离地面 1.8～2.5 m 高度上安装电梯运行方向指示器。几种常用形式的层站运行方向指示器，如图 15-4、图 15-5 所示。

图 15-4　安装于层门洞上方带楼层和运行方向的指示器

图 15-5　安装于门洞旁运行方向的指示器（方向灯）

15.3.2　技术特点

无障碍电梯与普通乘客电梯相比较，具有以下主要技术特点：

（1）符合现行国家电梯的安全标准。

（2）电梯开门宽度不小于 800 mm，门只能为水平自动滑动门。

（3）防门夹、撞击保护的装置只能为感应式的，如光幕。

（4）轿厢净深度不小于 1250 mm，轿厢净宽度不小于 1000 mm。

（5）只有当轿厢宽度不小于 1900 mm 且轿厢深度不小于 1500 mm 时，可以不必在轿厢后壁正对门口位置配置镜面或镜子，否则必须配置。

（6）轿厢一面轿壁上必须安装防滑扶手。

（7）中分门电梯在轿厢右侧轿壁上，旁开门电梯在关门到位侧的侧轿壁上，分别安装了带盲文和声响及发光反馈的大按钮无障碍操纵盘。

（8）标配语音报站功能。

（9）标配带盲文和声响及发光反馈的大按钮层站呼梯操作装置。

（10）可无障碍出入层站候梯厅。

15.3.3　主要技术参数

无障碍电梯的额定载质量从 450 kg 起，主要有 450 kg、630 kg、800 kg、1000 kg、1150 kg、1250 kg、1350 kg、1600 kg、2000 kg。其中额定载质量 450 kg、630 kg 常用于私用型无障碍电梯，公用型无障碍电梯的额定载质量一般不低于 630 kg，而医院、老年中心等场所较适合选用 1600 kg 规格的额定载质量。额定载质量 1250 kg 及以上规格的电梯，一般允许乘运室内型电动轮椅。曳引和液压驱动方式无障碍电梯具有上述各种额定载质量规格，并且曳引式无障碍电梯市场上有 0.4 m/s 以上的各种额定速度规格的产品，而液压、卷筒、齿轮齿条、螺杆和摩擦轮驱动方式无障碍电梯只有不大于 1 m/s 额定速度规格的产品。

《电梯主参数及轿厢、井道、机房的型式与尺寸　第 1 部分：Ⅰ、Ⅱ、Ⅲ、Ⅵ类电梯》(GB/T 7025.1—2023) 推荐了无障碍电梯的规格及技术参数。根据建筑物具体结构和实际使用情况可参考表 15-1 进行无障碍电梯的选择。

表 15-1　无障碍电梯的规格及技术参数

载质量/kg	轿厢内尺寸（净宽×净深）/(mm×mm)	开门宽度/mm	备　　注
450	1000×1250	800	
630	1100×1500	800,900	
750	1500×1350	800	
800	1350×1500	800,900	
900	1600×1350	900	
1000	1100×2100	800,900	
1000	1600×1500	900,1100	
1000	1750×1300	900	
1000	1600×1500	900	
1150	1600×1500	1000	
1275	2000×1500	1100	医用梯型,行业里一般以1250 kg 额定载质量代替
1275	1200×2300	1100	
1275	1300×2100	1100	
1350	2000×1500	1100	
1600	2100×1600	1100	
1600	1500×2400	1300	医用梯型
1800	2350×1600	1200	
2000	1500×2700	1300	医用梯型
2000	1750×2300	1300	
2000	2350×1700	1200	
2500	1800×2700	1300,1500	医用梯型

15.3.4　典型产品性能及技术参数

目前,国内制作液压电梯的企业并不多,其中位于苏州的东南电梯股份有限公司和苏州科达电梯有限公司是比较有代表性的,也是目前国内年产液压电梯最多的厂家。表 15-2 为东南电梯股份有限公司生产的液压式无障碍电梯的技术规格及基本参数。

表 15-3 为湖南海诺电梯有限公司生产的摩擦轮驱动无障碍电梯的技术规格。

表 15-2　液压式无障碍电梯技术规格及基本参数

载质量/kg	速度/(m·s^{-1})	轿厢内尺寸（净宽×净深）/(mm×mm)	开门宽度/mm	最大提升高度	最小井道尺寸（净宽×净深）/(mm×mm)	顶层高/m	底坑深/m	最大提升高度/m
1600	0.5/0.63/0.75	1500×2400	中分1200	24.5	2750×2860 或 2500×3000	≥3.6	1.5	15/24.5
1250		1950×1500	中分1100		2400×2150			
1000		1600×1500	中分1000		2400×1850 或 2150×2150		1.4	
800		1350×1500	中分800		2100×1850 或 1900×2150			
630		1100×1500	中分800		1950×1850 或 1850×2150			

表 15-3 摩擦轮驱动无障碍电梯技术规格

载质量/kg	轿厢内尺寸（净宽×净深）/(mm×mm)	开门宽度/mm	土建井道内尺寸（净宽×净深）/(mm×mm)	底坑深/mm	顶层净高/mm
1000	1550×1600	中分 1000	2350×2000	≥300	≥3600
800	1350×1500	中分 800	2300×1950		
630	1100×1500	中分 800	2100×1950		

15.4 选用原则

（1）无障碍垂直升降平台虽然与无障碍电梯相似，但是无障碍电梯具有更高的安全性，而且运输效率更高、额定载质量范围更大，GB 55019—2021 也明确指出"升降平台只适用于场地有限的改造工程"，所以，只要场地条件允许，在无障碍电梯和无障碍升降平台之间应尽量选择无障碍电梯。

（2）选用无障碍电梯时，应选择具有相应电梯制造许可证（摩擦轮驱动电梯除外）的企业生产的产品。

（3）相较于其他几种驱动方式，曳引式无障碍电梯是目前市场上销量最大、制造商最多、价格最优的一种电梯产品，尤其是对于要求电梯提升高度在 30 m 以上的建筑物，几乎是不二的选择。曳引式无障碍电梯分为无机房和有机房两种产品，其中无机房电梯比有机房电梯安装和维修都要复杂，紧急救援也较困难，更换备件的费用也相对较高。所以若非特殊需要，就电梯驱动方式而言，首先选择曳引式无障碍电梯，再考虑选择液压或其他驱动方式无障碍电梯。而对于曳引式无障碍电梯，若非土建不可以构建机房或其他特殊原因，首先应选择有机房电梯。

（4）液压式电梯相较于曳引式电梯具有顶层高度更小、要求的井道内空尺寸更小、井道壁强度要求低、在建筑物顶不需要建造机房的优点，但是仅适合于要求电梯提升高度不大于 30 m 的建筑物，电梯启制动频率要求一般不能大于 60 次/h。

（5）摩擦轮驱动无障碍电梯具有顶层高度小、底坑浅的优点，仅适合于要求电梯提升高度不大于 30 m 的建筑物，电梯的额定载质量要求不大于 1000 kg、额定速度不大于 1 m/s，是一种专利技术产品，价格较高。

（6）齿条式、螺杆式、卷筒式无障碍电梯，仅适合于电梯额定载质量 630 kg 以下、额定速度不超过 1 m/s 的情况，且运行过程中有振动，但是其需要的井道尺寸较小，不需要机房或机房可灵活布置，目前市场上这类产品较为少见。

15.5 安装和检验

（1）除摩擦轮驱动方式外的上述所有驱动方式的无障碍电梯，凡安装在公共场合或公用建筑物内时，安装施工单位应当在安装施工前将拟进行的电梯安装情况书面告知当地特种设备安全监督管理部门。

（2）由于摩擦轮驱动电梯目前不属于特种设备目录里面的电梯产品，所以，当电梯安装场所为公共场合或公用建筑物内时，安装施工单位应当在安装施工前详细咨询电梯安装地的特种设备安全监督管理部门：①该摩擦轮驱动电梯是否必须安装告知，如何告知；②安装完成后是否必须进行监督检验或者进行其他形式的第三方检验，检验依据是什么，然后按要求办理安装告知和报送其他相关资料。

（3）国家目前对电梯的安装实行行政许可制度，在中国境内，只有取得乘客电梯生产及安装许可的企业才能够进行无障碍电梯的安装，安装企业只能是该产品的制造商或由制造商授权委托。

（4）无障碍电梯与其他普通乘客电梯一

样,制造方一般都是以散件或零部件的形式出厂,需要现场装配后才能够成为一台真正意义上的电梯。

(5) 无障碍电梯安装前,用户土建和井道工程必须经电梯安装方验收,符合要求才能够进行安装施工。

(6) 进行无障碍电梯安装的工作流程和工艺方法与同驱动方式的其他普通乘客电梯相同。

(7) 公用型无障碍电梯(摩擦轮驱动电梯除外)在安装完工后,必须经特种设备检验机构按照安全技术规范的要求进行监督检验;未经监督检验或者监督检验不合格的,不得交付使用。

(8) 公用型摩擦轮驱动无障碍电梯在安装完工后,必须按电梯安装地特种设备安全监督管理部门要求的方式进行检验;未经检验合格,不得交付使用。

(9) 单一家庭使用的无障碍在电梯安装完工后,应当进行合同约定形式的检验;未经检验合格,不得交付使用。

(10) 经过监督检验的无障碍电梯的使用单位应当按照安全技术规范的要求,在检验合格有效期届满前一个月向特种设备检验机构提出定期检验要求;未经定期检验或者检验不合格的,不得继续使用。

(11) 公用型曳引、液压驱动的无障碍电梯的监督检验和定期检验的依据是《电梯监督检验和定期检验规则》(TSG T7001—2023),对于卷筒、齿轮齿条、螺杆、摩擦轮驱动电梯的监督检验和定期检验依据须按电梯安装所在地的特种设备监督管理部门的要求;若特种设备安全监督管理部门无要求,应由电梯制造单位提供检验依据。

(12) 无障碍电梯经验收合格后 30 日内,安装和修理单位应当将相关技术资料和文件移交设备使用单位。

(13)《电梯监督检验和定期检验规则》(TSG T7001—2023)中的规定检验项目仅为与电梯安全运行相关联的项目,无关乎无障碍电梯设计的任何检查(测),当需要检查电梯的无障碍性能和功能时,建议按表15-4进行。

表 15-4　电梯无障碍功能性能检验

序号	检验项目	合 格 要 求	检验方式		
			目测	测量	试验
1	开门	(1) 应为自动滑动门	√		
		(2) 开门净宽度≥800 mm		√	
2	开门保持时间	保持时间在 2~20 s		√	
3	防门夹、撞击保护	(1) 应为传感器类型; (2) 保护区域至少在门地坎 25~1800 mm 高度内有效	√		√
4	轿厢尺寸	净深度≥1250 mm,净宽度≥1000 mm		√	
5	轿厢扶手	至少一面轿壁上安装有扶手,且是无凸出端的与轿壁相封闭的结构	√		
6	轿壁镜子或镜面	轿厢宽度<1900 mm 且轿厢深度<1500 mm 时,轿厢后壁正对门口位置应配置镜面或镜子	√		
7	轿厢无障碍操作盘	(1) 轿厢安装有无障碍操作盘	√		
		(2) 无障碍操作盘位于轿厢右侧侧壁上或旁开门轿厢的关门到位侧的侧轿壁上	√		
		(3) 按钮应为微动按钮,并带声响反馈			√

续表

序号	检验项目	合 格 要 求	检验方式		
			目测	测量	试验
8	语音报站	语音报站应能报出各层的到站信号			√
9	层站操作装置	按钮应为微动按钮，并带声响反馈	√		
10	轿厢地板	轿厢地板应与候梯厅地面有鲜明的色彩对比度	√		

第16章

斜 行 电 梯

16.1 概述

16.1.1 定义

斜行电梯是指服务于指定层站,其运载装置用于运载乘客或货物,通过钢丝绳或链条悬挂,并沿与水平面夹角大于等于15°到小于75°的导轨运行于同一铅垂面的限定路径内的电力驱动的曳引式或强制式电梯。

斜行电梯主要用于完成一些斜坡状轨迹的提升,相同载质量、速度的情况下,由于驱动只需满足轴向分力,因此斜行电梯相比垂直运输的传统电梯更省力,也更节省能量,结构紧凑、安全可靠,针对电梯运行在15°~75°的任意角度轨道进行设计,可满足一些特殊地方的电梯运行。

16.1.2 主要使用场景

1. 特殊地形

在山地景区、山坡建筑等需要立体空间转换的场景,斜行电梯承载装置具有轿厢结构,在室外环境中可以为乘客提供遮风挡雨的舒适乘坐环境,适合设置在度假村、养老产业区、景区等处的靠山坡(斜坡)处,可提高乘客(游客)的乘坐感受,如图16-1所示。

图16-1 斜行电梯在特殊地形的使用

2. 特殊建筑

用于有特殊造型的建筑内的空间运输,如桥墩、观光塔等,传统垂直电梯的井道无法正常布置,则可考虑因"地"制宜使用斜行电梯,解决其内的多个不同水平面的交通运输问题,如图16-2所示。

图 16-2 斜行电梯在特殊建筑内的使用

3. 特殊人群

在无条件安装传统垂直电梯的公共场所，用于解决行动不便人士的交通问题。斜行电梯的轿厢可方便运载轮椅等装置，在一些公共场所，可作为自动扶梯的补充或替代，方便行动不便人士的通行，如图 16-3 所示。

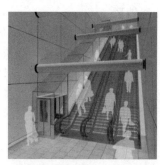

图 16-3 对用于特殊人群使用的斜行电梯

16.1.3 发展历程及趋势

1. 国外发展历程及趋势

经过一百多年的发展与演变，斜行电梯在欧洲，尤其是德国使用很普遍，几乎在每个城市都有很多个（甚至几十个）案例，加拿大、美国、意大利、德国都有制造斜行电梯的企业，最知名的电梯当属埃菲尔铁塔的斜行电梯。

近年来由于建筑业的蓬勃发展，也因为斜行电梯在建筑布置上的特殊性深受业主和使用者的喜爱，建筑师在设计中也越来越多地使用了斜行电梯这种特殊的"电梯"。比如：英国希斯罗机场、德国汉诺威市政厅、韩国首尔地铁车站、日本长崎哥拉巴园、哥伦布的双子塔、奥地利萨尔茨堡、韩国首尔塔等。

随着斜行电梯技术的不断成熟和用户需求的多样化，单一斜度的斜行电梯已经无法满足人们对新事物的追求，国外逐渐出现了双斜度、多斜度的斜行电梯，甚至多个 S 形弧线段运行的斜行电梯。

2. 国内发展历程及趋势

斜行电梯多被广泛应用于山坡景点、山坡住宅、地铁和车站以及斜塔类建筑等特殊场所。作为一种新型的特种电梯，斜行电梯在国外的发展已经相对成熟，而在国内的发展才起步不久，正式投入商业运营的斜行电梯也屈指可数，最早来到中国的斜行电梯是陕西西安法门寺舍利塔斜行电梯项目。在法门寺斜行电梯项目之后随着旅游业、房地产的兴起在一些特殊的场所内也陆续安装了一些斜行电梯，不过目前国内已经安装的斜行电梯只有单一斜度的项目，多斜度或是斜弧形的斜行电梯还并没有应用实例，且在最大载质量和速度等主参数上与国外、特别是西欧相比还有一定的差距，专用部件的研究相对还比较滞后。随着

EN81-22欧洲斜行电梯标准的引入,并转化为《斜行电梯制造与安装安全规范》(GB/T 35857—2018),越来越多的整机电梯企业开始斜行电梯项目的研究开发,相信随着更多项目的投入使用,国内斜行电梯的产品也会越来越多,技术也会越来越成熟。

16.2 分类

斜行电梯通常可按照下列方式进行分类。

1. 按轿门设置位置

(1)侧置门斜行电梯:轿厢上的开门与运载装置运行路径所在铅垂面平行的斜行电梯,如图16-4所示。

图16-4 侧置门斜行电梯

(2)前置门斜行电梯:轿厢上的开门与运载装置运行路径所在铅垂面成90°的斜行电梯,如图16-5所示。

图16-5 前置门斜行电梯

2. 按轨道倾斜角变化

(1)单一倾斜角度斜行电梯:从底层站到顶层站的运行轨迹在铅垂面只有一个角度的斜行电梯,如图16-6所示。

图16-6 单一倾斜角度斜行电梯

(2)多倾斜角度斜行电梯:从底层站到顶层站的运行轨迹在同一铅垂面内至少经过一次角度变化的斜行电梯,如图16-7所示。

图16-7 多倾斜角度斜行电梯

(3)弧形轨道斜行电梯:从底层站到顶层站的运行轨迹在同一铅垂面内是弧线行驶的斜行电梯,如图16-8所示,包括上凸形弧线、下凹形弧线、波浪形弧线。

3. 按驱动方式

(1)曳引驱动斜行电梯:采用曳引机的驱动轮槽与曳引绳之间的摩擦力进行驱动的斜行电梯。

(2)强制驱动斜行电梯:通过卷筒和绳或

图 16-8 弧形轨道斜行电梯

链轮和链条直接驱动(不依赖摩擦力)的电梯。

(3) 液压驱动斜行电梯：提升动力来自电力驱动的液压泵输送液压油到液压缸(可使用多个电动机、液压泵和(或)液压缸)，直接或间接作用于轿厢承载架的斜行电梯。

16.3 设计范围

(1) 斜行电梯的运行路径：仅限于同一铅垂面，且与水平面夹角大于等于15°到小于75°；

(2) 斜行电梯额定载质量：轿厢载质量不超过 7500 kg(100 人)；

(3) 斜行电梯的运行速度：额定速度大于 0.15 m/s，小于等于 4 m/s。

额定载质量与额定速度的相互关系如图 16-9 所示。

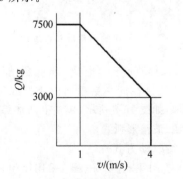

Q—额定载质量；v—额定速度。

图 16-9 额定载质量与额定速度的关系

16.4 结构组成

斜行电梯由轿厢、门、承载架、安全部件、驱动部件、控制柜等组成，如图 16-10 所示为最常见的 1∶1 曳引驱动斜行电梯的结构示意图，其中轿厢、承载架及工作区域(如果有)共同组成斜行电梯动载装置。

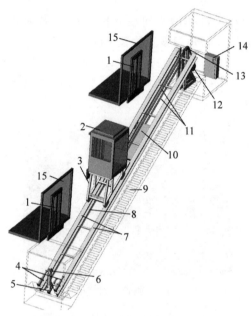

1—层门装置；2—轿厢；3—承载架；4—轿厢缓冲器；5—对重缓冲器；6—限速器张紧装置；7—承载主导轨；8—安全钳导轨；9—检修、救援爬梯；10—对重装置；11—曳引绳；12—曳引机；13—导向轮；14—控制柜；15—层站围壁。

图 16-10 曳引驱动斜行电梯结构示意图

曳引驱动，是斜行电梯最普遍、最常用的一种驱动方式。其工作原理是通过曳引绳与曳引轮的摩擦力来使轿厢与对重沿倾斜井道运行，已达到运输人员或货物的目的。其结构组成主要有曳引系统、导向系统、门系统、轿厢系统、重量平衡系统、电力拖动系统、电气控制系统、安全保护系统等。

曳引驱动斜行电梯作为曳引电梯的一个分支，其结构组成和常规垂直曳引电梯类似，但由于运行轨迹与水平夹角的原因，其在具体的设计结构、受力状态、执行标准上都有不小的差异。

16.4.1 曳引系统

斜行电梯最常见的设计也是将驱动主机置于机房内,但其运载装置运行路径与机房楼板(水平面)并非垂直关系,整个悬挂装置在驱动主机上的作用力方向也不是垂直向下的,主机固定和支撑面的设计要充分考虑上述作用力的方向,将主机的"姿态"调整至最佳,再通过导向轮将曳引绳的提拉方向转换成与运行轨迹平行的状态。

16.4.2 门系统

侧置门时最常见的自动门轿门门刀需要调整方向至与运行路径平行,以达到与厅门球配合自动开门的效果,如图16-11所示。

图16-11 斜行电梯侧置门门刀

前置门的结构同常规垂直电梯相一致,但由于存在的启停、制动时的撞击力风险,前置门时在强度和电梯控制上有更高的要求。

在运行路径的顶部和底部用于工作的安全区域应设置运载装置安全停止装置。

前置门处于关闭位置的门应能承受在最不利情况下制动或安全钳动作时,乘客撞到该门时所产生的力;为此,门自身应能承受跌落高度增加到1400 mm的软摆锤冲击试验,而不会破坏门装配的完整性。

具有前置门的曳引驱动斜行电梯应在井道或运载装置的顶部设置缓冲器。

16.4.3 导向系统

除导向作用,斜行电梯的导轨要承载轿厢系统及重量平衡系统在运行轨迹法向方向的分力,而传统垂直电梯的导轨仅受由载质量的偏载和轿厢系统偏心引起的支反力,因此斜行电梯安全钳的夹持部件有时会脱离导向部件而使用另外专用的部件。

常见的设计中,斜行电梯导向系统设计有以下几种方式:

(1)导向系统与安全钳夹持部件分离设置,轿架一般设计为承载式,轿厢系统通过设计在轿架下方的组件(如滚轮)将运行轨迹法向方向的力传递到运行轨道的承载面上(如H形钢的上表面、圆管与导靴的接触面)。同时,在轿架上另外布置滑靴、滚轮等结构限制轿厢在水平方向上位移。对于这种情况,主导轨导向面不符合安全钳的夹持部件对导向面的要求,此时一般会再单独布置电梯用T形导轨用于安全钳的制动。

(2)导向系统兼作安全钳夹持部件。这种方式下,导向系统可以直接选择电梯用T形导轨。通常的设计可以参照传统垂直电梯,将轿厢端导轨沿轿厢运行轨迹方向对称布置。轿厢系统通过轿架下方的组件(如滚轮)将运行轨迹法向方向的力传递到导轨上,另外可通过一组滚轮或滑靴限制轿厢在水平方向上的位移,安全钳钳口沿轿厢运行轨迹方向正对导轨头。

此外,斜行电梯导向装置因设置角度及环境的特殊需求,设计上需根据安装场所设置清扫装置,清除可能出现在运行路径上的障碍物(如小树枝、瓶子、石块等)。如果是在室外环境使用的斜行电梯,还应在轮子前面设置清除雪、冰等的清扫装置。

16.4.4 安全保护装置

斜行电梯因运行轨迹的特殊属性,运载装置的受力情况与传统垂直电梯有着较大区别,轿厢一定会产生水平方向的运动,所以其轿厢在正常运行、启动、制动、紧急制停等情况下必须要考虑惯性对乘客的影响,对其加速度进行必要的限制,所以各种安全部件的设计及选型上也有许多与传统垂直电梯的不同之处。

(1) 斜行电梯运载装置及对重或平衡重装置(如果有)上的安全钳应为渐进式安全钳。GB/T 35857—2018 中规定,载有额定载质量的运载装置在安全钳制动时,沿运行路径方向的平均减速度不应小于 0.1 gn,且垂直方向的平均减速度不应大于 1.0 gn;而且在任何载荷下,水平方向平均减速度不应大于 0.5 gn;运载装置自由下落和带着对重下落均应满足此平均减速度的要求。与传统垂直电梯相比,斜行电梯对水平方向的轿厢减速制停状态进行了限定,这样是为了在安全钳制过程中防止乘客因惯性在运行方向上发生倾倒从而导致危险状态。

运载装置和对重(平衡重)的安全钳的动作应由各自的限速器来控制;如果额定速度不超过 1 m/s,对重(平衡重)安全钳可借助悬挂机构的断裂或借助一根安全绳来触发。对于斜行电梯,限速器绳随运载装置沿倾斜方向延伸,在终端需要设计导向轮改变其绕绳方向,利用重物的重力将限速器绳张紧。通常张紧装置设置在底坑内,有时为了节省底坑空间,还可以将限速器绳导向及张紧装置设置在机房内。

(2) GB/T 35857—2018 中规定,上行超速保护装置使运载装置制停时,在任何载荷情况下的平均减速度值的垂直分量不应大于 1.0 gn、水平分量不应大于 0.5 gn。对于轿厢意外移动保护装置,空轿厢向上意外移动动作时,制停过程轿厢平均减速度值也同样要满足其垂直分量不应大于 1.0 gn、水平分量不应大于 0.5 gn;向下意外移动动作时,轿厢减速度要求和自动坠落保护装置(如安全钳)要求相同。

除此之外,轿厢意外移动装置动作的制停距离在 GB/T 35857—2018 中有着比较严格的限定。轿厢意外移动装置应确保在下列定义的自由距离内制停运载装置:

① 对于侧置门

a. 与检测到运载装置意外移动的层站的垂直方向距离不大于 1.20 m;

b. 层门地坎与轿厢护脚板最低部分之间的垂直距离不大于 0.20 m;

c. 设置井道围壁时,轿厢地坎与面对轿相入口的井道壁最低部件之间的距离不大于 0.20 m;

d. 轿厢地板与层门框架上边缘或层站地板与轿门框架上边缘之间的距离不小于 1.00 m;

e. 层门门框与轿门边框边缘的距离不小于 0.60 m。

② 对于前置门

a. 层门地坎与轿门地坎之间水平距离不大于 0.15 m;

b. 门地坎与轿厢护脚板最低部分之间的垂直距离不大于 0.20 m;

c. 厢地坎与面对轿厢入口的井道壁最低部件之间的距离不大于 0.20 m。

轿厢载有不超过 100% 额定载质量的任何载荷,在平层位置从静止开始移动的情况下,均应满足上述值。

需要特别注意的是,为了避免剪切和挤压危险,在侧置门时,意外移动触发保护装置动作后,层门门框与轿门边框边缘距离不小于 0.60 m。也就是说,如果水平滑动门开门宽都是 0.8 m 的情况下,轿厢离开平层位置的水平距离不能超过 0.2 m,这一要求对于倾斜角较小的斜行电梯而言是较难满足的,若开门宽进一步减小到 0.7 m,则这一要求在常规设计下无乎是无法保证。此外,前置门时,意外移动触发保护装置动作后,层门地坎与轿门地坎之间水平距离不大于 0.15 m 这一要求也是较难保证的,设计时也要特别处理。

(3) GB/T 35857—2018 中规定,当载有额定载质量的运载装置自由下落并以 115% 额定速度撞击运载装置缓冲器时:垂直方向的平均减速度不应大于 1.0 gn;水平方向的平均减速度不应大于 0.5 gn。如图 16-12 所示为目前欧洲市场上的一款斜行电梯专用油压缓冲器,与垂直电梯使用的油压缓冲器相比增加了一个额外的循环补偿储油箱,循环补偿储油箱内的液压油通过软油管与缓冲器本体缸筒内的液压油相连通,安装时缓冲器本体倾斜安装与斜行电梯底部的运行角度保持一致,而循环补偿

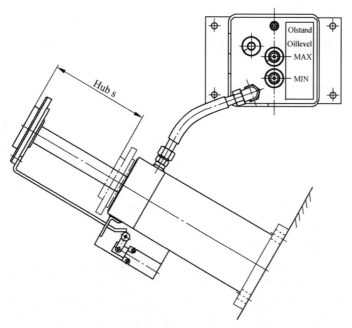

图 16-12 欧洲斜行电梯专用缓冲器

储油箱则固定在一个竖直面上。

16.4.5 井道

斜行电梯对重(平衡重)应与运载装置在同一井道内。

最小的井道截面尺寸是这些动态包络加上层门侧的扩展以及在运载装置上方安全运行要求的间隙。

斜行电梯可依现场实际情况设置全封闭井道或部分封闭井道。

1. 全封闭井道

(1) 在建筑物内

建筑物中,要求井道有助于防止火焰蔓延,该井道应由无孔的墙、底板和顶板完全封闭。

仅允许有下述开口:

① 层门开口;

② 通往井道的检修门、安全门以及活板门的开口;

③ 火灾情况下,气体和烟雾的排气孔;

④ 通风孔;

⑤ 为实现斜行电梯功能,在井道与机房或与滑轮间之间必要的开口;

⑥ 斜行电梯之间隔障上的开口。

(2) 在隧道内

安装在长度超过 300 m 的隧道内或疏散区域超过 300 m 距离的斜行电梯的设计、建造、维护和操作参考《载人索道装置安全建议 防火和救火 第 1 部分:隧道中的缆车轨道》(CEN/TR 14819—1:2004)中的第 4.2 条。

2. 部分封闭井道

在火灾情况下不要求井道用于防止火焰蔓延的场所,如与瞭望台、竖井、塔式建筑物联结的观光斜行电梯等,如果满足以下要求,井道不需要完全封闭。

(1) 应满足下列要求:

① 在人员可以正常接近斜行电梯处,围壁的高度应足以防止人员:遭受斜行电梯运动部件危害;和直接或用手持物体触及井道中斜行电梯设备而干扰斜行电梯的安全运行;

② 可以使用带孔的井道壁,但网孔尺寸应符合《机械安全 防止上下肢触及危险区的安全距离》(GB/T 23821—2022)的要求;

③ 围壁应设置在与地板、楼梯或平台边缘最大距离为 0.15 m 处;

④ 采取措施防止由于其他设备干扰斜行电梯的安全运行;对特定的风险进行具体的分

析以确定所需要的安全装置；

⑤ 对于暴露在恶劣气候条件下的斜行电梯，尤其是下雪和刮风，应采取特别的防护措施。

(2) 对于倾斜度超过 45°的斜行电梯，如果符合图 16-13 的要求，则认为围壁高度是足够的，即：

① 在层门侧的高度不小于 3.50 m；

② 在其余侧，当围壁与斜行电梯运动部件的水平距离为最小允许值 0.50 m 时，高度不应小于 2.50 m；如该水平距离大于 0.50 m 时，高度可随着距离的增加而降低；当距离等于 2.00 m 时，高度可减至最小值 1.10 m。

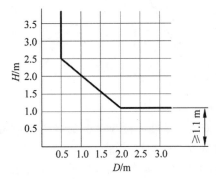

图 16-13　部分封闭井道围壁高度与距斜行电梯运动部件距离的关系

(3) 对于倾斜度不超过 45°的斜行电梯，围壁高度 H 应为：

① 在层门侧的高度至少为运载装置运行区域的高度；

② 在其余侧，高度满足：$H+D \geqslant 2.5$ m 且 $H \geqslant 1.8$ m。式中，D 指墙体和斜行电梯运动部件之间的水平距离（见图 16-13）。

在井道的倾斜部分，H 是垂直测量值。高度 H 可以降低到 1.10 m（见图 16-13），取决于设计和使用条件，以及环境因素（有关安全保护装置尺寸的安全规则）。另外，这些保护措施应确保所有可预见的正常情况（特别是下雪）。

16.4.6　紧急和检修通道

通往井道的紧急通道或检修通道，应满足下列要求之一：

(1) 安全门与层门地坎间的距离与所采用的装置相符，如果采用梯子，沿斜面测量不应超过 11 m。

(2) 宽度不小于 0.50 m 的永久性人行通道（见图 16-14）和宽度不小于 0.35 m 的台阶或符合《梯子　第 1 部分：术语、型式和功能尺寸》(GB/T 17889.1—2021)和《梯子　第 2 部分：要求、试验和标态》(GB/T 17889.2—2021)的固定的梯子，在任何情况下从井道的一端去另一端时可以安全地使用，且应符合下列要求：当门地坎与人行通道的垂直距离大于 0.50 m 时，提供从井道内通往轿厢的台阶或梯子；如果台阶或梯子是可移动的，应将其随即保存在斜行电梯附近且可方便取用；通往井道的活板门高度不应大于 0.5 m、宽度不应大于 0.5 m，如果通过层门进入井道，应设置通向人行通道的台阶或梯子。

(3) 邻近的运载装置设置一个符合要求的轿厢安全窗或轿厢安全门。

(4) 具有从外部无风险地直接进入轿厢的方法（如可移动的提升平台）。

(5) 上述若干方案的组合。

图 16-14　斜行电梯永久性人行通道

16.4.7　机房

驱动主机和滑轮应设置在机器空间和滑轮空间内。这些空间和相关的工作区域应易于接近，应规定仅被授权人员（维护、检查和救援）才能接近。为了保证机器空间内设备的正常运行(例如:考虑设备散发的热量),机房中的环境温度保持在 5~40 ℃。

16.4.8 底坑

井道下部应设置底坑,除缓冲器座、导轨座以及排水装置外,底坑的底部应平整,底坑不得作为积水坑使用。当斜行电梯安装于室外时,应设置在各种情况下从底坑中排水的措施。

16.5 安全技术规范

斜行电梯刚进入国内的时候,没有参照的执行标准也没有相应的检验验收规范,多采用第三方的委托验收的方式进行检验。

目前,国家市场监督管理总局制定了《电梯型式试验规则》(TSG T7007—2022)和《电梯监督检验和定期检验规则》(TSG T7001—2023)两个斜行电梯相关的安全技术规范。

16.6 安装验收规范

16.6.1 型式试验主要参数

1. 斜行电梯主要参数变化

斜行电梯的主要参数变化符合下列之一时,应当重新进行型式试验:

(1)对于乘客电梯、消防员电梯:额定速度增大;额定载质量大于 1000 kg,且增大。

(2)对于载货电梯:额定载质量增大;额定速度大于 0.5 m/s,且增大。

(3)倾斜角小于等于 45°的单一倾斜角度斜行电梯的倾斜角改变超过 15°,或者改变后倾斜角大于 45°。

(4)倾斜角大于 45°的单一倾斜角度斜行电梯的倾斜角改变超过 15°,或者改变后倾斜角小于等于 45°。

(5)多倾斜角度斜行电梯的倾斜角改变。

2. 斜行电梯配置变化

斜行电梯配置变化符合下列之一时,应当重新进行型式试验:

(1)驱动方式(曳引驱动、强制驱动、液压驱动)改变。

(2)调速方式(交流变极调速、交流调压调速、交流变频调速、直流调速、节流调速、容积调速等)改变。

(3)驱动主机布置方式(井道内上置、井道内下置、上置机房内、侧置机房内等)、液压泵站布置方式(井道内、井道外)改变。

(4)悬挂比(绕绳比)、绕绳方式改变。

(5)轿厢悬吊方式(顶吊式、底托式等)、轿厢数量、多轿厢之间的连接方式(可调节间距、不可调节间距等)改变。

(6)控制柜布置区域(机房内、井道内、井道外等)改变。

(7)适应工作环境由室内型向室外型改变。

(8)轿厢上行超速保护装置、轿厢意外移动保护装置型式改变。

(9)控制装置、调速装置、驱动主机、液压泵站的制造单位改变。

(10)用于电气安全装置的可编程电子安全相关系统(PESSRAL)的功能、型号或者制造单位改变。

(11)斜行电梯的轿门位置(侧置、前置)改变。

(12)斜行电梯的轿厢与承载架(或悬挂架)的连接方式改变。

(13)斜行电梯的曳引钢丝绳与运载装置的连接方式(一端、两端)改变。

(14)斜行电梯的运载装置运行轨道、护轨、导轨、安全钳夹持部件总数量减少。

(15)斜行电梯的限速器类型(钢丝绳驱动的限速器、非钢丝绳驱动的机械式限速器、可编程电子限速器)改变。

16.6.2 适用参数范围及配置

1. 斜行电梯的加、减速度

(1) 采用《电梯试验方法》(GB/T 10059—2009)中第4.2.2条规定的方法,测得的斜行电梯运行方向上的起动加速度和制动减速度最大值不大于 1.5 m/s², A95加、减速度应当符合电梯制造单位给出的限值指标。

(2) 斜行电梯在正常运行时(包括缓冲器在行程末端受到撞击的情况)以及在任何载荷情况下,采用 GB/T 10059—2009 中第 4.2.2 条规定的方法测得的水平方向的起动加速度和制动减速度不大于 0.1 gn。

(3) 斜行电梯的安全钳制动试验时,应当符合《斜行电梯制造与安装安全规范》(GB/T 35857—2018)中附录 D.3 中 j)和 k)的规定,安全钳的动作应在不小于额定速度下进行。

(4) 斜行电梯的驱动主机制动器制动试验时,在不超过额定载质量的情况下,不论运载装置以何种方式制停,其水平方向的平均减速度应当小于 0.25 gn,垂直方向的平均减速度应当小于 1.0 gn。

2. 层门、玻璃轿门、前置轿门

层门、玻璃轿门、前置轿门应按 GB/T 35857—2018 中附录 J 进行摆锤冲击试验,其中前置轿门进行软摆锤冲击试验时的装置跌落高度增加到 1400 mm。

16.7 主要产品性能和技术参数

16.7.1 主要产品技术参数

斜行电梯主要技术参数设计范围见 16.3 节。

16.7.2 典型产品性能和技术参数

1. 侧置门重轨布置的斜行电梯

侧置门重轨布置的斜行电梯性能和技术参数见表 16-1。

2. 侧置门轻轨布置的斜行电梯

侧置门轻轨布置的斜行电梯性能和技术参数见表 16-2。

3. 前置门重轨布置的斜行电梯

前置门重轨布置的斜行电梯性能和技术参数见表 16-3。

表 16-1 侧置门重轨布置的斜行电梯技术参数

项 目	参 数	项 目	参 数
额定载质量	≤2000 kg	额定速度	≤2.0 m/s
倾斜角度	30°	调速方式	VVVF
驱动方式	曳引驱动	绕绳方式	单绕
曳引比	1:1	驱动主机布置方式	上置机房内
轿厢数量	单轿厢	控制柜布置区域	机房内
倾斜角可覆盖范围	15°~45°	轿厢位置	侧置门
轿厢与承载架(或悬挂架)的连接方式	底托式	曳引钢丝绳与运载装置的连接方式	一端
运行轨道、护轨、导轨、安全钳夹持部件总数量	4	限速器类型	钢丝绳驱动
运行轨道、护轨、导轨、安全钳夹持部件	承载架	承载导轨型式	H 形钢	数量	2 列
		安全钳导轨型式	T 形电梯导轨	数量	2 列
	对重	型式	H 形钢	数量	2 列

表 16-2　侧置门轻轨布置的斜行电梯性能和技术参数

项　　目	参　　数	项　　目	参　　数
额定载质量	≤1600 kg	额定速度	≤2.5 m/s
倾斜角度	53°	调速方式	VVVF
驱动方式	曳引驱动	绕绳方式	单绕
曳引比	1:1	驱动主机布置方式	上置机房内
轿厢数量	单轿厢	控制柜布置区域	机房内
倾斜角可覆盖范围	45°~68°	轿门位置	侧置门
轿厢与承载架(或悬挂架)的连接方式	底托式	曳引钢丝绳与运载装置的连接方式	一端
运行轨道、护轨、导轨、安全钳夹持部件总数量	4	限速器类型	钢丝绳驱动
运行轨道、护轨、导轨、安全钳夹持部件	承载架	承载导轨型式　T形电梯导轨　数量	2列
	对重	型式　T形电梯导轨　数量	2列

表 16-3　前置门重轨布置的斜行电梯性能和技术参数

项　　目	参　　数	项　　目	参　　数
额定载质量	≤1250 kg	额定速度	≤1.0 m/s
倾斜角度	44°	调速方式	VVVF
驱动方式	曳引驱动	绕绳方式	单绕
曳引比	1:1	驱动主机布置方式	上置机房内
轿厢数量	单轿厢	控制柜布置区域	机房内
倾斜角可覆盖范围	29°~45°	轿门位置	前置门
轿厢与承载架(或悬挂架)的连接方式	底托式	曳引钢丝绳与运载装置的连接方式	一端
运行轨道、护轨、导轨、安全钳夹持部件总数量	4	限速器类型	钢丝绳驱动
运行轨道、护轨、导轨、安全钳夹持部件	承载架	承载导轨型式　H形钢　数量	2列
		安全钳导轨型式　T形电梯导轨　数量	2列
	对重	型式　H形钢　数量	2列

16.8　选用原则

建筑的斜行电梯,可以根据建筑结构设计的角度、井道空间、所需客流量、无障碍交通需求等方面综合考虑来确定斜行电梯选择使用及主参数的确定。

室外开放地区特别是山坡上的斜行电梯,则需要综合评价所在地的地质条件、环境保护、井道施工的工作量、所需客流量等因素来确定斜行电梯选择使用、各层站的位置及主参数等。

同时,同一个项目所在地的交通运输可以通过斜行电梯、垂直电梯自动扶梯及地面缆车等不同的方式来实现,因此也要依实际需求对比各个设备的优缺点、选择最优的一种方式。

以下分别对斜行电梯与垂直电梯、自动扶梯及地面缆车进行简略的比较。

16.8.1　与传统垂直电梯比较

(1) 执行标准不同:传统垂直电梯的执行标准为 GB/T 7588.1—2020 和 GB/T 7588.2—2020。

(2) 对地形的适应性:标准 GB/T 7588.1—2020 和 GB/T 7588.2—2020 适用于在与铅垂

线倾斜角小于等于15°的导轨上运行的电梯；而斜行电梯的运行轨迹可以在与水平面夹角大于等于15°至小于75°的范围内任意设计，斜行电梯对建筑结构及地形的适应性更强、范围更广。

（3）电梯和井道的建设成本：与斜行电梯相比传统垂直电梯的技术更为成熟，配套的部件供应链更为完善，在相同载质量、速度和运行行程的情况下成本更为低廉；采用传统垂直电梯时除了电梯的井道外还应在上层站与建筑或山体之间修建一个横行的天桥（见图16-15），而斜行电梯允许多角度运行，可以更好地贴合地形，使井道与地面之间的建筑工程量更小，特别是在运行轨迹与水平面夹角小、行程大的情况更明显，在相同的垂直提升高度情况下斜坡地形斜行电梯基建工程量更小、成本更低。

图16-15　斜坡上设置垂直电梯时的修建的横行天桥

（4）能耗：斜行电梯在工作时只需提升运行轨迹轴方向上的负载分力，在相同额定载质量、速度的情况下可以选用功率更小一些的电机。

16.8.2　与自动扶梯、自动人行道比较

（1）执行标准：自动扶梯执行标准为《自动扶梯和自动人行道的制造与安装安全规范》（GB 16899—2011）。

（2）对地形的适应性：自动扶梯的运行角度为30°或35°，自动人行道的运行角度是与水平面夹角不大于12°；斜行电梯的运行轨迹可以在与水平面夹角大于等于15°至小于75°的范围内任意设计，斜行电梯对建筑结构及地形的适应性更强、范围更广。

（3）运行速度：30°的自动扶梯的速度不超过0.75 m/s，35°的自动扶梯的速度不超过0.5 m/s，自动人行道的速度不超过0.75 m/s；斜行电梯的额定速度最高可达到4.0 m/s。

（4）乘坐的舒适性、便利性：斜行电梯带有封闭的轿厢有更好的乘坐舒适性，且更便于行动不便人员乘坐。

（5）自动扶梯的提升高度一般在10 m以内，特殊情况可到几十米；与自动扶梯相比斜行电梯运行行程可以更长。

（6）运输能力：自动扶梯与自动人行道是连续运行运输乘客，有较大的客流运送能力，斜行电梯与其相比客流运送能力较为有限。

16.8.3　与地面缆车比较

（1）执行标准：地面缆车（见图16-6）执行标准为《客运地面缆车安全要求》（GB 19402—2012）。

（2）运行轨迹：斜行电梯的运行轨迹需要在同一个铅垂面上，而地面缆车则不限在同一铅垂面上，且运行角度与水平面夹角也没有限制，地面缆车轨道较斜行电梯可以有更自由的布置方式。

（3）运输能力：地面缆车的运行速度可达到12 m/s，客流的运送能力相比斜行电梯更大。

（4）安全性：斜行电梯的牵引钢丝绳安全系数不小于12倍，远大于地面缆车所要求的安全系数；地面缆车没有轿厢意外移动保护装置上的要求。

图16-16　地面缆车

(5) 能耗：斜行电梯多采用曳引驱动方式，配置有对重，可以有效地降低所面电机的功率；而地面缆车没有重量平衡系统，电机的功率较大。

16.9 安全使用

16.9.1 安全使用管理制度

1. 电梯岗位职责

1) 单位主管设备安全负责人职责

(1) 组织贯彻执行国家、省、市、区有关部门关于电梯管理方面的法律法规和电梯操作规程。

(2) 全面负责本单位电梯使用管理工作。

(3) 组织建立适合本单位特点的电梯管理体系。

(4) 组织制定并审批本单位电梯使用管理方面的规章制度及有关规定，并经常督促检查其执行情况。

(5) 审批本单位电梯选购及定期检验计划和修理改造方案，并督促检查其执行情况。

(6) 经常深入使用现场，查看电梯使用状况。

(7) 组织电梯事故调查分析，找出原因，制定防范措施。

2) 管理部门负责人职责

(1) 在单位主管设备负责人的领导下，具体组织贯彻执行上级有关电梯使用管理方面的规定。

(2) 负责本单位电梯使用管理工作，组织或会同有关部门编制本单位电梯使用管理规章制度。

(3) 审核本单位有关电梯的统计报表。

(4) 组织做好电梯使用管理基础工作，检查电梯档案资料的收集、整理和归档工作情况。

(5) 做好电梯能效测试报告、能耗状况、节能改造技术资料的保存。

(6) 抓好操作人员的安全教育、节能培训和考核工作，不断提高操作人员技术素质。

(7) 根据本单位电梯使用状况，审定所编制的电梯定期检验和维护保养计划，并负责组织实施。

(8) 定期或不定期组织检查本单位电梯使用管理情况。

(9) 参加电梯事故调查与分析，提出处理意见和措施。

3) 电梯操作人员职责

(1) 坚守岗位，不得擅自离岗、脱岗，不做与岗位无关的其他事情。

(2) 认真执行电梯操作规程。

(3) 精心操作，防止超载运行。

(4) 时刻注意安全生产，经常检查安全附件的灵敏性和可靠性。

(5) 按时定点、定线巡回检查。

(6) 认真监视仪器仪表，如实填写运行记录。

(7) 认真做好所操作电梯的维护保养工作。

(8) 努力学习操作技术和安全知识，不断提高操作水平。

2. 电梯日常维护保养制度

与日常维护保养单位协商依照《斜行电梯维修保养规则》有关条款制定。

3. 电梯事故报告制度

(1) 电梯发生事故时，必须按照国家《特种设备安全监察条例》进行处理。

(2) 电梯事故发生后，事故发生单位或业主必须立即报告主管部门和当地质量技术监督行政部门，同时必须严格保护事故现场，妥善保存现场相关物件及重要痕迹等物证，并采取措施抢救人员和防止事故扩大。

(3) 事故报告应包括以下内容：

① 事故发生单位或业主名称、联系人、联系电话；

② 事故发生地点；

③ 事故发生时间(年、月、日、时、分)；

④ 事故设备名称；

⑤ 事故类别；

⑥ 人员伤亡，经济损失以及事故概况。

事故报告应在事故发生后24小时内，报告

方式除电话报告外,还应以传真方式报告。

4. 电梯安全操作规程

电梯必须经检验机构进行验收检验或定期检验,在当地质量技术监督部门办理特种设备使用登记证,并对安全检验合格标志予以确认盖章后,方可投入正式运行,电梯运行操作工(使用说明书注明需司机操作的)和电梯维修操作工必须经培训,考取质量技术监督部门颁发的特种设备作业人员证,方可上岗操作。

1) 一般要求

(1) 不准超载运行。

(2) 不允许开启轿厢顶安全窗、安全门运载超长物品。

(3) 禁止用检修速度作为正常速度运行。

(4) 电梯运行中不得突然换向。

(5) 禁止用手以外的物件操纵电梯。

(6) 客梯不能作为货梯使用。

(7) 不准运载易燃、易爆等危险品。

(8) 不许用急停按钮作为消除信号和呼梯信号。

(9) 轿厢顶部不准放置其他物品。

(10) 关门启动前禁止乘客在厅、轿门中间逗留、打闹,更不准乘客触动操纵盘上的开关和按钮。

(11) 操作工或电梯日常运行负责者下班时,应对电梯进行检查,将工作中发现的问题及检查情况记录在运行检查记录表和交接班记录簿中,并交给接班人。

2) 检修操作时的注意事项

(1) 在电梯检修慢速运行时,一般不少于两人。

(2) 检修慢速运行,必须要注意安全,互相没有联系好时,绝不能慢速运行,尤其在轿厢顶上操纵运行时,更要注意。

(3) 在轿厢顶进行检修运行时,必须要把外厅门全部闭合,方可慢速运行。

(4) 当慢速运行至某一位置需进行井道内或轿底的某些电气机械部件检修时,检修人员必须切断轿顶检修厢上的急停开关或轿厢操纵盘上的急停按钮后,方可进行操作。

3) 不安全状态下的操作及注意事项

电梯在运行中发生下列意外情况,司机(或乘客)应使电梯停止运行,并采取以下措施:

(1) 电梯失控而安全钳尚未起作用时,司机(或乘客)应保持镇静,并做好承受因轿厢急停或冲顶蹲底而产生冲击的思想准备和动作准备(一般采用屈腿、弯腰动作)、电梯出现故障后,司机(或乘客)应利用一切通信设施(如"110"、警铃按钮、通讯电话等)通知有关人员,不得自行脱离轿厢,耐心等待救援。

(2) 发生地震时 应立即就近层停止运行。

(3) 发生火灾时,司机人员应尽快将电梯开到安全楼层(一般着火层以下的楼层认为比较安全),将乘客引导到安全的地方,待乘客全部撤出后切断电源,并将各层厅门关闭。

(4) 井道内进水时,一般将电梯开至高于进水的楼层,将电梯的电源切断。

(5) 电梯失去控制时,应立即按下急停按钮,仍不能使电梯停止运行时,梯内操作人员应保持镇静,切勿打开轿门跳出。

(6) 特别是室外运行的斜行电梯,当周围的植物生长伸入到电梯的运行空间内时,应停止使用电梯,修剪后方可再次投入使用;当有树枝或其他杂物落入到轨道上或电梯运行空间内,而自带的清扫装置无法完成清扫时,应停止使用电梯,清理后方可再次投入使用。

(7) 特别是室外运行的斜行电梯,在环境条件超出设计的正常使用范围时(如风速、降雨强度、温度等),电梯应停止使用,环境较恶劣时电梯应经过检修正常后方可再次投入使用。

(8) 当建筑个别部位发生变形、轨道支撑立桩发生地质沉降使得运行轨迹角度发生±5°的偏差时,电梯应停止使用,电梯应经过全面检修、调整正常后方可可再次投入使用。

电梯能否正常安全运行,除制造、安装外,另一个主要原因就是运行期间的日常维护与保养。笔者在电梯检验检测中发现有部分使用单位维修工对电梯维护工作不是认真观测执行"预防为主、预检预修、计划保养"的方针,而是电梯出了故障才进行抢修。这样做最终导致"头痛医头、脚痛医脚"的不良维修习惯。

5. 电梯层门钥匙使用方法

(1) 使用电梯层门钥匙打开层门前请先确认轿厢所在的位置。

(2) 使用电梯层门钥匙打开层门时,先将层门拨开 50 mm 左右,以再次确认轿厢位置是否满足维修和紧急救援条件。当轿厢位置满足维修和紧急救援作业条件时,再用手将电梯层门扒开。

(3) 层门完全打开后,必须有专人用手扶住打开的层门,防止层门自动关闭导致夹伤人员事故的发生。

(4) 使用电梯层门钥匙打开层门作业时,必须在电梯层门口设置醒目的"请勿靠近"标识提醒其他无关人员,避免发生跌落事故。在层门关闭后应确认其已经锁住。

6. 电梯困人紧急处理措施

(1) 救护人员需保持镇静,及时与服务中心取得联系,并告之具体情况。

(2) 与乘客取得联络,稳定其情绪,并告诉乘客已采取急救措施。

(3) 确定统一指挥、监护、操作人员。

(4) 切断机器主电源,确认厅门、轿门是否关妥。通知轿厢内人员不要靠近轿门和试图打开轿门,注意避免被货物碰伤、砸伤。

(5) 机房人员与其他救援人员须确定联系方法并保持良好联系,操作前须先通知各有关人员,得到应答后方可操作。

(6) 机房内非专业人员放人时四人操作,至少两人盘车,一人松开抱闸,一人监护并注意平屋标记。

(7) 电梯轿厢移至平层处,将抱闸恢复到制动状态。

(8) 确认制动可靠后,放开盘车手轮。

(9) 通知有关人员机房操作完毕,可打开电梯厅门、轿门放入或卸货。

(10) 查看是否有乘客受伤、货物受损。

16.9.2　安装现场准备

(1) 斜行电梯的井道、机房、底坑已经完工,现场具备安装条件。

(2) 检查井道结构是否符合图纸布置。检查确认机房、井道、倾斜角度、顶层、底坑及层门门洞的尺寸,其中倾斜角度的误差不应超过±5°。如果与布置图纸有不符合项,请尽快与设备供应技术部门确认,以便进行更正。

(3) 安装所需动力电源应送到机房和工地的加工场地。

(4) 有将设备部件运输到安装地点的通道。

(5) 对比装箱清单检查物料的到货情况,有缺失的零部件及时与发运部门确认。恢复包装的完整性,检查货物的保存情况。

(6) 确定安装人员,一般一个安装队由4~6 人组成,包括机械钳工、电工、电焊工和起吊工。

(7) 做好施工前的安全动员和培训工作。

16.9.3　维护和保养

曳引机、控制系统、安全钳、缓冲器、限速器、门系统、补偿系统等部件的维护和保养详见 3.5.3 节。

1. 钢丝绳托轮

每月度检查钢丝绳托轮的工作情况及外观情况。托轮转动灵活、无卡阻、无异响,托轮固定螺栓无松动,托轮胶层无损坏。

2. 运行空间、轨道

对于室外型斜行电梯,每日启动前检查运行空间及轨道面,确保其上没有影响电梯运行的物品。

3. 随行电缆

1) 采用随行电缆托链式

每月度检查电缆托链。随行电缆托链内无异物、外观无损坏、销轴转动灵活、销轴无缺失、断链的情况,托链槽应无缺失、变形、损坏。

每年度检查随行电缆。随行电缆工作正常,无损伤。

2) 采用随行电缆小车式

每月度检查随行电缆小车及轨道。随行电缆小车工作正常,在轨道上运行无卡阻现象,固定螺栓无松动、小车导靴无损坏;小车轨道无松动、无损坏。

每年度检查随行电缆。随行电缆工作正常，无损伤。

3) 采用滑线取电方式

每月度检查滑线、取电器及其附件。滑线固定无松动，滑线塑料外壳无损伤、老外等现象；取电器与滑线之间接触良好，在整个滑线上无接触不良现象，取电器固定良好、无松动；两滑线接头位置的连接件与两根滑线的接触良好、无松动。

4. 轨道清扫装置

对于室外型装设有轨道清扫装置的电梯，每月度检查轨道清扫装置。清扫装置与轨道、导轨间隙合理，毛刷无破损、工作正常。

5. 承载架防脱轨装置

每月度检查承载架上的防脱轨装置。承载架上的防脱轨导靴工作正常，其固定可靠、无松动，与轨道之间的间隙合理。

16.9.4　常见故障及排除方法

1. **机械系统**

机械系统常见故障及排除方法见表 16-4。

2. **电气控制系统**

电气控制系统常见故障及对策（英威腾 EC100 系统）见表 16-5。

表 16-4　机械系统常见故障及排除方法

故障现象	主 要 原 因	排 除 方 法
电梯运行时轿厢有异常或噪声	导靴上的金属附板与导轨发生摩擦	检查导靴与导轨的变形情况及间隙，调整间隙
	感应器与隔磁板发生碰撞	调整感器或隔磁板的位置
	导靴轮轴承磨损	更换轴承或滚轮
	制动器间隙过大或小	调整制动器间隙
	井道内有异物	清除井道内异物
	轿厢部件上有螺丝松动	检查轿厢各部件紧固情况，紧固松动部件
电梯在运行中突然停车	外电网停电或换电	如停电时间过长，采用人工方法平层、开门
	由于某种原因电流过大空气开关跳闸	查找原因重新合上空开
	门刀碰撞门轮，使锁臂脱开门锁开关断开	调整门锁滚轮与门刀位置
	电梯超速，限速器动作	处理超速故障，恢复安全装置
	制动器开关接触不良	调整制动器开关
	其他安全装置动作	调查安全装置动作原因，并可靠恢复
电梯平层准确度差	轿厢过载	严禁超载
	制动器制动力过大或过小	调整制动器
	制动器闸瓦磨损严重	更换制动器闸瓦
	平层感应器与隔磁板相对位置发生变化	调整两者相对位置
电梯平层停车后自行溜车	制动器制动弹簧过松或制动器出现故障	收紧制动弹簧或修复调整制动器
	曳引绳打滑	修复曳引绳槽或更换
电梯运行过程中，轿厢晃动过大	轿厢防偏导靴、防倾覆导靴与导轨之间的间隙过大	调整导靴与导轨导向面之间的间隙，有损坏或磨损严重时更换导靴
	曳引绳张力严重不均	调整钢丝绳张力，平均值不大于 5%

续表

故障现象	主要原因	排除方法
安全钳机械经常误动作或限速器超速保护开关误动作	限速器动作速度变化	调整限速器离心弹簧的张紧度,使之运转到规定速度动作(经校验)
	安全钳楔块与导轨面之间的间隙过小	调整安全钳楔块与导轨面之间的间隙
	限速器轮轴严重缺油,引起"咬轴"现象	对限速器运转部分加油,并定期进行校验,或更换限速器
关门时门区保护装置失灵	安全触板的行程开关短路	检查门控开关,排除短路点
	安全触板传动机构失灵	调整安全触板传动机构,使其灵活可靠
	安全触板微动开关卡死,不能动作	修复或更换微动开关
	门区光电感应/光幕失灵	检查并修复

表 16-5 电气控制系统常见故障及对策

故障代码	故障描述	故障原因	故障对策	故障处理方式
9	电机热保护	电机热保护输入动作	(1) 检查输入点逻辑及接线; (2) 改善电机散热条件	就近停车,不能运行。故障恢复,延时复位
30	安全回路断开	(1) 安全回路断开; (2) 安全回路继电器触点损坏; (3) 高压检测异常	(1) 检查安全回路; (2) 更换安全回路接触器,或 IO 板; (3) 检查高压回路	立即停车,不能运行。故障恢复,自动复位
31	运行中门锁脱开	(1) 门刀位置不当; (2) 门锁接触器触点接触不良; (3) 轿门锁或厅门锁接触不良	(1) 调整门锁装置; (2) 更换门锁接触器; (3) 检查门锁回路	立即停车,不能运行。故障恢复,自动复位
32	门锁短接故障	(1) 门锁信号和开门到位信号同时动作; (2) 开门信号输出 5 s 后,门锁仍旧没有断开	(1) 检查门锁是否短接; (2) 检查开门到位开关是否误动作; (3) 检查门机装置是否异常	不能运行。故障恢复,自动复位
37	全程运行超时故障	(1) 门区信号丢失; (2) 电机堵转或轿厢遇阻; (3) 电梯降速使用	(1) 检查门区信号; (2) 检查曳引机; (3) 参数设置错误	立即停车,不能运行。故障恢复,手动复位
39	电梯位置异常	(1) 未做井道自学习; (2) 井道开关位置异常; (3) 电梯超出端站平层位置 2 个门区范围的距离	(1) 重新做井道自学习; (2) 按推荐距离重新调整轿厢强迫减速开关位置	不能运行。故障恢复,手动复位
40	门区信号异常	电梯快车起动 5 s 后仍在门区	(1) 检查抱闸装置是否打开; (2) 检查门区开关	立即停车,不能运行。故障恢复,手动复位

续表

故障代码	故障描述	故障原因	故障对策	故障处理方式
42	顶、底层低速强迫减速开关同时动作	顶、底层的低速强迫减速开关同时动作	(1) 检查强迫减速开关是否损坏或断线; (2) 检查相应的逻辑设定是否正确	立即停车,不能运行。故障恢复,自动复位
44	端站超速运行	电梯运行至端站强迫减速开关动作时,速度超过开关对应的速度	(1) 开关损坏或断线; (2) 强迫减速开关位置安装太低	立即停车。故障恢复,自动复位
47	下限位开关动作	慢车下限位开关动作	(1) 检查下限位开关位置是否正确; (2) 检查相应逻辑设定; (3) 检查开关接线或是否误动作	立即停车,不能运行。故障恢复,自动复位
48	上限位开关动作	慢车上限位开关动作	(1) 检查上限位开关安装位置及开关线路; (2) 检查相应逻辑设定	立即停车,不能运行。故障恢复,自动复位
50	运行接触器闭合动作超时	运行接触器吸合后,无反馈	(1) 更换接触器; (2) 检查外围接线; (3) 检查相应逻辑设定	立即停车,不能运行。故障恢复,自动复位
51	运行接触器断开动作超时	运行接触器释放后,仍有反馈	(1) 更换接触器; (2) 检查外围接线; (3) 检查相应逻辑设定	立即停车,不能运行。故障恢复,自动复位
60	开门故障	电梯开门 20 s 后,未检测到开门到位信号	(1) 清理门机地坎; (2) 加大门机低速力矩; (3) 检查相应逻辑设定及开门到位开关位置	故障提示
61	关门故障	电梯关门输出至门锁接通 10 s 后,仍未检测到关门到位信号	(1) 清理门机地坎; (2) 加大门机低速力矩; (3) 检查相应逻辑设定及关门到位开关位置	故障提示
62	开关门到位同时动作	开关门限位开关同时动作	(1) 开关门限位开关损坏; (2) 检查相应逻辑设定	不能运行。故障恢复,自动复位
66	关门到位门锁不通	关门已到位而门锁不通	(1) 调整门机构开关点位置; (2) 调换门锁装置; (3) 检查相应逻辑设定及门锁触点	不能运行。故障恢复,自动复位
70	上下慢车限位开关同时动作	上下慢车限位开关同时动作	(1) 开关损坏或断线; (2) 检查相应逻辑设定	立即停车,不能运行。故障恢复,自动复位

续表

故障代码	故障描述	故障原因	故障对策	故障处理方式
72	下低速强迫减速开关动作粘连	电梯离开底层9 s后,下端站低、中速强迫减速开关未复位	(1) 对应开关损坏或断线; (2) 检查速度及加减速曲线设置	就近平层,不可下行。故障恢复,自动复位
73	上低速强迫减速开关动作粘连	电梯离开顶层9 s后,上端站低、中速强迫减速开关未复位	(1) 对应开关损坏或断线; (2) 检查速度及加减速曲线设置	就近平层,不可上行。故障恢复,自动复位
78	减速开关动作异常	(1) 更新程序未做井道自学习,便使能此保护功能; (2) 电梯打滑	(1) 重做井道自学习; (2) 检查打滑,机械调整	紧急减速平层。故障恢复,自动复位
89	运行中检修开关动作	(1) 人为检修开关动作; (2) 检修回路或开关接触不好	检查检修开关及回路	立即停车

第17章

倾斜式无障碍升降平台

17.1 概述

17.1.1 定义

倾斜式无障碍升降平台(以下简称楼道升降机)是一种供行动不便人员使用的(可站立、坐着或乘坐轮椅车)、永久安装的动力驱动楼道升降机。楼道升降机运行在固定层站之间的楼道或倾斜面上,移动速度一般不大于 0.15 m/s,由一条或多条导轨支撑和导向运载装置,且导轨与水平面的倾斜角不大于 75°。

17.1.2 用途

楼道升降机的主要目标客户有:高龄住户,腿脚不方便或者残疾的住户,有心血管等疾病或者肥胖体质的住户,不愿意攀爬楼梯的住户。安装场所涉及 6 层及以下未配备电梯的老旧小区、养老院、老年公寓、残疾人之家、医院等公共场所和两层及以上别墅用户、农村自由宅基地用户。楼道升降机用于解决以上人群上下楼困难的问题。

图 17-1 为典型的老旧小区加装电梯方案。垂直电梯载质量大,运载能力强,但是由于建筑结构的限制,垂直电梯一般只能到达相邻两楼层之间的中间平台,无法直达入户,住户仍需要攀爬半层楼梯。而楼道升降机正好弥补了这一不足之处,可将住户直接运送到家门口,不难看出把楼道升降机作为既有建筑加装电梯的补充方案将会是一个较为完善的方案。

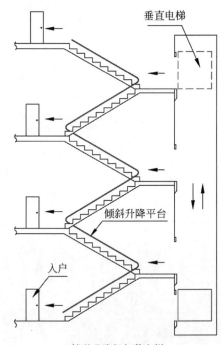

图 17-1 典型的老旧小区加装电梯方案

17.1.3 国内外发展概况及发展趋势

1970 年由德国提出了钢丝绳、链的驱动方式;随后,在 1971 年提出了螺杆和螺母驱动;

齿条和齿轮驱动、摩擦驱动方式在1980年才被提出并应用。楼道升降机控制系统与安全保护措施的联动技术发展较晚，最早由美国在1992年提出，在此之后的楼道升降机才能称得上"安全"的楼道升降机。

1970—1980年属于楼道升降机领域的萌芽期，主要研发国家为美国、德国和英国。1981年以后，日本开始进入楼道升降机领域，随后的1981—1993年属于该领域缓慢发展期。1994—2013年属于该领域的稳步发展期，在该阶段日本起到了中流砥柱的作用，美国和德国在此阶段稳步发展但研究热度逐渐减退，英国在该领域的研究热度进入低迷的状态，中国也在此期间开始进入楼道升降机领域，并在之后的一段时间内保持较高的研究热度，取得了不少的技术突破。

20世纪末，在欧美等发达国家楼道升降机已经得到了广泛的应用，最初是应用在私人住宅建筑中，随后逐渐应用在大型商场、公园、博物馆、列车站、地铁站和机场等公共场所，专为行动不便人员（包括乘坐轮椅车的伤残人员）提供便捷地上下楼梯的服务功能。在此之前我国楼道升降机一大部分仍依赖于从欧美地区进口，此后国内楼道座椅梯的制造厂商如雨后春笋般涌现，其中有引进欧美技术独资成立的公司，也有欧美企业进军中国市场，产地主要分布在广东省、浙江省、上海市、江苏省、天津市等地区。

国内最早批量安装楼道升降机的项目是广州地铁2号线，于2003年6月28日正式开通运营。在广州地铁2号线中16个车站安装了30多台楼道升降机，在之后的几条地铁线路中都能看到楼道升降机的身影。

由于楼道升降机运载能力低，运行速度慢，在输送效率方面与垂直电梯无法抗衡。只要有空间安装垂直电梯，一般都不会去考虑楼道升降机，所以该产品在中国未来的趋势会是：①私人住宅楼道升降机；②老旧小区加装楼道升降机；③作为既有建筑加装电梯的补充方案。

17.2 分类

楼道升降机的分类如下。

（1）按照安装位置，可分为公共楼道升降机和私人住宅楼道升降机两种类型。

（2）按照运载装置，可分为座椅式、站立平台式和轮椅车平台式三种类型。图17-2～图17-4为三种类型楼道升降机的示意图。

图17-2　座椅式楼道升降机

图17-3　站立平台式楼道升降机

图17-4　轮椅车平台式楼道升降机

(3) 按照驱动方式(国内常见),可分为齿轮齿条驱动、链轮驱动、绳珠(球)链驱动和摩擦驱动四种类型。

(4) 按照使用环境,可分为仅适合于室内的室内型、适合于室外的室外型和极寒室外型(最低气温可低于－10 ℃)。

17.3 安全技术规范

由于楼道升降机技术在我们国家起步较晚,所以标准的研究和制定方面起步更晚,目前,比较常用和流行的标准是一个国际标准和三个中国国内的标准,分别是:

(1) 国际标准:《Power-operated lifting platforms for persons with impaired mobility—rules for safety, dimensions and functional operation—Part 2: Powered stairlifts for seated, standing and wheelchair users moving in an inclined plane》(ISO 9386-2:2000);

(2) 国家标准:《行动不便人员使用的楼道升降机》(GB/T 24806—2009);

(3) 国家标准:《建筑与市政工程无障碍通用规范》(GB 55019—2021);

(4) 行业标准:《沿斜面运行无障碍升降平台技术要求》(JG/T 318—2011)。

上述四个标准中的基本关系是:GB/T 24806—2009 标准来源于国际标准 ISO 9386-2:2000,二者内容几乎一致,只是相对于后者删减了国际标准中没有规定具体内容的术语条款、用国内引用标准替代了国际引用标准。而《建筑与市政工程无障碍通用规范》(GB 55019—2021)标准的内容针对的涵盖的不只是楼道升降机类产品,而是所有的无障碍产品,凡是 GB 55019—2021 标准中对楼道升降机有规定的,在 GB/T 24806—2009 中都有具体体现,后者对楼道升降机的规定更详细、更全面。JG/T 318—2011 标准只是一个行业标准,与 GB/T 24806—2009 相比较,二者只是语言表述不一致、部分术语称呼不一致,实质内容完全一致,如在 JG/T 318—2011 标准里,这种升降机产品叫"沿斜面运行无障碍升降平台",而在 GB/T 24806—2009 标准叫"行动不便人员使用的楼道升降机",在 JG/T 318—2011 标准里的"护栏",在 GB/T 24806—2009 标准里叫"防护臂"等。总之,楼道升降机产品只要满足 GB/T 24806—2009 标准,就满足以上四个标准。

17.4 安装验收规范

楼道升降梯这个行业在国内起步较晚,国家暂未出台统一的安装验收规范,一般安装验收都执行自己的企业标准。下面以 Delite-C(得利系列)为例,针对座椅式楼道升降机罗列了一部分验收规范(见表 17-1)以供参考。

表 17-1　楼道升降机部分验收规范

序号	项目(内容)	基 本 要 求
1	电源开关及各安全、限位开关	打开主电源开关及钥匙开关,显示屏显示正常
2		旋转座椅,开关正常动作,显示屏显示 Safety Engaged
3		运行座椅电梯,上下终点开关正常动作
4		运行座椅电梯,下行、上行限位开关碰到障碍物正常动作
5	主板显示板	各代码显示正确
6	齿条齿轮	观察齿轮齿条,无磨损严重现象,能够平稳运行,不产生异响
7		观察齿轮齿条咬合情况,有无干涩、卡现象,若有将齿条加注润滑脂,每间隔约 400 mm 距离涂抹 3 个齿
8	充电电池	观察电池外观,无腹胀现象
9		测量电池电压,充满电电压须≥26 V

续表

序号	项目（内容）	基本要求
10	螺丝	检查座椅固定螺丝,压轨机构固定螺丝,确保螺丝无松动
11		检查终点限位螺丝,终点限位卡簧,确保无松动及脱落
12		检查齿条连接螺丝,导轨连接弹性销,确保无松动及脱落
13	尼龙轮	清洁各尼龙轮表面灰尘及油污
14		检查限速器旋转轮、限速器滚轮以及压轨滚轮轮廓的完整性,无严重磨损现象,无憋死现象
15	机构类	检查压轨机构,确保压轨机构运行顺畅,无憋死现象
16		检查限速器机构,确保限速器无误动作
17	马达	检查马达齿轮箱,无漏油,无异响
18	充电装置	将机器运行至充电位置,检查是否可以正常充电,充电显示Charger On
19		检查充电器线头有无破损

17.5 主要产品性能和技术参数

17.5.1 主要技术参数

楼道升降机的参数主要指技术规格和行程或导轨长度，其中技术规格主要是指额定载质量、额定速度以及站立平台式的平台尺寸、轮椅平台式的平台尺寸，在《行动不便人员使用的楼道升降机》（GB/T 24806—2009）里都有明确的规定如下：

（1）楼道升降机在其运行方向上的额定速度不应大于 0.15 m/s。

（2）供人员站立使用或坐着使用的楼道升降机应设计成仅供一人使用，其额定载质量不应小于 115 kg；供乘坐轮椅车人员使用的楼道升降机，其额定载质量不应小于 250 kg，且不应大于 350 kg。

（3）楼道升降机至少能够使载有 125% 设计额定载质量的运载装置正常运行。

（4）轮椅车平台尺寸不应大于 900 mm（宽）×1250 mm（长）。用于公共场所时，轮椅车平台尺寸不应小于 750 mm（宽）×900 mm（长）。

17.5.2 典型产品性能和技术参数

座椅式、站立平台式、轮椅车平台式楼道升降机无论是室内型还是室外型，其主要的工作原理是由驱动形式决定，以下分别叙述摩擦驱动、齿轮齿条驱动、绳珠（球）链驱动三种驱动行走机构的工作原理。

1. 摩擦驱动楼道升降机的工作原理及主要部件介绍

1）工作原理（见图 17-5）

（1）驱动电机安装在设备主机内，设计 2 台电机驱动是为了保证足够的输出动力。

（2）驱动电机端部设计有制动器，能将最大负载条件的下行楼梯楼道升降机在 20 mm 距离内平稳制动停止。当断开驱动电机电源时，其制动器断电，制动闸瓦因为压缩弹簧复位而动作，直接制动驱动电机轴，而当驱动电机得电，压缩弹簧被压缩，松开制动驱动电机轴的抱闸。

（3）气体弹簧始终保持调定的张力，使特制胶轮即动摩擦滚轮给不锈钢钢管足够的正压力。

（4）驱动电机输出转动经蜗轮减速机传给链轮，通过链条链轮带动上、下轴上的齿轮转动，再通过齿轮传动带动摩擦滚轮在轨道上行驶。

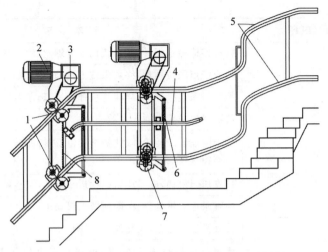

1—摩擦滚轮；2—驱动电机；3—蜗轮减速箱；4—过渡导轨；5—主导轨；6—气体弹簧；7—安全钳限速器；8—链条。

图 17-5　摩擦驱动楼道升降机工作原理

(5) 当减速箱齿轮、链条或摩擦滚轮遭到损坏或驱动电机的制动不力，楼道升降机将下行超速，一旦运行速度达到安全钳限定速度，安全钳就马上动作，从而将整个楼道升降机牢靠地制停在不锈钢轨道上。安全钳动作后只有经人工复位，楼道升降机才可以重新运行。

(6) 驱动电动机可以采用滑线电源供电，也可以推荐采用免维护的自动充电的蓄电池供电。其中蓄电池容量为 48 A·h，具有有过充保护、反接保护功能，每台楼梯楼道升降机在一次充足电的情况下，可连续工作至少 3～5 个来回。

2) 特色零部件介绍

(1) 安全钳

楼道升降机在额定负载下超速下行，安全钳可在 150 mm 距离内制停设备并保持在原位。安全钳制停设备时，设备应不能有大于 5 度的偏摆。安全钳动作时能同时切断驱动电机和制动器的电源。

安全钳动作原理 (见图 17-6)：楼道升降机运行时，轨道钢轮由于与不锈钢轨道钢管摩擦而转动，同时带动机械式摆轮，当楼道升降机运行速度达到调试到的速度时 (GB/T 24806—2009 规定最大为 0.3 m/s)，机械式摆轮机构触发动作，带动偏心制动齿轮旋转，偏心齿轮压紧圆形轨道产生制动力矩，在摆轮机构动作时，动作检测开关动作，切断主电机电源和电

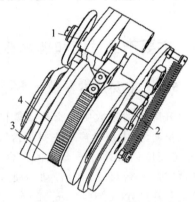

1—机械式摆轮机构；2—动作检测开关；
3—制动齿轮；4—轨道钢轮。

图 17-6　安全钳动作原理

磁式制动器电源产生电气制动。

(2) 导轨

从摩擦驱动楼道升降机的工作原理可知，在所有驱动类型的楼道升降机中，只有该类型楼道升降机的运行不会受到轨道路径的限制，从理论上讲，只要导轨可以制造出来，就可以设计配置摩擦驱动楼道升降机，尤其是一些三维拐弯楼道，只有该驱动方式的楼道升降机才适合安装。但是由于该类型升降机导轨结构和传动结构较为复杂，导轨的工艺造价较高，所以价格会相对较高。由于摩擦驱动的机理实际上是摩擦驱动，所以为了保证足够的、稳

定的摩擦力,导轨选用 0Gr18Ni9Ti 材质的 3 mm 壁厚、45 mm 外径的不锈钢管,表面拉丝。对于导轨,其基本要求是:

① 导轨材质必须耐磨,表面必须耐腐蚀;

② 导轨型材必须具备足够的强度,能承受较大的力而不变形,外径大小必须适合兼做楼道扶手;

③ 导轨必须在弯曲加工后不变形,钢管应避免弯曲后截面变椭圆;

④ 导轨与导轨之间的连接必须选用合适的方法,应避免连接处产生台阶等缺陷;

⑤ 上下两根导轨必须平行,三维弯曲的导轨必须在三维空间里平行。

2. 齿轮齿条驱动楼道升降机的工作原理及主要部件介绍

1)工作原理

众所周知,齿轮齿条传动有传递动力大、寿命长、工作平稳、可靠性高、耐冲击等特点,在机械传动中具有广泛的应用,在所有的自动化设备中几乎都能看到它的身影。图 17-7 为典型的齿轮齿条驱动的座椅式的楼道升降机,图片及相关资料由希姆斯电梯(中国)有限公司提供支持。

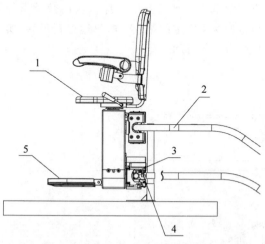

1—座椅;2—导轨;3—安全钳;4—齿轮齿条;5—踏板。

图 17-7 齿轮齿条驱动楼道升降机结构原理图

(1)驱动电机安装在机箱内,采用无刷电机驱动,有效率高、噪声低、发热小、寿命长、免维护等特点。

(2)驱动电机轴上设计有制动器,能将满载下行的楼道升降机在 20 mm 距离内平稳制停。当驱动主机由于意外断电或安全开关动作等原因失电,制动器制动线圈也同时失电,制动弹簧推动制动闸瓦动作,使电机主轴停止转动。而当驱动电机得电,制动线圈同时得电,电磁力压缩制动弹簧,松开制动闸瓦,驱动电机主轴可以正常转动。

当楼道升降机下行超速时,限速器动作带动安全钳动作,将楼道升降机制停在导轨上。安全钳动作后只有经人工复位,楼道升降机才可以重新运行。

(3)安装在驱动电机主轴上的齿轮与焊接在导轨上的齿条啮合,驱动电机带动齿轮旋转,座椅沿着导轨方向稳定运行。

(4)驱动电机采用蓄电池供电,蓄电池可以在每层站指定位置进行充电。蓄电池标配为铅酸电池,用户可选用石墨烯电池,充电时间可缩短至 1 小时以内。蓄电池都有过充保护、反接保护等功能。以 4 层楼梯为例,从蓄电池完全充满到楼道升降机无法运行,能运行 5~6 个来回。

(5)脚踏板、机箱和上下抓轨机构两侧都设有安全开关,在楼梯梯级与脚踏板或机箱之间卡入物体时,安全开关动作切断驱动电机供电,使楼道升降机停止运行,保护设备或者人员的安全。

(6)配备脚踏板和座椅的电动升降按钮,可一键收起和放下脚踏板和座椅。

(7)得益于导轨、齿轮和齿条精密的加工精度和严格的工艺规程,此款座椅式楼道升降机工作时最大分贝不超过 70 dB(A)。

2)特色零部件介绍

(1)限速器和安全钳

座椅式楼道升降机在额定负载下超速下行,安全钳可在 60 mm 距离内制停设备并保持在原位。安全钳制停设备时,设备应不能有大于 10 度的偏摆。安全钳动作时能同时切断驱动电机和制动器的电源。

限速器及安全钳动作原理(见图 17-8):当速度达到设定值时,限速器限位块转速持续加

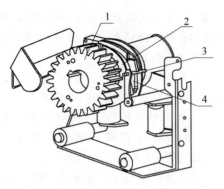

1—驱动齿轮；2—摆动臂；3—齿块触发杆；4—压轨齿块。

图 17-8　限速器及安全钳动作原理图

快,限速器限位块拨杆由于离心力的关系卡在限速器限位块的卡槽外边缘,此时电机仍在运行,当速度超过设定值时,摆动臂打到齿块触发杆,齿块触发杆与压轨齿块脱离,压轨齿块触发安全开关并且与导轨接触,将机器卡死在轨道上。同时安全开关能确保,在压轨齿块工作期间,驱动电机也保持断电状态。

(2) 齿轮齿条

齿轮齿条驱动方式采用的是渐开线圆柱齿轮传动,渐开线齿廓曲线是工程上最常用的齿廓曲线。用渐开线作为齿廓,不但好制造,而且便于安装,互换性好,所以目前绝大多数齿轮均采用渐开线作为齿廓曲线。

采用的齿轮是指定模数的渐开线齿轮,齿条是渐开线齿轮的极限情况,即齿数等于无穷大的渐开线齿轮,满足齿条的基圆齿距等于齿轮的基圆齿距就可以有效的啮合。要保证齿轮齿条可靠的传动,还要求在前对轮齿脱开之前,后对轮齿已进入啮合,且在交替啮合过程中传动比保持不变。

齿轮的回转运动和齿条的往复直线运动之间的转换构成了齿轮齿条驱动方式的楼道升降机的运行基础。齿轮位于驱动主机主轴上,齿条焊接在导轨上,基于齿轮齿条传动的特性,齿条满足条件的情况下可以随意拼接,轮齿与轮齿的啮合使得齿轮齿条的传动能力优于其他一些常见的传动方式,在一些大升角、长行程、多转弯的楼梯中的使用效果尤为突出。同时由于齿轮齿条传动齿条受力大,易磨损,因此一般用在座椅式楼道升降机上比较多。

3. 绳珠(球)链驱动楼道升降机的工作原理和主要部件介绍

1) 工作原理

绳珠(球)链驱动楼道升降机结构见图 17-9,一般采用三相交流变频调速电机经皮带传动减速后驱动蜗轮蜗杆减速器,然后带动沿着并通过开槽钢管轨道内的绳球链(钢丝绳上按一定间距呈串排列固定的绳球),从而带动由绳球链的两端固定的平台。电机通过正反转,实现平台的上行和下行。

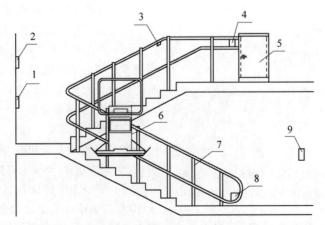

1—控制器 2；2—警示灯；3—上部控制开关；4—控制器 1；5—驱动部；
6—升降车；7—支架；8—超速限制器；9—控制器 3。

图 17-9　绳珠(球)链驱动楼道升降机的结构图

绳珠（球）链驱动楼道升降机一般在导轨的上端固定升降机的驱动部，当机器出现故障或遇停电时，还可通过驱动部手动盘车实现升降机的上行或下行。绳珠（球）链驱动楼道升降机一般在导轨下端通过直接折返弯曲导轨钢管实现返回，也有通过安装绳珠链返回轮实现返回，并设计有超速限制器，当遇各种原因导致了升降机下行运行超速时，触发超速限制器，使驱动部断电停止运行，同时制动绳珠链。

通过上述工作原理介绍可知，绳珠（球）链驱动楼道升降机由于运行时，绳珠（球）与轨道钢管内壁始终存在滑动摩擦，所以该类型升降机适合提升高度不高，没有拐急弯、拐弯过多和 1 处以上折返拐弯的楼道。

2) 特色零部件介绍

（1）绳珠（球）链

将一定半径的具有自润滑性能的尼龙或者工程塑料材质球体采用特殊的工艺方法按照一定的节距固定在一根具有相当强度的钢丝绳上，构成了绳珠（球）链，它既是牵引平台升降的传动部件，也是平台的支承零件和导向支撑零件，所以绳珠（球）链是升降机非常重要的零部件，每一粒绳珠（球）的半径误差必须严格控制，其在钢丝绳上固定必须完全牢靠、节距必须精密，而且成串时要求一律同心，否则在升降机运行时，很容易造成绳珠与钢管摩擦产生较大的噪声、绳珠撞击破碎、无法忍受的运行抖动等诸多故障。另外，绳珠（球）的磨损、松动、破损等将严重影响绳珠（球）与驱动轮的啮合，进而影响驱动力。

（2）驱动轮

绳珠（球）链与驱动轮啮合如图 17-10 所示。

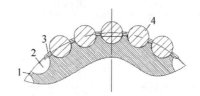

1—过绳槽；2—啮合球坑；3—钢丝绳；4—绳珠（球）。

图 17-10　绳珠（球）链与驱动轮啮合示意图

如图 17-10 所示，绳珠（球）链与驱动轮的啮合类似于链条与链轮的啮合，也可以说是一种特殊形式的链条传动，这种特殊的传动方式，很巧妙地避开了链条传动的"多边形效应"、瞬时冲击大及运行平稳性差等缺陷。绳珠（球）链在驱动轮上的包角需要考虑：能够确保提升平台所需的牵引力，每粒绳珠（球）的球体本身的受力和球在钢丝绳上的附着力应有足够的安全系数。

绳珠（球）链驱动的驱动轮一般采用具有润滑功能的球墨铸铁制造，在其轮缘上按照绳珠（球）链的节距均匀布置着一圈半径稍大于绳珠（球）半径、内壁光滑的球形坑，为确保串联绳珠（球）的钢丝绳的疲劳寿命，驱动轮的节圆直径理论上应不小于串联绳珠（球）的钢丝绳直径的 40 倍。

17.6　选用原则

17.6.1　驱动方式

表 17-2 介绍了几种常见的驱动形式的楼道升降梯各自的特点。

表 17-2　不同驱动方式的楼道升降机的特点

驱动方式	主运动部件	导向、支撑部件	维护保养及润滑方式	使 用 特 点
摩擦驱动	特制胶轮	外表面拉丝不锈钢管	定期清洁特质胶轮和不锈钢管上的油污	无须润滑，对于室外、极寒环境也适用。整体外型美观，不锈钢管可作为楼道扶手，运行安静平稳。适合于各种复杂拐弯楼道。特质胶轮和不锈钢管上的油污、点蚀、表面磨损等会影响驱动能力甚至打滑。传动效率低，传动比不稳定，设计负载不宜太大

续表

驱动方式	主运动部件	导向、支撑部件	维护保养及润滑方式	使 用 特 点
齿轮齿条驱动	齿轮	喷塑/不锈钢钢管+齿条	齿轮齿条上要定期涂抹润滑脂	需要润滑,如需室外运行需特殊处理。不锈钢管可作为楼道扶手,运行时有些微振动。适合于各种复杂拐弯楼道。驱动能力较强
绳珠(球)链驱动	钢丝绳珠链	开槽钢轨道管+绳珠链	轨道内部和运动的球体上定期涂抹润滑脂	需要润滑,不太适宜室外,更不适宜低温和风沙的环境。动力部分安装在导轨的上下端,需要足够的空间,噪声大。钢轨道管开槽有安全隐患,应配置安全钳。要求楼道少拐弯和无急拐弯。驱动能力较强
套筒滚子链轮驱动	链轮	喷塑(漆)钢管+滚子链	链轮链条上要定期涂抹润滑脂	需要润滑,不锈钢管可作为楼道扶手,运行时有些微振动。适合于各种复杂拐弯楼道。传动效率高,传动力大,驱动能力较强

17.6.2 功能

楼道升降机主要有以下基本安全保护功能(措施)和运行控制功能。

1) 安全钳与限速器

只要设备下行运行速度超过额定运行速度,最迟在下行速度达到 0.3 m/s 时,限速器触发安全钳动作,将运载装置制停在导向支承件上,同时切断驱动电机和制动器的电源,设备停止运行。一旦安全钳动作,只有经过人工复位,升降机才能正常运行。

2) 超载保护装置

在升降机运行前,运载装置会自动称量当前平台或座椅上的运载质量,一旦当前的运载质量达到额定载质量 10% 以上时,超载保护装置将触动安全开关并且切断驱动电机电源,同时发出滴滴的报警声音。一旦运载装置上的运载质量恢复到额定载质量以内,超载保护装置将恢复。

3) 运行受阻保护

运载装置的主要部位按标准安装有安全开关,当设备运行时,碰上障碍物后,会触动安全开关并由此切断驱动电机电源,运载装置停止运行。安全开关采用的自动复位开关,当移除障碍物,开关会自动可靠地返回正常位置。

4) 终端限位开关和限位装置

轨道上下终端处设有终端限位开关和机械式终端限位装置,一旦运载装置运行到超过终端正常停靠位置 40 mm,将使得终端限位开关动作,切断驱动电机供电迫使设备停止运行,而当终端限位开关失效不能使设备停止运行时,机械式终端限位装置将是最后的保护装置,由其强制停止运载装置运行,避免运载装置驶出导轨终端发生危险。

5) 急停装置

运载装置或其操作盒上设计安装有红色非自动复位的紧急停止按钮(见图 17-11),遇到紧急情况时,按下该按钮,将立即停止运载装置的运行。按钮按下后只需顺时针旋转一下,让按钮弹起,即可恢复座椅电梯运行。

图 17-11 紧急停止按钮

6）紧急救援装置

由于故障或停电等原因，运载装置运行中突然停在楼道半途中时，升降机设计的紧急救援装置可以以手动将运载装置提升或下降到端点停车处让乘客离开。

7）防护臂（护栏）、安全带

站立平台式和轮椅车平台式楼道升降机，标准要求必须设计防护臂（护栏）（见图17-12），以保护平台上站立的乘客或轮椅车上的乘客。只有当防护臂（护栏）处于防护位置时，运载装置才能够启动行走。在紧急情况下，防护臂（护栏）可以由救援人员手动抬起，从而实现撤离乘客。

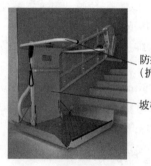

图17-12 典型楼道升降机防护臂装置

座椅式楼道升降机上一般设计有安全带（见图17-13），乘客乘坐在座椅上应系好安全带操作座椅运行，而当乘客未系安全带操作时，座椅上的报警装置将提醒乘客必须系好安全带。

图17-13 典型楼道升降机安全带装置

8）坡板与挡板

轮椅车平台式楼道升降机的出入口处设计有坡板（见图17-12），当运载装置到达上下楼道出口处停车时，相应端坡板将自动打开，轮椅车将借助该坡板上下运载装置。升降车在运行过程中，坡板始终处于抬起位置，起到保护轮椅车溜出运载装置的作用，而当楼道中行人或障碍物触碰到坡板时，运载装置自动停止运行。

9）专用锁匙

运载装置上及其遥控装置上均设有专门的控制钥匙（见图17-14），只有经控制锁匙的人员打开钥匙开关时，设备才能够被使用。

图17-14 典型楼道升降机控制钥匙

10）点动运行

标准规定，升降机只允许采取点动运行控制方式，也就是说，只有持续按压运行控制按钮（见图17-14），运载装置才能够持续运行，运行中只要松开运行控制按钮，运载装置停止运行。点动运行功能非常利于避免运载装置运行中碰撞楼道行人和障碍物。

11）自动调速

运载装置运行中经过拐弯轨道会自动减速，通过后再逐步恢复到正常速度行驶。当运行接近端站时，运载装置将提前减速，然后以慢速安全停靠在停车处。

12）平台折叠和展开

站立平台式和轮椅车平台式楼道升降机需要长时间停止使用时，可以通过平台折叠功能将平台折叠，以使楼道更加通畅（见图17-15）。

13）脚踏板和座椅板折叠

座椅式楼道升降机需要长时间停止使用时，关闭钥匙开关踏板会自动收回，然后手动折叠座椅板，以使楼道更加通畅。

14）当运载装置不在用户楼层时，可以使用无线遥控器或者固定在层站附近的外呼盒召唤运载装置到达用户楼层（见图17-16）。

图 17-15 典型折叠功能平台

图 17-16 典型楼道升降机外呼盒和遥控器

15) 座椅式楼道升降机将用户运载到目的楼层后，可以拨动座椅两侧的旋转操作杆，然后转动座椅朝向，方便用户在端站上下。同时，在座椅没有恢复到工作位置时，安全开关会保持断开状态，防止运载装置意外启动。

16) 运载装置上配备有 LCD 显示屏幕，能够显示座椅电梯当前的工作状态或错误代码，能够帮助技术人员快速识别故障元件，并且远程协助用户处理一些比较简单的故障。

17.7 安全使用

17.7.1 安全使用通则

(1) 每台设备应配备经培训合格的熟悉设备操作的管理人员，由其负责日常管理和指导操作。

(2) 楼梯升降机属于帮助行动不便人员上、下楼梯的专用设备。

(3) 火灾时，严禁使用楼道升降机。

(4) 运载装置通行经过的位置应安全通畅，应确保障碍物得到清除才使用升降机。

(5) 每日、每次运行前，应清理并擦拭干净导轨、齿条、运载装置等各个部位上的水、雪、冰、油污等，并经设备管理人员检查确认安全后，才可通电使用。

(6) 严禁超载，且一次只允许运载一位乘客。

(7) 运载装置运行中严禁乘客挪动、跳跃，严禁肢体、衣物、轮椅超出防护臂、座椅护栏、坡板和挡板的边界，轮椅车应至于制动（刹车）状态。

(8) 采用遥控器操作运行升降机，应确保运载装置处于视线范围内或采取其他措施确保运载装置处于监视状态。

(9) 室外型尤其是极寒条件下的升降机，每一次通电时，应事先预热半小时，再使运载装置行驶一个往返行程。

(10) 定期维护保养，确保设备处于安全状态运行。

下面以 Delite-C（得利系列）型座椅式楼道升降机的乘坐指南为例（图 17-17），其他类型楼道升降机可以查看交付的用户手册。

17.7.2 维护和保养

楼道升降机的维护保养目的是保证升降机的安全可靠运行，对设备的清洁、润滑、检查、调整以及更换易损件、磨损件。楼道升降机国内常见的驱动方式有四种，每一种驱动方式的升降机又分为站立平台式、轮椅车平台式和座椅式三种，同时由于各个设备制造商的设备结构、配置又完全不同，所以导致维保保养的细节要求完全不同，以下以典型的滚轮摩擦驱动的、轮椅车平台式楼道升降机的维保为例，其他类型楼道升降机可以查看交付的用户维保手册。

1) 定期维护保养

楼道升降机维护保养项目及要求见表 17-3。

2) 定期润滑

设备润滑周期和内容见表 17-4。

17.7.3 常见故障及排除方法

当设备发生故障时，显示屏会提示相关的故障信息，常见故障及排除方法见表 17-5。

1. 刷卡，等待电梯	2. 按扶手上按钮放下脚踏板	3. 解开保险带	4. 放下座垫

5. 坐上座位然后放下扶手	6. 系上保险带	7. 轻轻向行进方向扳动操作手柄运行座椅电梯	

1. 向下扳动座椅转动手柄，并转动座椅乘坐人员朝向平台方向	2. 解开保险带	3. 下梯	

4. 向下扳动手柄复位座椅	5. 收起扶手、座垫	6. 按动把手上按钮收起脚踏板	7. 系回安全带

图 17-17　Delite-C（得利系列）型座椅式楼道升降机的乘坐图例

表 17-3 楼道升降机维护保养项目及要求

序号	维护保养项目	基 本 要 求	保养间隔			
			1个月	3个月	6个月	1年
1	设备外观清洁状况	设备表面无灰尘	√			
2	导轨清洁状况	轨道上无灰尘、水、油性物质	√			
3	驱动轮清洁状况	驱动轮表面无灰尘、油性物质、杂质等异物	√			
4	电池充放电是否正常	电池表面无鼓包、漏液,可以正常充放电	√			
5	控制器操作	各个按钮操作正常	√			
6	手持遥控器操作	各个按钮操作正常	√			
7	警铃工作是否正常	运行时有响声和红色警示灯信号	√			
8	左护栏动作是否正常	开关按压正常反应灵敏、状态位置正常	√			
9	右护栏动作是否正常	开关按压正常反应灵敏、状态位置正常	√			
10	上行坡板动作是否正常	开关按压正常反应灵敏、状态位置正常	√			
11	下行坡板动作是否正常	开关按压正常反应灵敏、状态位置正常	√			
12	上行侧板动作是否正常	开关按压正常反应灵敏、状态位置正常	√			
13	下行侧板动作是否正常	开关按压正常反应灵敏、状态位置正常	√			
14	底盒动作是否正常	开关按压正常反应灵敏、状态位置正常	√			
15	设备运行状况	设备整体运行各个动作连贯、正确	√			
16	平台折叠动作是否正常	设备整体运行各个动作连贯	√			
17	超载检测装置动作是否正常	开关反应灵敏	√			
18	限速器安全钳能否动作	开关反应灵敏	√			
19	电源接地可靠性检验	线路无破损、断裂等情况	√			
20	驱动轮磨损状况	表面无磨损屑,压痕、破裂等情况		√		
21	链条张紧装置是否有效	工作正常		√		
22	链条断裂检测开关是否有效	开关反应灵敏		√		
23	电动推杆	工作正常			√	
24	主电机及减速机	工作正常			√	
25	驱动胶轮轴承工作是否正常	工作正常			√	
26	支撑杆(气体弹簧总成)张紧是否有效	设备载质量250 kg驱动轮不打滑,电机电流不超过50A			√	
27	轨道两端缓冲装置是否有效	橡胶垫无破损、有弹性,固定螺钉无松动				√
28	基站圆磁铁、方磁铁是否有效	磁铁开关感应灵敏,无破损、遗失				√
29	驱动胶轮轴承更换轴承	更换轴承				√

表17-4 设备润滑周期和内容汇总表

工序名称	零部件名称	周期	更换步骤	润滑剂
加润滑油	护栏电机减速箱	视具体情况而定,一般每半年检查一次,每一年换一次	将零件拆卸下来,倒出废油,用煤油将油箱清洗干净,用吹风机吹干后加入低温润滑油	合成锭子油
加润滑油	主电机减速箱	视具体情况而定,一般每半年检查一次,每一年换一次	将零件拆卸下来,倒出废油,用煤油将油箱清洗干净,用吹风机吹干后加入低温润滑油	合成锭子油
加润滑脂	齿轮传动链	视具体情况而定,一般每半年检查一次,每一年换一次	用煤油将齿轮清洗干净,用吹风机吹干后加入,但要将轮子上的油性物质擦干净	常用润滑黄油
加润滑脂	链轮及链条	视具体情况而定,一般每半年检查一次,每一年换一次	用煤油将链轮清洗干净,用吹风机吹干后加入	常用润滑黄油

表17-5 常见故障及排除方法

故障现象	显示屏显示	产生原因	解决方法
控制按钮盒不能操纵升降机	—	主开关并未开启	开启主开关
	Actual fault Safety stop	保险装置并未开启	关闭保险装置
		紧急停车按钮被按下	松开紧急停车按钮
		控制按钮盒上的钥匙并未拨到"EIN"的位置	插入钥匙并拨到"EIN"的位置上
	—	行驶道路上有障碍物	移开障碍物
	—	充电电池不能充电或者自行放电	更换电池
	Actual fault Hill ramp swtich	斜坡升降平台在往上行驶中停下	上收折保护板因碰到障碍物而令斜坡升降平台停下,移开障碍物
	Actual fault Vally ramp swtich	斜坡升降平台在往下行驶过程中停下	下收折保护板因碰到障碍物而令斜坡升降平台停下,移开障碍物
	Actual fault Safety pan	斜坡升降平台在打开过程中停下	平台底盘的安全开关在行驶过程中碰到障碍物,移开障碍物
	Actual fault Vally ramp swtich	斜坡升降平台不能启动或者在运行途中停下	下栏杆因碰到障碍物而不能处于水平位置,移开障碍物
	Actual fault Hill ramp swtich	斜坡升降平台不能启动或者在运行途中停下	上栏杆因碰到障碍物而不能处于水平位置,移开障碍物
	Actual fault Final limit SK1	斜坡升降平台行驶超越停靠站后停止不动	将设备手动移回停靠站
	Actual fault Safety gear SK2	斜坡升降平台向下行驶中停下	安全钳在行驶过程中被触发,往上转到手动能解除

续表

故障现象	显示屏显示	产生原因	解决方法
手持或固定无线按钮盒不能操纵升降平台	—	主开关并未开启	开启主开关
	Actual fault Safety stop	保险装置并未开启	关闭保险装置
		紧急停车按钮被按下	松开紧急停车按钮
	—	手持或固定无线控制器上的钥匙并未拨到"EIN"的位置	插入钥匙并拨到"EIN"的位置上
	—	控制按钮盒上的钥匙在"EIN"的位置	把控制按钮盒上的钥匙拔出
	—	手持或固定无线控制器	更换手持或固定无线控制器上的电池
	—	行驶道路上有障碍物	移开障碍物
	—	充电电池不能充电或者自行放电	更换电池
	Actual fault Hill ramp swtich	上坡板碰到障碍物	移开障碍物
	Actual fault Vally ramp swtich	下坡板碰到障碍物	移开障碍物
	Actual fault Safety pan	平台底盘的安全开关在行驶过程中碰到障碍物	移开障碍物
	Actual fault Final limit SK1	斜坡升降平台行驶超越停靠站后停止不动	将设备手动移回停靠站
	Actual fault Safety gear SK2	安全钳在行驶过程中被触发	手动盘车上行
升降车行驶缓慢	Actual fault Mangnet counter	为升降平台设计的程序线路失效	报请厂家修理
	—	充电电池电力不足	将升降平台驶入充电站，让电池再次充上电
	Encoder	传感器损坏	报请厂家修理
警告信号音响起	—	升降车未处于正确的充电站的位置	将升降车运行到充电站的位置
	—	充电保护装置未开启	检查充电插头是否已经插上
	—	充电装置出现故障	检查充电装置
	—	充电装置的插头未插上	检查充电插头是否已经插上
胶轮发出刺耳的声音	—	导轨受到污染	使用醚醇或合丙酮清洁导轨
	—	胶轮受到污染	报请厂家修理

第18章

无障碍垂直升降平台

18.1 概述

18.1.1 定义与功能

无障碍升降平台即《无障碍设计规范》(GB 50763—2012)的第2.0.13条提到的升降平台，是指方便轮椅者进行垂直或斜向通行的设施，而无障碍垂直升降平台仅是其中的垂直通行的升降平台。当前国内市场上典型的无障碍升降平台产品主要有符合《行动不便人员使用的楼道升降机》(GB/T 24806—2009)中的轮椅平台式升降机、《行动不便人员使用的垂直升降平台》(GB/T 24805—2009)(后续为叙述方便，分别简称无障碍斜坡(向)升降平台和无障碍垂直升降平台)，因此，无障碍垂直升降平台的典型产品就是"行动不便人员使用的垂直升降平台"。

无障碍垂直升降平台可供乘坐轮椅者(也可站立)使用，根据使用说明或使用提示，有的可以有1名伴随人员；无障碍斜坡(向)升降平台仅可供乘坐轮椅者使用或1名行动不便人员使用。

18.1.2 发展历程与沿革

无障碍升降平台作为无障碍设施，该产品或设施的名词是伴随着国家无障碍设计标准的发布才产生的。2012年3月，住房和城乡建设部与国家质量监督检验检疫总局联合发布了由北京建筑设计研究院会同有关单位编写的《无障碍设计规范》(GB 50763—2012)，该标准的术语部分对无障碍电梯、无障碍升降平台作了定义。

虽然(无障碍)升降平台作为无障碍设施名词，直到2012年颁发的《无障碍设计规范》，才首次把其作为术语并有了明确定义，然而，早在2001年6月，建设部、民政部、国家残联颁布的《城市道路和建筑物无障碍设计规范》(JGJ 50—2001)就已经将其纳入了无障碍设施的范畴，并在该标准的第7.7.5条中对垂直升降平台的设计做了规定。

无障碍升降平台起源于欧美。在20世纪六七十年代，随着这些地区经济的发展，一些老式公共建筑和地下通道为解决老年人和腿脚残障人士上下楼方便，却又因为受土建限制而无法安装电梯，于是就出现了沿楼道升降的轮椅平台式升降机和各种驱动方式的简易垂直升降平台，这些产品就是欧美早期的无障碍升降平台，无论是尺寸规格、安全性能指标、可操作性等方面都存在诸多局限性。2000年，国际标准《Power-operated lifting platforms for persons with impaired mobility—rules for safety, dimensions and functional operation—Part 1：Vertical lifting platforms, MOD》(ISO 9386-1：2000)(《行动不便人员使用的动力升降平台 安全、尺寸和操作功能规范 第1部分：垂直升降平台》)，以及《Power-operated lifting platforms for persons with impaired mobility—rules for safety, dimensions and functional operation—Part 2：Powered stairlifts for seated, standing and wheelchair users moving in an inclined plane, MOD》(ISO 9386-2：2000)(《行动不便人员使用的动力升降平台 安全、尺寸和操作功能规范 第 2 部分：楼道升降机》)发布,分别对行为不便人员使用的垂直升降平台和楼道升降机(本章节主要指轮椅平台式楼道升降机)的技术进行了规范。早期在我国安装的无障碍升降平台是 2000 年后从国外以全进口设备的形式引进的轮椅平台式楼道升降机和垂直升降机,2005 年后,一些制造商以中外合资企业的方式引进了这些产品的技术,并于 2006 年后开始在国内制作。值得一提的是,位于湖南省湘潭市的湘电集团下属公司与位于德国莱茵-威斯特法伦州比勒菲尔德市的 HIRO-LIFT GmbH 合资成立的湖南海诺电梯有限公司生产制造并安装于广州地铁的滚轮摩擦驱动方式的轮椅平台式升降机,是在我国境内制造的最早期的符合无障碍国际标准的无障碍斜坡升降平台。我国的无障碍升降平台的标准主要有两个,是在引进 ISO 9386-2：2000 标准的基础上于 2009 年制定和发布的,指的是《行动不便人员使用的垂直升降平台》(GB/T 24805—2009)和《行动不便人员使用的楼道升降机》(GB/T 24806—2009),前者适用于无障碍垂直升降平台,后者适用于无障碍斜坡(向)升降平台。

本章后续如无特别说明,(无障碍)升降平台仅指(无障碍)垂直升降平台。

18.2 分类

无障碍垂直升降平台主要分为液压式、卷筒式、齿轮齿条式、螺杆式和剪刀叉式,目前市场上以液压式和螺杆式居多;又可分为有井道型(或称封闭井道型)和无井道型(或称未完全封闭井道)两种,国家标准推荐采用有井道型。

无障碍垂直升降平台目前还不属于《中华人民共和国特种设备目录》中的产品,没有国家级的检验规范和检验规则,安装后也不需要进行监督检验。

18.3 结构组成

图 18-1 为一种典型的无障碍垂直升降平台结构示意图,下面以此为例,介绍组成无障碍垂直平台的各零部件的工作原理和功能要求。

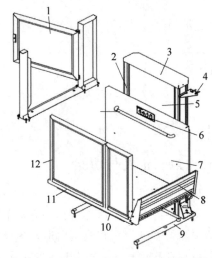

1—层门；2—机架；3—机架顶盖；4—固定三脚架；5—驱动箱；6—操作装置；7—大护板；8—安全挡板；9—机架固定脚；10—平台下部触碰保护(感知面)；11—平台；12—平台围壁

图 18-1　典型的无障碍垂直升降平台结构示意图

(1)平台：指的是无障碍垂直升降平台设备上用于承载使用人员的部件。通常用金属材料制造,平台面应有防滑设计如采用花纹钢板,而且颜色应与楼面地面明显不一致。

(2)平台下部触碰保护(感知面)：在平台整个平面范围内,只要被触碰将立即停止平台运行的安全防护装置。未封闭井道的无障碍垂直升降平台,即使在平台运行时,平台运行区间内也有可能出现影响平台下行的潜在危险或异物,一旦被平台触碰到,平台将立即停止运行,如图 18-2 所示。

(3)平台围壁：平台的非出入口侧且无连续井道壁侧,应有防止跌落的措施,其中平台围壁就是措施之一。平台围壁可以采用金属材料制造,也可以采用夹层玻璃或夹层钢化玻杆。平台驶离停站楼面最大不超过 300 mm，安全挡板应被强制性地自动抬起，因为故障原因安全挡板不能抬起时，平台不能运行。图 18-3 为一种典型的安全挡板及其动作原理简图。当平台运行至层站楼面，安全挡板上的滚轮脱离翻转导杆的压迫而只受到扭簧的扭力作用，安全挡板翻转到平放位置。当平台驶出层站楼面，安全挡板上滚轮受到翻转导杆的作用，进而安全挡板翻转到竖立状态。

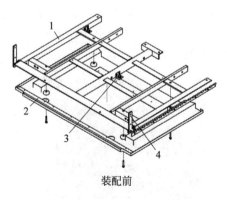

装配前

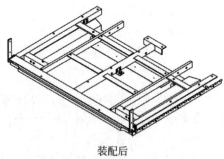

装配后

1—固定框架；2—触碰面板；3—安全开关；
4—连接平台的连接板。

图 18-2 下触碰保护（感知面）的装配示意图

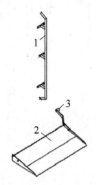

1—翻转导杆；2—安全挡板；3—挡板滚轮。

图 18-3 安全挡板及其动作原理简图

璃制造。平台围壁的高度应不小于 1100 mm。

（4）扶手：平台非入口至少一面应安装扶手，安装高度以其顶边距离平台地板 900～1100 mm 为准。扶手应为无凸出端形状，抓握部分的尺寸应在 30～45 mm。

（5）层门：层门的作用是防止使用人员从候站楼面跌落。层门不能朝向平台内开启，允许采用平开门、滑动门或铰链门。当层门未闭合时，平台不能运行。层门允许采用夹层玻璃或夹层钢化玻璃制造。

（6）大护板：相当于平台围壁，主要用来分隔平台与机架，避免轮椅或乘客伸出平台边界而发生与机架的剪切、挤压事故。

（7）安全挡板：主要作用是防止使用人员从平台出入口侧跌落，防止轮椅轮及使用人员脚掌伸出平台造成剪切。安全挡板为一定斜度比例的斜坡状，利于轮椅进出到停站楼面上。安全挡板的高度不小于 100 mm，通常做成 300 mm 以上，以此充当门口侧护栏的中间横

（8）操作装置：平台上的操作装置包括点动运行操作、紧急报警操作和急停操作装置。标准规定，平台的上下运行只能通过持续按压平台上操作装置的上下运行按钮。运行中遇到紧急情况，可以立即按下红色非自动复位急停按钮，平台会立即停止运行；乘客需要救援时，按下紧急报警按钮，平台会发出声光报警信号。层站楼面上的操作装置仅包括上下点动运行按钮，按压此按钮，也可以操作平台升降。

（9）驱动箱：驱动平台运行的驱动机构总成，分为动力装置和运动输出机构，包括驱动电机、液压泵站、油缸、减速机构、丝杠等。图 18-4 为液压垂直升降平台机架与驱动箱装配的结构图。

液压垂直升降平台一般采用 2∶1 的传动方式，即油缸（运动横梁）速度∶平台速度＝2∶1。通过在运动横梁上安装一个滑轮，该滑轮相当于动滑轮，传动绳或链一端固定在平台上，绕过该动滑轮后，另一端固定在机架上。

由图 18-4 可知液压垂直升降平台的运行原理：液压马达泵出液压油，通过高压油管传送到液

螺杆转动的形式,基本结构与螺母转动形式差不多,只是将电机及减速机构安装在机架上,由其直接驱动螺杆。

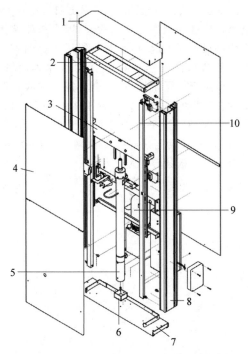

1—顶盖板;2—上连接梁;3—运动横梁(两端有导靴);4—盖板;5—油缸;6—油缸座;7—底座;8—导轨型立柱;9—液压泵站;10—盖板座。

图 18-4　液压垂直升降平台机架与驱动箱装配的结构图

压油缸,液压油缸上升,推动运动横梁上升;当平台需要下降时,液压泵站的控制系统将只打开油路的下降阀门,平台上载荷的重量(含平台自重)使运动横梁压住油缸活塞下降。其中,平台上载荷超过限定值时,油路上的溢流阀将被打开,平台不能升降。当设备遇到控制系统故障或停电或其他原因不能正常运动时,可以操作液压泵站上的手动下降阀,实现平台应急下降。

螺杆式升降平台一般采用 1∶1 的传动方式,运动横梁通过其他零件与平台刚性连接,运动横梁的速度就是平台的速度。图 18-5 所示的螺杆升降平台为螺母旋转方式,当电机旋转时,电机通过减速机构带动承载螺母旋转,由此推动或拉动运动横梁的升降。正常运行时,承载螺母起传递运动和动力的作用。安全螺母不起作用。当承载螺母爆裂时,安全螺母抱住螺杆,防止平台坠落。螺杆升降平台也有

1—运动横梁;2—承载螺母;3—安全螺母;4—润滑油盒;5—螺杆;6—电机。

图 18-5　螺杆式垂直升降平台机架与驱动箱局部图照片

(10) 护栏(图 18-1 中未绘出):未完全封闭井道的无障碍垂直升降平台,为了保护平台上的使用人员,在平台的出入口侧应设计护栏,防止人员超出平台发生剪切和挤压事故。平台只有在护栏锁住的情况下,平台最迟应在驶离层站 75 mm 就会停止。护栏锁住平台最迟在驶离层站 50 mm 后,护栏将不能够被正常打开。护栏一般分两层,最上层距离平台地面高度不小于 1100 mm,中间横杆距离平台地面高度不大于 300 mm。

18.4　技术特点及参数

18.4.1　技术特点

目前市场上常用的无障碍垂直升降平台与无障碍电梯相比,具有以下技术特点:

(1) 对于无障碍升降平台,国家虽然制定有产品标准,却无验收标准和规范,无障碍升降平台执行标准的程度完全靠企业自律;

(2) 无障碍升降平台的运载装置的载质量规格和空间尺寸都很小,仅供行动不便人员乘坐轮椅或不乘坐轮椅站立上下,最多有 1 名伴随人员;

(3) 无障碍升降平台的额定速度标准规定不能大于 0.15 m/s,提升高度不能大于 4 m,适用范围受到很大的限制;

（4）国标要求无障碍升降平台的运行操作只能采取点动方式，即平台的持续运行需要持续按压上下运行按钮，在层站和运载装置上都可以操作；

（5）无障碍升降平台按有无井道可分为有井道和无井道两种类型；

（6）国标对顶层高度仅要求不小于2 m，且无底坑深度要求。

18.4.2 主要技术参数

表18-1为GB/T 24805—2009对无障碍垂直升降平台规格参数的规定，表18-2为常见的液压驱动和螺杆驱动无障碍垂直升降平台技术参数。

表18-1 GB/T 24805—2009 标准规定的最小平台规格尺寸

垂直升降平台主要用途	平台宽×深/（mm×mm）	适用安装场所
门相互呈90°时（伴随人员位于轮椅边）	1100×1400	公共场所
伴随人员站在轮椅后边	800×1600	
无伴随人员，仅乘坐轮椅使用或其站立使用	800×1250	私人场所
行动不便人员与其伴随人员站立使用	650×650	
仅行动不便人员独立站立使用（提升高≤0.5 m）	325×650	

表18-2 常见液压驱动和螺杆驱动无障碍垂直升降平台技术参数

项目	参数									
提升高度/mm	1000	1200	1500	1800	2000	2200	2500	3000	3500	4000
驱动方式	液压驱动或螺（丝）杆驱动									
额定载质量/kg	250 kg 或 350 kg									
额定速度/(m·s^{-1})	液压驱动的有 0.03,0.06,0.07,0.08；螺杆驱动的有 0.1,0.15									
平台尺寸	可按标准协商									

图18-6、图18-7所示为出入平台的方式和机架方位的说明，其中机架左右置的判别方法是人站在平台外面朝向平台看，当机架在左边时为机架左置，否则为右置。

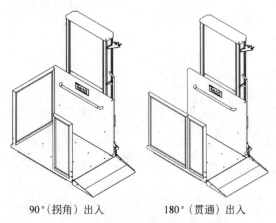

90°（拐角）出入　　180°（贯通）出入

图18-6　出入无障碍垂直升降平台的方式

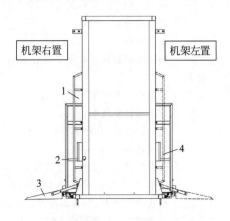

1—机架；2—翻转导杆；3—安全挡板；4—平台围壁。

图18-7　出入无障碍垂直升降平台机架布置方式

18.5 选用原则

（1）《无障碍设计规范》(GB 50763—2012)的第3.7.3条明确指出"升降平台只适用于场

地有限的改造工程"，即只要场地条件允许，在无障碍电梯和无障碍升降平台之间应尽量选择无障碍电梯。

(2) 无障碍垂直升降平台分为有井道型（或称封闭井道型）和无井道型（或称未完全封闭井道）两种，无井道型仅适用于中间不需要穿过楼房楼板的。无障碍垂直升降平台的提升高度不大于 4 m，但无井道型安装于私人住宅以外的场合时，提升高度不大于 2 m。所以，用户选用无障碍垂直升降平台时应优先选用有井道型。

(3) 无障碍垂直升降平台的额定载质量有 250 kg、350 kg 两种规格，额定速度主要有 0.15 m/s 和 0.1 m/s 两种，平台尺寸依据门和主要用途而具有多种规格。用户在订购选用无障碍垂直升降平台时，应明确出入平台的方式和机架方位。用户在选择产品时应与制造商协商，至少达到标准要求。

18.6 安装和检验

(1) 对于绝大多数无障碍垂直升降平台，制造企业一般是以散件或零部件的形式出厂，现场装配后才能够成为一台真正意义上的可以使用的设备。极少数无障碍垂直升降平台虽然以整体组装形式出厂，但仍然需要现场吊装和按位置精密就位并固定，其实质仍然属于现场安装，只是安装项目内容较前者减少很多。

(2) 无障碍垂直升降平台的安装对安装人员和安装企业没有强制性的施工资质要求。

(3) 无障碍垂直升降平台在安装完毕投入使用前，应由专业人员代表制造商或其代理商进行检验。目前多数制造企业按表 18-3 所示方法检验相关项目和内容。

表 18-3 无障碍垂直升降平台主要检验内容和方法

序号及类别		检验内容和要求	检验方法	备注
1	随机资料	制造厂提供了以下随机文件： 产品出厂合格证：注明了出厂编号、产品型号、额定载质量、额定速度、平台尺寸等，应与订购合同相一致； 发货清单或装箱单； 安装说明书； 使用维护说明书：至少应有易损件清单、零部件润滑点内容； 整机安装布置图； 主要部件安装图； 电气原理图和电气敷线图（含元器件代号和说明）、液压系统传动原理图； 部件质量证明文件：电器件 CCC 认证证书、破裂阀安全证书、高压油管检验证书、安全钳型式试验证书、限速器型式试验证书、钢丝绳检验证书、链条检验证书	审查文件	部件质量证明文件是指产品有什么部件，就应有的质量证明文件
2	外观	外观所有材质同合同要求配置相符； 外露钢铁件的表面已做防锈处理； 外观无明显划痕、碰伤等质量缺陷； 机架固定牢靠，在平台以 110% 额定载质量运行到顶站楼面时，无明摇晃或切斜或松动等	现场目测	第 4 项在载荷试验时观察
3	整体布置	平台地坎边缘距离层站地坎边缘≤20 mm	现场测量	

续表

序号及类别		检验内容和要求	检验方法	备注
4	操作装置试验	平台操作装置上应有上下电动按钮、急停按钮及紧急报警按钮; 层站操作应有上下电动按钮; 操作上下运行按钮,能够有效点动运行平台,运行方向正确,同时各上下运行按钮按优先原则实现互锁; 操作遥控器(若有),能够有效点动运行平台; 按下急停按钮,运行中的平台停止运行; 按住紧急报警按钮,平台能发出声光报警	目测和现场试验	
5	功能试验	安全挡板在层站面时能放下,平台离开层站面时,能正常收起; 分别上下运行平台,当平台驶离层站 50 mm 后,护栏应不能够被正常打开。平台运行到离开层站面 75 mm 的位置后打开护栏,平台立即停止运行; 层门未关闭时,平台不能运行;平台运行时,层门不能够被正常打开; 运行平台超过最顶层站面和最底层站面 20 mm 时,上下极限开关能够有效停止平台运行	现场试验	
6	绝缘测试	用 500 V 直流电压测试: (1) 电源电路和安全电路导线与导线及导线对地之间,绝缘值≥500 kΩ,且>1 kΩ/V 电路电压; (2) 其他电路和安全电路导线与导线及导线对地之间,绝缘值≥250 kΩ	现场测量	
7	紧急操作	当遇停电或其他故障时,可以手动运行平台至少到低一层层站; 带蓄电池运行的,切断外部供电电源,运行平台到低一层层站; 液压升降平台带手动下降阀的,手动操作下降阀,平台应能运行到低一层层站	现场试验	
8	安全钳或夹紧机构试验	配置安全钳或夹紧机构的短接安全钳或夹紧机构动作开关,人为手动操作安全钳或夹紧机构动作开关,平台下行被可靠制动。然后去除短接开关的线路,按压上行按钮,平台也不能上行; 应有安全钳或夹紧机构动作复位的措施(不能是短接控制线路),且该措施有效,如液压升降平台的手动泵	现场试验	
9	负荷试验	在平台上装载额定载荷,平台应能正常升降; 在平台上装载 110%,平台应不能启动; 关闭载荷检测功能,在平台上装载 110%,并将平台由底站运行到顶站,平台应无任何变形;运行中,机架无明摇晃或切斜或松动等	现场试验	
10	其他	同检验方或用户方协商的项目	协商方法	

第19章

双层轿厢电梯

19.1 概述

19.1.1 定义与功能

双层轿厢电梯是同一电梯井道内同时拥有两个电梯轿厢的乘客电梯设备。由于往往应用于超高层建筑,双层轿厢电梯在实际应用中大多都是高速双层轿厢电梯。

在城市的交通枢纽、经济核心区等中心区域,超高层建筑逐渐成为城市中心建筑的主流。不断提升的容纳量,使得建筑内的纵向运输工具承担的流量剧增,需要大幅提升电梯的运载量。继续使用传统的单层轿厢,即使搭载先进的智能控制系统,面对超高层带来的人流量,其运载率也已经达到了"瓶颈";而增加电梯台数、额外增设井道也非明智的选择——这样虽然解决了运载效率的问题,可减少了建筑物的有效使用面积,增加了建筑造价。

受双层公共汽车的启发,在原有的一个轿厢的基础上,在井道中再增加一个轿厢,使之成为双轿厢电梯:利用机械结构将两个轿厢相连接,在井道中同时运行;在原有的一个井道内双轿厢运行,大幅提升运载量;通过区分单双目的层的乘客,分流底层停靠站的大量乘客。这一设想完美地解决了城市核心区域高层多功能建筑物面临的流量困境,双层轿厢电梯成为高层建筑中或不可缺的电梯类型。

19.1.2 发展历程与沿革

世界上第一台双层轿厢电梯于1931年在纽约华尔街建成。当时为了缓解上下班高峰客流量过大的拥堵问题,提出了最简单有效的方案,即在原有电梯井道中增加一个轿厢,叠加在原轿厢之上,并固定在同一轿厢架内。电梯设置地下和底层两个基础停靠站,通过预分流单双目的层的乘客进行上下乘客。电梯运行时,上层电梯只到达奇数楼层,下层电梯只到达偶数楼层。电梯在上下班高峰时设定为双层轿厢工作状态,其他时间仅有上层轿厢工作。在单层轿厢工作状态,电梯运行状况与普通单个轿厢的电梯并无不同。但在双层轿厢工作状态下,两层轿厢可以同时停站开门上下客,大大提高了运载效率。这也是最早期双层轿厢电梯的普遍结构。

截至2000年,全世界约有30幢大型楼宇使用了双层轿厢电梯。并且,随着微处理器的智能化电梯群控系统的出现,双层轿厢电梯逐步流行起来。尤其在亚洲地区,建筑物中人口密度大,楼层面积小,地价昂贵,双层轿厢电梯是理想的选择。同时,随着高层建筑的兴起,双层轿厢电梯更广泛地运用于高层建筑中,速度不断提高,功能和运行模式也逐渐多样化。

奥的斯电梯公司最早在1973年为当时的世界最高建筑——位于芝加哥的阿莫科大厦,

设置了高速双层轿厢电梯,该电梯到达楼层80层。

2010年以来,伴随着楼宇高度的不断突破,超高速双层轿厢电梯也越来越扮演起不可或缺的角色。排名前列的知名超高层建筑物中,大部分都应用了超高速双层轿厢电梯。与同样在大楼中运行的穿梭型超高速直达电梯相比,双层轿厢电梯则承担着更为繁重复杂的运输工作。

比如著名的世界最高建筑哈利法塔,大厦内设有56部穿梭电梯,速度最高达17.4 m/s,其中就包括观光型双层轿厢电梯。该双层轿厢电梯每次最多可载42人。其主要电梯供应商奥的斯电梯为哈利法塔提供66部电梯、扶梯,其中就包含2部超高速双层轿厢电梯(载质量$2×1600$ kg,速度10 m/s)。

建筑高度492 m的上海环球金融中心大厦所使用的双层轿厢观光电梯由东芝电梯提供,安装两组双层轿厢电梯群,共计8台双层轿厢电梯(载质量$2×1350$ kg,速度6 m/s)。

19.1.3 特点与优势

在高层建筑中,设计师既要保留基础设施的必要空间,又要在保证建筑的安全稳固性之余尽可能提升有效面积。在高层建筑中,核心筒就是担负起这两种责任的结构。

核心筒是高层建筑中心支撑结构,设置在建筑的中央部分,由电梯井道、楼梯、通风井、电缆井、公共卫生间、部分设备间等基础设施围护形成中央核心筒,与外围框架形成一个外框内筒结构,以钢筋混凝土浇筑。此种结构十分有利于结构受力,并具有极优的抗震性,是国际上超高层建筑广泛采用的主流结构形式。同时,这种结构的优越性还在于可争取尽量宽敞的使用空间,使各种辅助服务性空间向平面的中央集中,使主功能空间占据最佳的采光位置,并达到视线良好、内部交通便捷的效果。

超高层建筑设置电梯时会选择两种安装位置。一种是在核心筒内设置永久电梯井,其优点是:降低建筑整体施工时的冲突,可灵活安排;便于排除故障,有利于后期维修保养。另一种是在核心筒外壁室内安装电梯井,这种方式的优点在于:电梯可以直接与核心筒系统相连接,降低工作量,减少施工耗时。

当电梯设置在核心筒内时,由于核心筒内空间有限,而且其他资源也需要留有足够空间,又需要考虑建筑物的安全,往往需要减小电梯井道空间,如果仅仅靠单层电梯,在井道范围有限的情况下,达不到大楼所需的运输客流量标准;而井道设置在核心筒外的情况下,占用的面积直接影响到高层建筑每一层的可自由支配的面积,从而影响经济效益和资源的利用效率。

既要保证空间利用率,又要满足大楼客流量高效运输需求,双层轿厢电梯的优势由此显现。一条井道内设置两个轿厢,充分利用空间资源,不增加井道的数量和占地面积,与同类的单层轿厢电梯相比,不需要设计复杂的群控系统,简单地解决了高层建筑的垂直运输问题。在大型建筑物中,同单层轿厢电梯配置方案相比,可以节约30%左右的核心面积。在面积紧凑的建筑中,使用双层轿厢还可以适当缩小轿厢尺寸,更大程度地释放建筑有效面积。

在实际运用中,双层轿厢电梯还展示出了额外的优势和便利,高峰时期,每一次电梯运输可以装载更多的乘客。在乘客前往目的层的途中,由于楼层的跳跃,电梯固定停靠点减少近一半——既减少了乘客候梯时间,又减少了乘客在电梯内乘坐的时间,增强了乘坐体验感、舒适感,提高了运载效率。为了更好地将乘客送达指定目的层,双层轿厢电梯首先要让乘客选择目的楼层,并据此进行电梯应答调配。通过智能控制系统可以为乘客计算最佳路线以便使乘客在最短时间到达目的层,有效分流了不同目的层的乘客。在高峰时段最大限度地协调客流,避免空厢运行或超载,大大缩短了乘客的等待时间。

双层轿厢电梯在建筑经济效益方面发挥的作用尤为重要,特别是对于高层和超高层建筑,减少井道数可以极大程度降低建筑造价,增加建筑物可用面积和人员可活动空间,提升大楼的使用率,使大楼更加宽敞,还可以提升采光率、提升楼内空间品质。商业型的高层建筑可以提升商业价值,大型企业楼宇也能让楼层间的沟通更便捷,提升公司效益。

另外,双层轿厢电梯也适用于旧楼宇单层电梯的改造,设计双层轿厢与传统电梯相结合的方案,不需要改变井道结构,可以大幅提升旧楼宇的运输效率。

19.2 分类

按照上下两个轿厢之间的连接方式,双层轿厢电梯可以分为两种:不可调整型及可调整型(指相邻楼层间距)。不可调整型,即上下两个轿厢的连接为刚性连接,上下层间距固定,如图 19-1 所示。可调整型,即上下两个轿厢的连接可在一定范围内根据运行模式进行调节,上下层间距可有一定范围的变化。

最早的双层轿厢电梯,仅仅出于提升运载效率、节省楼宇空间的考虑,将两个轿厢放置在同一井道内,两轿厢间距不可调整。乘客要在乘坐电梯前,根据目的楼层,预先选择停靠站。一般来说,单个轿厢只能到达奇数站或偶数站,两个轿厢同时到站停靠。这种电梯将运载效率提升到了传统电梯的约 1.9 倍。

然而上下部轿厢之间的距离是固定的,这就要求大楼内层间距离同样是固定的,层间距离的约束就限制了大楼设计的灵活性。随着设计和建筑水平的不断提高,越来越多的高层建筑出现了根据楼层功能设置不同层间距的情况,既要满足低楼层时酒店、商场的大空间要求,又要满足高楼层时客房、功能楼层的高利用率要求。在同一栋楼里,往往楼层间距不断变化。双层轿厢电梯上下部轿厢之间的距离是固定的,就无法在这种大楼中使用。

由此应运而生了轿厢间距可调节的双层轿厢电梯,在一定范围内可以调节两轿厢的间距,利用控制系用根据停站楼层记忆改变合适间距,做到同时停靠。

图 19-2 是间距可调节双层轿厢电梯调节间距过程模型示例,在范围固定的框架结构内,上下轿厢通过中间机械机构的运作进行间距调整。在电梯运行时,轿厢间的距离通过控制器而被调节,如图 19-3 所示。故行程时间(从门关闭开始至下一层停站门全开)保持与一部常规电梯相同。增加的层间距离调节装置不影响行程时间或总体客流输送能力。

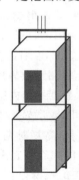

图 19-1 固定间距的双层轿厢电梯示意图

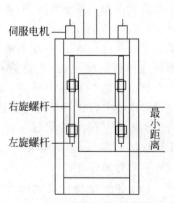

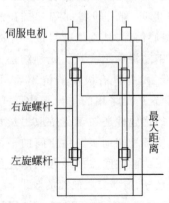

图 19-2 间距可调节双层轿厢电梯调节间距过程模型

图 19-3　轿厢间距调节功能

19.3　典型产品性能及技术参数

1. 上海环球金融中心东芝电梯层间距可调节双层轿厢

1) 建筑物基本情况

上海环球金融中心位于上海市浦东新区世纪大道 100 号,为地处陆家嘴金融贸易区的一栋摩天大楼,占地面积 14 400 m²,总建筑面积 381 600 m²,地上 101 层,地下 3 层,楼高 492 m,外观为正方形柱体。裙楼为地上 4 层,高度约 15.8 m。上海环球金融中心 B2、B1、2、3 层为商场和餐厅;7～77 层为办公区域;79～93 层为酒店;94、97 和 100 层为观光厅。

2) 东芝双层轿厢电梯介绍

上海环球金融中心设有东芝层间距可调节双层电梯 8 台,其载质量、提升高度和速度配置见表 19-1。

2. 广州塔奥的斯超级双层轿厢电梯

1) 建筑物基本情况

广州塔(Canton Tower)又称为广州新电视塔,该塔位于广州市海珠区(艺洲岛)赤岗塔附近,距离珠江南岸 125 m,与珠江新城、花城广场、海心沙岛隔江相望。塔身主体高 454 m,天线桅杆高 146 m,总高度 600 m,建筑面积 17.546 万 m²。目前是中国第一高塔,世界第四高塔,仅次于阿联酋迪拜哈利法塔(828 m)、日本东京天空树电视塔(634 m)、北达科他州 KVLY 电视塔(628.8 m),是国家 AAAA 级旅游景区。

2) 奥的斯双层轿厢电梯介绍

奥的斯为广州塔提供 6 部电梯,其中 2 部为奥的斯超级双层轿厢电梯,其载质量、提升高速和速度配置见表 19-2。

表 19-1　上海环球金融中心双层轿厢电梯配置

梯群	用途	载质量/kg	速度/(m·min⁻¹)	提升高度/m
L1 (4 台)	客梯	1350×2 (19 人×2)	210	79
				74
L2 (4 台)			300	116
				121
东芝电梯 技术特性	层间距自动调节功能(东芝螺杆方式)。 利用螺杆的旋转数来控制上下轿厢的间距。 将螺杆设计成正反向螺纹形式,平衡上下轿厢重量,减少电力消耗。 通过螺杆对角装置,实现驱动装置小型化,节约井道空间。 不在上下轿厢之间设置用来调节层间距的装置,提高轿顶高度。 多种运行方式:双层轿厢运行、半双层轿厢运行和单轿厢运行三种。			

表 19-2　广州塔电梯配置

6 部高速电梯	用途	载质量/kg	速度/(m·s^{-1})	提升高度/m
超级双层轿厢电梯(2 部)	客梯	1600	5.0	433.2
超级双层轿厢电梯(2 部)			6.0	433.2
超级双层轿厢电梯(2 部)			10	438.2
奥的斯双层轿厢电梯技术特性	奥的斯超级双层轿厢电梯是奥的斯电梯公司针对中国及亚太其他地区市场需求,由美国总部和中国研发中心的工程技术人员共同研究开发的新产品。电梯机型为 OTIS 4000 高速无齿轮电梯系列			
	永磁同步电机驱动,无机械振动与噪声			
	OTIS 4000 系列平均节能超过 15%～20%			
	无须上机油和润滑油,环保无污染			
	具有层间距可调节功能,不要求每层层高相同			
	设置三种运行操作模式:跳跃操作、限制操作和无限制操作			

19.4　选用原则

19.4.1　硬件方面

1. 驱动装置选用原则:曳引机等部件高性能及小型化

在超高速双层轿厢电梯的应用中,运行载质量和升降行程一般都很大,运行速度也较高。各方面配置都对曳引机的功率要求大;设备的转动惯量较大,属于反复短时连续工作制,对驱动装置的高性能和小型轻量化提出了更高要求。

在高速双层轿厢电梯中,一般可以选用无齿轮曳引机,与传统有齿轮曳引机相比,其运行性能可以提高 15%～20%,而且不需要对齿轮减速装置定期补充机油和润滑油,节能环保且节约维护成本。另外配合选用永磁同步电机驱动,该类电机大幅降低了高速运动产生的机械振动与噪声,它的效率及功率因数比感应电机高 20%～30%,起动电流也较感应电机小,不会使绕组产生过热的危险。转子绕组中不存在电阻损耗,使电机温升低,延长电机的使用寿命。

综合两项选择,永磁同步无齿轮电机,既没有异步电机所需非常占空间的定子线圈,可以做到体积小质量轻,又因其工作状态下温升高幅度较低而免去了散热风扇等部件,相比异步感应电机重量可降低 50% 以上。

永磁同步无齿轮电机的制动器选用碟式抱闸,相比鼓式抱闸结构更紧凑,提高了可靠性;选用一体式曳引轮双支撑结构,减小了加工过程中同轴度误差,保证了曳引机运行平稳。东芝大容量曳引机如图 19-4 所示。选择四象限变频器,相比普通变频器可提高节能效果,减少制动过程的能量损耗,将减速能量回收反馈到电网,达到节能环保的目的。

图 19-4　东芝大容量曳引机

以上三个方面配合可以最大限度同步实现机房曳引机高性能和轻量化,当建筑需求承载运量较高,或对井道空间紧凑性有要求时,以上的选用标准可以完美解决问题,使双层轿厢电梯的便利性得以充分发挥。

2. 轿厢系统选用原则：悬挂系统轻量化、降噪和控制振动

1) 悬挂重量轻量化

随着双层轿厢电梯的大容量化的推进，轿厢的载人空间变大的同时也变得更重了，用于悬挂轿厢的悬挂装置重量也同样会增大，为了补偿这个重量的补偿系统重量也同样会增大。其结果就是曳引机需要承担数十吨的悬挂荷重，曳引机所承受的负荷也增大了。

所以在选择轿厢系统时，轿厢材料的选用原则是尽可能轻量化。选择低密度高强度的金属材质或者特殊结构的面板都可以实现轻量化，同时满足双轿厢电梯的硬性需求。

为此，目前较好的解决方案是采用蜂巢状的蜂巢面板作为轿厢壁的材料，维持高刚性的同时轿厢重量减轻约20%。在实际应用中主钢丝绳和荷重补偿用钢丝绳都可以相应适当减少，曳引机承受的负荷大大缩减。在维持高刚性的同时，实现了整体的轻量化，减轻了曳引机的负荷。

2) 噪声和振动

(1) 减小机房噪声

一般来说双层轿厢电梯都是高速电梯，曳引机功率大，噪声大。目前通用的机房噪声缓解方案和超高速电梯类似：在机房顶层楼板下部加装机房噪声消声器。值得一提的是，由于钢丝绳必须穿过机房和井道间的楼板，位于电机正下方的楼板上会设有开孔，应尽量将开孔的尺寸做到最小，减小噪声通过小孔传递至井道中。此外，还需要在钢丝绳周围制作隔音通道。

(2) 抑制气流噪声和轿厢振动

电梯高速运行时周围会产生气流，轿厢内的噪声会增大；通过轿厢与井道间的凹凸处（出入口等），井道内凸出的梁和中间横梁凹凸部分产生风压，会发生持续且很响的噪声。

解决方案是尽量地减少凹凸部，梁与中间横梁设置塞板，井道壁设置泄压孔；轿厢设置成流线型，减小运行时轿厢表面产生的风切音。

例如东芝电梯提出的整体解决方案：轿厢运行时的密封舱表面的压力解析，在轿厢上安装了形状最合适的整风密闭装置，提高整体的流线程度，以期降低风切音。轿厢整风密闭装置如图19-5所示。

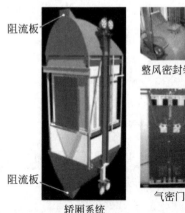

图19-5 轿厢整风密闭装置

在整风密闭装置的基础上，解析独立井道内的流动的空气，采用形状最合适的密闭装置。井道的上下方设置用来流通空气的通风口。

室外环境的影响也不可忽视，室外的风会导致超高层大楼出现不大于1 Hz的超低频率的横向摇晃，同时电梯的钢丝绳也会晃动。针对这种情况选择钢丝绳动作解析技术，配置"危险风速时与大楼风速计联动限制电梯运行的管制运行功能"可以大幅改善这个问题。如图19-6所示的钢丝绳动作解析结果案例，针对大风导致的建筑物晃动进行了电梯晃动解析，并确认是否有共振，配置了最合适的钢丝绳振动防止装置。

3. 安全装置选用原则：轻量高强度的悬挂素材 强制约力的紧急停止装置

1) 悬挂素材的强度：钢丝绳和补偿绳

双层轿厢电梯除了上侧/下侧两台乘用轿厢之外，还需要支撑两个轿厢的框架，因此质量会变大。为了应对该情况，双层轿厢电梯也需要大容量电梯所适用的曳引机和钢丝绳。为了与主钢丝绳的质量补偿，连接轿厢和对重块的底部配置悬挂的补偿钢丝绳，补偿钢丝绳的张力由自身的重量和井道下部（底坑部）的补偿钢丝绳的导向补偿轮的质量来决定。载质量大，悬挂的主钢丝绳自身的重量也增加

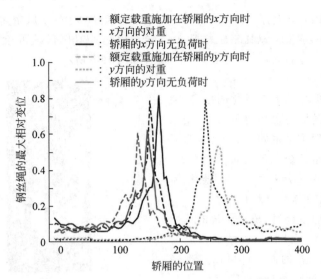

图 19-6 钢丝绳动作解析结果

了,补偿钢丝绳的承重量也会随之增加。

确保钢丝绳的安全率是双层轿厢电梯选购中最重要的一点,所以一般选择材料强度更高、材质更轻的钢丝绳。

例如东芝电梯采用直径 20 mm 的强度区分 B 种的超高强度钢丝绳(见图 19-7),补偿钢丝绳采用大直径钢丝绳(见图 19-8),与以往的直径 20 mm×13 根的悬挂构成相比,直径 25 mm×6 根的悬挂构成大幅削减了钢丝绳的根数,同时钢丝绳的配置间隔也得到了扩大,从而抑制了钢丝绳的打结和交叉。

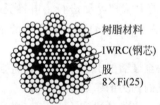

图 19-7 高强度主钢丝绳

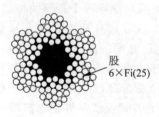

图 19-8 大直径补偿钢丝绳

2) 紧急停止装置

轿厢速度过快的情况下,以及主钢丝绳被意外切断轿厢落下的紧急情况中,会触发紧急停止装置,轿厢上设置的紧急停止装置会抓住导轨,使轿厢安全停止。随着电梯的大容量化,紧急停止装置自身的重量也变大。

为保障安全性,可选的方案是将紧急停止装置分别设置在轿厢的上下部,总计设置 2 套,这样在尺寸不变大的情况下就可以确保大约 2 倍的制动力。

在轿厢因为一些故障越过最下层的情况下,为了不冲击井道底部,用来缓冲的油压缓冲器等也需要根据轿厢重量进行调整。分段式缓冲器是比较成熟可靠的选择。

4. 间距调节功能:根据建筑需求选择

1) 层间距可调节结构特点

一般来说,现有常见的层间距调整模式有三种:连杆式、液压式和螺杆式。

连杆式双层轿厢电梯间距调节结构为奥的斯电梯的专利结构,是一个伸缩联动装置,包括多个连杆。伸缩联动装置支撑在水平定向梁中的一个梁上,与第一电梯相连接,使得第一电梯相对于框架的不同位置对应于两岸的不同对应位置。第二电梯轿厢由伸缩联动装置悬挂在框架下方,连杆的不同位置将第二电梯轿厢相对于框架置于不同的位置。如

图19-9所示。

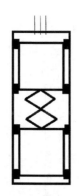

图19-9 奥的斯电梯连杆式间距调节装置

液压双层轿厢电梯常出现在富士达公司的产品中。例如,富士达的FLEX—DD系列间距可调双轿厢电梯设置了一套创新的液压层间距离自动调节装置(见图19-10)。在这个系统里,上、下部轿厢以钢丝绳相连,层间调节通过任何一部轿厢——带有1套机械型螺杆泵的移动得以实现。

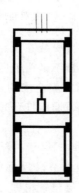

图19-10 富士达电梯液压式间距调节装置

在主轿厢框架内,上、下部轿厢以钢丝绳相连。上、下部轿厢都允许在主框架之内沿着安装好的轨道各自反向移动。球形螺杆泵由电机驱动,与下部轿厢的底部相连。油缸电机由专用的控制器控制,以使油缸平稳地上下移动。在此方式中,电机依据从主控制器获取的信息来调节上下轿厢间的距离,以使之与目标层间距离相一致。

螺杆式双层轿厢电梯间距调节结构为东芝专利,采用如图19-11所示的是双层轿厢电梯的整体结构。沿对角线安装在轿厢两侧的两个滚珠丝杠直接升降上、下两个轿厢。分别和上、下两个轿厢相连的两个滚珠丝杠的螺纹方向相反,这样能够使上、下轿厢在滚珠丝杠转动(通过上面的伺服电动机)时向相反方向移动,并能够调整上、下轿厢之间的距离。

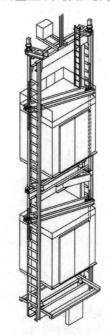

图19-11 机械转置连接的间距可调双层
轿厢电梯(东芝螺杆式)

东芝电梯螺杆式楼层间调整的基本结构通过图19-12进行阐述。在外轿厢框中设置上、下两台轿厢,使用1个滚珠丝杠将二者结合。右丝杠切断了上轿厢的结合部,左丝杠切断了下轿厢的结合部,通过电机使滚珠丝杠旋转,上下轿厢之间的距离就会发生变化。

由钢丝绳悬挂的外部轿架有上、中、下3个横梁,这些梁与左、右垂直轿架连接。这些垂直的轿架结构为T字形,以减小其自重。安装在垂直轿架内侧的导轨对于轿厢运动起导向作用。每个轿厢外侧设有一个螺母与滚珠丝杠啮合,随着滚珠丝杠的转动使轿厢垂直移动。左、右侧的螺母固定在大梁上,可以使轿厢升高。4个应急制动器安装在上、下梁的底部左侧和右侧位置。

每个滚珠丝杠分为3个部件,即与上层轿厢连接的右侧丝杠、与下部轿厢相连的左侧丝

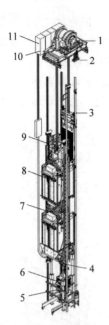

1—曳引机；2—调速器；3—导轨；4—安全装置；5—缓冲器；6—旋转部的保护和安全对策；7—各种开关的安全接点化；8—门锁装置；9—钢丝绳连接部品；10—主要电气部品；11—控制柜。

图 19-12　东芝楼层间可调节双层轿厢电梯的基本结构

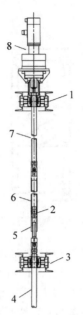

1—轴承装置（上面部分）；2—万向节；3—轴承装置（中间部分）；4—下层轿厢的滚珠丝杠（反向丝杠）；5—花键；6—中间连接管；7—上层轿厢的滚珠丝杠（正向丝杠）；8—伺服电动机。

图 19-13　东芝电梯螺杆式双轿厢滚珠丝杠详图

杠以及连接这两个部件的中间连接管。两个连接点将扭矩和轴向作用力分散，只传递转动力矩。正是由于这样的结构，上层轿厢的质量施加在外部轿架的上梁上，而下部轿厢的质量施加在中间梁上。所以，载荷被分散，外部轿架的承载得以减轻。只要不给滚珠丝施加不合理的作用力，则其可以达到设计的运行性能和使用寿命。

螺杆式双轿厢滚珠丝杠（见图 19-13）可以使双层轿厢在层间距离不等的楼层准确平层。两个滚珠丝杠安装在轿厢两侧，支撑着上、下轿厢。丝杠的螺纹方向相反，当丝杠转动时，上、下轿厢向相反方向移动，抵消轿厢自重。

在平层精度的调节方面，滚珠丝杠的转动决定了厢体的位置，只能通过控制伺服电动机的转速进行控制，而伺服电动机能够进行精确的控制。滚珠丝杠不同于钢丝绳，不会伸长。控制伺服电动机以便与预先所存储的轿厢平层距离相匹配，上、下轿厢便可以正确无误地定位。位置传感器安装在上、下轿厢的轿壁上，这些位置传感器不是用于伺服电动机的位置控制，而只是用于安全性的确认，即当轿厢平层在某个楼层，轿厢门打开时确定轿厢是否正在开门区域。

在乘坐舒适性方面，螺杆结构也有更优的体验，螺杆式间距调节过程更平稳，轿厢距离平稳匀速变化，平层位置精确。滚珠丝杠故障率低，保障日常平稳运行。

螺杆结构的另一个主要特性就是节能。此系统中的上、下两个轿厢通过转动方向相反的滚珠丝杠连接起来，并同时向相反方向移动，每个厢体互相充当平衡重，这样，驱动主机的动力只是用来驱动上、下两个轿厢的载荷差，只需要很小的动力。所以，此系统所需的动力约是单独驱动 1 个轿厢所需动力的 1/3，这就意味着驱动系统所需容量可以降低，能耗也会减少。

2）驱动调节结构特点

层间距驱动调节机构布置在轿厢最顶部

位置,主要用于驱动上轿厢,再通过中间机构,使双层轿厢实现上下调节的功能。固定在调节装置框架上的伺服电机经电机输出轮通过齿形带带动减速大皮带轮回转并进行一级减速,由于小带轮与大带轮是同轴固定,此时小带轮分别通过齿形带带动两侧的大皮带轮回转,此时是二级减速,两侧大皮带轮的回转带动丝杠旋转,由于安装座分别与外轿架上梁和上轿厢上梁固定,丝杠的回转运动转化成上轿厢的直线位移。两侧导柱的导向作用可保证整个装置在向上或向下的运动时与轿厢导轨中心线保持在同一平面上,从而在活动的连杆机构辅助下达到调节层间距的目的。电机的正传和反转使得上下轿厢之间距离增大或减小。

东芝电梯的带层间距调整功能的双层轿厢应用实例:在2016年7月启动的"东京花园露台"大楼项目,共设置有上下各乘用22人(44人乘用带层间距调整功能的双层轿厢电梯)的电梯,其结构模型如图19-12所示。

19.4.2 软件方面

1. 层间距有限可调的双层轿厢电梯

1) 与双层轿厢电梯配套的建筑设施

双层轿厢电梯在美国国家安全标准ANSI A17.1中有追加认证规定,而在日本双层轿厢电梯被归类为特殊构造电梯,根据《建筑基准法》第38条规定,必须要有特殊认定。目前在我国还没有相关的特殊规定。正因为双层轿厢电梯的一些特点,使之对建筑物有些特殊的要求。

(1) 一般情况下,要求电梯楼层高度及楼层人口均等化。

对于电梯服务的建筑物所有楼层高度有着比较高的要求,这是相对上下层轿厢的连接方式而言的。如果采用不可调整型双层轿厢电梯,也就是上下轿厢之间距离是不可调的,则意味着服务的楼层高度必须相等(或者只有很小的偏差),而可调整型双层轿厢电梯即上下两个轿厢之间距离(在一定范围内)通过特殊的结构和控制方式是可以调节的,此时电梯服务的楼层高度是不必相同的,但其调节范围

也是相当有限的。楼层人口的均等化是为了使双层轿厢电梯发挥最佳的运行效率。

(2) 基础层的候梯大厅之间要求有上下自动扶梯相连接(层间交通),如图19-14所示。

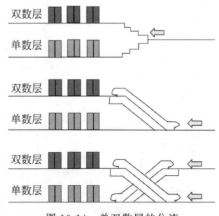

图 19-14 单双数层的分流

使用双层轿厢电梯时会出现乘客从奇数层到偶数层,或从偶数层到奇数层,必须走一层楼梯的情况。因此,必须以建筑物规划、大楼内部路线规划为基础,从乘客步行距离、移动方向、使用人数、使用人员特点等方面出发,采取便于乘客实施层间移动的方式。一般情况下,将楼梯设置在靠近电梯候梯厅的位置,尤其是交通流量大的楼层(观光层等),可考虑设置自动扶梯。反之,交通流量非常少的楼层,可以考虑设置为隔层,或者采用斜坡,或者设置办公室内部楼梯。也可考虑在平层中间位置设置电梯平层停靠位置等变通方法。

(3) 在建筑物的入口处必须张贴特殊的图表或指示,引导人们正确地选择候梯大厅以到达某奇/偶楼层。使用双层轿厢电梯时,对乘客进行奇数、偶数楼层的分流引导方式是很重要的。基站层的电梯候梯厅根据从外部进入大楼的路径不同而不同。另外,引导规划(标识规划)必须使标识醒目以提高辨识性,并同时考虑到乘客步行中的视野。如果乘客搞错出发楼层,这不仅会造成乘客多走一个楼层,而且也会引起上下轿厢乘客人数的不平衡,影响电梯的输送能力。

(4) 如果要求下层轿厢能够到达顶层,则要求有额外的井道高度,如图19-15所示,双层轿厢

电梯需要井道底坑深度更深,顶层高度更高。

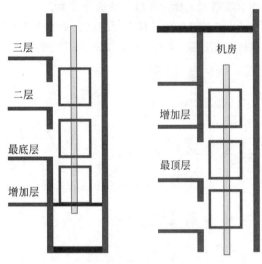

图 19-15 井道的额外要求

(5) 如果电梯并不服务于停车场和主大厅之间的楼层,则一个单独的残疾人电梯必须运行于这些楼层之间。另外,每一轿厢内应设置特殊的残疾人控制装置,从而满足坐轮椅的残疾人不受电梯奇/偶运行方式的限制,在任何情况下均可使用电梯直接到达目的地。

(6) 为了应付下行高峰时期到主大厅的大量人员,主大厅出口应设计得相对大些。

2) 运行方式的选择

电梯的群管理系统的主要功能是接受大楼候梯厅处的呼梯操作,计算接受服务的乘客的等待时间和乘坐时间等因素后决定合适的电梯应答分配,其优化重点是如何从配备轿厢的组合中找出合适的分配模式,然后实时进行可预测未来的楼层巡回调度。

选购时配合建筑运载需求,主要考虑甄选的几个项目是:呼梯所在楼层的巡回调度安排,按照轿厢的场合进行区分分配的方法,等待时间和乘坐时间缩短的程度。除此之外,还需要选择只有双层轿厢电梯所必需的高效运行管理系统来充分利用调配电梯。

软件方面的配置都是为了更灵活地服务于用户,使设备更人性化,更便捷地应用于不同场景,满足客户不同时段的个性化需求。双轿厢电梯在运转中,需要灵活多变的管理系统来分配调度两个轿厢,以最大限度节约能耗,提升运载效率。下面列举几种经高效的双轿厢电梯的运行方式模板。

首先对东芝双轿厢电梯运行方式进行介绍。

双层轿厢电梯分为三种可更换运转模式(如图 19-16 所示),以适应不同场合,不同时段的需求:

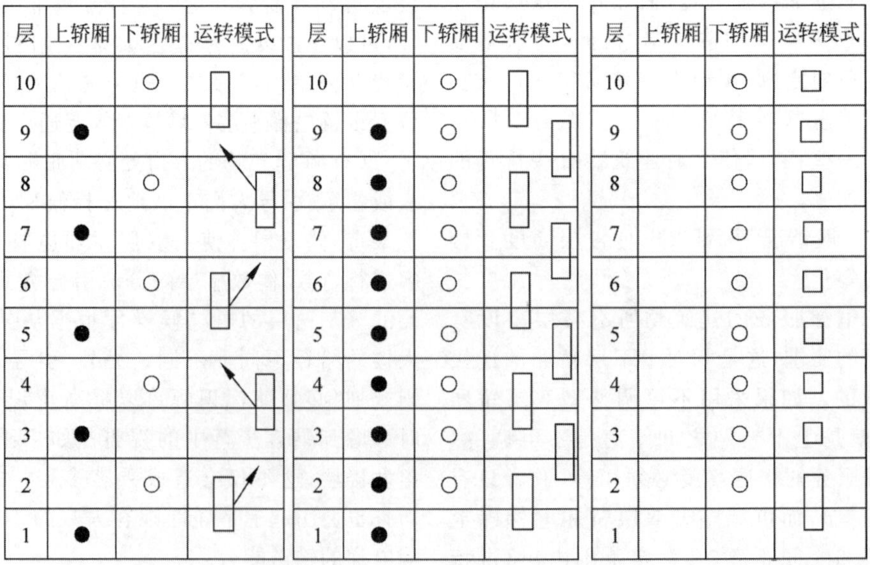

层	上轿厢	下轿厢	运转模式	层	上轿厢	下轿厢	运转模式	层	上轿厢	下轿厢	运转模式
10		○		10	○			10	○		□
9	●			9	●	○		9		○	□
8		○		8	●			8	●		□
7	●			7		○		7		○	□
6		○		6	●			6	●		□
5	●			5		○		5		○	□
4		○		4	●			4	●		□
3	●			3	●	○		3		○	□
2		○		2	●			2	●		□
1	●			1		○		1		○	□
(a)				(b)				(c)			

图 19-16 双层轿厢电梯运转模式
(a) 双重运转;(b) 半双重运转;(c) 单重运转

(1) 上轿厢仅为偶数层，下轿厢仅为奇数层的话，为隔层服务的"双重操作"。

(2) 没有偶数层和奇数层的制约服务的"半双重操作"。

(3) 仅使用一侧的轿厢（比如上轿厢）的"单重操作"。

三种运转模式的特征，见表19-3。

表19-3 双层轿厢电梯各运转模式的特征

运转模式	优势	劣势	适用的利用形态
双重运转	三种模式中运送能力最大	偶数层和奇数层不能直接移动	出勤时 用餐时 （重视输送能力）
半双重运转	没有偶数层和奇数层限制的服务	比双重运转的运送能力小	平常时（重视使用自由）
单重运转	不会受到其他轿厢的制约	三种模式中运送能力最低	闲散时 专用运输 VIP运转

使用该群管理控制方式后，经实验验证，预计高需求大楼的等待时间减少10%~15%，最长等待时间下性能最大提升约40%，并且高楼层大楼的等待时间减少10%~20%，最长等待时间下性能最大提升约45%。该轿厢分配控制系统包含未来呼梯预判，因此分配变更次数可得到大幅降低，在防止扎堆运行和提升特定楼层之间的服务等方面也期待取得很大成效。

另外，如奥的斯超级双层轿厢电梯设置三种运行操作模式：跳跃操作、限制操作和无限制操作。

(1) 跳跃操作模式：上轿厢停双层/下轿厢停单层。

(2) 限制操作模式：乘客在大堂乘梯时电梯上轿厢只停双层/下轿厢只停单层。对于由其他楼层乘梯的乘客无此限制。

(3) 无限制操作模式：进入电梯后乘客可以去任何可到达的楼层，没有限制。

3) 楼层间距记忆识别功能

层间距可调节电梯的开发初衷就是应对不同楼层间距的情况，在一栋楼里，往往楼层间距不断变化，双层轿厢电梯在运行中需要不断变换间距，才能做到同时停站。应用在电梯群控系统上的控制技术有：基于专家系统的控制算法，基于模糊逻辑的控制算法，神经网络控制算法，遗传算法，人工免疫算法，粒子群算法及蚁群算法等。实现不同层距建筑的楼层间距记忆，在运行时根据目的楼层及途经楼层层高，进行速度调节，调整两轿厢间距，实现完美的不同层距停站。

2. 群控技术

最新适用于双轿厢电梯的群控技术——目的层指派控制系统，成为选购热点，其预先统计目的楼层并汇总信息，再指派电梯的功能，大幅提高了运行效率。在iF国际设计论坛举办的国际设计奖——"2020年iF设计奖"评选活动中，东芝电梯株式会社凭借其设计产品"电梯目的楼层控制系统Floor NAVI"荣膺iF设计金奖。

东芝的获奖产品"Floor NAVI"是一款电梯目的楼层控制系统。在乘坐电梯前，乘客可通过候梯厅的目的楼层登录装置，预先登录自己的目的楼层；系统则会根据各目的楼层的登录情况，对乘客进行有效汇总，引导相同目的楼层的乘客搭乘同一部电梯。由于在候梯厅已经登录了目的楼层，乘客无须在电梯内再进行按钮操作。因此，该控制系统投入使用后，将有效减少电梯经停次数，尤其在乘客集中的上下班时段，更可缩短乘坐时间。目的楼层登录装置引入通用设计理念，采用了面向各类人群的易用性设计，轮椅使用者、老年人、弱视者等人士均可轻松使用。此外，该装置界面还采用了具有象征意义的环形图标，操作简单且外形美观，可匹配各种建筑风格，如图 19-17 所示。

图 19-17　目的层预约装置

19.5　安全使用

19.5.1　安全使用管理制度

双层轿厢电梯作为普通乘客电梯的特殊分支，仅由于井道内安装有双轿厢，在结构方面对应的配置与普通乘客电梯有所不同；在其安装使用阶段，各项标准都与普通乘客电梯相同。其安全使用管理制度也与普通乘客电梯相同，详见 3.5.1 节相关内容。

19.5.2　安装现场准备

双层轿厢电梯在现场安装过程中，基础标准与普通乘客电梯相同。在土建安装准备方面，由于是合约产品，在合约接洽过程中已经进行了勘测定制，具体土建内容作为客户保密信息，属公司内部资料，暂不对外提出。

19.5.3　维护和保养

与一般乘客电梯标准相同，详见 3.5.3 节相关内容。

19.5.4　常见故障及排除方法

双层轿厢电梯各方面检验维护标准都与普通乘客电梯相同，在安装使用阶段，常见故障及排除方法也与普通乘客电梯相同，详见 3.5.4 节相关内容。双层轿厢电梯一般属于合约定制产品，有特殊的技术和功能要求，其维护保养内容作为客户保密信息，属于企业内部资料，暂不对外提出。

19.6　相关标准和规范

1. 安全技术规范

《特种设备目录》(质检总局公告 2014 年第 114 号)；

《市场监管总局关于特种设备行政许可有关事项的公告》(市场监管总局公告 2019 年第 3 号)；

《电梯制造与安装安全规范　第 1 部分：乘客电梯和载货电梯》(GB/T 7588.1—2020)；

《电梯制造与安装安全规范　第 2 部分：电梯部件与安装安全规范》(GB/T 7588.2—2020)；

《电梯型式试验规则》(TSG T7007—2022)；

《电梯监督检验和定期检验规则》(TSG T7001—2023)；

《电梯技术条件》(GB/T 10058—2023)；

《电梯用钢丝绳》(GB/T 8903—2018)；

《电梯曳引机》(GB/T 24478—2009)；

《电梯安全要求　第 1 部分：电梯基本安全要求》(GB/T 24803.1—2009)；

《电梯安全要求　第 2 部分：满足电梯基本安全要求的安全参数》(GB/T 24803.2—2013)；

《电梯安全要求　第 3 部分：电梯、电梯部件和电梯功能符合性评价的前提条件》(GB/T 24803.3—2013)；

《电梯安全要求　第 4 部分：评价要求》(GB/T 24803.4—2013)；

《电梯能量回馈装置》(GB/T 32271—2015)；

《电梯主要部件报废技术条件》(GB/T 31921—2015)。

2. 安装验收规范

双层轿厢电梯安装验收规范基本内容同普通乘客电梯标准。在设施安装中，因其使用环境和性能特殊性，一般作为合约项目，根据用户需求定制安装验收标准具体要求在合约接洽中商讨确定，搭载技术和硬件设施都属于企业内部技术资料。

第20章

防 爆 电 梯

20.1 概述

20.1.1 定义与功能

防爆电梯是部分工矿企业内常见的工业电梯,可应用于爆炸性环境,电梯经过特殊设计、制造和安装,电梯上的任何部件都不会在正常运行时存在点燃环境中的可燃性物质。

防爆电梯应用的爆炸性环境中的可燃性物质,涵盖了气体和粉尘,由两者与空气混合形成的空间环境,分别称其为爆炸性气体环境和可燃性粉尘环境。爆炸性气体环境中的可燃性气体物质,除了物理意义上的气体,如氢气、乙烯外,还包括了蒸气和薄雾,即在空中处于悬浮状态的可燃性液体的微小液滴;可燃性粉尘环境中的可燃性固体物质,除了一般意义上的颗粒状粉尘外,还包括絮状和纤维状的可燃性固体。

防爆电梯即是由若干电气部件和非电气部件组成,并按规定条件设计、制造和安装而不会引起周围爆炸性环境燃烧或爆炸的电梯。虽然该爆炸性环境做了特定的限制,并不包括所有类型的爆炸,但该特定的范围已囊括绝大部分厂矿、仓储企业和某些特定场所对危险性环境的界定,故而防爆电梯的应用具有广泛的现实意义。

20.1.2 发展历程与沿革

防爆电梯的发展与防爆行业息息相关,国外最早开展防爆电梯设计生产的基本都是化工工业较为成熟的欧美国家。自改革开放以来,我国在引进国外整套化工装置的同时也引进了防爆电梯,这些电梯主要出产于美国、德国、意大利、日本、瑞士等国家,其中以意大利居多。

从国外引进的防爆电梯所应用的防爆技术参差不齐且差异较大,有整体防爆的,也有部分防爆的,其中对非电气设备均未考虑防爆措施,也没有相关技术标准。当时防爆电梯的防爆技术主要在电气上采取了防爆措施,强电部分采用隔爆型,控制部分采用本质安全型,无火花电气设备采用增安型,没有专门的防爆电梯技术标准和规范。

美国的防爆电梯最早用于肯尼迪航天发射中心,之后随化工装置曾进口我国数台。美国的防爆技术标准与欧洲 EN 标准和国际电工委员会 IEC 标准不一致,其防爆技术与我国的防爆技术也不同,美国的防爆电梯采用隔爆型的较多,也没有专门的防爆电梯的标准和技术规范。

我国的防爆电梯最早在上海石化安装使用,其发展经历了四个过程:在 20 世纪 70 年代是全隔爆型的半防爆电梯;80 年代为隔爆型和本质安全型防爆电梯;90 年代后期为采用本质安全、增安等复合型防爆技术的全防爆电梯,并可变频调速;21世纪初,又开始考虑非电气设备防爆技术,使得我国的防爆电梯在国际上具有领先的技术,并在起始阶段便有了企业的防爆电梯标准。上海市技术监督局制定了国内第一个防爆电梯检验规程,2004年国家电梯许可证就包含了防爆电梯制造安装许可规定,2011年制定了防爆电梯的国家检验规则。

我国在防爆电梯的设计和生产上晚于先进国家,但发展迅速。20世纪80年代初,主要的防爆电梯生产企业为上海特种电梯厂,时至今日东南电梯股份有限公司、上海德圣米高电梯有限公司、上海中奥房设电梯有限公司等电梯公司皆已具备成规模的防爆电梯生产能力。

我国在2008年年底便构想编制防爆电梯的国家标准,当时电梯标准化技术委员会向国家标准化管理委员会建议制定《防爆电梯制造与安装安全规范》国家标准。国家标准化管理委员会以国标委计划[2009]93号文件《关于下达2009年第二批制订国家标准计划的通知》批准了《防爆电梯制造与安装安全规范》国家标准计划项目。2010年3月,电梯标准化技术委员以[2010]09号文件《关于商请作为2009年第二批国家标准准制修订计划项目负责起草单位的函》商请东南电梯股份有限公司作为该项目的负责起草单位。

2010年4月7日在无锡成立了防爆电梯标准编制组,正式开始编制工作。其间针对编制工作开展了大量调研和实验工作。2010年年末,国家质量监督总局下达了"防爆电梯制造与安装安全标准研究"课题,课题组由上海市特种设备检测研究院、上海交通大学、东南电梯股份有限公司和上海德圣米高电梯有限公司组成。课题主要对防爆电梯非电气设备防爆中的曳引机制动器摩擦高温和安全钳在制停时势能转换为热能的摩擦高温进行了仿真模拟和实验,其研究成果对本防爆电梯标准的编制提供了非电气防爆方面的依据。

国家标准《防爆电梯制造与安装安全规范》核心编制工作历时2年多,后经意见征集、条款修改增删、专家论证,最终在2014年12月22日发布,标准号为GB/T 31094—2014。《防爆电梯制造与安装安全规范》(GB/T 31094—2014)是我国首个,也是世界首个专门针对防爆电梯的标准,在防爆电梯的发展历程中具有里程碑意义。

20.2 分类

1. 按驱动方式分类

按驱动方式,防爆电梯可分为曳引式、强制式和液压式。其中,曳引式为最主流的驱动方式,在三种驱动方式中占比超过90%。

2. 按爆炸性环境分类

按爆炸性环境,防爆电梯可分为爆炸性气体环境用防爆电梯、可燃性粉尘环境用防爆电梯、爆炸性气体/可燃性粉尘复合环境用防爆电梯。如果用设备类别符号表示,则上述防爆电梯可分别称为Ⅱ类、Ⅲ类和Ⅱ/Ⅲ类(复合型)防爆电梯。

3. 按危险场所区域分类

按危险场所区域,防爆性气体环境用防爆电梯可分为适用于1区和2区的防爆电梯,其中适用于1区的防爆电梯防爆性能高于适用于2区的。可燃性粉尘环境用防爆电梯也可分为适用于21区和22区的防爆电梯,适用于21区的防爆电梯防爆性能高于适用于22区的。如果是爆炸性气体/可燃性粉尘复合环境用防爆电梯,则两类环境的区域分类都适用且都需体现。

4. 按防爆设备类别分类

按防爆设备类别,爆炸性气体环境用防爆电梯可分为ⅡA、ⅡB和ⅡC类;可燃性粉尘环境用防爆电梯可分为ⅢA、ⅢB和ⅢC类;如果是爆炸性气体/可燃性粉尘复合环境用防爆电梯,则两种设备类别都适用且都需体现。防爆设备类别中"Ⅱ"和"Ⅲ"即分别指代爆炸性气体环境用设备和可燃性粉尘环境用设备,"A""B"和"C"为子类,故获知防爆电梯的设备类别即可获知其适用的爆炸性环境分类。

防爆电梯的设备类别在很多场合也称为

防爆电梯的级别,或直接称为防爆等级,因为ⅡA、ⅡB和ⅡC类防爆电梯的防爆性能依次增加,ⅢA、ⅢB和ⅢC类防爆电梯的防爆性能同样依次增加。

5. 按防爆设备温度组别分类

按防爆设备的温度组别,可分为T1、T2、T3和T4防爆电梯,其防爆性能依次增加。防爆电梯也可不通过温度组别符号,而直接使用最高表面温度数值表示,这种表示方式主要在可燃性粉尘环境用防爆电梯,即Ⅲ类防爆电梯中较为常见。

6. 按其他通用方式分类

3.2节中对于普通电梯分类同样适用于防爆电梯。

20.3 结构组成及工作原理

20.3.1 结构组成

防爆电梯的构成与普通电梯大同小异,区别在于所有电气部件都需要选用适用于防爆电梯的防爆电气部件,所有防爆电气部件适用的爆炸性环境、危险场所分区、防爆设备类别、温度组别不得低于防爆电梯整机。防爆电梯的非电气部件需要做点燃危险评定,评定结果为存在点燃源隐患的部件或部位,都需要采取防爆措施,消除潜在点燃源。防爆曳引机、防爆控制柜分别如图20-1、图20-2所示。

图20-1 防爆曳引机

防爆电梯在构成中与普通电梯的区别之处,还包括不需要配置轿厢防意外移动保护装置(UCMP)。

图20-2 防爆控制柜

20.3.2 工作原理

防爆电梯在工作原理和方式方面与普通电梯相同,所不同的是普通电梯使用的环境中没有可燃性物质,故不用考虑电气火花、机械火花、热表面、静电等对环境的影响,而防爆电梯则需要将上述具有点燃隐患的因素全部通过必要措施加以消除。为实现此目的,防爆电梯上所有的电气部件需要选用经过防爆检测机构试验认证,并核发防爆合格证的产品;但简单无源的本质安全类电气部件可以例外,如只含有触点的各类开关,仅需输入通过安全栅处理的电源即可具备本质安全防爆性能,无须额外试验和取证,当然安全栅需要获取防爆合格证。防爆电梯上的旋转编码器也广泛采用本质安全型,但编码器结构复杂,无法排除内部含有储能元件,故旋转编码器输入的虽是本质安全类电源,但本体仍然需要试验并取得防爆合格证。所以防爆电梯上的电气部件仅简单无源的本质安全型部件,由于其输入的电源已经过防爆处理,其他电气部件包括非简单无源的本质安全型部件,都需配置取得防爆合格证的部件,以保证其防爆性能。

由于现在防爆非电气部件的试验和取证暂未广泛开展,故防爆电梯上关于非电气部件方面需要通过点燃危险评定来控制。点燃危险评定是将防爆电梯上所有具有机械碰撞、机械摩擦、静电放电等点燃源的部件或部位辨识出来,逐一加以评估,如点燃源不具备点燃隐患,则无须采取格外防爆措施,否则需要施行防爆措施。

如前面在防爆原理中所述,并不是所有碰撞都具有危险性,点燃危险评定中会列入诸如门锁锁钩闭合这类碰撞,通过计算模拟其碰撞过程,得出碰撞的能量极其微小,并未达到危险的机械冲击能量阈值,则该碰撞不具有点燃危险,并不需要额外的防爆措施。电梯中最为常见的危险碰撞和摩擦发生在安全钳、限速器和夹绳器动作时,故此三个部件的碰撞和摩擦部位都需要做防爆处理。非电气防爆最广泛的防爆措施是使用无火花材料代替原碰撞或摩擦部件,金属制无火花材料主要为铜合金,尤以铍青铜最为常见。安全钳的钳块、限速器的压绳块和棘爪都可以使用无火花材料制造。铜合金无火花材料的缺点是硬度不高,所以在吨位较大的防爆电梯上,安全钳的钳块也可采用在淬火钢表面镀硬质无火花材料(见图20-3)。

图20-3 使用无火花材质钳块的防爆安全钳

而夹绳器的摩擦片则普遍采用非金属材料制造,从而避免动作时产生机械火花。安全钳、限速器和夹绳器皆为安全部件,现在这个部件在型式试验时即对其防爆措施进行了评测,在核发的型式试验报告中能够体现此部件为防爆型和所实施的防爆措施。

防爆电梯上有些部件虽然在电梯正常运行时,不会产生碰撞和摩擦,但在可预见的异常情况下会产生碰撞和摩擦,且碰撞和摩擦具有相当的能量,此类部件或部位仍需施行防爆措施。这种可预见的异常情况被称为"预期故障"。如绳轮挡绳杆,当电梯正常运行时,钢丝绳并不摩擦挡绳杆,但挡绳钢的作用即是防止钢丝绳脱离轮槽,挡绳杆通过与钢丝绳接触摩擦而防止钢丝绳脱槽。因此钢丝绳与挡绳杆摩擦可视为预期故障,挡绳杆的材质应为无火花材料。

《防爆电梯制造与安装安全规范》(GB/T 31094—2014)附录A中将电气部件也引入了点燃危险评定的概念,并指出了评定的方法。在非电气部件点燃危险评定中,附录A中涉及了机械火花、热表面和静电三大点燃源,将防爆电梯上潜在具有该三大点燃源的大部分因素囊括在评定表中,并将点燃源出现的概率划分为正常运行、预期故障、罕见故障和可忽略。对于正常运行和预期故障时出现点燃源的部件和部位,需重点施加防爆措施,消除点燃源的产生;对于罕见故障下出现点燃源的部件和部位,既可施加防爆措施,也可通过日常维护和强化电梯使用制度来消除和减少点燃源的产生;对于可忽略的点燃源,则表示该机械作用不会产生有效点燃源,或能量释放有限,温升微弱,不具有危险性,因此不必采取防爆措施。

因而,防爆电梯防爆功能实现的最本质的原理是消除电梯上所有具有点燃危险的因素,使其能在爆炸性环境中安全使用,而不会引起燃烧或爆炸。

20.4 性能及技术参数

防爆电梯的尺寸和载质量规格与普通电梯无异,其规格和主要性能指标主要体现在防爆方面。在爆炸性气体环境中,防爆电梯可使用在危险场所1区和2区,防爆设备类别ⅡA、ⅡB和ⅡC皆可提供;在可燃性粉尘环境中,防爆电梯可使用在危险场所21区和22区,防爆设备类别ⅢA、ⅢB和ⅢC同样都可提供。以现有防爆技术,防爆电梯的温度组别可达到T4,即最高表面温度不超过135℃。

以东南电梯股份有限公司的曳引式防爆电梯为例,典型防爆电梯的性能和技术参数见表20-1。

表 20-1 防爆电梯性能及技术参数

型号	载质量/kg	速度/(m·s^{-1})	防爆等级	调速方式	工作环境	防爆型式
THJB1000/1.0	1000	1.0	ⅡB ⅡC ⅢC ⅡB/ⅢC ⅡC/ⅢC	交流变频调速	防爆性气体环境 可燃性粉尘环境 气体/粉尘复合环境	隔爆、增安、本质安全、油浸型等复合型
THJB2000/1.0	2000	1.0	ⅡB ⅡC ⅢC ⅡB/ⅢC ⅡC/ⅢC	交流变频调速	防爆性气体环境 可燃性粉尘环境 气体/粉尘复合环境	隔爆、增安、本质安全、油浸型等复合型
THJB3000/1.0	3000	1.0	ⅡB ⅡC ⅢC ⅡB/ⅢC ⅡC/ⅢC	交流变频调速	防爆性气体环境 可燃性粉尘环境 气体/粉尘复合环境	隔爆、增安、本质安全、油浸型等复合型
THJB4000/1.0	4000	0.5	ⅡB ⅡC ⅢC ⅡB/ⅢC ⅡC/ⅢC	交流变频调速	防爆性气体环境 可燃性粉尘环境 气体/粉尘复合环境	隔爆、增安、本质安全、油浸型等复合型
THJB5000/1.0	5000	0.5	ⅡB ⅡC ⅢC ⅡB/ⅢC ⅡC/ⅢC	交流变频调速	防爆性气体环境 可燃性粉尘环境 气体/粉尘复合环境	隔爆、增安、本质安全、油浸型等复合型

20.5 选用原则

防爆电梯在载质量、速度、驱动方式等方面的选用原则与普通电梯无异,详见 3.4 节相关内容。防爆电梯在环境适用性方面的选用原则需严格遵守,但防爆电梯的额定速度不能超过 1 m/s。

选用防爆电梯的防爆设备类别应与爆炸性环境相对应,爆炸性气体环境应选用Ⅱ类防爆电梯,可燃性粉尘环境应选用Ⅲ类防爆电梯,如果上述两种环境都可能存在,则应选用Ⅱ/Ⅲ类复合防爆电梯,当然Ⅱ/Ⅲ类复合防爆电梯也可应用于单独的爆炸性气体环境或单独的可燃性粉尘环境,而Ⅱ类或Ⅲ类非复合防爆电梯则不能应用于复合爆炸性环境。

防爆电梯在同类爆炸性环境中,需根据不同的可燃型物质选择相应的子类:在爆炸性气体环境中,按防爆要求(防爆等级)由低及高可选用ⅡA、ⅡB 和ⅡC 类防爆电梯;在可燃性粉尘环境中,按防爆要求(防爆等级)由低及高可选用ⅢA、ⅢB 和ⅢC 类防爆电梯。高级别的防爆设备类别可覆盖低级别的防爆设备类别而升级使用;反之,降级使用则不被允许。

防爆电梯的温度组别也需与环境中可燃性物质的点燃温度相适应,且同样高等级的温度组别可覆盖低等级的温度组别,反之不可。但现在绝大多数防爆电梯都为 T4 组,故在温度组别上通常为唯一选择,如果环境需要防爆电梯的温度组别高于T4组,则暂不能安装使用防爆电梯。

防爆电梯在危险场所区域中,对于爆炸性气体环境,可应用于1区和2区,其中1区等级高于2区,基于1区设计的防爆电梯可应用于2区,反之则不可;对于可燃性粉尘环境,可应用于21区和22区,其中21区等级高于22区,基于21区设计的防爆电梯可应用于22区,反之则不可。如果危险场所为0区或20区,则暂不能安装使用防爆电梯。

20.6 安全使用

20.6.1 安全使用管理制度

防爆电梯的基本使用要求与普通电梯相同,可参见3.5.1节。由于防爆电梯坐落于爆炸性环境中,防爆电梯仅确保电梯本体在使用过程中不会引起周围爆炸性环境的燃烧和爆炸,但无法消除在电梯使用过程中来自电梯之外的点燃源,如装卸货时剧烈撞击产生点燃源,或运送货物本身具有点燃危险。故使用电梯时仍需遵守爆炸性环境中通用的操作和行为准则。

20.6.2 安装现场准备

防爆电梯安装现场的准备基本内容与普通电梯相同,可参见3.5.2节。但防爆电梯的使用场所、构成电梯的防爆部件与普通电梯具有差异。防爆电梯使用于爆炸性环境,在安装前应先确认现场环境并非爆炸性环境。电梯安装过程中常需进行焊接,电气部件安装时也常需开启接线盒接线,这些作业都不能在爆炸性环境中进行。故在防爆电梯安装前,确认现场环境非常重要,在某些厂区,安装单位进行电梯安装作业前,还需向安装区域负责人先申请动火许可证。

对于爆炸性气体的密度大于空气密度的情况,安装前应确认底坑是否采取了防止气体积聚的措施,否则易于在底坑部位出现局部0区的现象。

防爆电梯上的电气部件皆为防爆型或已采取了防爆措施,形体较普通型更大,故在安装前应先检查电梯部件的安装空间是否足够。尤其是机房空间,防爆电梯的防爆曳引机和防爆控制柜较为庞大,还有独立的防爆电阻箱,故应先确保这些部件在机房内都能妥善放置,并具有足够的散热和检修空间。

机房内如已配置用户配电箱,应先检查配电箱的铭牌信息,确保该配电箱的防爆性能与该区域的爆炸性环境、防爆等级、温度组别、危险区域相适应。如安装时使用临时用电,则最晚在验收前应对上述信息进行检查。

20.6.3 安装

防爆电梯的安装除了需满足普通电梯安装的一般要求,还需满足防爆设备安装的要求,尤其是防爆电气部件安装和电缆敷设。

除本质安全安全部件外,进出其他防爆部件的电缆应通过防爆电缆引入装置,电缆引入装置应牢固固定电缆,固定后手持电缆应不能拉动。冗余的电缆引入口应用专用堵头封堵,严禁不加处理,开口敞开,否则防爆性能将不复存在。电缆引入装置内只能穿过孔径适用的电缆,且电缆穿过引入装置时应保持护套完整。

机房内电气部件之间的电缆应穿行于金属电缆槽内,槽内电缆的总横截面积应小于电缆槽截面积的40%。电缆出电缆槽进入设备段应用金属挠性管防护。本质安全电缆和非本质安全电缆不应共用同一电缆槽,除非在电缆槽内做隔离。井道内电缆并排铺设于电缆架上,电缆间不应相互堆叠,电缆行走应符合正交原则。本质安全电缆和非本质安全电缆不应共同捆扎,应有隔板分开或相距50 mm以上。接线盒内部如同时含有本质安全电缆接线和非本质安全电缆接线,本质安全和非本质安全接线端子之间需有隔板隔开或相距50 mm以上。箱内本质安全和非本质安全电线应分开行走,以免相互干扰。连接本质安全部件应使用蓝色本质安全电缆,不能用其他电缆代替，否则防爆性能将不复存在。

防爆电梯上的隔爆型部件主要为电机、制动器、控制柜隔爆箱、门机变频器箱等。隔爆型电气部件壳体锁合螺栓应全部按对角线顺序锁紧，螺栓锁死后壳体应密封紧密，否则防爆性能将不能保证。隔爆型电气设备的外壳在检修过程中不应打开，在万不得已的情况下，需等待断电 15 min 之后才能打开。

防爆电梯上的增安型设备主要为各型防爆部件的接线箱和接线盒，或单独的接线箱和接线盒。增安型设备壳体锁合螺栓应全部按对角线顺序锁紧。控制柜在进行强电线路安装时仅需打开增安箱接线，不必打开隔爆箱。检修时断电后方可打开增安箱盖检修端子和电缆。

20.6.4 维护和保养

防爆电梯的维护和保养除了需满足普通电梯日常维护保养的要求外，还需维护保养人员对防爆部件有足够的理论知识和维护技能。维护保养人员可对防爆部件进行维护，但损坏或有故障的防爆部件需由防爆电梯厂家进行修理或更换，或在厂家专业人员的指导下进行。

维护保养人员必须经过电梯专业技术培训和电气防爆安全培训，并至少有一名达到中级及以上的技工带班工作。维护保养人员宜每周对电梯的主要安全设施和电气控制部分进行一次检查保养，并进行必要的除尘、清洁和润滑调整工作。每三个月对其重要的机械和电气设备进行细致的检查、调整和维修保养。每年检查一次电气设备的金属外壳接地装置和电气设备的绝缘电阻。防爆电梯每两年应进行全面检查，检查应委托电梯厂家进行。

打开隔爆型电气设备外壳时，必须断开机房总电源。应保持减速箱内润滑性能良好，否则应及时进行调换。应经常检查油面高度，使其保持在油标规定范围内。一般情况下，应每年更换一次润滑油，减速箱内油温应不超过 85℃。曳引轮或滑轮滚动轴承应每月挤加一次润滑脂，在正常工作条件运转时，机件和轴承的温度应不高于 80℃。滚动轴承产生不均匀噪声或撞击声时应及时予以调换。

安全钳拉条转动处每两个月涂一次润滑油。拉条动作时安全钳开关必须能断开控制电路。安全钳装置应能夹紧导轨而使装有额定载质量的轿厢制停并保持静止状态。安全钳楔块与导轨工作面间隙应为 2~3 mm，双楔块式的两侧间隙应相同。安全钳钳块如采用表面热镀无火花摩擦材料镀层的工艺，安全钳动作达到规定次数后必须更换新的无火花钳块，否则无火花材料镀层会磨除而失去防爆作用。

20.6.5 常见故障及排除方法

表 20-2 列举的常见故障及排除方法基于东南电梯股份有限公司产的防爆电梯，控制器为日本三菱 PLC，调速器为默纳克变频器。

表 20-2 防爆电梯常见故障及排除方法

序号	故障代码或现象	故障原因	处理建议	复位方式
1	X20 不亮	1. 安全回路断开； 2. 相序不正常	1. 检查各安全开关是否正常； 2. 检查电源相位	—
2	X11 不亮	1. 门锁回路断开； 2. 安全回路断开	1. 检查各门锁； 2. 检查各安全开关	—
3	X27 不亮	接触器触点粘连	1. 检查 KMY、KMB 接触器是否完好； 2. X27 是否断线	—

续表

序号	故障代码或现象	故障原因	处理建议	复位方式
4	X31 不亮,代码"u"	变频器故障	1. 检查变频器; 2. X31 是否断线	断电复位或按"STOP"键,变频器故障复位
5	运行后 X2 不亮,代码"L"	1. 运行时抱闸回路不吸合; 2. 抱闸开关损坏	1. 检查接线; 2. 更换抱闸开关	需断电复位
6	X32、X34 断开后,X11 仍亮,代码"o"	门锁短接	检查门锁接线和开关门限位开关是否正常	需断电复位
7	运行过程中停车	安全门锁断开	检查安全回路和门锁回路	需断电复位或检修复位
8	运行时间保护,代码"c"	1. 曳引轮打滑、轿厢不运行、速度过慢等; 2. 楼层信息丢失	1. 检查电机及各机械部件; 2. 检查井道磁开关	需断电复位
9	无开闸反馈信号,代码"г"	开始运行后,变频器无开闸反馈给控制器,X30 不亮	检查变频器设置;变频器接线、反馈线是否完好	需断电复位
10	X11 亮,同时 X33、X35 也亮,或关不了门	关门故障	1. 关门超时或不到位; 2. 关门到位开关故障	—
11	门开着,不自动关门	开门故障	1. 开门超时或不到位; 2. 开门到位开关故障	—
12	不运行时 X30 常亮,代码"F"	变频器抱闸反馈粘连	检查变频器	需断电复位

20.7 相关标准和规范

1. 安全技术规范

防爆电梯的制造主要执行标准如下:

《电梯制造与安装安全规范 第 1 部分:乘客电梯和载货电梯》(GB/T 7588.1—2020);

《电梯制造与安装安全规范 第 2 部分:电梯部件的设计原则、计算和检验》(GB/T 7588.2—2020);

《防爆电梯制造与安装安全规范》(GB/T 31094—2014);

《爆炸性环境 第 1 部分:设备 通用要求》(GB/T 3836.1—2021);

《爆炸性环境 第 2 部分:由隔爆外壳"d"保护的设备》(GB/T 3836.2—2021);

《爆炸性环境 第 3 部分:由增安型"e"保护的设备》(GB/T 3836.3—2021);

《爆炸性环境 第 4 部分:由本质安全型"i"保护的设备》(GB/T 3836.4—2021);

《爆炸性环境 第 5 部分:由正压外壳"p"保护的设备》(GB/T 3836.5—2021);

《爆炸性环境 第 6 部分:由液浸型"o"保护的设备》(GB/T 3836.6—2017);

《爆炸性环境 第 7 部分:由充砂型"q"保护的设备》(GB/T 3836.7—2017);

《爆炸性环境 第 8 部分:由"n"型保护的设备》(GB/T 3836.8—2021);

《爆炸性环境 第 9 部分:由浇封型"m"保护的设备》(GB/T 3836.9—2021);

《爆炸性环境 第14部分：场所分类 爆炸性气体环境》(GB 3836.14—2014)；

《爆炸性环境 第15部分：电气装置的设计、选型和安装》(GB/T 3836.15—2017)；

《爆炸性环境 第28部分：爆炸性环境用非电气设备 基本方法和要求》(GB/T 3836.28—2021)；

《爆炸性环境 第29部分：爆炸性环境用非电气设备 结构安全型"c"、控制点燃源型"b"、液浸型"k"》(GB/T 3836.29—2021)。

2．安装验收规范

防爆电梯的安装验收主要执行标准如下：

《电梯监督检验和定期检验规则》(TSG T7001—2023)；

《电梯制造与安装安全规范 第1部分：乘客电梯和载货电梯》(GB/T 7588.1—2020)；

《电梯工程施工质量验收规范》(GB 50310—2002)；

《电梯安装验收规范》(GB/T 10060—2023)。

第21章

船 用 电 梯

21.1 概述

21.1.1 定义与功能

在船舶上使用的电梯称之为船用电梯。船用电梯可应用于船上的很多场合,成为载人承物的辅助设备。与船用电梯相对,在陆地上安装和使用的电梯可称为"陆用电梯",以便于与船用电梯做比较和描述。船用电梯的主要功能和主体结构与陆用电梯有很大的相似性,只是考虑到船上特殊的环境需做特定的处理。船舶是一个较为不稳定的基体,船体随着海浪会左右前后摇摆,也会上下起伏,船体又处于恶劣的大气环境条件下,空气中普遍湿度较大,若为海船则存在更加恶劣的盐雾环境。所以,船用电梯的稳定性、安全性和环境适应性要求需高于陆用电梯。

船用电梯的特殊性主要来源于它的使用环境,船上环境与陆上建筑环境最大的不同是船舶在水面上是一个动态平衡的基体,并不固定,会因波浪或其他受力而摇摆起伏。船舶典型的船体运动主要有横摇、纵摇、艏摇、纵荡、横荡和垂荡,其中横摇、纵摇和垂荡对船舶设备的影响较大。而在陆地建筑物内或框架结构内,只有在地震等罕见的情况下电梯的基体才会发生震动或移动。

正常情况下电梯的很多部件能通过重力或垂直的拉力提供附加的固定作用,使其在垂直方向无相对移动,从而使固定设备的紧固件处于单向力的作用下,不容易发生松动。承载陆用电梯的建筑在水平方向无移动,故在横向方向的部件加固难度低于船用电梯。船用电梯由于时常处于周期性摇摆的环境中,部件的受力方向也会相应发生周期性变动,使得材料更易产生应力疲劳。电梯各组件之间很多通过紧固件或焊接的方式连接或固定,紧固件和焊点通常成为薄弱环节。紧固件在循环应力下除了本身易发生应力疲劳外,螺纹还会松动,失去应有的紧固力。不良的焊接或焊接范围不够,在循环应力的作用下也易造成失效。

船舶中的大气环境与常规陆地建筑物内的区别主要为船舶建筑内通常湿度很高,相对湿度一般都在 RH95% 以上,如此高的湿度很容易在电梯结构表面产生凝露。材料表面滞留水膜能产生诸多不利的因素,钢铁材料会产生腐蚀效应,即便钢铁表面覆盖漆膜,水的长期作用也能对透水性不佳的涂层造成渗透或溶胀。溶胀也常发生在耐水性较差的塑料部件和固化的胶黏剂上,造成塑料部件强度或防护能力降低和胶黏剂失去粘附力而使所胶粘的部件脱离。如果是远洋船舶,空气中的水分还存在浓度不可忽略的 Na^+、K^+、Ca^{2+}、Mg^{2+}、Sr^{2+} 等阳离子和 Cl^-、SO_4^{2-}、Br^-、HCO_3^-、CO_3^{2-}、F^- 等阴离子,即通常所说的盐雾。其中

Cl^-、Br^-和F^-等卤素离子,尤其是Cl^-具有很强的穿透能力,并能损害金属表面的氧化膜,使氧化物中的金属元素成为离子而溶解。

远洋船舶在海上航行,不很长的时间内便会发生纬度的变化,从而使船用电梯使用环境的温度变化幅度较大。一般而言船用乘客电梯应能在$-10\sim50$ ℃的温度范围内正常工作,而对于载货电梯则应能在$-25\sim50$ ℃下工作,而陆用电梯一般的工作温度为$5\sim40$ ℃。低温使很多材料,包括漆膜的力学性能降低,润滑油脂的物理性能也发生改变从而失去原有的功能;高温则对电气设备的散热不利,同时对环境温度较为敏感的有机高分子材料也产生影响,很多塑料和漆膜会软化甚至分解而失去原有的性能。

船舶由船级社定级,并对其和船舶设备进行检验,船用电梯同样纳入船级社检验的船用设备之列。船级社具有单独的船用电梯设计规范,或涵盖在船用升降设备或起重设备中。中国船级社即将电梯设备归入《船舶与海上设施起重设备规范》中。所以和陆用电梯不同,最终船用电梯是由船级社的验船师进行检验,并不是由特种设备检测研究院的电梯检验员进行检验。世界主要船级社见表 21-1。

表 21-1 世界主要船级社

英 文 名 称	中 文 名 称	简 称
American Bureau of Shipping	美国船级社	ABS
Bureau Veritas	法国船级社	BV
China Classification Society	中国船级社	CCS
Det Norske Veritas	挪威船级社	DNV
Ger manischer Lloyd	德国船级社	GL
Korean Register of Shipping	韩国船级社	KR
Lloyd's Register of Shipping	劳埃德船级社	LR
Nippon Kaiji Kyokai	日本船级社	NK
Registro Italiano Navale	意大利船级社	RINA
Polish Register of Shipping	波兰船舶登记局	PRS
Russian Maritime Register of Shipping	俄罗斯船舶登记局	RS
India Register of Shipping	印度船级社	IRS
Croatian Register of Shipping	克罗地亚船舶登记局	CRS
Hellenic Register of Shipping	希腊船级社	HRS
The Australian Maritime Safety Authority	澳大利亚船舶登记局	AMSA
PT. Biro Klasifikasi Indonesia	印度尼西亚船级社	BKI
Bulgaria Register of Shipping	保加利亚船舶登记局	BR 或 BKR
Egyptian Register of Shipping	埃及船舶登记局	ERS
Ukrainian Register of Shipping	乌克兰船级社	URS 或 RU
Yugoslav Register of Shipping Bureau	南斯拉夫船舶登记局	JR
Czech Register of Shipping Bureau	捷克船舶登记局	CSLR
Romanian Register of Shipping Bureau	罗马尼亚船舶登记局	RN
Serbian Register of Shipping	塞尔维亚船级社	SRS
The Philippine Register of Shipping, Inc.	菲律宾船级社	PRS
Vietnam Register	越南船级社	VR

21.1.2 发展历程与沿革

陆用电梯的应用可以追溯至21世纪初,大量陆用电梯的成功使用使得人们萌生出将电梯安装于船舶的设想并取得了成功。对于小型船只,船上建筑普遍低矮,对于载人而言并非必要设备,而承载货物则可通过吊钩起重设备或简易的升降设备完成,无须通过具有封闭轿厢的电梯来实现。对于中型和大型船舶,船上垂直空间普遍较大,货物或人员在封闭的船体内常会在较大的范围内移动,如不应用相关辅助设备,则会造成船上生活工作不便和作业效率低下,如此便使电梯在船舶上的作用愈加不可忽视。

我国在船舶建造上成绩斐然,无论是造船数量还是造船吨位都处于世界前列。船用电梯的兴起和发展,与国家造船业的发展息息相关,在船用电梯制造方面具有规模和品牌的国家,诸如德国、韩国和日本都是造船强国或造船大国。

早在20世纪80年代,我国也尝试在船舶上使用电梯,不过仅用于承载货物或厨房中的食物,当时的载货电梯普遍采用双速电机驱动,速度不超过0.63 m/s。而在船舶上使用我国自行设计生产的乘客电梯则几乎是近10年间的事情。船用电梯作为重要的船舶辅助设备将大量服务于各种大中型船舶上,所以设计制造安全稳定、性能优异的船用电梯便具有重要的现实意义。前期主要是船舶设计制造公司下属的电梯或升降设备公司生产经营船用电梯,在本厂设计生产的船舶上使用。随着我国造船业的兴盛,船用电梯的市场规模逐渐扩大,众多造船厂已开始选用国内生产的船用电梯,用以代替价格昂贵的进口船用电梯。现在国内具有规模的船用电梯生产厂家已有数家,并形成了自己的品牌,诸如东南电梯、辽海电梯、德圣米高电梯等,皆有技术成熟的船用电梯出品。

21.2 分类

1. 按通用方式分类

船用电梯在驱动方式、拖动及调速方式、控制方式、曳引悬挂介质方式、额定速度、整梯结构上的分类与陆用电梯相同,见3.2节相关内容。在用途上的分类则相比陆用电梯多了一种,称为船员电梯。船舶上也会安装和使用自动扶梯,但数量很小,未形成规模。

船舶上的建筑环境与陆上建筑不同,为有效利用空间,安装电梯的围井(在船舶上电梯井道称为围井)、机房或底坑常十分狭小,甚至无可观的机房空间或机房可能会处在紧邻围井的任意位置。故船用电梯上无机房和侧置机房电梯的比例相比陆用电梯高很多。

2. 按用途分类

按用途,船用电梯可分为船用载货电梯、船用乘客电梯、船用杂物电梯和船员电梯。除船员电梯外,其他用途船用电梯的功能与陆用电梯相同。船员电梯是专门供船员使用的电梯,从广义上讲,船员电梯也是一种乘客电梯,但乘坐人员是受训的船员,当发生紧急情况下,船员若受困电梯中,存在无救援人员施救的情况,需要解困逃离,故船员电梯具有被困人员自救的功能。

3. 按船舶种类分类

船舶按用途、军用民用、航行区域和动力装置等可分别分为若干种类,但影响船用电梯设计的主要为按航行区域划分的船舶种类。按航行区域,船舶可分为内河船、沿海船、近洋船和远洋船。故按船舶的航行区域,船用电梯可分为内河船用电梯、沿海船用电梯、近洋船用电梯和远洋船用电梯,其中较为常见的是内河船用电梯和远洋船用电梯。但很多情况下,沿海船用电梯和近洋船用电梯直接用远洋船用电梯覆盖,或者直接按远洋船用电梯设计。

21.3 结构组成和工作原理

21.3.1 结构组成

1. 驱动部件

电梯的驱动部件主要为电机和液压泵站。由于船舶特殊的使用环境,船用电梯的驱动电机需适应船用环境,除满足一般电机的基本要求外,还需通过盐雾试验、高低温试验、长霉试验和整机倾摇试验,以确保电机能在船上正常运行。船用电机使用 IP 防护外壳限制外界的潮湿空气进入,且内部组件同样使用防腐蚀涂层、金属镀层等措施加以保护。船上局促的空间给体形较小的永磁同步电机提供了应用优势,尤其在使用于无机房电梯方面,其优点除了体积小之外,还有转速低、振动和噪声小和节能等。对于船用永磁同步电机,对机壳内永磁体的防腐处理是不可缺失的一环。

对于具有减速箱的曳引机,减速箱内的润滑油对曳引机提高效率、降低噪声和延长齿轮组使用寿命具有重要作用,故润滑油必须能在船上的温度范围内保持良好性能。润滑油同时能起到传递齿轮组热量的功能,能使曳引机在正常工作中保持减速箱的温度不超过 85 ℃。有齿轮曳引机和无齿轮曳引机如图 21-1、图 21-2 所示。

液压泵站除电机应满足船用要求外,液压油也应能适应船上的环境,在电梯设计的温度范围内,液压油应能保持性能不变。

2. 电梯结构部件

电梯的钢结构为主要承力部件,使电梯限制在固定的区域内,并作为骨架使电梯保持形状。结构部件主要功能的实现来自构架的强度。

假设船体为一固定的基体,电梯钢结构应满足其能经受所承载部件产生的最大载荷,并具有一定的安全余量。如果是上置机房的围井,船体结构很大程度上承担了轿厢自重和承载物的载荷。但在钢丝绳破断的极端情况下,由于安全钳的作用使导轨承受轿厢载荷,故平时作为限制轿厢运动轨迹的导轨和导轨支架应能承受该类极端情况下轿厢和承载物的冲击动载荷。如果直接与轿厢相连的绳头或绳轮安装于另外搭建的电梯构架上,则该构架应能承受轿厢运动带来的频繁动载荷。导轨除给电梯导向外,还经常受到轿厢偏载带来的力的作用。这些偏载常来自轿厢悬挂或支撑时偏离重心和轿厢内承载物分布不均匀。

对于船舶而言,很多情况下都不能成为固定的电梯基体,甚至倾斜角达到 30°,故导轨和支架应能承受较大的轿厢偏载。轿厢偏载以压力的形式作用于导轨表面,从而在导轨上产生弯矩,故船用电梯的导轨和支架需具有更高的强度和抗变形能力,使其不致出现较大的导轨间距变化甚至导轨发生屈服和断裂。加厚导轨并且减小与围井壁的距离能强化导轨结构,使导轨支架不易发生形变,也可在导轨支架中加入桁架结构加固支架体系。减小导轨固定件的间距能降低轿厢偏载对导轨的弯矩力臂,从而减小弯矩,故船用电梯的导轨固定间距需根据轿厢的极端偏载压力和导轨强度做计算。

轿架直接支承轿厢,且安全钳等部件也安装于其上,正常情况下轿架通过顶梁悬挂或下梁直顶与驱动传递部件连接,从而接受动力载荷。若发生安全钳动作,则立梁将部分或全部接受载荷。轿架同样在船体倾斜时受到轿厢

图 21-1 侧置机房内的有齿轮曳引机

图 21-2 围井上部布置的无齿轮曳引机

偏载，但厚实且跨度不大的梁体结构比有较长距离的导轨和支架具有更好的稳定性。轿架在船体垂荡时或轿厢加速上升时会频繁受到冲击力作用，设计时需加以考虑。

结构部件一般采用螺栓连接、铆接或焊接的方式连接组合，船体运动和围井形变使得结构部件的连接强度要求需高于陆用电梯。船体航行时的振动和船体运动造成的周期性循环应力使得连接部位很容易松动和发生应力疲劳，故螺栓连接需有防松动措施，焊接工艺应符合船舶材料和焊接工艺要求。

3. 悬挂或顶升系统

大部分船用电梯采用钢丝绳和液压柱塞传递驱动力。若使用钢丝绳悬挂，对于可载人的电梯至少需3根钢丝绳独立悬挂，其安全系数不低于16；载货电梯则可用2根以上钢丝绳独立悬挂，安全系数不低于12。足够的安全系数给予钢丝绳安全抵抗冲击载荷的能力，而独立悬挂则保证了即使一根钢丝绳发生断裂，轿厢也不至于立即下坠并启动限速器动作，而是通过发出紧急信号，疏散人员或物品，轿厢则停靠安全层站待检修人员做处理。

曳引机驱动的钢丝绳悬挂系统需考虑船体在垂荡时对钢丝绳曳引力的影响。最极端的情况是轿厢下行时遇到船体下降，下降的加速度减小了钢丝绳与绳槽的静摩擦力，从而削弱了曳引力，有暂时性打滑的隐患，故将船体垂荡效应引入曳引力计算更能符合船用电梯的使用情况。

船用电梯的液压柱塞同样应考虑船舶摇摆和垂荡对柱塞受力的影响。选用较高强度的柱塞并尽量在轿厢重心的垂线位置布置支撑点，能提高驱动系统的平衡性和稳定性并减小柱塞弯矩。同样的考虑也适用于齿轮齿条、链轮链条或螺杆驱动方式。

船上的盐雾对悬挂和顶升系统有腐蚀侵害。无论是钢丝绳、柱塞还是其他驱动传递部件，运动时都存在摩擦甚至形变，故很多防腐蚀措施都不可能长久有效。钢丝绳防腐蚀主要依赖于防锈油，不仅能通过油膜隔离盐雾，还能提供适当的润滑作用。钢丝绳油脂需用专用油脂，并适用于船上的温度条件。过高的盐雾浓度使得薄薄的油脂层很容易浸透并受污染，所以钢丝绳表面需常做检查维护，及时补油。曳引用钢带在并排排列的钢丝绳外部覆盖一层高分子膜，使内部的钢丝绳得到更有效的防护，且内部较细的钢丝绳能提高绳体工作时弯曲的曲率，从而可以减小曳引绳轮的直径，而小型化的曳引机在船用电梯上有很高的使用价值。柱塞等刚性驱动传递部件一般都有油脂覆盖，只需考虑油脂的使用温度。液压驱动的电梯在不使用时一般可设置柱塞全部进入油缸作为默认状态，以减少柱塞与盐雾的接触时间。

4. 轿厢和对重

轿厢需选用防腐蚀或经过防腐蚀处理的材料制成，并能牢固固定在轿架上。轿厢在运动时仅在轿底承受人员或货物的载荷，且轿底能很快将载荷传递到下梁。轿顶和轿壁板拼接依附于框架结构上，并通过加强筋加固。由于轿壁板一般很薄，抗变形能力有限，故在轿壁板外侧设置足够数量的加强筋并合理布局能改善轿壁强度，当船体摇摆和垂荡时能有效抵抗因惯性作用而发生的扭曲变形。轿厢在摇摆中的强度可用摇摆试验台架检测和验证。

船用电梯的对重块应选用金属材质，并能有效固定在对重架内，通过压紧件使各对重块紧密贴合而不能上下移动。对重架的侧面可通过加设挡条防止对重块水平移动脱出框架。对重块外需用涂层封闭以防止腐蚀。对重架上也应设置一套安全钳系统，以防止轿厢上行超速或对重架钢丝绳破断时对重坠落（见图21-3）。若底坑仅有缓冲器制停对重，则高

图21-3　配置安全钳的对重装置

处坠落的对重对底坑钢板冲击很大,甚至会破坏底坑的船体结构。

5. 电气系统

船用电梯的电气设备应选用船用电气设备或通过船用电气设备试验的设备,而不能直接使用普通陆用型。船用电气设备除具备陆用电气设备的所有功能外,还能适应船上的盐雾环境,能耐摇晃和振动、防霉防水等。为满足上述要求,船用电梯的电气设备基座需要更好地固定,在船体运动过程中能防止倾覆和移动。电气设备应有牢固的框架或外壳作防护,若内部元件对空气湿度敏感或有带电部件,则外壳需有 IP 防护功能。设备外壳的材料应有适应盐雾环境和海上温度变化的能力。对盐雾敏感的内部元件,除有外壳保护外,本身还应具有独立的防护能力,而涂层防护是常用的措施。使用致密的涂层封闭永磁体、集成电路板等易受腐蚀或高灵敏的元件能有效延迟元件腐蚀的进程。

控制系统中的电气元件常十分精密,且易受干扰,除盐雾、水气能影响其电气性能外,电磁干扰也是不容忽视的因素。很多控制元件、控制开关等通过电磁作用发挥功能,或者特定的布线方式也能产生电磁场。故对通过电磁工作或具有电磁效应的电气设备加设防电磁辐射干扰设施,能改善部件内部的电磁环境,提高设备工作的灵敏度和抗干扰性,同时也减小了对其他设备的电磁干扰。船舶上存在大量对电磁辐射敏感的设备,在船舶上电气设备布局常十分拥挤,各种强电设备和通讯导航设备持续使用并释放较高的电磁辐射,而本身也易于受电磁辐射影响,故采用屏蔽、接地和滤波等电磁兼容设计能有效降低电气设备之间的电磁干扰。对于船用电梯,安全回路、控制回路等的电气系统稳定工作是电梯安全使用的关键因素之一,而船体的电磁环境常常比陆地复杂,故电气设备的抗干扰性考量也应比陆用电梯更为谨慎。

电气布线除需考虑电磁屏蔽外,还应有更安全和牢固的固定方式。依靠壁面固定和通过管道和支架固定的电气线缆应在船体运动时固定点不会脱出,固定电缆不会晃动和碰撞。电梯的随行电缆通常处在自由垂挂状态,且随电梯上下做相应的运动。船舶处于摇摆状态时,位置不加限制的随行电缆会因晃动而与围井壁或其他部件碰撞,甚至发生缠绕或被其他部件勾挂而引发较大的故障。船用电梯中对随行电缆的固定主要通过电缆槽或电缆滑轮来限制电缆晃动的幅度,从而保证其既能随轿厢调整位置,又不被其他部件干涉(见图 21-4、图 21-5)。使用电缆槽时,槽体内壁需光滑,分段连接处也应平滑,从而减小电缆在槽内移动时的磨损。对电缆滑轮也应注意随行电缆对弯曲曲率的容忍程度而选择合适的节径。

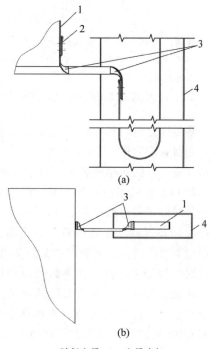

1—随行电缆;2—电缆支架;
3—电缆弯角;4—电缆槽。

图 21-4 使用电缆槽防止随行电缆晃动
(a) 正视图;(b) 俯视图

6. 安全使用系统

船用电梯的使用条件为横摇 10°、纵摇 7.5°以内(内河船用电梯纵摇 ±5°以内),垂荡 $A \leqslant 3.8$ m。船体运动超出使用条件时电梯应发出警报,告知人员撤离轿厢,电梯轿厢随即停靠安全位置,处于停用状态。电梯停靠时应

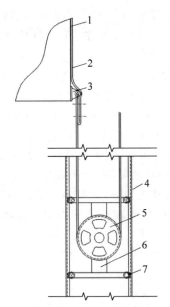

1—轿厢；2—随行电缆；3—随行电缆支架；
4—滑轮导轨；5—电缆滑轮；6—滑轮支架；
7—滑轮支架导轮。

图 21-5 使用电缆滑轮防止电缆晃动

有固定装置固定轿厢和对重，以防止船体垂荡时轿厢和对重沿导轨起落并产生冲击力。

电梯的门系统同样应能适应船体运动，在船体摇摆和垂荡时不应意外打开。门系统设计和安装时除了考虑稳定固定外，还应保证门锁不能在船体运动和振动的情况下脱离。层门一般应有比陆用电梯更稳定的关门动力，不会出现层门因船体摇摆而在倾斜的门导轨上无法关闭或关闭不严。层门关门的驱动力应谨慎使用重力方式，以防止重锤在船体运动下摆动或在倾斜状态下不能提供足够的关门力。

7. 防火及逃生系统

船用电梯的布置应满足船舶防火规范，电梯的安装空间不能成为火焰传播的通道。船舶上防止火焰传播通常通过空间密封和使用防火性材料来实现。具有封闭围井和机房的船用电梯与其他空间联通的位置主要为机房门、层门和安全门，围井和机房或其他舱室之间还会存在逃生舱门，这些部位应设置符合船舶防火等级的防火门，若门扇上覆有涂层，则应使用防火涂料。防火门可以在火焰中耐受

一定的时间，并不会释放大量有害气体，保证了当火灾发生时有足够的时间做应急处理。

某些情况下船用电梯在发生困人意外时，被困人员应能自行脱离轿厢抵达安全部位，尤其是船员电梯。船用电梯的逃生系统包括轿厢内的攀爬装置（见图 21-6）、轿顶安全窗、围井中的攀爬装置和围井顶部或侧部的逃生舱门。紧急状态下人员可自轿厢顺利抵达机房或其他围井外侧的安全地点，为此，围井壁上应有足够长度的攀爬装置，使电梯无论停止在何处，人员都易于接触到。

图 21-6 轿厢内固定的逃生爬梯

船用电梯的轿厢、底坑、轿顶和机房中应有简洁易懂的逃生路线图以指导人员自救。在特殊情况下，轿厢内的攀爬装置也可不设置，而通过求救电话请求救援人员前往救援。如具有观光功能的船用电梯，轿厢中的攀爬装置会影响美观，故攀爬装置可不做硬性要求，但应有完善顺畅的求救通信装置使紧急状况下乘客的人身安全能受到保障。

21.3.2 工况特性

1. 船用电梯的特殊工况

船舶在水面上摇摆和垂荡，使得以船舶为平台的船用电梯处于与陆用电梯井道不同的载荷条件下，除经受本身的自重载荷外，还同时附加船体摇摆和升沉形成的倾斜作用力载

荷和船体运动的加速度作用力载荷,甚至还承受启动提升时的加速度载荷。

驱动力传递部件对于曳引或强制驱动电梯或升降设备为钢丝绳,而对于液压直接作用的升降平台则为柱塞。钢丝绳或柱塞承载轿厢自重、船舶运动附加的加速度,在启动瞬间还存在冲击力,故钢丝绳和柱塞需有较高的安全系数,通常起重机用钢丝绳的安全系数为4~5,而船用电梯用钢丝绳通常在12以上。

甲板外露设备如果没有开放的升降平台或吊钩,则风载荷可用设备的结构强度来抵御,否则设备提升时还需考虑风载荷对提升能力的影响。很多具备升降功能的机械都位于露天甲板之下或仅有载物平台与甲板平面齐平,则风载荷对其无影响。船舶甲板上存在钢结构的塔架建筑时,可能会设置载人的电梯将工作人员送至塔顶或塔中的作业平台,电梯具有封闭的轿厢。若轿厢运动的全程都有实体遮蔽,则风载荷被遮蔽材料吸收;若无遮蔽,则轿厢直接接受风载荷,从而产生与风向同向的作用力。

2. 船用电梯的固定和结构连接

形体硕大的海船在航行时经常因为涌浪而受力,若船舷面对涌浪的方向,则船舶受力面积很大,船体会形成很大的横摇,角度达到30°的横摇,已能对船上的固定设备产生很大的倾覆力,对未固定的物件则很容易造成移位和碰撞,而人体对较大的横摇角也会产生不适的感觉。若船首或船尾面对涌浪,则纵摇角相对横摇角要小,不过较长的船体在浪涌中常不能同时处于波峰或波谷的位置,而使得船体受到不均匀的水面浮力,船体很容易受力不均而出现微弱形变、扭曲。固定的机械设备被刚性连接在船体上,船体的变形常能在连接的部件形成应力,这些力如果没有牢固的连接或有效的变形协调能力会很容易损伤连接部位。船用电梯的轿厢一般通过围井中的导轨固定并限制其运动轨迹,围井受力变形能引起导轨间距发生轻微的变化,若轿厢与导轨之间的运动副没有应对导轨间距变化的协调能力,导靴容易被挤压损坏或过度松弛而脱离导轨。

船体在涌浪中变形的程度取决于船体的大小和强度。小型船舶在涌浪中容易贴附水面而跟随涌浪倾斜,受力相对均匀(见图 21-7(a));大型船舶若船长大于 1/4 个涌浪波长,则容易使船底在涌浪中有部分未能充分被海面支承(见图 21-7(b))。船体在不均匀力的作用下产生的弹性变形因船体材料和结构而不同,了解船体变形的幅度有利于选用合适的设备固定方式和固定材料的强度。所以,船用电梯的固定件和连接强度要求需高于陆用电梯,且船用电梯的结构材料也应有相应的余量满足船上环境的特点。

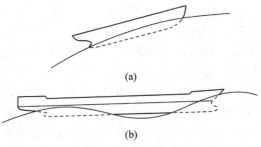

图 21-7 船舶在涌浪中的状态
(a) 小型船舶在涌浪中;(b) 大型船舶在涌浪中

机械设备的结构常使用焊接方式连接,良好的焊接工艺保证了连接处即使承受动载荷仍能保持足够的强度。船用电梯的焊接工艺同样高于陆用电梯,且在厚度大于 4 mm 的钢材对接上通常使用斜面焊接,常使用满焊对接,焊点覆盖率高。焊芯材料的性能一般需要高于母材。

3. 耐高低温材料的使用

船舶上较宽的环境温度范围下,常需慎重选用设备的构成材料,冷热效应常能改变材料的性能而降低设备的使用安全性和增加维护频率。−25 ℃的温度对钢铁的性能影响不大,但对普通的高分子材料和油脂不利,低温使得普通塑料和橡胶变得硬而脆,容易断裂,而橡胶则同时降低了柔韧性。故普通塑料不宜用作支撑材料,即使仅用于外壳也有在振动中破裂的可能性。橡胶在机械设备中常用作线缆护套、密封材料、减震缓冲材料或覆膜等,其功能的发挥有赖于材料的弹性、绝缘性和严密性。船用电梯中所选用的橡胶材料应能适应低温环境并没有明显的功能弱化。低温通常能使不具防冻功能的油脂增加黏滞性，从而降低润滑性能，增加运动阻力。对于具有防锈功能的油脂，低温有可能使其变得干结而不能有效铺展，从而降低了防护能力。高温同样对高分子材料的性能产生影响，使高分子结构易于分解或软化，由此降低了机械性能。高温还影响电气设备的散热，故对于发热的设备需具有良好的散热功能，除使用散热片外，也可采用强制风冷和冷却液冷却以补偿空冷较低的散热效率。

4. 防腐蚀材料的使用

除部分使用耐腐蚀材料外，船用电梯广泛采用涂装作为防腐蚀措施。环氧树脂、醇酸树脂、聚氨酯、氯化橡胶等都能作为船用电梯的涂装用涂料，但会根据不同的环境和应用条件做选择。若为室外电梯，通常聚氨酯涂料作面漆具有较为持久的耐候性，而环氧树脂、醇酸树脂则容易发生粉化，用足够厚度的环氧树脂涂层对美观性要求不高的设备外部涂装仍具有较好的适用性，通常甲板也用环氧树脂涂装。若船舶需经过热带地区，防腐蚀效果尚佳的氯化橡胶面漆则通常不用于室外防腐涂装，因为其高温下容易软化。对于结构材料，鉴于对长效防腐的要求可以适当增加漆膜厚度，但对需散热的设备则不适用。环氧富锌漆因其含有大量微溶性的锌粉而不能作为面漆或单层涂装使用。

防腐蚀措施还主要针对船上的盐雾环境，而盐雾不仅造成设备材料腐蚀，还能改变设备的电气环境。干燥的空气通常具有优良的绝缘性能而保持带电部件之间有效的电气间隙，而带有离子的潮湿水汽使空气更容易导电，且凝结在电气元件上的水膜同样充当导体而容易使电气元件发生短路。通常电气设备为了防止外界水汽和盐雾的干扰会选用防水的外壳加以保护。一般情况下，船上使用的电气设备都应符合船用电气设备的要求，并通过相关的试验，从而保证在船舶上能正常工作。

5. 防火结构

船用电梯若安装于船体内部，且安装的空间与其他舱室相连通，则设备的防火性不容忽视。船体内部一般结构紧凑、空间狭小，一旦发生火灾，如无相关防火措施很容易传播火焰，且狭窄的船内通道也对人员逃生不利，故设备舱室的防火性能成为船用设备必须考虑的因素。

设备的舱室空间不应成为火灾船舶的通道，故舱室的门一般使用满足船上防火要求的防火门。具有封闭井道的船用电梯，层门为井道外和井道内的连通部位，所以层门使用防火门能有效防止火焰通过层门传播。

21.3.3 工作原理

船用电梯除了因船舶特殊环境所具备的上述特殊功能外，其余工作原理与陆用电梯相同。

21.4 主要性能指标和产品技术参数

21.4.1 主要性能指标

船用电梯的主要性能指标来源于所适用的船舶的安装环境。但船用电梯的额定速度通常不大于 1.0 m/s，且以在安装在封闭围井内的居多。

无论是内河还是远洋船舶，船用电梯都需在船舶横摇 ±10° 以内，摇摆周期 10 s，纵摇 ±7.5° 以内（内河船用电梯纵摇 ±5° 以内），摇摆周期 10 s，垂荡 $A \leqslant 3.8$ m 的境况下正常运行；在船舶最大横摇角 ±30° 以内，摇摆周期 10 s，最大纵摇角 ±10° 以内，摇摆周期 7 s 下不能损坏；在船体存在振幅 2 mm 左右，频率 25 Hz 以内的振动下正常工作。

船用电梯还应具备在高湿度、腐蚀性、易发霉环境中运行的性能，对于船舶航行区域涉及海洋的船用电梯，还应具有防盐雾功能。船用电梯的使用环境温度条件范围大于陆用电梯，可达 −25～50 ℃。以上性能指标依赖于具体船舶环境和航行区域。

由于船舶航行距离较远,时常经历不同的气候和环境条件,船用电梯的部件应能适应船舶环境及船舶所达到地区的气候。船用电梯的部件应能经受高低温、湿热、倾斜和摇摆、振动、霉菌和盐雾氛围而仍能正常稳定地工作。

为在对重坠落情况下,对重不损坏舱室或船体,船用电梯通常在轿厢和对重上分别装设下行超速保护安全钳。即使在悬挂钢丝绳断裂情况下,安全钳也能夹紧导轨,使装有额定载质量的轿厢和对重制停并保持静止状态。对于额定载质量小于 500 kg 的船用载货电梯,对重可不设置安全钳。

由于船用电梯会随船梯而摇摆,为使乘客在电梯内不致滑移,船用乘客电梯应布置扶手和防滑地面。轿厢应有足够的强度,在乘客或货物倚靠接触轿厢时,能经受水平载荷的冲击。

船用电梯轿架上应安装独立于正常导靴的导向体,当导靴发生故障时,该导向体可起到导向并保持电梯位置的作用。

层门应装有在船舶航行时防止自然打开和突发关闭的装置。手动铰链门应有使门自动关闭的装置(闭门器),如图 21-8 所示。

图 21-8 装有闭门器的手动铰链门

船用电梯的对重块用钢或铸铁制成,安放在钢制对重框架内,并牢固固定。

导轨应有足够的强度,在各种工况,包括安全钳动作时,导轨的最大变形量不大于 3 mm。导轨支架的间距不大于 1500 mm。

电梯围井在整个高度内采用封闭式,并应符合结构防火的要求。当轿厢处于最高或最低位置时,围井中电梯上部净空和电梯下部底坑应使人员得以保护。当曳引机电梯对重停在完全压缩的缓冲器上时,轿厢顶上空间距离应不小于 0.75 m。当轿厢停在完全压缩的缓冲器上时,底坑底与轿厢底之间的距离应不小于 0.5 m。围井内的随行电缆应加设保护,保护装置可制成内部平滑的金属槽,槽的宽度应允许随行电缆自由悬挂形成环形时能顺利通过。围井应防止水和浪花溅入,电梯进口处的甲板应防滑。如果两台或两台以上电梯安装于同一围井内时,每台电梯的轿厢和对重与其他电梯的轿厢和对重应用钢板隔开,分隔为围井的整个高度。为保证电梯在船舶航行时安全运行和电梯停用时设备不损坏,围井壁应有扶墙材加强,加强结构不应进入电梯通道。轿厢和对重缓冲器支座下的底坑地面应能承受装有额定载质量的轿厢和对重载质 4 倍的作用力。围井内从底坑到顶部逃生舱门整个高度内设置固定梯或踏脚,逃生舱门可不用钥匙从围井里面打开,而从外面则需用钥匙打开,逃生舱门应向围井外开启。

船用电梯的轿厢通常有安全窗和安全门。安全窗应向轿厢外开启,安全门应向轿厢内开启。安全窗的尺寸应不小于 0.4 m×0.6 m,安全门的尺寸不小于 0.35 m×1.8 m。船员电梯的轿厢中应设置固定的梯子或类似装置,乘客电梯则逃生用的梯子作为附件存放于值班室。应用不少于两种语言和示意图显示逃生方法,标示在轿厢内部、顶上、围井内部逃生舱门处及机房内。船用载货电梯必须安装轿厢门。

船用电梯的材料应符合相应船级社的要求,焊接材料的物理性能应不低于母材。

当船舶横摇大于±10°或纵摇大于±7.5°时(内河船用电梯纵摇±5°以内),超摇摆保护装置电气开关动作,轿厢应运行到最近层站,释放乘客后自动运动到基站停止。当船舶横摇不大于±10°或纵摇不大于±5°时,轿厢在全程内运行过程中,随行电缆在电缆保护装置内应不被勾挂、拉断。

21.4.2 产品性能和技术参数

船用电梯的尺寸规格与陆用电梯差别不

大,船用载货电梯通常载质量没有陆用电梯大,基本型号以载质量在 2100 kg 以内为主,表 21-2、表 21-3 为船用乘客电梯和船用载货电梯的典型规格。

除电梯通用性能外,船用电梯还需具备其他附加性能,以使其适应船舶环境(见表 21-4)。

表 21-2　船用乘客电梯典型规格

型号*	载质量/kg	速度/(m·s^{-1})	乘员/人	轿厢尺寸/(mm×mm×mm)	开门尺寸/(mm×mm)
TKJC321/1.0	321	0.4~1.0	4	900×1000×2210	700×2100
TKJC400/1.0	400	0.4~1.0	5	1100×1000×2210	800×2100
TKJC630/1.0	630	0.4~1.0	8	1100×1400×2210	800×2100
TKJC800/1.0	800	0.4~1.0	10	1350×1400×2210	900×2100
TKJC1000/1.0	1000	0.4~1.0	13	1400×1600×2210	900×2100
TKJC1600/1.0	1600	0.4~1.0	21	1400×2400×2210	900×2100

* 不同的电梯速度具有不同的电梯型号,本表型号以电梯速度 1 m/s 为例。如 321 kg 船用乘客电梯,电梯速度为 0.4 m/s 时,型号为 TKJC321/0.4,以此类推。

表 21-3　船用载货电梯典型规格

型号*	载质量/kg	速度/(m·s^{-1})	轿厢尺寸/(mm×mm×mm)	开门尺寸/(mm×mm)
THJC100/1.0	100	0.35~1.0	700×700×800	700×800
THJC210/1.0	210	0.35~1.0	800×800×1210	800×1210
THJC300/1.0	300	0.35~1.0	900×900×1400	900×1400
THJC500/1.0	500	0.35~1.0	1100×1100×1600	1100×1600
THJC1000/1.0	1000	0.35~1.0	1300×1750×2100	1210×1900
THJC1600/1.0	1600	0.35~1.0	1500×2250×2100	1300×2100

* 不同的电梯速度具有不同的电梯型号,本表型号以电梯速度为 1 m/s 为例。如 1000 kg 船用载货电梯,电梯速度为 0.63 m/s 时,型号为 THJC1000/0.63,以此类推。

表 21-4　各型船用电梯典型附加性能

梯型	耐高低温	耐湿热	抗摇摆和垂荡	抗振动	抗霉菌	抗盐雾
内河船用电梯		√	√	√	√	
沿海船用电梯	√	√	√	√	√	√
近洋船用电梯	√	√	√	√	√	√
远洋船用电梯	√	√	√	√	√	√

21.5　选用原则

船舶上的电梯安装空间通常比较局促,机房位置可在围井边上任意位置,不像陆用电梯井道那样规整,一般没有标准样式可供选择,而是针对围井特点和机房位置单独设计。但船用电梯仍可像陆用电梯一样区分乘客电梯、载货电梯和杂物电梯,用于确定电梯的类型。船用电梯还有专供受训的船员使用的船员电梯可供选择。船用电梯因船舶摇摆、垂荡及围井弹性形变而需要进行特殊结构设计,即使用户不做附加规定,船用电梯厂家也需将此作为设计准则。

电梯的类型确定后,还应根据船舶的航行范围确定内河船用电梯和远洋船用电梯。根据航行范围不同的气候环境和温度范围确定船用电梯环境适应方面的设计要求。电梯厂家基于上述特点确定船用电梯的 IP 防护等级,以及防腐涂装、防霉涂层、防冻和散热降温设计。

船用电梯的层门类型、装潢方式、显示方式和特殊功能等则按照客户的要求设计,此项选用方式与陆用电梯相似。

船用电梯的设计要求确定后,电梯厂家进行方案设计,方案制定后需将设计方案图纸和技术文件提交至船舶所入的船级社进行审核。船级社审核通过后,电梯厂家方可按终审通过方案进行设计生产。

21.6 安全使用

21.6.1 安全使用管理制度

船用电梯的安全使用管理制度与陆用普通电梯相同,详见 3.5.1 节相关内容。为确保安全,船用电梯通常在横摇 ±10° 以内,纵摇 ±5° 以内,垂荡 $A \leqslant 3.8 \mathrm{~m}$ 的情况下正常运行,如超出该条件,船用电梯将不能使用。船用电梯需配置摇摆仪,当摇摆仪感知运行条件超过指标,电梯会自动迫降释放乘客,并退出使用状态,仅当使用条件满足后,电梯才恢复使用状态。

很多船舶在水体航行时间较长,尤其是远洋船舶,船舶上的电梯管理人员及其团队应接受足够的电梯结构功能、维修和救援方面的专业培训,具备基本的电梯故障排除和维修能力,并具有熟练的人员救援能力。电梯管理人员应定期进行电梯救援演练,以使其在紧急情况下能迅速应对,及时解救困于电梯中的乘客。

如果是船员电梯,使用该型电梯的船员应接受电梯自行脱困培训,当电梯因任何情况发生困人事件后,船员应知晓如何通过电梯和围井上的救援设施,自行从轿厢内脱离,并安全到达逃生舱门脱困。船员应定期进行自救演练,加深对设置在船舶上的各型船员电梯的自救路线的了解,并熟练掌握救援设施的使用方法。

21.6.2 安装现场准备

船用电梯的安装现场准备与陆用普通电梯基本相同,详见 3.5.2 节相关内容。船用电梯与陆用电梯相比,其围井都是钢制结构,电梯与围井之间的连接固定全部使用焊接方式。安装时需预备足够的防腐油漆,用于现场焊接后或结构部件碰撞摩擦伤损涂层后的补漆工作。船用电梯底坑底部具有舱室或底坑不宜受撞击,故船用电梯通常配置对重安全钳,安装时需要关注对重安全钳的安装。船用电梯围井空间狭小,同时也为提高船用电梯的使用可靠性,船用电梯大量采用手动铰链门。船用电梯围井布置局促,机房的位置受限于船体舱室的设计,大量出现侧置机房的情况,安装前需要熟悉电梯布置,先行阅读电梯部件安装图,以便在安装前对电梯的结构布局有清晰的理解,并能因地制宜地制定施工方案和计划。

21.6.3 维护和保养

船用电梯的维护保养与普通电梯相同,详见 3.5.3 节相关内容。但应关注对电梯结构、零部件和线缆的腐蚀和霉变情况的检查。电梯结构件出现大面积漆膜失效锈蚀情况后,需要做油漆补涂工作,补涂前需用钢丝刷刮除剥离的漆膜和铁锈,直至露出金属底色,方可进行补漆工作。钣金件如出现大面积锈蚀,则应更换。

船用电梯的工作环境比陆用电梯恶劣,船用电梯在摇摆、垂荡和振动载体上,各受力部件的固定点易于承受循环载荷而出现松动状况,维护保养时应仔细检查导轨支架、导靴座、曳引机座、对重框、轿架的主要受力紧固件有无发生松动并及时拧紧。应检查对重框内的对重块位置是否发生移动,对重块的定位阻挡装置是否能有效固定对重块。船用电梯的导靴时常处于受力摩擦状态,除检查固定螺栓是否松动外,还需增多对靴衬磨损情况的检查频次,船用电梯的靴衬磨损周期比陆用电梯短,发现磨损后间隙超过指标的靴衬应及时更换。

维护保养时还应关注钢丝绳、随行电缆和补偿链等柔性部件的位置是否移位,各导向和防晃部件是否正常工作,出现隐患情况后应立即调整和修复。

对于出航时间不限定、无规律性停靠的船舶,应在船舶上配备足够的电梯备品备件,用于维护保养时能及时更换失效的部件。故船用电梯的备品备件种类和数量应多于陆用电梯。

21.6.4 常见故障及排除方法

船用电梯的常见故障和排除方法和陆用普通电梯相同,见3.5.4节相关内容。

21.7 相关标准和规范

1. 安全技术规范

船用电梯的制造主要采用如下标准:

《电梯制造与安装安全规范 第1部分:乘客电梯和载货电梯》(GB/T 7588.1—2020);

《电梯制造与安装安全规范 第2部分:电梯部件的设计原则、计算和检验》(GB/T 7588.2—2020);

《船用电梯电缆》(CB/T 4255—2013);

《外壳防护等级(IP代码)》(GB/T 4208—2017);

《内河船用电梯 第1部分:乘客电梯与载货电梯》(JT/T 881.1—2013);

《内河船用电梯 第2部分:杂物电梯》(JT/T 881.2—2013);

《内河船用电梯 第3部分:试验方法和检验规则》(JT/T 881.3—2013);

《船用乘客电梯》(CB/T 3567—2011);

《船用载货电梯》(CB/T 3878—2011)。

2. 安装验收规范

船用电梯的安装验收主要执行各船级社升降设备设计规范。

船用电梯验收依据各船级社的技术规范,此项和陆用电梯不同,验收并不依据现行国家标准《电梯监督检验和定期检验规则》(TSG T7001—2023)。

第22章

防腐电梯

22.1 概述

22.1.1 定义和适用环境

防腐电梯是具有防腐蚀功能的电梯,能使用在具有腐蚀性的环境中而在一定时期内不受腐蚀影响,或受到的腐蚀不损害电梯的功能和安全性能。

由于工业的需要和人类对生产和活动便利性方面的需求,电梯的使用范围正越来越拓展。跨行业综合技术的使用,使电梯能稳定运行在更加恶劣的环境中,其中便包括腐蚀性环境。防腐电梯不仅为腐蚀性环境中使用电梯提供了梯种选择,同时防腐电梯上所使用的防腐蚀技术和工艺也应用于普通电梯,已增强其环境适用性。

腐蚀性环境与普通环境的区别在于前者中存在具有显著腐蚀性的物质。腐蚀性物质主要通过化学作用使被腐蚀材料的性能发生变化,削弱其功能实现能力,甚至完全失效。腐蚀性物质的分布相当广泛,空气中的氧气便能使钢铁等金属氧化而具有腐蚀性,尤其在空气中湿度较大的情况下。当然在一般条件下,空气中相对湿度小于75%,氧气的腐蚀能力不是很显著,此时环境便不具有明显的腐蚀性。

在不紧邻特殊工业(如化工厂)区域的空气中存在的腐蚀性物质主要有二氧化碳、二氧化硫、硫化氢、氟化氢、氯化氢、氮氧化物、氯、臭氧等。根据腐蚀性物质含量的高低,可以将大气环境分为四类,见表22-1。

表 22-1 大气环境分类

气体类别	腐蚀性物质名称	腐蚀性物质含量 /(mg·m^{-3})
A	二氧化碳	<2000
	二氧化硫	<0.5
	氟化氢	<0.05
	硫化氢	<0.01
	氮氧化物	<0.1
	氯	<0.1
	氯化氢	<0.05
B	二氧化碳	>2000
	二氧化硫	0.5~10
	氟化氢	0.05~5
	硫化氢	0.01~5
	氮氧化物	0.1~5
	氯	0.1~1
	氯化氢	0.05~5
C	二氧化硫	10~200
	氟化氢	5~10
	硫化氢	5~100
	氮氧化物	5~25
	氯	1~5
	氯化氢	5~10

续表

气体类别	腐蚀性物质名称	腐蚀性物质含量/(mg·m^{-3})
D	二氧化硫	200~1000
	氟化氢	10~100
	硫化氢	>100
	氮氧化物	25~100
	氯	5~10
	氯化氢	10~100

注:当大气中同时含有多种腐蚀性气体时,腐蚀级别应取最高的一种或几种。

A类大气环境主要存在于乡村大气环境,二氧化碳和二氧化硫的含量普遍较低;B类大气环境较为典型的是城市大气环境,表现为较高的二氧化碳浓度,来源于密集的人口和石化燃料的燃烧;C类、D类大气环境则通常存在于受污染的城市、工业大气和海洋大气环境,空气中二氧化硫浓度较高,同时伴随氟化氢和硫化氢等各种工业产生的污染性气体,而氯则是海洋性大气中典型的、能促进腐蚀的物质。

温度和湿度为描述整体环境特征的两个重要的量值,而这两个因素也影响环境的腐蚀性。一般而言,高温度和高湿度能促进腐蚀:温度升高通常能加速腐蚀反应速率;而高湿度则给电化学腐蚀提供了条件。

根据大气环境对金属的腐蚀能力可将大气分为不同的腐蚀类别,见表22-2。

表22-2 大气腐蚀类别

腐蚀类别	单位面积上质量的损失(第一年暴露后)				温和气候下的典型环境(仅供参考)	
	低碳钢		锌		外部	内部
	质量损失/(g·m^{-2})	厚度损失/μm	质量损失/(g·m^{-2})	厚度损失/μm		
C1	≤10	≤1.3	≤0.7	≤0.1	—	具有干净空气的建筑,如办公室、商店、学校
C2	10~200	1.3~25	0.7~5	0.1~0.7	空气低污染,主要在乡村地区	会发生露水的建筑,如体育馆、航空站
C3	200~400	25~50	5~15	0.7~2.1	在城市中,有工业气体,SO$_2$污染程度中等,或有低盐分的海滨地区	湿度高和有一些空气污染的生产车间,如食品加工厂、洗衣店、酿酒厂、奶厂等
C4	400~650	50~80	15~30	2.1~4.2	工业区和具有中等盐分的沿海地区	化工厂、游泳池、海船、码头
C5-I	650~1500	80~200	30~60	4.2~8.4	高湿度的工业区,同时空气污染严重	温度通常在露点以下,高污染地区
C5-M	650~1500	80~200	30~60	4.2~8.4	高盐分沿海地区或海上	同上

表22-1和表22-2分别指明了大气中腐蚀性物质的种类、含量和大气对金属的腐蚀能力,但对于特定的工业环境,大气中的腐蚀性物质因工业特性而差异很大,腐蚀能力也可能超出表中的范围。例如在盐酸生产厂区内,大气中会含有浓度很高的盐酸酸雾,该类大气对很

多普通环境中表现为耐腐蚀的材料仍具有很强的腐蚀性。氟化工产业往往使周围空气中存在高浓度的氟化氢，不仅能腐蚀金属，还能腐蚀玻璃等含硅的材料。而核电站厂房内除了高温高湿，还存在核辐射，能使很多材料的性能劣化。

22.1.2 发展历程与沿革

电梯的防腐蚀技术紧随电梯而发展，最早期的电梯大量使用木梁和木结构，长期使用木料电梯强度也会发生劣化，金属部件尤其是碳钢部件则更易于发生腐蚀。故电梯防腐蚀技术的起源可以追溯到电梯的发明伊始，人们通常采用在电梯构件的表面涂抹油漆和油料以实现防腐蚀功能，当然当时的防腐油漆和油料的防腐蚀技术并不十分有效，其防腐蚀能力比较有限，在并不长久的时间内构件仍会因腐蚀而失效，甚至因强度失效而发生事故。

早期电梯使用在生活和商业场所，环境中的腐蚀性物质相对温和，即使在滨水地区，由于是室内环境，空气中的湿度仍不至于过高，故简单的电梯的防腐蚀处理仍不会使电梯失去使用价值。但随着电梯进入厂矿企业，或者基于某种原因，需要使电梯结构暴露于大气环境中，简单的防腐处理便不再满足使用需要。后期的电梯大规模使用钢材，从而使电梯钢构件的防腐蚀处理成为重点。钢材是工业革命后最主要的物资，对其防腐处理的历史较早，也相对成熟。对钢材防腐蚀处理的方法有发黑发蓝、金属镀层、油漆涂装、喷塑等，但最常用的为油漆涂装，早期的防腐电梯的主要防腐措施即是对电梯的结构钢材进行防腐涂装。后来不锈钢材料出现，且制造成本可控，被大量应用在轿厢壁板和门板等钣金部件上。对于电气部件的防腐，早期基本靠外壳防护，其外壳材料从铸造外壳、金属钣金外壳，发展到后来引入工程塑料外壳。对外壳的密闭性也从自行密闭设计，发展到采用IP防护技术。

现代的防腐电梯采用了综合防腐技术，以往成熟的防腐技术仍没有摒弃，且得到了发扬。现代防腐电梯依然采用防腐涂装，但随着防腐油漆的发展，其防腐能力与从前已不可同日而语。电气部件大量使用耐腐蚀处理的外壳加以密封保护，外壳的防护等级通常在IP54及以上。电缆则采用橡胶护套作保护，甚至还会采用电缆槽或钢管外加保护。钣金件则会根据腐蚀性环境的特点综合选用材料，比较常见的材料为喷涂钢板、镀锌钢板和各种牌号的不锈钢。现代的防腐电梯还引入了防腐蚀的结构设计，充分考虑了各金属组合件之间的电化学效应，减少出现电化学腐蚀的通路，同时电梯结构的防积水设计，也使电梯在湿度大、水汽冷凝严重的环境中具备抗腐蚀性液体滞留的能力。现代的防腐电梯应用了当下防腐蚀的成熟技术，使电梯能在更加恶劣的腐蚀性环境中长期使用。

22.2 分类

1. 按通用方式分类

防腐电梯在驱动方式、拖动及调速方式、控制方式、曳引悬挂介质方式、用途、额定速度、整梯结构上的分类与普通电梯相同，详见3.2节。

2. 按腐蚀防护类型分类

按腐蚀防护类型，防腐电梯可分为室内防轻腐蚀型、室内防中等腐蚀型、室内防强腐蚀型、室外防轻腐蚀型（或直接称室外型）、室外防中等腐蚀型和室外防强腐蚀型。室内型为电梯部件全部位于封闭的机房和井道（含底坑）中，仅有必要的门、通风口和检修口等开口。室外型为电梯部件全部或大部分暴露于大气环境中，井道或机房为敞开式结构，无气候防护功能。由于室内轻腐蚀型的环境腐蚀性很低，类似于普通电梯的安装环境，故室内防轻腐蚀型电梯通常并不称为防腐电梯。

可引用防腐电器的防护类别符号对腐蚀防护类型进行指代（见表22-3）：室内防中等腐蚀型为"F1"，室内防强腐蚀型为"F2"，室外防轻腐蚀型为"W"，室外防中等腐蚀型为"WF1"，室外防强腐蚀型为"WF2"。现有技术下，室内、外强腐蚀性环境中防腐电梯因其稳定性低和需要高频维护，故室内、外防强腐蚀型防腐电梯常不推荐应用。

表 22-3 各型防腐电梯适用的典型腐蚀性物质环境

化学活性物质	化学性质	值类别	防腐电梯类型				
			F1	F2	W	WF1	WF2
盐雾	N	—			—		
二氧化硫 /(mg·m^{-3})	AR	平均值	5.0	13	0.3	5.0	13
		最大值	10	40	1.0	10	40
硫化氢 /(mg·m^{-3})	AR	平均值	3.0	14	0.1	3.0	14
		最大值	10	70	0.5	10	70
氯 /(mg·m^{-3})	AO	平均值	0.3	0.6	0.1	0.3	0.6
		最大值	1.0	3.0	0.3	1.0	3
氯化氢 /(mg·m^{-3})	A	平均值	1.0	3.0	0.1	1.0	3
		最大值	5.0	15	0.5	5.0	15
氟化氢 /(mg·m^{-3})	A	平均值	0.05	0.1	0.01	0.05	0.1
		最大值	1.0	2.0	0.05	1.0	2
氨 /(mg·m^{-3})	B	平均值	10	35	1.0	10	35
		最大值	35	175	3.0	35	175
氧化氮 /(mg·m^{-3})	A	平均值	3.0	10	0.5	3.0	10
		最大值	9.0	20	1.0	9.0	20

注：化学性质代号中第一个字母代表酸碱性，A：酸性，N：中性，B：碱性。第二个字母代表氧化还原性，R：还原性，O：氧化性。第二位未注明则表示该物质无明显氧化还原性。

22.3 防腐蚀技术原理

22.3.1 腐蚀和防腐蚀技术

腐蚀是物质与周围环境作用产生的损坏，对金属而言这种作用通常来自物理磨损和化学、电化学过程。物理磨损过程中材料由于相互摩擦运动或撞击，以碎片的方式从基体上剥离造成材料尺寸、强度的变化。化学、电化学腐蚀与物理磨损不同，过程中伴随氧化还原反应，化学和电化学腐蚀的区别是前者直接与环境介质发生化学反应，物质得失电子发生在同一位置，而电化学腐蚀则通过建立原电池发生化学反应，金属和电解质联通形成回路，氧化反应和还原反应不在同一位置发生。化学腐蚀通常需要较高浓度的反应介质或在特定的反应条件下才能发生，如高温、高压，故化学腐蚀常发生在化学物质释放源附近或化工反应釜及管道内，而在普通的大气环境中较为罕见。电化学腐蚀则普遍存在于一般条件下，为金属腐蚀的主要方式，广泛导致金属构件性能下降，甚至失效报废。我们日常所见的腐蚀现象基本都是电化学腐蚀，最为常见的是钢铁生锈。电化学腐蚀是腐蚀与防护科学重要的研究方向，而抑制其发生更是防腐蚀技术应用的目的。

1) 全面腐蚀和局部腐蚀

金属的不同构造和处理方式，以及所在的不同环境，使其发生的腐蚀形态各异。如果是一块平整均匀的钢板，处在均一的环境中，其各个部位的状态相似，即任何部位都能成为阳极或阴极。这种情况下，钢板经受潮湿发生腐蚀时每个地方腐蚀的程度大致相同，称为全面腐蚀（见图 22-1(a)）。但如果钢板各部位的状态不尽相同，腐蚀则具有倾向性，即某一部分腐蚀相较另一部分严重，形成局部腐蚀（见图 22-1(b)）。造成局部腐蚀的原因很多，例如金属内部金相组织不均一，不同组织之间形成电位差，电位低的部位便成为阳极而发生腐蚀，其他部位则腐蚀缓慢。当金属外覆涂层，涂层脱落的部位发生腐蚀，而覆盖完整的部位则完好无损。

第22章 防腐电梯

(a) (b)

图 22-1 全面腐蚀和局部腐蚀

(a) 全面腐蚀；(b) 局部腐蚀

注：(a) 中的电梯钢制地坎发生了严重的全面腐蚀，铁锈甚至出现层状分离；(b) 中覆盖电泳漆的组件发生局部锈蚀现象，且可明显看出在锐角部位的涂层容易出现缺陷而发生锈蚀，而平坦部位则相对较好。

2) 电偶腐蚀和选择性腐蚀

不同金属接触的情况下，电位低的金属易于发生腐蚀，这种现象称为电偶腐蚀（见图 22-2）。如果不同金属是以合金的方式存在，也会发生类似的情况，使合金中电位低的组分腐蚀消耗，而电位高的组分暂时受到保护，如黄铜脱锌，该类腐蚀称为选择性腐蚀。

图 22-3 缝隙腐蚀

注：图中电气设备的固定架与电气设备之间形成缝隙从而发生了缝隙腐蚀，且腐蚀向缝隙外扩展。固定架即使进行了镀锌处理，在缝隙腐蚀之下也会很快消耗掉，从而使腐蚀发展到锌层下面的钢件上，外侧的镀锌层孤立于内部缝隙中的腐蚀系统外，从而无法挽救缝隙中的金属基材。

图 22-2 电偶腐蚀

注：图中电气装置的垫板与做简单涂装的钢板表面接触，涂层可作为阴极而诱发垫板发生电化学腐蚀，使其发生腐蚀的倾向大大高于与其接触的材料，该处的垫板还有可能发生缝隙腐蚀。

3) 缝隙腐蚀

如果金属直接接触形成缝隙，尤其缝隙宽度在 $0.025 \sim 0.1$ mm，则缝隙处很容易积累水渍发生缝隙腐蚀（见图 22-3）。缝隙腐蚀有时候相当严重，缝隙中的腐蚀产物不易排出，提高溶液浓度，甚至能降低溶液 pH，伴生析氢腐蚀。

4) 点蚀和孔蚀

很多金属在大气中会与氧气反应生成氧化膜，如果氧化膜完整而致密则能使金属与周围腐蚀性环境隔离，起到保护作用，如 Al、Cr、Ni 等，若金属的氧化膜不完整或比较酥松则不具有隔离作用，甚至使金属表面更容易吸湿。某些金属若给予适当的外电压降低其电位，并控制适当的反应电流，也能在金属表面形成类似于氧化膜的保护膜层，但是与前者所不同的是离开了上述条件，金属将重归腐蚀状态，该现象称为钝化。不锈钢便是在铁中加入 Cr 和 Ni 等组分，使其能在表面生成致密的氧化膜而具有耐腐蚀性，但是如果该氧化层受到破坏，则会在氧化层缺损的地方发生严重的腐蚀，表观看上去为金属在某些点上发生腐蚀，该类腐蚀称为点蚀,点蚀形成的坑洼容易积水,且腐蚀产物不易排出,进而恶化腐蚀微环境,持续腐蚀使点蚀处形成深坑甚至穿孔,即为孔蚀。

5) 应力作用下的腐蚀

金属若经受应力作用则往往加速腐蚀的进行。金属在拉应力作用下,且处于特定的腐蚀性环境,会发生应力腐蚀开裂(stress corrosion cracking,SCC)。腐蚀发生初期产生微小的裂纹,随后裂纹继续生长,当裂纹失稳时即发生SCC 脆性断裂。低碳钢处于 NaOH 溶液中,奥氏体不锈钢处于海水或含 Cl⁻ 的溶液中,铜合金处于氨气或氨水氛围中,铝合金处于海水中,镍合金处于热而浓的 NaOH 溶液中即有可能发生 SCC。金属在交变应力作用下会发生疲劳腐蚀,交变应力能使腐蚀产生的表面缺陷扩大,加速腐蚀进程。沙尘颗粒及流体的频繁碰撞、摩擦也能加速腐蚀,称为磨损腐蚀。浸没于液体中的金属,若其附近存在持续气泡破裂,如螺旋桨或水泵叶轮旋转时,也会经受液体冲击加速腐蚀进行,称为空泡腐蚀。

22.3.2 防腐蚀技术

金属构造的产品往往需要做防腐蚀处理,以延长产品的使用寿命,同时也增加产品的安全性和可靠性。腐蚀造成的材料性能缺失有时能造成不可预测的事故,例如 SCC,发生断裂前毫无征兆。很多构件腐蚀的地方较为隐蔽,不易被人察觉,一旦构件强度丧失,即易于发生突发事件(见图 22-4)。腐蚀环境中使用的设备,尤其是载人或需要人工控制操作设备的设计和制造,设备的使用稳定性和安全性至关重要,防腐蚀设计和处理成为不可忽视的环节。

1) 防腐蚀材料选择

环境介质对材料显著的腐蚀通常具有选择性,选用对某种腐蚀性环境具有适应性的耐腐蚀材料构造产品能确保产品具备持久的耐腐蚀性。在湿度大的环境中,不锈钢、铝合金、铜及铜合金是不错的选择,当然还存在其他性能更好且价格昂贵的耐腐蚀合金。但是铝合金和铜合金由于强度不够,通常不单独作为大承力结构材料。不锈钢具有优良的耐腐蚀性,且美观光亮,也常用于装饰性材料,如电梯的内轿壁、呼梯盒面板等,当然大范围使用不锈钢仍存在成本问题,很少场合使用不锈钢构筑大中型设备的整体结构。

图 22-4 锈蚀的电梯绳头组合

注:图中为固定电梯钢丝绳的绳头组合,该部件安装在井道中,发生腐蚀时常不能及时被人察觉,一旦部件因腐蚀失效而发生断裂则将发生轿厢坠落事件。

高分子材料(塑料和橡胶)在不承力或少承力部件方面为可用的材料,同时高分子具有良好的电性能,常用作设备的外壳,但使用温度一般不宜过高,除非是耐高温的工程塑料。高分子材料中的氯丁橡胶是常用的耐腐蚀性电气线缆护套。天然橡胶、氯丁橡胶、氯磺化橡胶等都具有不错的耐腐蚀性,且具备良好的机械性能,除用作护套外,也能作为衬里材料覆盖在金属材料表面。聚乙烯、聚氯乙烯等塑料也常用作衬里材料提高基体金属的耐腐蚀性,同时整体仍保持金属材料的强度。高分子材料的缺点是强度不高、易老化、使用的温度范围较窄、容易受化学溶剂的侵蚀,故通常不直接用在室外,但作为电梯部件安装于遮蔽的井道内仍具有相当的优势。

2) 防腐蚀结构设计

材料所处的恶劣的微环境常常会促进腐蚀效应。例如设备结构中封闭的凹坑,该处容易积累水渍提供持久的腐蚀原电池系统,故合理的结构设计能避免很多不必要的腐蚀促进效应。在构筑金属结构时应尽量避免出现凹坑,不能避免时应设计引流槽或泄流孔以防止积液。金属结构设计时还应减少水平突兀的构件,尤其当突出的构件比较宽大且上方没有遮盖时很容易积累灰尘颗粒,灰尘容易吸湿,使该部位湿度很大,诱发腐蚀。构件组合时造成的缝隙,由于毛细管效应,同样容易吸附液体,形成缝隙腐蚀,所以在构件连接时采用焊接的方式将优于铆接和螺栓连接(见图22-5)。同时连接的金属尽量使用同种金属,不可避免时使用电动序中电位相近的金属,无选择余地时,可在金属连接面上衬垫非金属垫层或涂覆有机涂层加以隔离,以减小发生电偶腐蚀的概率(见图22-6)。当采用铆钉和螺栓固定时,选择比连接金属电位高或同种材料制造的紧固件,或具有保护性涂镀层的紧固件。例如使用钢制螺栓固定钢构件,在承力不是很大的地方也可用铜质螺栓;用钢制螺栓固定铜制组件时,在腐蚀性环境中螺栓会优先腐蚀,紧固件一旦失稳便容易引发事故。在紧固件外层使用热镀锌或渗锌处理,也是有效而简便的方法(见图22-7)。承力结构设计时应避免产生应力集中而采用圆弧过渡或倒角处理,圆弧、倒角和倒圆同时还能改善涂装表面状态。

图22-7 紧固件的防腐蚀处理

注:图中U形螺栓做了镀锌防腐蚀处理,在腐蚀性环境中有较好的耐腐蚀性,而与之配合的螺母由于未做任何防腐蚀处理,出现明显的腐蚀。

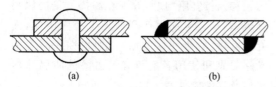

图22-5 不同金属连接方式

(a)铆钉连接方式;(b)焊接连接方式

注:(a)中连接处两端的缝隙较易渗入水渍造成缝隙腐蚀,除此以外如果上下金属板或铆钉的材料不同还易造成电偶腐蚀,尤其应避免的是铆钉是低电位材料;(b)中金属两端用焊接封死能阻止发生缝隙腐蚀,但是只有满焊才能形成较完整的封闭面。

当使用封闭中空构件组成设备结构时,构件内部将形成空腔,该空腔通风不利,容易使腐蚀性物质积累沉积发生腐蚀,且腐蚀发生在空腔内部不易察觉。该类情况通常在干燥且不含腐蚀性物质的情况下将空腔封闭,以不形成内部腐蚀微环境。该类结构的典型案例为箱形钢梁构造桥梁,通常将箱形钢梁两端封闭。

3)箱体保护

对于易受腐蚀侵扰而又难以做防腐处理的电气元件,可容纳于耐腐材料或易于进行耐腐蚀处理的材料制造的箱体中,并保证箱体具有一定的IP防护等级。箱体能有效隔离外界腐蚀性环境,利用电气元件工作时普遍散发的热量维持箱内气压略大于箱外,阻止腐蚀性物质进入。如果在腐蚀性较强的场合或设备需长时间断电的情况下,箱内宜设置独立的发热组件,当设备处于断电状态仍可依赖独立的线路供电发热,使箱内温度维持在比箱外高5℃

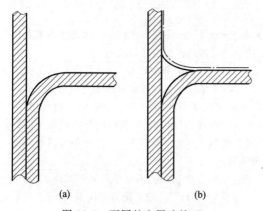

图22-6 不同的金属连接面

(a)未处理的金属连接面;(b)用腻子封闭的金属连接面

注:(a)中金属连接面上方有容易积水的开口;(b)中此开口用腻子做了封闭并用涂料涂装,腻子封闭既填补了向上开口的沟道,又能给涂装提供平滑的过渡面。

的水平。

4) 防腐蚀涂装

应用最为广泛的防腐蚀技术是防腐蚀涂装,它是在常用的结构材料表面涂覆一层致密的保护膜,起到封闭、隔绝和美化作用,从而使原本易腐蚀的材料能保持相当长的时间免受介质腐蚀。

腐蚀性环境下应使用适用于该环境的防腐蚀涂料涂装金属部件,涂料选型错误或直接使用一般环境下的涂装系统则不能使金属部件得到有效防护,如图22-8所示。

防腐蚀涂装中所使用的涂料一般由成膜物质、颜料/填料、助剂和溶剂组成。成膜物质事实上是一种黏结剂,不同的成膜物质能通过不同的方式从原本的液态转变成致密牢靠的固态,牢固地附着在基材表面。成膜物质以有机物居多,通常为高分子材料,如环氧树脂、醇酸树脂、氯化橡胶、丙烯酸树脂等。颜料在涂料中起到着色、防锈和遮盖作用,不仅能提供漆膜所需的颜色,同时能增加漆膜厚度,提供有效的物理屏障,特定成分的颜料还具有电化学缓蚀效应,促进基体材料钝化或磷化。助剂能有效改善涂料的性能,能使其更易加工、储存和使用。溶剂则能溶解成膜物质,增强涂料的黏度,改善施工性能。许多涂料通过溶剂挥发来固化漆膜,大量挥发的有机溶剂造成环境污染和人员健康问题,故现在高挥发量的涂料屡遭诟病,甚至在生产和使用上受到限制,而低挥发量、健康环保的涂料,如水性涂料愈加受到业界和使用者的青睐。主要的防腐涂料类型及其性能见表22-4。

图22-8 腐蚀性环境下未用防腐涂料涂装的电梯门机系统

表22-4 主要的防腐涂料类型及其性能

涂料类型	主要性能
生漆	漆膜坚硬而富有光泽,耐油、耐水、耐溶剂和化学品,150 ℃下可长期使用
沥青漆	抗水、抗化学品、附着力强、价格低,对底材润湿性好,对未充分除锈的表面仍具有很好的润湿性能
醇酸树脂涂料	柔韧性、颜料承载力强
氯化烯烃树脂涂料	高度的耐化学腐蚀、耐臭氧和耐大气老化性能
丙烯酸树脂涂料	对光、热、酸和碱十分稳定,优异的室外耐候性,曝光保色性好。根据侧链的基团可对醇酸树脂、氯化橡胶、聚氨酯、环氧、乙烯树脂进行改性
环氧树脂	优良的耐热性和耐化学品性,很好的耐碱、耐盐和耐水性,对金属底材的黏附性良好,能与大多数防腐涂料配套使用,为最常见且有效的防腐涂料和底漆涂料
聚氨酯涂料	优异的耐磨性,优良的耐化学品和耐油性能,胺酯键不和酸、碱、油反应,具有类似酰胺键的特性,附着力强,对金属的附着力较环氧差,但对橡胶和混凝土的附着力比环氧强,低温固化型,环氧要到10 ℃以上,其能在−5 ℃下与羟基或含活泼氢的组分发生交联反应,高装饰性能
聚脲弹性体	固化速度快,在垂直面不会产生流挂,对温度和湿度不敏感,100%固体成分,突出的物理性能,耐热性能177 ℃,与颜料相容性好,软硬配方可调整,可用玻璃纤维增强
有机硅树脂涂料	良好的耐热性、耐燃性、电绝缘性、耐候性、憎水性、耐紫外光性和保光性
聚硅氧烷涂料	超强的耐候性,同时保留了耐腐蚀性和耐化学品性能
氟树脂涂料	室外高耐候性、耐沾污性和耐腐蚀性

续表

涂料类型	主要性能
不饱和聚酯涂料	漆膜丰满光亮,硬度高,耐磨,耐潮,具有良好的耐溶剂性和耐化学品性能
乙烯基涂料	优异的耐酸碱性能
聚苯胺涂料	具有金属的导电性和塑料的可加工性,还具备金属所欠缺的化学和电化学性能。与铁形成化合物提高电位
玻璃鳞片涂料	耐淡水和海水性能突出,良好的耐化学品性能
富锌漆	良好的耐腐蚀性,具有牺牲阳极的电化学防腐功能

典型的防腐蚀涂层由底漆、中间漆和面漆组成。底漆具有对基体材料良好的附着力并能提供对后道涂层的兼容性。中间漆形成涂层系统有效的隔离屏蔽层,一般漆膜较厚。而面漆除防腐作用外,还提供漆膜所需的装饰性。一般底漆和面漆漆膜较薄,在 100 μm 以下,而中间体较厚,在 100 μm 以上。当然并非所有的防腐蚀涂装都需要三层涂层系统,在腐蚀不严重的场合,可使用一层或两层涂层系统,但是最里层需要保证同基材具有良好的附着性,否则漆膜容易剥落。

防腐涂装前一般需对基材做表面处理,除去表面的锈迹、油污和其他松散的附着物,最有效的表面处理方式是表面除油后做抛丸或喷砂处理。防腐蚀涂料的选择应根据基材和使用环境做涂层设计,无推荐涂层参照的情况下,可做耐腐蚀试验确定涂料的耐腐蚀性和有效使用寿命。

涂层设计中最常用的底漆和中间漆是环氧树脂涂料,较强腐蚀性环境下可用环氧富锌做防腐底漆。环氧树脂涂料对大多数金属都具有良好的附着力,且可与很多涂料配套,但醇酸树脂涂料除外,因为两性的锌粉能使醇酸树脂皂化而脱落。环氧树脂涂料在室外使用时易受紫外光照射而粉化,但具有一定厚度的涂层表面粉化后仍具有防腐蚀效用,但影响美观性。聚氨酯和氯化橡胶是常见的面漆,尤其是聚氨酯还具有装饰性的光泽,可使用在一般室外环境中。特殊腐蚀性环境中使用的涂料则根据不同涂料成分对腐蚀性物质的适应性作选择。

5) 电化学保护

有些金属结构因其功能和工作环境不能使用涂料或涂料很容易溶解或磨损失效,此时电化学保护能成为可供选择的防腐蚀技术之一。电化学保护一般为阴极保护和阳极保护。阴极保护是使被保护的材料成为阴极而达到保护效果,可以在被保护材料上埋植电位较低的材料作为阳极而不断消耗或直接外接电源,给材料供给电子强制成为阴极。常用的埋植材料为锌及其合金,当埋植材料与被保护材料良好连接后,腐蚀将优先始于埋植的材料,通过消耗自身来保护连接的材料,故称之为牺牲阳极。无论是使用牺牲阳极还是外接电源负极,都使被保护材料处在富有电子的状态,用其富含的电子喂食接触环境中的去极化剂,而不消耗自身的电子从而防止腐蚀溶解。阳极保护则比阴极保护复杂,且需要一定的技术加以控制。阳极保护也是通过外加电源改变被保护材料的电化学状态,不过与阴极保护相反,阳极保护使材料成为阳极,通过控制电压和电流使金属进入钝态而减缓腐蚀,只有使材料的电位稳定在钝化区,电流满足致钝电流大小时方能使金属处于钝态,否则将促进金属的腐蚀。当然只有具备钝化能力的金属才能使用阳极保护的防腐蚀技术。

6) 其他说明

腐蚀在自然界是一种常态,实际上我们无法找到一种材料对所有腐蚀性环境都具有免疫能力,从而构造出能在耐腐蚀性上一劳永逸的产品;也不存在完美的保护层能让基材长存不朽。很多防腐蚀技术都有防护年限,超过年限需重新处理或做修补,常见的如船舶涂装,在船舶使用一定时间后需进坞重涂。对于不易做维护和修复的金属结构,如电梯中的轿厢架,可通过提高防腐蚀涂装的等级来延长金属受保护时间,如用在 C2 类大气环境中的轿厢架使用为 C3 类大气环境设计的涂层体系。对于该类承力的构件在结构设计时应考虑到腐蚀的影响,引入腐蚀余量来增加构件的安全性。

22.4　结构组成及工作原理

22.4.1　结构组成

1. 钢结构

防腐电梯的整体结构与普通电梯相同,所采用的防腐涂装、镀层和防腐蚀材料,皆不改变电梯的形态和组成部件的种类。

室外型防腐电梯通常会进行防积水结构设计,即电梯结构部件的上表面不会形成闭口的凹陷区域,以利于液体排除。此结构在细节处与普通电梯不同,但整体结构和功能仍与普通电梯相同。

电梯的承力结构主要是轿厢架和曳引机的搁机梁,如果电梯安装于室外,则承力结构还可能包括钢结构框架。轿厢架使用工字钢、槽钢等型钢和钢板组合而成,通过焊接和螺栓固定,并用同样的方式安装固定各组件和电气部件的支架。焊接时最好使用满焊来控制缝隙的出现,也能改善连接处涂装的工作面。满焊不能实现时则缝隙处需用涂料封闭,或涂装前用腻子将较大的缝隙填补,然后涂装。考虑到腐蚀性环境对钢材料的侵蚀,在做强度校核时应增加腐蚀余量,加强承力结构的安全性。轿厢架搭建之前以组件方式存在,适宜进行车间内防腐蚀涂装,并可实施良好的表面处理,以确保涂装质量,同时通过增加涂层厚度延长涂层的耐腐蚀保持能力。轿厢架的构建一般以开放的梁体呈现,梁体中间部分和两端可能会存在开口,当梁体开口较小而电梯使用的环境具有较高湿度的情况下,也可将开口封闭,避免产生易滞留湿气的内部空间。

曳引机搁机梁一般使用工字钢构建,也是开放式的梁体。机房内需有通风的要求,其防腐蚀处理方式类似于轿厢架。底坑中的缓冲器基座也使用涂装的方式处理,但如果底坑中湿度很大且易于积水,则需使用防水涂层,如沥青防锈漆或含玻璃鳞片的防腐涂料。

室外使用的电梯有时需要搭建钢架代替井道,则钢结构需按室外使用钢结构涂装,或使用热浸锌组件搭建,也可在镀锌组件外加涂涂料加强防腐效果或赋予钢结构所需的颜色。如果钢结构底部有积水的隐患或湿度较大,也可在底层段加涂防水涂层。

井道中的导轨通常使用夹持的方式固定,压导板与导轨之间容易发生缝隙腐蚀和电偶腐蚀,夹持的部位两侧使用环氧树脂涂料处理或使用镀锌压导板可减轻缝隙腐蚀的倾向。导轨由于在安全钳动作时兼有"刹车盘"功能,故防锈油脂和涂层将降低安全钳楔块对其的夹持力。采用滑动导靴时虽然油壶供给的润滑油兼具防腐的功能,但是电梯若不连续使用,则导轨依然会锈蚀,锈蚀产物将产生滑动阻力并影响安全钳的动作。使用耐候钢或其他耐腐蚀且有足够强度的材料制造导轨是一个有效的方式,也可使用圆形不锈钢导轨代替传统的碳钢导轨,并配以圆形导轨适用的导靴和安全钳。还可利用电化学保护的方式增强传统导轨的耐腐蚀性能。

2. 轿厢和门

轿厢厢体和门普遍使用不锈钢材料,尤其用作厢体内侧壁板和轿门层门的门板。不锈钢具有一般大气环境下优良的防腐蚀性能,在高湿度的环境下耐腐蚀性仍可保持,但在酸性或含氯离子的 C4、C5-I 和 C5-M 大气环境中耐腐蚀性会下降,故在该类大气环境中轿厢材料同样需要做防腐蚀涂装。为了方便清理,腐蚀性环境中的轿厢轿壁应平整,不必做过多的空间设计。轿厢地面由于经常踩踏,对于货梯还需经受货物压放、碰撞和摩擦,可加厚地面材料抵御应力和腐蚀,或使用耐磨性的涂料,如环氧树脂、丙烯酸或聚氨酯等涂层。若是化工企业使用的货梯则轿厢地面将频繁接触化学物质,且容易积留,此类电梯的地面应铺设防腐蚀隔离层和面层,隔离层可以使用沥青玻璃布油毡、树脂玻璃钢等材料铺设，面层使用耐腐蚀地坪漆或铺设花岗石。

3. 驱动电机

电梯中的主要动力设备为曳引机和门机系统。曳引机壳体基本为全包结构，尤其是永磁同步无齿轮曳引机，全包结构有助于阻止外界腐蚀性物质的进入，只有当曳引机停机时，内部冷却可将外界空气吸入。减小曳引机壳体呼吸的缝隙能控制腐蚀性物质的吸入量，而壳体涂装防腐蚀涂料则能有效延缓外壳锈蚀。曳引机壳体和机座大都使用铸铁材料，铸铁的耐腐蚀性能要优于低碳钢，尤其是球墨铸铁和高硅铸铁。门机系统中的电机一般为钢材冲压成型，由于其体积不大，可选用耐腐蚀的金属制造或使用涂镀技术提供保护层。与曳引机一样，门机系统出厂时一般都是工厂涂装，通常使用电泳漆等防腐蚀能力有限的涂层。若用于普通室内环境，其封闭作用已能满足防腐需要，但在C4和C5类大气环境中则涂层可能会在短时间内失效或根本不起作用，故在该类环境中使用的非耐蚀性金属组件需根据环境中腐蚀性物质设计和选择适宜的防腐蚀涂层，并在转动轴端加涂防腐油脂。

4. 电气部件和线路敷设

电梯结构上通常会设置电气部件或其他辅助部件的安装座，安装座漆装后一般使用螺栓将组件固定。由于大多数该类部件，如减速开关、极限开关、导靴等，重量不大或不会承受很大的应力，安装时可选用工程塑料垫片衬于紧固件之下，以防止电偶腐蚀。几乎所有的螺栓类紧固件都可做镀锌或渗锌处理，以提高其在一般大气环境或高湿度大气环境中的耐蚀性，使用在特殊腐蚀性大气环境中时，可在紧固后加涂防腐涂层。

电气设备和电工电子产品还有相应防腐类型可供选择，主要类型有F、F1、F2和WF、WF1、WF2。F、F1、F2为室内轻度、中度和重度防腐蚀类型，WF、WF1、WF2为室外轻度、中度和重度防腐蚀类型。当无适用于电梯的工业化防腐蚀产品时，主要的措施为外壳封闭或使用防腐蚀材料成型的外壳，再者涂装防腐涂层是最廉价的方式。有些电气设备为半敞开式，如撞弓触发的各类开关，外壳需要提供碰轮连杆运动行程的空隙，虽然外壳可使用塑料制成，但触点和簧片将暴露于周围环境中。可供选择的防护方法有触点使用耐腐蚀性材料、涂镀耐腐蚀性导电涂层和涂抹导电油脂。现有较为理想的触点材料为银镍合金，导电性、灭弧性和耐腐蚀性都较好；银镉合金次之；纯银及镀银触点则较易氧化。簧片一般用铜制成，长期处于高湿度和含有SO_2、Cl^-、NH_3、H_2S等工业大气中易于腐蚀，在一般大气环境中也会氧化发黑或生成绿色的碱式碳酸铜。铜合金的耐腐蚀性通常大于纯铜，而在铜片外涂覆挠性涂层或防腐蚀导电油膏也能提高耐蚀性。

防腐电梯电气线路敷设可使用耐腐蚀的电缆护套，天然橡胶、氯丁橡胶和氯磺化橡胶皆具有较好的耐腐蚀性，且用该类材料制备的电缆护套具有优良的耐磨性。接线端子可用耐腐蚀的封闭壳体作防护，并在接线端子处涂抹导电油膏以增加接线端子和导线裸露端的抗氧化能力。

电气柜和控制柜较易进行防腐蚀涂装，而小型的控制箱，如轿顶控制箱也可采用工程塑料制成。在较严重的腐蚀性环境中，为防止柜内电气设备受腐蚀侵扰，也可加装独立的发热电阻，在电气设备断电情况下防止柜内压强减小而吸入腐蚀性物质。塑料成型的柜体或其他设备不建议直接用于室外，因为塑料的耐老化性能不佳，除非使用聚碳酸酯、聚丙烯或者耐老化性能优异但价格昂贵的氟塑料（典型的如聚四氟乙烯）等，若使用普通的聚氯乙烯则很快会老化变脆，失去力学性能。

5. 受力部件

电梯部件中钢丝绳和弹簧长期处于受力状态，通常材料在经受应力的状态下能促进腐蚀、加快失效。曳引钢丝绳本身具备较高的拉升强度，且钢丝绳的麻芯中存有润滑油脂，在钢丝绳张紧时能渗出微量油脂润滑绳体，同时油膜也能防水防锈。但在苛刻的腐蚀性环境中，钢丝绳中固有的油脂起到的防腐效用可能降低，此时可加涂钢丝绳防腐油脂，以提高绳体的防腐性能,同时加强润滑性和黏附性。现在还出现了绳体并排加工、外覆聚氨酯的带状钢丝绳,不仅提高了防腐性能,也增大了绳体使用允许的曲率,减小了曳引轮的尺寸。

弹簧除了承受固定方向的应力,还常在交变应力下工作,如绳头组合中的弹簧,处于易发生疲劳腐蚀的状态下。弹簧可使用涂抹防腐油脂和挠性韧性的涂料加强保护,且在油脂的选择性上优于曳引钢丝绳,不必考虑过度润滑、降低曳引比的因素。对弹簧做发蓝处理也能在弹簧的表面产生一层致密的氧化膜,防止进一步氧化腐蚀。对不用长期处于工作状态的弹簧也可采用涂镀层或渗层技术做防腐处理。在强度允许的情况下还可用耐腐蚀材料的弹簧代替一般碳素钢弹簧,如不锈钢弹簧。弹簧防腐蚀处理的效果如图 22-9 所示。

(a)　　　　　　(b)

图 22-9　弹簧的防腐蚀处理
(a) 做防腐蚀处理的弹簧;(b) 未做防腐蚀处理的弹簧

22.4.2　工作原理

防腐电梯除防腐蚀功能外,其余工作原理与普通电梯相同。

22.5　技术要求和主要性能指标

22.5.1　基本技术要求

防腐电梯的关于电梯方面的基本技术要求与普通电梯相同,仅电梯钢结构结构件的涂装和部分零部件的材质、外壳型式和设计细节与普通电梯不同。

腐蚀性环境中的腐蚀物质可分为酸性、中性和碱性,同等浓度情况下以酸性的腐蚀性最强,相同物质则浓度高、空气相对湿度高时腐蚀性更强。除了腐蚀性物质的酸碱性和浓度,腐蚀性物质所含离子有时对材料也具有特殊腐蚀作用,故针对某些特殊离子,需要做特殊防腐蚀处理。

防腐电梯钢结构涂装的总厚度由拟定的涂层使用年限和防腐性等级而定,但一般电梯的预期使用寿命都在 10 年以上,故防腐电梯钢结构的涂层使用年限一般都按 10 年以上计。弱腐蚀环境的防腐电梯钢结构涂层厚度不小于 200 μm,中等腐蚀环境不小于 240 μm,强腐蚀性环境则不小于 280 μm。钢结构部件在涂装前需经除锈处理,新制电梯钢结构基层的除锈等级不应低于 $Sa2\frac{1}{2}$。防腐涂层的种类和配套应能适应腐蚀性环境。

除了腐蚀性物质本身,电梯安装于室内和室外也对腐蚀性有较大影响。室外环境中安装的电梯经受风、霜、雪、雨、日照等气候因素的加速腐蚀影响,通常比室内腐蚀性环境恶劣,所以室外防腐电梯的防腐蚀涂层应比室内型加厚 20~30 μm。

用于酸性介质环境时,宜选用氯化橡胶、聚氨酯、环氧、聚氯乙烯萤丹、高氯化聚乙烯、氯磺化聚乙烯、丙烯酸聚氨酯、丙烯酸环氧和环氧沥青、聚氨酯沥青等涂料。用于弱酸性介质环境时,可选用醇酸涂料。

用于碱性介质环境时,宜选用环氧涂料,也可选用其他匹配的涂料,但不能选用醇酸涂料。

用于室外环境时,可选用氯化橡胶、脂肪族聚氨酯、聚氯乙烯萤丹、高氯化聚乙烯、氯磺化聚乙烯、丙烯酸聚氨酯、丙烯酸环氧和醇酸等涂料,不应选用环氧、环氧沥青和芳香族聚氨酯等涂料。

对涂层的耐磨、耐久和抗渗性能有较高要求时,宜选用树脂玻璃鳞片涂料。

锌、铝和含锌、铝金属层的钢材,其表面应采用环氧底漆封闭。在有机富锌或无机富锌底漆上,宜采用环氧云铁或环氧铁红涂料,不得采用醇酸涂料。防腐蚀涂层的底漆、中间漆和面漆应选用相互结合良好的涂层配套。涂层与钢铁基层的附着力不宜低于 5 MPa。

如果环境中含有以下介质,则防腐电梯不应使用直接暴露于环境的锌、铝及其合金,包括喷、镀、浸锌、铝金属层的钢材:

(1) 碳酸钠粉末、碱或呈碱性反应的盐类介质;

(2) 氯、氯化氢、氟化氢等气体;

(3) 铜、汞、锡、镍、铅等金属的化合物。

不锈钢材料应谨慎用于含氯离子介质作用的部位。铝合铝合金与水泥类材料或钢材接触时,应采取隔离措施。

如果防腐电梯中采用塑料部件,如聚乙烯、聚氯乙烯和聚丙烯塑料,其不能用于高浓度氧化性酸作用的部位。

22.5.2 产品性能和技术参数

防腐电梯的尺寸和载质量规格与普通电梯无异,其主要性能指标主要体现在防腐方面。根据环境腐蚀性等级,防腐电梯具有相适应的防腐蚀性能与其匹配,以东南电梯股份有限公司生产的防腐电梯为例,其防腐相关性能指标如表 22-5 所示。

表 22-5 防腐电梯性能参数

防腐电梯类型	气候防护要求	适用腐蚀性等级
F1	室内	室内中等腐蚀性
F2	室内	室内强腐蚀性
WF	室外	室外弱腐蚀性
WF1	室外	室外中等腐蚀性
WF2	室外	室外强腐蚀性

注:强腐蚀性环境不推荐安装电梯,该环境下即使是防腐电梯,其使用寿命和运行稳定性也存在不确定性。

22.6 选用原则

防腐电梯的选用因电梯使用环境的不同应有所侧重。在选用之前,首先应确认电梯的使用环境,即电梯所处的大气腐蚀类型和级别、气候特点、一年中温湿度差别、环境是否存在凝露、有无建筑物遮蔽等。环境的确认可根据当地气象统计资料或现场测量。对使用环境的腐蚀性评测后,根据"各型防腐电梯适用的典型腐蚀性物质环境表"做腐蚀性等效评定,然后选取相应防腐类型的电梯。

若是特殊腐蚀性大气环境,则大气类型和腐蚀类别很可能超出表 22-1、表 22-2 和表 22-3 中的范围,防腐电梯的选型较为复杂,不过可对腐蚀性物质的特性进行分类,如酸碱性、氧化还原性、是否含有机溶剂等,然后引入温、湿度及其他必须指明的环境特征。例如合成氨工业区内,大气中的腐蚀性物质成分除硫化氢、二氧化碳外还有氨气,超出了大气类型中描述的物质成分界定,则其环境可按如下方式确认:碱性大气环境,腐蚀介质主要为氨气,同时含有硫化氢,无显著氧化还原性,温度范围 $0 \sim 35$ ℃,湿度范围 RH75% ~ 85%,室内环境。当然在工业区内不同位置的腐蚀性物质含量也不同,对于大气具体成分的确认可从用户处获得或现场测量。该环境下防腐电梯按特殊腐蚀性大气碱性类型特殊设计。

通常情况下物质的腐蚀性随浓度升高而增加,故如能获得腐蚀性物质浓度或其对金属的腐蚀程度则有利于防腐电梯的选型,若浓度变化不定时,则按可能达到的最高浓度的防腐等级做选型依据。特殊性腐蚀环境下防腐电梯的防腐处理,首先考虑在该环境下成功实现的防腐方案,或参考电梯安装地点邻近工业设备的防腐方案。若无参考可依,则新拟方案完成之后对其做论证试验,可通过现场腐蚀试验或人工模拟环境加速试验确认所拟防腐方案的可行性。

确认了防腐电梯的类别之后,便可依照该类别下电梯的防腐蚀方案具体设计和选配电梯的构架和组成部件。

22.7 安全使用

22.7.1 安全使用管理制度

防腐电梯的安全使用管理制度与普通电

梯相同,详见3.5.1节。

22.7.2 安装现场准备

防腐电梯的安装现场准备与普通电梯相同,详见3.5.2节。安装时需预备足够的防腐油漆,用于现场焊接后或结构部件碰撞摩擦损伤涂层后的补漆工作。

22.7.3 维护和保养

防腐电梯的维护保养与普通电梯相同,详见3.5.3节,但应关注对电梯结构和零部件腐蚀情况的检查。电梯结构件出现大面积漆膜失效锈蚀情况后,需要做油漆补涂工作,补涂前需用钢丝刷刮除剥离的漆膜和铁锈,直至露出金属底色,方可进行补漆工作。钣金件如出现大面积锈蚀,则应更换。

钢丝绳和弹簧等部件,如出现轻微浮锈可继续使用,大量锈蚀出现则需更换。防腐电梯上钢丝绳和弹簧的更换周期由环境腐蚀性和锈蚀情况而定,不再根据普通电梯的更换频率。钢丝绳和弹簧工作时,形态时时改变,防腐效果通常不及静态部件,故其更换频率普遍高于普通电梯。

弹簧、轴承、销轴、滑槽等活动部位在维护保养时需按时补加防锈油或防锈脂,保证其防腐保护和运动顺滑。对于未做封闭防护的敞开式触点开关,保养时在触点上还需补涂电力复合脂。

22.7.4 常见故障及排除方法

防腐电梯的常见故障及排除方法与普通电梯相同,详见3.5.4节。

22.8 相关标准和规范

1. 安全技术规范

防腐电梯的制造主要采用的安全技术规范如下:

《电梯制造与安装安全规范 第1部分:乘客电梯和载货电梯》(GB/T 7588.1—2020);

《电梯制造与安装安全规范 第2部分:电梯部件的设计原则、计算和检验》(GB/T 7588.2—2020);

《外壳防护等级(IP代码)》(GB/T 4208—2017);

《工业建筑防腐蚀设计标准》(GB/T 50046—2018);

《防腐蚀图层涂装技术规范》(HG/T 4077—2009)。

2. 安装验收规范

防腐电梯验收使用到的技术规范和普通电梯相同,详见3.6节。

第23章

抗 震 电 梯

23.1 概述

23.1.1 定义与功能

抗震电梯是经过特殊设计或附加特殊功能,在地震发生时在一定程度上能保持电梯系统完整性的电梯。特定的抗震电梯还具有地震探测功能,当地震来临时能就近平层,释放乘客。抗震电梯根据其相适应的抗震等级而设计,地震发生后,如果建筑物传递的加速度参数在适用的抗震等级内,电梯可以通过简单维修而达到恢复使用的状态。如果地震发生后,建筑物传递的加速度参数超过电梯抗震等级,则电梯需要评估地震对电梯造成的破坏,判断电梯是否可通过修理恢复,或直接退出使用。

安装地震探测系统的抗震电梯,在地震发生时,电梯能感知震动,并自动就近平层释放乘客。具有P波和S波感知能力的抗震电梯,感知P波后进行就近平层动作,随后处于待机模式,一段时间后如果未监测到S波,则电梯会恢复正常运行,如果监测到S波,则电梯处于地震运行模式,退出服务,只有通过手动操作才能复位。仅装设S波感知能力的抗震电梯,感知到S波后,电梯直接进入地震运行模式,进行就近平层动作,然后退出服务。

地震是因地壳快速释放能量而引起的震动,震动必然引起波动现象,称为地震波,上述的P波和S波即为最主要的两类地震波(见图23-1)。P波为地震纵波,也称胀缩波,是从震源传播出的一种弹性波,传播过程中介质质点的振动方向和波的传播方向一致。P波的传播速度较S波快,故地震发生时P波先于S波到达地表而被监测到,因而P波被称为初至波,P波达到地表后能引起地面上下跳动。S波是地震横波,也称剪切波,也是从震源传播出的一种弹性波,不过其传播过程中介质质点的振动方向和波的传播方向垂直。S波的传播速度较慢,但S波到达地表后能引起地面左右晃动,其对地面和建筑物的破坏要比P波大得多。因而抗震电梯重点关注S波对电梯系统的影响。

图 23-1 地震纵波和横波

发生地震并不意味着一定会对建筑物和公共设施造成破坏,影响人类生活甚至生命安全。地震发生时震源释放的地震波能量可通过震级来表示,但对地面和建筑物的破坏程度实际上和地震烈度相关。同一震级的地震,在地表不同的位置,其烈度是不同的:距离震源近的地方破坏力大,其烈度也大;远离震源的地方破坏力小,其烈度也小。我国的地震烈度从1度开始直至12度,度数越大破坏程度越高。如烈度为1度,人员无震感,仅仪器能测量到,增至5度则大部分人都能有震感,薄弱的墙壁可能有裂纹发生,6度时人员不能平稳站立,7度时建筑开始损坏,直至12度所有地表建筑均遭损毁。如果地区的抗震设防烈度定为6度及以上时,该地区的建筑则需要进行抗震设计。我国地震烈度见表23-1。

表 23-1 我国地震烈度

地 震 烈 度	造成的影响
1度	无感——仅仪器能记录到
2度	微有感——特别敏感的人在完全静止中有感
3度	少有感——室内少数人在静止中有感,悬挂物轻微摆动
4度	多有感——室内大多数人、室外少数人有感,悬挂物摆动,不稳器皿作响
5度	惊醒——室外大多数人有感,家畜不宁,门窗作响,墙壁表面出现裂纹
6度	惊慌——人站立不稳,家畜外逃,器皿翻落,简陋棚舍损坏,陡坎滑坡
7度	房屋损坏——房屋轻微损坏,牌坊、烟囱损坏,地表出现裂缝及喷沙冒水
8度	建筑物破坏——房屋多有损坏,少数破坏路基塌方,地下管道破裂
9度	建筑物普遍破坏——房屋大多数破坏,少数倾倒,牌坊、烟囱等崩塌,铁轨弯曲
10度	建筑物普遍摧毁——房屋倾倒,道路毁坏,山石大量崩塌,水面大浪扑岸
11度	山川易景——房屋大量倒塌,路基堤岸大段崩毁,地表产生很大变化
12度	毁灭——一切建筑物普遍毁坏,地形剧烈变化,动植物遭毁灭

抗震电梯对应于地震对电梯的影响同样划分等级,称为抗震电梯等级。抗震电梯等级的划分基于设计加速度。加速度是地震对建筑物和设施破坏的直接因素,地震烈度即与地震峰值加速度有对应关系。电梯设计加速度也与抗震电梯等级具有对应关系,并且是抗震电梯设计时核算结构强度的主要参数。

23.1.2 发展历程与沿革

地震,尤其是烈度为6度以上的地震对人类生活的安全性造成影响,自古以来,大地震发生都伴随房屋倒塌和人员伤亡。由于房屋倒塌在地震伤亡因素中占据绝对比例,故人类对建筑的抗震研究和实施较早,但随着建筑物内电气设施的普及,抗震设计从单一的建筑物抗震扩展到了机电工程。

抗震电梯的产生与发展较为潜移默化。长期以来电梯的抗震性能未受到足够的重视,一旦发生地震,电梯损坏情况就较为严重。虽然现代意义上的电梯起源于美国,但在欧洲的发展十分迅速,出现了数家大型的电梯企业。欧洲地处欧亚板块腹地,地壳活动相对平稳,发生地震的概率较小,故在欧洲没有提高电梯抗震性能的急迫性。美国的阿拉斯加州位于欧亚板块和美洲板块的交汇处,西部沿海地区则位于太平洋板块和美洲板块的交汇处,这些地区地壳相对活跃,然而即使是美国这样的电梯起源之国,又有地区处于地震带,时至20世纪70年代仍未在电梯设计上引入足够的抗震元素。在1964年美国阿拉斯加州发生地震后,大量电梯受到严重损坏,电梯本身除发生不可修复性故障外,电梯系统上脱落的部件甚至加剧了对建筑物的破坏。1971年美国洛杉矶发生地震,受灾地区中78%的电梯受到损坏,大量电梯的对重直接脱离了导轨。70年代后,美国对公共建筑中的电梯,尤其是医用电梯的抗震能力作出了规定,并纳入电梯标准体系中,随后美国历次地震后,电梯的损坏和对建筑物的影响即得到改善。1987年的洛杉矶地震、1989年的洛马·普里埃塔地震和1995年的洛杉矶再次地震中,电梯的抗震性能都得到体现。

在亚洲地区,日本是地震多发的国家,对电梯抗震能力的需求比较急迫。日本在考虑电梯抗震之初,主要关注于发生地震时电梯的运行状态。日本早期具有简易抗震功能的电梯在发生地震时,自动停止运行,如果有人员困在电梯内,只能通过呼救从而依赖外部救援。后期出现的电梯在发生地震时具有停靠最近层站、释放乘客的功能。人员释放后,电梯不再运行,以降低电梯运动带来的危险性碰撞和损坏。停止后的电梯如果遭受较为剧烈的震动,仍会出现部件脱离位置和柔性部件缠绕。时至2011年著名的日本"3·11"大地震中,仍有不少电梯的轿厢在地震过程中发生坠落,造成人员伤亡。2012年日本国土交通省修订了电梯抗震的执行标准,而在此之前仅有行业协会主导编制的指导性文件。

我国也是地震多发的国家,但由于我国国土辽阔,地震发生比较分散,频次不一,尤其大部分发达城市并不位于地壳活跃地带,造成对于电梯抗震能力的需求具有地区性,且有电梯抗震需求的地区的电梯安装量并不庞大,故长期以来对电梯抗震方面的关注和研究并不热门。由于建筑行业对于抗震措施的实施比较成熟,故在《抗建筑震设计规范》和《建筑机电工程抗震设计规范》中都涉及了电梯的抗震要求,但电梯行业对于建筑标准的认知度并不高,大部分单位未将建筑标准列入电梯设计的执行标准,且《抗建筑震设计规范》和《建筑机电工程抗震设计规范》仅从电梯和建筑物之间的关系上对电梯的抗震能力做了要求,对电梯抗震措施的实质性规定并不全面和完整。

我国在2008年发生了震惊中外的"5·12"汶川大地震,地震中大量电梯损坏严重,也由此催生了对电梯在地震发生时应具备性能的研究。我国在2014年发布了《地震情况下的电梯要求》(GB/T 31095—2014)国家标准,不同于以往的标准仅对电梯的抗震要求做简要规定,该标准具有较高的指导意义和较强的可执行性,从此我国在电梯的抗震性方面也有了专门的标准。

23.2 分类

1. 按通用方式分类

抗震电梯在驱动方式、拖动及调速方式、控制方式、曳引悬挂介质方式、用途、额定速度、整梯结构上的分类与普通电梯相同,详见3.2节。

2. 按抗震电梯等级分类

按抗震电梯等级,可分为0级、1级、2级和3级抗震电梯。

23.3 结构组成及工作原理

23.3.1 结构组成

1. 设计原则

抗震电梯结构设计最重要的原则为电梯系统在附加地震作用力后能保持结构完整和柔性部件不发生缠绕和勾挂。地震发生时,地震对电梯系统的影响因素可以转化为加速度,加速度还可反映地震作用的强弱程度。优良设计的抗震电梯应能承受烈度为7~8度的地震作用,而不会发生明显损坏。

2. 井道部件

在井道内壁固定的电梯结构部件主要为导轨支架、导轨、层门地坎、层门装置和各类开关支架等。与井道壁面直接连接的部件,通常使用膨胀螺栓固定,如果是钢结构则为焊接固定。这类部件直接与建筑结构连接,固定较为稳固,由设计加速度引起的地震力作用下不易脱离,即使进行抗震强化固定,也可通过增加固定点很方便地实现。

对于导轨的选用,在强度校核时需附加地震力,地震力会增加轿厢、载质量和对重对导轨的弯曲载荷,故抗震电梯导轨的强度要求高于普通电梯。

井道结构部件需有防勾挂设计,其功能是防止电梯柔性部件因晃动而进入井道内部件凸出的勾挂点,而被该部位羁绊。垂挂于井道内的柔性部件主要有随行电缆、补偿绳（链）、限速器钢丝绳、选层器钢带、曳引钢丝绳等。柔性部件的晃动幅度与井道高度关系密切：当井道高度不大于 20 m，地震发生时，建筑物晃动或变形较小，井道部件甚至不需采取防勾挂设计；当井道高度在 20～60 m，柔性部件的晃动幅度已非常显著，尤其像随行电缆这类悬垂自由度较大的柔性部件，最大晃动幅度甚至能达到±800 mm；而当井道高度超过 60 m，则晃动幅度更甚，甚至覆盖整个井道平面。故当井道高度超过 20 m，即需要进行防勾挂设计，如果柔性部件的悬垂点位置距离勾挂点超过最大晃动幅度，并仍留有适当的余量，则可不附加防护措施。如果勾挂点临近柔性部件最大晃动幅度，或在晃动幅度内，则需要采取防护措施。

防勾挂措施可通过限制柔性部件的晃动幅度和消除勾挂点来实现。限制柔性部件的晃动，可设置导向装置、防晃槽和张紧装置。导向装置的应用在补偿绳（链）上比较常见，即使是普通电梯，补偿绳（链）上通常也配置导向装置。如果使用补偿绳，还可在补偿绳下端悬挂张紧轮来限制补偿绳下端的自由度。限速器钢丝绳非链接联动机构侧（返回侧）同样可布置导向装置，可通过间隔一定距离布置一个导向装置而在全程限制钢丝绳的晃动。鉴于补偿绳（链）的运动特性，补偿绳（链）的导向装置只能在悬垂底部布置，中段仍有一定晃动幅度。随行电缆的晃动限制装置主要为防晃槽和张紧轮。防晃槽从上至下将随行电缆包裹其内，仅留一道槽口用于随行电缆架的伸入和上下运动。随行电缆张紧轮的功能和作用与补偿绳张紧轮类似，只是随行电缆悬垂底端随轿厢运动而上下变化，故随行电缆张紧轮除转动外，还应提供上下平动能力，通常将张紧轮架置于垂直导向的导轨上实现上下平动功能。随行电缆和补偿绳采用张紧轮，除可防止悬垂底部的晃动外，还可减少随行电缆和补偿绳本身的缠绕。限速器钢丝绳或选层器钢带的防勾挂措施如图 23-2 所示。勾挂点的防护措施如图 23-3 所示。

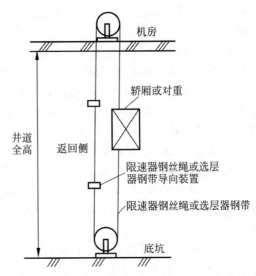

图 23-2　限速器钢丝绳或选层器钢带的防勾挂措施

消除勾挂点的措施则基于将井道部件的凸出部位通过防护板过渡、防护网避让，或通过在凸出部位垂向布置防护线，两者的作用都是当柔性部件欲进入勾挂区域时，将柔性部件挡于凸出部位外，或通过倾斜面避让。导轨支架及中间梁的防护措施如图 23-4、图 23-5 所示。

3．轿厢和对重框

轿厢和对重框在设计时应附加地震力对其的影响。轿架结构能承受既有轿厢载荷偏载和设计加速度引起的附加力的作用，轿壁则考虑电梯水平晃动时，乘客或货物撞击和积压轿壁的影响。对重框内的对重块应能牢固固定，对重框侧部应设计挡条，防止对重块在框内移位甚至脱离框架。

如抗震电梯等级在 2 级及以上，轿厢和对重框上都需设计保持装置，即使导靴失效，保持装置仍能将轿厢或对重框限制在导轨上，并能承受相应设计加速度产生的地震力而不致脱轨。保持装置的形态通常与导靴相似，安装于轿架或对重框的两侧，依靠保持装置包裹导轨，在空间上交错重合，起到限制轿厢或对重的作用，但保持装置与导轨的间隙比导靴略大。正常运行状态下，保持装置与导轨不接触，故而不受力，若导靴在地震力的作用下移位或失效，轿厢或对重即可通过保持装置仍限

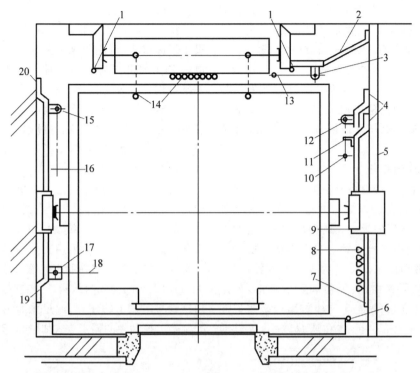

1—对重导轨支架防护线；2—防护装置或防护线；3—限速器绳导向装置；4—防护装置或防护线；5—中间隔梁；6—防护装置或防护线；7—随行电缆防护网或防护装置；8—随行电缆；9—轿厢导轨支架防护线；10—轿厢限速器绳；11—感应板；12—限速器绳导向装置；13—对重限速器绳；14—补偿绳或补偿链；15—限速器绳导向装置；16—轿厢限速器绳；17—选层器钢带导向装置；18—选层器钢带；19—防护装置或防护线；20—防护装置或防护线。

图 23-3　勾挂点的防护措施

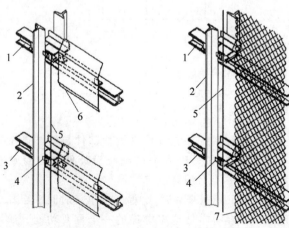

1—中间梁导轨支架；2—轿厢侧导轨；3—中间梁；4—导轨支架；5—防护线；6—防护装置；7—保护金属网。

图 23-4　导轨支架及中间梁的防护措施

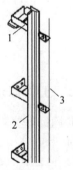

1—导轨支架；2—对重侧导轨；3—防护线。

图 23-5　采用防护线对导轨支架进行防护

位于导轨上。保持装置能承受相应的地震力,即使轿厢、对重框或导轨发生弹性变形,其仍与导轨有足够的啮合而使轿厢或对重保持在原位。

4. 曳引轮、绳轮或链轮

曳引轮、绳轮或链轮设计有加强型的挡绳杆,在钢丝绳的包角范围内,每90°设置一道挡绳杆,用于防止钢丝绳或链条因受震动而移位或松弛。

5. 机房设备

机房内的机器设备具有防倾覆设计,普通电梯的机器设备的固定方式通常未考虑设备遭受水平加速度的影响,如高度不是很高的控制柜,甚至地脚螺栓不锁定也无影响。机房内最易发生倾覆隐患的设备为曳引机和控制柜,其他部件如限速器、夹绳器和配电箱等,与建筑物直接固定,或固定于与建筑结构坚实连接的承重梁上,且部件形体和质量较小,抗震动

移位和脱离能力强。

抗震电梯的曳引机设计有宽大的机座,并设置了减震垫,机座与承重梁的连接点比普通电梯多,用于形成稳固的基体。机座上的减震垫平时用于吸收主机运行时的振动,地震发生时也可在一定程度上吸收地震的作用力。抗震电梯的主机减震垫上的橡胶强度和硬度,按设计加速度权衡选用,具备抵抗主机遭受水平地震力作用的能力。

控制柜形体较高,相比主机更容易发生倾覆,故控制柜除了底部采用地脚螺栓固定外,柜体上部仍需辅助加固。控制柜可靠近墙壁或承重梁布置,在柜体上部采用支架与机房墙体或承重梁连接固定。如控制柜只能布置于房间中央,四周无坚固的依附结构,则控制柜顶部可采用钢索与房顶吊钩相连,通过张紧的钢索加固控制柜。控制柜的固定方式如图23-6所示。

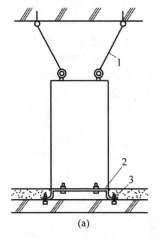 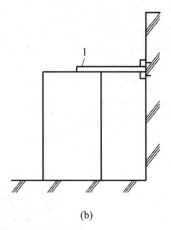

1—固定装置;2—支撑底座;3—膨胀螺栓。

图 23-6 控制柜的固定方式

(a)利用上部楼板固定;(b)利用墙壁固定

23.3.2 工作原理

抗震电梯除抗震功能外,其余工作原理与普通电梯相同。

抗震电梯通过引入设计加速度,在构建电梯结构时做了强化设计,当地震来临时电梯自身能抵御相应等级地震力的冲击而不受损坏,分散布置的机器设备也不致发生倾覆和移位。抗震电梯通过勾挂防护措施,防止电梯系统在晃动中其柔性部件与勾挂点发生勾挂,柔性部件的防缠绕设计使其自身在晃动中不会缠绕。

地震来临时,电梯能在第一时间平层释放乘客同样是抗震电梯的一个重要功能。如地震烈度较大,正常电源具有发生故障的隐患,通常抗震电梯等级为2级及以上的抗震电梯都备有自身电源,当正常供电出现故障时,自身的电源仍可支持电梯就近平层,开门释放乘客。

抗震电梯等级为 3 级的电梯会设置 S 波地震探测系统，其他等级电梯也可酌情设置，该系统一般装设在底坑、机房或无机房电梯的井道顶部。当 S 波地震探测系统探测到地震发生，电梯会自动进入地震运行模式，该模式下将取消所有登记的轿厢和层站召唤指令。如此时电梯正好处于平层状态，则电梯保持门开启并退出服务状态；如电梯处于运行中，则电梯低速向远离对重的方向就近平层，然后开门释放乘客，电梯保持开门状态并退出服务。

抗震电梯除设置 S 波探测系统外，还可设置 P 波探测系统，该系统通常安装于底坑中。当 P 波探测系统检测到地震信号后，如电梯位于层站则保持原状态 60 s，此期间 S 波探测系统被地震信号触发，电梯即进入地震运行模式，否则电梯自动切换到正常模式；如电梯处于运行中，电梯会低速就近平层，开门释放乘客，然后进入地震待机模式，同样持续 60 s，此期间 S 波探测系统被地震信号触发，电梯即进入地震运行模式，否则电梯自动切换到正常模式。

23.4 技术要求和主要性能指标

23.4.1 基本技术要求

对于抗震电梯的基本技术要求与普通电梯相同，其主要特殊要求来源于对地震来临时的安全要求和防护措施。抗震电梯基于设计加速度划分抗震等级，设计加速度是地震发生时作用于电梯系统上的力（力矩）的水平加速度。根据设计加速度可将抗震电梯分为 4 个等级（见表 23-2），每个等级都有相应的抗震措施要求。

表 23-2 抗震电梯等级

设计加速度 $a_d/(m \cdot s^{-2})$	抗震电梯等级	备注
$a_d < 1$	0	不需要采用任何额外的防护措施
$1 \leq a_d < 2.5$	1	需要采取较少的防护措施
$2.5 \leq a_d < 4$	2	需要采取中等的防护措施
$a_d \geq 4$	3	需要采取充分的防护措施

抗震电梯的井道为了防止悬挂钢丝绳、限速器钢丝绳、随行电缆、补偿绳/链等柔性部件在井道内晃动时与固定设备、凸出结构（勾挂点）产生勾挂，应采取相应的防护措施：当井道高度不大于 20 m 时，建筑物晃动比较小，不用采取额外措施；当井道高度在 20～60 m 时，当柔性部件与勾挂点接近到一定距离，诸如随行电缆与勾挂点的水平距离小于 900 mm，补偿绳/链、对重限速器绳与勾挂点的水平距离小于 750 mm，轿厢限速器钢丝绳、选层器钢带与勾挂点的水平距离小于 500 mm，悬挂钢丝绳与勾挂点的水平距离小于 300 mm 时，勾挂点处需加设防护措施，防止柔性部件与之勾挂；当井道高度大于 60 m 时，无论柔性部件与勾挂点的水平距离是多少，勾挂点处都需加设防护措施。典型的勾挂点如导轨支架的折角和布置于导轨上的开关支架，而常见的防护措施便是在勾挂点位置加装防护绳，在凸出部位安装防护板或防护网。

如果建筑物设计有伸缩缝，且这些伸缩缝用于将建筑结构细分为动态独立的单元，则电梯的所有机器设备包括层站入口和井道应位于伸缩缝的同一侧。

电梯设计时应考虑轿厢总质量加上设计加速度产生的力。对于乘客电梯，轿厢的总质量取轿厢的质量加 40% 均匀分布的额定载质量；对于载货电梯，轿厢的总质量取轿厢的质量加 80% 均匀分布的额定载质量。对于抗震电梯等级为 2 级和 3 级的电梯，轿架应至少在上部和下部设置使轿架保持在导轨上的保持装置，轿厢结构和保持装置应足以承受施加在其上的载荷和力，包括由设计加速度产生的力，且无永久变形。

对于抗震电梯等级为 2 级和 3 级的电梯，

为防止轿门打开,轿门应设置一个轿门门锁装置,其设计和操作与层门门锁相类似。

对重或平衡重应在上部和下部设置使其框架保持在导轨上的保持装置,对重或平衡重结构和保持装置应足以承受施加在其上的载荷和力,包括由设计加速度产生的力,且无永久变形。如果对重或平衡重由重块组成,应考虑设计加速度并采取必要的措施,以防止重块脱离框架。

应在离钢丝绳进、出绳槽的点不超过15°的位置设置防止钢丝绳脱离绳槽的挡绳装置,并且在包角范围内每间隔90°至少设置一个挡绳装置,挡绳装置的强度、刚度及挡绳装置与滑轮之间的间隙与钢丝绳的直径相比应确保挡绳有效。应在链条进、出链轮的位置设置防止链条脱离链轮的装置。

在底坑中应设置补偿链或类似装置的导向装置,以限制其摆动,防止触及勾挂点。

导轨应能承受设计加速度产生的载荷和力。

机器设备包括控制柜和驱动系统、驱动主机、主开关、油缸和柱塞、紧急操作装置、滑轮、顶部梁及其支架、绳端接装置、限速器、张紧轮以及补偿绳张紧装置的设计和固定,应能防止作用于其上的力使其倾覆或移位,这个力包括设计加速度产生的力。

对于固定在井道中的平层开关装置或极限开关、感应板或类似装置,其设计和安装应确保它们能承受作用在其上的载荷和力,包括设计加速度产生的力。此外,应设置上述装置的防护装置,防止井道内的绳索和电缆摆动造成损坏。

对于抗震电梯等级为2级和3级的电梯,如果发生地震,正常电源发生故障时为了避免乘客困在轿厢中,电梯应能使轿厢自动向上或向下移动至下一层站。

对于具有对重或平衡重的抗震电梯等级为3级的电梯,应设置S波地震探测系统,还可附加设置P波探测系统。

23.4.2 产品性能和技术参数

抗震电梯的性能和技术参数,除增加抗震电梯等级参数外,其余与普通电梯一致。抗震电梯等级参数见表23-2,此处不再赘述。

23.5 选用原则

在电梯常规参数的选用上,抗震电梯与普通电梯无异,仅在抗震电梯等级上需做特定选型。抗震电梯等级的选定依赖于设计加速度的数值范围,而设计加速度则是地面加速度、土层情况、非结构件重要性系数和其他相关参数的函数。所以选用抗震电梯时,先根据当地地震设防参数、土层参数和建筑物参数换算设计加速度,然后根据设计加速度数值选定抗震电梯等级。设计加速度是专门用于抗震电梯的参数,故抗震电梯的等级仅能通过设计加速度确定,不能直接使用抗震设防烈度对应的加速度来选型和作为电梯强度校核依据。

在地震多发地区的建筑物内装设电梯,需要关注电梯的抗震性能,核算设计加速度,尤其是抗震设防烈度在6度及以上的地区。目前,虽然我国对电梯的抗震性能并不作为强制要求,国家标准《地震情况下的电梯要求》也非强制性标准,但地震多发地区电梯的选型和设计遵从抗震要求仍具有毋庸置疑的必要性。

23.6 安全使用

23.6.1 安全使用管理制度

抗震电梯的安全使用管理制度与普通电梯基本相同,详见3.5.1节。但在轿厢中应张贴发生地震时乘客的行为指导信息,以使乘客在发生地震时免于惊慌失措,按规定逃离。

23.6.2 安装现场准备

抗震电梯的安装现场准备与普通电梯基本相同,详见 3.5.2 节。安装时确认机器设备防倾覆措施,柔性部件防勾挂和缠绕措施是否配套。如安装了地震探测系统,需确认该系统能正常运行,并确认在正常供电失效的情况下,地震探测系统仍可正常工作至少 24 h。

23.6.3 维护和保养

抗震电梯的维护保养与普通电梯基本相同,详见 3.5.3 节。但需附加关注抗震措施和抗震设计是否保持有效。柔性部件的张紧轮应旋转畅顺、润滑良好,上下平动的滑轨运行无阻。钢丝绳或链条在轮系统中位置准确,挡绳杆间距正确,固定牢固。勾挂点的防护板和防护网固定牢固,不会发生松动脱落。防护绳应处于张紧状态,不能松弛。各分散设备的固定螺栓或支架固定稳固,无松动。定期检查确认地震探测系统处于正常工作状态。

23.6.4 常见故障及排除方法

抗震电梯的常见故障和排除方法和普通电梯相同,详见 3.5.4 节。

23.7 相关标准和规范

1. 安全技术规范

《电梯制造与安装安全规范 第 1 部分:乘客电梯和载货电梯》(GB/T 7588.1—2020);

《电梯制造与安装安全规范 第 2 部分:电梯部件的设计原则、计算和检验》(GB/T 7588.2—2020);

《建筑机电工程抗震设计规范》(GB 50981—2014);

《建筑抗震设计规范》(GB 50011—2010);

《地震情况下的电梯要求》(GB/T 31095—2014)。

2. 安装验收规范:

《电梯监督检验和定期检验规则》(TSG T7001—2023);

《电梯制造与安装安全规范 第 1 部分:乘客电梯和载货电梯》(GB/T 7588.1—2020);

《建筑抗震设计规范》(GB 50011—2010);

《电梯工程施工质量验收规范》(GB 50310—2002);

《电梯安装验收规范》(GB/T 10060—2023)。

第24章

室外型电梯

24.1 概述

24.1.1 定义

室外型电梯是指具有部分封闭井道的电梯,且不封闭部分的井道直接暴露在室外。室外型电梯多为与瞭望台、竖井、塔式建筑物相连接的观光电梯。

24.1.2 发展历程与沿革

1. 国内室外型电梯的发展概况

国内最著名的室外电梯是百龙天梯。百龙天梯位于世界自然遗产张家界武陵源风景名胜区内,由北京百龙绿色科技企业总公司、英国弗洛伊德有限公司合资兴建,于1999年9月动工,2002年4月竣工并投入试营运。电梯主要设备由德国Rangger(朗格尔)国际电梯公司研究生产,耗资1.8亿元。

百龙天梯气势恢宏,垂直高差335 m,运行高度326 m,由154 m的山体内竖井和172 m的贴山钢结构井架组成,采用3台双层全暴露观光并列分体运行。以"最高户外电梯"荣誉而被载入吉尼斯世界纪录,是自然美景和人造奇观的完美结合(见图24-1)。百龙天梯的建成实现了"山上游,山下住"的目标,将袁家界、金鞭溪、天下第一桥、迷魂台等绝世美景从幕后推向了前台,解决了困扰景区多年的交通"瓶颈"问题。

图24-1 百龙天梯

2013年4月，百龙天梯与德国的鱼缸电梯、美国的拱门电梯等一同上榜世界11大创意电梯，成为中国唯一上榜的电梯。2013年，百龙天梯进行扩容升级，单程运力每小时增加400人左右，速度由3 m/s提高到5 m/s。2015年，百龙天梯再次进行升级改造，运力由单梯50人提升至64人，时间由1 min 58 s缩短至66 s。

比较遗憾的是目前国内的电梯厂商在室外电梯上的研究还略显不足，同等产品在技术处理、运行可靠性上还有一定的差距。

2．国内室外型电梯的发展概况

欧洲最著名的室外观光电梯是瑞士的哈梅茨施万德观光电梯（见图24-2）。该电梯由迅达集团制造和负责运营，电梯运行一次用时不到1 min。整座电梯高达153 m，是全欧洲最高的户外电梯，相当于50层大厦的高度。电梯最初是为了游客能俯瞰整个卢塞恩湖而建。

如图24-3所示的室外检修电梯位于印度尼西亚的Siak桥上，载质量1250 kg、速度1.0 m/s、运行行程65 m，下部与垂直面夹角7°、上部与垂直面夹角0°，由德国Hütter公司设计、制造。

图24-3　印度尼西亚Siak桥上的室外检修电梯

24.2　分类

1．按驱动方式分

（1）曳引驱动载货电梯：依靠摩擦力驱动的室外型电梯。

（2）液压驱动载货电梯：依靠液压驱动的室外型电梯。

（3）强制驱动载货电梯：采用链或钢丝绳悬吊的非摩擦方式驱动的室外型电梯。

2．按使用功能分

（1）室外观光电梯：井道和轿厢壁至少有一侧透明，乘客可观看轿厢外景物的室外型电梯，如图24-4所示。

（2）室外检修电梯：依附在建筑或设备之外的电梯，仅供所依附的建筑或设备的检修人员使用。这种电梯多见于天线塔、烟囱、桥塔

图24-2　哈梅茨施万德观光电梯

图 24-4 室外观光电梯

等地方,且运行轨迹大多与垂直面有一定的角度。

24.3 工作原理及结构组成

24.3.1 工作原理

室外电梯如同我们常见的室内载货电梯、乘客电梯,同样由曳引系统、导向系统、门系统、轿厢系统、重量平衡系统、电力拖动系统、电气控制系统、安全保护系统等组成。但室外电梯的井道是不完全封闭的,不封闭部分的井道直接暴露在室外环境下,因此在部件的选型、结构设计及电梯的控制等方面上需要充分考虑室外环境(比如风、降雨、粉尘等)对电梯的影响。

1. 风对室外电梯的影响

空气的水平运动称为风,是由空气流动引起的一种自然现象。风速是指空气在单位时间内流动的水平距离。根据风对地上物体所引起的现象将风的大小分为多个等级,常用的是"蒲福风级"。"蒲福风级"是英国人蒲福于1805年根据风对地面(或海面)物体影响程度而定出的风力等级,共分为0~17级,11级以上的风力在陆地上绝少见到。

风压是垂直于气流方向的平面所受到的风的压力。如果以 v 表示风速(m/s),w_0 为垂直于风的来向 1 m² 面积上所受风的基本压力(kg/m²),ρ 为空气密度(kg/m³),根据伯努利方程可得到 $w_0 = 0.5 \cdot \rho \cdot v^2$。表 24-1 所示为标准状态下(气压为 1013 hPa,温度为 15 ℃)风级、风速与基本风压之间的对应关系。

表 24-1 风级对应的风速及基本风压

风级	名称	风速/(m·s⁻¹)	风压/(N·m⁻²)	陆 地 物 象
0	无风	0~0.2	0~0.03	烟直上,感觉没风
1	软风	0.3~1.5	0.06~1.41	烟示风向,风向标不转动
2	轻风	1.6~3.3	1.6~6.81	感觉有风,树叶有一点响声
3	微风	3.4~5.4	7.24~18.24	树叶树枝摇摆,旌旗展开
4	和风	5.5~7.9	18.91~39.01	吹起尘土、纸张、灰尘、沙粒
5	轻劲风	8~10.7	40~71.56	小树摇摆,湖面泛小波,阻力极大
6	强风	10.8~13.8	72.9~119.03	树枝摇动,电线有声,举伞困难
7	疾风	13.9~17.1	120.76~182.76	步行困难,大树摇动,气球吹起或破裂
8	大风	17.2~20.7	184.9~267.81	折毁树枝,前行感觉阻力很大,可能伞飞走
9	烈风	20.8~24.4	270.4~372.1	屋顶受损,瓦片吹飞,树枝折断
10	狂风	24.5~28.4	375.16~504.1	拔起树木,摧毁房屋
11	暴风	28.5~32.6	507.66~664.24	损毁普遍,房屋吹走,有可能出现"沙尘暴"

一个暴露在外的电梯部件所承受的风载荷为

$$W = W_k \times A$$

式中，W_k——风载标准值；

A——迎风面积，迎风面积按部件迎风面在垂直于风向平面上的投影面积。

$$W_k = \beta_z \times \mu_s \times \mu_z \times w_0$$

式中，β_z——高度 z 处的风振系数；

μ_s——风载体型系数；

μ_z——风压高度变化系数。

β_z、μ_s、μ_z 这几个参数可以参考《建筑结构荷载规范》(GB 50009—2012)第 8 章内的相应表格、计算公式得到。

由以上公式可知，随着风速的提高，风压也逐级增大。电梯也很难在大风、烈风、狂风等高等的风速下正常使用，因此电梯厂商应与用户协商约定两个风速级别：电梯正常使用下的风速，为第一级风速；电梯主要部件不至损坏的风速，为第二级风速。图 24-5 所示为小型气象监测站的设备配置。

1—温湿度传感器；2—风向传感器；3—雨雪传感器；
4—雨量传感器；5—风速传感器。

图 24-5　小型气象监测站

井道内的部件如导轨、导轨支架、轿厢、对重、门系统、钢丝绳、随行电缆等直接暴露在外，则会承受一个附加的风载荷。这些部件应在第一级风速对应产生的附加风载荷下可以确保电梯的正常运行，而这些部件的主要结构件应在第二级风速对应产生的附加风载荷下确保不致损坏。

曳引钢丝绳、补偿钢丝绳、限速器钢丝绳在横向风的作用下，曳引钢丝绳、补偿钢丝绳、限速器钢丝绳在横向风的作用下会发生横向摆动，特别是在阵风的作用下钢丝绳之间、钢丝绳与周边结构之间会发生碰撞，如果周边结构设计不合理会钩挂到钢丝绳引起危险。因此井道内的结构不应有可以钩挂到钢丝绳的结构，且在维保过程中发现钢丝绳有损伤达到报废标准时应及时更换。

采用随行电缆这种轿厢与控制柜之间的信号传输方式时，由于随行电缆较软，在风的作用下会随风飘荡，这样很容易钩挂到井道部件，甚至被拉断，因此使用随行电缆时应对随行电缆设置导向，或将随行电缆限制在一个从上到下的随行电缆槽内。当然也可以选用其他的方式传输轿厢与控制柜之间的信号，比如滑触线。选用滑触传输信号的室外升降装置，如图 24-6 所示。

室外电梯在附加风载荷作用下，除了以上进行验算之外还适宜增加检测风速的措施（比如设置三杯式风速仪），将信号传输至控制系统。

三杯式风速仪是通过电路得到与风杯转速成正比的脉冲信号，该脉冲信号由计数器计数，经换算后就能得出实际风速值，这个风速值将实时传入控制系统。当检测到风速达到设定值时（如 7 级风，对应风速 17.1 m/s），电梯将返回基站，并断电停止使用；再次正常运行前，应先检查井道内是否有影响电梯运行的物品（如卡在井道内的树枝），再检修速度慢速运行一周，确保安全后重新投入使用。建议设定两次检测都超过设定值时有效，或两次检测平均值超过设定值有效，两次检测的时间间隔为 60 s。

图 24-6 选用滑触传输信号的室外升降装置

2. 雨水、粉尘对室外电梯的影响

1) 防腐蚀

雨水、高湿度的雾气会使室外电梯外露的结构部分加速腐蚀，影响其寿命，以及使用、安全性能。在室外电梯表面涂装和设计结构上需要进行有针对性的设计，可以参考第 22 章防腐电梯部分的相关内容。

2) IP 防护

沙尘或尺寸较大的颗粒不仅易于沉积在设备上，还常进入设备内部，影响和干扰内部部件的运作。高湿度空气中，水蒸气的分压较大，甚至分压超过该条件下的饱和蒸汽压而在空气中形成水雾，使空间环境变得异常潮湿，设备处于这样的环境中，很容易在较冷外壳上形成凝露，水蒸气或水雾也极易透过设备的外壳进入内部。在降雨时，雨水流过设备表面，设备部分或全部可能会沉浸于积水中。为了能使设备在上述环境中也能正常使用，常需提高设备外壳对于粉尘和水的防护能力。

IP 防护技术是防止外来异物和水透过电气设备的外壳而影响壳内部件，不仅能限制外来粉尘、颗粒和水进入设备，还能防止人体意外接触而发生危险。IP 防护的关键在于设备外壳的密闭程度，可通过限制外壳的开口尺寸、合盖间隙或者通过设计特殊的结构防止外物进入。

设备的外壳通常作为内部部件的支架使部件限制在一定的位置而协同作用，从而具备某个特定功能。外壳还为部件提供相应保护，使设备成为一个整体而便于运输和安装。外壳作为设备的外在形式，甚至还需具备一定的美观性。我们平时所见的设备外壳通常形式多样，或全部封闭，或近乎敞开。基于防护的目的，自然全封闭的外壳具备更高的安全性，且封闭性越高防护能力越强，但现实中鉴于多方面的考虑不是所有的设备都适宜采用全密闭的外壳。有些设备工作的环境本身就很少存在大颗粒的异物和水，或者设备本身能适应环境中的外来异物，则设备不必强求很高的 IP 防护能力。有的设备则是基于节约外壳用料、散热或便于观察内部等考虑而有意在外壳上开孔，如果使用全密闭的外壳甚至会影响设备运行。

由于不同使用环境或设备本身对异物和水的防护要求不尽相同，所以设备外壳的防护能力也可相应配置。国际上普遍采用国际电工协会（IEC）制定的 IP 防护等级系统，对设备的防尘和防水能力做评价和划分等级，以便根据需要选择相应防护等级的设备。

IEC IP 防护等级使用 IP 代码的方式表述，代码配置如"IP 24CH"。"IP"表示国际防护，其后第一个数字表示防尘等级，从 0 到 6 有

7个等级,如果无要求则用"X"表示。第二个数字表示防水等级,从0~8有9个等级,如无要求则也用"X"表示。数字后面的两个字母分别为附加字母和补充字母,前者表示对人接近危险部件的防护等级,从A~D共4个等级,后者则是对设备的补充说明,选用表示的字母有H、M、S和W。附加字母和补充字母可以空缺不填。各数字和字母的含义见表24-2。

表24-2　IP代码说明[《外壳防护等级(IP代码)》(GB/T 4208—2017)]

代码组成	数字/字母	含　　义	简要说明
第一位数字	0	无防护	无防护
	1	直径50 mm的球形物体试具不得完全进入壳内	防止直径不小于50 mm的固体异物
	2	直径12.5 mm的球形物体试具不得完全进入壳内	防止直径不小于12.5 mm的固体异物
	3	直径2.5 mm的球形物体试具不得完全进入壳内	防止直径不小于2.5 mm的固体异物
	4	直径1.0 mm的球形物体试具不得完全进入壳内	防止直径不小于1.0 mm的固体异物
	5	不能完全防止尘埃进入,但进入的灰尘量不得影响设备的正常运行,不得影响安全	防尘
	6	无灰尘进入	尘密
第二位数字	0	无防护	无防护
	1	垂直方向滴水应无有害影响	防止垂直方向滴水
	2	当外壳的各垂直面在15°倾斜时,垂直滴水应无有害影响	防止当外壳在15°倾斜时垂直方向滴水
	3	当外壳的各垂直面在60°范围内淋水,无有害影响	防淋水
	4	向外壳各方向溅水无有害影响	防溅水
	5	向外壳各方向喷水无有害影响	防喷水
	6	向外壳各方向强烈喷水无有害影响	防强烈喷水
	7	浸入规定压力的水中经规定时间后外壳进水量不致达到有害程度	防短时间浸水影响
	8	按生产厂和用户双方同意的条件(应比特征数字7时严酷)持续潜水后外壳进水量不致达到有害程度	防持续浸水影响
	9	向外壳各方向喷射高温/高压水无有害影响	防高温/高压喷水的影响
附加字母 (可选择)	A	直径50 mm的球形试具与危险部件应保持足够的间隙	防止手背接近
	B	直径12 mm,长80 mm的铰接试指与危险部件应保持足够的间隙	防止手指接近
	C	直径2.5 mm,长100 mm的试具与危险部件应保持足够的间隙	防止工具接近
	D	直径1.0 mm,长100 mm的试具与危险部件应保持足够的间隙	防止金属线接近

续表

代码组成	数字/字母	含　义	简要说明
补充字母 （可选择）	H	高压设备	—
	M	做防水试验时试样运行	
	S	做防水试验时试样静止	
	W	气候条件	

故标有"IP24CH"的设备能够防止手指大小的固体进入，实际上还能防止一般大小的工具进入，并且可经受淋雨，该设备为高压设备。设备有了 IP 防护等级之后便可按使用情况选型配置，而设备的生产和检测也有了统一的标准。

(1) 对固体粉尘的防护技术

限制外界固体异物进入外壳内部通常通过控制设备外壳的开孔或间隙大小来实现，只要孔隙尺寸小于需阻止的固体尺寸便能防止该类固体异物进入。如果外壳内部普遍存在正压状态，则可通过外壳空隙中排出的气体阻止外界较小的漂浮物进入。为了限制大尺寸固体进入而规定较小的空隙尺寸较为容易，若需防止颗粒较小的粉尘进入则实非易事，尤其对于需要散热的设备，此时应在考虑防尘的同时还需兼顾散热性。比如为了增加散热而加大散热翅片的面积、机房加大通风、能量反馈减少能耗，甚至在必要的情况下设计单独的内部空冷或水冷系统。

对内外交换机械能或运动的设备往往包括穿越外壳的运动部件，比如电机、滑轮，运动部件为旋转轴。其他运动部件如操纵杆、按钮等，常通过外部给予的一个动作，将一个机械动作传递到设备内部而发生功效。若为旋转部件，一般情况下轴与轴孔之间的间隙都很小，一定程度上防止了固体颗粒进入，但如果粉尘粒径很小便很难保证，尤其是旋转轴结合面处的润滑油常能吸附细小的粉尘。为此可采用密封轴承，且可在轴承室内充填润滑油脂来增强其防尘性能。轴与轴孔的配合也可采用曲路式结合面，通过迷宫式的曲路结构延长粉尘进入外壳的路径从而有效控制其进入。在轴承外侧还可设置可更换的密封圈将粉尘挡于轴承外。滑轮轴承的密封，如图 24-7 所示。如果设备向外输送的运动不是固定的旋转，而是具有上下左右的方向性，则运动结合面需要有很高的密合精度。还可利用密闭良好的柔性材料将运动部件和壳体封闭加以防尘液压缸密封如图 24-8 所示。

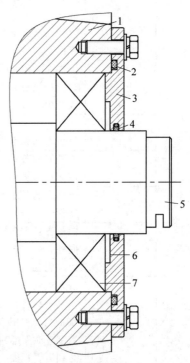

1—滑轮体；2—O 形密封圈；3—轴承透盖；4—轴用旋转密封圈；5—滑轮轴；6—轴承室；7—轴承。

图 24-7　滑轮轴承的密封

(2) 对雨水的防护技术

外壳对于水的防护相对固体异物困难，水没有固定的尺寸，且具有很高的渗透性，从而增加了防护的难度。根据设备对于水的容忍程度和外界出现水的状况，可对外壳做相应的调整，以防止较大量水的进入。比如，环境中出现的水都是从上往下垂直滴落，则可在外壳

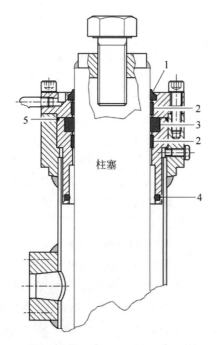

1—防尘圈；2—导向环；3—密封圈；4—导向套密封环；5—O形密封圈。

图 24-8　液压缸密封及液压缸柱塞保护套

上部加装防护罩，将水引流至侧部而不致进入壳体顶端的空隙，或者直接将外壳所必需的开孔设置在底端避免水滴流入。对于允许少量水进入或可暂时性进入水的设备，可在设备外壳底部设计泄流孔。如果在预知设备使用场合水出现的位置和冲击方向的情况下，尽量避免在水直接接触的部位设计合缝。有些时候设备需经受大量的水喷溅，甚至设备直接在水下工作，则此类设备需要具备相当严密的外壳。具有很高防水性能的外壳在可拆卸的壳盖和壳体的结合面需要极高的配合精度，其厚度也需抵抗水的渗透作用。在细小的缝隙处，水由于毛细管作用常很容易渗入，所以较高防水能力的外壳还需在结合面处设置一定宽度的密封圈，并在结合面两侧施以足够的压紧力，从而减小密封圈与结合面的缝隙。除外壳合缝处外，设备还会存在输出机械能或运动的构件或导线引入口，如操纵杆、控制钮、电缆或导线引入口等常会出现缝隙。操纵杆和控制钮防水性能的实现与防尘方式类似，但当设备长期处于水环境或经受高压水冲击，甚至处于水下时，需要更高的密封性和抗渗透性。此时运动结合面处除了轴封密封性良好外，密封件与运动部件之间还需用弹簧或密封件自身的弹性提供一定的径向压力以增强密封效果。控制钮防水则可同防尘一样使用水密性良好的护套做隔离。电缆或导线引入口可采用密封圈夹紧的方式防水，由于导线或电缆固定不动，其防水难度也低于运动部件。

(3) 室外电梯的防护技术

电梯作为一个众多部件组成的设备，很多部件之间距离较大，位置较为离散，从而造成了很多部件的工作环境不同，不能也无必要统一所有部件的防护等级，应根据具体的位置和工作条件确认各部件的防护等级，或进行相应的密封、防水设计。

井道内直接外露的电气开关、电机等部件，根据粉尘粒径、降水量或溅水的可能性选定相应的防护等级，一般选用不低于 IP55 防护等级的部件。IP65 防护等级的门电机、急停开关，如图 24-9、图 24-10 所示；IP67 防护等级的极限、限位开关及防水接头，如图 24-11 所示。

图 24-9　IP65 防护等级的门电机

图 24-10　IP65 的急停开关

图 24-11　IP67 的极限、限位开关及防水接头

对井道内的接线盒、检修盒等的防护主要集中在电缆引入口和柜门上。电缆引入口可使用具有 IP 防护功能的引入装置；而柜门则开口较大，为了达到良好的防尘防水效果，柜门和柜体的结合面需闭合严密。在高湿度的环境中，为了防止水汽进入，结合面处可加密封条以增强密封性。带有防尘防水电缆引入装置的接线盒，如图 24-12 所示。

图 24-12　带有防尘防水电缆引入
装置的接线盒

3. 环境温度对室外电梯的影响

1) 高温对电梯的影响

高温环境对电梯的影响主要表现在机房部件上。相关安全技术规范中规定，电梯机房或者机器设备间的空气温度应保持在 5～40 ℃。通常电梯的控制和驱动系统都安装在建筑物顶部的电梯专用机房里，如果在夏季，机房没有良好的通风降温措施，机房温度会超过 40 ℃，高温会造成控制系统主板等电气元件故障或者部件的过热保护装置启动，使电梯停止运行。

2) 低温对电梯的影响

低温对控制柜内电气、电子元件的影响主要表现在：严寒条件下，由于印制电路板上不同材料的膨胀、收缩热特性，会造成机械性的变形，促使材料脆化，密封不严，出现龟裂、绝缘性能降低等现象；温度过低，电子元件的焊锡易出现龟裂，卷线端子松动，零部件的热特性发生变化，绝缘物产生变形等现象；微机控制板或 PLC 上的电子器件是通过电压、电流大小进行逻辑控制、响应执行外部指令的，由于电子器件的材料温度特性，在低于允许温度下，电子器件逻辑判断易出错，微机控制板性能不稳定，影响电梯的正常运行；长时间超过允许使用温度运行电梯，会降低控制柜中的电路板使用寿命；变频器使用环境温度过低，容易造成变频器运行程序混乱，引发电梯停梯等故障。控制柜的使用环境温度低于温度允许值之下，会对电梯电气、电子产品造成多种不良影响，因此有必要对电梯控制柜采取保温加热措施。

低温对曳引机的影响主要表现在制动器的磁力器无法正常开合和曳引机轴承无法正常转动等方面。磁力器润滑油凝固，制动器的磁力器顶杆内部和外部都需要润滑，如果冬季使用润滑油不适宜或者润滑油污染严重，掺杂污泥，造成低温凝固，将会导致制动器磁力器无法正常工作，导致其失效，微动开关检测不到制动信号。制动器磁力器不属于完全封闭装置，制动器使用环境为 5～40 ℃，制动器属于发热设备，当温度降低，很容易导致内部出现冷凝现象，如果长时间处于冷凝状态，设备内部集聚水分增多，会产生结冰，导致磁力器出现冻死现象。因此在环境温度低于设备设计温度时也有必要对曳引机采取加热措施。

4．阳光对室外电梯的影响

阳光对电梯的影响主要是在光电类传感器、暴露在外的非金属部件等方面上。

光电类传感器主要包括光电平层开关和电梯光幕，这两类传感器在室外型电梯包括带有玻璃井道的安装于室外的电梯都出现过由于阳光的照射而发生故障的情况。发生故障的原因是：光电平层开关、电梯光幕属于红外传感器，环境光线中的红外线达到一定强度时，传感器接收端光饱和，无法接收传感器的红外信号。对于平层开关宜选用相同 IP 防护等级的磁开关，当采用光电式传感器时，其设置的位置应尽量避免有阳光照射。对于电梯光幕宜选用二合一式的光幕，且设置位置应尽量避免有阳光照射。

井道内的非金属部件主要包括井道电缆、随行电缆、聚氨酯类的缓冲器及各类塑料外壳的开关。这类部件在阳光照射且经过风吹雨淋下，相较室内电梯的部件老化会比较快。当然，室外型的电梯一般额定速度比较快，很少见到有选用聚氨酯类缓冲器的情况。对于这类部件宜设置在避免阳光照射的位置或附加设置避免阳光照射的槽内。

24.3.2 结构组成

1．井道

室外电梯的井道是不封闭的，但需要足够的防护：在人员可以正常接近电梯处，围壁的高度应足以防止人员遭受电梯运动部件危害并防止人员直接或用手持物体触及井道中电梯设备而干扰电梯的安全运行。

(1) 层门侧的围壁高度不小于 3.50 m。

(2) 其余侧，当围壁与电梯运动部件的水平距离为最小允许值 0.50 m 时，高度不应小于 2.50 m；若该水平距离大于 0.5 m 时，高度可随着距离的增加而减少；当距离等于 2.0 m 时，高度可减至最小值 1.10 m。

(3) 围壁应是无孔的。

(4) 围壁距地板、楼梯或平台边缘最大距离为 0.15 m。

应采取措施防止其他设备干扰电梯的运行。对于室外电梯无围壁部分，其他不属于电梯的设备应设置在与电梯运动部件水平距离 1.5 m 以外的空间。

室外电梯底层井道的防护，如图 24-13 所示。

图 24-13　室外电梯底层井道的防护

2．机房

按电梯标准，室外电梯的驱动主机和滑轮应设置在机器空间和滑轮空间内。这些空间和相关的工作区域应易于接近，应规定仅被授权人员（维护、检查和救援）才能接近。为了保证机器空间内设备的正常运行（例如考虑设备散发的热量），机房中的环境温度保持在 5～40 ℃。

3．底坑

井道下部应设置底坑，除缓冲器座、导轨座及排水装置外，底坑的底部应平整，底坑不得作为积水坑使用，并应设置在各种情况下从底坑中排水的设施(见图 24-14)。

图 24-14 室外型电梯底坑中的排水设施

表 24-3 室外型电梯主要设计参数

序号	项目	参数	备注
1	额定载质量		
2	额定速度		
3	提升高度		
4	顶层高度		
5	底坑深度		
6	轿厢尺寸		
7	开门尺寸		
8	层/站/门		
9	驱动方式		
10	曳引比(悬挂比)		
11	电梯使用条件		
12	其他特殊要求		

24.4 技术性能

24.4.1 主要技术参数

室外型电梯主要设计技术参数见表 24-3。

24.4.2 典型产品性能和技术参数

典型室外型电梯技术参数见表 24-4、表 24-5。

表 24-4 室外单轿厢观光电梯主要技术参数

项目	参数	项目	参数
额定载质量	≤1250 kg	绕绳方式	单绕
驱动方式	曳引驱动	驱动主机布置方式	上置机房内
曳引比	2∶1	多轿厢之间连接方式	—
控制柜布置区域	机房内	轿厢悬吊方式	顶吊式
轿厢数量	单轿厢	工作环境	室外
轿厢导轨列数	≥2 列	电梯使用条件	风级超过 6 级(风速超过 13.8 m/s)、降雨、降雪、雷电等恶劣天气,电梯停止使用
特殊用途产品	观光电梯		
额定速度	≤2.5 m/s		
调速方式	VVVF		

表 24-5 室外双轿厢观光电梯主要技术参数

项目	参数	项目	参数
额定载质量	≤4800 kg	绕绳方式	复绕
驱动方式	曳引驱动	驱动主机布置方式	上置机房内
曳引比	2∶1	多轿厢之间连接方式	固定
控制柜布置区域	机房内	轿厢悬吊方式	顶吊式
轿厢数量	2	工作环境	室外
轿厢导轨列数	≥2 列	电梯使用条件	风级超过 6 级(风速超过 13.8 m/s)、降雨、降雪、雷电等恶劣天气,电梯停止使用
特殊用途产品	观光电梯		
额定速度	≤5.0 m/s		
调速方式	VVVF		

24.5 选用原则

1. 室外的观光电梯

这类电梯除了观光的功能外,通常还需要满足一定的客流量要求,这时需要根据提升高度、客流量综合考虑确定电梯的载质量、速度、轿厢尺寸及布置数量等参数;对于布置在山地景区的观光电梯,则需要综合评价所在地的地质条件、环境保护、井道施工的工作量、所需客流量等因素来确定斜行电梯选择使用、各层站的位置及主参数等。

2. 室外的检修电梯

这类电梯多是依附在建筑物的外侧,其运行的轨迹宜贴合建筑物的外形,并依据所需的检修人员数量、所需工具等来确定主参数。

24.6 安全使用

24.6.1 安全使用管理制度

室外电梯的安全使用管理制度可参考16.9.1节的内容。

24.6.2 安装现场准备

(1) 电梯的井道、机房、底坑已经完工,现场具备安装条件。

(2) 检查井道结构是否符合图纸布置。检查确认机房、井道、顶层、底坑及层门门洞的尺寸。如果与布置图纸有不符合项,尽快与设备供应技术部门确认,以便进行更正。

(3) 安装所需动力电源应送到机房和工地的加工场地。

(4) 有将设备部件运输到安装地点的通道。

(5) 对比装箱清单检查物料的到货情况,有缺失的零部件及时与发运部门确认。恢复包装的完整性,检查货物的保存情况。

(6) 确定安装人员,一般一个安装队由4~6人组成,包括机械钳工、电工、电焊工和起吊工。

(7) 做好施工前的安全动员和培训工作。

(8) 当有四级及以上大风天气时不适合现场施工。

24.6.3 维护和保养

曳引机、控制系统、安全钳、缓冲器、限速器、门系统、补偿系统等部件的维护和保养详见3.5.3节相关内容。

1. 底坑环境

每月度检查底坑环境,底坑内应保持清洁、无渗水、积水。检查底坑内的自动排水设施,确保其工作正常。

2. 运行空间

每日启动前检查运行空间,确保井道内没有影响电梯运行的物品。

3. 风速、雨量传感器

每月度检查室外设置的风速、雨量传感器。确保风速仪垂直安装,没有发生歪斜,并检查电池的电压,及时更换电池。确保雨量传感器垂直安装,没有发生歪斜,并检查收集雨水的通道是否有被堵塞的情况。

24.6.4 常见故障及排除方法

1. 机械系统常见故障及排除方法

机械系统常见故障及排除方法可参考表16-4。

2. 电气控制系统常见故障及代码

电气控制系统常见故障及代码见表24-6。

表24-6 电气控制系统常见故障及代码

代码	内容	故障原因分析
02	运行中门锁脱开(急停)	运行中安全回路在但门锁不在
03	电梯上行越层	自动运行时,上下限位开关同时动作并且电梯不在最高层
		上行中上限位断开
		电梯上行时冲过顶层平层

续表

代码	内容	故障原因分析
04	电梯下行越层	自动运行时,上下限位开关同时动作并且电梯不在最底层
		下行中下限位断开
		电梯下行时冲过底层平层
05	门锁打不开故障	开门信号输出连续15 s没有开门到位(门锁信号不在除外),出现3次报故障
		厅门锁被短接故障:电梯在门区,有厅门锁信号但没有轿门锁且有开门限位(持续1.5 s)信号(仅对于厅轿门分开高压输入的有效)
06	门锁闭合不上故障	关门信号输出连续15 s没有关门到位(门锁信号在除外),出现8次报故障
		连续4 s有关门限位与门锁不一致判定为关门超时(门锁信号在除外),出现8次报故障
08	CANBUS通信故障	通信受到干扰
		终端电阻未短接
		通信中断
		连续4 s与轿厢板SM-02通信中断,报故障
10	上减速开关1错位	自学习后或上电时检查:单层上减速开关动作位置高于顶层楼层高度位置的3/5
		自学习后或上电时检查:单层上减速开关动作位置低于最短减速距离
		运行过程中检查:单层上减速开关动作位置低于井道自学习的单层上减速开关位置100 mm
		运行过程中检查:单层上减速开关动作位置高于井道学习的单层上减速开关位置150 mm
		停车时检查:单层上减速开关动作位置低于井道学习的单层上减速开关位置100 mm
		停车时检查:位置高于井道学习的单层上减速开关位置150 mm,单层上减速开关未动作
		自动状态下,上减速开关和下减速开关同时动作,且电梯不在最顶层
11	下减速开关1错位	自学习后或上电时检查:单层下减速开关动作位置低于底层楼层高度位置的3/5
		自学习后或上电时检查:单层下减速开关动作位置高于最短减速距离
		运行过程中检查:单层下减速开关动作位置高于井道学习的单层下减速开关位置100 mm
		运行过程中检查:单层下减速开关动作位置低于井道学习的单层下减速开关位置150 mm
		停车时检查:单层下减速开关动作位置高于井道学习的单层下减速开关位置100 mm
		停车时检查:位置低于井道学习的单层下减速开关位置150 mm,单层下减速开关未动作
		自动状态下,上减速开关和下减速开关同时动作,且电梯不在最底层
12	上减速开关2错位	自学习后或上电时检查:双层上减速开关动作位置高于此开关所在楼层高度的3/5
		运行过程中检查:双层上减速开关动作位置低于井道学习的双层上减速开关位置150 mm
		运行过程中检查:双层上减速开关动作位置高于井道学习的双层上减速开关位置250 mm
		停车时检查:双层上减速开关动作位置低于井道学习的双层上减速开关位置150 mm
		停车时检查:位置高于井道学习的双层上减速开关位置200 mm,双层上减速开关未动作
		只安装了一级减速开关,但设置成有2级减速开关

续表

代码	内容	故障原因分析
13	下减速开关 2 错位	自学习后或上电时检查：双层下减速开关动作位置低于此开关所在楼层高度的 3/5
		运行过程中检查：双层下减速开关动作位置高于井道学习的双层下减速开关位置 150 mm
		运行过程中检查：双层下减速开关动作位置低于井道学习的双层下减速开关位置 250 mm
		停车时检查：双层下减速开关动作位置高于井道学习的双层下减速开关位置 150 mm
		停车时检查：位置低于井道学习的双层下减速开关位置 200 mm，双层下减速开关未动作
		只安装了一级减速开关，但设置成有 2 级减速开关
14	上减速开关 3 错位	自学习后或上电时检查：三层上减速开关动作位置高于此开关所在楼层高度的 3/5
		运行过程中检查：三层上减速开关动作位置低于井道学习的三层上减速开关位置 250 mm
		运行过程中检查：三层上减速开关动作位置高于井道学习的三层上减速开关位置 300 mm
		停车时检查：三层上减速开关动作位置低于井道学习的三层上减速开关位置 250 mm
		停车时检查：位置高于井道学习的三层上减速开关位置 250 mm，双层上减速开关未动作
		只安装了一级或二级减速开关，但设置成有 3 级减速开关
15	下减速开关 3 错位	自学习后或上电时检查：三层下减速开关动作位置低于此开关所在楼层高度的 3/5
		运行过程中检查：三层下减速开关动作位置高于井道学习的三层下减速开关位置 250 mm
		运行过程中检查：三层下减速开关动作位置低于井道学习的三层下减速开关位置 300 mm
		停车时检查：三层下减速开关动作位置高于井道学习的三层下减速开关位置 250 mm
		停车时检查：位置低于井道学习的三层下减速开关位置 250 mm，三层下减速开关未动作
		只安装了一级或二级减速开关，但设置成有 3 级减速开关
16	上减速开关 4 错位	自学习后或上电时检查：四层上减速开关动作位置高于此开关所在楼层高度的 3/5
		运行过程中检查：双层上减速开关动作位置低于井道学习的双层上减速开关位置 150 mm
		运行过程中检查：双层上减速开关动作位置低于井道学习的双层上减速开关位置 250 mm
		停车时检查：双层上减速开关动作位置低于井道学习的双层上减速开关位置 150 mm
		停车时检查：位置高于井道学习的双层上减速开关位置 200 mm，双层上减速开关未动作
		只安装了一级、二级或三级减速开关，但设置成有 4 级减速开关

续表

代码	内容	故障原因分析
17	下减速开关 4 错位	自学习后或上电时检查：双层下减速开关动作位置低于此开关所在楼层高度的 3/5
		运行过程中检查：双层下减速开关动作位置高于井道学习的双层下减速开关位置 150 mm
		运行过程中检查：双层下减速开关动作位置低于井道学习的双层下减速开关位置 250 mm
		停车时检查：双层下减速开关动作位置高于井道学习的双层下减速开关位置 150 mm
		停车时检查：位置低于井道学习的双层下减速开关位置 200 mm，双层下减速开关未动作
		只安装了一级、二级或三级减速开关，但设置成有 4 级减速开关
19	开关门限位故障	自动状态下开门限位开关和关门限位开关同时动作超时 1.5 s 时间
20	打滑保护故障	运行中(检修除外)超过(防打滑时间)设定的时间，平层开关无动作
21	电机过热	电机过热，输入点有输入信号
22	电机反转故障	持续 0.5 s 出现倒溜现象(上行时速度反馈＜－150 mm，下行时速度反馈＞150 mm)
24	电梯超速故障	速度反馈值大于允许速度持续 0.1 s，报故障 24；
		当给定速度小于 1 m/s 时，允许速度＝给定速度＋0.25 m/s；
		当给定速度大于 1 m/s 时，允许速度＝给定速度×1.25；
		最大允许速度＜额定速度×108％
		终端层以 0.8 m/s^2 减速度运行时，速度反馈持续超过减速度 0.1 s，报故障 24
27	上平层感应器故障	高速运行停车后，上平层感应器未动作
		上平层感应器动作大于最大有效保护距离或大于最大无效保护距离时，报故障 27；
		当平层插板长度小于 300 mm 时：最大有效动作保护距离＝300 mm 的 4 倍；
		当平层插板长度大于 300 mm 时：最大有效动作保护距离＝平层插板长度的 4 倍；
		当最高楼层小于 3 时：最大无效动作保护距离＝最大楼层高度的 1.5 倍；
		当最高楼层大于 3 时：最大无效动作保护距离＝最大楼层高度的 2.5 倍
28	下平层感应器故障	下平层感应器不动作
		下平层感应器动作大于最大有效保护距离或大于最大无效保护距离时，报故障 28；
		当平层插板长度小于 300 mm 时：最大有效动作保护距离＝300 mm 的 4 倍；
		当平层插板长度大于 300 mm 时：最大有效动作保护距离＝平层插板长度的 4 倍；
		当最高楼层小于 3 时：最大无效动作保护距离＝最大楼层高度的 1.5 倍；
		当最高楼层大于 3 时：最大无效动作保护距离＝最大楼层高度的 2.5 倍
30	平层位置误差过大	停车时会对平层位置的误差做检测，当检测到误差超过设置的值时，报此故障
32	运行中安全回路断	电梯运行中发生安全回路断开

续表

代码	内容	故障原因分析
35	抱闸接触器触点故障	主板对抱闸接触器无驱动信号,但输入检测点有输入信号(粘连故障) 主板对抱闸接触器有驱动信号,但输入检测点没有输入信号(不吸合故障)
36	输出接触器触点故障	主板对主回路接触器无驱动信号,但输入检测点有输入信号(粘连故障) 主板对主回路接触器有驱动信号,但输入检测点无输入信号(不吸合故障)
37	门锁故障	在开门限位信号动作时有门锁闭合信号输入 当设置有门锁继电器检测时,门锁输入点高低压检测不一致
38	抱闸开关故障	主板对抱闸接触器无驱动信号,但抱闸开关输入检测点检测到开关动作(粘连故障) 主板对抱闸接触器有驱动信号,但抱闸开关输入检测点检测到开关没有动作
40	运行信号故障	一体机控制部分给出运行信号,而未收到驱动部分的运行信号反馈
42	减速开关动作错误	上行越层并且下一级强慢开关同时动作,或下行越层并且上一级强慢开关同时动作
49	通信故障	驱动部分和控制部分通信异常
50	参数错误	参数读取错误
54	门锁不一致故障	开门时,厅门锁和门锁高压检测点不一致
60	基极封锁故障	运行中检测到输出接触器触点断开,立即关断一体机输出,并报60号故障
61	启动信号故障	抱闸打开后,没有收到驱动部分返回的零伺服结束信号
62	无速度输出	启动后,电梯给出速度一直是0,电梯不动
68	自学习平层插板长度和平层开关距离的组合不符合要求故障	(1) 平层插板太长或太短,算法:(平层插板长度+平层开关间距)/2,小于100 mm 或者大于900 mm; (2) 平层区太长或太短,算法:(平层插板长度-平层开关间距)/2,小于10 mm 或者大于100 mm
69	自学习的插板数与设电梯总层数和层楼偏置数的设定不一致故障	安装的插板数=预设总层数-偏置实层数。但安装的插板总数和上式计算所得的数值不同

24.7 相关标准和规范

1. 国家标准

室外型电梯执行标准:GB/T 7588.1—2020 和 GB/T 7588.2—2020。

对于运行轨迹与垂直面有一定夹角的室外电梯的执行标准:当运行轨迹与垂直面的夹角不大于 15°时执行 GB/T 7588.1—2020 和 GB/T 7588.2—2020;当运行轨迹与水平面夹角大于等于 15°到小于 75°时执行《斜行电梯制造与安装安全规范》(GB/T 35857—2018),相关的内容可参考第 16 章斜行电梯的相关内容。

2. 安全技术规范

《电梯型式试验规则》(TSG T7007—2022);

《电梯监督检验和定期检验规则》(TSG T7001—2023)。

3. 安装验收规范

对于运行轨迹与垂直面的夹角不大于15°的电梯按垂直电梯的相关规范进行验收；对于运行轨迹与水平面夹角大于等于15°到小于75°的电梯按斜行电梯进行验收。

对于室外运行的电梯还应增加提供：

(1) 室外电梯底坑防积水、排水措施说明；

(2) 对于暴露在恶劣气候条件下(见标准引言和范围)的电梯，尤其是下雪和刮风，应采取特别的防护措施说明；

(3) 对于在室外运行的电梯，使滑轮槽保持正常功能状态，尤其要考虑凝结在钢丝绳上的冰，所采取措施的说明；

(4) 电梯使用条件(如风速、降雨、降雪、雷电等)。

第25章

浅底坑电梯

25.1 定义

底坑是指底层端站地面以下的井道部分，如图 25-1 所示。这个空间是用于容纳安装于井道下端部的电梯部件以及电梯轿厢的地板以下部件。

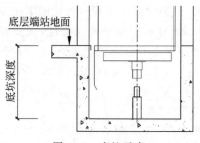

图 25-1 底坑示意

根据 GB/T 7588.1—2020 和 GB/T 7588.2—2020 的要求，当轿厢完全压缩缓冲器时，护脚板下端和底坑地面间的距离不小于 0.1 m，同时要求护脚板的垂直部分的高度不应小于 0.75 m，且底坑内要有能容纳一个不小于 0.50 m×0.60 m×1.0 m 的长方体的空间，如图 25-2 所示。

按此要求，速度 1.0 m/s 的常规电梯，底坑深度通常在 1.2 m 以上。在一些场合，尤其是既有建筑加装电梯的场合，由于现场地质或地下管网的限制，电梯底坑深度达不到常规设计

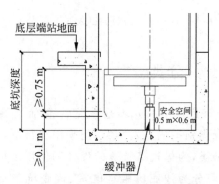

图 25-2 缓冲器压缩时的底坑示意图

的要求，而采用特别设计的电梯以降低底坑深度的方法。这种因底坑深度受限，检修时轿厢底部部件或底坑安全空间不完全在底坑地面以下的电梯，称为浅底坑电梯。浅底坑如图 25-3、图 25-4 所示。

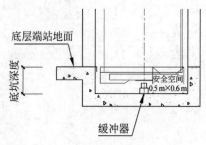

图 25-3 浅底坑

由于轿厢是支承部件，轿底有必要的结构厚度，端站地面以下需要一定的空间以容纳该

厚度,且须预留一定的运行间距,因此并无真正的无底坑电梯。部分根据特定使用条件而设计的电梯,其轿底厚度很小,为土建施工方便,将底层入口适当抬升,以容纳轿底部件,部分厂家宣传为无底坑电梯,实际仍为浅底坑的范畴。

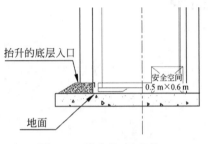

图 25-4　浅底坑(无底坑)

25.2　分类

浅底坑电梯并不是一类电梯,而是现有电梯类别下的技术方案,仍采用现行电梯产品分类,为体现其特殊的设计和使用维护特性,可分为浅底坑乘客电梯、浅底坑载货电梯、浅底坑家用电梯等,如图 25-5、图 25-6 所示。

图 25-5　浅底坑乘客电梯

图 25-6　浅底坑观光电梯

25.3　技术性能

25.3.1　主要技术参数

浅底坑电梯的主要参数是额定载质量和额定速度。因浅底坑电梯应用于底坑深度受限的场所,通常为地质或地下有管网等原因,因此一般为低速、小载质量电梯。

1) 额定速度

因为速度不大于 1.0 m/s 时可采用蓄能型缓冲器,其高度和压缩行程较耗能型缓冲器显著降低,更有利于减小底坑深度,故浅底坑电梯的额定速度一般不大于 1.0 m/s,常见的速度有 1.0 m/s、0.5 m/s、0.4 m/s 和 0.25 m/s 几种。

2) 额定载质量

根据 GB/T 7588.1—2020 和 GB/T 7588.2—2020 的要求,轿厢缓冲器支座下的底坑地面应能承受满载轿厢静载 4 倍的作用力。底坑地面的强度与载质量直接相关,通常该地面强度与底部基础的厚度有关系,因此浅底坑电梯宜为小载质量电梯,通常不超过 1000 kg,常见的乘客电梯载质量有 800 kg、630 kg、450 kg、400 kg 等,或更小载质量的家用电梯,如 250 kg。

25.3.2　典型产品性能和技术参数

常见的浅底坑乘客电梯、观光电梯、家用电梯的技术参数,见表 25-1。

表 25-1　常用浅底坑电梯技术参数

项　　目		电梯类别			
		乘客电梯	观光电梯	乘客电梯	家用电梯
电梯参数	额定载质量/kg	800	800	630	400
	额定速度/(m·s^{-1})	1.0	1.0	1.0	0.4
	机房类型	小机房	无机房	无机房	无机房
	主机类型	无齿轮	无齿轮	无齿轮	无齿轮
	控制方式	VVVF	VVVF	VVVF	VVVF
轿厢尺寸/mm	轿厢净宽	1400	1400	1400	1100
	轿厢净深	1350	1350	1100	1300
	轿厢总高	2500	2500	2500	2300
	开门净宽	800	800	800	700
	开门净高	2100	2100	2100	2100
	开门方式	中分	中分	中分	中分
井道尺寸/mm	井道净宽	1950	1950	1950	1900
	井道净深	1850	1850	1850	1700
	机房高度	2100	—	—	—
	顶层高度	4300	4400	4050	2900
	底坑深度	500	500	500	300

25.4　选用原则

1. 浅底坑的选择

浅底坑电梯应在底坑受限而不能采用常规电梯的情况下选用。首先，浅底坑是采用特殊的技术措施实现的，这些措施包括可移动止停装置、折叠护脚板、特别的安全电路（识别救援位置，可移动止停装置和折叠护脚板状态识别）、特别的控制程序（根据电梯状态和救援位置确定电梯运行状态），这些额外的设计在成本、可靠性、安全操作和日常维护上都不同于常规电梯。其次，目前仅有相应的国家标准，尚没有全国性的安全技术规范，在施工、验收、年检方面存在一定风险。

因此，在出台全国性的监督检验和定期检验规则之前，浅底坑电梯应在当地建设、规划、监督检查等部门审批后才能选用。

2. 主要技术参数的选择

浅底坑电梯的额定载质量、额定速度等参数，应根据电梯的运载要求、建筑承载要求选择。

根据交通流量选取额定载质量和额定速度后，应根据电梯的缓冲器和导轨受力情况，校核底坑地面的承载能力。

25.5　安全使用

25.5.1　工作条件和环境条件

浅底坑电梯的主要工作条件同常规电梯，主要有：

(1) 海拔高度不超过1000 m，超过1000 m的地点安装电梯，应与厂家协商特别设计。

(2) 机房内的空气温度应保持在5～40 ℃；空气相对温度在最高温度为40 ℃时不超过50%，在较低温度下可有较高的相对湿度，最湿月的月平均最低温度不超过25 ℃，该月的月平均最大相对湿度不超过 90%。若可能在电气设备上产生凝露,应采取相应措施。

(3) 供电电压相对于额定电压的波动应在 ±7% 的范围内。

(4) 环境空气中不应含有腐蚀性和易燃性气体,污染等级不应大于《低压开关设备和控制设备 第 1 部分:总则》(GB/T 14048.1—2012)中规定的 3 级。

此外,由于底坑中的可移动止停装置含有电气开关,这些开关进水将导致故障停梯,或在执行底坑检修操作时电梯不能正确识别状态而产生安全风险,因此需要严格地确保底坑不得进水。

25.5.2 安装现场准备

除执行常规电梯安装的现场准备外,浅底坑电梯还需进行下列准备:

(1) 向甲方确认底坑施工已验收合格,满足强度要求,并取得合格证明;

(2) 向甲方获取底坑下方设施的评估证明,并确认缓冲器下方无设施;

(3) 确认井道防进水措施及底坑排水装置工作正常;

(4) 向甲方获取同意使用浅底坑的审批证明。

25.5.3 安全使用和管理

1. 日常使用要求

浅底坑电梯的日常使用要求同常规电梯,参见 3.5.1 节。

2. 维护保养、紧急救援要求

浅底坑电梯的维护保养和紧急救援,除常规电梯项目以外,对操作人员的要求如下:

(1) 熟悉进底坑、救援轿内被困人员的操作要求;

(2) 掌握底坑安全空间的位置及获得方法;

(3) 掌握可移动止停装置的机械部件件组成及其使用方法;

(4) 掌握可移动止停装置的电气安全装置的组成和动作、复位的操作方法;

(5) 掌握折叠护脚板的操作方法及其电气安全装置的动作和复位方法;

(6) 掌握可移动止停装置的井道外复位装置使用要求和操作方法;

(7) 掌握浅底坑相关的声光报警装置的启动和关闭方法。

3. 维护保养、紧急救援的注意事项

浅底坑电梯的维护保养和紧急救援,在常规操作规程的基础上,应注意下列事项:

(1) 进底坑后应第一时间将可移动止停装置从放置位置调整到检修位置,并确保两个位置的开关都已动作;

(2) 底坑作业完成后,出底坑前应将可移动止停装置从检修位置调整到放置位置,并确保两个位置的开关都已动作,出底坑后从井道外将复位开关复位。

(3) 救援被困人员时,如在底层放人,在打开轿门前不打开折叠护脚板;在非底层放人时,打开轿门前必须打开折叠护脚板,如为自动运行的护脚板需检查是否完全打开,如为手动操作的需完全打开并确保到位开关动作。

(4) 救援完成后,电梯恢复正常前,需确保折叠护脚板收缩到位,如为自动运行的需检查是否完全收回,如为手动操作的需手动收回到位并确保到位开关动作。

(5) 恢复电梯前,检查可移动止停装置、折叠护脚板状态和开关复位情况。

4. 维护和保养

浅底坑电梯的维护和保养,在常规电梯的保养项目基础上,主要有以下项目,见表 25-2。

此外,由于浅底坑电梯对重缓冲距离通常较小,在维护保养过程中需特别注意检查钢丝绳的伸长,将原年度检查项"对重缓冲距离"提升到月度,并且将其检查要求"符合标准值"改为"符合设计值"。

25.5.4 常见故障及排除方法

浅底坑电梯因采用了特殊的技术措施和装置,可能会产生相应的故障,可在常规电梯的故障诊断和排除方法的基础上注意以下方面,见表 25-3。

表25-2 浅底坑电梯附加保养项目

项目及类别		检查内容与要求	检查地点	检验方法
1. 标识	1.1	浅底坑电梯专用紧急救援操作规程完好清晰	机房或控制柜	目视检查
	1.2	厅外复位开关标识完好清晰	厅门外	目视检查
	1.3	进入底坑操作规程完好清晰	底坑地面	目视检查
	1.4	"危险—减小的底部间距—注意有关说明"标识完好清晰	底坑地面	目视检查
	1.5	"在救援被困人员前护脚板应完全伸展"标识完好清晰	轿厢护脚板	目视检查
	1.6	可移动止停装置操作规程完好清晰	底坑内	目视检查
	1.7	折叠护脚板操作规程完好清晰	轿厢护脚板	目视检查
	1.8	对重缓冲距离设计值	底坑内	目视检查
2. 声光报警装置	2.1	声光报警装置功能正常,打开层门锁时工作,关闭厅门并在厅外将复位开关复位后停止,或动作满60 s后停止	轿底	模拟操作
3. 可移动止停装置	3.1	可移动止停装置齐全,在正确位置	底坑内	目视检查
	3.2	装置移动或调整状态操作灵活		模拟操作
	3.3	开关清洁无进水		目视检查
	3.4	装置移动或调整状态时,开关动作正常		模拟操作
	3.5	装置上的缓冲器固定可靠、铭牌清晰、无变形破损、液位正常且柱塞复位开关正常(如有)		目视检查
4. 折叠护脚板	4.1	折叠护脚板打开和收回操作灵活,到位后牢固	底护脚板	模拟操作
	4.2	打开或收回护脚板后,相应的到位开关动作正常		模拟操作
	4.3	附加下限位开关正常,打开护脚板后,检修下行到该限位开关动作,电梯不能再下行		模拟操作
5. 电气安全装置及电气复位装置	5.1	该复位开关仅能通过三角钥匙操作	每层门外	模拟操作
	5.2	开关操作灵活		
	5.3	电梯在检修状态时应不能复位		
	5.4	任意门未关闭时应不能复位		
	5.5	可移动止停装置未在放置位置应不能复位		
	5.6	折叠护脚板未完全收回应不能复位		
	5.7	满足以上4点时应能复位		

表25-3 浅底坑电梯常见故障排除

序号	故障现象	故障原因分析
1	限位开关故障	未设置底层附加限位开关
2	限位开关故障	底层附加限位开关动作
3	安全回路故障	可移动止停装置未完全就位
4	安全回路故障	可移动止停装置开关动作
5	安全回路故障	可移动止停装置开关损坏
6	安全回路故障	折叠护脚板未打开或收回到位
7	安全回路故障	折叠护脚板到位开关未动作
8	安全回路故障	厅外复位开关未复位

25.6 相关标准和规范

1. 国家标准

《电梯制造与安装安全规范 第1部分：乘客电梯和载货电梯》(GB/T 7588.1—2020)；

《电梯制造与安装安全规范 第2部分：电梯部件的设计原则、计算和检验》(GB/T 7588.2—2020)；

《安装于现有建筑物中的新电梯制造与安装安全规范》(GB/T 28621—2023)；

《电梯主参数及轿厢、井道、机房的型式与尺寸 第1部分：Ⅰ、Ⅱ、Ⅲ、Ⅵ类电梯》(GB/T 7025.1—2023)；

《电梯技术条件》(GB/T 10058—2023)；

《电梯试验方法》(GB/T 10059—2009)；

《家用电梯制造与安装安全规范》(GB/T 21739—2008)；

《电梯工程施工质量验收规范》(GB 50310—2002)。

2. 安全技术规范

《特种设备使用管理规则》(TSG 08—2017)；

《电梯维护保养规则》(TSG T5002—2017)；

《电梯监督检验和定期检验规则》(TSG T7001—2023)；

《电梯型式试验规则》(TSG T7007—2022)。

第26章

无机房电梯

26.1 概述

26.1.1 定义

无机房电梯是指不需要建筑物提供封闭的专门机房用于安装电梯驱动曳引机、控制柜、限速器等设备的电梯。

和普通电梯相比,无机房电梯的控制系统具有更高的灵活性、方便性和可靠性。为了节约空间,将过去安装在井道上方机房内的控制柜、曳引机、限速器等设备改为安装在井道内,取消了专用的机房设置,在有效提高建筑面积使用率的同时也降低了建筑成本。

对于追求建筑外观设计要求较高的酒店、商场、办公楼和别墅等,无机房电梯具有明显的优势。特别是采用半封闭或开放式井道时,其电梯井道布置简洁的特点可以增强与建筑的协调统一性,为建筑添加美观的视觉效果。

无机房电梯具有以下特点:

(1) 曳引机、驱动柜和控制柜安装在井道上部,与传统电梯相比在外形美观方面有很大的优势。

(2) 运行的高度可靠性和豪华配置,使其适用于各种高档写字楼、星级宾馆、酒店、医院、会展中心、时尚住宅小区等场合。

(3) 绿色环保,无须电梯专用机房,节省空间,节约成本。

(4) 低振动,低噪声,稳定可靠。

(5) 运行高效、节能。

(6) 方便安装和维护保养。

26.1.2 发展历程与沿革

历史上无机房电梯从发展之初的电梯曳引机跨井道底置,至目前的将曳引机全部置于井道内,经历了数次变革。

1996年,通力无机房电梯作为世界上第一个切实可行和高效的无机房电梯诞生了。通力电梯的产品在技术方面的突破使无机房电梯得到进一步发展,特别是曳引机技术的突破为无机房技术的普遍应用提供了很好的契机。

目前的无机房电梯,主要有通力采用蝶式曳引机置于导轨顶部,奥的斯采用轴式曳引机置于井道顶部,还有部分电梯公司将曳引机置于井道底部。

随着无机房电梯技术的不断成熟和创新,其市场占有量也不断提高。近年来,日本、欧洲新安装的电梯多数为无机房电梯,其余的电梯为有机房或液压电梯。在我国无机房电梯的发展同样很快,由于其具有不占用机房空间、绿色环保、节能等优点而被越来越多地应用于商场、酒店、展览会、小区等场所,无机房电梯将成为电梯工业的主流产品。

26.2 分类

按无机房电梯曳引机放置位置,可分为以下几个主流类型。

1. 曳引机安装于井道顶部的导轨和井道壁之间(见图 26-1)

曳引机安装于井道顶部的导轨和井道壁之间,载质量垂直作用于底坑,意味着墙和楼板没有负重,不需要额外的建筑结构,可在轿厢顶部方便地进行设备维护。

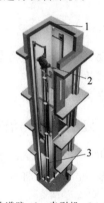

1—井道壁;2—曳引机;3—导轨。

图 26-1 曳引机安装于导轨和井道壁之间示意图

2. 曳引机悬挂于导轨顶端(见图 26-2)

曳引机悬挂于导轨顶端,载质量垂直作用于底坑,意味着墙和楼板没有负重,不需要额外的建筑结构,但是曳引机位置部分侵入轿顶垂直空间,对顶层空间和轿厢高度有一定的影响。

1—曳引机;2—导轨;3—轿厢。

图 26-2 曳引机悬挂于导轨顶端示意图

3. 曳引机置于在井道顶层横梁上(见图 26-3)

其优点是驱动曳引机和限速器与有机房电梯受力相同;其缺点是电梯额定载质量、额定速度和最大提升高度受驱动曳引机外形尺寸制约,应急盘车操作复杂。

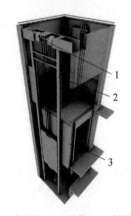

1—曳引机;2—导轨;3—轿厢。

图 26-3 曳引机置于在井道顶层横梁上示意图

4. 曳引机下置式(见图 26-4)

曳引机置于井道的底坑部分,放在底坑轿厢和对重之间的投影空间上。其最大优点是增加了电梯额定载质量和额定速度,最大提升高度不受驱动曳引机外形尺寸限制,应急盘车操作方便。但是遭遇雨天时,一旦雨水进入底坑,曳引机极易因泡水烧毁而造成极大损失。

1—轿厢;2—导轨;3—曳引机。

图 26-4 曳引机下置示意图

26.3 主要产品技术参数

下面介绍国内 KONE 3000S MonoSpace 无机房乘客电梯的技术参数。

(1) 额定载质量/kg：630,800,900,1000,1150。

额定速度/(m·s^{-1})：1.0,1.6,1.75(≤1150 kg),2.0(1000 kg,1150 kg),2.5(1000 kg)。

最大提升高度/m：55(1 m/s),75(1.6～1.75 m/s),90(2.0 m/s)。

最大层站数：24(1 m/s),28,36(2.5 m/s),单开门轿厢最大楼层数是 28 层。对于贯通型轿厢，A 门和 C 门总的最大楼层数为 38,且单侧可允许的最大楼层数为 28。

(2) 额定载质量/kg：1000,1150(b),1350,1600,1800,2000,2275,2500。

额定速度/(m·s^{-1})：1.0、1.6、1.75、2.0、2.5、3.0。

最大提升高度/m：40(1 m/s)、75(1.6～1.75 m/s,载质量≤2000 kg)、90(2.0～2.5 m/s,3.0 m/s 载质量＝1800 kg)、120(3.0 m/s 载质量＜1800 kg)。

最大层站数：28(速度≤2.0 m/s)/36(速度＝2.5 m/s)/48(3.0 m/s)。

①当载质量为 2275 kg 和 2500 kg 时,最大速度为 1.6 m/s；②当额定载质量为 1150 kg,不选 EAQ2 时,速度只有 2.5 m/s；③贯通门 A 侧与 C 侧总的最大楼层数为 68 层(3.0 m/s)。

26.4 选用原则

在选用和设计无机房时,需要考虑以下几个方面的事项：

(1) 曳引机与井道壁固定点的布置位置应尽可能避开私人居住空间,比如卧室、客厅等。

(2) 由于曳引机频繁启动运行时会带来振动和噪声,应尽可能避免其对居住舒适性的影响。尤其在夜间,环境比较安静时,此类影响会更明显。

(3) 靠近顶层的厅门附近噪声会较其他位置大,应考虑增加隔音设施,或避开客户的入室门区域。

(4) 井道壁和底坑设计时,应考虑曳引机和绳头承重的影响。

26.5 安全使用

26.5.1 安全使用管理制度

1. 电梯投入使用之前必须满足的条件

(1) 已签署一份完善的维保服务合同,并交由一家维护保养单位执行合同项下的维保计划。建议同一项目所有的电梯交由一家公司实施维保任务。

(2) 配备 24 小时报修电话。

(3) 在轿厢醒目位置明示电梯使用标志、电梯故障应急报警电话及电梯使用须知。

2. 电梯使用单位的职责(见表 26-1)

表 26-1 使用单位的具体职责

序号	具 体 职 责
1	电梯使用单位应当使用取得许可生产并经检验合格的电梯,禁止使用国家明令淘汰和已经报废的电梯
2	电梯使用单位应当在电梯投入使用前或者投入使用后 30 日内,向负责电梯设备安全监督管理的部门办理使用登记,取得使用登记证书。登记标志应当置于该电梯的显著位置
3	电梯使用单位应当建立岗位责任、隐患治理、应急救援等安全管理制度,制定操作规程,保证电梯安全运行

续表

序号	具体职责
4	电梯使用单位应当建立电梯设备安全技术档案。安全技术档案应当包括以下内容： (1) 电梯的设计文件、产品质量合格证明、安装及使用维护保养说明、监督检验证明等相关技术资料和文件； (2) 电梯的定期检验和定期自行检查记录； (3) 电梯的日常使用状况记录； (4) 电梯及其附属仪器仪表的维护保养记录； (5) 电梯的运行故障和事故记录
5	电梯的使用单位应当对电梯的使用安全负责,设置电梯安全管理机构或者配备专职的电梯安全管理人员
6	电梯的使用应当具有规定的安全距离、安全防护措施。与电梯安全相关的建筑物、附属设施,应当符合有关法律、行政法规的规定
7	电梯使用单位应当对其使用的电梯进行经常性维护保养和定期自行检查,并做好记录。电梯使用单位应当对其使用的电梯设备的安全附件、安全保护装置进行定期校验、检修,并做好记录。电梯使用单位应当聘请一家有相应资质的维护保养单位负责前述工作
8	电梯使用单位应当按照安全技术规范的要求,在检验合格有效期届满前1个月向电梯设备检验机构提出定期检验要求。电梯设备检验机构接到定期检验要求后,应当按照安全技术规范的要求及时进行安全性能的检验。电梯设备使用单位应当将定期检验标志置于该电梯设备的显著位置。未经定期检验或者检验不合格的电梯设备,不得继续使用
9	电梯设备安全管理人员应当对电梯使用状况进行经常性检查,发现问题应当立即处理；情况紧急时,可以决定停止使用电梯并及时报告本单位有关负责人。使用单位的电梯设备作业人员在作业过程中发现事故隐患或者其他不安全因素,应当立即向电梯设备安全管理人员和单位有关负责人报告；电梯运行不正常时,使用单位的电梯设备作业人员应当按照操作规程采取有效措施保证安全
10	电梯设备出现故障或者发生异常情况,电梯使用单位应立即通知保养维护单位,配合消除事故隐患,方可继续使用电梯设备。但如果发生但不仅限于以下情形时,电梯应当立即停止使用： ——对讲系统发生故障； ——存在严重的异常声响和振动
11	使用单位必须将以下事项告知维护保养单位： ——可以使用的进出电梯的通道； ——电梯所有部件相关的钥匙位置； ——如有需要,陪同维保人员进入电梯的人员名单； ——如有需要,进出电梯所需个人保护装置及装置存放的位置； ——第三方人员更改设备本身部件或者更改设备使用环境

3. 使用电梯须知

(1) 乘客使用电梯时,需遵守以下要求：

① 电梯严禁超载。

② 电梯超载报警后,应立即逐个主动退出轿厢直至超载警铃停响方可继续使用。

③ 电梯内禁止打闹起哄、吸烟、故意晃动。

④ 不准在轿厢内乱扔杂物、随地吐痰,不准在轿壁上乱写乱画。

⑤ 搬运货物时将货物均匀放置在电梯内,轻抬轻放,不准野蛮拖进拽出。

⑥ 运送水泥、黄沙等建筑材料必须袋装,防止异物落入地坎槽或井道内。严禁用电梯运送超长超宽超重的货物。

⑦ 电梯内外按钮只需轻轻按亮即可,不得

重复加力揿按。

⑧ 认真识别电梯的上下招呼按钮,根据所去方向正确揿按,尽量减少电梯无功运行。严禁去一个方向同时揿按上下两个按钮。

⑨ 乘客不得故意长时间霸门等人或装货。

⑩ 严禁一只脚站在门外另一只脚站在轿厢内停留。

⑪ 乘坐电梯时严禁将手贴在轿门或厅门上,严禁身体依靠轿门或厅门,以免在电梯开关门时发生危险。

⑫ 进出电梯时,应注意观察电梯轿厢地板与楼层是否水平,以免被绊倒。

⑬ 严禁携带危险品乘坐电梯。

⑭ 不乘坐已明示处于非正常状态下的电梯。

⑮ 不采用非安全手段开启电梯层门。

⑯ 不拆除、破坏电梯的部件及其附属设施。

提醒:禁止站在门边,谨防衣物或手指被移动的轿门或者厅门夹住。

(2) 运输重物时,应注意以下问题:

轮子小的工具车可能会卡入轿厢地坎与层门地坎之间的缝隙;小轮上的重物可能施加足够的压力,从而损坏地坎。故不得使用带小轮子的工具运输重物压上电梯地坎,应使用大轮子的工具。

(3) 如果临时使用电梯运输货物,应遵循下列要求:

① 重量均匀分布在轿厢内地板上。

② 需固定货物,使其不会随意移动。

(4) 电梯使用单位需注意以下事项:

① 如果救援人员无法及时赶到场,被困人员无法及时被救出,必须立刻停止使用电梯。

② 相关方人员确实因工作需要进入井道的,需事先得到使用单位负责人的批准,且需要有资质的电梯专业人员陪同。

③ 出入电梯的通道及工作现场必须保持安全整洁,照明良好。如通道有任何变动或存在危险因素,必须通知维护保养单位。

④ 打开电气控制柜和厅门的钥匙必须存放于安全的地方,闲杂人员不可接触,钥匙可

交由使用单位的电梯管理人员保管。

26.5.2　安装现场准备

1. 对甲方的要求

(1) 提供安装、调试、照明用电直至验收完成(主电源采用三相五线制 L1+L2+L3+N+PE(TN-S)),且 380 V 交流主开关和断路器不能含有漏电保护功能。安装用电源点应敷设至施工井道顶层厅门口附近,调试用电源敷设至经双方确认的电源箱(由甲方提供)主电源开关进线端。提供甲方电源箱至乙方电源箱之间所需电缆并负责敷设。

(2) 在井道移交前需提供接地线并接至经双方确认的顶层电源箱接地端。

(3) 在井道移交前需提供井道照明和底坑检查用电源插座(消防设备应为防水型)。

(4) 在设备发货前,需提供合适的卸货场地、畅通的搬运通道,以及足够面积的、有防盗措施和风雨保护措施的设备部件存储库房和临时施工办公室。

2. 进场前土建的技术要求

(1) 依据经双方确认的设备布置图,向设备安装方提供设备安装的土建井道结构,并在井道移交前完成相应满足设备布置图中"注意事项"内的各项要求。按合同图纸提供井道内的吊钩,其承载力应符合布置图的要求,并有清楚的承载标示或提供有关证明文件。

(2) 井道移交前需提供各楼层装修完成面基准线。

(3) 在设备井道移交前,所有井道厅门及孔洞均应设置符合国家标准的安全护栏和护网,有效封闭,并在厅门口及孔洞设置高度不小于 50 mm 的防水围堰。井道移交前应清除井道内的杂物及底坑积水,底坑完成防水处理。

(4) 注意事项

① 井道通风,温度在 5～40 ℃,湿度最大 95%,底坑保持干燥,不积水。

② 底坑爬梯处应提供强度等同于圈梁的固定点/客户自理。

③ 若井道内有牛腿,应全部凿去。

④ 在装有多台电梯的井道中,不同电梯的运动部件之间应设置隔障。这种隔障应至少从轿厢、对重(或平衡重)行程的最低点延伸到最低层站楼面以上 2.5 m 高度。宽度应能防止人员从一个底坑通往另一个底坑。

⑤ 楼层间距大于 11 m 时,客户必须设置和提供井道安全门和门锁。

3．开工必备条件

(1) 在安装工作开始前,电梯井道应清洁、干燥,厅门口处设置高度适当且坚固的护栏。

(2) 根据布置图预留井道孔洞。

(3) 根据布置图提供机房和井道吊钩以及可锁闭的机房门窗。

(4) 提供符合要求的动力电源和照明电源。

(5) 在建筑地面层的电梯井道附近提供库房以及通畅的搬运通道。

26.5.3 维护和保养

与其他所有的运输工具一样,电梯需要维保服务以确保其可靠运行。为保障电梯安全可靠的运行,需定期对电梯进行维保。维保周期和维保项目应严格遵守《电梯维护保养规则》(TSG T5002—2017)的规定。

维保人员在例行保养之前,应熟悉进出轿顶/底坑的操作流程,以及断电锁闭安全操作流程。

预防性的维保工作对保障电梯安全运行起到至关重要的作用。对于电梯安全部件的常规检查有利于发现有问题的部件,及早避免危险的发生。

进行合理的维保有以下意义:

(1) 更好地确保乘客的安全;

(2) 保持投资的价值;

(3) 延长电梯使用年限;

(4) 增加乘客的舒适感;

(5) 减少因故障引起的停梯次数。

维护保养单位的职责和义务、所需遵循的相关要求,见表 26-2、表 26-3。

电梯维保人员所需具备的相关条件,见表 26-4。

表 26-2 维护保养单位的职责和义务

序号	职责和义务
1	维护保养单位应当在维护保养中严格执行安全技术规范的要求,保证其维护保养电梯的安全性能
2	维护保养单位负责落实现场安全防护措施,保证施工安全
3	维护保养单位应当对其维护保养的电梯的安全性能负责
4	维护保养单位在接到故障通知后,应当立即赶赴现场,并采取必要的应急救援措施
5	根据国家法规和标准的规定,维护保养单位应告知电梯使用单位需要更新改造电梯以满足最新要求

表 26-3 维护保养单位所需遵循的相关要求

序号	相关要求
1	对每台电梯进行的每次维保任务进行风险评估
2	维保工作需按照相关的法律法规和操作说明执行,并与维护保养单位的安全政策相一致
3	任何紧急报修电话必须立即处理,维护保养单位需确保 24 小时电话紧急报修服务。紧急报修故障反应时间(从接到电话到抵达现场的时间)必须是合理正常的时间,如需人员救助,需优先处理
4	有资质的维保人员的资质是持续更新的
5	建议维护保养单位向被认可的保险公司购买充分合理的保险

表 26-4　电梯维保人员所需具备的相关条件

序号	相关条件
1	取得专业资质
2	接受过相关电梯的维保培训,能对电梯状况做出正确评估,确保电梯的安全性能
3	可以取得他/她所在公司的相关支持

26.5.4　常见故障及排除方法

(1) 如出现下列状况,需要专业人员介入:

① 电梯不能移动;

② 轿厢照明故障;

③ 听到来自电梯运行的异常声响;

④ 电梯轿门或层门不能关闭;

⑤ 电梯已经停止,但是电梯轿门或层门没有打开;

⑥ 电梯发出报警,而且有人困于电梯内。

提醒:严重事故危险。未接受过专业救援操作培训的人员,不得进行任何救援操作。

(2) 电梯停在楼层之间

如果电梯停在楼层之间,例如由于断电,此时务必保持镇定并且遵循如下操作指南。

尝试通过轿厢呼梯按钮启动电梯。如果电梯无任何响应,进行如下操作:

① 按下报警按钮,轿厢内警铃将会响起,或直接拨打电梯内的报修电话。

② 鉴于轿厢内无任何危险且通风良好,请保持镇静放松,并耐心等待专业人员前来救援。

③ 在等待救援过程中,为避免发生危险,请勿试图强行拉开或撬开电梯厅门或施加任何其他危险行为。

提醒:在未得到专业人员协助的情况下,请勿试图自行逃出电梯。请务必等待专业人员到达现场,并且按照他们的指示行动。

26.6　相关标准和规范

1. 国家标准

无机房电梯产品的设计生产、试验及使用均可参考国家或行业的标准和规范:

(1)《电梯型式试验规则》(TSG T7007—2022);

(2)《电梯监督检验和定期检验规则》(TSG T7001—2023);

(3)《电梯制造与安装安全规范　第1部分:乘客电梯和载货电梯》(GB/T 7588.1—2020);

(4)《电梯制造与安装安全规范　第2部分:电梯部件的设计原则、计算和检验》(GB/T 7588.2—2020);

(5)《电梯、自动扶梯、自动人行道术语》(GB/T 7024—2008);

(6)《电梯技术条件》(GB/T 10058—2023);

(7)《电梯安装验收规范》(GB/T 10060—2023)。

2. 安全技术规范

电力驱动的曳引式与强制式无机房电梯的安装、改造、重大修理监督检验和定期检验应当遵守《电梯监督检验和定期检验规则》(TSG T7001—2023)的规定。

监督检验,是指由国家质量监督检验检疫总局核准的特种设备检验机构,根据本规则规定,对电梯安装、改造、重大修理过程进行的监督检验。

定期检验,是指检验机构根据本规则规定,对在用电梯定期进行的检验。

监督检验和定期检验是对电梯生产和使用单位执行相关法规标准,落实安全责任,开展为保证和自主确认电梯安全的相关工作质量情况的查证性检验。电梯生产单位的自检记录或者报告中的结论,是对设备安全状况的综合判定;检验机构出具检验报告中的检验结论,是对电梯生产和使用单位落实相关责任、自主确定设备安全等工作质量的判定。

实施电梯安装、改造或者重大修理的施工单位应当在按照规定履行告知后、开始施工前(不包括设备开箱、现场勘测等准备工作),向检验机构申请监督检验。

电梯使用单位应当在电梯使用标志所标注的下次检验日期届满前1个月,向检验机构申请定期检验。

施工单位应当按照设计文件和标准的要求,对电梯机房(或者机器设备间)、井道、层站等涉及电梯施工的土建工程进行检查,对电梯制造质量(包括零部件和安全保护装置等)进行确认,并且作出记录,符合要求后方可以进行电梯施工。

施工单位或者维护保养单位应当按照相关安全技术规范和标准的要求,保证施工或者日常维护保养质量,真实、准确地填写施工或者日常维护保养的相关记录或者报告,对施工或日常维护保养质量以及提供的相关文件、资料的真实性及其与实物的一致性负责。

施工单位、维护保养单位和使用单位应当向检验机构提供符合 TSG T7001—2023 中附件 A.1 要求的有关文件、资料,安排相关的专业人员配合验机构实施检验。其中,施工自检报告、日常维护保养年度自行检查记录或者报告还须另行提交复印件备存。

附件 A.1 中有关无机房电梯的特殊要求为以下几个方面:

(1) 每台电梯应当单独装设主开关,主开关应当易于接近和操作;无机房电梯主开关的设置还应当符合以下要求:①如果控制柜不是安装在井道内,主开关应当安装在控制柜内;如果控制柜安装在井道内,主开关应当设置在紧急操作和动态测试装置上;②如果从控制柜处不容易直接操作主开关,该控制柜应当设置能够分断主电源的断路器;③在电梯驱动曳引机附近 1m 之内,应当有可以接近的主开关或者符合要求的停止装置,并且能够方便地进行操作。

(2) 无机房电梯的紧急操作和动态测试装置应当符合以下要求:①在任何情况下均能够安全方便地从井道外接近和操作该装置;②能够直接或者通过显示装置观察到轿厢的运动方向、速度以及是否位于开锁区;③装置上设有永久性照明和照明开关;④装置上设有停止装置或者主开关。

在监督检验和定期检验时,均有针对无机房电梯的附加检验项目(见表 26-5)。

表 26-5　无机房电梯的附加检验项目

轿顶上或者轿厢内的作业场地	机械锁定装置
	检查机械锁定装置工作位置的电气安全装置
	轿厢检修门(窗)设置
	检修门(窗)开启时从轿内移动轿厢的要求
底坑内的作业场地	机械制停装置
	检查机械制停装置工作位置的电气安全装置
	井道外电气复位装置
平台上的作业场地	平台设置
	平台进(出)装置与电气安全装置
	机械锁定装置与电气安全装置
	活动式机械止挡装置
	检查机械止挡装置工作位置的电气安全装置
附加检修控制装置	附加检修控制装置设置
	与轿顶检修的互锁

3. 安装验收规范

无机房电梯的安装验收可参考《电梯安装验收规范》(GB/T 10060—2023)的要求进行。

电梯的工作条件应符合《电梯技术条件》(GB/T 10058—2023)的要求。

(1) 提交验收的电梯应具备完整的资料和文件。

① 制造企业应提供的资料和文件:

a. 整机产品出厂合格证;

b. 整机型式试验合格证书复印件;

c. 安全部件(包括门锁装置、限速器、安全钳、缓冲器、轿厢上行超速保护装置和含有电子元件的安全电路)型式试验合格证书复印件,限速器与渐进式安全钳调试证书复印件;

d. 曳引机、控制柜、悬挂绳端接装置(绳头组合)、导轨、层门耐火性能(如果需要)和玻璃门或玻璃轿壁(如果需要)等主要部件型式试验合格证书复印件;

e. 井道、机器设备区间(含机房)和滑轮间

布置图;

　　f. 安装说明书;

　　g. 主要部件现场安装示意图;

　　h. 动力电路和安全回路电气原理图及电气接线图;

　　i. 使用维护说明书(含紧急救援操作说明)。

　② 安装企业应提供的资料和文件:

　　a. 企业验收检验报告(含安装过程自检记录);

　　b. 安装过程中事故记录与处理报告(如有);

　　c. 由电梯购货方与制造企业双方同意的变更设计的证明文件(如有)。

　(2) 安装完毕的电梯设备及其机器设备区间、滑轮间、井道、候梯厅应清理干净;机器设备区间和滑轮间的门窗应防风雨,其通道门的外侧应设有包括下列简短字句的须知:"电梯机器设备——危险未经许可人员禁止入内。"对于活板门,应设有永久性的须知,提醒活板门的使用人员:"谨防坠落——重新关好活板门。"通向机器设备区间和滑轮间的通道应畅通、安全,底坑应无杂物与积水,机器设备区间、滑轮间、井道与底坑均不应有与电梯无关的其他设备。

　(3) 提交验收的电梯应能正常运行,各安全设施和安全保护功能正确有效。

　(4) 电梯验收人员应熟悉所验收的电梯产品及本标准规定的检验内容、方法和要求。

　(5) 验收用检验器具应符合《电梯试验方法》(GB/T 10059—2009)中第3.3条的要求。

　(6) 电梯供电电源的接地应符合《低压电气装置　第5-54部分:电气设备的选择和安装接地配置和保护导体》(GB/T 16895.3—2017)的要求。

　安装验收检验和试验按表26-6规定项目进行。

表 26-6　安装验收检验和试验项目分类表

序号	项　类	检验或试验项目	备注
1	机器设备区间和滑轮间	5.1.1　通道	
2		5.1.2　安全空间和维修空间	☆
3		5.1.3　主开关、照明及其开关	☆
4		5.1.4　断、错相防护和电机电源切断检查	☆
5		5.1.5　电气布线及安装	
6		5.1.6　接触器和接触器式继电器	
7		5.1.7　设备安装	
8		5.1.8　驱动曳引机	
9		5.1.9　旋转部件的防护	
10		5.1.10　电动机和其他电气设备的保护	
11		5.1.11　电动机运转时间限制器	☆
12		5.1.12　紧急操作	☆
13	井道	5.2.1　井道壁	
14		5.2.2　检修门、井道安全门和检修活板门	
15		5.2.3　安全空间和安全间距	☆
16		5.2.4　井道照明	
17		5.2.5　导轨	
18		5.2.6　对重和平衡重	
19		5.2.7　随行电缆	
20		5.2.8　限速器系统	☆
21		5.2.9　缓冲器	☆
22		5.2.10　底坑	

续表

序号	项　类	检验或试验项目	备注
23	机器设备设置在井道内时的工作区域	5.3.1　工作区域在轿厢内或轿顶上	☆
24		5.3.2　工作区域在底坑内	☆
25		5.3.3　工作区域在平台上	☆
26		5.3.4　工作区域在井道外	
27		5.3.5　门和检修活板门	
28	轿厢	5.4.1　轿厢总体	
29		5.4.2　轿门护脚板	☆
30		5.4.3　轿门	☆
31		5.4.4　轿厢玻璃	
32		5.4.5　轿顶	
33		5.4.6　轿厢安全窗和轿厢安全门	☆
34		5.4.7　紧急照明	
35		5.4.8　安全钳	☆
36		5.4.9　轿厢上行超速保护装置	☆
37		5.4.10　通风及照明	
38	悬挂和补偿装置	5.5.1　悬挂装置	
39		5.5.2　补偿绳	
40	层门和层站	5.6.1　层站指示和操作装置	
41		5.6.2　层站处运行间隙和安装尺寸	
42		5.6.3　层门防护	☆
43		5.6.4　紧急和试验操作装置	☆
44		5.6.5　层门玻璃	
45		5.6.6　层门耐火情况	
46	电气安全装置	5.7.1　电气开关的安装检查	☆
47		5.7.2　电气安全装置的作用方式	☆
48		5.7.3　电气安全装置	☆
49		5.7.4　安全触点	☆
50	紧急报警装置	5.8.1　电梯管理机构的应急响应	☆
51		5.8.2　轿厢内报警装置	☆
52		5.8.3　紧急操作处的对讲装置	☆
53		5.8.4　井道内的报警装置	☆
54		5.8.5　报警装置电源	☆
55		5.8.6　报警装置通话要求	☆
56	电梯运行控制	5.9.1　门开着情况下的平层和再平层控制	☆
57		5.9.2　检修运行控制	☆
58		5.9.3　紧急电动运行控制	☆
59		5.9.4　对接操作运行控制	
60	验收试验项目与试验要求	6.1　速度	
61		6.2　平衡系数	
62		6.3　起动加速度、制动减速度和 A95 加速度、A95 减速度	

续表

序号	项　类	检验或试验项目	备注
63	验收试验项目与试验要求	6.4　振动	
64		6.5　开关门时间	
65		6.6　平层准确度和平层保持精度	
66		6.7　运行噪声	
67		6.8　超载保护	
68		6.9　制动系统	☆
69		6.10　曳引条件	☆
70		6.11　限速器与安全钳	☆
71		6.12　轿厢上行超速保护装置	☆
72		6.13　缓冲器	☆
73		6.14　层门与轿门联锁	☆
74		6.15　极限开关	☆
75		6.16　运行	

注：表中备注栏内标有"☆"的为重要项目，其余为一般项目。

第27章

非钢丝绳悬挂电梯

27.1 定义

非钢丝绳悬挂电梯是一种悬挂装置采用钢丝绳悬挂装置之外的电梯用悬挂装置,包括包覆绳、包覆带及其端接装置。

27.2 分类

1. 按悬挂装置分类

(1) 承载体为钢丝绳的包覆绳电梯;
(2) 承载体为钢丝绳的包覆带电梯;
(3) 承载体为非钢丝绳的包覆带电梯。

2. 按整梯结构分类

(1) 有机房电梯;
(2) 无机房电梯。

27.3 技术性能

27.3.1 主要技术参数

1. 包覆绳(带)电梯的主要技术参数

包覆绳(带)电梯的主要技术参数见表 27-1。

2. 包覆绳(带)的结构类型

1) 承载体为钢丝绳的包覆绳

包覆绳应由承载体和包覆层构成,包覆绳应为绳状结构。

表 27-1 包覆绳(带)电梯的主要技术参数

序号	电梯主要技术参数	承载体为钢丝绳的包覆绳(带)的参数	承载体为非钢丝绳的包覆带的参数
1	额定载质量/kg	具体按电梯厂家规格	具体按电梯厂家规格
2	额定速度/(m·s^{-1})	具体按电梯厂家规格	具体按电梯厂家规格
3	最大提升高度/m	具体按电梯厂家规格	具体按电梯厂家规格
4	控制方式	具体按电梯厂家规格	具体按电梯厂家规格
5	平衡系数	0.4~0.5	0.4~0.5
6	起动加速度/制动减速度/(m·s^{-2})	≤1.5	≤1.5
7	运行速度	不大于额定速度的 105% 不小于额定速度的 92%	不大于额定速度的 105% 不小于额定速度的 92%
8	垂直振动加速度/(m·s^{-2})	最大峰峰值≤0.3 A95 峰峰值≤0.2	最大峰峰值≤0.3 A95 峰峰值≤0.2
9	水平振动加速度/(m·s^{-2})	最大峰峰值≤0.2 A95 峰峰值≤0.15	最大峰峰值≤0.2 A95 峰峰值≤0.15
10	轿厢内运行噪声/dB(A)	≤55(v≤2.5 m/s)	≤60(2.5<v≤6.0 m/s)
11	机房噪声/dB(A)	≤80(v≤2.5 m/s)	≤85(2.5<v≤6.0 m/s)
12	开关门噪声/dB(A)	≤65	≤65
13	平层准确度/mm	±10	±10

注:以上按《电梯技术条件》(GB/T 10058—2023)要求列出,如电梯厂家有特殊的要求,以厂家要求为准。

承载体应为钢丝绳。

示例：6×19S-IWRC,表示外层股数为6股,结构为19S,绳芯类型为IWRC。

包覆绳的横截面示意图参见图27-1。

包覆绳规格见表27-2。

表27-2 包覆绳规格

包覆绳公称 直径 D/mm	承载体公称 直径 d/mm	最小破断 拉力/kN	质量/ $(kg \cdot m^{-1})$
6.5	4.9	23.6	0.11
6.5	5.0	28.0	0.12
8.1	6.2	33.6	0.18
10.0	8.0	55.0	0.27

2) 承载体为钢丝绳的包覆带

包覆带应由承载体和包覆层构成。承载体材料为金属时,结构为钢丝绳,包覆带应为带状结构,包覆带类型分为扁平型(BF)、齿型(BT)。包覆带的横截面参见图27-2。

承载体为钢丝绳的包覆带规格见表27-3。

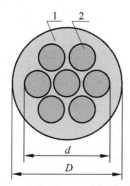

1—包覆层；2—承载体。

图27-1 包覆绳的横截面示意图

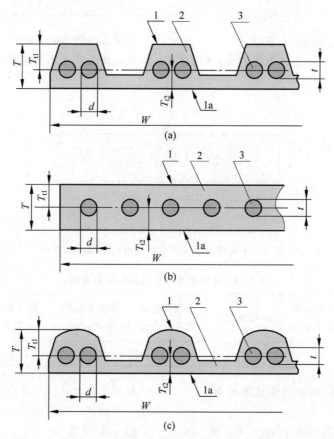

1—与曳引轮接触的表面或者与曳引轮接触侧的齿顶；2—包覆层；3—承载体。

图27-2 承载体为钢丝绳的包覆带横截面示意图

(a) 扁平型(BF)；(b) 齿型1(BT)；(c) 齿型2(BT)

表 27-3 承载体为钢丝绳的包覆带规格

包覆带公称宽度 W/mm	包覆带公称厚度 T/mm	承载体数量	承载体公称直径 d/mm	最小破断拉力/kN	质量/(kg·m^{-1})
25	3.7	6	2.00	28.0	0.17
25	3.3	8	1.98	34.0	0.19
30	3.3	10	1.98	43.0	0.23
30	3.0	12	1.61	32.0	0.20
30	4.4	12	1.73	42.0	0.25
33	3.7	8	2.00	40.0	0.24
36	3.3	12	1.98	52.0	0.29
40	5.0	16	1.65	46.0	0.35
40	4.4	16	1.73	56.0	0.33
50	3.7	12	2.00	56.0	0.33
50	4.4	20	1.73	70.0	0.42
60	3.3	20	1.98	86.0	0.47
60	3.0	24	1.61	64.0	0.41
60	4.4	24	1.73	84.0	0.50

3）承载体为非金属的包覆带

包覆带应由承载体和包覆层构成，承载体为非金属。

包覆带的横截面示意图参见图 27-3。承载体为非金属的包覆带规格见表 27-4。

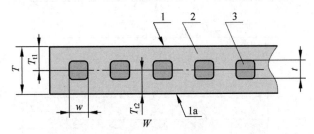

1—与曳引轮接触的表面；2—包覆层；3—承载体。

图 27-3 承载体为非金属的包覆带的横截面示意图

表 27-4 承载体为非金属的包覆带规格

包覆带公称宽度 W/mm	包覆带公称厚度 T/mm	承载体数量	承载体公称宽度 w/mm	承载体公称厚度 t/mm	最小破断拉力/kN	质量/(kg·m^{-1})
25.4	4.5	4	5	2.5	110.0	0.15

3．包覆绳（带）的承载体技术要求

1）抗拉强度

公称抗拉强度值应在 1570～3500 N/mm^2。抗拉强度的公称值为下限值，抗拉强度偏差不应大于 390 N/mm^2。

注：承载体为金属时，抗拉强度是指钢丝的抗拉强度。承载体为非金属时，抗拉强度是指单个承载体的抗拉强度。

2）表面处理

如承载体为钢丝绳，钢丝应进行镀锌或其他防腐处理。

3) 接头

如承载体为钢丝绳,钢丝绳不应有接头。

4. 包覆绳(带)的尺寸偏差

1) 包覆绳

(1) 直径允许偏差

在无载荷10%包覆绳最小破断拉力载荷的情况下,实测直径与公称直径允许偏差应符合表27-5的规定。

表 27-5 包覆绳直径允许偏差

允许偏差/%	
无载荷	10%最小破断拉力
+2 -2	+2 -3

(2) 不圆度

在10%包覆绳最小破断拉力载荷的情况下,不圆度应符合表27-6的规定。

(3) 直径均匀性允许偏差

在10%包覆绳最小破断拉力载荷的情况下,直径均匀性允许偏差应符合表27-6的规定。

表 27-6 包覆绳不圆度和直径均匀性允许偏差

不圆度/%	直径均匀性允许偏差/%
3	2

(4) 包覆层厚度均匀性允许偏差

在无载荷的情况下,包覆绳包覆层厚度均匀性允许偏差不应大于5%。

2) 包覆带

(1) 外形宽度允许偏差

在无载荷的情况下,包覆带的外形宽度允许偏差应符合表27-7的规定。

(2) 外形厚度允许偏差

在无载荷的情况下,包覆带的外形厚度允许偏差应符合表27-7的规定。

表 27-7 包覆带的外形尺寸允许偏差

外形宽度允许偏差/%	外形厚度允许偏差/%
±6	±6

(3) 包覆层厚度均匀性允许偏差

在无载荷的情况下,包覆带的包覆层厚度均匀性允许偏差不应大于10%。

3) 长度

在无载荷的情况下,包覆绳(带)长度允许偏差应符合表27-8的规定。

表 27-8 包覆绳(带)长度允许偏差

长度/m	允许偏差/%
≤400	+5 0
>400~1000	+20 0
>1000	+2 0

5. 包覆绳(带)的性能

1) 实测破断拉力

实测破断拉力不应小于包覆绳(带)的最小破断拉力。

2) 产烟毒性

包覆绳(带)产烟毒性等级应至少达到《材料产烟毒性危险分类》(GB/T 20285—2006)规定的准安全级(ZA_3)。

3) 燃烧性能

包覆绳(带)在包覆层完全燃烧或熔化后,应能承受至少1/12的最小破断拉力的载荷。

4) 粘合强度

包覆绳(带)的包覆层与单个承载体的粘合强度不应小于下列值:

(1) 承载体为钢丝绳时,为5 N/mm;

(2) 承载体为非金属时,为3 N/mm。

5) 弯折疲劳性能

在与包覆绳(带)相匹配的试验轮上,且在其1/12最小破断拉力载荷作用下,包覆绳(带)的弯折疲劳性能应符合下列要求:

(1) 简单弯折次数不少于1000万次;

(2) 经过声明简单弯折次数后未达到《电梯用非钢丝绳悬挂装置》GB/T 39172—2020附录B中规定的报废技术条件,且剩余破断拉力不小于最小破断拉力的80%;

(3) 达到声明简单弯折次数的120%或报

废技术条件,且剩余破断拉力不小于最小破断拉力的60%。

注:声明简单弯折次数是指由供方提供,满足其最低寿命预期且不少于1)所述的1000万次的简单弯折次数。

6)许用简单弯折次数

电梯设计时,综合考虑各种因素(如张力差、扭转和偏角等)而确定的最大可靠简单弯折次数作为包覆绳(带)的许用简单弯折次数。

许用简单弯折次数应按下式计算得出:

$$[N] = k \cdot N_s$$

式中,$[N]$——包覆绳(带)的许用简单弯折次数;

N_s——包覆绳(带)的声明简单弯折次数;

k——许用系数,$k \leqslant 0.85$。

7)温湿老化性能

温湿老化后,包覆绳(带)应符合下列要求:

(1)黏合强度符合 GB/T 39172—2020 第5.3.4条的规定;

(2)实测破断拉力不小于包覆绳(带)的最小破断拉力。

8)生物性能

包覆绳(带)对大鼠的防护等级应至少达到《电线电缆机械和理化性能试验方法 第10部分:大鼠啃咬试验》(JB/T 10696.10—2011)中"一般"级别。

27.3.2 典型产品性能和技术参数

部分产品的性能和技术参数见表27-9。

表27-9 非钢丝绳悬挂电梯产品的性能和技术参数

型号	悬挂装置	额定载质量/kg	额定速度/(m·s⁻¹)	乘客人数	井道尺寸/(mm×mm)	轿厢尺寸/(mm×mm)	开门尺寸/mm	最大提升高度/m	最小顶层高度/m	最小底坑深度/m	厂家
G·Art-MRL 630	钢丝绳包覆带	630	1.0~1.75	8	1800×1800	1100×1400	800×2100	80	3800	1200	广日
G·Art-MRL 825	钢丝绳包覆带	825	1.0~1.75	11	2000×1750	1400×1350	800×2100	80	3800	1200	广日
G·Art-MRL 1050	钢丝绳包覆带	1050	1.0~1.75	14	2200×1900	1600×1500	900×2100	80	3800	1200	广日
GeN2-MRL 630	钢丝绳包覆带	630	1.0~1.75	8	1800×1800	1100×1400	700×2100	75	3900	1300	奥的斯
GeN2-MRL 800	钢丝绳包覆带	800	1.0~1.75	10	2000×1800	1350×1400	800×2100	75	3900	1300	奥的斯
GeN2-MRL 1000	钢丝绳包覆带	1000	1.0~1.75	13	2200×1800	1600×1400	900×2100	75	3900	1300	奥的斯
Schindler 3300AP 630	钢丝绳包覆带	630	1.0~1.75	8	1775×1579	1250×1250	800×2100	60	3650	1200	迅达
Schindler 3300AP 800	钢丝绳包覆带	800	1.0~1.75	10	1875×1679	1400×1350	800×2100	60	3650	1300	迅达
Schindle r3300AP 1000	钢丝绳包覆带	1000	1.0~1.75	13	2075×1829	1600×1500	900×2100	60	3650	1300	迅达

注:以上参数作为参考,考虑到厂家存在升级优化,具体以厂家最新样本规格为准。

27.4 选用原则

1. 非钢丝绳悬挂电梯的选用原则

依据人流量需求、井道尺寸、提升高度等，同时配合额定载质量、速度、轿厢尺寸等型号参数，以及产品价格、售后保障等多种因素进行选用。

(1) 对于额定载质量≤2500 kg，额定速度≤3.0 m/s，提升高度＜300 m，建议选用承载体为钢丝绳包覆绳（带）的电梯，具体以电梯厂家的规格为准。

(2) 对于提升高度超过 300 m，额定速度大于 4.0 m/s，可考虑选用承载体为非钢丝绳包覆带的电梯，具体以电梯厂家的规格为准。

2. 包覆绳（带）的使用原则

(1) 包覆绳（带）应至少有两根，且每根应是独立的。

(2) 无论包覆绳（带）的承载体数量多少，曳引轮、滑轮的节圆直径与包覆绳（带）承载体的公称直径（或公称厚度）之比不应小于 40。

(3) 包覆绳（带）的安全系数应符合电梯厂家的规定。

(4) 包覆绳（带）曳引力和当量摩擦系数应符合 GB/T 39172—2020 中附录 F 的规定。

(5) 端接装置应符合下列要求：

① 包覆绳（带）末端固定在轿厢、对重或用于悬挂包覆绳（带）的固定部件上。固定时，采用自锁紧楔形的端接装置；

② 包覆绳（带）与其端接装置的结合至少能承受其最小破断拉力的 80%，且符合 GB/T 39172—2020 中第 7.3 条的规定；

③ 端接装置报废条件按《电梯主要部件报废技术条件》(GB/T 31821—2015) 中第 4.4.5 条的规定。

(6) 非钢丝绳悬挂装置的曳引轮、滑轮轮槽与所用的包覆绳（带）应相匹配。

(7) 使用非钢丝绳悬挂装置的电梯，可采用包覆绳（带）作为补偿装置，且张紧轮的节圆直径与包覆绳（带）承载体的公称直径（或公称厚度）之比不应小于 30。

(8) 包覆绳（带）报废条件按《电梯主要部件报废技术条件》(GB/T 31821—2015) 中第 4.4.4 条的规定。

备注：以上原则作为参考，具体以电梯厂家的要求为准。

27.5 安全使用

27.5.1 安全使用管理制度

1. 安装管理制度

包覆绳（带）电梯进行安装作业前，应由经过电梯厂家专门培训的人员，获得电梯厂家包覆绳（带）电梯安装授权许可之后，方能从事安装作业。安装资质不能借用非授权公司或个人，经授权的一方必须按要求安装包覆绳（带）电梯，并保证电梯安装质量。

2. 维保管理要求制度

维护人员需经电梯厂家培训，并获得电梯厂家包覆绳（带）电梯维保授权许可，按电梯厂家规定的检查与维护的要求，对包覆绳（带）进行定期检查，并提交检查报告。对于维保单位为非电梯厂家授权的，电梯业主应与电梯厂家签订定期检查协议，告知应由电梯厂家培训并授权的胜任人员按维护说明书进行定期检查，并提交检查报告。维护人员需要获得电梯厂家包覆绳（带）电梯维保授权许可之后，方能从事维保作业。维保资质不能借用非授权公司或个人，经授权的一方需按要求维保包覆绳（带）电梯，并保证电梯维保质量。

27.5.2 安装现场准备

以下内容主要针对包覆绳（带）的部分进行规范，其余部分按《电梯安装验收规范》(GB/T 10060—2023) 电梯安装验收规范的要求执行。

1. 甲方配合事项

(1) 依据 GB/T 7588.1—2020 和 GB/T 7588.2—2020 的规定，为了保证机房中设备的正常运行，如考虑设备散发的热量，机房中的环境温度应保持在 5～40 ℃之间。

(2) 电梯要求井道有助于防止火焰蔓延，

该井道应由无孔的墙、底板和顶板完全封闭起来,防止沙石、粉尘、湿气、有害气体等进入井道。

(3)电梯在不要求井道在火灾情况下用于防止火焰蔓延的场合,如与瞭望台、竖井、塔式建筑物联结的观光电梯等,井道不需要全封闭,但不能暴露于沙漠、矿井等多沙石、粉尘的极端环境中。

(4)电梯机房应有适当的通风,同时必须考虑到井道通过机房通风。从其他建筑物抽出的陈腐空气不得直接排入机房内。应保护诸如非钢丝绳悬挂装置、电机、设备以及电缆等,使其尽可能不受沙石、粉尘、湿气、有害气体的损害。

(5)电梯井道不能直接暴露于阳光下,若电梯安装于室外的井道,井道壁应全封闭。当井道采用玻璃封闭时,要求井道玻璃(如LOW-E玻璃、镀膜玻璃等)紫外线防护率高于电梯厂家技术要求。

(6)运行地点的最湿月平均最高相对湿度为90%,同时该月月平均最低温度不高于25℃。

(7)环境电压相对于额定电压的波动应在±7%范围内。

2. 井道测量

根据电梯井道和机房布置图测量,检查井道各尺寸是否与图纸相符,特别要注意电梯安装动工前,应在当地有关政府管理机构办理申报手续,获批准后方可施工。当土建情况与图纸要求有较大偏差时,应要求甲方尽快按图纸要求进行修改。

井道的偏差需要满足《建筑工程施工质量验收统一标准》(GB 50300—2013)、《电梯工程施工质量验收规范》(GB 50310—2002)、《电梯主参数及轿厢、井道、机房的型式与尺寸 第1部分:Ⅰ、Ⅱ、Ⅲ、Ⅵ类电梯》(GB/T 7025.1—2023),以及电梯厂家土建技术要求。

3. 安装前的准备工作

(1)安装工具准备:安装作业前检查工具设备,确认电动工具、电焊设备的绝缘良好,缆线无破损;确认起重设备、气割设备无损伤,损伤的工具设备要修理好后才可使用。

(2)设置施工用电源:与甲方联系,取得施工用电源,将其接入安装施工用配电箱中。确认配电箱的保险丝容量与标示值一致,漏电开关动作正常。

(3)施工过程危险源辨识及风险控制。

(4)施工过程对危险源进行辨识编制风险控制划分表,指定控制措施。

4. 包覆绳(带)的安装程序

(1)在包覆绳(带)安装之前,烧焊工艺、修补油漆、导轨清理、泥沙杂物清理等必须完成后才能进行包覆绳(带)的安装,并且包覆绳(带)安装之后,烧焊工艺、修补油漆不能再进行,但若有需要,可以进行灰尘杂物清理工作。

(2)如包覆绳(带)是整捆发货,现场安装的时候需要使用架子将整捆包覆绳(带)架起,使到木制滚轮可以转动,再根据实际安装需要的长度进行裁剪。无论地面是光滑还是粗糙,禁止在地面上拖曳包覆绳(带)。

(3)放绳方法

以盘卷交货的包覆绳(带),解卷时可将包覆绳(带)盘卷放在专用工具上沿着直线滚动展开,如图27-4所示。注意包覆绳(带)不得在地面上拖曳以防磨损,并保证不被尘土、砂石、雨水、油及其他有害物质污染。

图27-4 盘卷包覆绳(带)解卷的方法示例

对于以轮轴供货的包覆绳(带),可在轮轴中心孔中穿上一根具有足够强度的轴,把轮轴放在可以转动并带制动装置的合适支架上,制动装置可以防止安装过程中轮轴过度旋转。如图27-5所示。

包覆绳(带)在安装过程中要特别注意防止包覆绳(带)的意外扭转。意外扭转会导致

图 27-5　轮轴包覆绳（带）放绳的方法示例

包覆层变形。

注：以上要求作为参考，具体安装事宜以电梯厂家要求为准。

27.5.3　维护和保养

1．包覆绳（带）日常检查

包覆绳（带）应按电梯厂家的要求定期进行检查，包括外观、尺寸、表面清洁、张力和伸长量等。

包覆绳（带）相关部件检查见表 27-10。

表 27-10　包覆绳（带）相关部件检查

作业项目	保养间隔						
	1 个月	3 个月	6 个月	1 年	2 年	3 年	5 年
1．测量检查		○					
2．寿命检查			○				
3．张紧检查		○					
4．松绳开关检查		○					
5．包覆绳（带）伸长检查		○					
6．包覆绳（带）监控装置检查				○			
7．曳引轮磨损检查			○				
8．曳引轮生锈检查	○						

注：以上要求作为参考，具体维护保养以电梯厂家要求为准。

2．包覆绳（带）的清洁

在使用过程中，灰尘或者油脂会吸附或飞溅至包覆绳（带）表面，应对包覆绳（带）进行清洁，清洁方法可按照厂家的要求进行。

3．包覆绳（带）报废

当电梯维护人员对包覆绳（带）进行检查达到下面（1）～（3）情况之一或综合评定不能继续使用时，包覆绳（带）应报废。

以下内容是电梯用包覆绳（带）报废的通用指南，在使用时还应同时考虑相关的国家电梯标准。

1）包覆绳（带）破损

（1）包覆绳

端接装置之间包覆绳出现下列情况之一，应视为达到报废技术条件：

① 包覆层变形（如鼓包、折痕、缩颈等）；

② 可见承载体的包覆层裂纹或脱落；

③ 包覆层表面有承载体刺出或外露；

④ 承载体断裂；

⑤ 其他由电梯制造单位确定需报废的异常情况。

（2）包覆带

端接装置之间包覆带出现下列情况之一，应视为达到报废技术条件：

① 包覆层变形（如鼓包、压痕、折痕、凹陷等）；

② 可见的包覆层裂纹或脱落；

③ 包覆层表面有承载体刺出或外露；

④ 承载体出现断裂；

⑤ 其他由电梯制造单位确定需报废的异常情况。

2）直径或厚度减小

若包覆绳（带）的实测直径（实测厚度）相对公称直径（公称厚度）减少到制造商提供的规定值，应报废。

3) 使用寿命

应对包覆绳（带）的弯折次数和使用时间进行监测，达到许用简单弯折次数或声明的年限时，应报废。

注：声明的年限是从包覆绳（带）制造日期开始计算。

4. 包覆绳（带）更换

包覆绳（带）达到报废技术条件需更换时，应符合下列要求：

(1) 更换的包覆绳（带）与原电梯供方规定的要求一致。

(2) 在其他设备上安装或使用过的包覆绳（带）不允许重复使用。

(3) 同一电梯的包覆绳（带）是来自同一供方且拥有相同的材料、等级、结构和尺寸。

(4) 在正常使用情况下，如有一根包覆绳（带）报废，则整台电梯的包覆绳（带）同时更换。

(5) 如果同一电梯中的包覆绳（带）在安装或在电梯投入使用前发生损伤，允许只更换损伤的包覆绳（带）。

注：以上要求按照《电梯用非钢丝绳悬挂装置》（GB/T 39172—2020）列出。未规定的技术条件，可依据电梯厂家的产品使用维护说明书。

27.5.4 常见故障及排除方法

(1) 包覆绳（带）主机常见故障分析处理见表 27-11。

(2) 包覆绳（带）监测装置的常见故障分析处理见表 27-12。

表 27-11 包覆绳（带）主机常见故障分析处理

现 象	故 障	排 除 方 法
电机无法启动	控制设备的接线断路	断电后，检查电机与控制线路是否接通，并加以纠正
	电机定子绕组短路、断路故障	检查电机"U、V、W"三相线电阻，如三相线电阻偏差值超过10%，可判断为定子绕组短路。若任何一相线电阻为"0"，可判断定子绕组为断路。如果电机定子绕组短路或断路，应退回电机厂进行更换
	抱闸未能打开	检查控制线路，对故障进行纠正
	编码器未与变频器接通	检查编码器与变频器的接头是否连接牢固，变频器控制板与变频器是否完全接上
	编码器损坏	更换编码器
	线路故障	核对控制线路，加以纠正
电机出现异常振动	电机接线错相	根据电机接线图和控制线路进行纠正
	磁极码与出厂设置不一致	用变频器控制键盘进行调试，重测磁极码
	电机主轴与编码器间隙过大	将编码器紧定螺钉锁紧
	编码器安装不牢固	将编码器安装螺钉上紧，保证编码器安装牢固
抱闸不能打开	制动器线圈未得电	检查制动器控制接线
	电压过低	检查控制线路输出电压，应在额定值±7%
	电磁铁线圈损坏	用万能表检查电磁铁线圈电阻，如线圈已烧毁，应更换制动器
制动器线圈过热	制动线圈电压过高	检查制动器线圈电压，最大值不能超过额定值的7%

表 27-12　包覆绳(带)监测装置的常见故障分析处理

现象	故　　障	排 除 方 法
监测装置报警	承载体与接触片接触不良	检查承载体与接触片是否接通,并进行纠正
	承载体中间有断开	断电后,直接测量承载体通断,如果断开,更换包覆绳(带)
	线路故障	检查控制线路
	检测装置损坏	检查装置工作状态

27.6　相关标准和规范

1. 国家标准

(1) 包覆绳(带)执行(GB/T 39172—2020)要求。

(2) 除了符合上述标准的要求外,采用非钢丝绳悬挂装置的电梯还应符合 GB/T 7588.1—2020 和 GB/T 7588.2—2020 的有关规定。

2. 安全技术规范

除对包覆绳(带)所列项目(见表 27-13)按电梯厂家要求检验外,其他项目应遵照《电梯监督检验和定期检验规则》(TSG T7001—2023)进行监督检验和定期检验。

表 27-13　包覆绳(带)监督检验和定期检验

序号	项　　目	具体要求
1	悬挂装置、补偿装置的磨损、断丝、变形等情况(含报废条件)按电梯厂家要求	
2	端部固定	按电梯厂家要求
3	松绳(带)保护	按电梯厂家要求
4	旋转部件防护	按电梯厂家要求
5	空载曳引检查	按电梯厂家要求
6	静态曳引检查	按电梯厂家要求

注:表列项目作为参考,具体以电梯厂家的指引文件为准。

3. 安装验收规范

除对包覆绳(带)所列项目(见表 27-14、表 27-15)按电梯厂家要求安装验收外,其余按《电梯安装验收规范》(GB/T 10060—2023)的要求执行。

表 27-14　包覆绳(带)安装规范

序号	项　目	安 装 规 范
1	同一批次	对于任何一个安装项目,只能使用同一厂家同一型号的包覆绳(带),并且新旧包覆绳(带)不能混合使用
2	包覆绳(带)及相关部件的安装	按电梯厂家要求,避免损伤及污染
3	包覆绳(带)清洁	按电梯厂家要求进行清洁
4	端接装置	按电梯厂家要求,使用与其匹配的端接装置

注:表列项目作为参考,具体以电梯厂家的指引文件为准。

表 27-15　包覆绳(带)验收规范

序号	项　目	验 收 规 范
1	同一批次	应使用同一厂家同一型号的包覆绳(带),并且新旧包覆绳(带)不能混合使用
2	安装正确	按电梯厂家要求
3	外观检查	按电梯厂家要求,外表无损伤及污染
4	端接装置	按电梯厂家要求
5	曳引轮、反绳轮	按电梯厂家要求
6	监控装置检查	按电梯厂家要求进行检查

注:表列项目作为参考,具体以电梯厂家的指引文件为准。

第28章

轿厢式自动行人天桥

28.1 概述

28.1.1 定义与功能

轿厢式自动行人天桥是一种新型的交通运输设备,搭载乘客的轿厢先垂直上升至一定的高度,然后水平跨越障碍物到达另一侧,再垂直下降到地面,使乘客无换乘、无障碍地逾越道路、铁路、河流等。

轿厢可以搭载行人、自行车、童车、轮椅车等,是一种创新、人性化的交通工具,可广泛用于城市道路、铁路等交叉路口,方便行人、残障人士、携带行李的人员安全、快捷地跨越道路。

28.1.2 发展历程与沿革

行人和车辆在交叉道口的通行方式经历了较长的演变过程,从初始的平交方式,发展到钢结构过街天桥和地下通道,但后两种交通方式制造成本高,占地面积大,施工周期长,且不能实现无障碍通行。后来又发展了钢结构天桥两端安装垂直电梯的方案,来达到无障碍通行的目的,但这种方式需要较深的底坑,在和道路管网干涉的地方无法使用,而且安装周期长,不能够拆卸和重复安装使用。

随着社会的发展和城市化进程的推进,对道路交通人性化、智能化、无障碍的要求越来越高,在这种背景下,一键到达、无须换乘、无障碍通行的立体道路交通设备——轿厢式自动行人天桥,就应运而生了,它是现代化城市交通的重要配套设备。这种设备只需要很浅的底坑,安装方便,占地面积小,可拆卸和重复安装使用,可广泛应用于城市建设和旧城改造。

28.2 工作原理及结构组成

28.2.1 工作原理

轿厢式自动行人天桥由轿厢、站台、垂直井道、水平横梁、液压平衡系统、电气控制系统等组成(见图28-1)。

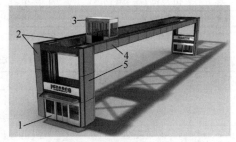

1—站台;2—检修救援通道;3—轿厢;
4—水平横梁;5—垂直井道。

图28-1 轿厢式自动行人天桥

轿厢带有一套独立的驱动系统,在电动机驱动下轿厢沿垂直井道上升,到达顶端前减速,然后平稳转向,逐渐由垂直井道转移到水平横梁,此后轿厢沿水平横梁运动,到达另一侧垂直井道,最后下降到目的站台。

轿厢在垂直井道的平衡由一套动态智能液压配重系统来完成(见图28-2)。该系统由多个不同直径的液压缸组成,根据不同的轿厢载荷,系统自动选择相应的液压缸工作,以便最大限度地平衡轿厢的载荷,从而采用较小功率的电动机即可驱动轿厢运行。

站台安装有呼叫按钮,供乘客打开本站轿厢门或呼叫停靠在对面站台轿厢;安装有故障报警灯,用以显示系统状态;安装有三角锁,供检修人员进入站台时使用。站台还安装有照明灯,当环境照度较暗时,照明灯将自动点亮。

2. 轿厢

轿厢是运送乘客和其他载荷的设备,轿厢式自动行人天桥的轿厢不同于一般电梯的轿厢,它是一个整体结构的铝合金厢体,两侧安装有驱动系统,因此轿厢可以自主在两侧站台之间往返运动(见图28-3)。

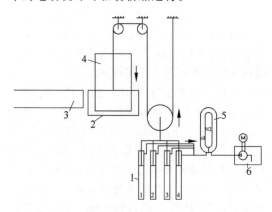

1—液压缸;2—转移小车;3—水平横梁;
4—轿厢;5—蓄能器;6—液压泵站。
图28-2 液压平衡系统原理图

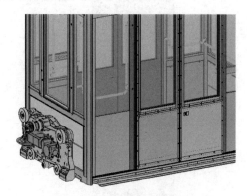

图28-3 轿厢及驱动系统

轿厢扶手及操作面板的高度适合于乘坐轮椅的乘客使用。轿厢安装有空调,以提高乘客乘坐的舒适性。

轿厢设计有轿顶逃生窗和侧面逃生窗,当轿厢因故障停在不同位置时,方便救援人员进入轿厢。当轿厢停留在垂直井道里时,救援人员可用三角钥匙打开轿顶逃生窗进入轿厢救援。当轿厢停留在水平横梁时,救援人员通过检修救援通道可到达轿厢位置,然后打开侧面逃生窗进入轿厢救援。

3. 垂直井道

每侧的站台和两套垂直立柱共同构成了一个部分封闭的垂直井道。

在垂直立柱靠近井道侧安装有供轿厢垂直运行的直线导轨、齿条、随行电缆、安全钳导轨,以及实现轿厢在垂直和水平运动之间转换的转送小车。

在左、右两个垂直立柱远离井道侧,分别安装有液压平衡系统和电气控制系统,这些设

在这个液压平衡系统中设计了蓄能器,当轿厢下降时,轿厢的重力将液压缸中的液压油压进蓄能器,从而将轿厢的势能转变成了液压能。当轿厢上升时,蓄能器释放储存的液压能驱动液压缸工作,实现了能量转换,达到了节能的目的。

28.2.2 结构组成

轿厢式自动行人天桥的基本组成如图28-1所示,有站台、轿厢、垂直井道、水平横梁、液压平衡系统、电气控制系统等。

1. 站台

站台是轿厢停靠和乘客进出轿箱的地方。站台门、围壁、垂直立柱构成了一个封闭的站台,确保乘客和相关人员的安全(靠近读者的称为A站,对面是B站)。

备均安装在垂直立柱内部,以减少占用额外的空间资源。

4. 液压平衡系统

液压平衡系统安装在每个站台的右侧立柱远离井道侧,由液压泵站、油箱、液压缸、主功能阀块、蓄能器、蓄能器阀组、救援蓄能器组等组成(见图28-4)。

压泵站将启动,使系统油压达到设定值。

主功能阀块集成了液压系统运行所需的各功能阀。PLC主控制器根据称重传感器测量的轿厢重量,控制相应的液压阀启动,驱动相应的液压缸工作,来对轿厢进行精确的平衡,以便电动机以较小的功率驱动轿厢运行。

5. 电气控制系统

电气控制系统由主控制柜和辅助控制柜组成,主控制柜安装在A站左立柱远离井道侧,辅控制柜分别安装在B站左立柱远离井道侧和轿厢顶部。主控制柜和B站辅控制柜通过电缆供电和通信,主控制柜和轿厢辅控制柜之间的供电采用滑线供电,通信方式采用无线通信,使得轿厢摆脱了随行电缆的束缚,可以到达导轨所能到达的任何地方。

主控制柜安装有PLC主控制器、交换机、无线通信接入端和人机交互装置(human machine interface,HMI)等(见图28-5)。PLC主控制器用于对整个系统的组态、控制,交换机用于和辅控制柜通信、交换信息,无线通信接入端用于和轿厢控制系统的通信,HMI用于系统的各种操作、显示运行状态、查询报警信息、系统配置、检修等。

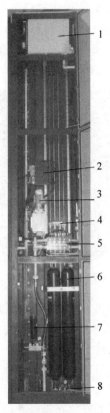

1—油箱;2—电磁阀接线箱;3—供油站;4—液压缸;5—主功能阀块;6—蓄能器;7—救援蓄能器组;8—蓄能器阀组。

图28-4 液压平衡系统

液压缸通过滑轮和井道侧的转送小车相连,对垂直运动的轿厢进行平衡,以减小驱动电动机所需的功率。

轿厢式自动行人天桥开机通电后,液压泵站开始为液压系统供油,当液压系统的压力达到设定值后,液压泵站停止工作,液压能储存在蓄能器里,系统准备工作完成,故障报警灯熄灭,表明轿厢式自动行人天桥可以投入运行。运行过程中,系统油压低于设定值时,液

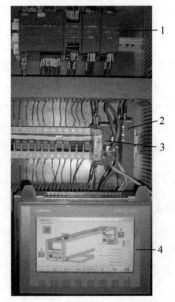

1—PLC主控制器;2—无线通信接入端;3—交换机;4—HMI。

图28-5 主控制柜

B站辅控制柜用于给B站各设备的供电，PLC主控制器扩展点(I/O)用于对液压系统、安全开关、门系统等信号的采集和控制。

轿厢辅控制柜用于给轿厢各设备供电，PLC主控制器扩展点(I/O)用于对电机、门机、安全开关、称重传感器和空调等信号的采集和控制。无线通信客户端用于和主控制柜的通信。交换机用于通信客户端、伺服电动机和PLC之间的信息交换。

6．水平横梁

水平横梁由左、右两组横梁组成，共同构成轿厢水平运行的通道，横梁内侧安装有轿厢运行所需的齿条、导轨，左横梁安装有给轿厢供电的滑线、轿厢通信的无线通信漏波电缆，以及A/B站控制柜间的动力电缆和通信电缆。右横梁外侧安装有连接A/B站液压系统的高低压油管。

7．检修救援通道

检修救援通道如图28-6所示，在站台侧有一组可折叠的垂直爬梯，在左横梁外侧安装有一条钢结构栈道。

图28-6　检修救援通道

当轿厢因故障停在了横梁位置，救援人员可打开垂直爬梯，通过垂直爬梯进入钢结构栈道，到达轿厢侧面，用三角钥匙打开轿厢侧面逃生窗，将乘客通过救援通道疏散到地面站台。

检修人员也可以通过此通道对设备进行检查、维修。

28.3　技术规范及性能

28.3.1　安全技术规范

轿厢式自动行人天桥是在电梯产品的基础上延伸出来的一种新型交通运输工具，其载客运行等方面参照GB/T 7588.1—2020、GB/T 7588.2—2020及《轿厢式自动行人天桥》(Q/AN 001—2016)。垂直井道及水平横梁等钢结构支架参照《钢结构设计规范》(GB 50017—2017)。

28.3.2　技术性能

以下是轿厢式自动行人天桥特有的技术性能参数。

(1) 轿厢式自动行人天桥是一站直达式交通运输设备，尤其方便残障人士、老年人、儿童、乘坐轮椅及携带行李的人员安全、便捷地跨越道路等障碍物。可实现行人和机动车立体分离，道路交通安全高效。

(2) 水平横梁距离地面的净高度一般为6 m，满足常规车辆的通行。水平跨度为6 m一个标准段，可根据道路的宽度按倍数配置。必要时可安装中间支撑，使跨度继续延伸。

(3) 轿厢按电梯标准设计，最大载荷可达1650 kg，内部空间设计满足搭载轮椅车、婴儿车、自行车、行李箱等。四面安装钢化玻璃，如同观光电梯，使乘客可感知周围环境，欣赏外面风景。

(4) 轿厢运行的速度，垂直段为0.5～1.0 m/s，水平段为1.5～2.5 m/s，转向速度为0.3 m/s，一台中等跨度的产品，全程运行时间约1 min。

(5) 轿厢采用自主驱动设计，利用滑线供电和无线通信，使轿厢摆脱了随行电缆的束缚，可以到达导轨架设到的任何地方。

(6) 轿厢式自动行人天桥采用模块化设计，各零部件均集成在横梁、立柱的标准模块内，以及轿厢内部。现场安装进行拼接即可，大大缩短了现场施工时间。同时又不占用设备以外的空间，减少了占地面积。随着城市规划需要调整布局时，该设备的模块均可拆解，重新安装到其他设备。

(7) 系统采用了多油缸组合的智能动态平衡设计，轿厢的平衡系数大大高于常规电梯，使得轿厢可以用较小功率的电动机驱动。同时由于采用了蓄能器和轿厢之间交换能量,整个系统更加节能。

(8) 设备配置了自救援电池组,在系统断电的情况下,轿厢可以自动返回到站台放出乘客,然后退出正常服务。系统还配备了远程报警系统,可直接呼叫应急服务中心。

(9) 轿厢式自动行人天桥的外观可定制图案及颜色,以达到和周围建筑相协调、美化城市的目的。同时还可以安装广告或太阳能电池板,以便回收投入成本。

28.4 选用原则

根据乘客流量和安装场地的条件,轿厢式自动行人天桥有多种设计方案可供选用。

1. 单通道方案

在乘客流量不大且安装场地较小的情况下,可采用单通道设计方案(见图28-1)。该方案只有一个轿厢,若乘客在 B 站,而轿厢停靠在 A 站,乘客需要将轿厢呼叫到 B 站,然后再乘坐。

2. 水平双通道方案

在客流量较大且安装场地许可的情况下,可采用水平双通道设计方案(见图28-7)。该方案有两个轿厢和两条独立通道,方便双向乘客同时乘坐。

图 28-7 水平双通道方案

3. 上、下双通道方案

在客流量较大但安装场地较小的情况下,可采用上、下双通道设计方案(见图28-8)。该方案有两个轿厢和两条独立水平通道,但垂直井道共用,通过对控制程序的特殊设计,来实现两个轿厢的同时运行。

图 28-8 上、下双通道方案

4. 中间支撑方案

对于较宽的马路、河流等障碍物,因水平横梁跨度较大,需要安装中间支撑(见图28-9)。

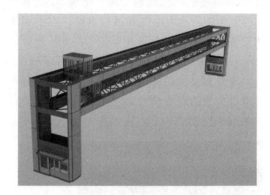

图 28-9 中间支撑方案

5. 非对称方案

在一些山区或丘陵城市,有时道路的一侧在地面,而另一侧在山坡上,不需要再下降,这时可采用一种非对称结构的方案(见图28-10)。轿厢在较低侧的站台上升到目的站台的高度,

图 28-10 非对称方案

然后沿水平横梁到达目的站台,随后即可返回。

6. 上部有站台方案

在一些商业街区,有些楼上的乘客希望不用下楼而直接到达马路对面的楼上,这时可采用上部有站台的方案(见图28-11),商场楼层和上部站台间需要安装连接平台。轿厢沿垂直井道到达上部站台后停靠,进出乘客然后水平运行到马路对面井道的上部站台进出乘客,最后再下降到该侧地面站台。

图28-11 上部有站台方案

28.5 安全使用

28.5.1 安全操作指导

轿厢式自动行人天桥的管理、维护与操作必须由经过培训并批准的专业人员来进行。在操作及维护设备时应遵循如下安全指导。

(1) 在操作设备之前应阅读完并充分理解使用维修手册,熟悉各部件的安装位置及功能。

(2) 确保安全保护装置,如安全限位开关、急停开关处于正确位置并工作可靠。

(3) 要告知乘客将物品固定,防止移动、堵塞或卡住门。

(4) 保持站台出入口通畅。

(5) 如出现过大噪声、振动、烟雾或气味、可见的破坏等异常现象,应立即停止设备运行。

(6) 站台及轿厢四周装有玻璃围壁,应提醒携带手推车和大件物品的乘客防止碰撞。

(7) 不允许儿童在无大人照看时乘坐该设备。

28.5.2 安装现场准备

在本设备的安装现场,每个站台需要一个约0.5m深的浅底坑,参见图28-12。详细安装准备工作请阅读设备制造商提供的安装手册及使用维修手册。

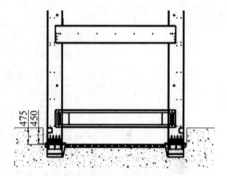

图28-12 站台浅底坑示意图

28.5.3 维护和保养

为确保轿厢式自动行人天桥的安全运行,需要进行相应的定期检查和维护工作,这些检查包括目视检查和运行测试,根据保养间隔分为3类。

A级保养——每3个月进行;
B级保养——每6个月进行;
C级保养——每12个月进行。
设备维护保养内容见表28-1。

表28-1 设备维护保养表

项 目	检查内容	保养类别	处理方法
操作按钮和急停按钮	功能	A	维修/替换
整体外观	可见的破损及污垢	A	维修/替换
电器组件	功能	B	维修/替换
	清洁、开关、端子连接	B	清理灰尘、紧固

续表

项　目	检查内容	保养类别	处理方法
驱动滑车	集电器接触、磨损情况	A	调整/更换
	驱动链条的张紧情况	A	调整
	电动机噪声、发热、振动	A	维修
	制动器灵活性	A	调整
	电动机、滚轮、轿厢连接螺栓	B	紧固
	下滚轮和导轨间隙	B	调整
	同步轴稳定性	B	紧固
轿门及站台门	光幕功能	A	维修/替换
	门滑块和导轨间隙	A	调整
	检查门锁机构	A	调整
	门连接机构、运动装置	B	调整
	导轨和地坎固定	B	紧固
轿厢平层	检查平层度	A	调整
转送小车	检查安全钳连杆的灵活性	A	调整
	安全钳和导轨的间隙	A	调整
	限速器钢丝绳张紧	A	调整
	供电滑线连接	B	紧固
	导轨等处连接螺栓	B	紧固
	限速器钢丝绳接头螺栓	B	紧固
	板式链	B	调整、润滑
	同步轴的稳固性	B	紧固
液压系统	各个排气点	A	排气
	油箱油位	A	补充液压油
	检查泄漏点	A	维修
	检查各处连接螺栓	B	紧固
轿厢及站台地面	防滑及杂物	A	清理
照明	轿厢、站台、井道等	A	维修/替换
导轨和齿条	固定螺栓	B	紧固
	接头平滑性和磨损	B	调整
	润滑	B	调整
底坑缓冲器	检查性能是否可靠	C	维修/替换
蓄能器	检查气囊压力	C	补充气体
钢结构件连接螺栓	稳固性	C	紧固

28.5.4 常见故障及排除方法

轿厢式自动行人天桥的控制系统有自检测程序，开机后对各安全装置进行检查，正确无误后，故障灯熄灭，表示系统正常，可以投入使用。若有故障，则故障灯点亮，HMI显示故障信息，指导维修人员按照设备制造商提供的使用维修手册进行排除。常见故障与排除方法见表28-2。

表 28-2　常见故障及排除方法

报 警 信 息	机器状态	处 理 方 法
"No pressure" or "Pressure switch broke" for cylinder 60/50/32/25 station A/B in the open/close valves. A/B 站 60/50/32/25 号油缸没有油压或油压开关故障	停机	操作 HMI 复位, 或检查排气
Fault from the doors operator of station A/B. A/B 站门机故障	停机	专业人员维修
The doors of the station A/B do not open in the time expected. A/B 站台门没在规定时间内打开	停机	专业人员检查/调整
The doors of the station A/B do not close in the time expected. A/B 站台门没在规定时间内关闭	停机	专业人员检查/调整
The number of retry to open the doors of the station A/B exceed the maximum expected. A/B 站重开门次数超过上限	停机	专业人员检查/调整
The number of retry to close the doors of the station A/B exceed the maximum expected. A/B 站重关门次数超过上限	停机	专业人员检查/调整
Carriages are in no right position. 转送小车不在正确位置	停机	操作 HMI 复位
Error from inverter motor slider Right. 右驱动滑车伺服电动机故障	停机	减轻载荷/检查维修
Error from inverter motor slider Left. 左驱动滑车伺服电动机故障	停机	减轻载荷/检查维修
Stop by Safety relay in Station A/B activated. A/B 站安全继电器动作停机	停机	操作 HMI 复位
Stop by Safety relay in Cabin activated. 轿厢安全继电器动作停机	停机	操作 HMI 复位
"No pressure" or "Pressure switch broke" in the Rescue block. 救援阀块没有油压或油压开关故障	停机	重新开机补充油压
Chain of cylinders slider Column RA/LA/RB/LB broken. 立柱 RA/LA/RB/LB 油缸提升链条断裂	停机	专业人员检查/维修
The actual cabin position overtakes the limit(switch) of the stroke in the Station A/B. 轿厢越过 A/B 站台行程	停机	操作 HMI 复位
The doors or the locks of the doors of Cabin are opened. 轿厢门或门锁在打开状态	停机	专业人员检查/维修
The doors or the lock of the doors of Station A/B are opened. A/B 站台门或门锁在打开状态	停机	专业人员检查/维修
Belt of motor of the slider Right/Left broken. 左/右驱动滑车电动机驱动链断裂	停机	专业人员检查/维修
Low hydraulic pressure or a problem in the hydraulic charge system. 油压低或供油系统故障	停机	开机 10 min 后不消除需检查维修
"Maximum hydraulic pressure" less or equal than the "Minimum hydraulic pressure". 最大油压小于等于最小油压	停机	检查蓄能器气压, 必要时补充气体
Overspeed Governor Station A/B activated or broken. A/B 站限速器动作或断开	停机	操作 HMI 复位/专业人员维修
Safety Gear in carriages of station A/B activated or limit switch broken. A/B 站转送小车安全钳动作或限位开关断开	停机	手动运行小车上行复位/检查
In the actual position the limit switch "Sliders in carriages station A/B" should not be activated. 驱动滑车到达 A/B 站转送小车限位开关未激活	停机	检查驱动滑车传感器和转送小车感应板并调整

28.5.5 紧急救援

当轿厢因故障停止运行，根据设备制造商提供的使用维修手册中的方法无法恢复运行，则需要按下述方法进行救援。

（1）断开主控制柜的电源，以避免在救援过程中轿厢意外启动而导致意外发生。

（2）通过远程报警装置与被困乘客保持通话，安抚被困乘客。

（3）若轿厢停在横梁位置：

① 打开救援通道，救援人员通过救援通道到达轿厢位置，打开轿厢侧面逃生窗，协助乘客通过救援通道到达地面。

② 如有乘客无法通过救援通道到达地面，则利用盘车工具驱动轿厢到达最近的井道，地面救援人员打开救援液压阀，继续利用盘车工具将轿厢驱动到地面，放出乘客。

（4）若轿厢停在井道位置：

① 救援人员通过轿顶逃生窗进入轿厢，地面救援人员打开救援液压阀，轿厢内人员利用盘车工具将轿厢驱动到地面，放出乘客。

② 利用升降平台和轿厢门或轿顶对接，打开轿厢门或轿顶逃生窗，将乘客接到升降平台，然后降到地面。

（5）救援结束后，将站台围挡进行设备维修，排除故障后方可再次运行。

第29章

摩擦轮驱动电梯

29.1 概述

29.1.1 定义与特点

摩擦轮驱动电梯是一种完全不同于曳引驱动方式的电梯，主要有对重滚轮驱动电梯和轿厢滚轮驱动电梯，是一种依靠滚轮与电梯对重导轨或轿厢导轨之间产生的摩擦力来驱动实现轿厢升降的电梯。国内目前通常称为滚轮驱动电梯。摩擦轮驱动电梯又分为对重摩擦轮驱动电梯和轿厢摩擦轮驱动电梯。当驱动力来源于滚轮与对重导轨之间的摩擦力时，为对重摩擦轮驱动电梯，而当驱动力源于滚轮与轿厢导轨之间的摩擦力时，为轿厢摩擦轮驱动电梯。为简化设计和降低成本，摩擦轮驱动电梯的摩擦轨道又常兼作导向轨道。

注：以下叙述不作特别说明的都是指对重摩擦轮驱动电梯。

摩擦轮驱动电梯具有以下特点：

（1）属于一种新型无机房电梯：由于驱动主机安装在轿厢或对重上，土建上不需要设计为安装驱动主机的机房，所以摩擦轮驱动电梯是一种真正意义上的新型无机房电梯。该种电梯目前仅有湖南海诺电梯有限公司生产。

（2）传动系统结构简单、独特：悬挂钢丝绳一端连接轿厢，在井道的顶部通过滑轮机构后另一端连接对重，传动原理简单，安装也非常方便。

（3）运行时轿厢内部有噪声：电梯上下的动力源自摩擦轮在导轨上的滚动，进而使导轨的所有加工精度乃至滚轮的加工精度都会产生运行噪声，而且滚轮也随电梯运行时间的增加而磨损，精度会更差，运行噪声也将逐步增大。

（4）电梯的额定载质量和额定速度有一定限制：由于摩擦轮与导轨之间的摩擦系数在技术上是受到限制的，同时，摩擦轮与导轨之间的正压力也受到技术上的限制，所以摩擦轮驱动电梯载质量不大于1350 kg、电梯额定速度不大于1 m/s。

（5）为了保证滚轮与导轨之间的摩擦力，井道里面必须基本干燥且无粉尘等污染。

（6）对于轿厢的二次装修的质量有严格限制。

（7）除了具有曳引式无机房电梯的几乎所有优点外，还比曳引式无机房电梯具有以下优点：

① 悬挂钢丝绳不承受摩擦力，也没有反向弯折和通过滑轮后的扭转，所以悬挂钢丝绳寿命比曳引式电梯要长得多。

② 比曳引式无机房电梯要求的顶层高度更小，最小顶层高度仅3.5 m。而当增加采用小顶层高度功能后，最小顶层高度可以达到3.0 m。

③ 现场没有主机安装任务项，安装悬挂钢

丝绳也十分简单，不会像曳引电梯那样因为悬挂钢丝绳和曳引轮槽的磨损、润滑不好、张力不均匀等而产生各种电梯故障，摩擦轮驱动电梯的安装和维护都较简单。

④ 对重摩擦轮驱动电梯可以直接在底坑里面进行驱动电机的维护，轿厢摩擦轮驱动电梯可以直接站在轿厢顶上进行驱动电机的维护，比曳引式无机房维护要更加安全。

29.1.2 发展历程与沿革

截至目前，国外生产摩擦轮驱动电梯的厂家只有位于德国莱茵-威斯特法伦州比勒菲尔德市的 HIRO-LIFT GmbH。该公司于 20 世纪 90 年代初期，为了解决德国老旧楼房加装电梯，却苦于楼房没有机房和不能加盖机房而开发设计的一款无机房电梯，到 20 世纪 90 年代末期，经过近十年的摸索，对重摩擦轮驱动电梯已经完成系列化产品设计制造，并于 2003 年通过德国 TUV 认证。

位于湖南省湘潭市的湘电集团于 2004 年与德国 HIRO-LIFT GmbH 共同组建湖南海诺电梯有限公司，并同期引进 HIRO-LIFT GmbH 各款产品技术，包括楼道升降平台（或楼道座椅升降机）和对重摩擦驱动轮电梯。对重摩擦轮驱动电梯于 2004 年下半年在湖南海诺电梯有限公司工厂进行试生产，2006 年 11 月通过由国家质量监督检验检疫总局特种设备安全技术委员会电梯分委会组织的风险评估，并获国家质量监督检验检疫总局批准允许投放市场，电梯主要参数限制在额定载质量≤1000 kg、额定速度≤1 m/s，提升高度≤30 m。

29.2 工作原理及结构组成

摩擦轮驱动电梯的摩擦轮的主动旋转是依靠驱动电机的转动而带动，对于对重摩擦轮驱动电梯，该驱动电机安装在对重框架里面，而轿厢摩擦轮驱动电梯的驱动电机安装在轿厢顶部，所以摩擦轮驱动电梯是一种无机房电梯。由于驱动电机安装在轿厢顶部时，驱动电机的质量将使轿厢的自重将大大加重，并且驱动电梯及其减速机的声音常常容易传导至轿厢内，同时安全钳动作容易破坏兼作为摩擦轨道的轿厢导轨的摩擦面，所以轿厢摩擦轮驱动电梯被对重摩擦轮驱动电梯逐渐替代。

如图 29-1 所示，对重上有 8 个特制的滚轮，分别位于对重导轨导向侧面的两侧，其中的 4 个分别由多台电机驱动，称为驱动轮。另外 4 个作为压紧轮并起导向作用（有的结构压紧轮也被驱动电机驱动）。图中电梯为轿厢下行的情况，8 个滚轮对对重导轨产生的夹紧力为 $8F_N$，当驱动滚轮由电机驱动旋转，滚轮与对重导轨摩擦产生牵引力 F_{Tben}，由牵引钢丝绳驱动轿厢下行。8 个滚轮对对重导轨的夹紧作用的实现模式目前采用平行四边形机构来实现，而对平行四边形的推动又有两种方案：第

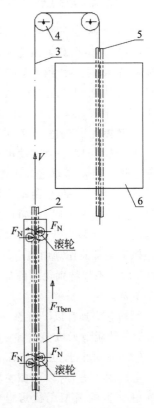

1—对重；2—对重导轨；3—牵引钢丝绳；4—滑轮组；5—轿厢导轨；6—轿厢；F_N—正压力；F_{Tben}—牵引力；V—电梯运行速度。

图 29-1 对重摩擦轮驱动电梯工作原理图

一种为将对重装置设计成为两层,一层相对于牵引钢丝绳为固定层,上装 4 只夹紧滚轮,另一层相对于牵引钢丝绳为活动层,上装 4 只驱动滚轮。这样,每根对重导轨上的 2 只夹紧滚轮和 2 只驱动滚轮构成为一个平行四边形机构,当牵引钢丝绳吊起固定层时,由于活动层受到其重力作用而下坠,使 4 只驱动滚轮压紧对重导轨。第二种与第一种不同的是,驱动平行四边机构活动依靠的不是重力作用,而是弹簧(气动弹簧)产生压力作用。重力作用驱动装置实物见图 29-2;弹簧作用驱动装置结构见图 29-3。

图 29-2 重力作用驱动装置实物图

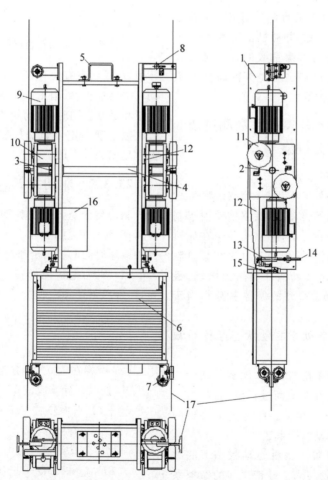

1—对重框架;2—滑动轴承;3—限位块;4—轴;5—绳头板;6—配重铁;7—导向轮;8—对重固定插销;9—电机;10—减速机;11—滚轮;12—旋转臂板;13—气弹簧;14—螺杆;15—刻度板;16—电气控制元件及安全部件;17—导轨。

图 29-3 弹簧作用驱动装置结构图

29.3 驱动力 F_{Tben}

对于对重摩擦轮驱动电梯,其驱动力是由驱动电机驱动轮、驱动轮与对重导轨相互摩擦得到的。为保证能够获得足够大的驱动力,驱动轮通常采用表面高硬度的耐磨耐老化的聚氨酯材料制成,并将对重导轨的导向侧面胶贴刚玉砂带。至此,驱动轮与刚玉砂带之间的摩擦系数就成为驱动能力的重要保证因素。为确保电梯在各种环境和载荷下可靠运行,应测量在不同的使用环境(干、湿、油、粉尘)、正压力和磨损状况下,对重驱动轮与刚玉砂带在不同正压力下的摩擦系数,并通过正压力-摩擦系数曲线求出正压力与摩擦系数的近似函数关系公式。只有经过严格试验得到的摩擦系数才能作为电梯驱动力摩擦系数数值。

29.3.1 驱动轮摩擦系数测试及疲劳试验

1. 摩擦系数测试

1) 摩擦驱动轮处于牵引状态摩擦系数测试

驱动装置电机不转动,摩擦驱动轮由于制动器制动不产生旋转运动,摩擦驱动轮在导轨刚玉砂带上被拖动滑动,相当于电梯在紧急制停状况下,驱动轮不转动而在导轨上滑动,最终被制停。此时测量得到的摩擦系数相当于滑动摩擦系数。

2) 摩擦驱动轮处于驱动状态摩擦系数测试

摩擦驱动轮经由电机驱动,摩擦驱动轮与导轨上刚玉砂带相互摩擦而进行滚动,相当于电梯在正常情况下被驱动。此时测量得到的摩擦系数相当于滚动摩擦系数。

在不同工作环境下两种运动状态下的摩擦测试,得到驱动轮与刚玉砂带之间的摩擦系数不是一个定值,而是一个随各种因素变化而变化的参数。实验装置如图 29-4 所示。

2. 驱动轮、刚玉砂带的疲劳测试

通过一定时间、一定运行次数试验后发现,驱动轮与刚玉砂带之间的摩擦系数除了与

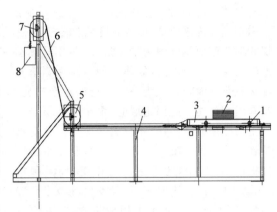

1—对重聚氨酯驱动轮;2—附加重物;3—对重驱动装置;4—支架;5—导轮;6—钢丝绳;7—导向轮;8—负载配重。

图 29-4 驱动轮摩擦系数试验装置

环境、运动状态有关外,还与驱动轮的直径、驱动轮的磨损程度、刚玉砂带的磨损程度等诸多因素相关联。同时,驱动轮直径的磨损还随运行次数呈现一定函数曲线变化。具体试验数据详见图 29-5~图 29-7。

29.3.2 驱动力 F_{Tben} 计算及其验算

驱动装置受力状况如图 29-8 所示。具体验算驱动力 F_{Tben} 时,必须计算电梯正常运行及加减速时的电机扭矩和功率。

(1) 驱动电机能够提供足够的功率或扭矩,即按以下计算应成立:

$$9550 \frac{E}{N} \times \eta \times i \geqslant 8F_{TRben} \times d_V/2$$

(29-1)

(2) 电梯在 110% 额定装载下能够启动加速上升,按以下计算应成立:

$$F_{Tben} + (P + \psi Q)g - (P + 1.1Q + G_X)g$$
$$\geqslant (P + 1.1Q + G_X)a \qquad (29\text{-}2)$$

简化为公式:

$$8F_{TRben} + (\psi Q - 1.1Q - G_X)g$$
$$\geqslant (1.1Q + \psi Q + G_X)a \qquad (29\text{-}3)$$

(3) 按静力计算,驱动力的安全系数必须大于 2,即按以下公式计算应成立:

$$F_{Tben} \geqslant 2[P + Q + G_X - (P + \psi Q)]g$$

(29-4)

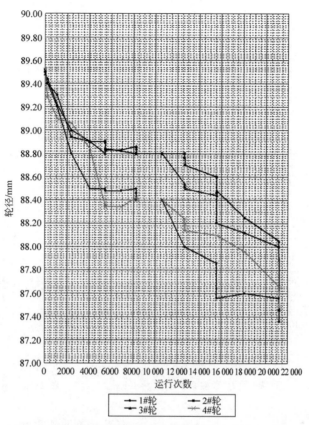

图 29-5　摩擦驱动轮运行次数-轮径曲线

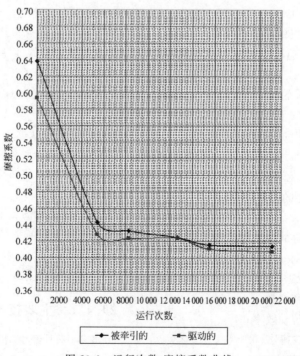

图 29-6　运行次数-摩擦系数曲线

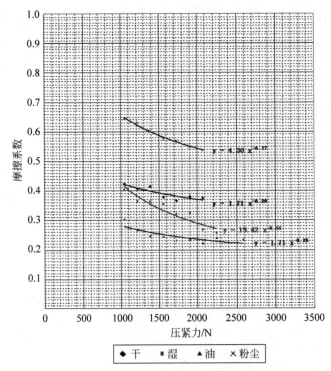

图 29-7 压(夹)紧力-摩擦系数曲线

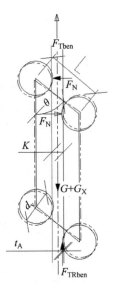

图 29-8 驱动装置受力示意图

简化为公式:

$$F_{TRben} \geqslant (Q - \psi Q + G_X)g/4 \quad (29-5)$$

式(29-1)~式(29-5)中,

E——各驱动电机的总功率,kW;

N——电梯额定速度下的驱动电机转速,r/min;

F_{Tben}——各驱动轮能产生的驱动力总和,N;

F_{TRben}——单个驱动轮能产生的驱动力,N;

$F_{Tben} = 8 F_{TRben}$;

d_V——摩擦轮直径,m;

F_N——驱动轮上的正压力,N;

$F_{TRben} = \mu \times F_N$;

μ——驱动轮与导轨的摩擦系数;

P——轿厢质量,kg;

Q——电梯额定载质量,kg;

ψ——电梯的平衡系数;

η——驱动系统传动效率;

i——驱动系统减速比;

G_X——悬挂件总质量,kg;

G——对重质量,kg;

a——电梯启动加速度,m/s²;

g——重力加速度,$g = 9.8$ N/kg。

对于靠由对重自重产生驱动轮正压力的对重驱动装置,F_N 的推导计算如下:

因为

$$4 \times F_N \times L \times \sin\theta = (G + G_X)g \times L \times \cos\theta$$

所以

$$F_N = (G + G_X)g/4 \times \cot\theta$$

$$\theta = \arcsin[(d_V - 2t_A) + K]/L$$

式中,K——导轨导向面宽度(贴刚玉砂带后的尺寸);

t_A——驱动轮的压平量;

L——驱动装置的结构尺寸。

29.4 技术性能

29.4.1 主要技术参数

2006年11月经由国家质量监督检验检疫总局特种设备安全技术委员会电梯分委会组

织的风险评估后批准投放市场的摩擦轮驱动电梯主要限制在额定载质量≤1000 kg、额定速度≤1 m/s、提升高度≤30 m 的场合。目前制造厂商仅开发了几种规格的产品，其主要技术参数见表 29-1。

表 29-1 摩擦轮驱动电梯技术参数

载质量/kg	额定速度/(m·s^{-1})	轿厢内尺寸净宽×净深/(mm×mm)	开门宽度/mm	铝合金井道占地宽×深/(mm×mm)	土建井道净宽×净深/(mm×mm)	底坑深/mm	顶层净高/mm
1000	1.0	1450×1600	中分 1000	2400×2050	2350×2000	≥300	≥3600
800	0.63	1350×1400	中分 800	2350×2000	2300×1950		
630	0.63	1100×1400	中分 800	2290×2000	2100×1950		
400	0.63	950×1200	中分 700	1900×1750	1860×1700		

29.4.2 使用的新技术

1. 浅底坑技术

普通的曳引式无机房电梯一般分为底托式轿厢结构和上吊式轿厢结构，该两种电梯的底坑深度至少在 1.4 m 以上，这对于某些土建上受限制的场合尤其是加装电梯的场合，往往难以满足 1.4 m 深度以上的底坑要求。湖南海诺电梯有限公司的摩擦轮驱动电梯由于没有像曳引式无机房电梯那样的底托返绳轮，而且将轿厢底设计得非常紧凑，同时辅以以下所述的先进技术，使得最浅底坑只需要 0.3 m。

1) 折叠式轿厢护脚板技术

电梯在正常运行状态时，轿厢护脚板处于收缩状态并折叠在轿厢底板下部；而当电梯处于检修状态时，电动伸缩式护脚板自动处于伸展状态，而手动伸缩式护脚板只能在手工动作使轿厢护脚板完全打开后才可以检修运行电梯。

2) 折叠式缓冲支座技术

折叠式缓冲分为两档，高度档对应电梯检修运行，矮度档对应电梯正常运行。折叠式缓冲器分为电动折叠与手动折叠两种，对于电动折叠式缓冲器，缓冲器折叠与升起的按钮设置在井道外面的控制盒内，持续揿压该按钮可以实现缓冲器折叠与升起；升起时，电梯自动进入检修状态；折叠时，电梯将恢复到正常运行状态。而对于手动折叠式缓冲器，缓冲器的折叠与升起完全靠维修人员进入底坑手工实现。

3) 特殊的限速器技术

对于摩擦轮驱动电梯，为了能够在浅底坑时仍然能够保证电梯正常运行和检修运行的安全，已开发了一种安装于轿厢顶上的限速器，该限速器的驱动依靠压紧在电梯轿厢导轨上的限速器滚轮来实现，滚轮滚动的线速度等于轿厢的速度。当轿厢速度达到限速器的动作速度时，限速器将动作，然后会触发安全钳动作。同时，该限速器上还设计了电磁动作触发器，一旦电梯底层厅门被单独打开一次，限速器的电磁器将被触发，只有在底坑折叠式缓冲器被升起或控制柜电梯运行钥匙开关进行过复位操作，限速器电磁触发器才被复位，否则限速器的电磁器将触发安全钳动作。

4) 浅底坑电气控制技术

（1）电梯处于检修状态，只有护脚板折叠且缓冲器折叠时才能检修运行到底层平层或以下，否则只能检修运行到高于底层平层的位置；

（2）只要采用手动钥匙打开电梯最底层厅门，在底坑缓冲器升起前，电梯将不能下行运行，包含检修下行；

（3）应确保检修与正常运行状态互锁、护脚板折叠与伸展互锁、底坑折叠式缓冲折叠与伸展互锁等。

（4）控制柜内设计有运行钥匙开关。

5) 其他电气控制技术

(1) 控制柜内设计有轿厢监视器；

(2) 控制柜内设计有驱动电机抱闸电气释放开关。

2. 低顶层高技术

摩擦轮驱动电梯的驱动电机安装于对重中，在井道最顶部仅设计有起到分开轿厢和对重空间位置作用的返绳轮或抗绳轮装置，而且电梯轿厢顶部没有像曳引顶吊式无机房电梯那样安装有返绳轮，同时配合以下技术，可以使电梯井道的顶层高度达到最小为 3.5 m。

(1) 折叠式轿顶护栏技术；

(2) 低顶层高电气控制技术。

电梯正常运行，电梯可以正常运行到最顶端楼层并平层，在越过顶层位置时，首先会撞击极限开关，电梯停止运行。电梯在撞击极限开关后的过程中，再往上冲，对重会撞击其缓冲器，电梯轿厢会因为打滑而强制进一步上冲，确保了运行的安全。但是，在电梯进入检修状态后，电梯是不可以运行到顶层平层位置的。同样，只要采用手动钥匙打开除最底层的厅门，电梯即自行进入检修运行状态。

29.5 选用原则

(1) 用户土建对井道顶层高度和底坑深度造成严重制约而不能够满足曳引电梯的要求时，摩擦轮驱动电梯是一个值得考虑的候选项。

(2) 摩擦轮驱动电梯要求其井道干燥和无粉尘，即该梯种要求电梯井道必须经过严格的粉刷且无任何渗漏。

(3) 选择摩擦轮驱动电梯时，宜优先考虑再配套钢架或金属材料框架结构＋复合材料井道壁或玻璃井道壁的井道，其中制造商还提供了铝合金结构框架＋玻璃井道壁的井道可供选择。铝合金结构框架＋玻璃井道壁井道相比钢架框架＋玻璃井道壁井道具有外形美观、更加防腐、井道完全由工厂生产制造、精度高、电梯安装施工周期短的优点。

29.6 安全使用

摩擦轮驱动电梯结构和运动原理与曳引电梯最大的不同是体现在驱动方式和限速器等个别零部件的结构原理上。在安全使用原则和注意事项上，本章仅叙述与曳引电梯不同的内容，相同点不再赘述。

29.6.1 紧急救援

摩擦轮驱动电梯紧急救援的功能主要是通过紧急电动运行或电动松闸溜车运行两种方式实现。控制屏里设计有紧急电动运行按钮和电动松闸按钮，同时还设计有门区显示灯和轿厢监视器。图 29-9 所示为控制屏内实景图，图 29-10 所示为紧急救援控制盒。电梯控

图 29-9 控制屏内实景图

图 29-10 紧急救援控制盒

制系统内设计有专门的应急电池,无论供电电源是否有电,一旦进入紧急救援,可以确保轿厢每运行到门区,门区开关将被点亮,同时还可通过监视器观察轿厢里面的乘客状况。采用松闸方式进行紧急救援时,应特别注意应事先将主开关置于断开状态。

29.6.2 导轨摩擦带的保养和报废判定

1. 保养注意事项

在做电梯保养工作时,应注意勿将轿厢地坎、厅门地坎以及轿厢顶上垃圾和灰层直接扫入井道内,同时在做其他零件润滑时,应避免将润滑油弄到导轨摩擦砂带上,确保做到:

(1) 摩擦带不允许在高湿度及粉尘环境中储存。

(2) 摩擦带不允许与油液、油脂及水剂接触。

(3) 摩擦带应按制造厂提供的规格由专业人员负责更换贴装,贴装后48 h内禁止启动电梯运行。

2. 报废判定

(1) 如摩擦带表面出现破损、裂纹或摩擦介质脱落,应予报废。

(2) 当摩擦带表面粘油无法去除干净而影响电梯正常运行时,应予报废。

(3) 因摩擦砂带磨损使对重不能正常运行时,应予报废。

29.6.3 驱动轮、限速器滚轮的保养和报废判定

1. 保养注意事项

(1) 驱动轮、限速器滚轮储存及工作环境温度不高于60 ℃,不低于−10 ℃。

(2) 经常清理驱动轮和限速器滚轮,确保驱动轮和限速器滚轮表面无油污、水渍和污垢。

2. 报废判定

(1) 如表面出现破损、裂纹、结皮,应予报废。

(2) 驱动滚轮磨损检测开关被触发时,应予报废。

(3) 限速器滚轮磨损导致限速器轮与导轨间的摩擦力矩无法调整至最小值30 N/m时,应予报废。

29.6.4 在浅底坑中进行检修和维护作业时的注意事项

(1) 只有通过手动钥匙打开底层厅门才可进入井道底坑,严禁以其他方式进入井道底坑。

(2) 只有底坑折叠式缓冲器和轿厢护脚板都折叠时,才可以检修运行到底层平层处甚至以下。一旦底层电梯厅门被手动钥匙打开过一次,只有折叠式缓冲器升起和轿厢护脚板展开时,才可以检修下行。

(3) 人员离开电梯井道底坑之前或之后,必须将底坑缓冲器进行手动折叠或电动折叠。

29.6.5 驱动的日常检修内容和方法

(1) 应每月至少两次检查驱动导轨摩擦带是否裂开和污染(油脂)以及磨损情况。

(2) 应每月至少一次目测检查驱动轮和导轮是否磨损异常及轿厢悬挂是否歪斜。

(3) 应每月两次目测检查导轮是否转动灵活。

(4) 按照数据记录和检查磨损开关。当驱动轮达到磨损极限时,将触发驱动轮磨损检测开关动作,电梯将被强制停止运行。开关凸轮和调节螺丝之间的距离"A"即允许的驱动轮磨损极限值是由电梯制造厂根据电梯规格和驱动轮尺寸规格给定并采用红线在指示器上标定。每次更换驱动轮后,必须重新校准刻度尺的刻度值,并将磨损检测开关与触发螺栓的间距调整到"A"值。

(5) 应每月检查一次驱动装置:

① 检查驱动框的止动螺钉是否还需调整。

② 检查电机和减速器的固定情况。

③ 检查牵引驱动齿轮的磨损和润滑情况。

④ 检查驱动装置内所有电气部件是否固定牢固。

⑤ 检查驱动电机运转情况。

⑥ 检查各个电机制动(刹车)及刹车监控是否有效。

⑦ 检查挡板是否安装紧固。

29.7 技术标准及检验与试验

湖南海诺电梯有限公司将摩擦轮驱动电梯技术从德国 HIRO-LIFT GmbH 引进，从产品试制到获准投放市场，走的是参照 GB/T 7588.1—2020 和 GB/T 7588.2—2020 设计并试制，然后参考欧洲标准《适用于电梯设计和安装的安全规则 第一部分 电气驱动的载人和载货电梯》(prEN81-1prA2—2000)进行"型式试验＋风险评估"这样一条路径，到目前为止该产品仍然没有国家标准和行业标准。摩擦轮驱动电梯与曳引电梯相同的部分，执行以下国家标准：

《电梯制造与安装安全规范 第1部分：乘客电梯和载货电梯》(GB/T 7588.1—2020)；《电梯制造与安装安全规范 第2部分：电梯部件的设计原则、计算和检验》(GB/T 7588.2—2020)；

《电梯型式试验规则》(TSG T7007—2022)；

《电梯监督检验和定期检验规则》(TSG T7001—2023)。

由于摩擦轮驱动电梯产品没有国家标准和行业标准，也没有验收标准或验收规范和检规，所以该产品安装后也不能进行监督验收，只能进行委托检验。以下项目在电梯委托检验中是必要的，其检验和试验方法与曳引电梯或强制驱动电梯有很大的不同：

1. 制动能力检验和试验

1) 以额定负载检验电机制动

轿厢装载额定载质量负载时，搭接安全电路的端子 X1.65 与 X1.66，在电梯快车下行过程中接近下半行程中，分别按压制动器释放键 TG 与 T11、TG 与 T12、TG 与 T13、TG 与 T14，逐个释放单个电机的制动器，电梯应能够减速并逐渐停止被制停。按上述方法进行电路搭接，当断开安全电路的电桥时，电梯应能停止运行。

2) 以空轿厢检验电机制动

在电梯轿厢内没有任何负载时，搭接安全电路的端子 X1.65 与 X1.66，在电梯快车上行过程中刚过下半行程时，分别按压制动器释放键 TG 与 T11、TG 与 T12、TG 与 T13、TG 与 T14，逐个释放单个电机的制动器，电梯应能够减速并逐渐停止被制停。按上述方法进行电路搭接，当断开安全电路的电桥时，电梯应能停止运行。

2. 驱动能力检验和试验

轿厢装载额定载质量负载时，搭接安全电路的端子 X1.65 与 X1.66，在电梯快车下行过程中接近下半行程中，分别按压驱动电机制动器释放键 TG 与 T11＋T12 或者 TG 与 T13＋T14，电梯应能够减速并逐渐停止被制停。按上述方法进行电路搭接，当断开安全电路的电桥时，电梯应能停止运行，且驱动轮不发生打滑。

3. 上行超速保护动作检验与试验

将轿厢空载运行到第一层，通过紧急制动运行控制使轿厢停在门区之外，分别按压释放制动器释放键 TG 和 T11～T14，电梯将自动溜车，当溜车速度达到并超过限速器调定的动作速度时，限速器的电气安全开关 S9、S9a 应能够立即断开，从而驱动主机被切断供电（驱动电机 1—4 刹车制动），电梯被制动。

4. 限速器-安全钳装置联动试验与检验

(1) 将轿厢装载额定载质量负载，把轿厢运行到提升高度的上半部停站，并采用紧急制动运行的方式把轿厢运行到门区外，然后按压驱动器制动器释放键 TG 和 T11～T14，轿厢速度开始下行溜车并逐渐达到并超过额定速度直至限速器动作。限速器动作时，应触发安全钳动作。轿厢被制停在导轨上。安全钳动作时，安全钳动作检测开关 S9 应在轿厢被制停前动作。

(2) 将轿厢均匀分布装载 1.25 倍额定负载，将轿厢从接近半行程的停站开始以额定速度下降运行。在轿厢运行过程中，通过操作控制柜中的远程操作开关释放电磁铁使限速器动作，然后限速器触发安全动作。安全钳动作过程中，电气安全开关 S9 首先断开，驱动电机停止运转。短接 S9 开关限速器，按上述步骤重复运行电梯，然后操作控制柜中的远程操作开关,限速器动作触发安全钳动作,轿厢被可靠制停。

5. 制动器监控开关 S31~S34 的检验与试验

逐个断开微机主板 S3 上的 S31~S34 单个监控开关的接线,可以在行驶中检验单个制动监控开关。当任何一个监控开关接线断开,运行中的电梯将停在下一站,在监控开关复位前(指重新接入开关连线)将不能启动运行,此时,控制主板显示故障。

6. 运行监控的检验与试验

电梯运行时,分别人为操作监控开关 S21 和 S22 开关或断开其连线,电梯必须停止运行。

7. 驱动轮磨损监控检验与试验

(1) 检验与试验人员站在轿厢顶部,将轿厢运行到可以人为操作驱动轮磨损监控开关的位置。在轿厢静止时,手动操作驱动轮磨损监控开关或分别拆除监控开关的接线,电梯应不能启动(包括检修运行和正常运行)。

(2) 电梯在正常运行时,分别拆除各个驱动轮磨损监控开关的接线,当每拆除任何一个监控开关的接线时,电梯都应在运行到停站后不能再启动运行。

29.8 现场安装

摩擦轮驱动电梯按照井道形式的不同,主要有两种安装工艺方案,即土建形式井道电梯安装工艺方案和"钢架(或铝合金)框架+玻璃井道壁"形式井道电梯安装工艺方案。前者大体同曳引电梯的安装;后者主要采用在工厂内拼装完毕轿厢整体后出厂、在工厂内拼装井道并安装上导轨和导轨支架后出厂,然后在安装现场吊装的工艺方案。

1. 摩擦轮驱动电梯独有结构零部件的安装

1) 限速器的安装

如图 29-11 所示,限速器通过 4 个双头螺柱安装在轿厢顶上的安全钳联动座上。安装时,应先将 4 个螺柱拧进安全钳联动座的螺孔中,端部按图塞焊牢固,然后在上部的两个螺柱上各套入 3 个 M12 螺栓的平垫,再将限速器的安装板套入,并在上部的两个螺柱上各套入 5 个碟形弹簧,在下部 2 个螺柱上各套入 9 个碟形弹簧,然后拧紧螺母。安装完毕,应采用扭力矩扳手扭动棘轮轴,确保转动力矩不小于 300 N·m。

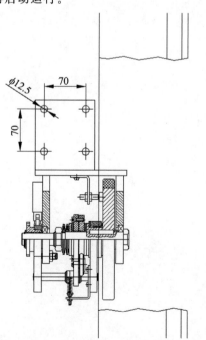 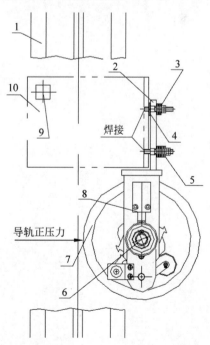

1—导轨;2—安装板;3—5 个碟形弹簧;4—3 个平垫;5—9 个碟形弹簧;6—棘轮转轴;7—限速器滚轮;8—限速器电气开关;9—安全钳联动轴;10—安全钳联动座。

图 29-11 限速器安装示意图

2) 平层检测装置的安装

平层装置同步轮安装在井道顶部，如图 29-12 所示。

图 29-12　平层装置同步轮顶部安装图

平层装置链轮及编码器安装在井道底部，如图 29-13 所示。

图 29-13　平层装置同步轮底部安装图

平层装置同步带在轿厢顶的固定方式如图 29-14 所示。

图 29-14　平层装置同步轮轿厢安装图

2．铝合金井道的吊装

现场吊装铝合金井道前，应在铝合金井道框架内每间隔 1.5 m 处加一根斜钢撑（交错支撑）来保证井道尺寸，如图 29-15 所示。

图 29-15　加装斜钢撑的铝合金井道

第30章

螺旋电梯

30.1 定义与功能

螺旋电梯是一种驱动机构沿着螺旋形轨道运行,从而驱动轿厢沿着固定轨道上下运行的升降运输设备,可用于乘客、货物在建筑物内不同楼层之间的转移。螺栓电梯引入了螺旋轨道这一全新思想,与普通曳引驱动的电梯不同,消除了电梯坠落和钢丝绳打滑两大风险因素,大大地提高了电梯运行的安全性。螺旋电梯安装占地面积小,结构紧凑,非常适合于载质量不大且提升高度较小的现有建筑物上加装和空间有限的低层场合。

目前,螺旋电梯发展过程中最关键的技术是螺旋形轨道的加工。螺旋轨道的生产主要采用热弯工艺,由钢管热弯而成,生产过程节能化和轨道参数订制化程度比较低。未来,随着螺旋电梯的推广,可开发螺旋轨道专用生产设备,实现轨道参数可订制化生产,提高生产精度,降低生产成本和安装难度。

螺旋电梯的驱动机构多采用普通异步电机和商用变频器提供驱动力。未来,可根据负载特征开发专用电机和驱动控制器,进一步提高升降过程的节能效果。

螺旋电梯与常见的曳引驱动电梯相比有以下几个特点:

(1) 螺旋电梯在水平和垂直方向上都有刚性的支撑和限制,而普通的曳引驱动电梯仅在水平方向有刚性的导轨,垂直方向则是柔性的悬挂装置如钢丝绳。

(2) 只要螺旋形轨道的螺旋升角设计合理,即使驱动电机失去动力,螺旋电梯也会自锁在轨道上,避免了电梯垂直坠落的隐患。

(3) 安装螺旋电梯所需的占地面积非常小,普通的曳引驱动电梯轿厢面积与井道面积之比一般在50%左右,而螺旋电梯轿厢面积与井道面积之比可达70%。

(4) 螺旋电梯可以没有底坑,只要现场地面满足承载要求,可以直接在地面上施工,节省施工费用和工期。

(5) 普通的无机房电梯一般都把驱动主机安装在井道顶部,在井道顶部设置用来安装驱动主机的钢梁,而螺旋电梯自带驱动机构,不需要专门的机房或者机器设备间,井道顶部也不需要设置钢梁。

30.2 结构组成及工作原理

30.2.1 结构组成

螺旋电梯主要由螺旋轨道、驱动机构、轿厢、轿厢导向系统和控制系统等组成。螺旋轨道安装在井道架上,驱动机构运行在螺旋轨道上。

如图30-1所示,驱动架底部中心安装有平面推力轴承,连接轴7一端连接轿架8,另外一端连接驱动架 4。连接轴 7 的两端都有承载板。轿架挂载在连接轴 7 下端的承载板上,驱动机构内的平面推力轴承托起连接轴 7 的上端承载板。由工字钢制成的限位导轨下翼板与井道架相连,上翼板延伸到螺旋轨道内部。螺旋轨道与限位导轨相交处有开口以使驱动轮通过。导靴安装在轿厢架上方靠限位导轨侧,与限位导轨滚动配合。轿厢安装在轿架上。不同于普通电梯,螺旋电梯的轿厢、轿门、层门都必须是弧形。

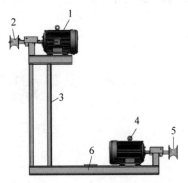

1—驱动电机 1;2—驱动轮 1;3—驱动架;
4—驱动电机 2;5—驱动轮 2;6—平面轴承。
图 30-2 驱动机构的结构示意图

螺旋电梯的电气控制系统与普通电梯基本一致,主要包括电梯控制装置、门机驱动装置、主机驱动装置和电气安全装置等。与普通电梯的区别在于主机和驱动。普通电梯只有一台伺服电机作为主机,而螺旋电梯有两台完全一样的加装了编码器的三相异步电动机,这两台电机由同一台变频器供电,以保证转速一致。

30.2.2 工作原理

螺旋电梯升降过程与拧螺栓类似。如图 30-1 所示,螺旋轨道 1 相当于管螺纹,驱动架 4 相当于螺栓。螺旋电梯的驱动架在螺旋轨道内螺旋升降,相当于螺栓在管螺纹内螺旋进退。驱动架旋转的动力来自安装在驱动架上的两台驱动电机。驱动电机与驱动轮直接相连,带动驱动轮在螺旋轨道上滚动。左右两个驱动轮产生的摩擦力使驱动架螺旋转动。

轿厢架与驱动架之间通过连接轴连接,轴两端为方形承载板。上端板压在平面轴承上,轴承安装在驱动架上。轿厢架固定在连接轴的下端板上,只随驱动架升降,不随其旋转。

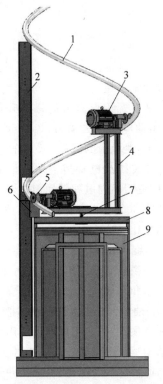

1—螺旋轨道;2—限位导轨;3—驱动电机;
4—驱动架;5—驱动轮;6—导靴;7—连接轴;8—轿架;9—轿厢。
图 30-1 螺旋电梯结构示意图

与普通的曳引电梯相比,螺旋电梯的驱动机构比较特殊。如图 30-2 所示,螺旋电梯的驱动机构由驱动架、两台驱动电机、两个驱动轮组成。两台驱动电机安装在驱动架上,驱动轮与驱动电机直接相连。电机安装在驱动架上,电机轴与驱动轮直接相连,驱动轮压在螺旋轨道上。驱动机构和轿厢之间通过平面推力轴承相连接,从而使得驱动机构沿螺旋轨道的旋

30.3 技术性能

30.3.1 典型产品性能及参数

螺旋电梯主要产品型号及参数见表 30-1。

表30-1　螺旋电梯主要型号及参数

型号	载质量/kg	速度/(m·s^{-1})	螺旋轨道直径/m	适用层高/m	占地面积/m^2
LXJ	600～1300	0.5～1.5	1.2～2.2	1.8～4.8	2.5～7.6
LXK	800～1800	0.6～2.0	1.2～2.8	1.8～5.0	2.5～12.5

30.3.2　主要技术参数

（1）额定载质量：螺旋电梯额定载质量是指正常运行时轿厢内承载的最大质量，通常在600～1800 kg。载质量不包括轿厢和驱动机构自重。

（2）额定速度：轿厢运行的速度，约0.5～2.0 m/s。

（3）适用层高：可选用螺旋电梯的楼层高度，每层高度为1.8～5.0 m，总楼层数一般不超过10层，10层以上螺旋电梯的经济性会变差。

（4）螺旋轨道直径：螺旋轨道最外圈直径，一般为1.2～2.8 m。

（5）占地面积：螺旋电梯安装时所需最小占地面积。不同于普通电梯的矩形井道，螺旋电梯都是方形井道，井道边长不小于螺旋轨道直径1.25倍(1.5～3.5 m)。

30.4　选用原则

螺旋电梯适用于无预留井道建筑或设备设施而需要加装电梯的场合。以旧楼加装电梯为例，选用螺旋电梯可避免挖底坑，直接在每层楼预留进出通道，现场逐层吊装，即可完成安装，节省施工费用，降低施工难度。

由于螺旋电梯驱动机构高度为标准楼层高度的一半以上，为保证顶层平层，螺旋轨道高度必须预留足够的余量。

当楼层的各层高度不一致时，需要根据各层高度适配不同螺距的螺旋轨道，并校核驱动机构的驱动力。

由于螺旋轨道的特殊性，为保证驱动轮与螺旋轨道之间有足够的摩擦力，螺旋轨道的螺旋升角不得大于30°。因此，每个楼层高度都有一个对应的最小螺旋轨道直径。层高与直径对应关系计算公式：

$$D_{\min} = H/1.813\,799\,4$$

式中，$D_{\min}$——螺旋轨道最小直径，m；

H——楼层高度，m。

如果可用于安装电梯的场地面积小于1.25 $D_{\min}$，则无法选用螺旋电梯。

30.5　安全使用

30.5.1　安装现场准备

电梯制造单位应制定内容详尽的安装手册；现场施工人员和管理人员应为公司认可且胜任此项工作的人员。现场施工前一般就下列事项进行确认：

（1）安全防护用具已准备，包括头盔、安全带、安全鞋等。

（2）安装场地已清理，保持清洁畅通，材料堆放整齐。

（3）楼层定位支架、电梯安装支架已就位。

（4）井道安装地脚平铁已预埋固定。

（5）层门地坎已定位。

（6）安装现场有足够的空间可进出吊机。

30.5.2　安全使用规程

交付使用前，制造单位应向用户提供安全使用须知或其他类似的文件。用户和维保人员应对下列几个问题给予重点关注。

（1）安装完成后，必须按照电梯安装试验规范进行验收试验。

（2）必须定期检查驱动轮磨损情况，驱动轮直径磨损大于5 mm或左右驱动轮直径相差超过5 mm，必须立即更换驱动轮。

（3）定期检查导向轮磨损情况，如果左右导向轮磨损不一致，有可能轿厢与螺旋轨道轴线不重合，必须调整轴向驱动轮以保证重合。

（4）当电梯运行声音异常时，必须停止使用并检查修复。

30.5.3 维护与保养

螺旋电梯维护保养的主要内容和要求见表 30-2。

30.5.4 常见故障及排除方法

螺旋电梯常见故障及排除方法见表 30-3。

表 30-2 螺旋电梯维护保养的内容及要求

维保内容	维保要求	维保周期
驱动轮磨损检查	驱动轮橡胶厚度＞20 mm	每月
驱动机构推力轴承润滑	润滑油脂填满无杂质	每月
驱动机构与轨道	驱动运行顺畅无卡死	每月
制动抱闸	关闸无滑动,开闸无摩擦	每月
轨道缓冲	弹簧位置准确	每月
编码器	清洁,安装牢固	每月
导轨上油杯	吸油毛毡齐全,油量适宜	每月
平层准确度	标准值以内	每月
轿门运行	开关正常	每月
层站召唤、楼层显示	齐全、有效	每月
层门地坎	清洁	每月
层门自动关门装置	正常	每月

表 30-3 螺旋电梯常见故障及排除方法

故障特征	故障原因	排除方法
驱动电流过大	驱动机构推力轴承润滑不足	更换润滑脂
	驱动轮轴承润滑失效	更换轴承
	驱动轮磨损	更换驱动轮
轿厢运行不平稳	轿厢中心与螺旋轨道中心偏移过大	调整导向轮,保证推力轴承轴心在螺旋轨道中心线上
	导向轮松动	紧固导向轮螺栓
	驱动轮包胶破损	更换驱动轮

30.6 相关标准和规范

目前国内还没有专门针对螺旋电梯的国家标准或行业标准,制造单位和螺旋电梯用户应就电梯的预定用途、安装地点的环境条件、使用条件、后期的维修保养和法律法规的适用性等进行充分的协商以达成一致。下列国家标准和规范可作为参考:

《电梯制造与安装安全规范 第1部分:乘客电梯和载货电梯》(GB/T 7588.1—2020);

《电梯制造与安装安全规范 第2部分:电梯部件的设计原则、计算和检验》(GB/T 7588.2—2020);

《电梯技术条件》(GB/T 10058—2023);

《电梯试验方法》(GB/T 10059—2009);

《电梯安装验收规范》(GB/T 10060—2023);

《电梯维护保养规则》(TSG T5002—2017)。

第2篇

自动扶梯和自动人行道

第31章

自动扶梯和自动人行道综述

31.1 概述

31.1.1 定义

（1）在现行国家标准《自动扶梯和自动人行道的制造与安装安全规范》(GB 16899—2011)中对自动扶梯定义为：带有循环运行梯级，用于向上或向下倾斜运输乘客的固定电力驱动设备。

注：自动扶梯是机器，即使在非运行状态下，也不能当作固定楼梯使用。

（2）在现行国家标准《自动扶梯和自动人行道的制造与安装安全规范》(GB 16899—2011)中对自动人行道定义为：带有循环运行（板式或带式）走道，用于水平或倾斜角不大于12°运输乘客的固定电力驱动设备。

注：自动人行道是机器，即使在非运行状态下，也不能当作固定通道使用。

31.1.2 发展历程与沿革

1. 国内自动扶梯和自动人行道的发展历程

我国的电梯业起步较晚。1908年，上海汇中饭店等高层建筑安装了第一批进口电梯。到1949年，全国安装使用电梯只有数百台，在上海、天津等地建有几家电梯修配厂，只能实施维修，不能制造。新中国成立前，我国没有电梯制造业，只有美国奥的斯在我国设有维修点。1936年在上海大新公司安装的两台单人自动扶梯是我国最早使用的自动扶梯，也是当时全国仅有的两台自动扶梯。新中国成立后，首先于1956年建立了天津电梯厂，随后又建立了上海电梯厂，开始生产电梯。1959年，上海电梯厂生产了我国第一批双人自动扶梯，用于北京新火车站。1976年，上海电梯厂生产了我国第一批100 m长的自动人行道，用于首都机场。

20世纪80年代，随着改革开放，我国的电梯业获得更加迅速的发展，大部分省份都有了自己的电梯制造业，有些电梯厂引进了国外的先进生产技术，可以生产各种类型的电梯与自动扶梯。国内成立了多家合资电梯制造公司，如中国迅达、上海三菱、日立（中国）、中国奥的斯等，我国的电梯制造技术水平得到大大提高。

20世纪90年代之后，我国的扶梯生产再跃上新的台阶，不但拥有众多的国际合资品牌生产厂家，还涌现出大量的民族品牌自动扶梯和自动人行道制造厂商，其中年产量达千台规模的就有数十家。

目前，由于我国经济的高速发展，全球自动扶梯的最大消费市场转移到了中国，与此同时众多的生产厂家积聚了巨大的生产能力，使我国成为全球最大的扶梯生产基地，这不仅能满足国内的巨大市场需求，还能大量出口到世界其他地区。

据不完全统计,当前我国拥有在用自动扶梯25万台以上,自动扶梯的年产量在5万台以上,约占全世界自动扶梯产量的90%以上,其中1/3用于出口。

2. 国外自动扶梯和自动人行道的发展历程

1859年,美国人内森·艾姆斯(Nathan Ames)因发明了一种"旋转式楼梯"而获得专利。其主要内容是:以电动机为动力驱动带有台阶的闭环输送带,乘客从正三角形的一边进入,到达顶部后从另一边降下来。这类似于一种游戏机,虽然没有实用性,但这种以电动机为动力驱动的升降方式是具有开拓性的,被认为是现代自动扶梯的最早构思。

1897年,杰斯·雷诺(Jesse W. Reno)在美国纽约康尼岛的游乐场建成了一条使用斜板行走、类似电动扶梯的机动游戏。查理斯·西伯格(Charles Seeberger)在1898年购买了一项关于电动扶梯的发明专利,并且与奥的斯电梯公司合作,于1899年在纽约州制造出第一条有水平的梯级、扶手和梳齿板的电动扶梯。在1900年举行的巴黎博览会上,西伯格成功展出了以"电动扶梯"(Escalator)为名的产品,并且获得了一项金奖。

1910年奥的斯电梯公司收购了西柏格的专利,次年购下了雷诺的公司,进一步完善了自动扶梯的设计,为自动扶梯的实际应用打下了基础。1920年,奥的斯把两者的设计加以结合,成为今天电动扶梯的基本设计。

1940年以前,自动扶梯只有美国奥的斯等少数制造厂商在生产。第二次世界大战之后,由于自动扶梯需求量的增加及新技术的应用,出现了很多新的生产制造商。

1970年后,自动扶梯已发展成较为标准的产品,全球市场的竞争开始变得激烈。国际上较为著名的自动扶梯厂商有美国奥的斯、瑞士迅达、德国克庞伯蒂森、法国CNIM、芬兰通力、日本三菱、日立等。

31.1.3 发展趋势

自动扶梯和自动人行道的发展趋势是:结构紧凑,减少占用空间;减轻设备自重;减少阻力,节约能耗;外貌美观,兼可作建筑物的装饰用;运转平稳,减少噪声。

31.2 分类

自动扶梯和自动人行道可以按运输(负载)能力、适用场所、适用环境、机房位置、结构形式、梯级驱动方式、启动方式、节能运行方式,以及特殊自动扶梯和自动人行道加以分类。

1. 按运输(负载)能力分类

自动扶梯和自动人行道可以按运输(负载)能力及适用场所分为普通型、公共交通型、重载型。这是一种基本分类,也称为梯种。其中,重载型在我国地铁等大客流公交场所已广泛使用,它是在结构、性能、寿命等方面与普通型和公共交通型有明显区别的一个梯种。

1)普通型自动扶梯

普通型自动扶梯也称为商用扶梯,一般安装在购物中心、超市、酒店等商用楼宇内,是使用最大的自动扶梯。普通自动扶梯的载客量一般都比较小,因此又称为轻载荷自动扶梯。如图31-1所示。

图 31-1 安装在商场的普通型自动扶梯

2)公共交通型自动扶梯

在《自动扶梯和自动人行道的制造与安装安全规范》(GB 16899—2011)中,对公共交通型自动扶梯的定义是适用于下列情况之一的自动扶梯:

(1)公共交通系统包括出口和入口的组成部分。

(2)高强度的使用,即每周运行时间约

140 h，且在任何 3 h 间隔内，其载荷达 100％制动载荷的持续时间不少于 0.5 h。

公共交通型自动扶梯主要应用在高铁站、火车站、机场、过街天桥、隧道及交通综合枢纽等人流较集中且使用环境较复杂的场所。公共交通型自动扶梯的载荷要大于普通型自动扶梯，但又小于重载型自动扶梯。如图 31-2 所示为安装在室内的公共交通型自动扶梯。

图 31-2　安装在室内的公共交通型自动扶梯

3) 重载型自动扶梯

一般认为，当自动扶梯的载荷强度达到在任何间隔内，其载荷达 100％制动载荷的持续时间在 1 h 以上时，就应在公共交通型自动扶梯的基础上作重载设计。因此重载型自动扶梯又称为公共交通型重载自动扶梯。这种扶梯主要用于以地铁站出入口为代表的大客流城市轨道交通中，如图 31-3 所示。

图 31-3　安装在地铁站出入口的重载型自动扶梯

4) 普通型自动人行道

普通型自动人行道又称为商用型自动人行道，一般安装于购物中心、超市等商业楼宇内，这些商业楼宇通常多安装倾斜式的自动人行道，如图 31-4 所示。

5) 公共交通型自动人行道

公共交通型自动人行道主要应用在火车

图 31-4　安装在超市的普通型自动人行道

站、机场及交通综合枢纽等人流较集中，且使用环境较复杂的场所。公共交通型自动人行道的载荷要大于普通型自动人行道的载荷，但又小于重载型自动人行道的载荷，如图 31-5 为安装在车站的公共交通型自动人行道。

图 31-5　安装在车站的公共交通型自动人行道

6) 重载型自动人行道

重载型自动人行道与重载型自动扶梯的相似，要求载荷强度达到：在任何间隔内，其载荷达 100％制动载的持续时间在 1 h 以上时。主要用于以地铁为代表的大客流城市轨道交通中，如图 31-6 为安装在地铁站的重载型自动人行道。

图 31-6　安装在地铁的重载型自动人行道

2．按适用环境分类

1) 室内型自动扶梯

室内型自动扶梯是只能在建筑物内部工作的自动扶梯，也是使用最广泛的自动扶梯，如图 31-7 所示。

图 31-7　室内型自动扶梯

2）半室外型自动扶梯

半室外型自动扶梯是安装在室外的自动扶梯，但其上部有顶棚，可遮挡部分不利因素的直接侵蚀作用，其配备的保护措施相比室外型自动扶梯要低一些，如图 31-8 所示为半室外型自动扶梯。

图 31-8　半室外型自动扶梯

3）全室外型自动扶梯

全室外型自动扶梯是安装在露天场所的自动扶梯，具有抵御各种恶劣气候环境侵蚀的能力，能承受直接作用在扶梯上的各种不利的自然界因素。全室外型自动扶梯通常要依据实际的安装使用地点的气候状况，采取防水、加热防冻、防尘、防锈等保护措施来延长扶梯的使用寿命。如图 31-9 所示为全室外型自动扶梯。

图 31-9　全室外型自动扶梯

4）其他特殊环境用自动扶梯

这是一种安装在特定条件下的自动扶梯。需要依据所面临的特定环境的条件进行设计，采取相应的保护措施来延长扶梯的使用寿命。

5）室内型自动人行道

室内型自动人行道安装于建筑物内，广泛应用于超市、购物中心广场等，如图 31-10 所示为安装于室内的自动人行道。

图 31-10　室内型自动人行道

6）半室外型自动人行道

半室外型自动人行道是安装在室外的自动人行道，但其上部有顶棚，可遮挡部分不利因素的直接侵蚀作用，其采取的保护措施相对室外型自动人行道要低一些。如图 31-11 所示为半室外型自动人行道。

图 31-11　半室外型自动人行道

7）全室外型自动人行道

全室外型自动人行道是安装在露天场所的自动人行道，具有抵御各种恶劣气候环境侵蚀的能力，能承受直接作用在扶梯上的各种不利的自然界因素。全室外型自动人行道通常要依据安装使用地点的气候状况，采取防水、加热防冻、防尘、防锈等保护措施来延长人行道的使用寿命。如图 31-12 所示为全室外型的自动人行道。

图 31-12　全室外型自动人行道

8）其他特殊环境用自动人行道

这是一种安装在特定条件下的自动人行道。需要依据所面临的特定环境的条件进行设计，采取相应的保护措施来延长人行道的使用寿命。

3．按机房位置分类

机房是安装驱动装置的地方。按机房的位置，自动扶梯可分为上部内置机房式自动扶梯、机房外置式（分离机房）自动扶梯和中间驱动（无机房）式自动扶梯。

1）上部内置机房式自动扶梯

机房设置在扶梯和架上端部水平段内。如图 31-13 所示为上部内置机房式自动扶梯。

驱动装置和电控装置都安装在机房内，具有结构简单紧凑等优点，是目前最为常见的自动扶梯机房布置方式。

2）机房外置式（分离机房）自动扶梯

驱动装置设置在自动扶梯桁架之外的建筑空间内，又称为分离式机房，如图 31-14 所示。外置式机房的结构、照明、高度和面积等，都需要符合《自动扶梯和自动人行道的制造与安装安全规范》（GB 16899—2011）附录 A 中的要求。

3）中间驱动（无机房）式自动扶梯

中间驱动式的驱动装置是安装在自动扶梯桁架的倾斜段内，如图 31-15 所示。这种结构的自动扶梯以多级齿条代替传统的梯级链条，以推力驱动梯级，减少动力损耗。这种驱动方式又称多极驱动式自动扶梯，在大提升高度传动中具有一定的优势。但其存在结构较复杂、驱动装置的调试和维修保养不方便等缺点。

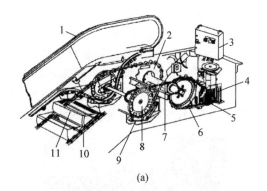

1—扶手胶带；2—牵引链轮；3—控制箱；4—驱动机组；5—传动链轮；6—传动链条；7—驱动主轴；8—扶手驱动轮；9—扶手胶带压紧装置；10—牵引链条；11—梯级。

图 31-13　上部内置机房式自动扶梯

（a）内部结构；（b）实物图

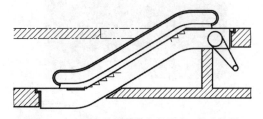

图 31-14　机房外置式（分离机房）自动扶梯

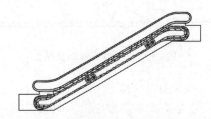

图 31-15　中间驱动（无机房）式自动扶梯

4. 按结构型式分类

1) 螺旋型自动扶梯

如图 31-16 所示,自动扶梯被做成螺旋形,布置在酒店、宾馆的大堂显得别具风格。这种自动扶梯的外周与内周梯级的线速度不同,需要有专门的机构加以实现,因此造价较为昂贵。

图 31-16 螺旋型自动扶梯

2) 波浪型自动扶梯

如图 31-17 所示,波浪型自动扶梯的中间段或某一段(多段)是作水平运行的。其实用价值不高,因此这种扶梯并不多见。

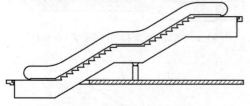

图 31-17 波浪型自动扶梯

3) 变速自动扶梯

变速自动扶梯是指在出入口处具有一个速度过渡段,将速度从低速(或高速)过渡到高速(或低速)的自动扶梯。

4) 其他特殊自动扶梯

其他特殊自动扶梯是指具有某些特殊结构设计的自动扶梯,如带轮椅运送功能的自动扶梯等。这类自动扶梯一般造价较高,很少使用。

5) 水平式自动人行道

水平式自动人行道是指完全水平、没有倾斜段的自动人行道,或倾斜段的倾斜角不大于 6°的人行道,这类自动人行道常见于机场、交通枢纽车站、地铁站等大型人员转运场所。如图 31-18 所示。

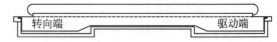

图 31-18 水平式自动人行道

6) 倾斜式自动人行道

倾斜式自动人行道为带有倾斜段,倾斜角度大于 6°且不大于 12°的自动人行道,常见的倾斜式重载自动人行道的倾斜角度分别为 10°、11°和 12°。它常用于超市、购物中心广场运送顾客从一层到另一层。如图 31-19 所示。

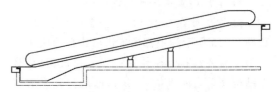

图 31-19 倾斜式自动人行道

7) 波浪型自动人行道

波浪型自动人行道的倾斜段有一段是作水平运行的自动人行道。

8) 无底坑自动人行道

无底坑自动人行道是指可以直接安装在已经完工的地面上而无须底坑的自动人行道。由于无须任何土建工作,后期还可以根据客户的要求移动到其他地方,并且长度也可以根据客户需求改变。

9) 变速自动人行道

变速自动人行道是指在出入口处具有一个速度过渡段,将速度从低速(或高速)过渡到高速(或低速)的自动人行道。由于存在变速的过程,因此较容易造成乘客摔倒,与普通恒定速度的自动人行道相比其安全性略差,且造价较高,实用性受到限制,目前只有作为样机安装在某些标志性的建筑中。

10) 其他特殊自动人行道(胶带式)

其他特殊自动人行道(胶带式),其结构与常见的带式输送机相同。通过安装在人行道两端的滚筒驱动并张紧胶带运行,胶带作为运动梯路替代常见的踏板式自动人行道的踏板及踏板链,直接输送乘客。

5. 按梯级驱动方式分类

(1) 齿轮。指驱动梯级或踏板的元件为齿轮的自动扶梯或自动人行道。

(2) 齿轮齿条。指驱动梯级或踏板的元件为齿条的自动扶梯或自动人行道。

(3) 链条。指驱动梯级或踏板的元件为链条的自动扶梯或自动人行道。

由于链条驱动式结构简单,制造成本较低,所以大多数自动扶梯均采用链条驱动式结构。

6. 按启动调速方式分类

1) 交流星-三角拖动

自动扶梯和自动人行道采用交流星-三角启动方式运行,是比较普遍的一种方式。依据使用需要可做成恒速运行、待机停止运行和节能等方式。

(1) 星-三角恒速运行:自动扶梯或自动人行道在开机后一直运行,直到按关梯停止运行。其控制简单,故障率低,适用客流量较大的场所使用,是最常用的一种运行方式。

(2) 星-三角待机停止运行:当最后一个乘客离开自动扶梯或自动人行道,达到延时设定的时间后自动停止,此时安装在自动扶梯或自动人行道运行方向的指示灯,继续指示原来运行方向,在反方向的出入口亮红灯。若有人以箭头指示方向进入自动扶梯或自动人行道时,在自动扶梯和自动人行道出入口处的传感器检测到有乘客乘梯,自动扶梯或自动人行道重新启动;一旦有人从反方向进入自动扶梯或自动人行道出入口处的传感器检测范围内,自动扶梯或自动人行道按原运行方向运行。采用这种方式的自动扶梯和自动人行道比较节能,适用乘梯时间段比较集中且有明显空闲时间段,如地铁站、机场、商场等。

(3) 星-三角节能型:利用自动扶梯或自动人行道的星-三角启动装置,当自动扶梯或自动人行道处于空载或轻载时,控制系统将驱动电机从三角型运行自动切换到星型运行来节约能耗。当自动扶梯或自动人行道负载增加后,自动扶梯或自动人行道再自动转成三角型运行。这种自动扶梯和自动人行道在无乘客时比较节能,适用乘梯时间段比较集中且有明显空闲时间段,如地铁站、机场、商场等。

2) 交流变频变压

这种方式是在自动扶梯和自动人行道上增设变频装置,自动扶梯或自动人行道开始运行时通过变频器启动,当自动扶梯或自动人行道达到100%(0.5 m/s)额定速度运行后,如无乘客乘梯,自动扶梯或自动人行道由100%额定速度自动降为20%(0.1 m/s)速度爬行(如在20%速度下运行很长一段时间仍无人乘梯,则会自动平缓地停梯待命,该功能可自行设定)。如安装在自动扶梯和自动人行道出入口处的传感器检测到有乘客乘梯,则自动扶梯或自动人行道速度马上平缓地升至100%额定速度,如乘客继续进入自动扶梯或自动人行道,自动扶梯或自动人行道将一直以额定速度正常运行。如在预先设定的时间内自动扶梯或自动人行道入口处的传感器未再检测到有乘客进入,则自动扶梯或自动人行道将自动转至爬行速度运行。

此外还有交流星-三角拖动+旁路变频、交流变频变压启动+交流三角运行、交流星-三角拖动+交流调频调压三种启动调整方式。

这三种启动调速方式是当自动扶梯和自动人行道采用额定速度运行方式时,电机以星-三角方式起动;当自动扶梯和自动人行道采用节能运行方式时,允许以变频方式起动。

7. 按节能运行方式分类

自动扶梯和自动人行道按照节能运行方式分为待机停止运行、待机低速运行、可选速度运行和能量反馈等方式。

1) 待机停止运行方式

采用这种运行方式的自动扶梯和自动人

行道具有当乘客进入而自动启动的功能。自动扶梯或自动人行道在正常使用时，当最后一位乘客离开后，在经过设定的时间（一般设定10 s以上）运行后，如无乘客继续登上自动扶梯梯级或自动人行道踏板，则自动停止运行。

2) 待机低速运行方式

采用这种运行方式的自动扶梯和自动人行道安装有变频器，当无乘客时运行速度由名义速度降为名义速度20%左右的低速运行。

3) 可选速度运行方式

采用这种运行方式的自动扶梯和自动人行道通过变频器的变频功能，在名义速度之下设计成多种可选择的速度。使用单位可以根据客流大小的情况，手工变换运行速度，来达到节能的目的。

4) 能量反馈

采用这种运行方式的自动扶梯和自动人行道通过安装能量反馈装置，将自动扶梯和自动人行道运行时产生的能量转化成再生电能回收利用。

31.3 技术性能

31.3.1 主要技术参数

1. 速度

自动扶梯和自动人行道的速度，一般是指名义速度。

名义速度是由制造商设计确定的，自动扶梯或自动人行道的梯级、踏板或胶带在空载情况下的运行速度。

自动扶梯和自动人行道标准的名义速度有 0.5 m/s、0.65 m/s 和 0.75 m/s 三种。但如果踏板或胶带人行道的宽度不大于 1.10 m，并在入口踏板或胶带进入梳齿板之前的水平距离不小于 1.6 m 时，名义速度允许达到 0.9 m/s。

2. 梯级（踏板）宽度

梯级（踏板）宽度是指梯级（踏板）宽度的横向标称尺寸，如图 31-20 中的 z_1。

自动扶梯的名义宽度定义为 0.58～1.1 m，常见的有 0.6 m、0.8 m、1 m 三种。

自动人行道的踏板宽度与自动扶梯基本相同，定义在 0.58～1.1 m。同时，对于倾斜角度不超过 6°的水平型人行道，踏板宽度可到 1.65 m，常见的规格有 0.8 m、1.0 m、1.2 m、1.4 m 和 1.6 m 等。

3. 提升高度

提升高度指自动扶梯或自动人行道出入口两楼层之间的垂直距离，如图 31-20 中的 h_{13}。

4. 倾斜角度

倾斜角是指由梯级、踏板或胶带运行方向与水平面构成的最大角度，如图 31-20 中所示的 α。

在《自动扶梯和自动人行道的制造与安装安全规范》（GB 16899—2011）中有规定：

自动扶梯的倾斜角 α 不应大于 30°，当提升高度 h_{13} 不大于 6 m 且名义速度不大于 0.50 m/s 时，倾斜角 α 允许增至 35°。

自动人行道的倾斜角不应大于 12°。

普通型自动扶梯常用倾斜角度有 30°和 35°，公交型和重载型自动扶梯倾斜角度不大于 30°，常用的有 30°、27.3°。

自动人行道常见的倾斜角度有 0°、10°、11°和 12°。为配合建筑物的设计长度和高度，也会采用其他介于常见倾斜角度之间的倾斜角。

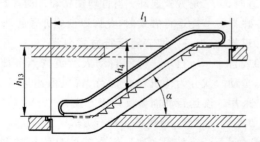
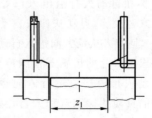

图 31-20 自动扶梯主要参数

31.3.2 主要性能指标

1. 最大输送能力

最大输送能力是指自动扶梯或自动人行道在正常运行条件下可达到的最大人员流量。

在《自动扶梯和自动人行道的制造与安装安全规范》(GB 16899—2011)的附录 H 中,给出了自动扶梯和自动人行道的最大输送能力标准值,具体见表 31-1。

表 31-1 最大输送能力

梯级或踏板宽度 z_1/m	名义速度 v/(m·s^{-1})		
	0.50	0.65	0.75
0.60	3600 人/h	4400 人/h	4900 人/h
0.80	4800 人/h	5900 人/h	6600 人/h
1.00	6000 人/h	7300 人/h	8200 人/h

注:1. 使用购物车和行李车时将导致输送能力下降约 80%。
2. 对踏板宽度大于 1.00 m 的自动人行道,其输送能力不会增加,因为使用者需要握住扶手带,其额外的宽度原则上是供购物车和行李车使用的。

2. 制动载荷

(1) 自动扶梯的制动载荷是指梯级上的载荷,并以此载荷设计自动扶梯的制动系统。

《自动扶梯和自动人行道的制造与安装安全规范》(GB 16899—2011)中关于自动扶梯的制动载荷标准值见表 31-2。

(2) 受载梯级的数量由提升高度除以最大可见梯级踢板高度求得,总制动载荷由每个梯级的制动载荷乘以受载梯级的数量计算得到。

表 31-2 自动扶梯制动载荷的确定

名义宽度 z_1/m	每个梯级上的制动载荷/kg
$z_1 \leqslant 0.60$	60
$0.60 < z_1 \leqslant 0.80$	80
$0.80 < z_1 \leqslant 1.10$	120

(3) 自动人行道的制动载荷是指在自动人行道设计和制动试验时所设定的在每个可见踏板上的放置载荷,采用每 0.4 m 踏板长度上的载荷来加以规定。《自动扶梯和自动人行道的制造与安装安全规范》(GB 16899—2011)中关于自动人行道的制动载荷标准值见表 31-3。

表 31-3 自动人行道制动载荷的确定

名义宽度 z_1/m	每 0.4 m 长度上的制动载荷/kg
$z_1 \leqslant 0.60$	60
$0.60 < z_1 \leqslant 0.80$	80
$0.80 < z_1 \leqslant 1.10$	120

3. 额定载荷

额定载荷是指设备的设计输送载荷。其主要用于驱动主机功率的计算设计。

4. 制停距离

制停距离是指电气停止装置动作到设备完全静止时的运动距离。

《自动扶梯和自动人行道的制造与安装安全规范》(GB 16899—2011)对自动扶梯在空载和有载向下运行时的制停距离有相关规定,见表 31-4。

表 31-4 自动扶梯的制停距离

名义速度 v/(m·s^{-1})	制停距离范围/m
0.50	0.20~1.00[a]
0.65	0.30~1.30[a]
0.75	0.40~1.50[a]

注:a 表示不包括端点数值。

《自动扶梯和自动人行道的制造与安装安全规范》(GB 16899—2011)对自动人行道在空载和有载水平运动或有载向下运行时的制停距离有相关规定,见表 31-5。

表 31-5 自动人行道的制停距离

名义速度 v/(m·s^{-1})	制停距离范围/m
0.50	0.20~1.00[a]
0.65	0.30~1.30[a]
0.75	0.40~1.50[a]
0.90	0.55~1.70[a]

注:a 表示不包括端点数值。

5. 速度偏差

在《自动扶梯和自动人行道的制造与安装安全规范》(GB 16899—2011)中有规定：在额定频率和额定电压下，梯级、踏板或胶带沿运行方向空载时所测得的速度与名义速度之间的最大允许偏差为±5%。

6. 扶手带与梯级(踏板)之间的速度偏差

扶手带与梯级(踏板)之间的速度偏差是指在正常运行条件下，扶手带的运行速度相对于梯级、踏板或胶带实际速度的允差为0～2%。这是为了避免乘客因扶手带速度滞后或过快于梯级、踏板或胶带的运行速度而导致摔倒。

7. 节能设计

节能设计是指为节省对电能的消耗而采用的设计。

自动扶梯和自动人行道是连续运输式设备，当没有乘客时也会运转。为符合节能的要求，自动扶梯和自动人行道的设计开始采用节能模式，主要有无乘客时以低速运行、无乘客时停止运行、可选多速度运行等。

31.4 结构组成

自动扶梯和自动人行道是垂直或水平运输设备，主要由支撑结构、驱动主机、梯路运行系统、扶手带运行系统、防护系统、控制系统、安全装置、润滑系统等部分组成，如图31-21所示。自动扶梯和自动人行道组成结构与工作原理基本一致，其主要的区别为：自动扶梯承载乘客站立面与水平面平行，与运行方向成一定角度；自动人行道承载乘客站立面与运行方向一致，与水平面成一定角度。因此，自动扶梯承载乘客站立的部件呈连续的阶梯状，称为自动扶梯的梯级；自动人行道承载乘客站立的部件呈连续的平面状，称为自动人行道的踏板。

31.4.1 总体结构

1. 概况

自动扶梯和自动人行道的支撑结构通称为自动扶梯和自动人行道的桁架(见图31-22)，是自动扶梯和自动人行道的支撑部件，承载着自动扶梯和自动人行道的自重和乘客的重量。自动扶梯和自动人行道的各个系统、零部件都安装在桁架里面或桁架之上。

图31-22 自动扶梯和自动人行道桁架

(1) 自动扶梯和自动人行道梯路运行系统是自动扶梯和自动人行道最重要的运行系统(见图31-23)，是输送乘客的核心系统，通过循环运行的梯级或踏板来输送站立在梯级或踏板上的乘客。梯路运行系统由梯级或踏板、梯级或踏板链条、梯路系统等组成，保证梯级或踏板在预定要求的轨迹循环安全运行。

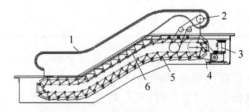

1—扶手带；2—扶手带驱动装置；3—驱动主机；
4—滚子链；5—梯级链；6—梯级。

图31-23 自动扶梯梯和自动人行道路运行系统

(2) 驱动主机是自动扶梯和自动人行道的动力来源见图31-24，是保证自动扶梯和自动人行道持续运行的关键部件。自动扶梯和自动人行道的启动、停止、上行、下行等都是通过驱动主机来实现的。

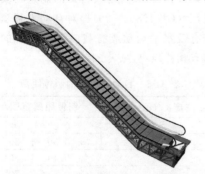

图31-21 自动扶梯和自动人行道结构图

图 31-24　自动扶梯驱动主机

（3）扶手带运行系统是自动扶梯和自动人行道两大运行系统之一，它是保证乘客运行安全的重要辅助系统，如图 31-25 所示。运行输送中的乘客容易重心不稳，乘坐自动扶梯和自动人行道时必须要求乘客手握扶手带，要求扶手带与梯级运行要同步，才能更好地保护乘客安全。扶手带运行系统由扶手带、扶手驱动及扶手带支撑与导向装置等组成。

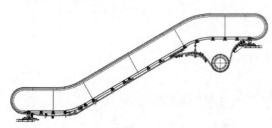

图 31-25　自动扶梯和自动人行道扶手系统

（4）自动扶梯和自动人行道的防护系统主要包括自动扶梯和自动人行道的护壁板系统、裙板系统、盖板系统、楼层板系统、扶手带出入口、外装饰板系统等，如图 31-26 所示。防护系统是把自动扶梯和自动人行道中与乘客不应接触的所有零部件及部位全部包围起来，保护乘客免受伤害并隔离伤害危险。防护系统既保护了乘客，也保护了自动扶梯和自动人行道本身；它既是自动扶梯和自动人行道的人机界面系统，也是自动扶梯和自动人行道的外观。

（5）控制系统是自动扶梯和自动人行道的"大脑"，见图 31-27，可以自动控制自动扶梯和自动人行道的启动和停止，对使用中的自动扶梯和自动人行道进行安全检测与监控，对运行中的自动扶梯和自动人行道记录运行状态。

图 31-26　自动扶梯和自动人行道的护壁板系统、裙板系统等系统

为保证乘客与自动扶梯和自动人行道作业人员的使用安全，自动扶梯和自动人行道上配置了很多安全保护装置，包括制动装置、监控装置、检测装置、安全电路、机械保护装置等。

（6）润滑系统是保证自动扶梯和自动人行道长期稳定运行重要手段，如图 31-28 所示；充分有效的润滑可以减少自动扶梯和自动人行道运动部件的磨损，降低运行阻力，降低运行噪声与震动，提高运行适度和运行效率，延长使用寿命。润滑系统包括自动润滑与人工手动润滑两方面。例如，对传动链条的润滑一般为自动润滑，对驱动主机的齿轮箱的润滑一般为定期人工手动润滑。

2．主要技术参数

自动扶梯和自动人行道主要技术参数有倾斜角度、宽度、提升高度、水平长度（跨距或使用区长度）、速度和输送能力等（图 31-29）。

（1）自动扶梯和自动人行道的倾斜角度是指自动扶梯和自动人行道的梯级或踏板运行方向与水平面构成的最大角度，通称自动扶梯和自动人行道的角度。习惯上我们称自动扶

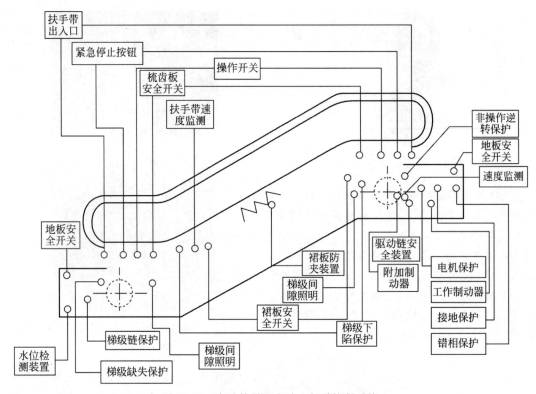

图 31-27　自动扶梯和自动人行道控制系统

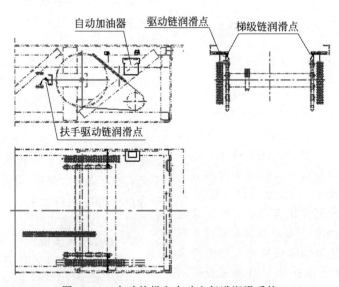

图 31-28　自动扶梯和自动人行道润滑系统

梯和自动人行道的角度为自动扶梯和自动人行道倾斜部分与水平地面之间的夹角。自动扶梯最常见的角度是 30°，当提升高度不大于 6 m 时，允许最大角度 35°；自动人行道的常规角度有 12°、11°、10°、0°；GB 16899—2011 规定自动人行道的角度不大于 12°。

（2）自动扶梯和自动人行道的宽度是指输送乘客的有效宽度，也就是通常人们所能够站

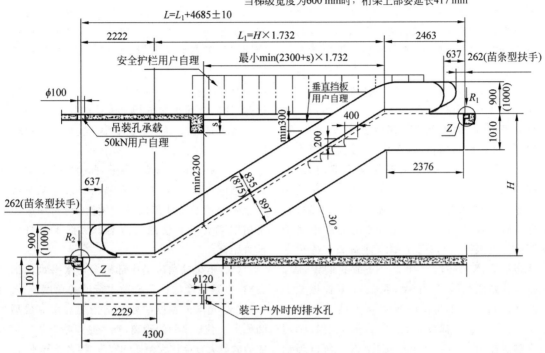

图 31-29 自动扶梯和自动人行道主要技术参数图

立的梯级或踏板宽度。自动扶梯和自动人行道的宽度一般不是指设备的最大宽度,因为设备的宽度与厂家结构设计及项目的要求等不一定相同,但自动扶梯和自动人行道的梯级或踏板宽度基本一致。自动扶梯常规的梯级宽度有 1000 mm、800 mm、600 mm;自动人行道的常规踏板宽度有 800 mm、1000 mm、1200 mm、1400 mm,其中以 1000 mm 宽居多。如图 31-30 所示。

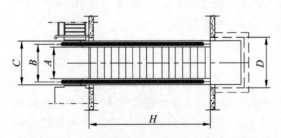

图 31-30 自动扶梯和自动人行道相关尺寸

(3) 自动扶梯和自动人行道的提升高度是自动扶梯和自动人行道出入口两楼层板之间的垂直距离,也就是自动扶梯和自动人行道的下部楼层板面到其上部楼层板面的垂直距离。一般自动扶梯和自动人行道的上下楼层板面与建筑物上下楼层的装潢完成水平面一致,所以自动扶梯和自动人行道的提升高度也是建筑物下楼层的装潢完成水平面到上楼层装潢完成水平面之间的垂直距离,也就是通称的建筑物层高。

(4) 自动扶梯和自动人行道的水平长度是指自动扶梯和自动人行道的长度方向的投影距离,通常称为自动扶梯和自动人行道的水平跨距。

(5) 自动扶梯和自动人行道的速度分为名义速度和额定速度。名义速度是自动扶梯和自动人行道的梯级或踏板在空载(无人)情况下的运行速度,也叫理论设计速度;额定速度是自动扶梯和自动人行道在额定载荷时的运行速度。自动扶梯和自动人行道常用的名义速度有 0.5 m/s 与 0.65 m/s,其中 0.5 m/s 主要用于普通商用型自动扶梯和自动人行道,0.65 m/s 主要用于公共交通型自动扶梯和自动人行道。

(6) 自动扶梯和自动人行道的输送能力主要用于进行乘客流量规划。根据使用场所客流量来评估配置自动扶梯和自动人行道的规格、速度及数量。输送能力主要有最大输送能力、理论输送能力、实际输送能力三种。自动扶梯和自动人行道的最大输送能力在 GB 16899—2011 中有明确的定义。使用购物车或行李车的自动人行道，其输送能力将下降 80%；即使踏板宽度大于 1 m，其输送能力也不会增加，因为乘客必须握住扶手带，其余宽度原则上用于购物车或行李车。通常我们是采用最大输送能力来进行乘客流量规划的。理论输送能力是指自动扶梯理论上每小时能够运送的人数，即按每个梯级都站满人的理论状态计算出来的输送能力。一般我们定义梯级理论站立人数 K 为梯级系数，1 米梯级宽上站 2 人即 $K=2$，0.8 m 梯级宽上站 1.5 人即 $K=1.5$，0.6 m 梯级宽上站 1 人即 $K=1$，则理论输送能力 $N=V/0.4\times3600\times K$。所以理论输送能力大于最大输送能力，最大输送能力并不是最大值。考虑到运行中的自动扶梯和自动人行道很难做到乘客能够连续不断并且每个梯级按理论设想站满人，所以就有了实际输送能力。实际输送能力就是理论输送能力×满载系数，通常满载系数取 0.8 左右。

31.4.2 支撑结构

1. 基本结构（桁架）

自动扶梯和自动人行道支撑结构是支撑与承载自动扶梯和自动人行道的各个部件和乘客的金属结构，如图 31-31 所示。通常称自动扶梯和自动人行道的支撑结构为自动扶梯和自动人行道桁架。根据支撑结构所采用的主要型材的不同，将其分为角钢桁架与方管桁架。角钢桁架是上下弦杆、竖杆采用角钢的支撑结构；方管桁架是上下弦杆、竖杆采用方钢的支撑结构。

设计上通常将自动扶梯和自动人行道桁架分为三部分，即上部桁架、中部桁架、下部桁架。通常各个梯型的自动扶梯和自动人行道的上下部桁架相对固定和标准化，一般只有桁架端部的伸长或缩短；中部桁架是一个标准的参数化设计，不同提升高度的扶梯就是通过调整中部桁架的长短来实现的。一般小高度的桁架采用的是整体焊接、整体运输、整体吊装的形式。当提升高度大于 6 m 时，考虑到原材料规格、制造工艺及自动扶梯和自动人行道的运输，通常要对桁架进行分段处理。

桁架的主要参数有提升高度、角度、宽度、跨距、上下头部长度。

(1) 桁架的提升高度也是自动扶梯和自动人行道的提升高度，是下头部桁架设计基准线与上头部桁架设计基准线的垂直距离，一般也是桁架下头部上弦杆到桁架上头部上弦杆的垂直距离。

(2) 桁架的角度是中部桁架与水平地面的夹角，也是自动扶梯和自动人行道的角度。

(3) 桁架的宽度一般是指桁架焊接完成后两侧上下弦杆之间的距离，有些是以桁架焊接完成后的最大宽度作为桁架的宽度，两者差异不大。

(4) 桁架的跨距也是自动扶梯和自动人行道的水平跨距，是自动扶梯和自动人行道的长度方向的投影距离，不包括桁架端部支撑角钢的长度。

(5) 桁架的上下头部长度通常是以上下头部设计基准点到桁架端部的尺寸，也有些是以桁架的上下头部拐点到端部的距离，这主要是根据需要来确定的。

桁架常用的零部件有上弦杆、下弦杆、竖杆、斜拉杆、中间横梁、底板、底梁、端部支撑角钢、各个系统部件接口，如图 31-31 所示。

2. 性能指标

桁架主要的性能指标有挠度、强度、设计寿命。

(1) 桁架的挠度要求在 GB 16899—2011 中有明确规定：普通商用型扶梯要求桁架的挠度不应大于支撑距离的 1/750，公共交通型扶梯要求桁架的挠度不应大于支撑距离的 1/1000。目前常见的一些公共交通型项目标书要求桁架的挠度不应大于支撑距离的 1/1500 甚至 1/2000。常见的桁架挠度验证方法有两种：一是通过软件的分析计算法；二是

 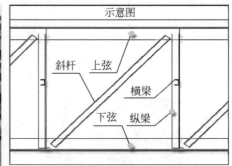

图 31-31　自动扶梯和自动人行道支撑结构构成图

通过扶梯现场加载拉线实测法。

(2) 桁架的强度主要取决于桁架结构采用的主要型材规格与材料。目前桁架主要型材规格为角钢 125 mm×80 mm×12 mm、125 mm×80 mm×10 mm、125 mm×80 mm×8 mm；方管 120 mm×60 mm×6 mm、120 mm×60 mm×5 mm、120 mm×60 mm×4 mm、100 mm×60 mm×4 mm、100 mm×60 mm×3 mm。主要型材材料为 Q235 和 Q345，以 Q235 居多。桁架强度验证方法与挠度一样，有软件的分析计算法与工程实测法。工程实测法常用的是应变片法，目前运用比较少，基本上采用理论计算校核。目前桁架设计都能保证足够的安全系数，桁架的强度肯定满足实际要求，因此市场上少有对桁架的强度提出额外明确的要求。

(3) 桁架的设计寿命是市场比较关注的指标之一，特别是针对公建大项目。桁架的设计寿命取决于桁架本身材料强度、安全系数及桁架表面处理。桁架表面处理主要有热镀锌、喷漆、电泳。室外梯桁架表面处理主要以热镀锌为主，也有采用电泳的；室内梯桁架表面处理主要以电泳和喷漆为主，一般电泳的防腐效果比喷漆好，但成本较高。目前桁架的设计寿命一般要求 20 年，公共交通重载型扶梯要求 40 年以上。桁架寿命计算结果如图 31-32 所示。

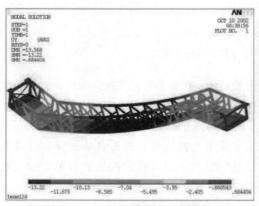 

图 31-32　自动扶梯和自动人行道桁架结构的强度和寿命计算结果图

3. 安装固定

自动扶梯和自动人行道的安装固定也就是桁架的吊装，一般是借助建筑物上的吊钩或吊装孔来起吊扶梯，将桁架下头部端部大角钢搁到下楼层的牛腿大梁上，将上头部端部大角钢搁到上楼层的牛腿大梁上，如图 31-33 所示；调好提升高度，调好扶梯水平。安装时在上下头部端部大角钢下设置减震垫。常用的减震垫有橡胶和钢板两种。自动扶梯和自动人行道的桁架支撑主要有两个，分别为上下头部端部支撑。当提升高度比较高的时候，会设置中间支撑，而且中间支撑数量会根据提升高度的增加而增多。也有大高度扶梯中间没有支撑的结构，这就要对桁架进行非标加强设计。

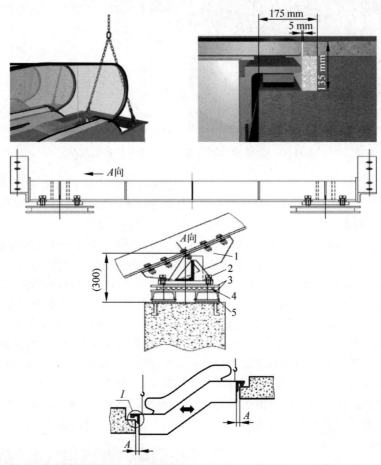

1—支撑横梁组件；2—调整螺栓；3—衬板；4—橡胶板；5—垫块；

图 31-33　自动扶梯和自动人行道基础结构安装固定图

31.4.3　驱动主机

1. 结构类型

如图 31-34 所示，驱动主机由电机、减速箱、联轴器、制动器、电气检测元件等组成。驱动主机按结构形式分为立式主机与卧式主机；按减速箱的传动类型分为齿轮传动主机和涡轮蜗杆传动主机；按制动位置与形式分为上置动主机和下置动主机；按使用环境与用途分为室外主机和室内主机，商用主机和公交主机。

驱动主机在自动扶梯和自动人行道中安装位置形式也是多种多样。驱动主机有安装在自动扶梯和自动人行道的上头部机房内的上置结构；有安装在自动扶梯和自动人行道中间直线段中的中置结构；有安装在自动扶梯和自动人行道的外部机房的外置式结构。目前主要采用上置结构。根据自动扶梯和自动人行道中配置驱动主机的数量分为单驱动主机结构和双驱动主机结构。如图 31-35 所示。

2. 主要技术参数

自动扶梯和自动人行道的驱动主机一般采用三相异步电动机，自动扶梯和自动人行道的电机一般采用连续工作制的 S1 级工作制电动机，常用的有 4 极和 6 极电动机。自动扶梯和自动人行道的电机一般采用 F 级绝缘等级，最高允许温度 155 ℃；一般采用 IP21、IP44、

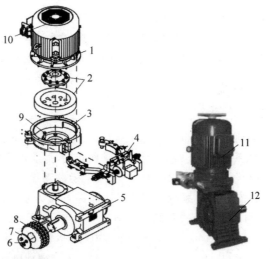

1—六角螺栓；2—联轴器；3—连接体；4—制动系统；5—减速机；6—螺栓；7—压板；
8—链轮；9—六角螺栓；10—电动机；11—交流电机；12—减速机。

图 31-34　自动扶梯和自动人行道驱动主机

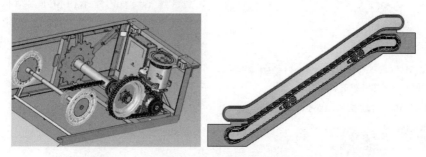

图 31-35　自动扶梯和自动人行道驱动主机布置图

IP54、IP55 防护等级，其中最常见的为室内梯采用 IP21，室外梯采用 IP55。自动扶梯和自动人行道的电机效率一般在 92% 左右，不低于 IE2 能耗等级。驱动主机的减速箱主要有齿轮传动、涡轮蜗杆传动两种，其中齿轮传动效率在 94% 左右，主要用于公交型或重载型自动扶梯和自动人行道，以涡轮蜗杆加斜齿轮最为常见；涡轮蜗杆减速箱传动效率在 80%～85%，主要用于商用型或普通型自动扶梯和自动人行道。

3. 制动系统

自动扶梯和自动人行道必须至少设置一个制动系统，该制动系统使自动扶梯和自动人行道有一个接近匀减速的制停过程直至停机，并使其保持停止状态。这个制动系统一般安装在驱动主机上，通称工作制动器。工作制动器都是机-电式制动器，制动器应在持续通电状态下正常打开；制动器电路断开后，制动器应立即制动。工作制动器常用的形式有块式制动器、带式制动器和盘式制动器。自动扶梯和自动人行道使用最为广泛的是块式制动器，也称为外抱式制动器。在制动弹簧的作用下，左右两侧制动臂抱紧制动鼓，通过制动臂上的制动闸瓦与制动鼓产生摩擦力来实现制停。

GB 16899—2011 规定公共交通型自动扶梯或自动人行道，以及 6 m 以上自动扶梯或自动人行道必须设置一个或多个附加制动器。附加制动器应为机械式，一般安装在主驱动轴上，通过直接制动主驱动轴达到制停的目的。附加制动器应能使具有制动载荷向下运行的自动扶梯和自动人行道有效地减速停止，并使其保持静止状态。附加制动器动作时，不必保证对工作制动器所要求的制停距离。附加制动器常用的形式有棘轮棘爪式附加制动器、锲块式附加制动器、摩擦盘式附加制动器等,目前用得最多的是棘轮棘爪式与摩擦盘式。

31.4.4 梯路运行系统

1. 系统概况

梯路运行系统就是梯级或踏板在自动扶梯和自动人行道中循环运行的系统,如图 31-36 所示。它由梯路系统、梯级、梯级链条等组成,是自动扶梯和自动人行道的核心工作系统。其中梯路系统既是梯级运行轨迹也是支撑系统,梯级链条是驱动介质,梯级是承载乘客的部件。梯路系统包括主驱动轴、导轨系统、梯级链条张紧装置等。梯路运行系统工作原理:驱动主机通过主驱动链条驱动主驱动轴运转,主驱动轴带着梯级链条在梯路系统中按设计的轨迹循环运行;梯级安装在梯级链条上,梯级与梯级链条通过滚轮在梯路导轨上运行;主驱动轴为上部驱动回转端,张紧装置为下部张紧回转端。

2. 梯路系统

梯路系统是梯级循环运行的路径系统,包括主驱动轴、工作分支导轨系统、返回分支导轨系统、梯级链条张紧装置等。

(1) 主驱动轴由驱动轴、梯级链轮、主驱动链轮、扶手驱动链轮、轴承及轴承座组成。驱动轴主要有空心轴结构和实心轴结构。扶手驱动链轮主要有内置结构和外置结构;内置结构是扶手驱动链轮在两侧梯级链轮之间,主要用于大摩擦轮的扶手驱动结构;外置结构是在两侧梯级链轮的外侧,主要用于端部扶手驱动结构。导轨系统中的梯级链条、链轮,如图 31-37 所示。

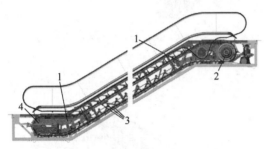

1—上部驱动回转端,下部张紧口转端;2—主驱动轴;
3—梯级和导轨;4—梯级链条张紧装置。

图 31-36 自动扶梯梯路运行系统

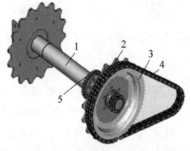 

1—主轴;2—梯级链轮;3—驱动双排链轮;4—驱动链条;5—扶手带驱动链条。

图 31-37 导轨系统中梯级链条、链轮

(2) 导轨系统是梯级链条滚轮与梯级滚轮运动工作面,其中梯级链条滚轮工作导轨称为主轨,梯级滚轮工作导轨称为副轨。导轨系统分为上下两部分,上部乘客站立的部分工作轨称为工作分支导轨系统,下部空梯级运行的部分称为返回分支导轨系统。所以工作分支导轨系统采用的导轨型材较厚,返回分支导轨系统用的导轨型材较薄。主轨一般带翻边,对梯级及梯级链条运行有导向作用。自动扶梯导轨系统如图 31-38 所示。

(3) 梯级链条张紧装置设置在自动扶梯和自动人行道的下部,是在压缩弹簧作用下能够自动张紧移动的装置。梯级链条张紧装置可分为链轮式张紧装置与导轨式张紧装置。目前主要采用的是导轨式张紧装置,链轮式张紧装置主要用于滚轮外置链条结构。梯级链条张紧装置如图 31-39 所示。

图 31-38　自动扶梯导轨系统

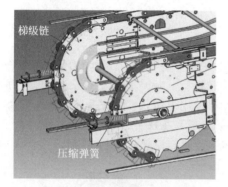

图 31-39　梯级链条张紧装置

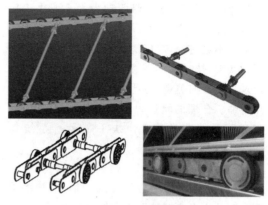

图 31-40　梯级链条

3. 梯级链条

梯级链条是一种滚子链，通常有两种结构类型，称为滚轮内置梯级链条和滚轮外置梯级链条。滚轮内置梯级链条是链条滚轮在链条内链板之间的结构，链条滚轮充当链条滚子使用；滚轮外置梯级链条是链条滚轮在链条外侧的结构，链条中间还有套筒滚子。梯级链条滚轮常见直径规格有 70 mm、75 mm、76 mm、80 mm、100 mm，其中直径 100 mm 主要用于滚轮外置结构。梯级链条为重要的安全部件，应按无限疲劳寿命设计。进行梯级链条抗拉强度计算时，其安全系数要求不小于 5 倍，重载公交型一般要求安全系数要求不小于 8 倍。梯级链条销轴比压是指链条销轴与轴套之间的工作压强，其决定了链条的使用寿命。梯级链条如图 31-40 所示。

4. 梯级或踏板

梯级与踏板是自动扶梯和自动人行道运输乘客的承载部件，也是关键部件。梯级或踏板在 GB 16899—2011 中有明确的强度要求和测试方法，要求满足静载试验、动载试验、扭转试验。梯级或踏板按材料可以分为不锈钢梯级或踏板和铝合金梯级或踏板。不锈钢梯级或踏板为组合式结构，铝合金梯级或踏板为整体式结构。梯级主要由梯级踏面、踢面、支撑架、滚轮、滑块等组成；梯级装配有两个梯级滚轮，通常也叫梯级副轮。一般梯级两侧各有一个滑块，滑块可以起到梯级导向作用。梯级支撑架是梯级的支撑结构，支撑架上有安装固定到梯级链条的接口。梯级踏面就是乘客的站立面；梯级踏面三边通常设置有警示带，警示带可以是黄色塑料边框，也可以喷黄色油漆。梯级或踏板如图 31-41 所示。

图 31-41　自动扶梯梯级和自动人行道踏板

31.4.5　扶手带运行系统

1. 扶手带运行系统概况

扶手带运行系统由扶手带、扶手驱动及扶手带支撑与导向等组成。扶手带运行速度与梯级运行速度的偏差要求小于 2%。扶手带运行依靠摩擦驱动，扶手带驱动力大小取决于扶手带与驱动轮之间的压力：压力太小，扶手带驱动力不足，扶手带打滑，运行速度无法满足；压力太大，扶手带容易发热，扶手带表面容易出现压痕影响美观，更严重的是影响扶手带使用寿命。合理的轨迹设计与结构设计对扶手带运行系统非常重要。扶手带运行系统如图31-42所示。

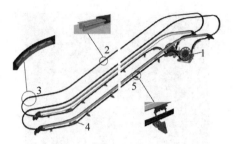

1—扶手带驱动装置；2—扶手带直线段导轨；3—扶手带转向段导轨；4—扶手带过渡段导向轮组；5—扶手带直线段导向装置。

图31-42 自动扶梯和自动人行道扶手带运行系统

2. 扶手带驱动

按照扶手带驱动位置及结构形式，扶手带驱动可分为大摩擦轮驱动、端部驱动和直线驱动。大摩擦轮驱动主要由大摩擦轮、压带链、上下导向滚轮群等组成。其特点是结构简单，安装调整方便，成本低；但正反弯曲多，阻力大，扶手带容易发热，扶手带使用寿命短。目前普通的自动扶梯和自动人行道普遍采用这种方式。端部驱动主要是端部龙头回转结构驱动，采用V形扶手带，驱动力大，运行平稳，成本较高。其特点是扶手带反弯少，阻力小，扶手带使用寿命长；但扶手带驱动轮直径小，数量多，容易在扶手带表面产生压痕。扶手带驱动装置运行原理如图31-43所示。

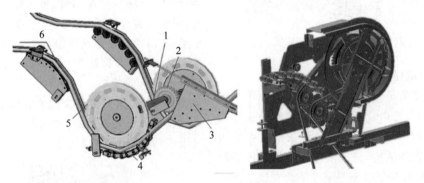

1—扶手带驱动轴；2—扶手带驱动链；3—扶手；4—压带装置；5—摩擦驱动轮；6—扶手带。

图31-43 自动扶梯和自动人行道扶手带驱动装置原理图

3. 扶手带

按照扶手带材质，可分为聚氨酯扶手带和橡胶扶手带。扶手带由四层结构组成，分别是滑动层、骨架层、抗拉层、面层。滑动层是扶手带最内层，扶手带靠它在扶手导轨及支撑导向装置上滑动。滑动层材料要求低摩擦系数、低阻力和低噪声。滑动层材料是区分室内扶手带与室外扶手带的主要依据。骨架层主要对扶手带起到结构定型作用。抗拉层由钢丝或钢板组成，是扶手带强度的保障，一般扶手带的抗拉强度不小于25 kN。目前扶手带抗拉层主要以钢丝为主。扶手带面层也就是外表层，乘客握扶手带的部分就是外表层。外表层要求适合感和美观，一般外表层为黑色，也可以根据客户需要定制不同的颜色。由于扶手驱动方式不同，扶手带结构形式也不一样。扶手带可分为C形扶手带和V形扶手带。V形扶手带增大了扶手带驱动接触面，可以增大扶手带驱动力，主要用于端部驱动结构。扶手带的结构形式如图31-44所示。

4. 扶手带支撑与导向

扶手带支撑与导向装置主要包括扶手导轨、端部回转装置、导向滚轮、导向滑块等。扶手带支撑结构如图31-45所示。

图 31-44 自动扶梯和自动人行道扶手带

（1）扶手导轨主要用于工作分支连续不间断地对扶手带起支撑与导向作用。扶手导轨材质主要有碳钢、不锈钢、铝合金等，目前使用最广泛的是不锈钢扶手导轨。

（2）端部回转装置主要用于上下头部扶手带180°转弯的位置，为降低扶手带运行阻力，端部回转装置上设置回转链条，将扶手带运行时的滑动摩擦改为滚动摩擦。扶手带返回分

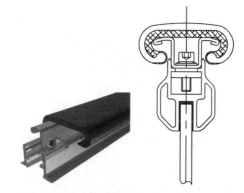

图 31-45 自动扶梯和自动人行道扶手带支撑结构

支主要采用间断式滚轮导向或滑块导向，也有采用金属型材连续导向的。扶手带端部回转装置如图31-46所示。

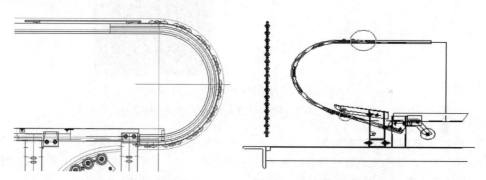

图 31-46 自动扶梯和自动人行道扶手带端部回转装置

31.4.6 防护系统

自动扶梯和自动人行道的防护系统是防护乘客乘梯安全的保障系统与部件，它是自动扶梯和自动人行道不可缺少的组成部分。防护系统是自动扶梯和自动人行道的人机界面。防护系统包括护壁板系统、裙板系统、盖板系统、楼层板系统、扶手带出入口、外装饰板系统等，如图31-47所示。

1. 护壁板系统

护壁板系统也称栏板系统，位于围裙板或内盖板与扶手盖板或扶手导轨之间的壁板，设置在自动扶梯和自动人行道两侧，以防止乘客跌落。栏板系统要求设计高度在

图 31-47 自动扶梯和自动人行道防护系统

900～1100 mm。护壁板按材料和结构形式，可以分为玻璃栏板、不锈钢直栏板和不锈钢斜栏板。护壁板系统是扶手带运行系统的支撑系统，扶手导轨及扶手支撑固定安装在护壁板系统之上。为保护乘客安全，护壁板系统有强度与刚度的要求。护壁板系统如图31-48所示。

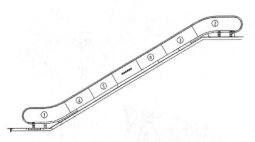

图 31-48　自动扶梯和自动人行道护壁板

2. 内外盖板

内外盖板是指在护壁板两侧的盖板,其中护壁板靠梯级侧为内侧称为内盖板,在护壁板靠桁架侧为外侧称为外盖板。内外盖板是将护壁板与围裙板及护壁板与桁架之间的空隙包围起来,保护乘客免受伤害的部件。盖板必须防止乘客站立,内盖板必须设计为倾斜结构,外盖板如有必要必须安装防止攀爬装置。常见的盖板厚度在 1～3 mm。内外盖板的设置还要考虑可以拆装,方便后期维保。盖板系统材料主要有不锈钢和铝合金。护壁板内外盖板如图 31-49 所示。

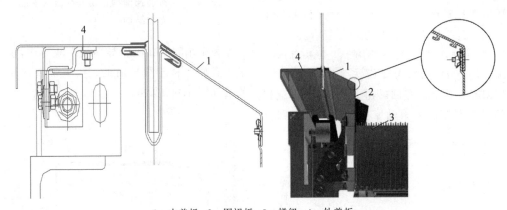

1—内盖板；2—围裙板；3—梯级；4—外盖板。

图 31-49　自动扶梯和自动人行道护壁板内外盖板

3. 围裙板及围裙板防夹装置

(1) 围裙板是与梯级或踏板相邻的扶手装置的垂直部分。围裙板垂直设置在梯级或踏板的两侧,要求围裙板与梯级之间的间隙小于 4 mm,两侧间隙之和不大于 7 mm。为确保乘客安全围裙板的刚度要求与表面摩擦系数的要求,通常围裙板采用 1.5～3 mm 厚的钢板或不锈钢板。为保障围裙板有足够的刚度,要求围裙板布置加强筋结构。为降低围裙板表面摩擦系数,通常喷涂低摩擦系数的涂层材料。

(2) 围裙板防夹装置通称围裙板安全毛刷,是为了降低梯级和围裙板之间挤夹风险的装置,一般由刚性基座和柔性毛刷两部分组成。围裙板防夹装置安装在两侧围裙板上,目的是将乘客与围裙板隔开,防止乘客的鞋子、裤子、裙子等被夹入梯级与围裙板的间隙。GB 16899—2011 有明确的围裙板防夹装置安装尺寸要求。常见的围裙板安全毛刷有单排毛刷和双排毛刷,以及带围裙板照明和不带围裙板照明等几种。围裙板防夹装置如图 31-50 所示。

4. 楼层板系统

楼层板系统又称梳齿板系统或前沿板系统。楼层板一般由梳齿板、梳齿支撑板、中后板（楼层板）、边框、支撑件等组成。楼层板系统是乘客上下梯级的过渡系统,也是连接建筑物地面的系统。楼层板系统是乘客在上面行走的系统,为保证乘客安全,楼层板系统有刚度和防滑等级的要求。楼层板有两种结构,一种是铝合金型材拼接的铝合金结构；另一种是钢板焊接加表面为不锈钢或铝合金面板的结构。支撑边框是支撑与限制楼层板的结构,支撑边框上设置有减震垫。

(1) 梳齿板是位于运行的梯级或踏板出入口,为方便乘客上下过渡,与梯级或踏板相啮合的部件。因此梳齿板通常设计成圆弧过渡的倾斜角,如果考虑使用购物车或行李车,梳

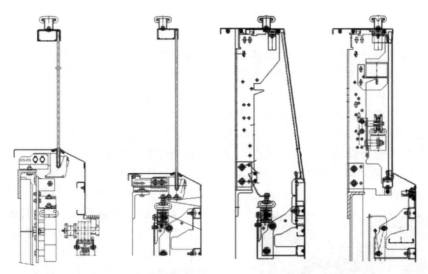

图 31-50　自动扶梯和自动人行道围裙板防夹装置

齿板倾斜角要求不超过 19°。目前常见的梳齿板材料有工程塑料和铝合金两种：一般工程塑料梳齿板为黄色；铝合金梳齿板为银灰色，也有将铝合金梳齿板喷涂成黄色的。

（2）梳齿支撑板是在自动扶梯和自动人行道上下出入口，用于安装梳齿板的平台，也叫前沿板。梳齿支撑板与楼层板一样，最主要的作用是承担乘客载荷，所以梳齿支撑板有强度、刚度和防滑等级的要求。当梯级或踏板跑偏或有异物卡入时，为保证安全要求，梳齿支撑板应具有一定的空间可以移动。目前梳齿支撑板通常具备向上和向后两个方向的自由度，即上抬或后退保护。梳齿支撑板是可移动的部件，它的下方为运行的梯级，所以梳齿支撑板本身的刚度就非常重要。目前常用的梳齿支撑板采用 12～20 mm 厚的碳钢板加不锈钢面板或铝合金面板结构。楼层板系统如图 31-51 所示。

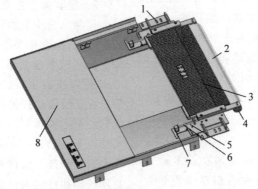

1—支撑件；2—梳齿板；3—梳齿安装（前沿）板；4—梯级导向；5—推杆；
6—压缩弹簧；7—安全开关；8—楼层板。

图 31-51　自动扶梯和自动人行道楼层板系统

5．外装饰板

自动扶梯和自动人行道的外装饰板是从外盖板起，将自动扶梯或自动人行道桁架封闭起来的装饰板。为保证乘客安全，除乘客可踏上的梯级或踏板以及可接触的扶手带部分外，自动扶梯和自动人行道的所有机械运动部分均应完全封闭。自动扶梯和自动人行道的外装饰板主要作用是保障安全和美观,要求在外装饰板上任意点垂直施加 250 N 的力作用在 25 cm² 面积上,外装饰板不应产生破损或导致缝隙的变形。安装固定外装饰板的固定件要求至少能够承受两倍的外装饰板重量。常见的外装饰板采用不锈钢材料。为保证强度,外装饰板一般都是带加强筋的。一些场所为了美观,往往还在桁架底部外装饰板上安装各式的照明灯。外装饰板如图 31-52 所示。

图 31-52　自动扶梯和自动人行道外装饰板

31.4.7　控制系统

1. 控制方式

控制系统对自动扶梯和自动人行道的控制,主要是通过控制驱动主机来实现的。自动扶梯和自动人行道的控制系统对驱动主机的控制有两种,分别是直接驱动和变频驱动。两种驱动方式可以实现四种功能模式。

(1) 标准运行模式:自动扶梯和自动人行道采用星三角启动,以额定速度正常运行。

(2) 标准自启动模式:自动扶梯和自动人行道采用星三角启动,以额定速度正常运行;自动扶梯和自动人行道配置自启动检测开关,当自动扶梯和自动人行道未检测到有乘客乘坐自动扶梯和自动人行道时,根据控制系统设定的空载运行时间,自动扶梯和自动人行道会自动停止运行,进入待机状态;当自动扶梯和自动人行道检测到有乘客时,自动扶梯和自动人行道会自动启动。

(3) 变频高低速模式:自动扶梯和自动人行道通过变频器启动电机并控制电机运行速度。自动扶梯和自动人行道检测到有乘客时以额定速度运行;当自动扶梯和自动人行道未检测到有乘客时,将自动按控制系统设定的低速持续运行,直到检测到有乘客时,自动恢复到额定速度运行,以达到更好的节能效果。

(4) 变频自启动模式:自动扶梯和自动人行道通过变频器启动电机并控制电机运行速度。自动扶梯和自动人行道有乘客时以额定速度运行;当自动扶梯和自动人行道未检测到有乘客时,进入低速运行;根据控制系统设定的低速运行时间内仍然没有乘客,自动扶梯和自动人行道会自动停止运行,进入待机状态;当检测到有乘客时,自动扶梯和自动人行道会自动启动。

目前变频驱动分为全变频驱动和旁路变频驱动。全变频驱动就是变频器功率不小于驱动主机功率,自动扶梯和自动人行道的启动和运行过程都是通过变频器控制。旁路变频驱动就是变频器功率小于驱动主机功率,自动扶梯和自动人行道仅仅在启动和低速的时候是通过变频器控制的,当自动扶梯和自动人行道有乘客载荷时都是直接驱动,此时变频器不工作。

2. 控制系统主要元件

控制系统主要由控制柜、变频柜、接线盒、安全开关、检测开关、加热系统、电线电缆等组成。控制柜中包括自动扶梯和自动人行道核心部件如控制主板、安全板、继电器、接触器等。在普通自动扶梯和自动人行道低功率段,我们经常把控制柜与变频柜做成一体式结构,其结构紧凑、占用机房空间少,成本更低。接线盒安装于自动扶梯和自动人行道下部机房,自动扶梯和自动人行道下部的安全开关、检测开关等通过接线盒将信息传递到控制系统。控制柜如图 31-53 所示。

3. 安全装置

自动扶梯和自动人行道有全面的安全保护措施,以及机械安全保护装置、运行状态监控检测元件、安全开关等。常见的安全功能有以下几项。

图 31-53　自动扶梯和自动人行道控制柜

(1) 自动扶梯和自动人行道双向运行：操作上下进出口处钥匙开关可实现上行或下行。

(2) 供电系统断相、错相保护装置：当供电电源错相、欠相或反相时，保护装置能自动检测并切断电路使扶梯停止运行，只有当开关手动复位后，扶梯方可启动，否则不能运行。

(3) 电机过热保护：监控电机定子绕组温升状态，当温度超过设定值时停梯保护。

(4) 过载保护：自动扶梯和自动人行道允许时间的过载运行，当自动扶梯和自动人行道持续过载时，电机定子绕组温度上升，当温度超过设定值时停梯保护。

(5) 工作制动器及其释放检测：设置制动系统监控装置，当自动扶梯和自动人行道启动后制动系统没有松闸，驱动主机立即停止。该装置动作后，即使电源发生故障或者恢复供电，此故障锁定始终保持有效。

(6) 制动距离异常保护：当自动扶梯或自动人行道的制动距离超过最大允许制动距离的1.2倍时，保持扶梯处于停止状态，并在手动复位后才能再启动。

(7) 超速欠速保护装置：自动扶梯和自动人行道应在速度超过名义速度的1.2倍之前自动停止运行。该装置动作后，只有手动复位故障锁定，并且操作开关或检修控制装置才能重新启动自动扶梯和自动人行道。即使电源发生故障或恢复供电，此故障锁定始终保持有效。

(8) 非操作防逆转保护：自动扶梯或倾斜角不小于6°的倾斜式自动人行道设置，使其在梯级或踏板改变规定运行方向时，自动停止运行。该装置动作后，只有手动复位故障锁定，并且操作开关或者检修控制装置才能重新启动自动扶梯和自动人行道。即使电源发生故障或恢复供电，此故障锁定始终保持有效。

(9) 扶手带速度异常与扶手带断带保护：设置扶手带速度监控装置，在自动扶梯和自动人行道运行时，当扶手带速度偏离梯级或踏板实际速度-15%且时间持续超过15 s时，或扶手带发生断带时，该装置使自动扶梯或自动人行道停止运行。

(10) 扶手带入口安全装置：扶手带入口处万一被手指、身体或其他的异物阻塞时，自动扶梯或自动人行道立即停止。

(11) 梳齿板安全保护：当梯级或踏板与梳齿板间有异物阻塞或相碰撞时，自动扶梯或自动人行道自动停止运行。

(12) 梯级下陷安全保护：当梯级或踏板滚轮过度磨损、剥离或脱落，以及梯级或踏板弯曲下陷时，梯级下陷安全保护开关动作，设备停止运行。该装置动作后，只有手动复位故障锁定，并操作开关或检修控制装置才能重新启动自动扶梯和自动人行道。即使电源发生故障或恢复供电，此故障锁定始终保持有效。

(13) 裙板安全保护装置：当有异物卡入梯级与裙板之间，裙板受到异常压力时，扶梯停止。它安装在裙板后面，数量不少于两对。

(14) 主驱动链破断保护装置：主驱动链发生断裂或过分伸长，自动扶梯或自动人行道停止运行；该装置动作后，只有手动复位故障锁定，并且操作开关或者检修控制装置才能重新启动自动扶梯和自动人行道。即使电源发生故障或者恢复供电，此故障锁定始终保持有效。

(15) 急停按钮：在需要紧急停止的情况下，乘客等按此按钮，制停设备。急停按钮设置在自动扶梯或自动人行道出入口附近、明显并且易于接近的位置。急停按钮为红色，有清晰并且永久的中文标识。为方便接近，必要时增设附加急停装置。急停按钮之间的距离应符合下述要求：自动扶梯不超过 30 m；自动人行道不超过 40 m。

(16) 接地故障保护：当扶梯控制回路发生接地时，相应回路的断路器立即动作，切断电源，扶梯停止运行。

(17) 电路保护和漏电保护装置：在设备发生漏电故障及有致命危险时的人身触电保护，具有过载和短路保护功能。

(18) 扶梯下机房水位监测安全装置：主要用于室外梯，当下机房的积水超过警戒水位时，设备能自动停止运行或不能启动，同时报警。

(19) 梯级缺失安全保护装置：当检测到梯级/踏板缺失时，设备停止运行。该装置动作后，只有手动复位故障锁定，并操作开关或检修控制装置才能重新启动自动扶梯和自动人行道。即使电源发生故障或恢复供电，此故障锁定始终保持有效。

(20) 楼层板安全保护装置：检修盖板和上下盖板配备一个监控装置。当打开桁架区域的检修盖板或移去或打开时，驱动主机不能启动或者立即停止。

(21) 梯级链断链保护：梯级链发生断裂或驱动装置与转向装置之间的距离过分伸长或缩短时，自动扶梯或自动人行道停止运行。该装置动作后，只有手动复位故障锁定，并且操作开关或者检修控制装置才能重新启动自动扶梯和自动人行道。即使电源发生故障或者恢复供电，此故障锁定始终保持有效。

(22) 故障记录：当出现故障时，系统会自动报警，并能在微机内部记录故障发生的时间、故障代码等信息。

(23) 扶手带静电防护：运动的扶手带可能产生静电，与人体接触时可能产生不适或危险，该装置可及时将这些静电导走。

(24) 梯级或踏板静电防护：运动的梯级或踏板可能产生静电，与人体接触时可能产生不适或危险，该装置可及时将这些静电导走。

(25) 梯级间隙照明：梯级间隙照明的作用在于增强梯级/踏板间隙的视觉感受，使梯级/踏板间隙更加醒目，以提示乘客。

(26) 接触器粘连检测：接触器在初始状态下，某个触点处于断开状态，或在运行过程中某个接触器的触点没有及时断开。

(27) 接触器异常释放检测：接触器在运行状态下，接触器异常释放，立即停止自动扶梯。

(28) 上下行钥匙粘连检测：主控器得到工作电源的同时，检测到上行或下行信号动作；在上行的过程中，得到上行信号；在下行的过程中，得到下行信号。

(29) 起动之前响铃：扶梯启动前警铃警

示数秒。

（30）上下检修互锁功能：检修状态下，上、下行不能同时运行。

（31）检修装置：自动扶梯或自动人行道设置检修控制装置。在驱动站和转向站内提供用于便携式控制装置连接的检修插座，检修插座的设置使检修控制装置到达自动扶梯或自动人行道的任何位置。每个检修控制装置配置一个停止开关，停止开关具备：①手动操作；②有清晰的位置标记；③符合安全触点要求的安全开关；④需要手动复位。检修控制装置上有明显识别运行方向的标识。检修状态如图 31-54 所示。

31.4.8 润滑系统

润滑系统是保证自动扶梯和自动人行道长期稳定运行的重要手段。充分有效的润滑可以减少自动扶梯和自动人行道运动部件的磨损，降低运行阻力，降低运行噪声与振动，提高运行舒适度，提高运行效率，延长使用寿命。润滑系统包括自动润滑与人工手动润滑，如对传动链条的润滑一般为自动润滑，对驱动主机的齿轮箱的润滑一般为定期人工手动润滑。

1. 自动润滑

自动扶梯和自动人行道虽然不强制要求必须配置自动润滑系统，但为保证产品安全，目前大多数产品都是有配置的。自动润滑系统主要是给运行中的梯级链条、主驱动链条、扶手驱动链条进行自动加油。自动润滑分为单回路供油系统和双回路供油系统。自动润滑的油泵有电磁泵和齿轮泵。自动润滑的油嘴出油方式有滴油式和刷油式。润滑系统如图 31-55 所示。

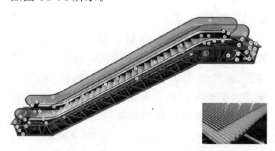

图 31-54　自动扶梯和自动人行道检修状态

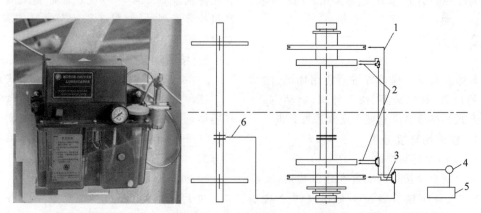

1—双驱动时增加该段油管；2—到梯级链；3—到驱动链；4—滤油器；5—油泵；6—到扶手带链

图 31-55　自动扶梯和自动人行道润滑系统

2. 定期润滑

定期润滑是自动润滑的补充，主要针对主驱动轴承、扶手驱动轴承进行外注油。一般以定期加注润滑油脂为主。另外还有对自动润滑润滑系统油箱进行定期加油与驱动主机减速箱进行换油或适当加油。定期润滑也可以对自动润滑不足或不均时做周期性的补充。可以用刷子直接刷梯级链条、主驱动链条、扶手驱动链条，以保证润滑可靠。

第32章

普通型自动扶梯

32.1 定义

普通型自动扶梯的运行时间短,每周运行时间不超过 140 h,且在任何 3 h 间隔内,其载荷达到 100% 制动载荷的持续时间不超过 0.5 h。这种自动扶梯一般安装在客流量小、使用环境较好的场所,如宾馆、写字楼和奢侈品商店,其提升高度一般小于 10 m,通常采用玻璃护壁板。

32.2 分类

普通型自动扶梯可以按照使用环境、驱动装置的位置、梯路线型、扶手外观、启动方式、调速方式和梯级名义宽度等要素进行分类。

1. 按使用环境分类

1) 室内型自动扶梯

室内型自动扶梯均安装在建筑物内部,多用于宾馆、写字楼等客流不是很大的公共场所。由于安装于建筑物内部,使用环境较好,不必考虑风吹日晒等自然环境条件的影响,不需要采取特殊或专门的设计或制造工艺。

2) 室外型自动扶梯

室外型自动扶梯安装在建筑物外部,按照有无防护顶棚可以细分为全室外型和半室外型两种。

(1) 全室外型自动扶梯

全室外型自动扶梯安装在建筑物外部,直接经受日照、雨雪、风沙等各种自然环境条件带来的侵蚀,对于不同的气候环境和地理位置,还可能需配置防水、防腐蚀、防冻、防尘等装置,在寒冷地区还需考虑安装加热装置,以保障设备的正常运行并延长设备的使用寿命。

(2) 半室外型自动扶梯

半室外型自动扶梯也安装在建筑物外部,但在自动扶梯上方安装有顶棚,雨水和雪不会直接淋到自动扶梯上,顶棚也能起到阻隔日照及风沙等的侵蚀,相对于全室外露天环境,其对设备防护要求可适当降低。

2. 按驱动装置的位置分类

1) 端部驱动的自动扶梯(或称链条式)

这种自动扶梯的驱动主机安装在自动扶梯桁架两端的水平区段内,且一般安装在上部。链条驱动的普通型自动人行道都采用这种方式。

2) 机房外置式自动扶梯

对于一些提升高度高或驱动主机等体积庞大,自动扶梯桁架内无法安装时,必须在桁架外部设置专门的机房。

3) 中间驱动的自动扶梯(或称齿条式)

这种自动扶梯是将驱动主机安装在自动扶梯桁架的倾斜区段内,应用较少。

3. 按照梯路线型分类

1) 直线型自动扶梯

这种是最常见的自动扶梯,梯路是一条倾斜的直线。

2) 螺旋型自动扶梯

这种自动扶梯的梯级沿着螺旋形曲线运行。

3) 波浪型自动扶梯

这种自动扶梯的梯级沿着多个倾斜的直线运行,一台自动扶梯中间有水平运行的一段,可以是全部上行或者全部下行,也可以是一段上行一段下行。

4. 启动方式分类

1) 手动启动

这种自动扶梯一旦驱动后就一直运行,正常情况下只有人为动作开关才能停止。

2) 自动启动

这种自动扶梯启动后,在乘客离开自动扶梯后一段时间内没有乘客时会自动停止运行,当有乘客进入时又会自动启动。

5. 按照调速方式分类

1) 交流星-三角启动

这种自动扶梯以星连接的方式启动,启动后以三角方式持续运行,早期的启动扶梯一般都采用这种调速方式。

2) 交流变频变压

这种调速方式是将变频调速技术应用到自动扶梯上。

6. 按照梯级名义宽度分类

扶梯的梯级名义宽度主要有 600 mm、800 mm、1000 mm 三种规格。

32.3 技术性能

32.3.1 主要技术参数

自动扶梯主要性能技术参数见表 32-1。

表 32-1 自动扶梯主要性能技术参数

项 目	基本参数		
倾斜角度/(°)	35	30	
提升高度/m	≤6	≤21	
名义速度/(m·s^{-1})	≥0.5		
梯级宽度/mm	600	800	1000
理论运输能力/(人·h^{-1})	3600	4800	6000

续表

项 目	基本参数		
整梯宽度尺寸/mm	1200	1400	1600
桁架挠度标准	≥1/750		
功率/kW	≥5.5		
整机运行噪声/dB(A)	≤70		
使用环境	室内、室外		
使用场合	商用、公交		
电气元件防护等级	≥IP21(室内)、≥IP54(室外)		
自动润滑装置容量/L	2		

32.3.2 典型产品性能及技术参数

自动扶梯典型产品如图 32-1 所示,其结构主要由金属桁架、驱动装置、转向装置、扶手系统、梯路系统、梯级和控制系统组成。

图 32-1 自动扶梯典型产品示意图

日常使用的广日电梯生产制造的 GRFⅡ 30-100 H=6000 型自动扶梯技术参数见表 32-2。

表 32-2 广日 GRFⅡ 30-100 H=6000 型自动扶梯主要性能技术参数

项 目	基 本 参 数
倾斜角度/(°)	30
提升高度/m	6
名义速度/(m·s^{-1})	0.5
梯级宽度/mm	1000
理论运输能力/(人·h^{-1})	6000
整梯宽度尺寸/mm	1600
桁架挠度标准	1/900
功率/kW	8
整机运行噪声/dB(A)	≤70

续表

项目	基本参数
使用环境	室内
使用场合	商用
电气元件防护等级	IP21
自动润滑装置容量/L	2
水平梯级数量/个	2
运输段数/段	1
支柱数量/个	0
动力电源	三相五线、交流 380 V 50 Hz
照明电源	单相交流 220 V 50 Hz
上导轨转弯半径/mm	1000
下导轨转弯半径/mm	1000

32.4 选用原则

1. 选用依据

现代自动扶梯的结构形式、规格参数及辅助功能,都具有很大的选择余地,基本是根据使用场合、使用环境及施工工程现场预留的土建接口尺寸进行选型。

(1) 根据使用场合、使用环境选择适用的自动扶梯型号。

(2) 根据场合乘客流量和扶梯理论输送能力初步确定扶梯规格及台数。《自动扶梯和自动人行道的制造与安装安全规范》(GB 16899—2011)附录 H.1 规定了自动扶梯的最大输送能力,详见表 32-3。

表 32-3 最大输送能力

梯级或踏板宽度 z_1/m	名义速度 v/(m·s^{-1})		
	0.5	0.65	0.75
0.60	3600 人/h	4400 人/h	4900 人/h
0.80	4800 人/h	5900 人/h	6600 人/h
1.00	6000 人/h	7300 人/h	8200 人/h

注:① 使用购物车和行李车时(见附录 I)将导致输送能力下降约 80%。
② 对踏板宽度大于 1.00 m 的自动人行道,其输送能力不会增加,因为使用者需要握住扶手带,其额外的宽度原则上是供购物车和行李车使用的。

(3) 测得工程现场预留的土建接口尺寸,或者由设计图纸得到两端部支撑牛腿的提升高度 H、水平投影长度 L 和土建宽度 W。根据提升高度和水平投影长度选择自动扶梯的倾斜角度。自动扶梯选型时优先选择 30°扶梯,因为 30°扶梯的相邻台阶高度较低,提升更加平顺,提升高度更高。

(4) 根据土建宽度选择自动扶梯的梯级宽度。土建宽度尺寸需比整梯宽度尺寸大 50~60 mm,否则需整改土建宽度或选择更小梯级宽度的扶梯。

2. 选用计算

自动扶梯的选用计算主要是对自动扶梯理论投影长度 L_0 进行计算,并与实际现场水平投影长度 L 进行比对。

(1) 自动扶梯理论投影长度 L_0 计算公式如下:

$$L_0 = H/\tan(A) + C$$

式中,L_0——理论投影长度,mm;
H——提升高度,mm;
A——倾斜角度,(°);
C——自动扶梯上水平段和下水平段尺寸总和,一般为常数,不同规格会有所不同,与提升高度、水平梯级数量、导轨回转半径相关,一般正常范围 4500~11 000 mm。

(2) L_0 若为正值,则扶梯选型时需在水平段进行加长;若为负值,则在水平段进行缩短。加长缩短是有一定条件限制的,若加长过长时,为了保证挠度符合国标要求可能需要增加中间支撑;为了保证自动扶梯机房空间,若缩短量超出国标设计要求极限,则需改选 35°扶梯。若35°扶梯缩至极限仍无法满足，则需通过整改土建才可以安装扶梯。

32.5 安全使用

32.5.1 安全使用管理制度

扶梯作为特种设备，用户需要对其使用进行有效的日常管理。用户应至少指定一名人员作为自动扶梯的管理员，进行日常的管理工作，确保扶梯的正常安全运行。

（1）在取得政府主管部门核发的准许自动扶梯投入使用的证件之前，禁止将扶梯投入使用。

（2）应制定扶梯的使用和管理规则并予以实施。

（3）应指定扶梯的管理者，明确扶梯管理者的职责，扶梯钥匙应交专人保管。

（4）应建立扶梯日常的运行、维护保养和维修等管理记录。

（5）督促维保单位做好日常的维护保养工作，并保存好相关的记录。

（6）扶梯的使用环境如果不符合正常工作条件，扶梯工作是不可靠的，并可能导致故障。

（7）未经电梯生产单位许可，不允许将扶梯的专用电路引出作为其他用途，如将扶梯电路引出作为电焊焊接电源等情况，无法确保扶梯安全可靠地运行。

（8）未经电梯生产单位许可而私自对扶梯机械部件、电气硬件、软件及相关电气线路，扶梯的内外部装潢等的改动，都有可能成为导致扶梯发生危险故障的因素。

（9）扶梯的设计具有一定的抗干扰能力，但应避免在扶梯附近架设强电磁干扰的设备，以免影响扶梯的正常运行。如果此设备是必须的，应采取一定的措施保证自动扶梯的安全运行。

（10）不允许在自动扶梯上使用购物车和行李车，因为这将导致危险状态。如果在自动扶梯的周围可以使用购物车和(或)行李车，应设置适当的障碍物阻止其进入自动扶梯。

（11）日常巡视工作中，应检查是否有异常情况，包括扶梯上下出入口处通道是否畅通，各类安全警示标识是否清晰等。

（12）如果发现扶梯故障、部件损坏或有异常现象时，应停止使用自动扶梯，并及时通知维保单位维修或更换。

（13）如果发现扶梯设备周边的安全隐患，应及时通知相关部门解决，以免造成人身伤害事故和设备损坏。

（14）当发生紧急情况时，参照"扶梯应急措施和救援预案"中内容采取应急措施。

（15）在维护保养、维修或检验试验期间，应采取预防措施，以确保未经专职管理人员同意不能启动扶梯。

（16）严禁没有政府主管部门颁发的有效资格证的人员进入扶梯机房，对机房内设备进行操作。

（17）在任何情况下，应使用电梯生产单位提供的零配件，若使用其他渠道提供的或其他类型的零配件可能会改变自动扶梯的运行状况，并有可能导致危险。

（18）扶梯必须定期接受政府主管部门的检验，检验合格后方可再次投入使用。

（19）禁止在相邻扶手装置之间或扶手装置和邻近的建筑结构之间放置货物或其他物品。

（20）扶梯在停止运行时不能作为普通楼梯或紧急出口使用。

32.5.2 安装现场准备

1. 安装人员组织

（1）自动扶梯的安装调试工作必须由本单位指定的人员进行，安装调试过程中必须遵守安全操作规范，无关人员一律不得擅自安装调试。

（2）安装人员必须具有相关的专业资质，通常由四人组成安装小组（可根据实际情况调整），其中至少配备熟练的安装钳工和电工各一名负责安装调试。此外，根据安装进度，尚需临时配备一定人数的泥、焊、起重工等，以保证安装顺利进行。

（3）在安装前，安装人员必须取得并熟悉相关合同文件资料，办理相关手续，会同业主、总包单位有关负责人到施工现场，根据合同要求和施工现场实际情况，确认施工条件，制订作业计划。

2. 安装作业注意事项

(1) 进入安装现场,施工人员必须穿戴好个人防护用品。

(2) 安装现场必须有足够的照明。

(3) 安装过程中,如果存在影响扶梯安装的安全隐患时,须停止施工,在安全隐患排除后才可重新施工。

(4) 在室外进行安装调试期间,如遇到雨雪天气及安装扶梯平台未干等影响安全施工的情况时,应停止作业。

(5) 起吊前,必须制定切实可行的吊装就位安全措施后方可进入现场施工。

(6) 在安装现场或近旁预先安排足够的空场作为自动扶梯安装前的拼接场地,拼接时周围应设警戒标志,非安装人员不得进入现场。

(7) 桁架吊装就位时,应采取严密的安全措施,起吊时由专人统一指挥,防止意外事故发生。

(8) 安装现场应用圈栏隔离,非施工人员不得进入施工现场。

(9) 安装玻璃时,要轻搬、轻放,防止碰撞,压紧时防止用力过猛而损坏玻璃造成伤人事故。

(10) 运行扶梯前一定要检查确认扶梯上和桁架内无任何人、物影响扶梯的运行,互相通知确认可以操作后才可操作运行。

(11) 安装调试时如果要运行自动扶梯,除了必须使用钥匙开关启动运行的情况外,其余情况下都使用移动按钮开关(检修开关)来操作运行,在停止时要按下移动按钮开关上的停止按钮,以防误操作。

(12) 在不需要自动扶梯运行时,除了必须通电检查的情况外,其余情况下必须将电源切断。在上下机房内作业时按下停止按钮,以防止误动作。如需在桁架内作业,必须切断电源,同时安排人员监护并控制电源,他人不得随意送电。

(13) 严禁烟火入内,以免发生火灾。

(14) 作业人员在实施危险性较大的作业时,操作前须先目检并用手指指向被操作物,然后大声说出随后将操作的内容,如现场多人共同作业,其他人须大声应答。基本的指令信号操作方法见表32-4。

表 32-4 现场作业安全提醒口令

序号	操作内容	目视手指方向	安全口令
1	电源(或安全)开关断开时:切断前、切断后	电源(或安全)开关	开关断电 断电确认
2	电源(或安全)开关接通时:接通前、接通后	周边环境 电源(或安全)开关	开关送电 送电确认
3	自动扶梯上行	—	上行
4	自动扶梯下行	—	下行
5	停止	—	停
6	微量上行	—	点动上
7	微量下行	—	点动下
8	手动盘车上行	—	手盘上
9	手动盘车下行	—	手盘下

3. 土建确认

安装前必须根据土建布置图检查核对土建,如果发现问题,要及时与用户或土建单位联系整改。图32-2是广日自动扶梯土建布置示意图,仅供参考。通常需要检查确认的内容有:

(1) 确定最终装饰面高度(自动扶梯安装前不应铺设周围地面)。

(2) 井道基本尺寸:提升高度 H、跨度 L。

(3) 下部底坑尺寸:下底坑长度、下底坑高度、下底坑宽度。

(4) 上部底坑尺寸:上底坑高度。

(5) 留孔尺寸:留孔长度、留孔宽度(图32-2中示例是上部有留孔)。

第32章 普通型自动扶梯

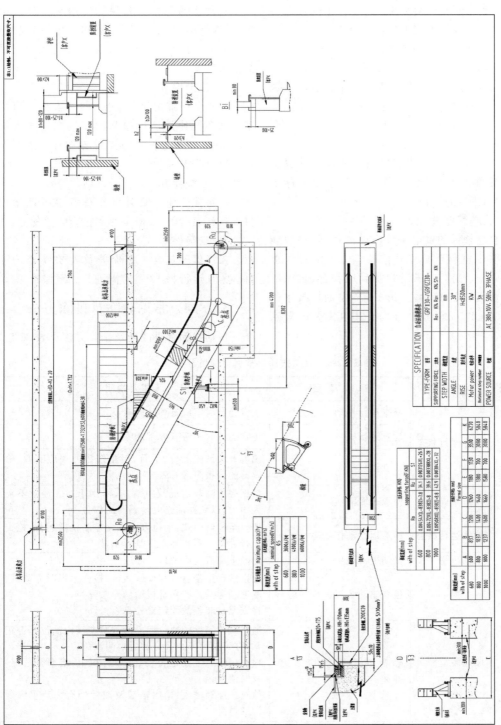

图 32-2 广日自动扶梯土建布置示意图

(6) 上下支撑处尺寸：牛腿放大示意 A 图中标记的尺寸及预埋钢板是否符合要求。

(7) 中间支撑梁尺寸：L_a、L_b、中间支撑梁的高度 H_1 及预埋钢板是否符合要求。

(8) 上下和中间支撑梁的承载 R_o、R_u、S_1 等是否满足土建布置图纸要求。

(9) 评估确认吊钩的配置及承载能力是否满足设计要求。

(10) 进场通道是否符合进场要求，周边建筑接口可参见土建图纸要求。

(11) 其他在土建布置图中的尺寸和要求用户提供的条件（通常在土建布置图中标记"客户自理"的项目）。

4．电源配置检查

自动扶梯的供电系统应单独控制，动力线与照明线也应严格分开控制。电源配置要求具备电击、短路、过载等保护且应符合《机械电气安全机械电气设备 第1部分：通用技术条件》(GB/T 5226.1—2019)或其他相关的国家标准。

32.5.3 维护和保养

自动扶梯的维护和保养一般分为日常保养、一级保养和二级保养，不同厂家具体机型或有差异，可参考下文及相关产品使用说明书的要求实施。

1．日常保养

通常 2 周维护保养 1 次（每月 2 次），可根据扶梯实际使用中负载和频率情况增加维护保养次数，但不应减少维护保养次数。主要保养项目见表 32-5。

2．一级保养

一级保养包含日常保养及表 32-6 新增项目。累计运行每 3~6 个月需进行一级保养。

3．二级保养

二级保养包含一级保养及表 32-7 新增项目。累计运行每 12 个月需进行二级保养。

32.5.4 常见故障及排除方法

自动扶梯常见故障及排除方法见表 32-8。

表 32-5 自动扶梯日常保养项目及要求

序号	保养部位	保养项目	要求及说明
1	整梯运行状态	检查运行振动	正常运行时不应有异常的振动
		检查运行噪声	正常运行时不应有异常的噪声
		检查运行状态	钥匙开关试验上行、下行、停止按钮开关应有效，蜂鸣器的警报声应有效
2	入口乘客感应	检测表面清洁	根据表面沾灰情况及时清洁，需用干布。注意不要太用力，以免移动光电传感器的位置
3	检修运行状态	检修运行动作状态	切换至检修模式，用检修操纵盒控制扶梯运行，检查上行、下行、停止等动作是否正常
4	上部机房	清洁上部机房	清除上部机房内的垃圾和油污
5	驱动装置	检查驱动装置运行状态	分别进行正常运行和检修运行，检查运行时电动机、减速箱等是否有异常振动和异常噪声；检查驱动装置的固定螺栓是否松动
		检查减速箱油位及渗漏油	通过减速箱上的油位标尺检查减速箱内油位是否正常，需等扶梯停止数分钟后观测油位；检查确认通气孔是否畅通，如有积尘、堵塞等情况，及时清理；检查减速箱输入、输出轴端及油标处有无严重渗漏油的情况
		检查空载制动距离	检查制动距离是否在 0.2~0.4 m（速度 0.5 m/s）或 0.3~0.5 m（速度 0.65 m/s）
6	下部机房	清洁下部机房	清除下部机房内的垃圾和油污

续表

序号	保养部位	保养项目	要求及说明
7	梯级	检查梯级有无破损	检查梯级表面是否有变形、破损或异常磨损,黄色安全界限是否清晰或嵌条是否有损坏; 检查维护保养时拆卸的梯级的紧固情况
		检查梯级导向块有无破损	检查梯级导向块有无破损或异常磨损; 检查导向块是否充分润滑
8	扶手带	检查扶手带运行情况	检查运行时扶手带是否有异常情况
		检查扶手带表面	检查扶手带表面有无破损; 检查扶手带耳部外表面是否有异常磨损
		检查扶手带与梯级同步性	检查扶手带与梯级同步性,要求扶手带速度比梯级速度快0~2%
9	安全开关	梯级链断链保护装置	(1) 检查安全装置是否固定牢靠; (2) 检查安全装置的线缆连接是否正常; (3) 检查安全装置动作是否有效; (4) 清洁安全装置动作部位
		扶手带入口手指保护装置	
		梯级下陷保护装置	
		梳齿板保护装置	
		驱动链断链保护装置	
		超速保护装置	
		附加制动器监测装置	
		扶手带速度监测装置	
		楼层板打开监测装置	
		梯级缺失保护装置	
		驱动主机抱闸监测装置	
10	自动润滑装置	检查润滑泵油箱中油位	检查油箱中油位,一般少于1/3时应及时补充
		检查喷油嘴	检查包括主驱动链、梯级链、扶手传动链、扶手驱动链的各个喷油嘴是否位于链条链片上方距离10 mm左右; 清洁喷油嘴以免堵塞
		检查油管和分配器	检查油管固定是否牢靠,有无运动部件碰擦油管; 清洁分配器
		检查链条润滑情况	梯级链、主驱动链、扶手传动链、扶手驱动链需充分润滑
		手动加油	按住加油泵顶部的手动加油按钮,检查喷油嘴的出油情况
		导轨上加润滑油	查看导轨情况,在导轨上稍加些润滑油保证运行顺畅

续表

序号	保养部位	保养项目	要求及说明
11	整梯外观	检查护壁板、内外盖板、围裙板	检查护壁板、内外盖板、围裙板是否有破损,各拼接处的间隙要求不大于1 mm,自身固定牢靠
		检查防夹毛刷	检查防夹毛刷的铝合金基座是否稳固; 检查防夹装置两端盖是否脱落或碎裂; 检查毛刷是否有脱落现象,以及毛刷磨损的程度
		检查楼层板	检查楼层板是否破损; 楼层板是否平整; 楼层板上的特殊螺钉是否缺失
		检查梳齿	检查梳齿是否完好,是否有异物嵌入,如有损坏应及时更换
		检查梯级与梳齿间隙	梳齿与梯级踏板槽的啮合深度为6~8 mm; 梳齿槽根部与梯级踏板面间隙不应大于4 mm; 梳齿与梯级踏板槽左右间隙应大于0.5 mm
11	整梯外观	检查开梯操纵面板和附加急停按钮	检查急停按钮及附加急停按钮的标示字体是否清晰、开梯钥匙是否旋转自如,钥匙孔是否堵塞,钥匙方向指示字体是否清晰
		检查安全须知象形图是否完好	检查贴在上下扶手玻璃栏杆处的安全须知象形图是否脱落、是否完好,内容是否清晰完整
		检查建筑周边安全装置	检查防爬装置、防滑装置、防撞装置、阻挡装置是否按相关法规正确设置,查看装置是否安装牢固
		检查整梯的最小自由空间与出入口畅通区域	检查梯级(踏板)正上方、扶手带外侧的最小空间是否符合法规要求;上下部的最小出入口区域是否放置物品或杂物等
		检查扶手照明是否良好	检查扶手照明是否良好,灯罩是否完好
		检查附加照明是否良好	检查梯级下照明是否良好,梳齿灯是否良好

表 32-6 自动扶梯一级保养项目及要求

序号	保养部位	保养项目	要求及说明
1	上部机房	控制屏和上部接线盒清洁	清除控制屏和上部接线盒内的垃圾和尘灰
		检查电气回路情况	分别进行正常运行和检修运行,检查控制屏内接触器、继电器等动作是否正常,必要时需对各电气元件做绝缘试验
		检查接线端子	检查控制柜和接线盒的各接线端子是否牢固
		检查上下行接触器机械连锁	确认上下行接触器应有效互锁,不能同时动作
		变频器的维护保养	按规定对变频器进行维护保养

续表

序号	保养部位	保养项目	要求及说明
2	驱动装置	检查驱动链及驱动装置的固定螺栓组	检查调整驱动链张紧力及驱动底座的固定螺栓组
		检查扶手端部驱动链	检查调整扶手端部驱动链的张紧力及其调整
		检查工作制动器	检查制动器工作状态及制动力矩调整
		检查手动盘车装置	检查手动盘车装置是否正常工作
3	下部机房	油水分离器(室外梯)	清除油水分离器的油箱污油
		下部接线盒清洁	清除下部接线盒内的垃圾和尘灰
		检查接线端子	检查各接线端子是否牢固
		检查梯级链张紧力	检查下部链轮处的梯级链张紧弹簧长度
		检查梯级轴滚轮	在下部机房逐个检查梯级轴滚轮是否良好,是否有异常磨损
		检查下链轮与梯级链、台车滚轮与台车导轨间隙	检查下链轮与梯级链、台车滚轮与台车导轨间隙
4	梯级	检查梯级	检查梯级是否有损坏; 检查梯级固定螺栓是否紧固; 检查梯级滚轮表面是否有伤痕、脱落; 检查梯级滚轮旋转情况,旋转时是否有异常声音; 检查梯级滚轮侧面磨损情况; 检查梯级滚轮是否固定可靠
		检查梯级导向块	检查梯级导向块有无破损或异常磨损; 检查导向块上是否充分润滑
5	梯级轴和梯级滚轮	检查梯级轴	检查梯级轴是否有变形、损坏; 检查梯级轴上的轴套及轴上所有的紧固螺钉等是否损坏或松动
		检查梯级滚轮	检查滚轮表面有无伤痕、脱落; 检查滚轮旋转情况,旋转时是否有异常声音; 检查滚轮侧面磨损情况; 检查滚轮的固定是否可靠(C形挡圈)
6	导轨系统	检查梯路导轨接头	检查梯路导轨接头是否平整
		检查梯路导轨磨损情况	检查梯路导轨左右是否有异常磨损; 检查梯级滚轮在进入组合承载导轨的上下出入口时是否与导轨左右碰撞
		检查链托	检查链托位置及磨损情况,确认是否需更换
7	梯级链	检查梯级链润滑情况	检查梯级链润滑情况,是否有生锈等情况
		清洁梯级链	将粘在梯级链上的垃圾清除
		检查梯级链伸长情况	检查水平段的前后两个梯级之间间隙,如果大于 6 mm,需要更换梯级链; 检查梳齿板与梯级的平行度,分别测量梳齿板左右与梯级的距离,左右距离差应小于 1 mm; 梯级链单边伸长严重时需更换梯级链

续表

序号	保养部位	保养项目	要求及说明
8	扶手带	检查扶手带导向件	保证导向件上有润滑油； 将扶手带剥离导向件，检查导向件磨损情况
9	扶手驱动链	检查扶手驱动链张紧力	检查调整扶手驱动链、传动链的张紧力； 扶手链伸长到无法调整时，应更换扶手链，调整扶手驱动链张紧力，同时检查各链轮
9	扶手驱动链	检查扶手驱动链润滑情况	检查扶手驱动链、传动链是否充分润滑，驱动链处加油嘴是否堵塞。 如果更换扶手驱动链，可将新的链条先在润滑油中浸泡数小时后再更换，以使扶手驱动链润滑更充分
9	扶手驱动链	检查扶手带回转连链轴承及整体状况	清除回转连内灰尘； 检查转向链轴承是否损坏，整体是否运转良好
9	扶手驱动链	检查端部驱动轮	检查端部驱动轮是否有磨损、开裂和变形等情况 每 6 个月测量驱动轮外径，磨损量超过 1 mm 时需更换
9	扶手驱动链	检查驱动轮与扶手带间隙	检查调整扶手驱动轮与扶手带内侧耳部间隙
9	扶手驱动链	检查扶手驱动装置螺栓	检查扶手驱动装置各螺栓是否紧固
9	扶手驱动链	检查扶手驱动装置主轴和链轮	检查扶手驱动装置主轴和链轮是否有异常磨损情况，轴承是否有异常声音或磨损。如果更换扶手传动链，一定要检查链轮是否有异常磨损
10	自动润滑装置	设定加油时间和加油间隔时间	根据工况，检查调整加油时间和加油间隔时间
11	整梯外观	检查梯级与围裙板间隙	梯级与围裙间隙要求为 1~4 mm，且同一梯级左右间隙和不大于 7 mm
11	整梯外观	检查水平段梯级与梯级间隙	在水平段，检查前一梯级踢板与后一梯级黄色安全界限嵌条前后间隙 $\delta 1$ 和左右间隙 $\delta 2$，$\delta 1$ 应小于 6 mm，$\delta 2$ 应大于 0.5 mm

表 32-7 自动扶梯二级保养项目及要求

序号	保养部位	保养项目	要求及说明
1	驱动装置	检查链轮平行度	检查减速箱上链轮与上部链轮的平行度
1	驱动装置	检查上部链轮	检查各链轮齿面、齿顶等是否有异常磨损，链轮上消音橡胶是否损坏或脱落需更换，各螺栓是否紧固
1	驱动装置	更换减速箱齿轮油	产品在交付使用 3 个月后需更换新齿轮油，以后在正常情况下每 2 年更换一次齿轮油。严格按照减速箱铭牌上规定的润滑油品牌及用量实施更换
2	下部机房	检查下部链轮	清除油水分离器的油箱污油

续表

序号	保养部位	保养项目	要求及说明
3	扶手带	扶手带内侧检查	将扶手带剥离扶手导轨,用吸尘器或刷子等清洁扶手带内侧,同时清洁扶手导轨;检查扶手带内侧帆布是否有损坏情况,是否有钢带露出情况;在橡胶导向块和扶手带耳部内侧涂蜡
		检查扶手带张紧力	将扶手驱动装置处的压辊放松,在下部扶手转角栏杆处,确认单人分别向下或向上盘动扶手带顺畅、无很大阻力,否则调整扶手带张紧力
		检查扶手导向滚轮	配置扶手导向滚轮的扶梯,将扶手带剥离扶手导轨,检查扶手导向滚轮的尺寸;检查扶手导向滚轮能否平滑地滚转
4	主驱动	上下驱动回转链轮轴承更换润滑脂	用加油枪将润滑脂从加油嘴处注入,直至旧的润滑脂全部从轴承中挤出,新的润滑脂从出油口出来
		扶手驱动装置的轴承更换润滑脂	用加油枪将润滑脂从加油嘴处注入,直至旧的润滑脂全部从轴承中挤出,新的润滑脂从出油口出来

表 32-8 自动扶梯常见故障及排除方法

故障部位	故障特征	故障原因	排除方法
梯路系统	梯级运行异响	导轨有异物、不平整	检查导轨面,清除异物,打磨平整
		梯级滚轮开裂	检查异响梯级,更换轮子
		梯级松动、移位	检查所有梯级,重新调整对中
	梯级前后啮合不顺畅	梯路跑偏	由专业人员排除
	梯级撞击梳齿	梯路跑偏	由专业人员排除
		梯级松动、移位	检查所有梯级,重新调整对中
驱动主机	主机运行异响	变频共振	调整变频器参数测试
		主机移位	测量小链轮与驱动链轮齿侧面是否共面
		轴承疲劳损坏	更换主机
	制动距离不符	抱闸力调整错误	由专业人员排除
		抱闸块磨损严重	更换抱闸装置,由专业人员排除
扶手系统	扶手带打滑	张紧过紧,摩擦力大	调整张紧装置
		扶手带驱动压紧力不足	调整扶手驱动压紧链
		扶手驱动轮轮缘磨损或有油脂	清洁或更换扶手驱动轮
		扶手带包角过小	松开下部扶手张紧装置,上部滚轮架往上补调整
	扶手带脱出	扶手带跑偏	由专业人员排除
电气系统	运行过程中报警停梯	安全保护装置动作	由专业人员排除

32.6 相关标准和规范

1. 国家标准

自动扶梯产品的设计生产、试验及使用均可参考国家或行业的标准和规范。

(1) 自动扶梯的产品标准:《自动扶梯和自动人行道的制造与安装安全规范》(GB 16899—2011)。

(2) 自动扶梯的试验标准:《电梯型式试验规则》(TSG T7007—2022)。

(3) 自动扶梯的术语:《电梯、自动扶梯、自动人行道术语》(GB/T 7024—2008)。

(4) 自动扶梯的检验标准:《电梯监督检验和定期检验规则》(TSG T7005—2012)。

2. 安全技术规范

目前我国普通型自动人行道的术语、制造、安装、型式试验、使用管理、维护保养、改造和部件报废所依据的安全技术规范主要有:

《电梯、自动扶梯、自动人行道术语》(GB/T 7024—2008);

《自动扶梯和自动人行道的制造与安装安全规范》(GB 16899—2011);

《特种设备使用管理规则》(TSG 08—2017);

《电梯维护保养规则》(TSG T5002—2017);

《电梯型式试验规则》(TSG T7007—2022);

《电梯自动扶梯和自动人行道维修规范》(GB/T 18775—2009);

《自动扶梯梯级和自动人行道踏板》(GB/T 33505—2017);

《提高在用自动扶梯和自动人行道安全性的规范》(GB/T 30692—2014);

《电梯、自动扶梯和自动人行道运行服务规范》(GB/T 34146—2017);

《电梯、自动扶梯和自动人行道乘用图形标志及其使用导则》(GB/T 31200—2014);

《自动扶梯和自动人行道主要部件报废技术条件》(GB/T 37217—2018);

《公共交通型自动扶梯和自动人行道的安全要求指导文件》(GB/Z 31822—2015)。

3. 安装验收规范

普通型自动扶梯安装完成,经过安装单位或制造单位的自检合格后,必须经过验收部门依据安装验收规范的监督检验合格后才可以投入使用,目前我国普通型自动扶梯的安装验收规范主要有:

《电梯监督检验和定期检验规则》(TSG T7001—2023);

《电梯工程施工质量验收规范》(GB 50310—2002)。

第33章

公共交通型自动扶梯

33.1 定义

在现行国家标准《自动扶梯和自动人行道的制造与安装安全规范》(GB 16899—2011)中,对公共交通型自动扶梯定义为适用于下列情况之一的自动扶梯:

(1) 公共交通系统(包括出、入口处)的组成部分;

(2) 高强度的使用,即每周运行时间约为140 h,且在任何3 h的时间间隔内,其载荷达到100%制动载荷的持续时间不少于0.5 h。

33.2 分类

1. 按使用环境分类

1) 室内型公共交通型自动扶梯只能安装在建筑物内工作的公共交通型自动扶梯。

2) 室外型公共交通型自动扶梯

能在建筑物外部工作的公共交通型自动扶梯。室外型公共交通型自动扶梯可以细分为全室外型和半室外型。

(1) 全室外型是安装在露天的场所,具有抵御各种恶劣气候环境侵蚀的能力,能承受直接作用在扶梯上的各种自然界的不利因素。全室外型公共交通型自动扶梯通常要依据实际的安装使用地点的气候状况,采取防水、加热防冻、防尘、防锈等保护措施来延长扶梯的使用寿命。

(2) 半室外型是安装在室外,但其上部有顶棚,可遮挡部分不利因素的直接侵蚀作用,其配备的保护措施相对比室外型要低一些。

2. 按驱动装置的位置分类

1) 驱动装置上置式

驱动装置上置式在扶梯桁架上端部水平段的驱动站内。通常情况下,自动扶梯的控制屏也安装在驱动站内,这种布置方式具有结构简单紧凑等优点,目前绝大多数公共交通型自动扶梯的驱动装置都采用这种布置方式,是自动扶梯最为常见的机房布置方式。

2) 驱动装置外置式

驱动装置外置式在自动扶梯桁架之外的建筑空间内,又称分离式机房。

3) 驱动装置中间式

驱动装置中间式是将公共交通型自动扶梯的驱动装置安装在自动扶梯桁架的倾斜段内。

3. 按护壁板的种类分类

1) 玻璃护壁板型

护壁板的主体采用玻璃制造,玻璃护壁板型结构简单美观,采用玻璃护壁板的公共交通型自动扶梯一般安装在客流量不是特别大的公共交通场所。

2) 金属护壁板型

护壁板的主体采用金属板材制造,金属护壁板型结构强度高,防破坏能力强。护壁板多采用不锈钢板制作。采用金属护壁板的公共交通型自动扶梯由于其牢固的结构,多安装于交通复杂且客流密集的公共交通场所。大多数公共交通型自动扶梯多采用金属护壁板型结构。

33.3 主要产品性能和技术参数

33.3.1 技术要求

公共交通型自动扶梯的国家标准有：

《电梯型式试验规则》（TSG T7007—2022）；

《自动扶梯和自动人行道的制造与安装安全规范》（GB 16899—2011）；

GB 16899—2011 对公共交通型自动扶梯的专门要求见表 33-1。

表 33-1 对公共交通型自动扶梯的专门要求

序号	项目	内容
1	载荷强度	高强度的使用，即每周运行时间约 140 h，且在任何 3 h 的时间间隔内，其载荷达 100% 制动载荷强度使用要求的持续时间不少于 0.5 h
2	支撑结构挠度（桁架）	对于公共交通型自动扶梯，根据 5000 N/m^2 载荷计算或实测的最大挠度，不应大于支撑距离的 1/1000
3	附加制动器	对于提升高度不大于 6 m 的公共交通型自动扶梯也应安装附加制动器
4	载荷条件和附加安全功能	制造商和业主应根据实际交通流量确定载荷条件和附加安全功能要求

33.3.2 主要技术参数

1. 名义速度

公共交通型自动扶梯的名义速度有 0.5 m/s、0.65 m/s 和 0.75 m/s 三种。

2. 名义宽度

公共交通型自动扶梯的名义宽度定义为 0.58～1.1 m，常见的有 0.6 m、0.8 m、1 m 三种。

3. 倾斜角度

公共交通型自动扶梯的倾斜角度不大于 30°，常见有 30°、27.3°两种。

4. 提升高度

公共交通型自动扶梯一般在 10 m 以内，特殊情况可到几十米。

33.3.3 典型产品性能及技术参数

申龙电梯股份有限公司生产的公共交通型自动扶梯为链条式传动类型，有 FGL、FZL 和 SFD 三种型号，梯级宽度有 1000 mm、800 mm、600 mm 三种，见表 33-2。

表 33-2 产品技术参数

项目	产品型号		
	FGL	FZL	SFD
梯级宽度 B/mm	1000/800/600	1000/800	1000/800
名义速度 v/(m·s^{-1})	0.5/0.65	0.5/0.65	0.5/0.65
提升高度/m	1.0～11.76	1.0～24	1.0～57.6
倾斜角度/(°)	30、27.3、23.2	30、27.3、23.2	30、27.3、23.2
水平梯级数/个	3,4	3,4,5	4,5
最大输送能力	梯级宽度 B/mm	名义速度 v/(m·s^{-1})	
		0.5	0.65
	600	3600	4400
	800	4800	5900
	1000	6000	7300

续表

项 目	产品型号		
	FGL	FZL	SFD
驱动方式	链条式		
工作类型	公交型	公交型	公交型
运行时间	每天可运行 20 h		
安装环境	室内/室外	室内/室外	室内/室外
护壁板型式	垂直钢化玻璃/倾斜不锈钢	垂直钢化玻璃/倾斜不锈钢	倾斜不锈钢
扶手支架结构	不锈钢/铝合金		
运转方式	单速双向/变频调速		
启动方式	钥匙开关/自动		
动力电源	三相 380 V，50 Hz(可选其他电压及频率)		
照明及控制电源	单相 220 V，50 Hz(可选其他电压及频率)		

33.4 选用原则

公共交通型自动扶梯选用原则主要有：

(1) 公共交通型自动扶梯应符合国家标准要求。

(2) 公共交通型自动扶梯应满足使用场合实际需求。

(3) 公共交通型自动扶梯的主要参数的选用。

1．速度

公共交通型自动扶梯一般用于客流量不大的公共交通场所，因此一般不需要刻意追求过高的运输效率，大多选用 0.5 m/s 的速度，个别大提升高度可选择 0.65 m/s 的速度。0.65 m/s 和 0.75 m/s 速度一般用于客流量特别大的重载型公共交通型自动扶梯上。

2．倾斜角度

公共交通型自动扶梯一般采用 30°的倾斜角度。倾斜角度大于 30°的自动扶梯一般不能使用在公共交通场所。

27.3°的倾斜角具有更好的搭乘安全性，在公共交通型自动扶梯上应用较多。但其占用空间大，造价较高，因此一般适用于建筑物空间比较宽敞的高铁车站等公共场所。

3．梯级宽度

公共交通型自动扶梯一般采用宽度 1 m 的梯级，宽度 0.8 m 的梯级一般只在井道宽度不足的情况使用。宽度 0.6 m 的梯级只能容下一人，不适合公共交通场所。

4．水平移动段长度

《自动扶梯和自动人行道的制造与安装安全规范》(GB 16899—2011)对公共交通型自动扶梯的水平移动段长度没有专门的规定，但由于公共交通型自动扶梯运输客流量大，从提高安全性考虑有必要加大水平移动段长度。无论任何提升高度和速度，上下部水平移动段长度均应不小于 1.2 m(3 个水平梯级)。

33.5 安全使用

33.5.1 安全使用管理制度

1．落实管理部门和人员

为了做好自动扶梯的管理工作，拥有自动扶梯的单位应落实好管理部门及人员，为设备建立档案并保管好档案，有条件的且使用数量较多的单位若自行维护保养，其维修保养人员必须经过培训考核，并取得地(市)级市场监督管理部门颁发的资格证书。自动扶梯在投入使用之前，应在入口处附近设置使用须知标牌和符合标准的自动扶梯安全标志。维护保养人员应做好记录工作，无维修保养资格人员的使用单位应委托有资格的维修保养单位进行日常维保工作。自动扶梯的使用管理工作要制定以岗位责任制为核心,包括技术档案管理、安全操作、常规检查、维修保养、定期报检和应急措施等在内的设备运行的安全管理制度,并严格执行。

2．建立设备档案

(1) 将随自动扶梯来的所有技术文件和图纸等资料进行编号并建立档案,妥善保管,同时要便于查阅。这些资料中的修理和维护保养说明、电气控制原理图和电气接线图要放置于醒目位置,便于维保人员在日常维护保养时随时查阅。

(2) 每年特种设备检验机构对自动扶梯年检的检验报告书、每次的维修保养记录和故障维修记录也要相应进行建档。

3．建立管理制度

(1) 新增自动扶梯的使用单位必须取得特种设备检验机构出具的验收检验报告和安全检验合格标记,在所在地区的地、市级以上的特种设备安全监察机构注册登记,并将安全检验合格标志固定在自动扶梯显著的位置,才能正式投入使用。

(2) 自动扶梯的维保人员应持有特种设备作业人员资格证书才能上岗。

(3) 自动扶梯的维保单位应有相应的资质证书。

(4) 自动扶梯的启动钥匙应有专人管理。

(5) 自动扶梯正常运行时应有专人巡查。

(6) 维保单位应制定自动扶梯的维保计划和制度。

(7) 使用单位应制定自动扶梯应急救援措施。

(8) 每次检查、维保、修理都应有记录。

(9) 使用单位必须按期向使用地的特种设备检验机构申请定期检验,验收合格后及时更换自动扶梯上的安全检验合格标志及相关内容。自动扶梯的定期检验周期为一年,安全检验合格标志超过有效期后自动扶梯不能使用。

33.5.2 安装现场准备

1．安装前需要用户完成的工作

(1) 在自动扶梯出入口应有充分畅通的区域以容纳乘客,该畅通区的宽度至少等于扶手带外缘之间的距离加上每边各 80 mm。其纵深尺寸至少为 2.5 m。如果该区宽度增至扶手带外缘之间距离加上每边各 80 mm 的两倍以上,则其纵深尺寸允许减少至 2 m。

(2) 自动扶梯与楼板交叉处及各交叉布置的自动扶梯之间,应在外盖板上方设置一个无锐利边缘的垂直防碰挡板,其高度不应小于 0.3 m,且至少延伸至扶手带下缘 25 mm 处(扶手带外缘与任何障碍物之间的距离大于或等于 400 mm 时,则无须遵守该要求)。

(3) 应设置防止进入自动扶梯外盖板区域的阻挡装置。

(4) 应设置扶梯周围的防护壁板杆和扶梯两侧的防坠落网。

(5) 用户应为自动扶梯及其周边提供足够和适当的照明。在出入口,包括梳齿板处的照明度和该区域所要求的照明度应一致。室内或室外自动扶梯的出入口的光照度分别至少为 50 lx 和 15 lx,这些均是在地面测出的值。

(6) 扶梯周围地板、天花板的加工工程。

(7) 若扶梯装在底层,底坑的排水工程由用户自理;如有必要,则采用防火结构。

(8) 主动力电缆前(就近)接空气开关(DZ100)和保险丝(RL60)。

(9) 当自动扶梯的梯级上方有梁或其他障碍物时,必须保证踏板上方净高度不得小于 2300 mm。

2．安装前的准备

(1) 在安装前,安装人员必须取得并熟悉相关合同文件资料,办理相关手续,会同业主、总包单位有关负责人到施工现场,根据合同要求和施工现场实际情况,确认施工条件,制订施工计划。

(2) 安装前应首先检查扶梯包装是否破损,扶梯外观是否破损。对照装箱清单检查零部件是否齐备,有无缺损。如发现问题应及时与公司工程部联系,以免延误安装时间。

(3) 安装前必须复测井道,如有问题可提前发现,以便及时解决或与公司工程部联系。

(4) 检查用户供电容量是否满足要求,是否满足"三相五线"要求,是否有可靠的接地,供电线路是否敷设到上机房。如发现问题应及时与业主沟通解决,以免影响安装进度。

(5) 检查用户供电电缆规格,质量是否满足要求,是否为临时电源。如是临时电源应通知业主,及时安装正式电源。

(6) 扶梯作业区周边应设置防护栏杆,两端放置警告标志。

3. 井道复测工作

自动扶梯的井道复测工作应在扶梯进场前完成,井道尺寸必须严格按照土建图检查。图 33-1 为井道结构示意图,供参考。通常需要检查确认的内容有:

(1) 井道基本尺寸:提升高度 H、水平距离 L。

(2) 下部底坑尺寸:底坑长度、底坑高度、底坑宽度。

(3) 上层楼面开口尺寸:上层楼面开口长度、楼面开口宽度。

(4) 上下支承梁的尺寸:示意图中 I 标记的尺寸以及预埋钢板是否符合要求。

(5) 中间支承梁的尺寸(如有):L_D、中间支承梁的高度 H_1。

(6) 吊钩:确认吊钩的配置及承载是否满足设计要求。

(7) 进场通道和电源的配置。

(8) 其他在设计图中的尺寸和要求用户提供的条件(通常在土建图中标记"客户自理"的项目)。

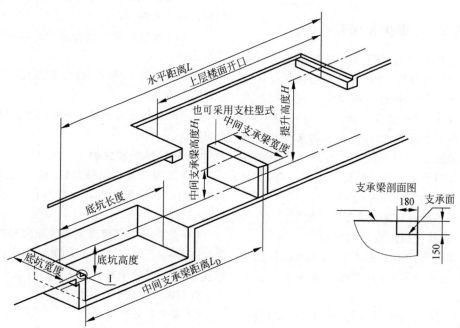

图 33-1 井道结构示意图

为了保证楼面安装高度的正确,应首先与客户协调,找出上、下楼面的平面基点,确定最终装饰面高度(自动扶梯安装前不应铺设周围地面),可以采用垂线法找出下垂直测量点,然后用钢卷尺测量层高。在上下两支承梁的净开挡尺寸测量中,找出整个扶梯在井道中安装的中心点,做好标志,除按上下两中心测量 L 尺寸外,对于两支承梁的平行度必须引起重视,在扶梯全宽范围内,仍需保证上述 L 值,误差值按土建图规定。土建图未作规定时,可按最大允许差 ±10 mm 处理。当测量 L 值不方便时,可测量 W 值后换算,如图 33-2 所示。

支承梁支承骨架的内侧面,在 1.1 m 高度范围内必须平直不允许有墙面凸出的现象。具有地坑的井道按土建图要求测量,且底坑不允许渗水。扶梯上方楼面开口按土建图要求

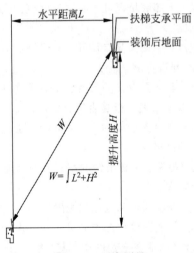

图 33-2 层高测量

测量。

33.5.3 维护和保养

由于公共交通型自动扶梯是用于大客流量的公共交通场所，为保证自动扶梯始终保持良好的工作状态和符合相应安全技术规范及标准的要求，在自动扶梯运行一段时间后，必须进行维护和保养，以保持扶梯各部件的功能及运行状况处于最佳状态。良好的自动扶梯保养工作将有助于延长扶梯的使用寿命，并减少安全事故的发生。

常规的维护和保养主要项目如下：

1. 驱动主机的维护和保养

驱动主机的维护保养应随自动扶梯的定期维护、检查一并实施，并按照有关规定做好检查记录。

(1) 每月至少查看齿轮箱一次，擦拭污垢，补给齿轮油并检查油标。检查紧固件联接是否松动，监听振动、噪声是否正常；如有问题，必须查明原因，待故障排除后再运转。

(2) 齿轮箱使用 VG460 齿轮油，油位至油标尺上刻度线的位置。首次使用 1800 h 必须更换齿轮油，以后每运转 15 000 h 或 60 个月（以先到为准）更换一次。打开箱体下面的放油塞，排净齿轮箱，然后用干净的齿轮油冲洗箱体内腔，同时必须谨防杂物掉进齿轮箱内。

(3) 主机首次运行 3 个月时，需对制动臂刹车片进行检查，之后每隔半年，也需要进行检查，刹车片厚度不大于 3 mm 时，必须进行更换；

(4) 定期检查主机的固定螺栓，防止螺栓松动发生事故。

2. 链条的维护和保养

链条是传送原动力的关键，所以在保养作业时，必须进行定期清理加油，并进行检查。链条的检查周期为一个月 1 次，对于有缺陷的链条应修复或更换。

(1) 定期检查各驱动链条和梯级链条的润滑状态是否良好；

(2) 定期检查各驱动链条和梯级链条的张力是否良好；

(3) 无载荷运转时各链条的张紧侧和返回侧是否有异常振动；

(4) 链条与链轮的配合是否正确，中心是否有偏移；

(5) 链条上是否有异常磨损、生锈，运行中是否有异常声音；

(6) 断链检测开关的安装状态及其动作是否良好。

3. 梯级维护和保养

(1) 定期检查梯级链滚轮、后轮的胶是否有剥落、龟裂，轴承是否有异常声音，如有则需要及时更换。

(2) 定期检查梯级导向块的导向面磨损情况，导向面磨损超过 1.2 mm 时，必须更换此梯级导向块，以免影响梯级的正常运行。

(3) 梯级安全边界的检查：

① 表面有无损伤；

② 有无小石粒卡塞；

③ 安装有无松动（运行中造成摩擦声的原因）；

④ 梯级安全边界有无折断扭曲，如果有折断或扭曲时，需及时更换。

(4) 梯级衬套及压板的检查与紧固：除了在正常安装或维保时按规定紧固外，在自动扶梯正常使用过程当中，梯级装配紧固用衬套及压板可能会产生松动，导致梯级松动甚至脱落，需要定期检查梯级是否可靠紧固，以免发

4. 扶手系统的维护和保养

(1) 检查扶手带的表面、里面和耳侧面上有无龟裂和严重的污秽，如出现则需要及时更换；

(2) 扶手带安装的过松会使扶手带产生振动，过紧则会使扶手带过热、加大磨损，降低使用寿命。扶手带在运行一段时间后会变长，所以要定期检查扶手带的松紧度并进行调整；

(3) 定期检查扶手带驱动摩擦轮的磨损情况，若出现摩擦轮损坏、外圆变形或严重打滑（表面太光滑）和摩擦轮的橡胶层厚度小于8.5 mm等情况时，扶手带必须更换，否则扶手带运行速度将慢于梯级速度，引起扶梯故障。

5. 梳齿板的维护和保养

(1) 日常扫除梳齿板表面及梯级齿槽内的异物和灰尘；

(2) 日常检查梳齿板梳齿情况，如果梳齿板的相邻梳齿损坏两个或两个以上应及时更换，以免发生人员伤害；

(3) 定期检查梳齿板的梳齿和梯级踏面齿槽的啮合间隙，若超出要求则及时调整。

6. 调整或更换安全开关

安全开关是在自动扶梯发生异常情况时，使扶梯停止运行以保证乘客和机器安全的重要装置。因此，异常情况发生时，要使安全开关准确地动作，必须首先在充分理解开关功能的基础上进行检查。另外，安全开关动作时，必须查明其原因并进行故障的排除。安全开关如有损坏或松动会严重影响扶梯的安全性能，必须及时更换或调整。

7. 自动扶梯的润滑

(1) 定期检查自动加油器的油位及主驱动链、梯级链、扶手带驱动链的加油是否正常。及时按要求补充加油器油量，排除出油不正常、配管连接部位漏油等不良状况；

(2) 对于各转动部分，即使能正常地动作，也必须适当地加注润滑油，否则无法充分发挥其功能，甚至会诱发严重的事故。应使用指定的润滑油，而且加油时要注意适量。

33.5.4 常见故障及排除方法

表 33-3 列举了一些自动扶梯的常见故障、可能的故障原因及推荐的维修措施。

表 33-3 自动扶梯常见故障、原因及维修措施

常见故障	原因分析	维修措施
自动扶梯在运行过程中突然停止运行，再用钥匙开关开启，扶梯不运行	配电室或扶梯控制箱内的空气开关跳闸	查找或分析跳闸原因，重新合上空气开关
	控制电路保险丝熔断	查找原因，更换保险丝
	安全回路触电开关接触不良或断开	根据故障显示信号找到故障开关。若是开关触点接触不良，更换触点或开关。若是开关触点断开，先排除机械故障，再合上触点
梯级链异常保护开关断开	梯级链伸长	调整梯级链张紧度，调整触点开关位置
手指保护开关断开	扶手带跑偏或脱轨	调整扶手带运行，然后合上开关
	扶手带上有异物	排除异物后，合上开关
	人为断开	重新合上开关
梳齿板异物保护开关断开	踏板跑偏撞击梳齿板	调整梯级运行，更换损坏的梳齿板，合上开关
	踏板面或槽内有异物，使梳齿板向后移动，打掉开关	排除异物，重新合上开关
	人为断开	合上开关

续表

常见故障	原因分析	维修措施
围裙板触点开关断开	梯级与围裙板间夹有异物	排除异物
	扶手驱动链条断裂	更换链条
	梯级跑偏而硬挤围裙产生较大变形,使开关断开	重新调试梯级运行
	触点开关安装时太紧靠裙板,扶梯振动引起误动作	调整开关位置
梯级下陷开关动作	主轮或辅轮损坏	更换主轮或辅轮
扶手带速度监控动作	扶手带测速传感器损坏	更换传感器
	扶手带测速托轮与扶手带间打滑	调整托轮位置
	摩擦轮磨损严重	更换摩擦轮
	扶手带打滑	调整扶手带传动装置
扶梯启动时有冲击现象	制动器不完全松闸,或即使松闸,制动带有歪斜,制动带与制动轮之间有摩擦	检查、调整制动器与制动带
	制动器松闸时间太迟	调整松闸时间
梯级运行有明显抖动或跳动	梯级链节距误差太大	检查梯级链
	梯级主轮圆度超差	检查梯级主轮圆度
	梯级主轮破碎	更换梯级主轮
梯级与围裙板之间摩擦	梯级跑偏	重新调整梯级运行
	梯级在轴上没有紧固	紧固梯级轴套环
	梯级导向块磨损过大	更换导向块
	梯级导向块上没有润滑剂	加3#白色特种润滑剂
梯级与梳齿板之间发生摩擦	梯级防偏轮严重磨损或松动	更换防偏轮和紧固螺栓
	梯路防偏条松动	重新调整、紧固
扶手带不运行	扶手带脱离导轨	重新安装扶手带
	扶手带驱动轴断裂	更换扶手驱动轴
	扶手驱动链轮平键断裂	更换平键
扶手带与梯级同步速度太迟缓	扶手带驱动摩擦力太小	调整扶手驱动装置
	压带压紧力不够	调整压带的压紧力
	扶手带已延长至无法调整	更换扶手
扶手带跑偏	摩擦轮与转向滚轮群组和张紧滚轮群组不在同一垂直平面内	调整转向滚轮群组及张紧滚轮群组
	护壁板不垂直	调整护壁板安装
	扶手带严重变形	更换扶手带
扶手带窜动或不费力气地被抓停	扶手带张紧不足	重新张紧扶手带
	压轮松弛	调整压轮张力
扶梯运行时,驱动端发生振动和响声	切线导轨固定螺钉松动	重新调整切线导轨位置,并拧紧固定螺钉
	梯级链内链板与链轮齿的导向面产生摩擦	调节驱动主轴横向位置
扶梯运行时,张紧端产生振动和噪声	梯级链张紧后,其活动部位的导轨面不平整	修锉导轨面

33.6 相关标准和规范

公共交通型自动扶梯所依据的国家标准和规范详见32.6节。

第34章

重载型自动扶梯

34.1 定义与功能

重载型自动扶梯是一种主要用于大客流公共交通系统的自动扶梯,如图34-1所示,因此又称为公共交通型重载自动扶梯。

图34-1 工作在地铁站中的重载型自动扶梯

重载型自动扶梯的名称首先出现在欧洲,英文称为"heavy-duty",是一种主要用于城市轨道交通站的自动扶梯。这种扶梯具有很强的载荷输送能力。

一般认为,在任何3 h的间隔内,其载荷达100%制动载荷的持续时间在1 h以上时,自动扶梯就应作重载设计,因此称为重载型自动扶梯,其定义如下:

(1) 设计专用于城市轨道交通等大客流公共交通场所的自动扶梯。

(2) 高强度的使用,每天连续运行20 h以上,且在任何3 h的间隔内,其载荷达100%制动载荷的持续运行时间不少于1 h,并且设备停止运行时,能够作为固定楼梯使用。

以上的定义参照了EN 115和GB 16899—2011对公共交通型自动扶梯的描述方式。其含义在于:重载型自动扶梯的载荷强度是公共交通型自动扶梯的1倍以上。这是根据我国以地铁为代表的城市轨道交通的大客流特点,对公共交通型自动扶梯概念进行的扩展。

34.2 分类

重载型自动扶梯按使用环境分类,可分为室内型、室外型两种。

1. 室内重载型自动扶梯

室内重载型自动扶梯安装在建筑物内部,多用于站厅与站台等。由于安装于建筑物内,使用环境较好,不需要考虑日晒、雨雪、紫外线、风沙等的防护,使用零部件防护等级要求相对室外梯要低,如图34-2所示。

2. 室外重载型自动扶梯

室外重载型自动扶梯安装于建筑物外部,按有无防护设施可细分为全室外型和半室外型。

1) 全室外重载型自动扶梯

全室外重载型自动扶梯安装于全露天的场所,可抵抗日晒、雨雪、风沙、飘雪、盐雾及紫

图 34-2　室内重载型自动扶梯

图 34-4　半室外重载型自动扶梯

外线等各种自然环境的直接侵蚀。对于不同的气候环境和地理位置，还需对设备安装防水、防腐蚀、防冻、防尘等保护设施，在寒冷地区还需考虑安装加热装置，以保证设备正常使用并延长设备的使用寿命。如图 34-3 所示。

图 34-3　全室外重载型自动扶梯

2）半室外重载型自动扶梯

半室外重载型自动扶梯也安装于室外，但其设备顶部安装有顶棚，雨水和雪不会直接淋到自动扶梯上，顶棚也能起到阻隔一部分日晒、紫外线及风沙的作用，使其对自动扶梯的侵蚀相对于全露天室外自动扶梯要小一些。但是，即使有顶棚的阻隔，仍需要根据安装的地理位置及气候条件的不同，适当安装防冻、加热等保护设施以保证设备正常使用并延长设备的使用寿命。如图 34-4 所示。

34.3　主要产品性能及技术参数

34.3.1　主要技术参数

1. 名义速度

重载型自动扶梯的名义速度一般有 0.5 m/s、0.65 m/s 和 0.75 m/s 三种。

（1）名义速度为 0.5 m/s 的重载型自动扶梯的运行速度较低，乘客的适应性也较好，不易发生乘客摔倒现象，在不少地铁站中得到应用，但输送能力较低。

（2）名义速度为 0.65 m/s 的重载型自动扶梯的运行速度适中，输送能力较 0.50 m/s 的高，适合经济较发达，希望运输效率高一些的地区选用。广州、深圳等地的地铁站从一开始就采用了名义速度为 0.65 m/s 的自动扶梯。

为了兼顾节能，有的地铁站采用同时具有 0.65 m/s 和 0.5 m/s 两种名义速度的自动扶梯，在客流高峰时段以 0.65 m/s 名义速度运行，在非高峰时段则以 0.5 m/s 的名义速度运行。

（3）0.75 m/s 是国家标准规定的自动扶梯允许的最高运行速度，具有最高的运输效率，但需要本地区的客流能适应这种运行速度。香港地区的地铁站多采用名义速度为 0.75 m/s 的自动扶梯。

2．梯级宽度

重载型自动扶梯一般都采用名义宽度为 1 m 的梯级，该宽度的梯级能自然地站 2 名乘客，具有较高的运输效率。

0.8 m 名义宽度的梯级是按每梯级站 1.5 个人设计的，一个梯级可以容下 1 名乘客或是 2 名乘客中 1 名是儿童或体形较小的乘客，但如果连续几个梯级都站 2 名乘客就会相当拥挤，特别在客流较大的情况下容易发生人员间的推挤，因此重载型自动扶梯一般不采用宽度为 0.8 m 的梯级。

3．倾斜角

重载型自动扶梯一般都选用 30°的倾斜角，倾斜角大于 30°的自动扶梯是不准在公共交通场所使用的，小于 30°的自动扶梯在公共交通场所也有使用。美国的 APTA 标准要求，当扶梯的提升高度大于 10 m 时，采用 27.3°的倾斜角，这是出于安全的考虑。在国内也有地铁站开始考虑对大提升高度的扶梯采用 27.3°的倾斜角。

4．水平移动段长度

水平移动段是乘客进出扶梯时的过渡段，其长度的选取与乘客出入扶梯的平稳性相关，重载型自动扶梯客流拥挤程度高，特别需要防止乘客出入梯时失稳，因此有必要采用较长的水平移动段。重载型自动扶梯常用的水平移动段长度见表 34-1。

5．倾斜段至上、下水平段的曲率半径

梯级通过转弯导轨从水平运动变为倾斜运动（或反之），而产生离心力（或向心力），这种力不利于人在梯级上的站立稳定性，因此转弯半径不能太小。但大的半径使自动扶梯桁架总重变大，加大制造成本和安装空间。由于与安全有关，《自动扶梯和自动人行道的制造与安装安全规范》(GB 16899—2011)规定了自动扶梯最小的曲率半径。

出于对安全性的要求，重载型自动扶梯曲率半径一般都比较大。重载型自动扶梯常用的曲率半径见表 34-2。

表 34-1　重载型自动扶梯水平移动段长度

重载型自动扶梯		公共交通型自动扶梯	
速度/(m·s⁻¹)	水平移动段长度/m	速度/(m·s⁻¹)	水平移动段长度/m
0.5	≥1.2（水平梯级至少为 3 只）	≤0.65	≥1.2（水平梯级至少为 3 只）
0.65	≥1.6（水平梯级至少为 4 只）		
0.75	≥2.0（水平梯级至少为 5 只）	>0.65	≥1.6（水平梯级至少为 4 只）

表 34-2　重载型自动扶梯倾斜段至上、下水平段的曲率半径

重载型自动扶梯		公共交通型自动扶梯	
上部	速度 0.5 m/s：不小于 2.0 m 速度 0.65 m/s：不小于 2.6 m（提升高度不小于 10 m 时，不小于 3.6 m） 速度 0.75 m/s：不小于 3.6 m	上部	速度不大于 0.5 m/s：不小于 1.0 m 速度大于 0.5 m/s：不小于 1.5 m 速度大于 0.65 m/s：不小于 2.6 m
下部	不小于 2.0 m	下部	速度不大于 0.5 m/s：不小于 1.0 m 速度大于 0.65 m/s：不小于 2.0 m

34.3.2 典型产品性能及技术参数

以浙江梅轮电梯股份有限公司生产的自动扶梯为例(见表34-3),其最大名义速度为0.65 m/s,最大倾角为30°,其提升高度最大为9.00 m。

表 34-3 重载型自动扶梯参数范围和配置

项 目	参 数	项 目	参 数
名义速度	≤0.65 m/s	倾斜角	≤30°
提升高度	≤9.00 m	驱动主机布置型式和数量	上置机房内、单主机
附加制动器型式	棘轮棘爪式	梯路传动方式	链条传动
工作类型	公共交通型	工作环境	室内、室外
驱动主机与梯级之间连接方式	链条		

34.4 选用原则

根据34.2节,有针对性地进行重载型自动扶梯的选择。如下例所示:

按使用环境选用,有室内型、室外型和半室外型。

34.5 安全使用

34.5.1 安全使用管理制度

(1) 新增自动扶梯的使用单位必须持特种设备检验机构出具的监督检验报告和安全检验合格标志,到所在地区的地、市级以上特种设备安全监察机构注册登记,将安全检验合格标志固定在特种设备显著位置上后,方可以投入正式使用。

(2) 自动扶梯的维保人员应持有特种设备作业人员资格证书才能上岗。

(3) 自动扶梯的维保单位应有相应的许可证书。

(4) 自动扶梯的启动钥匙应由专人保管。

(5) 自动扶梯正常运行时应有专人巡查。

(6) 每次检查、保养、修理后应进行记录。

(7) 自动扶梯应有启动及关停管理制度。

(8) 使用单位应制订发生事故采取紧急救援措施的细则。

(9) 制定自动扶梯的检查维修制度。

(10) 使用单位必须按期向自动扶梯所在地的特种设备检验机构申请定期检验,及时更换安全检验合格标志中的有关内容。自动扶梯的定期检验周期为一年,安全检验合格标志超过有效期的自动扶梯不得使用。

34.5.2 安装现场准备

(1) 清除现场材料,保证场地清洁。

(2) 现场空洞要有护栏,保证施工人员不会跌落。

(3) 施工现场要有足够的照明。

(4) 作为吊装用的锚点应先征得设计、总包单位的同意,并办理确认手续。

(5) 自动扶梯安装处的基础应已通过验收。

(6) 提供施工用 40 kW 动力电源,并保证作业时连续供电。

(7) 现场具备扶梯桁架水平运输的通道。

(8) 现场提供材料库房。

34.5.3 维护和保养

根据《电梯维护保养规则》(TSG T5002—2017),电梯的维保项目分为半月、季度、半年、年度四类。其中关于自动扶梯维保的基本项目内容如下。

1. 半月维护保养项目内容和要求

半月维护保养项目内容和要求见表34-4。

表 34-4　半月维护保养项目内容和要求

序号	维护保养项目（内容）	维护保养基本要求
1	电器部件	清洁，接线紧固
2	故障显示板	信号功能正常
3	设备运行状况	正常，没有异常声响和抖动
4	主驱动链	运转正常，电气安全保护装置动作有效
5	制动器机械装置	清洁，动作正常
6	制动器状态监测开关	工作正常
7	减速机润滑油	油量适宜，无渗油
8	电机通风口	清洁
9	检修控制装置	工作正常
10	自动润滑油罐油位	油位正常，润滑系统工作正常
11	梳齿板开关	工作正常
12	梳齿板照明	照明正常
13	梳齿板梳齿与踏板面齿槽、导向胶带	梳齿板完好无损，梳齿板梳齿与踏板面齿槽、导向胶带啮合正常
14	梯级或者踏板下陷开关	工作正常
15	梯级或者踏板缺失监测装置	工作正常
16	超速或非操纵逆转监测装置	工作正常
17	检修盖板和楼层板	防倾覆或者翻转措施和监控装置有效、可靠
18	梯级链张紧开关	位置正确，动作正常
19	防护挡板	有效，无破损
20	梯级滚轮和梯级导轨	工作正常
21	梯级、踏板与围裙板之间的间隙	任何一侧的水平间隙及两侧间隙之和符合标准值
22	运行方向显示	工作正常
23	扶手带入口处保护开关	动作灵活可靠，清除入口处垃圾
24	扶手带	表面无毛刺，无机械损伤，运行无摩擦
25	扶手带运行	速度正常
26	扶手护壁板	牢固可靠
27	上下出入口处的照明	工作正常
28	上下出入口和扶梯之间保护栏杆	牢固可靠
29	出入口安全警示标志	齐全，醒目
30	分离机房、各驱动和转向站	清洁，无杂物
31	自动运行功能	工作正常
32	紧急停止开关	工作正常
33	驱动主机的固定	牢固可靠

2. 季度维护保养项目内容和要求

季度维护保养项目内容和要求除符合表 34-4 所列内容和要求外，还应当符合表 34-5 所列内容和要求。

3. 半年度维护保养项目内容和要求

半年度维护保养项目内容和要求除符合表 34-5 所列内容和要求外，还应当符合表 34-6 所列内容和要求。

4. 年度维护保养项目内容和要求

年度维护保养项目内容和要求除符合表 34-6 所列内容和要求外，还应当符合表 34-7 所列内容和要求。

表 34-5　季度维护保养项目内容和要求

序号	维护保养项目（内容）	维护保养基本要求
1	扶手带的运行速度	相对于梯级、踏板或者胶带的速度允差为 0~2%
2	梯级链张紧装置	工作正常
3	梯级轴衬	润滑有效
4	梯级链润滑	运行工况正常
5	防灌水保护装置	动作可靠（雨季到来之前必须完成）

表 34-6　半年度维护保养项目内容和要求

序号	维护保养项目（内容）	维护保养基本要求
1	制动衬厚度	不小于制造单位要求
2	主驱动链	清理表面油污,润滑
3	主驱动链链条滑块	清洁,厚度符合制造单位要求
4	电动机与减速机联轴器	连接无松动,弹性元件外观良好,无老化等现象
5	空载向下运行制动距离	符合标准值
6	制动器机械装置	润滑,工作有效
7	附加制动器	清洁和润滑,功能可靠
8	减速机润滑油	按照制造单位的要求进行检查、更换
9	调整梳齿板梳齿与踏板面齿槽啮合深度和间隙	符合标准值
10	扶手带张紧度张紧弹簧负荷长度	符合制造单位要求
11	扶手带速度监控系统	工作正常
12	梯级踏板加热装置	功能正常,温度感应器接线牢固（冬季到来之前必须完成）

表 34-7　年度维护保养项目内容和要求

序号	维护保养项目（内容）	维护保养基本要求
1	主接触器	工作可靠
2	主机速度检测功能	功能可靠,清洁感应面,感应间隙符合制造单位要求
3	电缆	无破损,固定牢固
4	扶手带托轮、滑轮群、防静电轮	清洁,无损伤,托轮转动平滑
5	扶手带内侧凸缘处	无损伤,清洁扶手导轨滑动面
6	扶手带断带保护开关	功能正常
7	扶手带导向块和导向轮	清洁,工作正常
8	进入梳齿板处的梯级与导轮的轴向窜动量	符合制造单位要求
9	内外盖板连接	紧密牢固,连接处的凸台、缝隙符合制造单位要求
10	围裙板安全开关	测试有效
11	围裙板对接处	紧密平滑
12	电气安全装置	动作可靠
13	设备运行状况	正常,梯级运行平稳,无异常抖动,无异常声响

34.5.4 常见故障及排除方法

自动扶梯常见故障主要表现为运行中突然停止，梯路跑偏，梯路运行抖动，梯路运行噪声，扶手带运行噪声，扶手带抖动，扶手带速度偏差、发热等。故障原因及排除方法如下。

1. 运行中突然停止

（1）断电或缺相；
（2）安全开关动作；
（3）过流过热保护；
（4）检测监控开关信号异常。

以上相关因素引起的停梯故障需检查和排除引起故障的原因，以汇川NICE2000^{new}扶梯一体化控制器为例，见表34-8。

表34-8 汇川NICE2000^{new}扶梯一体化控制器故障信息及对策一览表

故障显示	故障描述	故 障 原 因	处 理 方 法	级别
Err01	逆变单元保护	（1）主回路输出接地或短路； （2）曳引机连线过长； （3）工作环境过热； （4）控制器内部连线松动	（1）排除接线等外部问题； （2）加电抗器或输出滤波器； （3）检查风道与风扇是否正常； （4）与代理商或厂家联系	4
Err02	加速过电流	（1）主回路输出接地或短路； （2）电机是否进行了参数调谐； （3）负载太大	（1）排除接线等外部问题； （2）电机参数调谐； （3）减轻突加负载	4
Err03	减速过电流	（1）主回路输出接地或短路； （2）电机是否进行了参数调谐； （3）负载太大； （4）减速曲线太陡	（1）排除接线等外部问题； （2）电机参数调谐； （3）减轻突加负载； （4）调节曲线参数	4
Err04	恒速过电流	（1）主回路输出接地或短路； （2）电机是否进行了参数调谐； （3）负载太大； （4）码盘干扰大	（1）排除接线等外部问题； （2）电机参数调谐； （3）减轻突加负载； （4）选择合适码盘，采用屏蔽码盘线； （5）适当增大F6-02组参数	4
Err05	加速过电压	（1）输入电压过高； （2）电梯倒拉严重； （3）制动电阻选择偏大，或制动单元异常； （4）加速曲线太陡	（1）调整输入电压； （2）调整电梯运行启动时序； （3）选择合适制动电阻； （4）调整曲线参数	4
Err06	减速过电压	（1）输入电压过高； （2）制动电阻选择偏大，或制动单元异常； （3）减速曲线太陡	（1）调整输入电压； （2）选择合适制动电阻； （3）调整曲线参数	4
Err07	恒速过电压	（1）输入电压过高； （2）制动电阻选择偏大； （3）制动单元异常	（1）调整输入电压； （2）选择合适制动电阻； （3）适当增大F6-02组参数	4
Err08	控制电源故障	（1）输入电压过高； （2）驱动控制板异常	（1）调整输入电压； （2）与代理商或厂家联系	4

续表

故障显示	故障描述	故障原因	处理方法	级别
Err09	欠电压故障	(1) 输入电源瞬间停电； (2) 输入电压过过低； (3) 驱动控制板异常	(1) 排除外部电源问题； (2) 与代理商或厂家联系	4
Err10	控制器过载	(1) 抱闸回路异常； (2) 负载过大	(1) 检查抱闸回路供电电源； (2) 减小负载	4
Err11	电机过载	(1) FC-02 设定不当； (2) 抱闸回路异常； (3) 负载过大	(1) 调整参数； (2) 检查抱闸回路供电电源； (3) 减小负载	4
Err12	输入侧缺相	(1) 输入电源不对称； (2) 驱动控制板异常	(1) 调整输入电源； (2) 与代理商或厂家联系	4
Err13	输出侧缺相	(1) 主回路输出接线松动； (2) 电机损坏	(1) 检查连线； (2) 排除电机故障	4
Err14	模块过热	(1) 环境温度过高； (2) 风扇损坏； (3) 风道堵塞	(1) 降低环境温度； (2) 清理风道； (3) 更换风扇	4
Err16	电流控制故障	(1) 输出缺相； (2) 速度异常	(1) 检查运行接触器、三角接触器是否能正常吸合；电机动力线是否脱落； (2) 确认电机参数与铭牌是否一致，是否做过电机调谐； (3) 调节速度环	4
Err17	接触器故障	(1) 母线电压异常； (2) 驱动控制板异常	与代理商或厂家联系	4
Err18	电流检测故障	驱动控制板异常	与代理商或厂家联系	4
Err19	电机调谐超时	(1) 电机无法正常旋转； (2) 参数调谐超时	(1) 正确输入电机参数； (2) 检查电机引线； (3) 选择完整调谐时是否忘记手动打开抱闸	4
Err20	码盘故障	(1) 码盘型号是否匹配； (2) 码盘连线错误	(1) 选择推挽输出或开路集电极的码盘； (2) 排除接线问题	4
Err21	参数设置错误	参数设置不合理	检查最大频率、额定频率等参数	4
Err22	保留			4
Err23	对地短路故障	输出对地短路	与代理商或厂家联系	4
Err25	存储故障	主控板数据异常	与代理商或厂家联系	4
Err29	电机过热故障	电机过热信号有效，且持续时间大于 2 s	(1) 检查热保护继电器座是否正常； (2) 检查电机是否正确使用，电机是否损坏； (3) 改善电机的散热条件	3

续表

故障显示	故障描述	故障原因	处理方法	级别
Err30	安全回路断开	安全回路断开	(1) 检查安全回路各开关,查看其状态; (2) 检查外部供电是否正常; (3) 检查安全回路接触器动作是否正确; (4) 检查安全反馈触点信特征(常开、常闭)	4
Err31	驱动链断开	驱动链条断裂	(1) 检查驱动链条是否真正断裂; (2) 检查驱动链条断裂保护开关是否动作	5
Err32	接触器触点粘连	(1) 启动时检测到触点粘连信号有效; (2) 工频到变频切换时,工频接触器粘连; (3) 变频到工频切换时,变频接触器粘连	(1) 检查接触器是否烧毁触点粘连; (2) 检查各接触器触点粘连反馈开关是否卡死导致扶梯错误判断	3
Err33	抱闸反馈故障	(1) 打开抱闸,反馈错误; (2) 释放抱闸,反馈错误; (3) 多路抱闸反馈点状态不一致; (4) 错误维持时间超过(FB-13)设定值	(1) 检查抱闸是否真正打不开; (2) 检查抱闸打开保护开关是否不能动作; (3) 检查抱闸线圈及反馈触点是否正确; (4) 确认反馈触点信号(常开、常闭); (5) 检查抱闸接触器线圈控制回路是否正常	4
Err34	左扶手带速度异常	左扶手带检测信号: 1——欠速;2——超速	(1) 检查左扶手带运行速度是否异常或是否断裂; (2) 检查左扶手测速传感器是否不能正常工作	3
Err35	右扶手带速度异常	右扶手带检测信号: 1——欠速;2——超速	(1) 检查右扶手带运行速度是否异常或是否断裂; (2) 检查右扶手测速传感器是否不能正常工作	3
Err36	上梯级遗失	上梯级脉冲间隔与设定时间不符: 1——高于上限;2——低于下限	(1) 检查上梯级运行速度是否异常或是否真的丢失; (2) 检查上梯级遗失传感器是否不能正常工作	4
Err37	下梯级遗失	下梯级脉冲间隔与设定时间不符: 1——高于上限;2——低于下限	(1) 检查下梯级运行速度是否异常或是否真的丢失; (2) 检查下梯级遗失传感器是否不能正常工作	4

续表

故障显示	故障描述	故障原因	处理方法	级别
Err38	主机测速故障	主机速度异常： 1——超速；2——欠速	(1) 检查电动机是否异常； (2) 检查主机测速传感器是否不能正常工作	4
Err39	防逆转故障	逆转开关信号有效： AB 信号逆转	(1) 检查上行运行过程中是否真的会逆转； (2) 检查防逆转保护开关是否正常工作； (3) 检查 AB 信号是否正常，是否接反	5
Err40	逐波限流故障	(1) 负载是否过大或发生电机堵转； (2) 控制器选型偏小	(1) 减小负载并检查电机及机械情况； (2) 选用功率等级更大的控制器	4
Err41	电机速度跟踪故障	三角运行切换至变频运行时跟踪不上	适当减小 F6-02 参数	4
Err42	方向给定信号故障	(1) 上下行命令信号同时有效； (2) 选择检修转正常时首次运行必须下行功能，给上行命令； (3) 选择检修转正常时首次运行必须上行时，给下行命令	(1) 检查上下行命令信号是否同时有效； (2) 检查检修转正常时设定参数，并按实际设定操作	4
Err43	制停超距故障	抱闸释放后，延时设定时间(FC-11)，开始检测主机脉冲，10 s 之内脉冲数累计超过设定值(FC-12)	(1) 夹车扶梯制动距离是否真的过长； (2) 检查停梯后，主机脉冲信号是否异常	5
Err44	运行、上下行接触器反馈故障	(1) 运行接触器有输出，但反馈无效； (2) 上行接触器有输出，但反馈无效； (3) 下行接触有输出，但反馈无效； (4) 三个接触器都无输出，但反馈有效； (5) 反馈与输出不一致，且持续时间超过 2 s，报故障	(1) 检查接触器是否没有设定根据控制板输出信号动作； (2) 检查反馈信号线连接是否正确； (3) 检查反馈信号特征(常开、常闭)	4
Err45	三角接触器反馈故障	(1) 三角接触器有输出，但反馈无效； (2) 三角接触器无输出； (3) 反馈与输出不一致，且持续时间超过 2 s，报故障	(1) 检查接触器是否没有根据控制板输出信号动作； (2) 检查反馈信号线是否接线正确； (3) 检查反馈信号特征(常开、常闭)	4

续表

故障显示	故障描述	故障原因	处理方法	级别
Err46	附加制动反馈故障	启动时或运行时附加制动器反馈信号无效	(1) 检查附加制动器是否打开; (2) 检查反馈信号连接是否正确; (3) 检查反馈信号特征(常开、常闭)	4
Err47	超速1.4倍	主机速度超出设定值的1.4倍,且持续2 s	(1) 确认扶梯速度是否真的超过设定值的1.4倍; (2) 检查速度设定值是否准确	5
Err48	输入相序错误	变频到工频切换前,检测的RST相序与记录的值不相同	(1) 确认变频运行与工频运行的方向是否一致; (2) 重新进行同步切换自学习	3
Err49	SPI通信故障	(1) 控制板接收数据异常; (2) 驱动板接收数据异常	(1) 检查控制板和驱动板连线是否正确; (2) 联系代理商或者厂家	4

2. 梯路跑偏

(1) 上部、下部梯路转向装置安装时与桁架中心不对称;

(2) 驱动主轴轴线在水平和垂直两平面上与梯路导轨中心面存在偏差;

(3) 直线段梯路导轨开挡间隙大,梯路游动间隙大;

(4) 直线段梯路导轨与桁架中心存在偏差;

(5) 直线段梯路导轨对角存在偏差或导轨长度存在偏差;

(6) 梯路张紧两边松紧不一致;

(7) 梯路防偏导向装置或导向件导偏所致。

以上相关因素引起的梯路跑偏需通过调整部件安装尺寸来解决。

3. 梯路运行抖动

(1) 链条滚轮与各压轨之间的间隙没有调整好,过轮间隙太小;

(2) 链条缺少润滑油,滚轮磨损;

(3) 梯路张紧弹簧过紧;

(4) 驱动主机运转时,制动抱闸间隙过小;

(5) 满载时,驱动主机功率过小,不匹配;

(6) 主机驱动链条因松紧不适合、链条磨损、伸长造成与链轮齿啮合不正常产生抖动;

(7) 主机驱动链条与链轮咬齿造成主机运行抖动;

(8) 主机内部轴承或传动齿轮磨损使主机运行时产生抖动。

以上相关因素引起的梯路运行抖动需通过调整部件安装尺寸及更换受损部件来解决。

4. 梯路运行噪声

(1) 下部梯路导轨拉开接口处,导轨高低不平,容易造成翻板声;

(2) 导轨面上有异物造成翻板声;

(3) 梯级链轮槽底与上部切向导轨相切时,配合间隙不合适,造成翻板声;

(4) 梯级滚轮磨损或轮子上粘连异物造成异响;

(5) 踏板防偏块与裙板刮擦,产生异响;

(6) 梯路传送链条少油或生锈,梯路缺少润滑油,运行时产生异响;

(7) 驱动链及扶手链未张紧到位,或链条与链轮因咬齿、磨损导致无法正常啮合而造成链条抖动产生异响;

(8) 齿板刮擦发生异响,因梳齿支撑板左右间隙不正,导致梳齿与踏板齿发生刮擦,或因个别踏板固定时左右对齿不正导致。

以上相关因素引起的梯路运行噪声需通过调整部件安装尺寸,定期维护保养,更换受损部件来解决。

5．扶手带运行噪声

（1）扶手导轨接头处高低不平,未很好地进行打磨处理；

（2）扶手带滚轮与扶手带内衬处有异物卡入；

（3）端部扶手转向端导轨转向链处贮存了较多异物,或转向链轴承磨损卡死；

（4）出入口护套与扶手带刮擦产生异响；

（5）扶手带托辊轮安装不正或托辊轮轴承磨损卡死；

（6）扶手带跑偏,扶手带导向件与扶手带内衬摩擦发生异响。

以上相关因素引起的扶手带运行噪声需通过调整部件安装尺寸,定期维护保养,更换受损部件来解决。

6．扶手带抖动

（1）扶手驱动轴固定板螺栓松动；

（2）扶手驱动轴菱形带座轴承磨损,轴承间隙配合超差；

（3）摩擦轮外圆橡胶层磨损,外圆径向跳动超差。

以上相关因素引起的扶手带抖动需通过调整部件安装尺寸,定期维护保养,更换受损部件来解决。

7．扶手带运行异常

（1）扶手带驱动力不足,压带轮组压力不足或扶手带张紧力不够,导致手拉动扶手带立即停止；

（2）扶手带跑偏,摩擦导向块,扶手带张力过紧或扶手带端部转向链轴承卡死导致扶手带摩擦力变大,致使扶手带运行时发热；

（3）扶手带摩擦轮中心位置偏移,扶手带托辊轮与扶手带带路中心不垂直,或因压带轮压偏导致扶手运行时跑偏、脱落。

以上相关因素引起的扶手带运行异常需通过调整部件安装位置及更换受损部件来解决。

34.6 相关标准和规范

重载型自动扶梯所依据的相关国家标准和规范详见 32.6 节。

第35章

螺旋型自动扶梯

35.1 概述

35.1.1 定义与功能

螺旋型自动扶梯是众多自动扶梯中最特殊的一种类型,与普通自动扶梯一样,它具有向上或者向下倾斜地连续地输送乘客的功能,但同时它在输送乘客的过程中乘客的运行轨迹是一条空间曲线,因此乘客在乘行过程中具有多方位、多角度、多视野的全景式感官效果。它与普通自动扶梯最大的区别在于:普通自动扶梯在俯视方向是直线形的,而螺旋型自动扶梯在俯视方向是圆弧形的。螺旋型自动扶梯外形上类似于螺旋形的弹簧,能够在建筑空间中营造出豪华的氛围,具有普通自动扶梯所不能达到的新颖的布置、组合方式,能够为建筑带来更多的富有个性的空间。

35.1.2 发展历程与沿革

1985年,日本三菱电机株式会社稻沢制作所开发成功了世界上首台螺旋型自动扶梯,安装于日本大阪。多年来,已有百余台产品交付世界各国的各种建筑设施使用。长期以来,各国对螺旋型自动扶梯都有过一些研究,并具有了基本的原理和构想,但是并没有具有与普通自动扶梯相同水准的实用产品,日本三菱电机是目前为止唯一一家将螺旋型自动扶梯实现产品化的公司。

35.2 分类

螺旋型自动扶梯是众多自动扶梯中的一种,自动扶梯的各种分类都可适用于它,但它具有其他自动扶梯所没有的一种分类,即旋向。按照旋向,螺旋型自动扶梯可分为左螺旋型自动扶梯和右螺旋型自动扶梯两种。左螺旋型自动扶梯与右螺旋型自动扶梯的定义是根据左螺旋线和右螺旋线的定义而来的:站在自动扶梯下层出入口面向自动扶梯,符合右手四指沿扶梯旋转方向拇指向上的称为右螺旋型自动扶梯,如图35-1所示即右螺旋型自动扶梯;站在自动扶梯下层出入口面向自动扶梯,符合左手四指沿扶梯旋转方向拇指向上的称为左螺旋型自动扶梯,与图35-1对称。

图 35-1 右螺旋自动扶梯外形图

35.3 工作原理及结构组成

35.3.1 工作原理

螺旋型自动扶梯工作原理与普通自动扶梯类似,是一种带有循环运动梯路向上或向下倾斜输送乘客的固定电力驱动设备。螺旋型自动扶梯的梯路呈空间圆弧状,在向上或向下倾斜输送乘客的同时还绕中心轴线进行旋转,在工作区段梯级的行进轨迹类似于空间螺旋线。

35.3.2 结构组成

螺旋型自动扶梯由梯路系统、驱动系统、扶手系统、装潢部件、金属结构、安全装置、控制系统等组成,如图35-2所示。

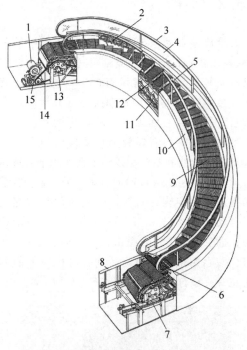

1—电动机;2—扶手驱动装置;3—扶手带;4—护壁板;5—围裙板;6—梳齿支撑板;7—下部链轮组件;8—桁架;9—梯级;10—盖板;11—梯级链;12—导轨;13—上部链轮组件;14—驱动链;15—减速箱。

图35-2 螺旋型自动扶梯结构组成图

(1)梯路系统是直接输送乘客的装置,由梯级链、梯级轴、梯级、导轨、上部链轮组件和下部链轮组件等主要部件组成。左右两根梯级链由一系列的梯级轴连接在一起,梯级链绕过上部链轮组件和下部链轮组件形成闭合环路,形成了左右同步运行的梯级链环路。梯级与梯级轴连接在一起,与梯级链环路同步运行。在上、下链轮组件之间的去路和回路上按一定线路布置导轨,使得梯级能够按照设计的轨迹运行。梯级是供乘客站立的部件,在工作区段始终保持水平,使得乘客能够安全乘行。

(2)驱动系统是给梯路系统和扶手系统提供动力的装置,由电动机、减速箱、工作制动器、驱动链等主要部件组成。电动机是整个驱动主机的动力源泉,接入动力电源后可持续提供动力;电动机与减速器输入轴相连接,减速箱输出轴上安装有驱动链轮,驱动链轮通过驱动链将动力传递给上部链轮组件,由上部链轮组件带动梯路系统和扶手系统。驱动系统均配置有工作制动器,一旦自动扶梯发生故障(动力电源失电或控制电路失电),工作制动器的电源被切断,制动器动作,使自动扶梯有一个接近匀减速的制停过程直至停机,并保持静止状态。

(3)金属结构是自动扶梯的支撑结构,即桁架,承受自动扶梯的自重(所有组件/部件的重量)及 GB 16899—2011 规定所需要承担的载荷,并满足一定的刚度和强度要求。所有的运动部件,除了乘客可以踏上的梯级以及可接触的扶手带部分外,都安装在金属结构内部,桁架外侧及底部通过外装饰板封闭,以确保正常情况下公众不能接触到这些机械部件。

(4)扶手系统是自动扶梯两侧与梯路同步运行的扶手装置,供乘客在乘行时扶手用,一般由扶手链、扶手驱动装置、扶手带和扶手导轨等主要部件组成。上部链轮组件通过扶手链给予扶手驱动装置动力,扶手驱动装置中的驱动轮驱动扶手带运行;扶手导轨按一定线路布置,使得扶手带按照设计的轨迹运行。扶手带的轨迹与梯路轨迹相匹配,扶手带的速度与梯级的速度一致,保证乘客在乘行过程中能够始终抓住扶手带并同步运行,确保乘客的安全。

(5)装潢部件将扶梯的梯路系统、驱动系统、金属结构、扶手系统等部件封闭起来,给予乘客安全的乘行空间,并起到一定的装饰作用。装潢部件包括护壁板、围裙板、盖板、梳齿支撑板、楼层板、外装饰板等，上述部件应满足一定的强度和刚度要求。梳齿支撑板是固定部件楼层板与运动部件梯级之间的连接部件，还应满足与梯级之间的间隙要求；围裙板位于梯级的两侧，也应满足与梯级之间的间隙要求。固定部件与运动部件之间的间隙满足了要求，乘客的乘行安全才能得到保证。

（6）安全装置是在出现一些异常情况下保护人员或设备的装置，当安全装置检测到异常事件时驱动主机会立即停止或不能启动。根据 GB 16899—2011 的规定，自动扶梯必须设置过载保护、超速或非操纵逆转、梯级链安全装置、梳齿板安全装置、扶手入口安全装置、梯级下陷安全装置、梯级缺失安全装置、制动器状态监测、扶手带测速安全装置、楼层板或检修盖板打开安全装置、制动距离监测等安全装置。对于螺旋型自动扶梯，还应设置梯路异常检测安全装置。

（7）控制系统是控制自动扶梯启动、停止的部件。

35.4 技术性能

35.4.1 主要技术参数

（1）名义宽度：梯级的名义宽度，用于确定自动扶梯的可乘载人数、制动载荷。通常名义宽度为 1.00 m 的自动扶梯称为双人梯，即一个梯级可乘坐 2 人。

（2）名义速度：由制造商设计确定的，自动扶梯的梯级在空载情况下的运行速度。螺旋型自动扶梯外圈与内圈的运行速度是不同的，外圈的速度大于内圈的速度，因此将梯级外圈侧的运行速度定义为螺旋型自动扶梯的名义速度。

（3）倾斜角：梯级运行方向与水平面构成的最大角度。螺旋型自动扶梯梯级内圈和外圈的倾斜角是不同的，内圈的倾斜角大于外圈的倾斜角，因此将梯级内圈的倾斜角定义为螺旋型自动扶梯的倾斜角。

（4）提升高度：上下楼层面之间的垂直距离。

（5）旋向：站在自动扶梯下层出入口面向自动扶梯，向左侧弯曲的为左旋，向右侧弯曲的为右旋。

（6）梯级水平移动距离：自动扶梯梯级在出入口处的导向长度，即从梳齿出来的梯级前缘和进入梳齿板的梯级后缘的水平移动距离。螺旋型自动扶梯梯级内圈和外圈的水平移动是不同的，内圈的水平移动距离小于外圈的水平移动距离，因此将梯级内圈的水平移动距离定义为螺旋型自动扶梯的水平移动距离。

35.4.2 典型产品性能及技术参数

目前仅日本三菱电机株式会社有产品化的螺旋型自动扶梯，其技术参数见表 35-1。

表 35-1 日本三菱电机螺旋型自动扶梯成品技术参数

主要性能参数	取值
名义宽度	1.00 m
名义速度	23 m/min
倾斜角	30°
提升高度	3500～6600 mm
旋向	左旋或右旋
梯级水平移动距离	>800 mm

35.5 选用原则

螺旋型自动扶梯选用时要考虑以下两个因素：

（1）提升高度：根据建筑物楼层之间的高度选择合适的提升高度。

（2）布局：应在建筑设计的同时考虑螺旋型自动扶梯的布局，根据建筑物的特点选择单台布置或双台布置、左旋或者右旋。

35.6 安全使用

螺旋型自动扶梯的安全使用管理制度、安装现场准备、维护和保养、常见故障及排除方法与普通自动扶梯类似，具体可以查阅制造单位提供的用户手册。

第36章

普通型自动人行道

36.1 定义

普通型人行道又称为商用型自动人行道，一般用于超市、购物中心、展会展馆等商业楼宇内，且多为倾斜式自动人行道。按商场运营时间每天 10~12 h 来看，普通型人行道一般定义为：每周工作 6 天，每天运行 12 h，主要零部件一般多按 70 000 h 工作寿命设计使用。

36.2 分类

普通型自动人行道可以按承载装置的结构、使用环境、倾斜角度和护壁板材料的不同进行分类。

1. 按承载装置的结构区分类

1）踏板式自动人行道

其结构方式与自动扶梯类似，乘客站立在踏板上，通过踏板链条驱动踏板运行来输送乘客，如图 36-1 所示。

2）胶带式自动人行道

其结构方式与常见的带式输送机相类似，乘客站立的踏面为表面覆有橡胶层的连续钢带，通过安装于自动人行道两端部的滚筒驱动并张紧输送胶带运行。输送胶带作为运行梯路，没有踏板和踏板链，通过连续输送胶带运行，直接将乘客从一端运送到另一端，如图 36-2 所示。

图 36-1 踏板式自动人行道

图 36-2 胶带式自动人行道

2. 按使用环境分类

1）室内型自动人行道

室内型自动人行道安装在建筑物内部，多用于超市、购物中心、机场等，由于安装于建筑物内部，使用环境较好，不需要考虑日晒、雨雪、紫外线、风沙的防护，使用零部件防护等级要求相对室外型要低，采用一般标准防护即可，如图 36-3 所示。

图 36-3　室内型自动人行道

2）室外型自动人行道

室外型自动人行道按有无防护设施可细分为全室外型自动人行道和半室外型自动人行道。

（1）全室外型自动人行道

安装在露天场所，使用环境相较室内要更为恶劣，要求设备可抵抗日晒、雨雪、风沙、盐雾及紫外线等各种恶劣天气环境带来的侵蚀，对于不同的气候环境和地理位置，还需设备安装防水、防腐蚀、防冻、防尘等设施，在寒冷地区还需考虑安装加热装置来保障设备的正常运行并延长设备的使用寿命。如图 36-4 所示。

图 36-4　全室外型自动人行道

（2）半室外型自动人行道

半室外型自动人行道也安装于室外，但在自动人行道上方安装有顶棚，雨水和雪不会直接淋到自动人行道上，顶棚也能起到阻隔日晒、紫外线及风沙等的侵蚀，相对于全室外露天环境，对设备防护要求可适当减低一些，如图 36-5 所示。

3. 按倾斜角度分类

1）水平式自动人行道

水平式自动人行道指的是完全水平而没

图 36-5　半室外型自动人行道

有倾斜段的人行道，或倾斜段倾斜角度不大于 6° 的自动人行道，这类自动人行道常见于机场、交通枢纽车站等大型公共交通场所的转乘场所，如图 36-6 所示。

图 36-6　水平式自动人行道

注：在国标 GB 16899—2011 及欧洲标准 EN 115-1：2017 中均没有明确规定水平式自动人行道倾斜角度的范围，不同国家和地区的定义标准也是各不相同。目前我国及采用欧洲标准的国家和地区，一般都将倾斜角度 6° 及以下的自动人行道作为水平式自动人行道。

2）倾斜式自动人行道

倾斜式自动人行道为带有倾斜段，倾斜段的倾斜角度大于 6°，且不大于 12° 的自动人行道，最为常见的倾斜角度为 10° 或 12°，如图 36-7 所示。

4. 按护壁板类型分类

1）玻璃护壁板型自动人行道

玻璃护壁板型自动人行道的护壁板材质采用钢化玻璃，根据 GB 16899—2011 和 EN 115-2017 第 5.5.2.4 条中规定，单层玻璃厚度不应小于 6 mm，如采用多层玻璃时，应为夹层

图 36-7 倾斜式自动人行道

钢化玻璃,并且至少有一层的厚度不应小于 6 mm,常见的一般为单层 10 mm 钢化玻璃,如图 36-8 所示。

图 36-8 玻璃护壁板型自动人行道

2)金属护壁板型自动人行道

金属护壁板型自动人行道的护壁板材质一般采用发纹不锈钢板制作,其强度高,抗损伤性较强,适合在一些运行环境较为特殊的场合使用。金属护壁板型自动人行道多运用于公交型自动人行道上,普通型人行道一般很少采用金属护壁板。如图 36-9 所示。

图 36-9 金属护壁板型自动人行道

36.3 主要产品性能及技术参数

36.3.1 主要技术参数

1. 倾斜角(倾斜式自动人行道)

倾斜角是指自动人行道的踏板面与水平面构成的最大角度。

倾斜角的大小与乘客的安全密切相关,由于自动人行道不存在自动扶梯一样的台阶,乘客须站立或推着购物车站立在倾斜的平面上,因此该倾斜角不能太大。自动人行道的最大倾斜角不能大于 12°,如允许使用购物车及行李车,且倾斜角大于 6°时,则自动人行道的最大额定速度一般应在 0.5 m/s 之内。

自动人行道常见的倾斜角有 0°、6°、10°和 12°,为了配合建筑物的设计高度及结构,也有采用其他倾斜角的自动人行道。

2. 额定速度

额定速度是普通型自动人行道设计所规定的速度。自动人行道额定速度不应大于 0.75 m/s,常见的额定速度有 0.5 m/s、0.65 m/s 和 0.75 m/s 三种。

当踏板或胶带宽度小于 1.1 m,且出入口踏板或胶带进入梳齿板前的水平距离大于 1.6 m 时,自动人行道的额定速度可增大到 0.90 m/s。这种情况不适用于具有加速区段的自动人行道及能直接过渡到不同速度运行的自动人行道。

3. 提升高度

对于倾斜式自动人行道,提升高度是指自动人行道进出口两个楼层板之间的垂直距离。

4. 名义宽度

名义宽度是对于自动人行道设定的一个理论上的宽度值,一般指自动人行道踏板或胶带安装后横向测量的踏面长度值。

GB 16899—2011 第 5.3.2.1 条通则中规定,自动人行道的踏板或胶带宽度与自动扶梯基本相同,定义在 0.58~1.1 m。同时,对于倾斜角小于 6°的水平式自动人行道,踏板或胶带的宽度可到 1.65 m。常见的规格有 0.80 m、1.0 m、1.2 m、1.4 m 和 1.6 m 6 种不同尺寸宽度的踏板或胶带。各品牌产品的实际宽度尺寸会略有区别,但均在规范定义的范围之内。

对于普通型自动人行道,最常见的自动人行道踏板或胶带宽度为1 m,特别是用于商场及购物中心的倾斜式自动人行道,基本上都采用1 m宽的规格。

对于机场等公交场合的水平型自动人行道,过去常见的踏板或胶带宽度是1.2 m,以方便乘客携带行李行走。近年来新建的机场多选用宽度为1.6 m的人行道,以方便携带大件行李的乘客。对于踏板宽度大于1.0 m的自动人行道,其输送能力不会增加,因为乘客需要握住扶手带,其额外的宽度原则上是供购物车和行李车使用的。

5. 理论输送能力

理论输送能力是指自动人行道每小时内理论上能够输送乘客的人数。

针对不同名义宽度和额定速度的自动人行道,其最大输送能力从3600人/h到8200人/h,如额定速度0.5 m/s,名义宽度1.0 m的自动人行道,其最大输送能力为6000人/h。使用行李车或购物车时将导致输送能力下降80%。

6. 使用区段长度

使用区段是指沿自动人行道踏板或者胶带运行方向,桁架最外端两个支撑点之间的折线距离之和。现行的标准规范没有对自动人行道的最大使用区段长度进行限制。在机场中常见的自动人行道一般在50～100 m之间,个别情况下会超出100 m,目前最长的自动人行道大约在150 m。自动人行道的使用区段长度越长,制造的难度越大。如桁架的挠度、扶手带的同步等性能会变差,因此不建议使用一台特别长的自动人行道,一般可设置两台或多台自动人行道接力使用。

36.3.2 典型产品性能及技术参数

(1) 以浙江梅轮电梯股份有限公司产品倾斜式自动人行道为例(见表36-1),其最大额定速度为0.5 m/s,最大倾角为12°,其使用区段长度最大为40.88 m。

(2) 以浙江梅轮电梯股份有限公司产品水平式自动人行道为例(见表36-2),其最大额定速度为0.5 m/s,倾角为0°,其使用区段长度最大为80.20 m。

表36-1 适用参数范围和配置表(倾斜式自动人行道)

项 目	参 数	项 目	参 数
额定速度	≤0.5 m/s	倾斜角	≤12°
使用区段长度	≤40.88 m	驱动主机布置型式和数量	上置机房内/1台
梯路传动方式	链条传动	工作类型	公共交通型或普通型
工作环境	室外型或室内型	踏面类型	踏板
附加制动器型式	棘轮棘爪式	驱动主机与梯级(踏板、胶带)之间连接方式	链条

表36-2 适用参数范围和配置表(水平式自动人行道)

项 目	参 数	项 目	参 数
额定速度	≤0.5 m/s	倾斜角	0°
使用区段长度	≤80.20 m	驱动主机布置型式和数量	上置机房内/1台
梯路传动方式	链条传动	工作类型	普通型
工作环境	室内型	踏面类型	踏板
附加制动器型式	无附加制动器	驱动主机与梯级(踏板、胶带)之间连接方式	链条

36.4 选用原则

使用单位在选用自动人行道时,重点要考虑以下几方面的因素:

(1) 自动人行道的使用目的,如仅仅是水平转移人员,或者是将乘客转移到其他的楼层,一定条件下是否可以作为紧急出口使用等。

(2) 乘客流量和群体特征,如在超市要考虑购物车的使用,在车站机场要考虑行李箱等。

(3) 自动人行道安装地点的环境条件,如室内、室外或半室外,当地海拔高度、气候条件等。

(4) 土建工程方面的条件,如自动人行道上方垂直净高度、自动人行道周围的最小自由空间、对于平行或交叉设置的自动人行道之间的距离、自动人行道出入口区域的大小、自动人行道安装区域的照明、必要时通往机房的通道等。

36.5 安全使用

普通型自动人行道的安全使用与普通型自动扶梯的安全使用要求基本一致,详见34.5节的相关内容。

36.6 相关标准和规范

普通型自动人行道所依据的相关国家标准和规范详见32.6节。

第37章

公共交通型自动人行道

37.1 定义

公共交通型自动人行道是指适用于下列情况之一的自动人行道：

（1）是公共交通系统包括出口和入口处的组成部分。

（2）高强度的使用，即每周运行时间约 140 h，且在任何 3 h 的间隔内，其载荷达 100% 制动载荷的持续时间不少于 0.5 h。

公共交通系统是民航、铁路、水路航运、地铁、轻轨、公交汽车、人行步道等多种公共交通方式组成的有机总体，已成为现代社会人们日常生活不可或缺的出行方式，因此一般需要长期、几乎不间断的运行（例如每天连续运行且单日运行时间不小于 20 h），作为其组成部分的自动人行道需要满足公共交通系统的功能要求。

37.2 分类

按使用环境可分为室内型自动人行道、室外型自动人行道；按倾斜角度可分为水平型自动人行道、倾斜式自动人行道；按护栏种类可分为玻璃护栏型自动人行道、金属护栏型自动人行道。

37.3 主要产品性能及技术参数

37.3.1 标准规范要求

公共交通型自动人行道的国家标准和技术规范有：

《电梯型式试验规则》(TSG T7007—2022)；

《自动扶梯和自动人行道的制造与安装安全规范》(GB 16899—2011)。

在《自动扶梯和自动人行道的制造与安装安全规范》(GB 16899—2011)对公共交通型自动人行道的专门要求，见表 37-1。

载荷能力是公共交通型自动人行道应有的载荷能力，关系到自动人行道的动力设计和机件的工作寿命设计；桁架挠度不大于支撑距离的 1/1000 是强制性要求；倾斜式自动人行道不论何种提升高度都要安装附加制动器是强制性要求。载荷条件和附加安全功能要求制造商和业主应根据实际交通流量确定载荷条件和附加安全功能，在 EN115-1：2008 中只是一个附录形式的建议，但在 GB 16899—2011 中将其改为了规范性要求，对业主方提出了技术责任。由于业主只是使用者，大多数业主（包括建筑设计院）一般并无自动扶梯方面的专业人员，可以参考《公共交通型自动扶梯和自动人行道的安全要求指导文件》(GB/Z 31822—2015)中的相应条款。而制造商在业主方无特别要求的情况下，一般是按规范的规定，以及行业的一般做法加以生产。

表 37-1 对公共交通型自动人行道的专门要求

序号	项 目	内 容
1	载荷强度	高强度的使用,即每周运行时间约 140 h,且在任何 3 h 的时间间隔内,其载荷达 100%制动载荷强度使用要求的持续时间不少于 0.5 h
2	支撑结构设计（桁架）	自动人行道支撑结构设计所依据的载荷：自动人行道的自重加上 5000 N/m² 的载荷。对于公共交通型自动人行道,根据 5000 N/m² 的载荷计算或实测的最大挠度,不应大于支撑距离的 1/1000
3	附加制动器	对于提升高度不大于 6 m 的公共交通型倾斜式自动人行道也应安装附加制动器。制造商和业主应根据实际交通流量确定载荷条件和附加安全功能

37.3.2 主要技术参数

与普通型自动人行道一样,公共交通型自动人行道的主要技术参数包括倾斜角度、额定速度、提升高度、名义宽度、理论输送能力、使用区段长度等。

1. 倾斜角度

公共交通型自动人行道的倾斜角度常用有 0°～6°、10°～12°两种。最常见为 0°,常用于机场。

2. 额定速度

公共交通型自动人行道的名义速度有 0.5 m/s、0.65 m/s、0.75 m/s、0.90 m/s 四种。

3. 提升高度

公共交通型自动人行道的提升高度与普通型自动人行道类似,在设计上没有特殊的要求。

4. 名义宽度

公共交通型自动人行道的名义宽度常见有 1.0 m、1.2 m、1.4 m 三种。

5. 理论输送能力

公共交通型自动人行道的输送能力仅与运行速度和名义宽度有关,其输送能力与普通型自动人行道一致。由于公共交通型自动人行道的名义宽度一般都不小于 1.0 m,所以其输送能力一般都不小于 6000 人/h。

6. 使用区段长度

公共交通型自动人行道一般使用区段长度在 50～100 m,特殊情况可以更大些。

37.3.3 典型产品性能及技术参数

永大电梯设备（中国）有限公司生产的公共交通型自动人行道为链条式传动类型,型号为 Series W 型。踏板宽度有 1000 mm、1200 mm、1400 mm 三种。其基本参数见表 37-2。

表 37-2 永大电梯设备（中国）有限公司公共交通型自动人行道基本参数

项 目	参 数		
产品型号	W 系列		
踏板宽度/mm	1000/800/600		
名义速度/(m·s⁻¹)	0.5/0.65/0.75		
使用区段长度/m	14～120		
倾斜角度/(°)	0～6,10～12		
最大输送能力/(人·h⁻¹)	踏板宽度/mm	名义速度 v/(m·s⁻¹)		
		0.5	0.65	0.75
	1000	6000	7300	8200
	1200	6000	7300	8200
	1400	6000	7300	8200

续表

项 目	参 数
驱动方式	链条式
工作类型	公共交通型
运行时间	每天可运行 20 h
安装环境	室内/室外
护壁板型式	垂直钢化玻璃/倾斜不锈钢
扶手支架结构	不锈钢/铝合金
运转方式	单速双向/变频调速
启动方式	钥匙开关/自动
动力电源	三相 380 V,50 Hz(可选其他电压及频率)
照明及控制电源	单相 220 V,50 Hz(可选其他电压及频率)

注：对踏板宽度大于 1000 mm 的自动人行道，其输送能力不会增加，因为使用者需要握住扶手带，其额外的宽度原则上是供购物车和行李车使用的。

37.4 选用原则

公共交通型自动人行道产品应符合国家标准和使用场合实际需求，选用时应考虑其以下主要参数。

1. 速度

公共交通型自动人行道较多用于机场，相对地铁而言，客流量不大。因此一般不需要刻意追求过高的运输效率，选用 0.5 m/s 的速度即可满足使用，而 0.65 m/s 和 0.75 m/s 速度的一般用于客流量特别大的重载型公共交通型自动人行道上。

2. 倾斜角度

公共交通型自动人行道一般采用水平式，即倾斜角度为 0°。部分使用场合会配置 10°～12°的公共交通型人行道用于行李车或人员的运送。

3. 踏板宽度

公共交通型自动人行道一般采用宽度 1.4 m 的踏板。宽度 1.2 m 的踏板一般只在土建宽度尺寸不足的情况下使用。宽度 1.0 mm 的踏板因人员推着行李车后，侧方空间较小，所以公共交通型自动人行道一般不采用这个规格。

37.5 安全使用

公共交通型自动人行道的安全使用与公共交通型自动扶梯的安全使用要求基本一致，详见 33.5 节的相关内容。

37.6 相关标准和规范

公共交通型自动人行道所依据的国家标准和规范详见 32.6 节。

第38章

重载型自动人行道

38.1 定义

一般认为,当自动人行道的载荷强度达到任何 3 h 的时间间隔内,其载荷达到 100% 制动载荷的持续时间在 1 h 以上时,自动人行道就应在公共交通型自动人行道的基础上作重载设计,所以一般将适用于下述情况的自动人行道称为重载型自动人行道:

(1) 设计专用于地铁等大客流公共交通场所的自动人行道。

(2) 重强度的使用,每周工作 7 天,每天 20 h,且在任何 3 h 的时间间隔内其载荷达到 100% 制动载荷的持续时间在 1 h 以上。

38.2 分类

重载自动人行道的种类可以按承载装置的结构、使用环境、倾斜角度、护壁板的种类等进行区分。

1. 按承载装置的结构分类

重载自动人行道按照承载装置的结构可分为踏板式重载型自动人行道及胶带式重载型自动人行道。

1) 踏板式重载自动人行道

其结构与自动扶梯相类似。乘客站立在人行道踏板上,通过踏板链带动踏板向前运行输送乘客。

2) 胶带式重载自动人行道

其结构与常见的带式输送机相同。通过安装在人行道两端的滚筒驱动并张紧胶带运行,胶带作为运动梯路替代常见的踏板式自动人行道的踏板及踏板链,直接输送乘客。

2. 按使用环境分类

重载自动人行道按使用环境分类,可分为室内型重载自动人行道和室外型重载自动人行道。

1) 室内型重载自动人行道

只能安装在建筑物内工作的重载自动人行道。

2) 室外型重载自动人行道

能在建筑物外部工作的重载自动人行道,在设计上考虑了风、雨、雪、高温、低温等自然环境的影响,针对不同的地区和不同的自然环境条件,其设计各有不同。室外型重载自动人行道按有无防护设施可以细分为全室外型和半室外型。

(1) 全室外型是安装在露天的场所,具有抵御各种恶劣气候环境侵蚀的能力,能承受直接作用在自动人行道上的各种自然界的不利因素。全室外型重载自动人行道通常要依据实际的安装使用地点的气候状况,配备防水、防冻、防尘、防锈等保护措施来延长自动人行道的使用寿命。

(2) 半室外型是安装在室外,但其上部一般安装有顶棚,可遮挡部分不利因素的直接侵蚀作用,其配备的保护措施相较室外型要低一些。

3. 按倾斜角度分类

重载型自动人行道按倾斜角度可分为水平式重载自动人行道和倾斜式重载自动人行道。

1) 水平式重载自动人行道

水平式重载自动人行道是指完全水平、没有倾斜段的自动人行道，或倾斜段的倾斜角不大于 6°的人行道，这类自动人行道常见于机场、交通枢纽、地铁站等大型的中转换乘场所。

2) 倾斜式重载自动人行道

倾斜式重载自动人行道为带有倾斜段，倾斜角度大于 6°且不大于 12°的自动人行道，常见的倾斜式重载自动人行道的倾斜角度为 10°、11°和 12°。

4. 按护壁板的种类分类

按护壁板种类可分为玻璃护壁板型和金属护壁板型两种。

1) 玻璃护壁板型

玻璃护壁板型自动人行道的护壁板采用玻璃制造，玻璃护壁板型结构简单美观，一般用于客流量不是特别大的公共交通场所的公共交通型自动人行道上。重载型自动人行道考虑安全性一般不采用这种形式。

2) 金属护壁板型

金属护壁板型自动人行道常见于公共交通型或室外型自动人行道上。重载型自动人行道多采用金属护壁板型结构。金属护壁板型结构强度高，防破坏能力强。护壁板多采用不锈钢板制作，其牢固的结构适用于交通状况复杂且客流量密集的公共交通场所。

38.3 主要产品性能及技术参数

38.3.1 国家标准要求

重载型自动人行道相对于普通型自动人行道和公共交通型自动人行道在驱动功率、结构强度设计、安全性和工作寿命等方面都需要进行重载设计。

1. 驱动功率

普通公交型自动人行道一般以 80%的制动载荷作为额定载荷计算电动机功率，最大载荷运行连续时间为 0.5 h，而重载型自动人行道则以 100%的制动载荷作为额定载荷计算电动机功率，允许自动人行道以制动载荷连续运行。

重载型自动人行道以 100%载荷能力是重载型自动人行道应有的载荷能力，关系到自动人行道的动力设计和机件的工作寿命设计。

2. 强度设计

(1) 桁架挠度：对于重载型自动人行道，根据 5000 N/m² 载荷计算或实测的最大挠度，桁架挠度一般要求不应大于支撑距离的 1/1500。个别地区要求可达 1/2000 或 1/2500，其主要目的是提高桁架的工作寿命。

(2) 安全系数：重载型自动人行道在 GB 16899—2011 规定的所有驱动元件按 5000 N/m² 静力计算的安全系数不应小于 5 的基础上提高了要求，对踏板链、驱动链及扶手带驱动链要求安全系数不小于 8。

3. 安全性

增加安全装置种类和功能：根据重载型自动人行道使用环境的大客流的特点，一般会增设一些 GB 16899—2011 规定之外的安全保护装置。同时会对附加制动器等安全装置增加功能要求，以使其具有更好的安全性。

4. 工作寿命

重载型自动人行道的主要部件的工作寿命一般与公共交通型相同，都按不小于 140 000 h 设计，整机大修周期不小于 20 年。但设定的载荷强度不一样，要高于公共交通型的要求。因此重载型自动人行道的疲劳强度需要进行重载设计。

38.3.2 主要技术参数

与普通型自动人行道和公共交通型自动人行道一样，重载型自动人行道的主要技术参数也包括倾斜角度、额定速度、提升高度、名义宽度、理论输送能力、使用区段长度等。

1. 倾斜角度

重载型自动人行道常见的倾斜角度有 0°、10°、11°和 12°。为配合建筑物的设计长度和高度，也会采用其他介于常见倾斜角度之间的倾斜角。

2. 额定速度

重载型自动人行道的名义速度同普通型自动人行道和公共交通型自动人行道一样，其常见的额定速度有 0.5 m/s、0.65 m/s 和 0.75 m/s 三种。

3. 提升高度

重载型自动人行道的提升高度与普通型自动人行道和公共交通型自动人行道类似，在设计上没有特殊的要求。

4. 名义宽度

重载型自动人行道的踏板宽度与自动扶梯基本相同，定义在 0.58~1.1 m。同时，对于倾斜角度不超过 6°的水平型人行道，踏板宽度可到 1.65 m。常见的踏板宽度规格有 0.8 m、1.0 m、1.2 m、1.4 m 和 1.6 m。对于踏板宽度大于 1.0 m 的自动人行道，其输送能力不会增加，因为使用中需要握住扶手带，其额外的宽度原则上是供购物车和行李车使用的。

5. 理论输送能力

重载型自动人行道的理论输送能力和普通型自动人行道和公共交通型自动人行道一样，也是和名义宽度和运行速度有关。

6. 使用区段长度

自动人行道的使用区段长度是指自动人行道一个出入口到另一个出入口之间的长度距离。

GB 16899—2011 规范中没有对人行道最大使用区段长度进行规定和限制。常见的自动人行道使用区段长度在 50~100 m。

38.3.3 典型产品性能及技术参数

申龙生产的重载型自动人行道为链条式传动类型，其倾斜角度为 0°、10°、11°、12°。踏板宽度有 1200 mm、1000 mm、800 mm 三种。其主要性能参数见表 38-1。

表 38-1 申龙重载型自动人行道性能参数

项目	参数	
产品型号	XGL	
倾斜角度/(°)	0、10、11、12	
提升高度/m	1~12	
使用长度/m	1~61.254	
运行速度/(m·s^{-1})	0.5	
踏板宽度/mm	1200、1000、800	
最大输送能力/(人·h^{-1})	踏板宽度 B/mm	名义速度 v/(m·s^{-1})
		0.5
	800	4800
	1000	6000
驱动方式	链条式	
工作类型	公交型	
安装环境	室内/室外	
运行时间	每天可运行 24 h	
护壁板型式	垂直钢化玻璃	
扶手支架结构	铝合金/不锈钢	
运转方式	单速双向/变频调速	
启动方式	钥匙开关/自动	
电机电源	三相 380 V 50 Hz	
控制电源	单相 220 V 50 Hz	
照明电源	单相 220 V 50 Hz	

38.4 选用原则

重载型自动人行道主要参数的选用：

1. 速度

0.5 m/s、0.65 m/s 和 0.75 m/s 三种名义速度在重载型自动人行道上都有使用。

（1）名义速度为 0.5 m/s 的自动人行道速度较低，乘客适应性较好，乘客不易摔倒，在不少的公共场所使用，但运输效率较低。

（2）名义速度为 0.65 m/s 的自动人行道具有中等的运行速度，有较好的运输效率，适用于人流量较大并希望提高运输效率的地区。

（3）名义速度为 0.75 m/s 是自动人行道允许的最大运行速度，具有最大的运输效率，但需要使用区域的客流量适应该运行速度。

另外为了兼顾节能，有些地区会同时采用两种或三种不同速度的自动人行道，依据客流量的大小可以切换相应运输效率的速度，在客流高峰时采用较高速度，在非高峰时采用最低速度。

2. 踏板宽度

重载型自动人行道的踏板宽度的选择主要依据使用环境的大客流特点而定。

（1）对于带倾斜角度的重载自动人行道一般采用宽度为 1 m 的踏板，其具有较高的输送能力。

（2）对于水平型重载自动人行道，常选用宽度为 1.2 m 的踏板，以方便乘客携带行李行走。

3. 人行道使用区段长度

人行道的使用长度依据实际使用场所的设计长度和高度来确定。一般设计长度在 50～100 m，个别情况下会超过 100 m。人行道越长，制造难度也会越大，因此不建议使用一台特别长的人行道，一般可设置两台或多台自动人行道接力使用。

38.5 安全使用

重载型自动人行道的安全使用可参考 33.5 节和 34.5 节的相关内容。

38.6 相关标准和规范

重载型自动人行道所依据的国家标准和规范详见 32.6 节。

参 考 文 献

[1] [作者不详]1260m/min的日立超高速电梯获得吉尼斯世界纪录认证[J].中国电梯,2019(20):1.

[2] 周志翔,刘剑.超高速电梯发展中存在的问题与研究方向[J].控制工程,2003(z1):5.

[3] 胡军伟.超高速电梯发展中存在的问题与研究方向[J].科技创新导报,2017(27):87,91.

[4] 蔡少林.超高速电梯特点分析及相关检测案例借鉴[J].中国电梯,2019,30(11):5.

[5] 段燕晓.高速电梯在超高层建筑应用中的技术难题及方案探讨[D].天津:天津大学,2015.

[6] 邓耀煜.浅析超高速电梯的关键技术及应用[J].科技与企业,2015(10):252.

[7] 梅尚先.浅析超高速电梯的关键技术及应用[J].机电工程技术,2007,36(7):74-77.

[8] 穆荫楠.上海中心大厦施工阶段垂直电梯运力分析[J].建筑施工,2018,40(10):181-183.

[9] 冯智乐.探讨超高速电梯中的关键技术[J].科技资讯,2019,017(12):70-71.

[10] 令狐延,孙晖,李杰.超高层建筑施工电梯关键技术研究与应用[J].施工技术,2016,045(1):4-9.

[11] 钟敏.XO公司高速梯市场营销策略的研究[D].杭州:浙江工业大学,2015.

[12] 裴红颖.无损检测技术在建筑钢结构检测中应用[J].中国科技投资,2013(28):21.

[13] 王子宁.超高层建筑施工电梯关键技术研究与应用[J].军民两用技术与产品,2018(12):1.

[14] Nakazawa I.上海中心大厦中的三菱电梯设备[C]//Ctbuh World Congress,2012.

[15] 共筑品质建筑东芝电梯携手阳光100打造城市新个性[J].环球人物,2016.

[16] 王琪冰.电梯在洁净室受控环境下的设计研究[J].机械,2014,41:11-12.

[17] 贾图壁.超级双层轿厢电梯服务世界最高楼[J].建设科技,2005(12):38.

[18] 石锦霞.双层轿厢电梯FLEX—DD Double Car Elevator FLEX—DD[J].中国电梯,2003,14(6):21-22.

[19] Fortune J W,张晓峰.Modern Double Deck Elevators.现代双层轿厢电梯[J].中国电梯,1999,10(1):36-39.

[20] 朱伟华,赵千.谈现代高层建筑中的双层轿厢电梯[J].中国电梯,2010,021(013):41-45.

[21] 潘阿锁.层间距可调节双层轿厢高速电梯的设计与研究[J].中国电梯,2019,30(21):6-11.

[22] 李普祥.简析双层轿厢电梯的应用优势[J].中国电梯,2015,26(2):66-68,72.

[23] 黄东凌.双层轿厢电梯设计的探讨[J].电梯工业,2007(4):30-32.

[24] 行武奇.厢体间距可调的双层轿厢电梯[J].中国电梯,15(5):19-21.

[25] 王建武.超高层办公建筑垂直交通研究[J]//《工业建筑》,2016(z1):6.

[26] 王国华.独立双层轿厢电梯的检验与研究[J].科技与企业,2013(14):272.

[27] 张思,戈振扬,王成波,等.一种基于PLC控制的双层轿厢式电梯:CN205087762U[P].2015-10-26.

[28] 蒂森克虏伯推出TWIN双子电梯系统[J].中国电梯,2013.

[29] 刘春波,李文杰.超高层钢结构巨型柱的加工技术[J].钢结构,2019,33(8):84-89.

[30] 朱德文.双层轿厢电梯运行、结构、考察和评述[J].中国电梯,2016,27(10):31-37.

[31] 康虹桥.特种电梯与载人升降设备[M].苏州:苏州大学出版社,2015.

[32] 周强.低温环境对室外无机房电梯的性能影响与解决措施[J].中国电梯,2019,30(13):5.